黄河沙漠宽谷河道水沙变化及驱动机理

姚文艺 等 著

科 学 出 版 社
北 京

内 容 简 介

本书在国家重点基础研究发展计划（973计划）课题“沙漠宽谷河道水沙关系变化及驱动机理”（2011CB403303）等多项科技计划资助下，遵循“信息平台构建—变化过程辨识—驱动机理揭示—响应效果评价”的研究思路，通过数值模拟反演、实体模型控制试验、野外定位观测、理论推演和非线性分析等多种研究手段，研发水沙变化趋势评估技术，分析沙漠宽谷河流水沙关系变化时空特征，辨识水利工程对水沙过程调控机制，解析水沙关系对河床演变的响应关系，揭示多因子对水沙关系变异的驱动机理，定量评价气候变化、下垫面变迁、大型水利工程运行和河床调整等对水沙变化的贡献率，在沙漠宽谷段水沙变化驱动机理及多因子作用贡献率等方面取得了系统认识，为满足黄河上游防洪防凌安全、大型水利工程布局的重大需求提供了科技支撑。

本书可供水土保持、水文泥沙、河床演变、水资源、环境及流域治理等方面研究、规划和管理的科技人员及高等院校有关专业的师生参考。

图书在版编目(CIP)数据

黄河沙漠宽谷河道水沙变化及驱动机理／姚文艺等著. —北京：科学出版社，2018. 5

ISBN 978-7-03-057372-8

Ⅰ. ①黄…　Ⅱ. ①姚…　Ⅲ. ①黄河-含沙水流-研究　Ⅳ. ①TV152

中国版本图书馆CIP数据核字（2018）第094562号

责任编辑：刘　超／责任校对：彭　涛

责任印制：肖　兴／封面设计：无极书装

科学出版社 出版

北京东黄城根北街16号

邮政编码：100717

http://www.sciencep.com

北京通州皇家印刷厂 印刷

科学出版社发行　各地新华书店经销

*

2018年5月第　一　版　开本：787×1092　1/16

2018年5月第一次印刷　印张：26 1/4

字数：623 000

定价：318.00元

（如有印装质量问题，我社负责调换）

前　言

水沙条件是河流治理开发与管理的基础依据，尤其是对于水少沙多、水沙关系不协调的黄河而言，水沙条件的变化对河流治理重大决策起着更为重要的影响作用。

黄河水沙异源是其主要基本特征。黄河径流主要来自于上游，上游径流量占全河径流量的60%以上，而泥沙则主要来自于中游，上游泥沙不足全河的10%。近年来，随着气候变化和人类活动的不断加剧，黄河上游水沙条件发生明显变化，如径流量减少，径流年内过程改变，水沙关系更加不协调等，并引起了宁蒙河段（指黄河上游宁夏、内蒙古河段）河床过程响应，造成主槽淤积萎缩，过流能力降低，支流来沙淤堵黄河的机会增加，封冻河段下延等。由此，使得中常洪水常常发生重大防洪隐患，凌汛决口成灾，对该区域经济社会发展造成重大影响。同时，黄河上游水沙条件的变化不仅直接对宁蒙河段的河床过程影响很大，而且还直接影响到中下游的水沙条件，可以说黄河上游水沙关系变化牵涉到治黄全局。

黄河宁蒙河段河道长为1203.8km，其中宁夏青铜峡—石嘴山（194km）、内蒙古三盛公—头道拐（502km）为冲积性河道，堤防保护区面积达1万多km^2，人口近360万。由于特殊的地理位置和气候条件（低纬度流向高纬度），宁蒙河段为黄河凌汛最严重的河段，在封、开河特别是开河流凌期极易形成冰塞、冰坝，出现水位迅速壅高，威胁堤防安全甚至造成堤防溃口的凌汛灾害。尤其是自20世纪80年代以来，宁蒙河道的致灾能力有增大趋势，主要表现为：槽蓄增量不断增大、河道水位由于淤积不断抬高、堤内河槽河底与堤外地面高程悬差不断增大、河道过流能力减弱易于卡冰结坝，形成凌灾。1986年以来由于水沙条件发生变化，河床抬高，排凌行洪能力降低，内蒙古河段已发生多次凌汛决口。尤其是2007～2008年度凌汛期间，凌汛导致内蒙古杭锦旗奎素段堤防两次发生溃堤，造成巨大的经济损失和社会影响，受灾人口达1.02万人，受灾耕地达8.10万亩，冲毁堤防200 m、公路272 km、渠道36 km、输电线路831 km，总经济损失达9.35亿元。黄河上游水沙变化对黄河上游防洪防凌安全已经造成严重威胁，成为严重制约区域经济社会持续发展的因素之一。因此，认识黄河上游水沙变化成因，防治黄河上游洪凌灾害，是保障黄河安澜、实现上游地区经济社会持续发展的迫切需求。

关于大型水利工程运用等在黄河上游沙漠宽谷河段水沙变异中的作用问题，已影响到黄河上游黑山峡峡谷的水力资源开发利用的重大决策。长期以来，围绕拟建水库对宁蒙沙漠宽谷河段的水沙关系调控作用及其功能定位等问题，出现严重的认识分歧，一直存在着两种观点，一是认为上游大型水库的调控造成水沙关系变异是宁蒙河段河道淤积的根源；二是认为黄河上游腾格里沙漠、乌兰布和沙漠、库布齐沙漠及毛乌素沙漠等四大沙漠风沙入黄才是宁蒙河段泥沙淤积的主因，并由此形成黄河上游水力资源开发利用和大型水利工程布局的不同方案。其争论的根源就在于对黄河上游沙漠宽谷河段水沙变化机理缺乏深入认识。因此，科学评价黄河上游水沙变化成因，是国家对治黄方略确定、重大水利工程布局的战略决策需求。

然而，黄河上游沙漠宽谷段水沙变化评价是一项非常复杂的科学问题。黄河上游石嘴山-乌海河段沿岸的冲积性平原上覆盖有半固定、半流动的灌丛沙堆，并在山地丘陵北坡堆积流动沙丘；乌海-磴口段北岸分布乌兰布和沙漠，多流动沙丘，沙丘高一般为5～6m，部分风沙会直接进入黄河，南岸冲积性平原上分布半固定灌丛沙堆及流动沙片，冲沟两岸覆盖流沙。磴口-河口镇段南岸，分布库布齐沙漠，呈带状分布，长约为370km，向东延伸到黄河喇嘛湾一带，沙漠南北宽约为30km。同时，在河段上游建有龙羊峡、刘家峡等大型水利工程，以及较大规模的水土保持工程等。显然，影响黄河沙漠宽谷段水沙变化的因子非常多，包括气候等自然因素在内的多因素的作用都会驱动、激发水沙变化，使上游水沙变化过程成为一个极为复杂的非线性、非恒定的水文现象的状态转变。也正由此，该河段的水沙变化原因及驱动机理揭示、大型水利工程等多因子作用贡献率评价等问题已引起人们的广泛重视，成为我国水科学、生态科学研究领域的重要课题之一。

因此，从水沙变化多动力耦合驱动的系统角度出发，聚焦辨识黄河上游水沙变化成因，揭示沙漠宽谷段水沙变化驱动机理等科学问题，开展黄河上游沙漠宽谷段水沙变化研究，为保障黄河上游洪凌安全、合理开发水力资源、优化水库群调度运行提供科技支撑，是十分迫切和必要的。为此，科学技术部将“沙漠宽谷河道水沙关系变化及驱动机理”（编号：2011CB403303）列为国家重点基础研究发展计划（973）课题，并得到国家自然科学基金项目“多沙河流高含沙洪水传播失稳机理研究”（编号：51109064）资助，在作者主持的“十一五”国家科技支撑计划项目“黄河流域水沙变化情势评价研究”的研究基础上，对黄河上游水沙变化问题开展系统研究。本书以“特征分析—过程判识—机理揭示—效应评价”的学术思路，运用水力学、水土保持学、河床演变学、风沙地貌学、泥沙运动学等多学科的理论与方法，采用野外人工降雨反演试验、室内实体模型模拟试验、河道—灌区水循环数学模型模拟、大区域水沙循环观测站点定位测验、实测资料统计及数量化理论分析、遥感解译等研究手段，深化认识沙漠宽谷河道水沙关系变化过程与规律，阐明多因子耦合作用下河道水沙关系变异内在机制。

本书正是作者在系统总结近10年承担的多个项目研究成果基础上所撰写的。全书共分9章，各章撰写人员如下：第1章绪论，由姚文艺、肖培青执笔；第2章黄河沙漠宽谷河流水沙关系变化时空特征，由张晓华、郑艳爽、田世民、尚红霞执笔；第3章黄河上游大型水库运用对水沙过程变异的影响，由侯素珍、郭彦、丁赟执笔；第4章黄河上游大型灌区引水对水沙过程变异影响，由张会敏、胡亚伟执笔；第5章沙漠宽谷河道水沙关系对河床演变的响应机制，由唐洪武、丁赟、王卫红执笔；第6章植被对产流机制的胁迫作用，由王金花、姚文艺执笔；第7章沙漠宽谷河段流域下垫面对产沙的影响，由李勉、肖培青、杨春霞执笔；第8章河道水沙变化对多因子驱动的响应机理，由冉大川、王玲玲、姚文艺、焦鹏执笔；第9章主要认识与需进一步研究的问题，由姚文艺执笔。全书由姚文艺统稿。

本书的研究成果是研发团队数十名成员经历近10年共同完成的，参加研究的人员有：姚文艺、唐洪武、张晓华、肖培青、侯素珍、张会敏、丁赟、李勉、史学建、冉大川、王金花、郑艳爽、郭彦、胡亚伟、王卫红、杨春霞、王玲玲、申震洲、焦鹏、张冠英、田世民、尚红霞、吴永红、王愿昌、苏晓慧、彭红、陈界仁、戴文洪、黄富贵、王平、林秀芝、于守兵、郭秀吉、杨二、杨吉山、董国涛、常布辉、罗玉丽、曹慧提等。在研究过程中，项目全体研究人员密切配合，相互支持，圆满完成了研究任务，在此对他们的辛勤劳动表示诚挚的感谢！

限于作者水平，加之黄河水沙问题复杂，还有不少问题需要深化研究，因而书中欠妥或偏颇之处敬请读者批评指教。

姚文艺

2018 年 3 月

目　　录

第 1 章　绪　　论

1.1　黄河沙漠宽谷河道概况

1.1.1　河道自然属性

黄河沙漠宽谷河道位于宁夏、内蒙古干流河段（简称宁蒙河段），一般是指从下河沿至头道拐（图 1-1），穿越广袤的腾格里沙漠、乌兰布和沙漠、库布齐沙漠和毛乌素沙漠，长约为 900km，发育有典型的沙漠宽谷。在黄河上游近 3500 km 长的河段中，沙漠宽谷河道水沙变化最复杂、河床演变最剧烈，是黄河上游产水区与中下游河段水沙关系的调节河段，也是受上游大型水库联合调度影响显著的河段之一。该河段流经区域是我国重要能源基地，西北主要粮食产区，少数民族集聚区，在西部大开发中具有重要的战略地位。

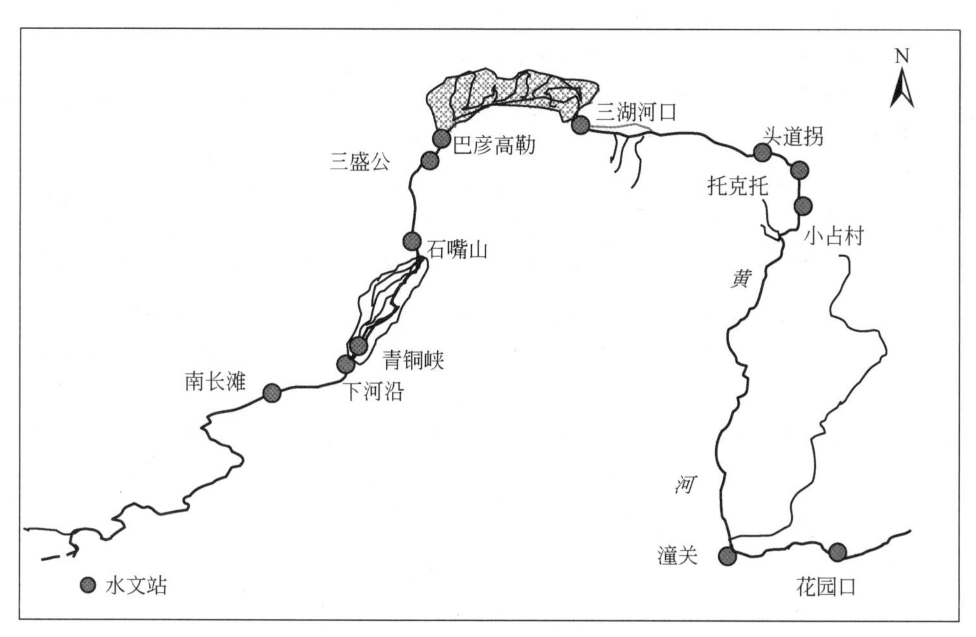

图 1-1　宁蒙河段示意图

黄河沙漠宽谷河道约占宁蒙河段长度的 82%，是宁蒙河段的关键区，基本上反映了宁蒙河段的河流属性。因此，为从总体上了解沙漠宽谷河流属性及其水沙变化规律，本节及其他章节将根据需要，从宁蒙河段全区段的范围进行介绍和分析研究。

宁蒙河段自宁夏回族自治区中卫市南长滩起，至内蒙古准格尔旗马栅乡的小占村止

(图1-1)，全长为1203.8km（水利部黄河水利委员会，2013），约占黄河总长的五分之一。宁蒙河段从南长滩至内蒙古三盛公的流向大致为由西南向东北，三盛公至托克托大致为由西向东，托克托至小占村大致为由北向南。宁蒙河段流经地区为大陆性季风气候，冬季干燥寒冷，常为蒙古高压所控制，多年平均气温在0℃以下的时间可持续4～5个月，极端气温达-39℃。在自然地理分区上属于暖温带半干旱草原带，年均降水量为150～400mm，由东向西递减。区内降水量年际变率大于30%，年内分布极不均匀，大约有75%以上的降水集中在7～9月，年均风速为2.7～4.8m/s，风力侵蚀集中在11月至次年的5月，尤其春季多沙尘暴，年均大风日数为10～32d，沙尘暴日数为19～22d。宁蒙河段区间水蚀、风蚀交错，水土流失严重，尤其是内蒙古河段的十大孔兑（孔兑系蒙语，指洪水沟）是高含沙水流多发的黄河一级支流，淤堵黄河干流现象曾多有发生。

关于宁夏河段与内蒙古河段的分界处，多以省（区）界并参考黄河干流水文站综合确定，一般界定为石嘴山水文站观测断面。但是，有不少文献尽管基本也认定为石嘴山，而提出的具体分界处地名又有所不同。例如，有的说是石嘴山市头道墩，有的说是石嘴山市上游都思兔河入黄口，也有的说是巴音陶亥镇等。本书以石嘴山水文站观测断面作为分界处。

按照上述分界，宁夏河段自中卫市南长滩起，至石嘴山，全长为380.8km，偏东转偏北流向，跨北纬37°17′～39°23′，东经106°10′～112°50′。境内河势差异明显，下河沿以上62.7km为峡谷段；下河沿至青铜峡河段长124.0km，河道迂回曲折，河心滩地多，该河段河宽为0.2～3.3km，比降为0.8‰～0.9‰，为粗砂卵石河床；青铜峡至石嘴山河段长194.1km，河宽为0.2～5.0km，比降为0.1‰～0.2‰，为粗砂河床。

内蒙古河段自石嘴山入境至鄂尔多斯市（原伊克昭盟）准格尔旗马栅乡出境，全长为823.0km，穿行于乌兰布和沙漠、库布齐沙漠、鄂尔多斯台地和内蒙古河套平原之间，风沙是该河段泥沙来源之一。该河段修建有三盛公水利枢纽。内蒙古河段磴口以上河床比降大，在0.3‰左右，河道两岸沙丘起伏，到磴口以下比降变缓，平均为0.13‰，河面宽、水流缓，为弯曲型平原河道。从内蒙古河段起始断面石嘴山至三盛公水利枢纽为峡谷型河道，长约为145.5km，河宽为0.4～2.0km，河道比降为4.2‰，弯曲系数为0.9；三盛公水利枢纽以下至三湖河口进入宽河段，河势变化快，主流摆动幅度大；三湖河口到昭君坟河段比降为0.12‰，有十大孔兑汇入（表1-1），暴雨洪水后，往往会发生高含沙水流，含沙量可达1500kg/m³以上，输沙模数达到数千吨每年每平方千米，孔兑高含沙水流挟带的泥沙有时可淤堵黄河干流，致使该河段的水沙搭配与河道形态相互作用更加复杂，并对两岸造成很大的经济损失；昭君坟以下属弯曲性河道，平均弯曲系数为1.45，河势变化表现为主流上体下挫，摆幅也可达千米以上，尤其是孔兑入黄口处的摆幅比较大，一般约为2000m。

表1-1　十大孔兑水文泥沙基本特性

孔兑名	流域面积（km²）	河长（km²）	历年最大		多年平均		输沙模数（t/km²）
			流量（m³/s）	含沙量（kg/m³）	径流量（万m³）	输沙量（万t）	
毛不拉孔兑	1 261	111	5 600	1 500	901	330	2 620
布日嘎色太沟	545	74	3 670		430	158	2 890

续表

孔兑名	流域面积（km^2）	河长（km^2）	历年最大		多年平均		输沙模数（t/km^2）
			流量（m^3/s）	含沙量（kg/m^3）	径流量（万 m^3）	输沙量（万 t）	
黑赖沟	944	89	4 040		998	367	3 890
西柳沟	1 194	106	6 940	1 550	3 220	481	4 030
罕台川	880	90	3 090	1 350	1 880	275	3 130
哈什拉川	1 089	92	4 070		3 510	524	4 810
母哈尔河	407	77	1 610		708	177	4 350
东柳沟	451	75	1 500		669	167	3 700
壕庆河	213	29	435		335	84	3 940
呼斯太河	406	65	2 350		590	148	3 650
合计	7 390				13 241	2 711	

注：各孔兑流域面积不包括平原区面积；毛不拉孔兑、西柳沟、罕台川为水文站实测资料，其他孔兑均为调查洪水统计，系列为 1960 ~ 1989 年。

1.1.2　河段特性

宁蒙河段河流环境复杂，流经不同地貌区，其河道特性空间分异显著（表 1-2）（叶春江，2003）。

表 1-2　宁蒙河段河道基本特性

河段	河型	河长（km）	平均河宽（m）	平均主槽宽（m）	比降（‰）	弯曲系数
南长滩—下河沿	峡谷型	62. 7	200	200	0. 87	1. 80
下河沿—仁存渡	非稳定	161. 5	1 700	400	0. 73	1. 16
仁存渡—头道墩	过渡型	70. 5	2 500	550	0. 15	1. 21
头道墩—石嘴山	游荡型	86. 1	3 300	650	0. 18	1. 23
石嘴山—乌达公路桥	峡谷型	36. 0	400	400	0. 56	1. 50
乌达公路桥—三盛公	过渡型	105. 0	1 800	600	0. 15	1. 31
三盛公—三湖河口	游荡型	220. 7	3 500	750	0. 17	1. 28
三湖河口—昭君坟	过渡型	126. 4	4 000	710	0. 12	1. 45
昭君坟—蒲滩拐	弯曲型	193. 8	上段 3 000 下段 2 000	600	0. 10	1. 42
蒲滩拐—马栅	峡谷型	141. 1				
合计		1 203. 8				

(1) 南长滩—下河沿

该河段为黄河黑山峡峡谷尾端，长为62.7km，河槽束范于两岸高山之间，河宽为150～500m，平均为200m，纵比降为0.87‰，受两岸高山约束，主流常年相对稳定，弯曲系数为1.80。

(2) 下河沿—仁存渡

黄河上游自下河沿出峡谷进入沙漠宽谷段，其中下河沿以下由枣园至青铜峡坝址之间的44.1km的河段为青铜峡水库库区段。由于黄河出峡谷后水面展宽，卵石推移质沿程淤积，洪水漫溢时，悬移质泥沙落淤于滩面上，河岸形成了典型的二元结构，下部为砂卵石，上部覆盖有砂土。该河段河心滩发育，汊河较多，水流分散，河势多为2～3汊，属非稳定分汊型河道，其河床演变主要表现为主、支汊的兴衰及心滩的消长，主流多顶冲滩岸，造成崩塌侵蚀。清水沟在青铜峡水库库区以上右岸汇入黄河，红柳沟在库区段右岸汇入黄河，苦水河在库区以下右岸汇入黄河。

该河段长为161.5km，河道为砂卵石河床，河宽为500～3000m，平均为1700m；主槽宽为300～600m，平均为400m。河道纵比降青铜峡水库库区以上为0.80‰，库区以下为0.61‰，弯曲系数为1.16。青铜峡水库库区段坝上8km为峡谷河道，峡谷以上河床宽浅，水流散乱，其河床演变除受来水来沙条件及河床边界条件的影响外，还与水库运用密切相关。

(3) 仁存渡—头道墩

该河段为冲积平原河道，河床组成由下河沿至仁存渡的砂卵石过渡为砂质，为分汊型河道向游荡型河道转变的过渡型河道，也有专家将此段划为弯曲型河道。受鄂尔多斯台地控制，右岸形成若干节点，因此平面上出现多处大的河弯，心滩少，边滩发育，主流摆动大。抗冲能力弱的一岸，主流坐弯时，常造成滩岸塌滩，出现险情。永清沟于左岸汇入黄河，水洞沟于右岸汇入黄河。该河段长为70.5km，河宽为1000～4000m，平均为2500m。主槽宽为400～900m，平均约为550m。河道纵比降为0.15‰，弯曲系数为1.21，主流多靠右岸，左岸顶冲点变化不定，平面变化大。

(4) 头道墩—石嘴山

由于受右岸鄂尔多斯台地和左岸堤防控制，该段河道宽窄相间，呈藕节状分布，断面相对宽浅，水流比较散乱，沙洲密布，河床河岸的抗冲性较差，冲淤变化明显，主流游荡摆动剧烈，两岸主流顶冲点变化不定，会经常出现险情，属于游荡型河道。

该河段长为86.1km，河宽为1800～6000m，平均约为3300m；主槽宽为500～1000m，平均约为650m。河道纵比降为0.18‰，弯曲系数为1.23。

(5) 石嘴山—乌达公路桥

该河段长约36.0km，黄河从右岸桌子山及左岸乌兰布和沙漠之间穿行而过，属于峡谷型河道，河宽约400m，局部地段较宽，达1300m，纵比降为0.56‰，弯曲系数为1.50。

(6) 乌达公路桥—三盛公

受鄂尔多斯台地及乌兰布和沙漠前缘的控制，该河段平面上形成多处节点，河道宽窄相间，节点扩张段常出现较大河心滩，汊河较多。该河段长为105.0km，河宽为700～3000m，平均为1800m；主槽宽为400～900m，平均为600m。河道比降为0.15‰，弯曲系数为1.31。乌达公路桥—旧磴口河长为50.4km，其中乌达公路桥下游修建有海勃湾水库，库区长为33.0km，工程左岸为乌兰布和沙漠，右岸为内蒙古自治区的新兴工业城市乌海市；旧磴口—三盛公枢纽坝址河长为54.6km，是三盛公水利枢纽库区段，库区为平原型水库，平均河宽为2000m，主槽平均宽为1000m。三盛公枢纽右岸鄂尔多斯台地发育形成有众多的走向大体相互平行的山洪沟，库区段河道的河势变化受来水来沙条件及水库运用的共同影响，河床演变较为复杂。

(7) 三盛公—三湖河口

该河段穿行于河套平原南缘，河身较顺直，断面宽浅，水流散乱，河道内沙洲众多，属于游荡型河段，历史上摆幅可达50～60km，近二三十年来河势仍不稳定，最大摆幅达到3km左右。位于该河段的三盛公库区长为54.2km。

该河段长为220.7km，河宽为2000～4000m，平均约为3500m；主槽宽为500～900m，平均约为750m。

该段北岸有河套灌区总干渠二闸、三闸、四闸、六闸退水渠和总排干沟汇入黄河，还有刁人沟等山洪沟汇入黄河。

(8) 三湖河口—昭君坟

该河段北岸为乌拉山山前倾斜平原，南岸为鄂尔多斯台地，沿河南岸有毛不拉孔兑、布日嘎色太沟和黑赖沟3条孔兑汇入。由于上游游荡型河段的淤积调整，本河段滩岸已断续分布有黏性土，由游荡型河道向弯曲型河道过渡。由于河道宽广、河岸黏性土分布不连续，加之孔兑的汇入，该河段主流摆动幅度仍较大，其河床演变的特性介于上游游荡型河道和下游弯曲型河道之间。

该河段长为126.4km，河宽为2000～7000m，平均约为4000m；主槽宽为500～900m，平均约为710m。

(9) 昭君坟—蒲滩拐

在该河段内，黄河自包头折向东南，沿北岸土默特川平原南缘与南岸准格尔台地奔向蒲滩拐，河段总长度为193.8km。该河段由连续的弯道组成，平面上呈弯曲状，南岸有西柳沟、罕台川、哈什拉川、母哈尔沟和东柳沟五大孔兑汇入，北岸有数条阴山支流汇入，多于黄河弯道凸岸处进入黄河。该河段流经上游长距离的游荡段和过渡段后，水流含沙量有所降低。河道滩岸分布有断续的黏性土层，抗冲性较强，加之南岸准格尔台地及天然节点的控制，因此，该河段为典型的弯曲型河道，其河床演变的特点主要为凸岸边滩的淤长和凹岸的淘刷，险情不断。另外，该河段河道较窄，河身弯曲，凌汛期易形成冰塞、冰坝等特殊凌情，造成大的险情。

该河段河宽为1200～5000m，平均约为2000m，上段河道较宽；主槽宽为400～900m，平均宽为600m。

（10）蒲滩拐—马栅

该河段河长为141.1km，河道从山区穿过，主槽宽为400～1000m，左岸有浑河汇入黄河。

1.1.3 河道工程概况

1.1.3.1 水库工程

黄河上游修建了一系列大型水利工程，其中宁蒙河段建有青铜峡、刘家峡、龙羊峡等水利枢纽（表1-3），其中沙漠宽谷段主要有青铜峡水利枢纽、三盛公水利枢纽、海勃湾水利枢纽。另外，内蒙古河段支流也修建有不少水库，例如，狼山、红领巾、石嘴子、石峡口、乌兰、巴图湾等。

表1-3 黄河宁蒙河段主要水利枢纽

枢纽名称	死水位（m）	正常蓄水位（m）	总库容（亿 m^3）	调节库容（亿 m^3）	水库调节性能	保证出力（MW）	装机容量（MW）
龙羊峡	2530	2600	247	193.5	多年	589.8	1280
李家峡	2178	2180	16.5		日周	581.1	2000
刘家峡	1696	1735	57.0	41.5	年	489.9	1160
盐锅峡	1618	1619	2.2		日	204	396
八盘峡	1576	1578	0.49		日	107	180
大峡		1480	0.9		日	143	300
青铜峡		1156	5.65		日周	90.9	302
三盛公			0.8				2
海勃湾	1069	1076	4.87				90

2014年2月12日建成的位于黄河干流内蒙古自治区乌海市境内的海勃湾水利枢纽开始分凌下闸蓄水，同年5月26日首台机组正式发电。海勃湾水利枢纽控制的流域面积为31.34万 km^2，工程运用后可配合上游龙羊峡、刘家峡水库的防凌调度，适时调控凌汛期流量，提高黄河内蒙古段的防洪标准，使内蒙古河段的设防标准由50a一遇提高到100a一遇，减轻宁蒙河段的凌灾损失，是一座防凌、发电等综合利用工程。其下游87 km处为内蒙古三盛公水利枢纽，工程左岸为阿拉善盟，右岸为乌海市，坝址以上河段长约为2837km。海勃湾水库最大坝高为18.2m，正常蓄水位为1076m，死水位为1069m，总库容为4.87亿 m^3，年平均发电量为3.8亿度。设计洪水标准为100a一遇，校核洪水标准为2000a一遇。

1.1.3.2 河道整治工程

为防止河道凌洪决口灾害，宁蒙河段修建了不少河道整治工程。该河段有计划地开展河道整治始于20世纪90年代后半期，整治方案基本上同黄河下游河道，也是采用微弯整治方案，并逐步完善工程体系，目前少部分工程已初步起到了稳定河势的作用。

河道整治工程主要包括险工、控导工程。1988年前宁蒙河段仅有河道整治工程113处，坝垛1133道，且多为险工。至2012年，共有河道整治工程228处，坝垛3976道，工程长度339.0km。

1.1.3.3 灌区工程

黄河沙漠宽谷段建设有宁夏、内蒙古两大引黄灌区（简称宁蒙灌区）。

宁夏引黄灌区是我国四大古老灌区之一，位于黄河上游下河沿—石嘴山，沿黄河两岸川地呈“J”形带状分布。以青铜峡水利枢纽为界，其上游为沙坡头（卫宁）灌区，下游为青铜峡灌区。为解决宁夏中南部地区生产生活用水，还陆续建设了固海、盐环定、红寺堡和固海扩灌四大扬水工程，并在自流灌区周边兴建了南山台子等8个中型扬水灌区。

截至2015年，宁夏有引黄灌区14处，灌溉面积达783万亩①，其中大型自流灌区2处，自流灌溉面积达533万亩，大中型扬水灌区12处，扬水灌溉面积达250万亩。

内蒙古引黄灌区西起乌兰布和沙漠东缘，东至呼和浩特市东郊，北界狼山、乌拉山、大青山，南倚鄂尔多斯台地。截至2015年，内蒙古引黄灌区由河套灌区、黄河南岸灌区、磴口扬水灌区、民族团结灌区、麻地壕扬水灌区、大黑河灌区及沿黄小灌区组成，东西长约为480km，南北宽为10～415km，土地总面积约2700万亩，其中耕地面积约2000万亩，总灌溉面积约1100万亩。

乌梁素海位于内蒙古灌区的后套灌区东端，水面面积为290km^2，库容为3.3亿m^3，承纳后套灌区的排退水及阴山南麓的山洪，通过泄水渠排入黄河。

1.1.3.4 水土保持工程

黄河沙漠宽谷段入黄支流主要有清水河、苦水河和十大孔兑等。根据第一次全国水利普查成果，清水河、苦水河和十大孔兑水土流失综合治理以林草（林地和草地）措施为主，其面积为103.6万hm^2，占总治理面积的53.1%，淤地坝坝地面积仅占0.7%（表1-4）。

表1-4 兰州—头道拐河段水土保持措施量

流域	梯田（hm^2）	林地（hm^2）	草地（hm^2）	封禁（hm^2）	淤地坝		总面积（hm^2）
					座数	坝地面积（hm^2）	
祖厉河	274 313	265 103	180 678	44 628	197	3 637	768 359
清水河	83 667	184 715	48 569	341 023	352	6 075	664 049

① 1亩≈666.67m^2。

续表

流域	梯田 (hm²)	林地 (hm²)	草地 (hm²)	封禁 (hm²)	淤地坝		总面积 (hm²)
					座数	坝地面积（hm²）	
苦水河	3 035	62 908	19 859	69 629	3	162	155 593
十大孔兑	1 685	250 626	23 620	82 678	290	4 534	363 143
合计	359 665	700 444	252 867	468 330	842	14 408	1 951 144

1.2 黄河沙漠宽谷段水沙特点

除了部分冰雪融水外，黄河流域的河川径流主要由降水汇集而成。黄河流域降水量分布很不均匀，上游玛曲一带以南为多雨区，年降水量为800~900mm，最少的是沙漠宽谷段的古磴口附近，年降水量仅为145mm。上游地区降水多集中在6~9月，年际变化也较大。

观测黄河沙漠宽谷段干流水沙的水文站主要为下河沿、青铜峡、石嘴山、巴彦高勒、三湖河口、头道拐等，其中下河沿水文站断面集水面积为25.4万km^2，头道拐水文站断面集水面积约为36.79万km^2，分别约占全河的31.0%和46.3%。

（1）水沙异源

黄河上游的水量主要来自于河源区及兰州水文站以上的支流，其中包括湟水、大通河、洮河、庄浪河等支流；而泥沙则主要来自位于兰州水文站上游的循化水文站至头道拐水文站河段的支流及入黄风沙，其间支流除上述4条主要支流外，还包括祖厉河、清水河、苦水河、都思兔河，以及三湖河口—头道拐河段的十大孔兑。也就是说，兰州以上是黄河上游径流的主要来源区，但自兰州以下至头道拐，由于灌区引水等影响，径流量沿程不断减少。根据统计，兰州水文站不同时期的径流量占头道拐水文站径流量的129.8%~170.0%，而年输沙量仅占头道拐水文站的45.6%~81.9%；下河沿水文站年均输沙量占头道拐水文站输沙量的97.6%~146.5%。

根据分析（姚文艺等，2011），尽管唐乃亥以上的河源区面积仅占黄河流域面积的16%，但是1956~2006年平均实测径流量约占黄河下游花园口断面的42.0%，占下河沿径流量的86.8%，而唐乃亥以上泥沙量仅占下河沿输沙量的9.6%；河源区—兰州河段支流实测径流量占花园口断面的23.4%，兰州实测径流量为309.38亿m^3，占到花园口的65.4%。对泥沙而言，循化以下支流是黄河上游泥沙的主要来源区，特别是循化以下的洮河、大通河、湟水、祖厉河等支流输沙量占到下河沿来沙量的61%。祖厉河和清水河年来水量分别为1.28亿m^3、1.10亿m^3，合计来水量不到下河沿年水量的3%，仅为头道拐年水量的1%，而来沙量分别为0.558亿t、0.236亿t，合计来沙量占下河沿年沙量的60.6%、头道拐年沙量的54%。两条支流的年平均含沙量分别为436 kg/m^3、215kg/m^3，分别是下河沿的99.8倍、49.2倍，为头道拐年平均含沙量的87倍、43倍。

下河沿以下主要是沙量加入的河段，来自于清水河、苦水河和十大孔兑，合计年均沙量为0.42亿t，占头道拐输沙量的38.9%，而这些支流径流量合计为2.60亿m^3，只有头道拐的约1%。

来自于腾格里沙漠、库布齐沙漠等几大沙漠的风沙也是黄河沙漠宽谷段泥沙的来源之一。关于该河段入黄风沙已有一些研究成果，但不同研究者在不同时段研究的入黄风沙量也有不少差别。例如，杨根生等（2003）分析，1954 ~ 2000 年乌兰布和沙漠、库布齐沙漠年均入黄风沙约 0.253 亿 t；方学敏（1993）分析认为，1952 ~ 1989 年下河沿—头道拐河段入黄风沙约为 0.219 亿 t；近期有人研究认为入黄风沙量也有明显降低，年均约为 0.160 亿 t（薛娴，2015）。

（2）水多沙少

宁蒙河段水多沙少是其显著特点之一。天然情况下 1919 ~ 1967 年沙漠宽谷段进口断面下河沿的平均径流量为 314 亿 m^3、平均输沙量为 1.853 亿 t，平均含沙量为 5.90kg/m^3，其中径流量占全河同期花园口断面的 64%，而输沙量只占 13%。

（3）径流量沿程减少

黄河沙漠宽谷段仅有清水河、苦水河及十大孔兑等支流，产流量少，不足下河沿径流量的 1 %，但宁蒙灌区引水量远比区间产水量多，因此，径流量沿程减少成为沙漠宽谷段河道径流的主要特征。1954 ~ 1969 年兰州—头道拐河段年径流沿程减少量为 81.9 亿 m^3；20 世纪 80 年代以来，经济社会用水量不断增大致兰州—头道拐河段径流沿程减少量增加趋势明显。例如，2005 年径流沿程减少量达到 150 多亿立方米。2010 年以来径流沿程减少量有所降低，但仍在 100 亿 m^3以上。2012 年因宁蒙河段降水量大，径流沿程减少量回落，为 94.2 亿 m^3。据统计，2000 ~ 2015 年该河段径流沿程减少量为 120 多亿立方米，较基准期多减少了 46.5%。

（4）水沙年内分配不均匀且年际变化大

黄河上游段水沙不仅存在着地区来源的较大差异，而且年内、年际的分配也呈明显的不同。如不考虑宁蒙河段支流入汇水沙量，以下河沿作为宁蒙河段来水来沙的控制断面，则根据统计（表 1-5），按刘家峡水库、龙羊峡水库先后投入运用时间划分的 1961 ~ 1968 年、1969 ~ 1986 年和 1987 ~ 2012 年 3 个时段中，刘家峡水库运用前的 1961 ~ 1967 年相当于天然时期，汛期径流量占全年的比例在 60% 以上，自 1968 年刘家峡水库开始运用后的 1969 ~ 1986 年，汛期径流量占全年的比例明显下降，仅约 53%，1986 年龙羊峡水库建成并与刘家峡水库联调，之后汛期径流量占全年的比例与天然时期的相倒置，仅有 4 成多，而非汛期则差不多占到了 6 成。

表 1-5　宁蒙河段不同时段汛期、非汛期来水来沙量

时段	汛期		非汛期		全年		汛期占全年比例	
	径流量（亿 m^3）	输沙量（亿 t）	径流量（亿 m^3）	输沙量（亿 t）	径流量（亿 m^3）	输沙量（亿 t）	径流量（%）	输沙量（%）
1961 ~ 1968 年	235.0	1.634	144.6	0.289	379.6	1.923	61.91	84.97
1969 ~ 1986 年	169.1	0.895	149.6	0.175	318.7	1.070	53.06	83.64
1987 ~ 2012 年	108.1	0.505	145.1	0.143	253.2	0.648	42.69	77.93

由水沙过程看（图1-2～图1-5），该河段水沙量年际变化大。例如，沙漠宽谷段的下河沿水文站断面，多年平均径流量为296.1亿m^3，年际却丰枯不均。1961～1968年除个别年份外均为丰水年，其中1967年径流量最大，全年达509.1亿m^3；1991～2012年径流量较枯，各年均小于多年平均径流量，其中1997年径流量最少，仅为188.7亿m^3，与1967年相比相差2.7倍。下河沿多年平均输沙量为1.19亿t，年际来沙量差别也很大。例如，1959年来沙量最多，达4.41亿t，2004年的来沙量最少，仅为0.22亿t，二者相差20倍。上述统计表明，年沙量的变化幅度远比年径流量的变化幅度为大。

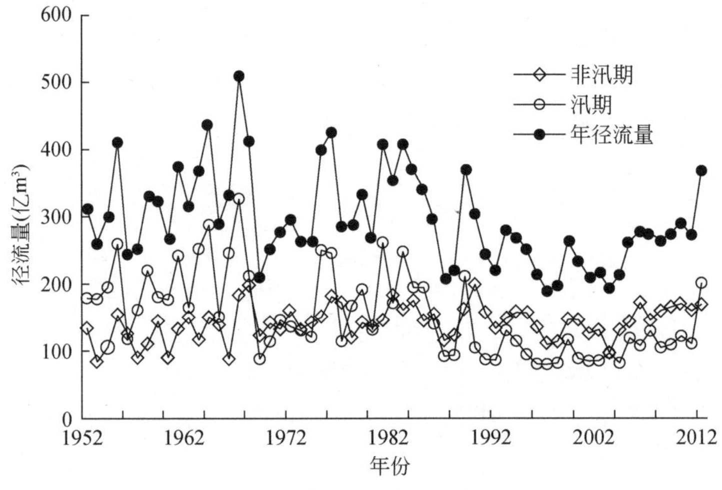

图1-2　下河沿水文站径流量变化过程

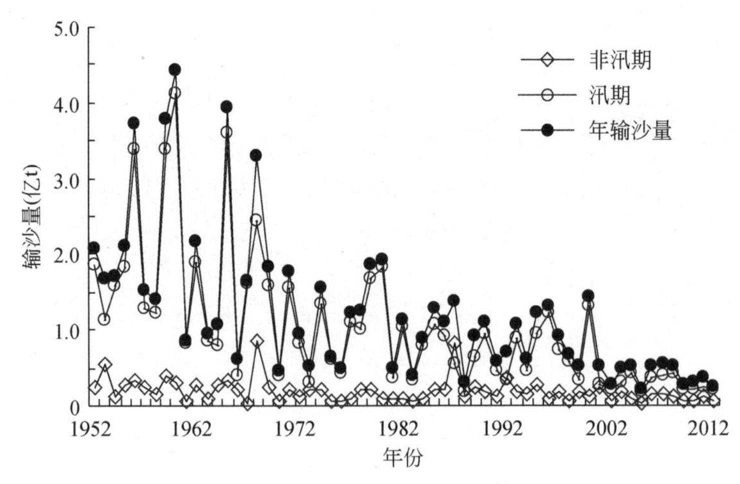

图1-3　下河沿水文站输沙量变化过程

沙漠宽谷段出口断面头道拐水文站的多年平均径流量为213.3亿m^3，1967年径流量最多，为442.5亿m^3，1998年径流量最少，为105.8亿m^3，前者为后者的4倍多；多年平均输沙量为1.01亿t，其中1967年最多，为3.19亿t，1987年最少，为0.154亿t，前者是后者的约21倍。

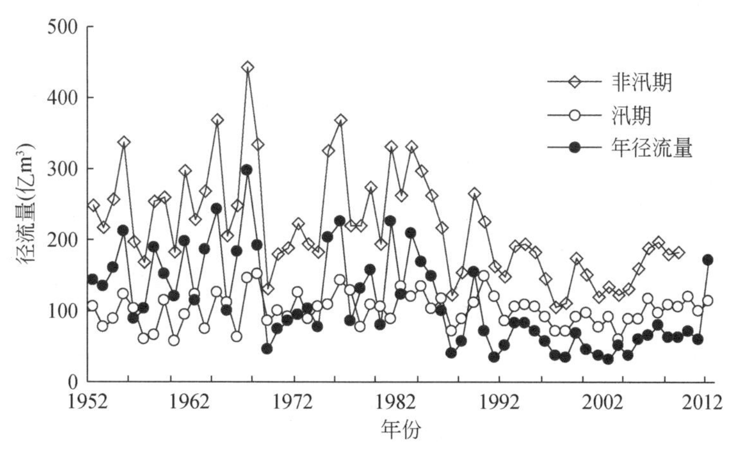

图1-4 头道拐水文站径流量变化过程

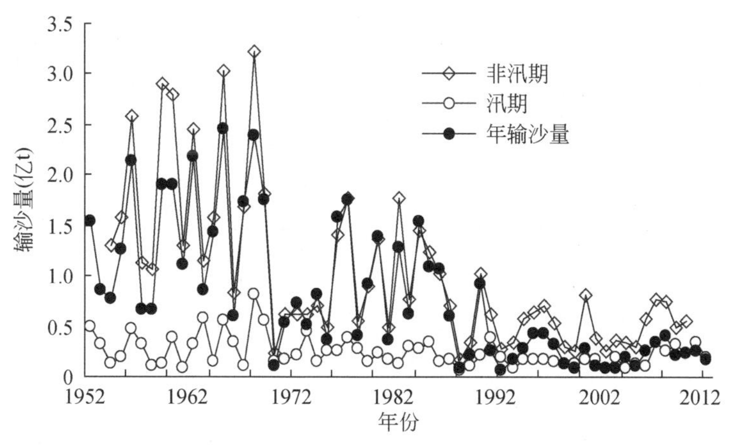

图1-5 头道拐水文站输沙量变化过程

(5) 洪水过程峰低历时长

黄河上游洪水主要来自唐乃亥以上，多由降水形成，一般发生在7~9月，除十大孔兑发生的洪水外，进入下河沿的洪水一般是量大、峰低、历时相对较长，峰型多呈单峰且较矮胖。例如，2012年7~8月黄河上游连续出现强降水过程，兰州水文站出现洪峰流量为3860m³/s的洪水过程，宁蒙河段河道流量大于2000m³/s的洪水持续40d以上，沙漠宽谷段下河沿的实测最大洪峰流量也达到3520m³/s，洪水历时达到56d（表1-6）。

表1-6 2012年沙漠宽谷段上段洪水过程主要特征值

水文站	洪水过程			洪峰	
	起涨时间	落水时间	历时（d）	峰现时间	实测最大流量（m³/s）
下河沿	7月23日	9月16日	56	8月27日	3520
青铜峡	7月24日	9月17日	56	8月28日	3070
石嘴山	7月25日	9月18日	56	8月31日	3400

(6) 水沙过程受人类活动干扰影响大

根据1953~2012年实测资料统计(表1-7),沙漠宽谷段水沙过程受人类活动影响非常大。

表1-7 沙漠宽谷段不同时期水沙量及其变化

水沙参数	时段	下河沿水文站	青铜峡水文站	石嘴山水文站	巴彦高勒水文站	三湖河口水文站	头道拐水文站
径流量(亿 m^3)	1952~1960年	300.6	296.3	281.0	271.1	236.1	233.0
	1961~1968年	379.6	322.7	358.7	301.9	299.1	299.6
	1969~1986年	318.7	242.9	295.9	234.7	245.1	239.2
	1987~1999年	248.3	181.2	227.4	159.3	168.2	162.5
	2000~2012年	258.0	191.2	226.3	163.2	172.0	161.8
	1952~2012年	296.1	237.1	272.5	217.6	218.9	213.3
输沙量(亿t)	1952~1960年	2.34	2.66	2.12	2.16	1.82	1.47
	1961~1968年	1.92	1.49	1.94	1.69	1.97	2.10
	1969~1986年	1.07	0.81	0.97	0.83	0.93	1.10
	1987~1999年	0.87	0.90	0.91	0.70	0.51	0.44
	2000~2012年	0.42	0.48	0.60	0.50	0.54	0.44
	1952~2012年	1.19	1.12	1.17	1.04	1.02	1.01
径流量较多年序列变幅(%)	1952~1960年	1.5	25.0	3.1	24.6	7.9	9.2
	1961~1968年	28.2	36.1	31.7	38.7	36.7	40.4
	1969~1986年	7.7	2.5	8.6	7.9	12.0	12.1
	1987~1999年	-16.1	-23.6	-16.5	-26.8	-23.1	-23.8
	2000~2012年	-12.9	-19.3	-17.0	-25.0	-21.4	-24.1
输沙量较多年序列变幅(%)	1952~1960年	96.7	137.9	80.2	106.8	78.0	45.9
	1961~1968年	61.8	33.4	64.8	62.5	92.4	108.8
	1969~1986年	-10.0	-28.0	-17.3	-20.1	-9.3	9.8
	1987~1999年	-26.7	-19.8	-22.4	-32.6	-50.6	-55.8
	2000~2012年	-64.4	-57.5	-49.0	-52.0	-47.5	-56.5

沙漠宽谷段下河沿水文站、青铜峡水文站、石嘴山水文站、巴彦高勒水文站、三湖河口水文站、头道拐水文站多年平均径流量分别为296.1亿 m^3、237.1亿 m^3、272.5亿 m^3、217.6亿 m^3、218.9亿 m^3 和213.3亿 m^3,多年平均输沙量分别为1.19亿t、1.12亿t、1.17亿t、1.04亿t、1.02亿t和1.01亿t。其中,在人类活动干预较少相当于天然时期的1952~1960年,下河沿水文站、青铜峡水文站、石嘴山水文站、巴彦高勒水文站、三湖河口水文站和头道拐水文站年径流量分别为300.6亿 m^3、296.3亿 m^3、281.0亿 m^3、271.1亿 m^3、236.1亿 m^3 和233.0亿 m^3,年输沙量分别为2.34亿t、2.66亿t、2.12亿t、

2.16 亿 t、1.82 亿 t 和 1.47 亿 t，与多年均值相比，径流量增幅为 1.5% ~25.0%，输沙量增幅为 45.9% ~137.9%，为丰水丰沙系列；1961 ~1968 年径流量仍较丰，各断面径流量增幅为 28.2% ~40.4%，输沙量增幅为 33.4% ~108.8%，输沙量增幅明显大于径流量增幅。

实际上，这些变化与人类活动具有密切关系。

1968 年刘家峡水库建成运用，1969 ~1986 年时段水沙条件受到刘家峡水库运用的影响。该时期虽然年径流量较多年系列有所增加，但由于受水土保持措施实施和刘家峡水库的拦沙影响，除头道拐水文站输沙量较多年系列略有增加外，其他各断面年输沙量较多年系列均有所减少，减幅为 9.3% ~28.0%。到 1986 年龙羊峡水库运用之后的 1987 ~1999 年，下河沿水文站、青铜峡水文站、石嘴山水文站、巴彦高勒水文站、三湖河口水文站和头道拐水文站年径流量分别为 248.3 亿 m^3、181.2 亿 m^3、227.4 亿 m^3、159.3 亿 m^3、168.2 亿 m^3 和 162.5 亿 m^3，年输沙量分别为 0.87 亿 t、0.90 亿 t、0.91 亿 t、0.70 亿 t、0.51 亿 t 和 0.44 亿 t，较多年均值相比径流量减幅为 16.1% ~26.8%，输沙量减幅为 19.8% ~55.8%。进入 21 世纪，随着封禁治理、工农业发展，尤其是能源开发等人类活动的强烈干扰，加之气候变化等因素的影响，2000 ~2012 年水沙量进一步减少，径流量减幅为 12.9% ~25.0%，输沙量减幅达到 47.5% ~64.4%。

1.3　研究目的、意义及任务来源

1.3.1　研究目的与意义

黄河上游下河沿—头道拐河段属于典型的沙漠宽谷河道，是宁蒙河段的关键区域。该河段河道上窄下宽且具有世界上最难于治理的游荡型河型，沙漠-灌区-水库-高含沙支流构成了多属性的河流边界系统，风沙-水沙交错，风、水两相侵蚀与风、水两相泥沙构成了复杂的多过程水沙动力系统，形成了黄河流域独特的沙漠河流景观。该区是反映沙漠-河流演化重大事件的关键河段，是黄河流域五分之三水量的“咽喉”输水通道，是我国西北地区粮食的主产区，黄河上游水沙变化事关黄河全局。

几十年来，受自然-人类活动双重耦合作用的影响，黄河沙漠宽谷段已经成为人类活动强烈干扰的河道，水沙过程发生变异，河岸坍塌与泥沙淤积问题日益凸显，已发育形成“新悬河” 268 km，河道凌汛期小水决口事件由 1952 ~1993 年 40a 一遇提升到 2000 年以来的 2.5a 一遇，凌灾洪灾频发且损失巨大。例如，2001 年黄河凌汛期，内蒙古临河和乌海市先后发生凌灾，4000 多人受灾，仅乌海市的经济损失就达 1.3 亿元；2003 年 9 月洪峰流量 1300 m^3/s 导致大河弯决口事件，2008 年 3 月凌汛流量 1600 m^3/s 造成杭锦旗决口事件，每次事件都造成直接经济损失 6 亿 ~10 亿元。河床淤积加剧不仅严重威胁包括黄河沙漠宽谷河段在内的宁蒙河段的洪凌安全，而且限制了黄河上游黑山峡峡谷水力资源开发利用，影响了黄河全流域治黄规划和防治措施的整体布局，引起国家高度重视和科技界的广泛关注。

然而，由于人们对宁蒙河段尤其是沙漠宽谷段的水沙变化规律及河床演变的新形势缺乏深入系统研究，目前对该河段水沙变化成因及其河道淤积响应关系的认识存在很大分歧，很大程度上限制着和影响了国家对黄河上游黑山峡峡谷的水力资源开发利用的决策。黑山峡位于宁蒙河段上游，围绕拟建水库对宁蒙河段的影响、作用和功能定位等问题，出现严重的认识分歧。一种观点认为上游大型水库的蓄洪造成河道造床流量的减少和水沙关系的变异是宁蒙河段河道淤积的根源，应当修建黑三峡水库进行再调节，变不利水沙条件为有利水沙条件，通过调水调沙改变宁蒙河段不断淤积的局面；另一种观点认为腾格里沙漠、河东沙地、乌兰布和沙漠及库布齐沙漠等是黄河宁蒙河段粗泥沙的主要来源，沙漠产生的粗泥沙大量汇入是宁蒙河段泥沙淤积的主因，修建黑三峡水库对于改变该河段淤积的作用是有限的。以上认识的分歧造成黄河黑山峡峡谷水力资源开发利用和宁蒙河段治理提出了不同方案：一种意见是修建高坝调水调沙，另一种意见是多级低坝方案。这种认识分歧和治理方案争论根源在于对该河段泥沙输移规律、水沙变化机理等基础科学问题缺乏深入的研究。因此，研究黄河上游沙漠宽谷河流水沙关系的时空变化过程与特征，分析沙漠宽谷河流水沙关系变化的驱动成因，揭示多因子耦合作用下的水沙变异的响应机理，系统、定量回答多因素对水沙变化的作用机制及其贡献率等科学问题，对于防治黄河上游“新悬河”，维持黄河健康，合理开发黄河上游水力资源，保障我国西北地区粮食主产区洪凌安全，意义重大，影响深远。为此开展黄河沙漠宽谷河道水沙关系变化及驱动机理的研究目的就是深化认识沙漠宽谷段水沙输移规律及水沙变化成因，为黄河上游水力开发利用、防洪防凌安全需求，促进区域经济社会发展做出新贡献。

黄河沙漠宽谷河道水沙关系变化及驱动机理研究将科学前沿与国家需求紧密结合，在全面认知人类活动与自然环境变化作用下水沙过程变化特征的基础上，以黄河上游水沙条件的长期观测数据和研究成果为基础，利用水沙观测资料分析、水沙过程响应实体模型试验、数值模拟和理论分析的手段对水沙条件在人类活动、气候变化格局下的变化特征进行系统化研究，揭示水沙变化过程的时空特征及其对多因子的综合响应机理，通过对以人类活动驱动下流域水文系统响应程度识别评价为内容的复杂性科学研究领域的创新，将促进水土保持学、沙漠学、河流泥沙动力学及相关学科的发展，具有广阔的推广应用前景。

1.3.2 任务来源

国家对黄河上游水力资源开发利用、宁蒙河段洪凌灾害治理及黄河长治久安高度重视，先后投入大量资金、人力等资源开展该河段的治理与重大关键科学技术问题研究。黄河上游风沙、水沙变化已经对黄河宁蒙沙漠宽谷“新悬河”的形成、演变过程带来突出影响，黄河沙漠宽谷河道近年来淤积不断提高已成为限制黄河上游水资源开发利用的瓶颈问题，迫切需要定量分析水沙变化过程及变化规律，评估水沙变化趋势及其对河道冲淤演变的影响，迫切需要研究和评估大型水库调节等大型人类活动对沙漠宽谷河流的正反影响。

为解决上述重大科学问题，国家重点基础研究发展计划（973 计划）专门设立“沙漠宽谷河道水沙关系变化及驱动机理”课题（编号 2011CB403303），围绕黄河沙漠宽谷段河道水沙变化过程及驱动机理的重大命题，阐释气候-下垫面-人类活动-河床演变多因子耦合驱动下水沙关系变化过程，揭示黄河沙漠宽谷段河道水沙关系变化的驱动因子及变化机理；构建水沙关系与多因子作用指标体系之间的关系，揭示多因子耦合作用下水沙变异的响应机理；定量分析人类活动、气候变化、河床演变与下垫面变迁对沙漠宽谷段河道水沙关系变化作用的贡献率，为防治黄河上游“新悬河”发展，维持黄河健康，合理开发黄河上游水力资源，保障洪凌安全提供科学依据、基础数据及理论支撑。

1.4 研究内容及技术路线

1.4.1 研究内容与研究目标

1.4.1.1 研究内容

根据黄河沙漠宽谷段河道水沙变化的科学问题，设立 4 项研究内容。

(1) 沙漠宽谷河流水沙关系变化的时空特征

依据黄河上游水沙定位测验资料，利用非线性分析方法，认识水沙关系变化的时序分异性；研究黄河上游河流水沙关系在不同时段的特征，揭示水沙耦合关系调整的时序特点与分异规律；揭示不同河段间水沙关系变化的关联性，阐明不同河段水沙关系变异的空间分布特征。

(2) 上游水利工程对水沙过程变异的影响

针对黄河上游水沙关系剧烈变异，分析大型水库对工程下游河流水沙过程的调控作用；研究宁蒙灌区大规模引水引沙对干流水沙关系沿程变化的影响，建立灌区河段干流水沙输移与灌区引水循环的双过程耦合数学模型；定量分析大型水利工程对沙漠宽谷河段干流水沙关系变化的贡献率。

(3) 沙漠宽谷段河道水沙关系对河床演变的响应机制

根据沙漠宽谷段河道野外水文测验数据分析，结合沙漠宽谷段河道水沙过程响应实体动床模型试验等途径和手段，研究河床调整过程对水流能量分配的作用，揭示河段水沙输入—调整—水沙输出过程动力机制；研究多过程条件下河床演变对床沙级配的影响，揭示床沙、悬沙交换动力机制；建立河床变形激发传递过程的水沙变化理论模式，定量揭示水沙关系与河床过程参数之间的耦合关系。

(4) 河道水沙关系变异对多因子的综合响应机理

应用水文泥沙定位测验数据、遥感影像资料，运用水文统计分析法，定量分析降水、下垫面、水利工程和河床演变等多元因素对水沙关系变异的影响；建立多因子对水沙变化影响的指标体系，分析沙漠宽谷段水沙关系对多因子的复杂响应关系，揭示多因子耦合作用下水沙变异的响应机理。

1.4.1.2 解决的科学问题

通过 1.4.1.1 节研究内容，重点解决长历时多周期水沙序列变化趋势定量评价方法、大型灌区引水引沙—地表地下水循环—河床演变—水沙运移—水沙变化动力过程模拟技术及基于高光谱影像端云光谱的河道-灌区灰色边界带信息自动提取方法与技术，以及复杂河流边界、多元多类驱动因子作用条件下，沙漠宽谷段河道水沙输入—河床调整—水沙输出过程及“水-沙-床”耦合机制揭示与理论模式构建等科学问题，力求在河床演变与水沙关系变化响应理论模式构建、河道水沙变化多元驱动因素的动力学机制揭示、宁蒙灌区河段干流水沙输移与灌区引水循环的双过程耦合数学模型模拟及高光谱影像端元光谱自动提取技术、水库对水沙关系调控动力学机制揭示、定量判识水沙序列变化趋势方法和水沙变化集成评估技术等方面取得进展。

1.4.1.3 研究目标

通过水文泥沙定位观测及野外试验观测资料分析、水沙过程响应实体模型试验、数学模型模拟和理论推演，分析黄河上游沙漠宽谷河流水沙关系变化时空分布特征，揭示水沙关系变化对气候、大型水库枢纽、引水工程及下垫面等自然、人为因子的复杂响应机制；定量模拟自然、人为多因子在沙漠宽谷河道水沙关系变化过程中的贡献率，为黄河上游水力资源开发利用、水沙调控体系建设、河道治理及洪凌灾害防治提供科技支撑。

1.4.2 技术路线

本研究是国家资源环境及水安全领域的重大基础性、应用性及战略研究课题，属于水沙动力学、水土保持学、水文与水资源学的交叉学科领域，研究成果主要应用于黄河水沙调控工程体系建设、河流治理开发、水土保持生态建设、水安全及生态安全保障等领域。据此，研究技术路线将本着多学科交叉融合、野外观测与室内模拟试验及数学模拟等多手段多方法相结合的原则进行设计。

1.4.2.1 技术方案

将科学前沿与国家需求紧密结合，以水沙关系变化研究为纽带，运用水文学、水土保持学、河床演变学、气候学、工程学、地理信息技术和泥沙运动学等多学科的基本理论，从 3 个层面开展黄河沙漠宽谷河道水沙关系变化及驱动机理研究（图 1-6）：

第一层面是构建研究信息系统平台，包括原型实测平台、模型试验观测平台等多元数据平台和模拟反演模型系统平台。利用灌区水沙循环系统、水土保持生态系统的国家野外观测站点及相关水文测验站点的长期大量观测资料，结合遥感解译、实体模型试验、野外观测等方法，获取地理、气候、水文泥沙、下垫面等多元数据，提取点、线、面三大层次数据、图像等信息，建立水沙变化及其背景特征的数据库；基于黄河沙漠宽谷河流多元信息综合数据平台，构建灌区地表地下水循环模拟模型，建立气候-人类活动-水沙过程的复杂耦合关系；建设水沙过程响应实体模型和下垫面调控实体模型，为揭示水沙过程对河床

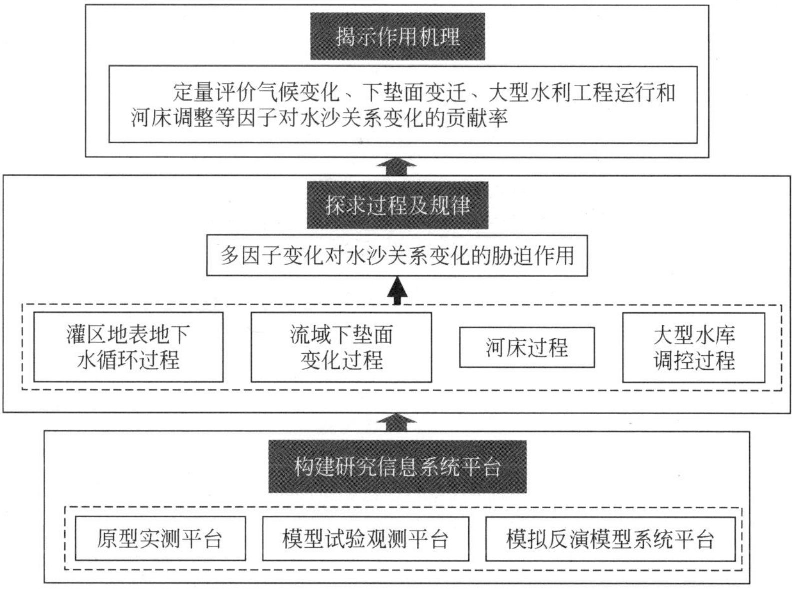

揭示作用机理

定量评价气候变化、下垫面变迁、大型水利工程运行和河床调整等因子对水沙关系变化的贡献率

探求过程及规律

多因子变化对水沙关系变化的胁迫作用

灌区地表地下水循环过程　流域下垫面变化过程　河床过程　大型水库调控过程

构建研究信息系统平台

原型实测平台　模型试验观测平台　模拟反演模型系统平台

图 1-6　研究技术方案

调整和下垫面调控的响应机制提供研究平台。

第二层面是探求过程及规律。利用定位观测与对比研究的方法，通过理论推演，并结合实体模型试验、数值过程模拟的手段，研究灌区地表地下水循环过程、大型水库调控过程、流域下垫面变化过程、河床过程等多因子变化的时空特征，及其对水沙关系变化的胁迫作用，认识黄河沙漠宽谷段水沙变化规律。

第三层面是揭示作用机理。在第一层面和第二层面研究成果基础上，通过反演对比、统计分析和主导因子评价等多种方法，定量评价气候变化、下垫面变迁、大型水利工程运行和河床调整等因子对水沙关系变化的贡献率，揭示多因子耦合作用下水沙变化响应机理，集成创新建立水沙变化趋势综合评估技术，定量评价多因素对水沙变化的贡献率，实现预期科学目标和满足国家需求目标，为满足黄河上游防洪防凌安全需求，促进区域经济社会发展做出贡献。

1.4.2.2　技术路线

依据上述研究方案，制定的技术路线框架如图 1-7 所示。

1）利用野外调查、资料收集和试验观测及模拟反演等技术手段，根据百年尺度水沙定位观测资料数据，构建黄河上游沙漠宽谷段河道水沙变化及其影响因子的综合信息库，为开展水沙变化驱动机理研究提供基础数据支撑平台；利用非线性随机序列统计分析理论，研究黄河上游河流的水沙关系变化过程和时空特征。

2）将大型灌区引水引沙—地表地下水循环—河床演变—水沙运移—水沙变化视为有本构关系的水文过程大系统，以灌区与河道的水沙交换关系作为耦合条件，基于 MIKE SHE 分布式水文模型，建立灌区河段干流水沙输移与灌区引水循环的双过程耦合数学模型模拟，结合引水引沙动态过程定位观测资料分析和代表性观测地表地下水循环的实测资料

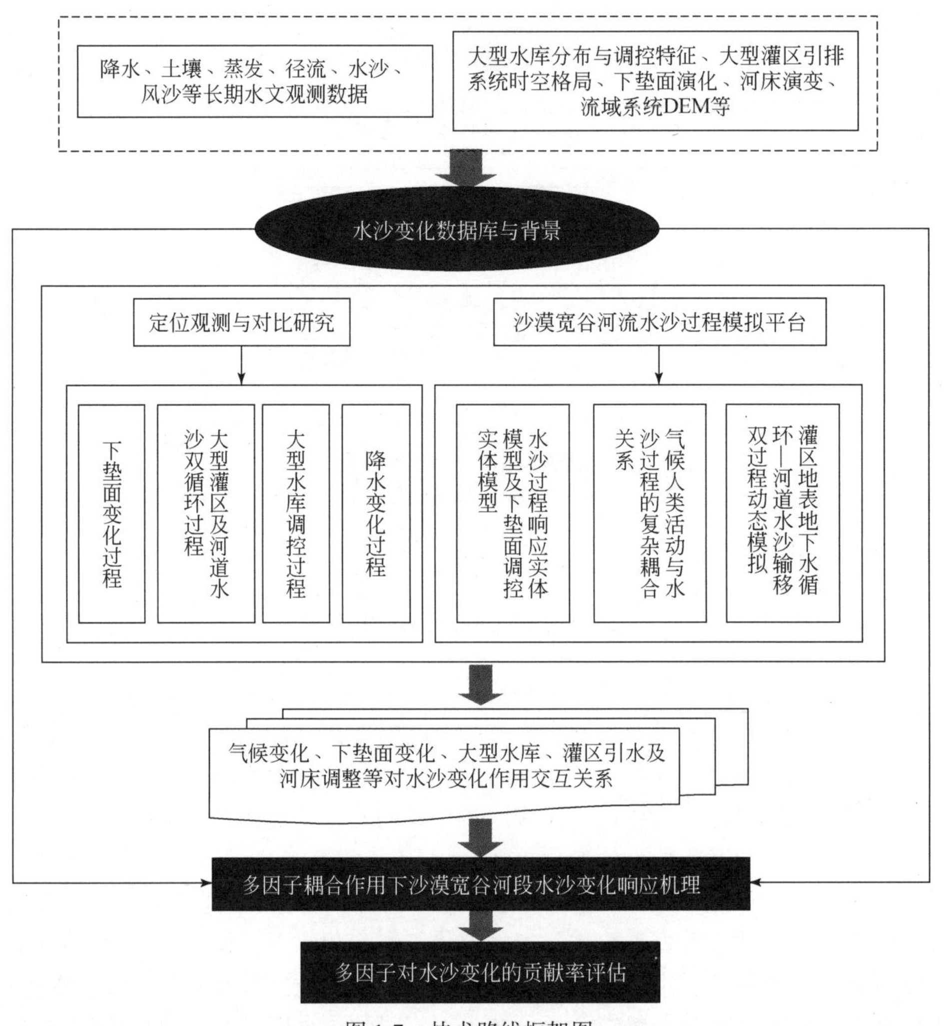

图 1-7　技术路线框架图

统计，定量分析大型灌区引水对河流水沙变化的作用机制；利用水动力学原理和河床演变学理论，揭示大型水库对水沙过程调控动力机制，评估黄河上游水库调控对河道水沙变异过程作用。

3）将河床演变的水沙变化影响作为结果的反向思维理念，基于河床演变学理论，利用流体动力学原理和波系理论，通过沙漠宽谷河流水沙过程响应实体动床模型试验和数学模拟技术，揭示多过程河床演变对水沙关系的调控机制，建立含沙量、水沙关系变化对河床演变响应的理论模型，定量分析多态河床过程对水沙关系的反调控作用。

4）利用产汇流基本原理，通过植被对产流机制胁迫作用的野外及室内人工降水模拟试验，建立气候-人类活动-水沙过程的复杂耦合关系，研究下垫面对流域水沙变化的影响规律，揭示黄河沙漠宽谷段干流水沙关系对气候和下垫面的响应机制，定量评价下垫面演变对水沙变化的作用。

5）基于主导因子分析法，辨识水沙变化主导驱动因子，建立影响水沙变化的主导因子体系，分析多因子的交互关系，集成创新构建水土保持–水文–数学模型模拟集成评估技术，评估各因子对水沙变化的贡献率，进一步揭示多因子耦合作用下水沙变异的响应机理。

1.5 本书结构

全书共分 9 章，其中第 1 章为绪论，主要介绍黄河沙漠宽谷河段自然属性及子河段的主要特征、河道水沙特点，以及研究目的与意义、研究内容等；第 2 章为黄河沙漠宽谷河流水沙关系变化时空特征，主要探讨水沙变化的概念，并在其基础上建立水沙变化的指标体系，辨识长序列水沙变化趋势与变点，分析水沙关系变化规律，检验评估水沙序列变化的周期特征，统计分析沙漠宽谷段泥沙级配变化规律，并探讨粗泥沙临界粒径等，对沙漠宽谷段水沙变化的基本特征取得系统认识；第 3 章为黄河上游大型水库运用对水沙过程变异的影响，主要介绍龙羊峡、刘家峡等大型水利枢纽的水沙调控参数变化特征，水库运用对出库水沙关系的影响，以及龙羊峡、刘家峡水库运用对沙漠宽谷河段干流水沙变异的影响，并建立水库综合调控参数与干流输沙量的响应关系，揭示大型水库对水沙关系变化的调控机制等；第 4 章为黄河上游大型灌区引水对水沙过程变异影响，主要介绍黄河上游大型灌区主要特点，灌区引水退水变化过程、宁蒙灌区引退水关系分析、基于 GIS 的大型灌区引水循环模型、干流水沙输移与灌区引水循环双过程耦合模型、大型灌区引水对干流水沙关系变化的影响及其贡献率等；第 5 章为沙漠宽谷河道水沙关系对河床演变的响应机制，主要介绍沙漠宽谷河段河床演变基本规律、水沙关系对河床演变响应的动力学模型、多过程河床演变对水沙关系的调控机制，以及河床变形激发传递过程的水沙变化模式等；第 6 章为植被对产流机制的胁迫作用，主要介绍沙漠宽谷段典型流域暴雨洪水泥沙关系规律、水沙变化对被覆的响应机理、被覆变化对产流机制的胁迫作用及其临界等；第 7 章为沙漠宽谷河段流域下垫面对产沙的影响，主要介绍沙漠宽谷段典型支流下垫面侵蚀产沙基本特征、典型流域泥沙来源、流域水沙变化对下垫面的响应机理等；第 8 章为河道水沙变化对多因子驱动的响应机理，主要介绍沙漠宽谷河段水沙变化影响因素及其主导驱动因子，流域侵蚀产沙对多因子响应模型，典型流域水沙关系变化对降雨–下垫面的响应关系，多因子对水沙关系变化的调控机制，主导影响因子对水沙变化的贡献率等；第 9 章为主要认识与需进一步研究的问题。

参考文献

方学敏 . 1993. 黄河干流宁蒙河段风沙入黄沙量计算［J］. 人民黄河，(4)：1 ~ 3.

水利部黄河水利委员会 . 2013. 黄河流域综合规划（2012 ~ 2030 年）［M］. 郑州：黄河水利出版社 .

薛娴 . 2015. 黄河上游沙漠宽谷段河道冲淤演变趋势预测［R］. 中科院寒区旱区研究所，黄河水利科学研究院，西安理工大学 .

杨根生，拓万全，戴丰年，等 . 2003. 风沙对黄河内蒙古河段河道泥沙淤积的影响［J］. 中国沙漠，23 (2)：152 ~ 159.

姚文艺，徐建华，冉大川，等 . 2011. 黄河流域水沙变化情势分析与评价［M］. 郑州：黄河水利出版社 .

叶春江 . 2003. 黄河宁蒙河段河道整治的实践与研究［D］. 西安理工大学硕士学位论文 .

第 2 章　黄河沙漠宽谷河流水沙关系变化时空特征

分析水沙变化特征及时空分异性，是揭示水沙变化成因的基础。本章探讨水沙变化的概念，并在其基础上建立水沙变化表征的指标体系，辨识长序列水沙变化趋势与变点，分析水沙关系周期规律，检验评估水沙序列变化的周期特征，统计分析沙漠宽谷段河道泥沙级配变化规律，并探讨粗泥沙临界粒径等，对沙漠宽谷河道水沙变化的基本特征取得系统认识。

2.1　水沙变化表征的指标体系

水沙变化是一种具有时间、状态、过程特征的水文现象，因此，水沙变化内涵应包括两方面：一是水沙量变化，二是水沙关系变化。相应的评价指标可选为年径流量、汛期径流量、年输沙量、汛期输沙量、水沙关系、水流含沙量和来沙系数等。

水流含沙量是表征水沙组合关系的重要指标，直观反映了来沙量与径流量的组合关系，在一定程度上反映了水流输沙能力大小；来沙系数则是表征水沙组合关系的重要指标之一，是单位流量的含沙量，或实测含沙量与临界含沙量的比值，也代表单位水流功率含沙量的大小，反映了水沙搭配关系，常常作为河道输沙平衡和河道冲淤的判别指标，当来沙系数大于某一特定值时，河道一般表现为淤积；反之，当其小于或等于某一特定值时，河道表现为冲刷或冲淤平衡，具有较好的物理意义（许炯心，2004；申冠卿等，2006；吴保生和张原峰，2007；吴保生和申冠卿，2008），其定义为

$$\beta_s = \frac{S}{Q} \tag{2-1}$$

式中，β_s 为来沙系数；S 为含沙量；Q 为流量。从下河沿—头道拐河段不同时期的冲淤量与来沙系数关系也说明了河道演变对来沙系数有着很好的响应特性（图 2-1 ~ 图 2-3）。还有研究表明，来沙系数对平滩面积、平滩流量以及河道的宽深比都有影响（许炯心和张欧阳，2000；林秀芝等，2005；胡春宏等，2006；吴保生等，2007）。

基于水沙变化的水文特征及泥沙运动基本理论，本着反映水文学及河流动力学原理、与以往水沙变化分析指标宏观吻合、基础数据可获取及可应用的原则，提出水沙变化表征指标体系，见表 2-1。

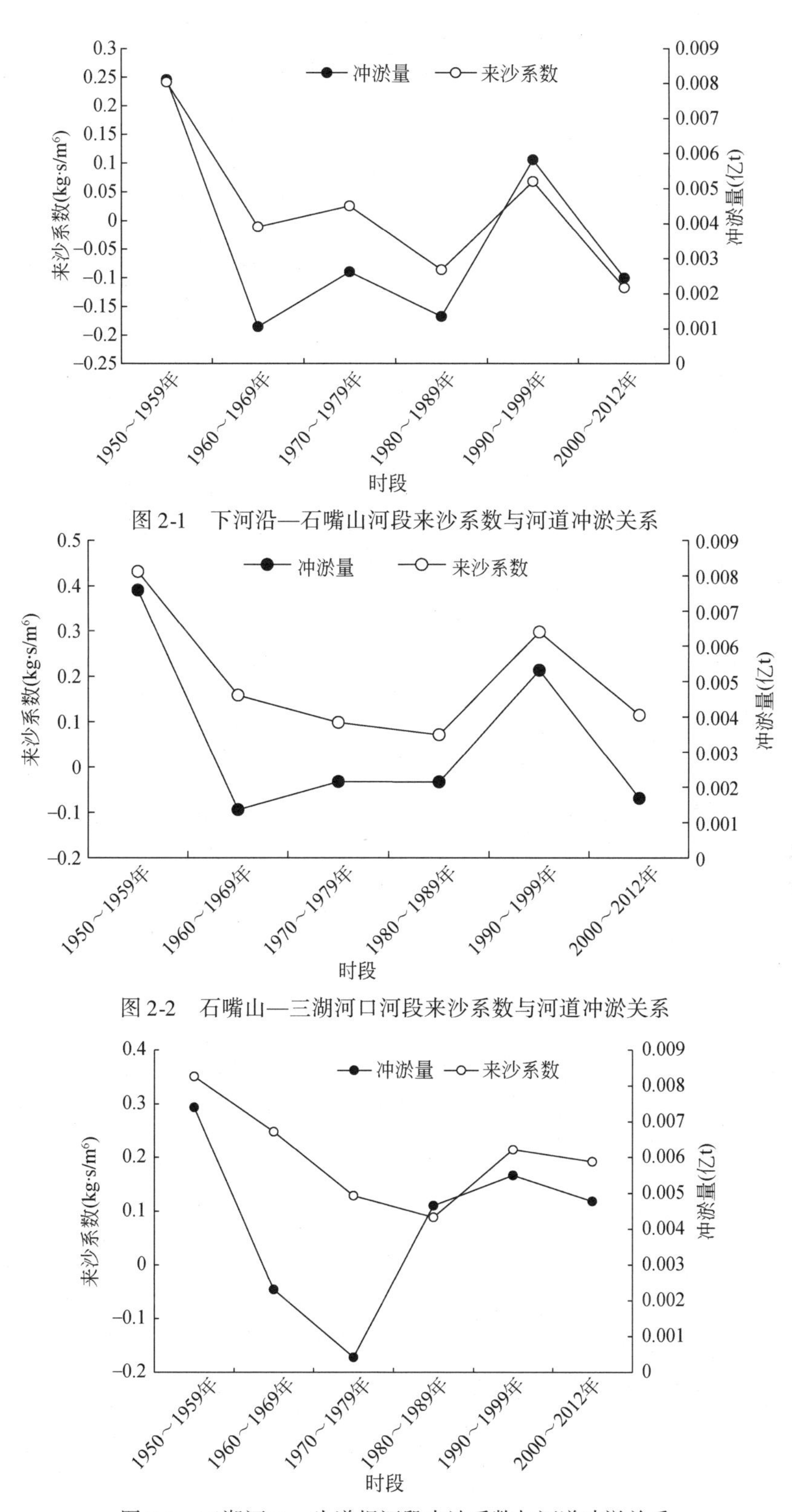

图 2-1　下河沿—石嘴山河段来沙系数与河道冲淤关系

图 2-2　石嘴山—三湖河口河段来沙系数与河道冲淤关系

图 2-3　三湖河口—头道拐河段来沙系数与河道冲淤关系

表 2-1　水沙变化表征指标体系

水沙变化特征值	指标类型	表征指标	指标特征	参数	特性
径流量、输沙量	第一类	年径流量、年输沙量	径流、泥沙总量	径流及泥沙序列均值变幅、突变出现时期、突变前后序列均值变化	状态与过程
	第二类	月径流量、月输沙量	径流、泥沙总量	月平均径流量及泥沙量、变幅及突变出现时间、突变前后序列均值变化	
	第三类	径流、泥沙极值	径流、泥沙总量与持续时间	年最大、最小径流量及泥沙量与出现时间	
	第四类	水沙响应关系	水沙函数	来沙系数、水沙关系相关程度	
	第五类	水沙组合	输沙能力	含沙量、来沙系数，极值与出现时间	
	第六类	时程分配	汛期、非汛期径流、泥沙量	汛期径流量及泥沙量占全年的比例、汛期与非汛期径流量及泥沙量的比例	时间
	第七类	周期变化	重现期	周期尺度、主周期、序列方差	
	第八类	径流、泥沙变化程度和频率	丰枯分布、变化程度、变化趋势	分位数、趋势度、变异系数	趋势
泥沙组成	第一类	悬移质级配	粒径组成分布	中值粒径、平均粒径	
	第二类	床沙级配	粒径组成分布	中值粒径、平均粒径	
	第三类	泥沙组成临界	粗细泥沙粒径	临界粒径	

2.2　水沙变化趋势与变点辨识

2.2.1　水沙变化趋势

为从多方面认识水沙变化趋势，分别采用滑动平均法、Mann-Kendall（M-K）检验法、线性倾向率法、趋势度检验等方法，统计分析沙漠宽谷河道水沙序列的变化趋势。

2.2.1.1　滑动平均趋势检验

滑动平均法的基本原理是（裴益轩和郭民，2001），设一组动态测试数据序列 $y(t)$ 由确定性成分 $f(t)$ 和随机性成分 $x(t)$ 组成，且前者为所需的测量结果或有效信号，后者即随机起伏的测试误差或噪声，即 $x(t)=e(t)$，经离散化采样后，可相应地将动态测

试数据写成

$$y_j = f_j + e_j \quad (j = 1,\ 2,\ \cdots,\ N) \tag{2-2}$$

一般来说，为了精确地表示测量结果，抑制随机误差 $\{e_j\}$ 的影响，常对动态测试数据 $\{y_j\}$ 作平滑和滤波处理。具体而言，就是对非平稳的数据 $\{y_j\}$，在适当的小区间上视为接近平稳的，而作某种局部平均，以减小 $\{e_j\}$ 所造成的随机起伏。这样沿序列全长 N 个数据逐一小区间上进行不断的局部平均，即可得出较平滑的测量结果 $\{f_j\}$，而滤掉频繁起伏的随机误差。例如，对于 N 个非平稳数据 $\{y_j\}$，视之为每 m 个相邻数据的小区间内是接近平稳的，即其均值接近于常量。于是，可取每 m 个相邻数据的平均值，用以表示该 m 个数据中任一个的取值，并且视其为抑制了分析序列随机误差的测量结果或消除了噪声的信号。通常多用该均值来表示其中点数据或端点数据的测量结果或信号，其表达式为

$$f_k - y_k = \frac{1}{2n+1}\sum_{k=-n}^{n} y_{k=1} \quad (k = n+1,\ n+2,\ \cdots,\ N-n) \tag{2-3}$$

式中，$2n+1=m$。显然，这样所得到的 $\{f_k - y_k\}$，其随机起伏因平均作用而比原来数据 $\{y_k\}$ 减小了，即更加平滑了，故称之为平滑数据。由此也可得出对随机误差或噪声的估计，即取其残差为

$$e_k = y_k = f_k \quad (k = n+1,\ n+2,\ \cdots,\ N-n) \tag{2-4}$$

上述动态测试数据的平滑与滤波方法就称为滑动平均法。通过滑动平均后，可滤掉数据序列中频繁随机起伏的问题，显示出平滑的变化趋势，同时还可得出随机误差的变化过程，从而可以估计出其统计特征量。需要指出的是，式（2-3）只能得到大部分取值，而缺少端部的取值，即 $k< n+1$ 和 $k>N-n$ 的部分有 $m-1$ 个测量结果或信号无法直接得到，通常称其为端部效应，需设法补入。

滑动平均的一般处理方法是，按式（2-3）进行滑动平均是沿分析序列全长 N 个数据，不断逐个滑动取 m 个相邻数据作直接的算术平均。即该 m 个相邻数据 y_{k-n}，y_{k-n+1}，$\cdots$，y_k，$\cdots$，y_{k+n}，对其所表示的平滑数据 $f_k=y_k$ 而言是等效的，按所谓等权平均处理。实际上相距平滑数据 $f_k=y_k$ 较远的数据，对平滑的作用可能要小于较近者，即是不等权的，因而对不同复杂变化的数据，其滑动的几个相邻数据宜取不同的加权平均表示平滑数据。更一般的滑动平均方法是沿分析序列全长的 N 个数据，不断逐个滑动取 m 个相邻数据作加权平均以表示平滑数据，其一般算式为

$$f_k = y_k = \sum_{i=q}^{q} \omega_i y_{k+1} \quad (k = q+1,\ q+2,\ \cdots,\ N-p) \tag{2-5}$$

式中，ω_i 为权系数，且 $\sum_{i=q}^{q} \omega_i = 1$；$p$、$q$ 为小于 m 的任一正整数，且 $p+q+1=m$。这些参数的不同取法就形成不同的滑动平均方法。例如，$p=q=2$，且 $\omega_i=1/(2n+1)$，即为式（2-3）的算法，称为等权中心平滑法。特别是取 $p=0$ 或 $q=0$，即为常用的端点平滑。当 $\omega_i=1/m$（对所有的 i）时即为等权端点平滑，其前端点平滑法算式为

$$f_k = y_k = \frac{1}{m}\sum_{i=0}^{m-1} y_{k+i} \quad (k = 1,\ 2,\ \cdots,\ q) \tag{2-6}$$

后端点平滑法算式为

$$f_k = y_k = \frac{1}{m}\sum_{i=-m+1}^{0} y_{k+i} \quad (k = N-p+1,\ N-p+2,\ \cdots,\ N\ ) \tag{2-7}$$

应当指出的是，滑动平均法的参数选取将直接影响对数据的平滑效果，如果式（2-7）中 m 取得较大，则局部平均的相邻数据偏多，这就有可能会将序列中高频变化的确定性成分一起被平均而削弱；反之，若 m 取得较小，则可能对低频随机起伏未作平均而减小，这样就会不利于抑制序列的随机误差，因此应按平滑的目的及数据实际变化情况，合理选取滑动平均参数 m（包括 p 和 q）与 $\{\omega_i\}$ 。在动态测试数据处理中应用较多的是最简单的5~11点等权中心平滑或2、3次加权中心平滑。

（1）年径流量、年输沙量变化

利用滑动平均法，对下河沿、石嘴山、三湖河口、头道拐4个水文站测流断面的年径流量和年输沙量序列分别取11a和9a进行滑动平均（图2-4）。

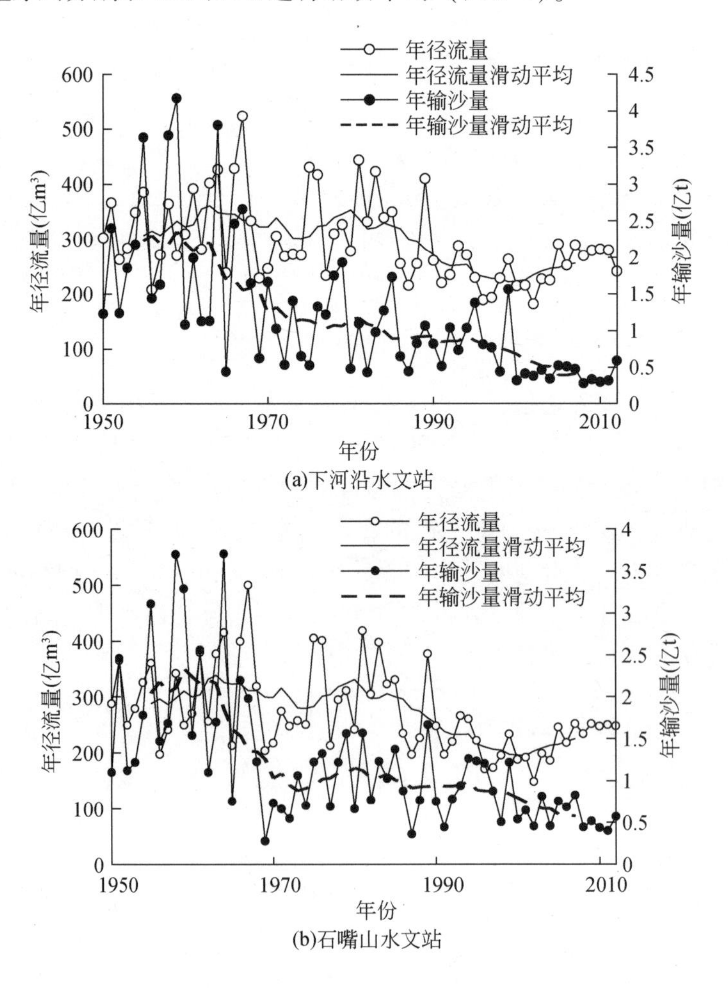

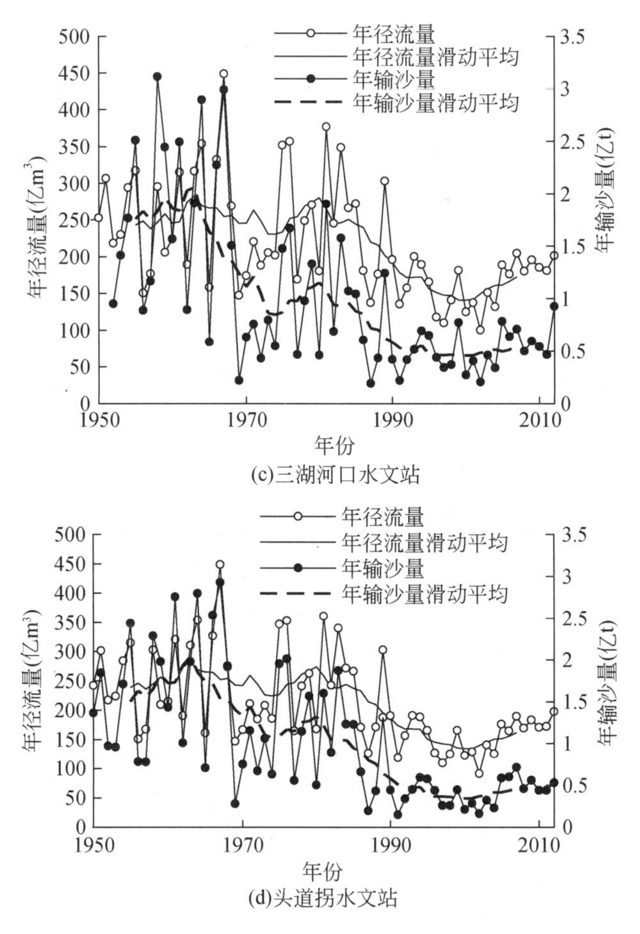

(c)三湖河口水文站

(d)头道拐水文站

图 2-4　年径流量和年输沙量序列滑动平均线

分析表明，各断面年径流量和年输沙量滑动平均趋势线和过程线对应，反映出上升—下降—上升—下降的变化特点。年径流量、年输沙量在前期稍有振荡，在 20 世纪 60 年代和 80 年代出现两个最大极值，之后持续显著减少，在 2002 年以后有小幅回升，但仍处于多年序列的低水平状态。从滑动平均线的趋势看，在时间过程上年径流量、年输沙量明显减少。

在 20 世纪 60 年代中期以前，除下河沿水文站外，其他断面年径流量和年输沙量滑动平均线重叠性较好，说明水沙变幅基本一致。但之后的年径流量和年输沙量滑动平均线出现很大距幅，且年输沙量滑动平均线位居下方，表明年输沙量的减幅明显比年径流量的减幅大。同时，自 20 世纪 90 年代中期以后，下河沿水文站、石嘴山水文站年径流量和年输沙量滑动平均线走向相反，说明在石嘴山水文站以上，年径流量有增加的趋势，而年输沙量仍在不断减少，但石嘴山水文站以下的三湖河口水文站、头道拐水文站两断面的年径流量、年输沙量仍处于同步变化阶段。

(2) 汛期径流量、汛期输沙量变化

同样对4个水文站测流断面汛期径流量、汛期输沙量序列分别取11a和9a进行滑动平均(图2-5)。汛期径流量、汛期输沙量的滑动平均趋势线和年径流量、年输沙量过程的趋势基本一致,总体呈逐时段减少趋势,不过,减少趋势更为明显。同样在20世纪60年代和80年代出现两个最大极值。而且,在石嘴山水文站以上,汛期径流量也处于增加趋势,汛期输沙量则处于不断减少趋势。

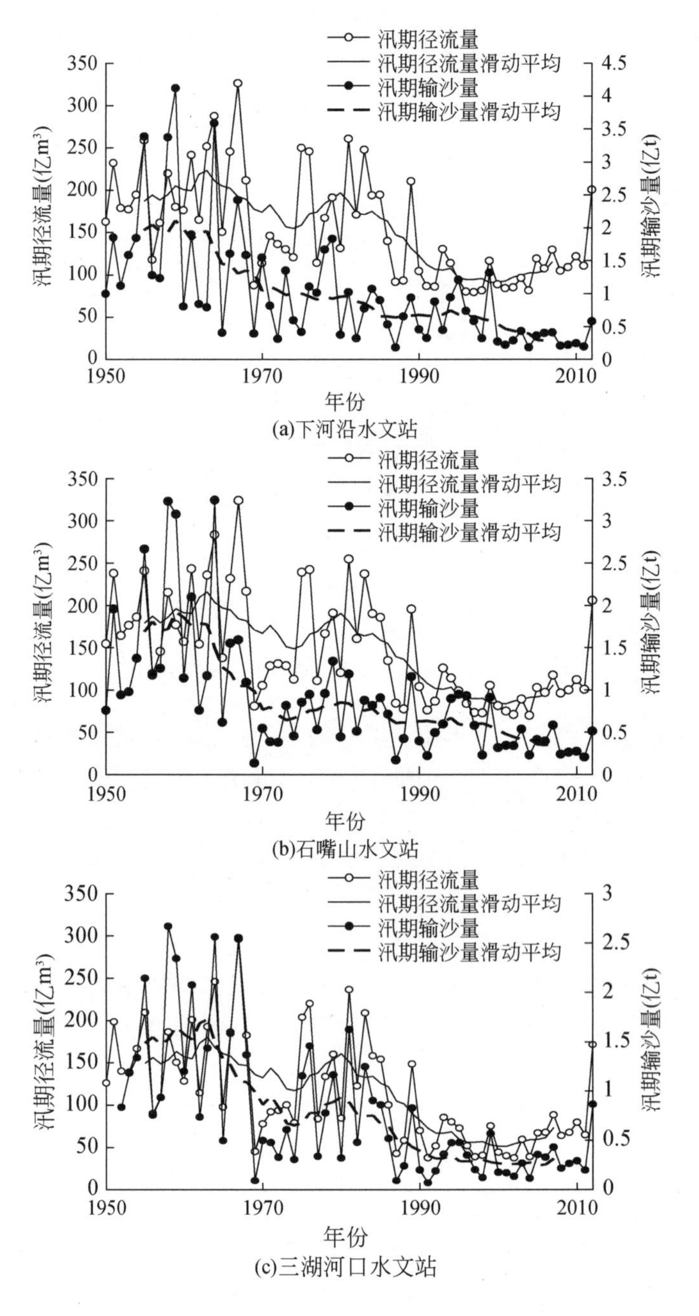

(a)下河沿水文站

(b)石嘴山水文站

(c)三湖河口水文站

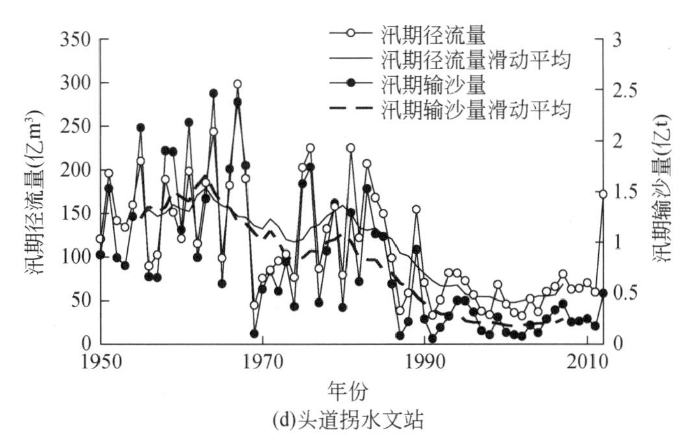

(d)头道拐水文站

图 2-5　汛期径流量和输沙量滑动平均线

2.2.1.2　M-K 趋势检验

M-K 检验法是世界气象组织推荐并已被广泛使用于时间序列的趋势分析中。最初由 Mann 和 Kendall 于 1945 年提出（Mann, 1945; Kendall, 1975），之后许多学者不断运用此方法来分析径流、降水、水质和气温等要素时间序列的变化趋势（Hanssen-Bauer and Førland 1998; Shrestha et al., 1999; Yue et al., 2002; Chattopadhyay et al., 2011）。M-K 检验法的优点是不受个别异常值的干扰，同时不要求样本遵从某一特定分布，其趋势检测能力与参数趋势检测方法相同，能够客观地表征样本序列的整体变化趋势，计算简便，因而广泛适用于气象、地理、水文等非正态分布时间序列的分析。

M-K 非参数统计检验方法中，原假设 H_0：时间序列 x_1, x_2, …, x_n 是 n 个随机独立的样本，备择假设 H_1 是双边检验，对所有 $i, j \leqslant n\ (i \neq j)$，$x_i$ 和 x_j 的分布不相同。定义检验统计变量 S（Modarres and da Silva, 2007）：

$$S = \sum_{j=1}^{n-1} \sum_{i=j+1}^{n} \mathrm{sgn}(x_i - x_j) \tag{2-8}$$

函数 sgn(x) 定义为

$$\mathrm{sgn}(x) = \begin{cases} 1 & \text{当 } x_i - x_j > 0 \\ 0 & \text{当 } x_i - x_j = 0 \\ -1 & \text{当 } x_i - x_j < 0 \end{cases}$$

在原序列的随机独立等假设条件下，S 为正态分布，均值为 0，方差为

$$\mathrm{var}(S) = n(n-1)(2n+5)/18 \tag{2-9}$$

将 S 标准化：

$$U = \begin{cases} (S-1)/\sqrt{\mathrm{var}(S)} & S > 0 \\ 0 & S = 0 \\ (S+1)/\sqrt{\mathrm{var}(S)} & S < 0 \end{cases} \tag{2-10}$$

式中，U 为 n 标准分布，其概率可通过计算或查表获得。如果 $|U| > |U_{1-\alpha/2}|$，则拒绝原

假设，即在 α 置信水平上，时间序列存在明显的上升或下降趋势，$U>0$，为上升趋势，反之，为下降趋势。$|U|$ 在大于等于 1.64、1.96 和 2.58 时分别表示通过了信度 90%、95%、99% 的显著性检验。

(1) 年径流量、年输沙量变化

利用 M-K 趋势检验法对各水文站测流断面的年径流量和年输沙量序列进行检验表明（表 2-2），年径流量和年输沙量 M-K 趋势检验值均为负值，说明均呈下降趋势。各断面年输沙量的 M-K 检验值的绝对值较年径流量的大，说明年输沙量减少得更加明显，这和滑动平均分析所得结论是一致的。

表 2-2　年径流量和年输沙量序列变化趋势检验值

断面名称	M-K 检验值	
	年径流量	年输沙量
下河沿	-3.06	-6.14
石嘴山	-3.44	-5.10
三湖河口	-3.65	-4.61
头道拐	-3.73	-5.39

(2) 汛期径流量、汛期输沙量变化

汛期径流量和汛期输沙量序列的 M-K 趋势检验结果见表 2-3。汛期径流量和汛期输沙量 M-K 趋势检验值也均为负值，说明呈减少趋势，且汛期输沙量的减少趋势大于汛期径流量的减少趋势。与年径流量和年输沙量相比，汛期径流量、汛期输沙量的检验值的绝对值较大，表明汛期水沙量的减小幅度较年水沙量减幅大，或者说，水沙量减少主要发生于汛期。

表 2-3　汛期径流量和汛期输沙量序列变化趋势检验值

断面名称	M-K 检验值	
	汛期径流量	汛期输沙量
下河沿	-4.51	-5.79
石嘴山	-4.79	-5.34
三湖河口	-4.82	-5.21
头道拐	-4.88	-5.63

2.2.1.3　线性倾向率趋势检验

用 x_i 表示样本总量为 n 的某一时间序列，t_i 表示 x_i 相对应的时间，建立 x_i 与 t_i 之间的一元线性回归方程：

$$x_i = a + bt_i \quad (i = 1, 2, 3, \cdots, n) \tag{2-11}$$

式中，a、b 均为回归常数，可采用最小二乘法进行估计。

式（2-11）是一种最简单、最特殊的线性回归形式，其含义为用一条合理的直线表示 x 与时间 t 的关系，因此这一方法属于时间序列线性分析的范畴。

定义 $C=10b$ 为线性倾向率，表征 10a 样本序列量值的减少量，反映了样本序列上升或下降的速率或倾向程度。同时其符号也可以表示序列变量 x 的趋势倾向，若 b 的符号为正（$b>0$），则说明 x 随时间 t 的增加而增多，呈上升趋势；b 的符号为负（$b<0$）时，说明 x 随时间 t 的增加而减少，呈下降趋势（魏凤英，1999）。

(1) 年径流量、年输沙量变化

根据各水文站测流断面年径流量和年输沙量资料统计，得到各断面径流泥沙线性回归方程，据此求出年径流量和年输沙量序列的线性倾向率（表 2-4），各断面线性倾向率的计算值均为负值，说明其年径流量和年输沙量均呈减少趋势。从年径流量和年输沙量的10a 减少量占多年平均值的比例来看，年输沙量的比例明显高于年径流量，高 3 ~ 5 倍，表明年输沙量的减少幅度大于年径流量的减少幅度。

表 2-4　年径流量和年输沙量序列线性倾向率

断面名称	年径流量		年输沙量	
	线性倾向率（亿 m^3/10a）	占多年平均值比例（%）	线性倾向率（亿 t/10a）	占多年平均值比例（%）
下河沿	−16. 56	5. 60	−0. 319	26. 51
石嘴山	−18. 32	6. 71	−0. 257	21. 67
三湖河口	−19. 65	8. 95	−0. 259	25. 65
头道拐	−20. 92	9. 78	−0. 261	25. 55

(2) 汛期径流量、汛期输沙量变化

汛期径流量和汛期输沙量序列的线性倾向率值也均为负值（表 2-5），说明汛期径流量和汛期输沙量均呈减少趋势。同样，汛期输沙量减少量占多年平均值的比例高于汛期径流量，高 2 倍左右，但低于年尺度的倍差，说明非汛期的变化也是较大的，不容忽视。另外，汛期输沙量的减少幅度亦明显大于汛期径流量的减少幅度。

表 2-5　汛期径流量和输沙量序列线性倾向率

断面名称	汛期径流量		汛期输沙量	
	线性倾向率（亿 m^3/10a）	占多年平均值比例（%）	线性倾向率（亿 t/10a）	占多年平均值比例（%）
下河沿	−19. 15	12. 32	−0. 289	28. 47
石嘴山	−19. 19	12. 94	−0. 233	26. 12
三湖河口	−19. 25	16. 69	−0. 245	31. 55
头道拐	−19. 55	17. 24	−0. 235	30. 06

2. 2. 1. 4　趋势度检验

为从更长时间尺度分析水沙序列变化趋势，统计了 1919 年以来兰州断面以下近百年的水沙序列。将百年尺度径流泥沙序列按一定的水文变化规律划分为 n 个丰枯变化时段，定义水沙变化趋势度为（姚文艺等，2015）

$$\lambda = \sum_{i}^{n} \left(\frac{\bar{x}_i}{\bar{X}} - 1 \right) \tag{2-12}$$

式中，λ 为水沙序列变化趋势度，系无量纲数；i 为时段序号；n 为时段数；$\bar{x}_i$ 为第 i 时段径流量或输沙量的均值；$\bar{X}$ 为径流量或输沙量长序列均值。显然，当 $\lambda = 0$ 时，说明径流、泥沙序列在不同时段的增减幅度是基本平衡的，即在分析时间尺度内径流、泥沙序列没有明显的趋势性变化；当 $\lambda > 0$ 时，说明径流泥沙序列在各时段的正向波动明显，在分析时间尺度内径流、泥沙序列处于趋势性增加态势，趋势度越大说明增加的趋势越明显；当 $\lambda < 0$，表明在分析时间尺度内，径流、泥沙序列处于趋势性减少状态，趋势度越小说明减少趋势越明显。

根据 1919 ~ 2012 年实测年径流量、年输沙量序列，考虑序列震荡特点，划分为 1919 ~ 1932 年、1933 ~ 1959 年、1960 ~ 1986 年、1987 ~ 1999 年、2000 ~ 2012 年 5 个时段，由式（2-12）可计算沙漠宽谷段主要断面的年径流量、年输沙量序列变化趋势度（表 2-6）。

表 2-6　沙漠宽谷段主要断面的年径流量、年输沙量序列变化趋势度

断面名称	年径流量	年输沙量
兰州	-0.1940	-0.5799
下河沿	-0.2343	-0.6249
头道拐	-0.3306	-0.6970

根据表 2-6 分析得出 4 点初步认识，一是 3 个断面的年径流量、年输沙量序列的趋势度均小于 0，说明在百年尺度内，头道拐断面以上的年径流量、年输沙量序列均处于减少的态势；二是年径流量、年输沙量序列变化的趋势度不同，即水沙序列的减少趋势程度不一样，各断面年输沙量的减少程度均大于年径流量的减少程度；三是在 3 个断面中，以黄河上游兰州断面年径流量序列的减少趋势度最小，其他两个断面的基本相同，为兰州的 1.2 ~ 1.7 倍；四是在 3 个断面中，年输沙量序列的减少趋势度也是以上游兰州断面的最小，且与年径流量序列的相同，其他断面的均处于同一个水平，为兰州断面的 1.2 倍左右。就百年尺度内黄河上游年输沙量变化看，年输沙量序列的减少趋势度明显大于年径流量序列的减少趋势度，这和前面的分析结果是一致的，但就兰州断面年径流量序列变化趋势而言，其年径流量减少的趋势度并不是最高。

进一步分析表明，在百年尺度内，黄河上游宁蒙河段主要段面年输沙量序列并不是 1919 ~ 1932 年为最枯，而是以 2000 ~ 2012 年的最枯（图 2-6），兰州断面、下河沿断面、头道拐断面的平均年输沙量分别只有前者的 28%、36% 和 40%。

1933 ~ 1959 年为丰水丰沙年序列，其年径流量、年输沙量较 1919 ~ 1932 年均明显增大，径流量增大 29.7% ~ 33.7%，输沙量增大更多，达到 42.2% ~ 100.0%。1960 ~ 1986 年兰州断面、下河沿断面、头道拐断面的径流量与 1933 ~ 1959 年的基本持平，变化幅度最大也不足 10%，而年输沙量却明显减少，如兰州断面、下河沿断面分别减少 40.9% ~ 46.9%。这一时期刘家峡水库投入运用，对水库下游径流量、输沙量产生影响，从水沙变

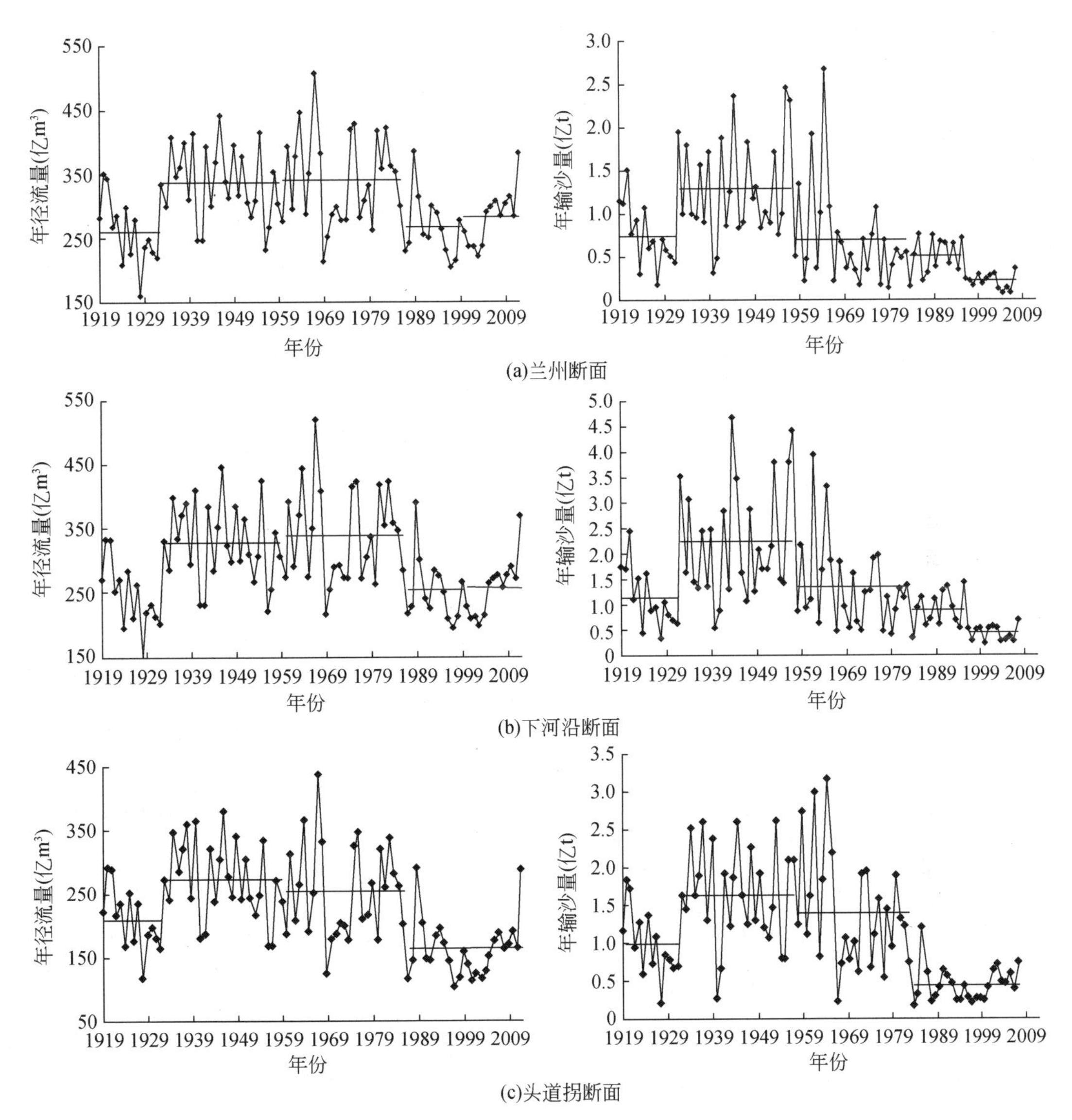

图 2-6　宁蒙河段主要断面年径流量、年输沙量变化过程

化情况看，该水库对泥沙的调节作用大于对径流的调节作用，使输沙量减幅大于径流量减幅。

自 1986 年以后，年径流量、年输沙量均逐时段减少。与 1960 ~ 1986 年相比，1987 ~ 1999 年径流量减少 21.7% ~35.4%，2000 ~2012 年年径流量减少 17.2% ~35.7%；对于年输沙量来说，1987 ~1999 年和 2000 ~2012 年分别减少 26.1% ~71.4%、69.2% ~71.4%。

综合分析表明，自 20 世纪 80 年代中期以来，无论是年径流量还是年输沙量均明显减少，其中以 2000 年以来减幅最大。与 1933 ~1959 年比，1986 年以来的两个时段年径流量减幅增加并不明显，增加最多不足 7%，而对于输沙量减幅来说，兰州断面、下河沿断面 2000 ~2012 年减幅比 1987 ~1999 年的分别大 8.4%、22.7%，头道拐断面的年输沙量在这两个时期基本持平。另外，自 1960 年以后，各断面对应时段的年径流量、年输沙量在减少的同时，年径流量减幅明显小于年输沙量减幅，这与滑动平均法、M-K 检验法等方法分析所得结论是一致的。

应当注意的是，与其他断面相比，兰州断面 2000 年以来年径流量较 1987 ~ 2012 年反增 5.8%，而年输沙量较该时段仍是减少的，减幅达 58.8%。

黄河水沙序列的丰枯变化是气候等自然因素、人类活动因素作用的结果。在 20 世纪 60 年代以前，人类活动较弱，水沙序列丰枯主要受制于气候因素，降水为主导因子，而之后则受制于人类活动、气候因素的共同影响，不过每一时段的主导因子是不同的。例如，根据董安祥等分析（董安祥等，2010；刘建成，2014；张行勇，2014），最近 370a 黄河流域存在 7 个干旱期，其中之一就是 20 世纪 10 年代后期至 20 年代，1922 ~ 1932 年属于异常干旱期，如 1927 年的降水量较 1961 ~ 1990 年平均值的距平百分数为 -42.1%，因此该时段成为 90 年代以前黄河时段最长最枯的枯水段之一。30 ~ 40 年代黄河流域进入湿润期，降水量丰沛，1933 年陕县水文站即出现特大大水大沙年，最大洪峰流量 22 000m^3/s，实测年输沙量 39.1 亿 t。50 ~ 60 年代也是降水丰沛期（水利电力部黄河水利委员会，1984），因此，1933 ~ 1959 年为近百年内的丰水期。自 60 年代黄河上游刘家峡、龙羊峡等大型水库先后建成运用和多项水利水土保持措施逐步实施，加之 70 年代黄河流域又进入了显著干旱期，因而这一时期水沙变化受到人类活动和降水减少的双重作用，降水对径流量减少的贡献率基本上占 60% ~ 70%、人类活动占 3% ~ 4%，两者对输沙量减少的贡献率分别占 20% ~ 70% 和 30% ~ 80%。2000 年以来，尽管黄河流域降水量较前期明显偏丰，但由于退耕还林还草等封禁治理成效显现，径流泥沙较前一时段仍进一步减少，根据分析，2000 ~ 2012 年人类活动对泥沙减少的贡献率占到近 80%，人类活动对减沙起到了主导作用（姚文艺等，2015）。

从以上 4 种方法的分析结果知，尽管时间尺度不同，但沙漠宽谷段各断面的年径流量和年输沙量、汛期径流量和汛期输沙量均呈减少趋势。另外，滑动平均法表明，以上 4 项水沙指标呈阶梯状递减，极值分别出现在 20 世纪 60 年代和 80 年代；M-K 检验法和线性倾向率法均表明，输沙量的减少幅度大于径流量的减少幅度；趋势度检验表明，径流量、输沙量沿程减少程度不一样，径流量沿程减少程度增加，而输沙量的沿程减少程度变化不大，同时也说明输沙量的减少幅度大于径流量的减少幅度。上述分析还表明，尽管水沙变化主要发生于汛期，但非汛期的变化也是比较明显的。

2.2.2 水沙序列突变点识别与分析

2.2.2.1 M-K 检验识别突变点

当 M-K 用于突变点检验时，检验变量与式（2-8）不同，通过构造一秩序列：

$$S_k = \sum_{i=1}^{k} \sum_{j}^{i-1} \alpha_{ij} \quad (k = 2, 3, 4, \cdots, n) \tag{2-13}$$

其中，

$$\alpha_{ij} = \begin{cases} 1 & X_i > X_j \\ 0 & X_i < X_j \end{cases} \quad (1 \leqslant j \leqslant i)$$

定义统计变量：

$$\mathrm{UF}_k = \frac{[S_k - E(S_k)]}{\sqrt{\mathrm{var}(S_k)}} \quad (k=1,\ 2,\ 3,\ \cdots,\ n) \tag{2-14}$$

式中，$E(S_k)=k(k+1)/4$；$\mathrm{var}(S_k)=k(k-1)(2k+5)/72$；$\mathrm{UF}_k$为标准正态分布，给定显著水平 α，如果 $|\mathrm{UF}_k| > U_{\alpha/2}$，则表明序列存在明显的趋势性变化。将序列按逆顺序排列 x_n，x_{n-1}，…，x_1，再重复上述过程，同时使：

$$\begin{cases}\mathrm{UB}_k = -\mathrm{UF}_k \\ \mathrm{UB}_1 = 0\end{cases} \quad (k=n,\ n-1,\ \cdots,\ 1) \tag{2-15}$$

通过分析统计序列 UF_k和 UB_k可以进一步分析序列的趋势变化，而且可以明确突变时间点，指出突变的区域。如果 $\mathrm{UF}_k>0$，则表明呈上升趋势；反之，则为下降趋势；当它们超过临界直线时，表明上升或下降趋势显著。如果 UF_k和 UB_k这两条曲线出现交点，且交点在临界线之间，那么交点所对应的时刻就是突变开始的时间点。

（1）年径流量序列突变点

通过对下河沿断面、石嘴山断面、三湖河口断面和头道拐断面 1950～2012 年径流量序列的 M-K 突变检验表明（图 2-7），下河沿断面 UF 和 UB 曲线于 1986 年在 95% 的临界线±1.96 之间有一个交点，之后 UF 曲线呈持续下降趋势，且 UF 曲线下降超过−1.96 临界线，通过了 0.05 水平的显著性检验。因此，可认为 1986 年是下河沿水文站年径流量的突变年份；石嘴山水文站 UF 和 UB 曲线于 1986 年在 95% 的临界线±1.96 之间有一个交点，之后 UF 曲线呈持续下降趋势，通过了 0.05 水平的显著性检验，因此突变年份也可以确定为 1986 年；三湖河口水文站 UF 和 UB 曲线于 1985～1986 年在 95% 的临界线±1.96之间有一个交点，之后 UF 曲线持续下降，表明三湖河口水文站年径流量在 1985～1986 年发生了突变，考虑到下河沿水文站和石嘴山水文站的突变年份，亦可认为三湖河口水文站年径流量序列的突变年份为 1986 年；头道拐水文站和三湖河口水文站类似，UF 和 UB 曲线于 1985 年和 1986 年之间在 95% 的临界线±1.96 之间有一个交点，之后 UF 曲线持续下降。表明头道拐水文站年径流量序列在 1985 年和 1986 年之间发生了突变，同样，可认为头道拐水文站年径流量序列的突变年份也为 1986 年。

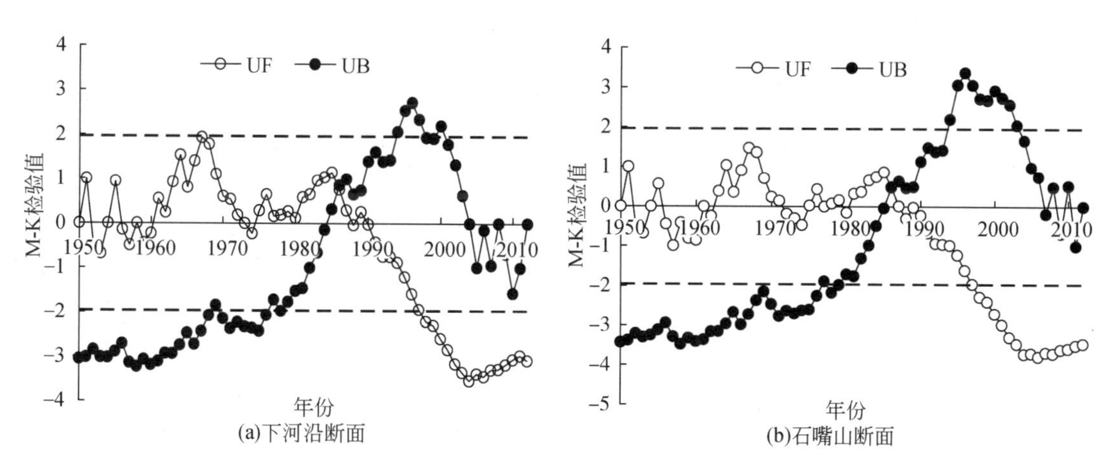

(a)下河沿断面

(b)石嘴山断面

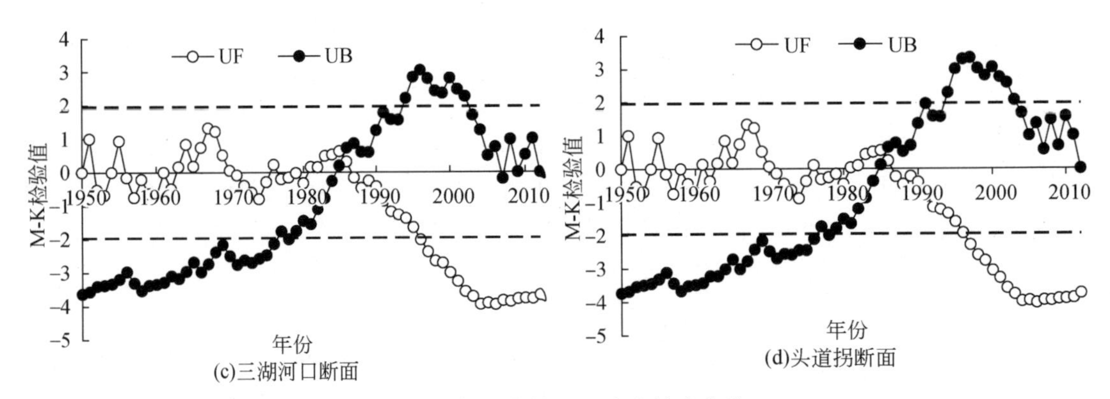

图 2-7　年径流量 M-K 突变检验曲线

（2）年输沙量序列突变点检验

对下河沿断面、石嘴山断面、三湖河口断面和头道拐断面 1950 ~ 2012 年输沙量序列的 M-K 突变检验结果表明（图 2-8），下河沿断面 1968 年以来 UF 值均为负，表明年输沙量减少，且 UF 和 UB 曲线于 1989 年和 1990 年之间在 95% 的临界线±1. 96 之外有一个交点，但交点没能通过 α 为 0. 05 的显著性检验，所以下河沿水文站输沙量的突变年份需参考其他方法确定；石嘴山水文站在 1968 年以来 UF 值均为负，UF 和 UB 曲线于 1986 年、1988 年、1989 年、1990 年、1992 年、1995 年有多个交点，但均在 95% 的临界线±1. 96 之外，故突变点年份仍需要参考其他方法确定；三湖河口水文站在 1970 年之后 UF 均为负，UF 和 UB 曲线于 1978 年在 95% 的临界线±196 之间有一个交点，说明三湖河口水文站年输沙量的突变点为 1978 年；头道拐水文站 1970 年以后 UF 值均为负，表明年输沙量减少，且 UF 和 UB 曲线于 1982 年在 95% 的临界线±1. 96 之间有一个明显的交点，表明头道拐水文站年输沙量于 1982 年发生了显著的突变。

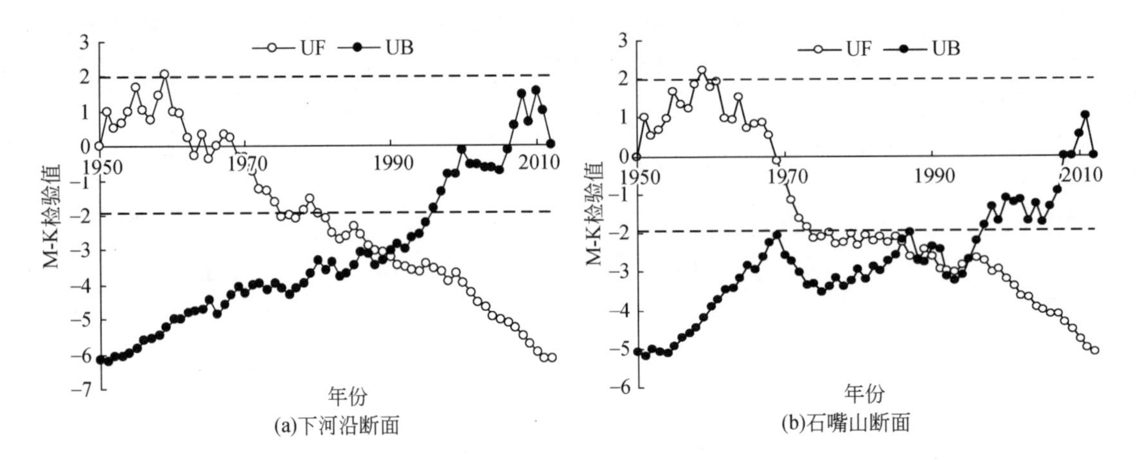

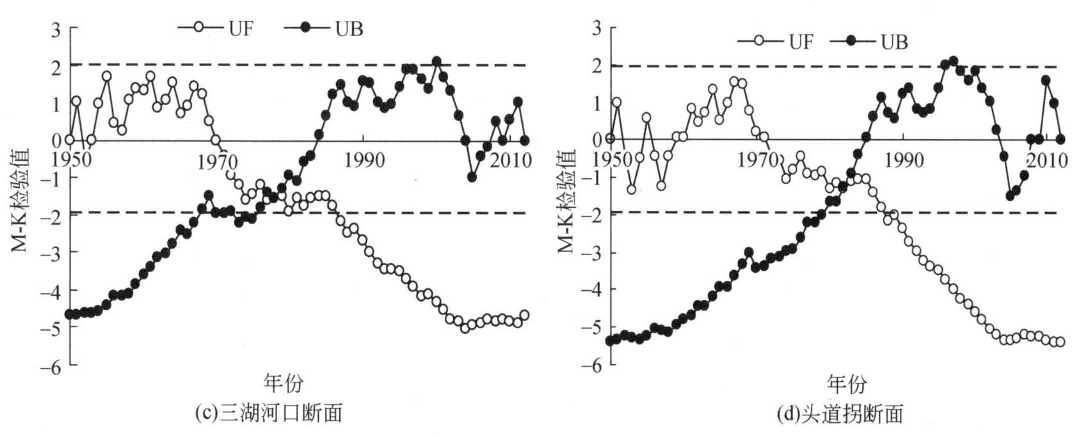

图 2-8 年输沙量 M-K 突变检验曲线

(3) 汛期径流量序列突变点检验

对下河沿水文站、石嘴山水文站、三湖河口水文站和头道拐水文站 1950 ~ 2012 年汛期径流量序列的 M-K 突变检验表明（图 2-9），下河沿水文站 UF 和 UB 曲线在 1983 年在 95% 的

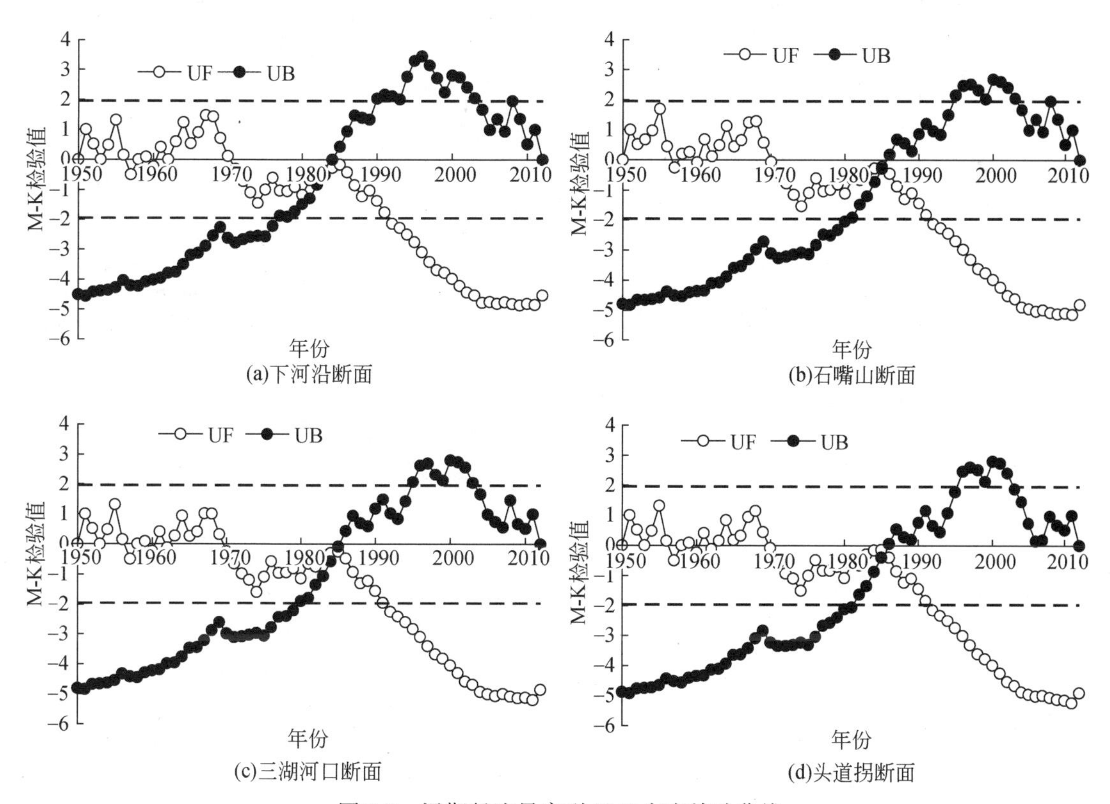

图 2-9 汛期径流量序列 M-K 突变检验曲线

临界线±1.96之间有一个交点，其他各断面在1985年在95%的临界线±1.96之间有一个交点，表明下河沿水文站于汛期径流量序列的突变点是1983年前后，其余各断面汛期径流量序列的突变点为1985年前后。

（4）汛期输沙量序列突变点检验

对下河沿水文站、石嘴山水文站、三湖河口水文站和头道拐水文站1950~2012年汛期输沙量序列的M-K突变检验结果表明（图2-10），下河沿水文站和石嘴山水文站的UF和UB曲线分别在1985年和1982年有交点，但没能通过0.05水平的显著性检验；三湖河口水文站和头道拐水文站的UF和UB曲线分别在1980年和1983年在95%的临界线±1.96之间有交点，且通过了0.05水平的显著性检验。因此，下河沿水文站和石嘴山水文站汛期输沙量序列的突变年份有待于通过其他方法进一步确定，三湖河口水文站和头道拐水文站汛期输沙量序列的突变年份可分别认定为20世纪80年代初期。

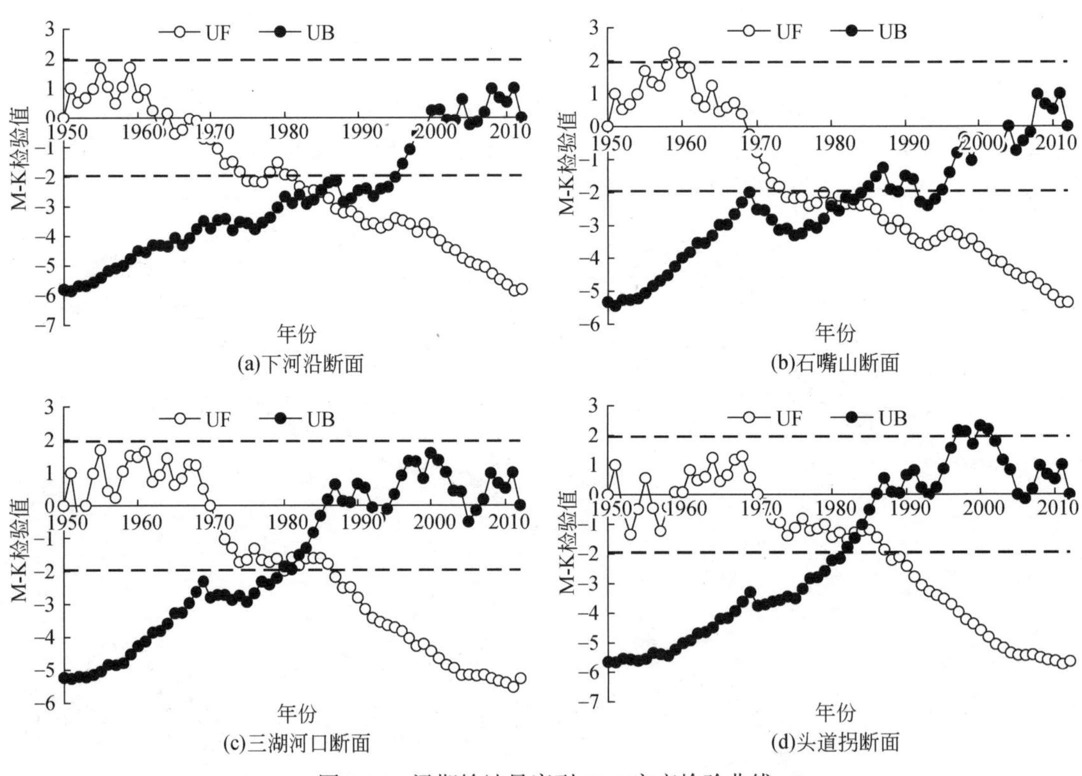

图2-10 汛期输沙量序列M-K突变检验曲线

上述分析从另一个方面也表明，不少断面的径流量、输沙量序列的突变点或不是唯一的或难以确定，充分反映了该河段水沙变化的复杂性。

2.2.2.2 t检验识别突变点

对于样本容量为 n 的时间序列，设置某时刻作为基准点，把连续的随机变量分成两个子序列 x_1、x_2，其样本量分别为 n_1 和 n_2，均值分别为 $\bar{x}_1$ 和 $\bar{x}_2$，方差分别为 s_1^2 和 s_2^2。

原假设 H_0，即为 $\bar{x}_1-\bar{x}_2=0$，构造统计量：

$$t=\frac{\bar{x}_1-\bar{x}_2}{s\sqrt{\dfrac{1}{n_1}+\dfrac{1}{n_2}}} \tag{2-16}$$

其中，

$$s=\sqrt{\frac{n_1s_1+n_2s_2}{n_1+n_2-2}}$$

式（2-16）遵从自由度为 n_1+n_2-2 的 t 分布。

此方法的缺点是子序列的时段选择带有人为性，如果子序列长度选择不当将会造成突变点的漂移，因此，需要反复变动子序列长度，进行对比，找出对其变化不敏感的突变点，作为最稳定的突变点，以提高计算结果的可靠性。子序列的长度不应低于 3，且不能超出整个时间序列长度的三分之一。

连续计算可得到统计序列 t_i，$i=1$，2，…，$n-(n_1+n_2)+1$。给定显著性水平 α（一般取 0.05 或 0.10），查 t 分布表得到其临界值 t_α，若 $|t_i|<t_\alpha$，即认为两子序列的均值无显著差异，反之，认为该时间序列在基准点时刻出现了突变。

取显著性水平 $\alpha=0.05$，$t_\alpha=2.101$，径流量和输沙量的子序列长度均选择为 10a。

（1）年径流量、年输沙量序列突变点识别

对 4 个断面年径流量、年输沙量序列的 t 检验表明（图 2-11、图 2-12），t 值超出 $\alpha=0.05$ 的临界线的年份较多，取超出部分的极值点作为突变点，则 4 个断面年径流量的突变年份均为 1986 年、1991 年和 1995 年。此外，各断面 2003 年的 t 值也超出或接近了临界值，自 2003 年起，各断面年径流量有所增加。各断面年输沙量序列的突变年份不一致，下河沿水文站年输沙量序列的突变年份年输沙量序列 1968 年、1998 年和 2003 年；石嘴山水文站年输沙量序列的突变年份为 1965 年、1968 年、2000 年和 2002 年；三湖河口断面年输沙量序列的突变年份为 1968 年、1986 年；头道拐水文站年输沙量序列的突变年份为 1969 年、1986 年。

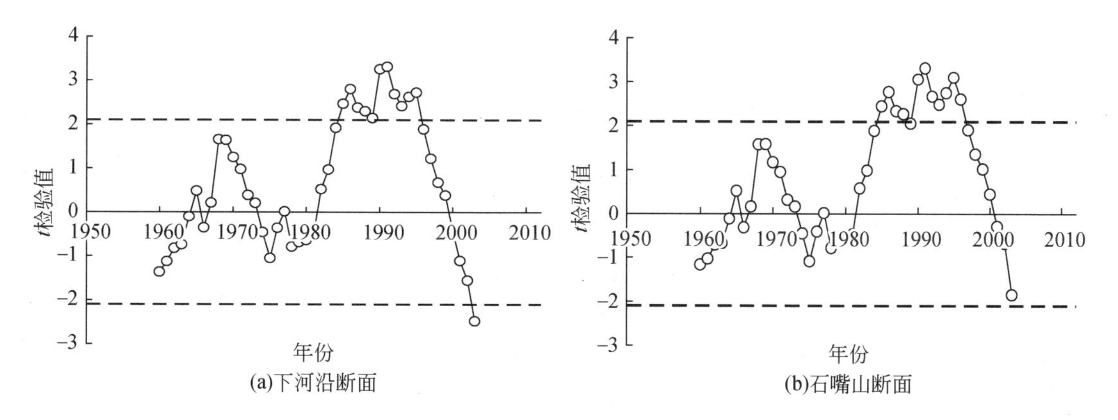

(a)下河沿断面　(b)石嘴山断面

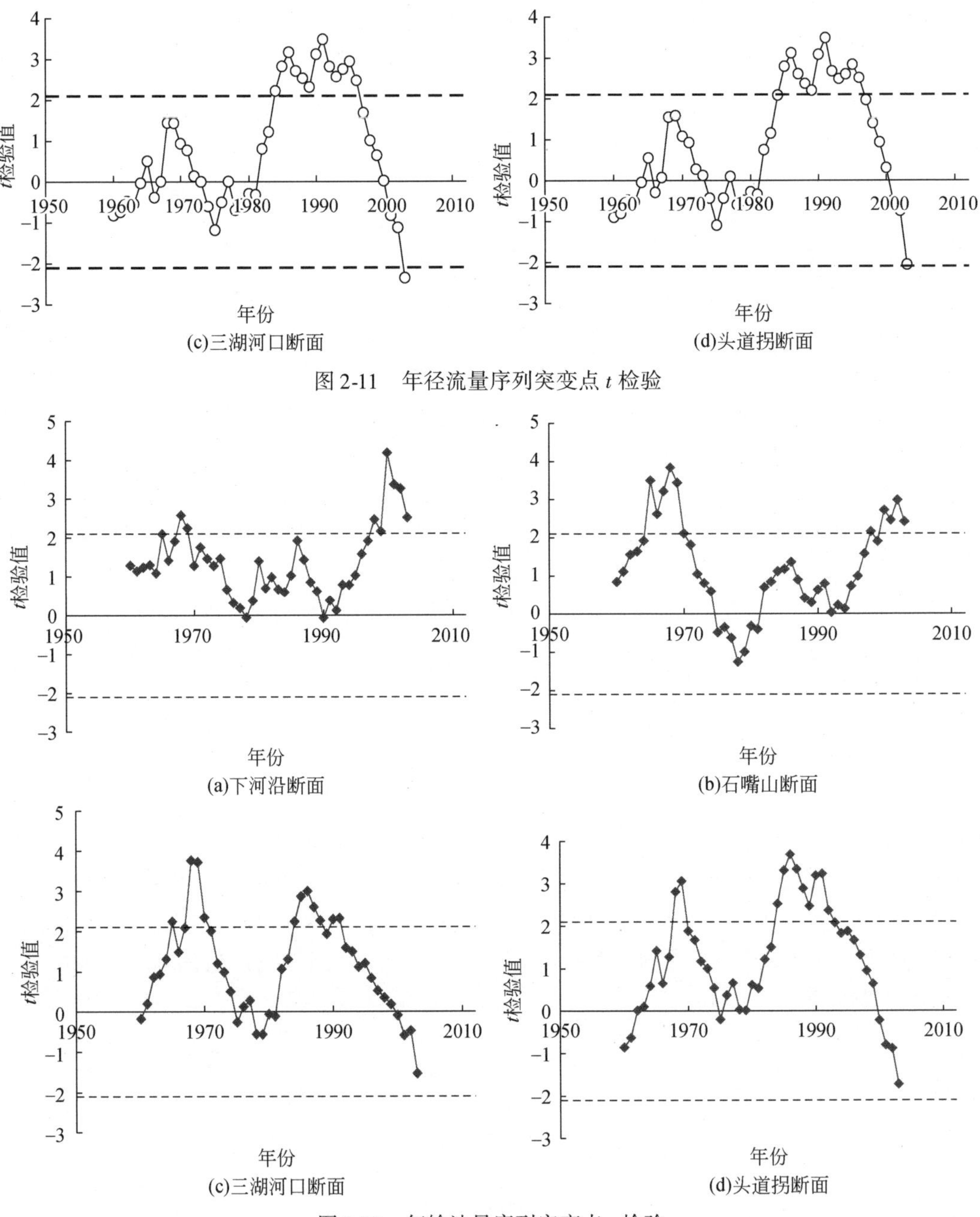

图 2-11 年径流量序列突变点 t 检验

图 2-12 年输沙量序列突变点 t 检验

(2) 汛期径流量、汛期输沙量序列突变点识别

对汛期径流量、汛期输沙量序列的 t 检验表明（图 2-13、图 2-14），下河沿断面汛期径流量序列的突变点为 1969 年、1986 年和 1990 年；石嘴山断面汛期径流量序列的突变点为 1969 年、1986 年和 1990 年；三湖河口水文站汛期径流量序列的突变点为 1969 年、1986 年；头道拐断面汛期径流量序列的突变点为 1969 年、1986 年和 1991 年。

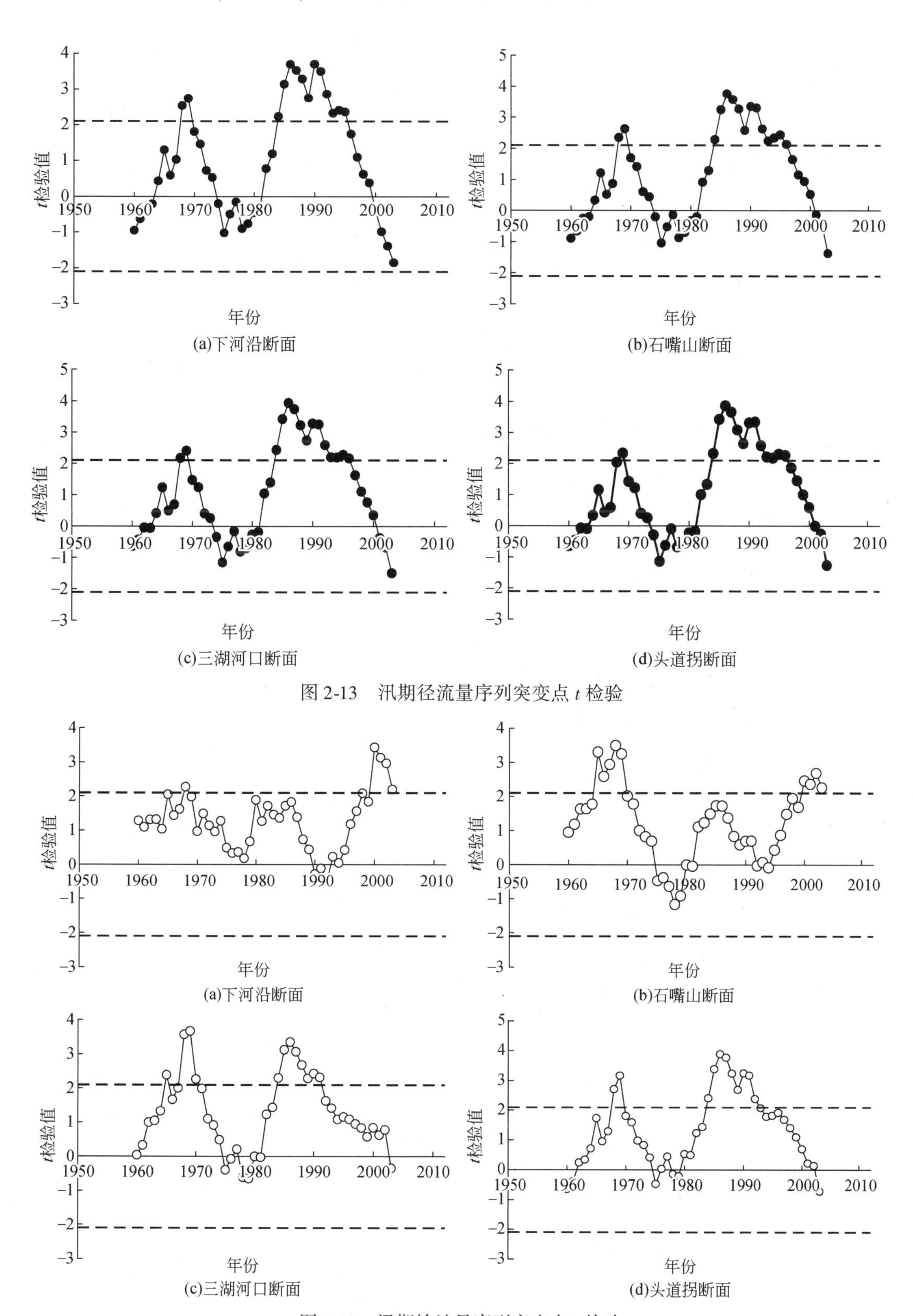

图 2-13　汛期径流量序列突变点 t 检验

图 2-14　汛期输沙量序列突变点 t 检验

汛期输沙量序列突变点的 t 检验结果表明，下河沿断面汛期输沙量序列的突变点为1968年、2000年，石嘴山断面汛期输沙量序列的突变点为1965年、1968年、2002年，三湖河口断面汛期输沙量序列的突变点为1968年、1986年，头道拐断面汛期输沙量序列的突变点为1969年、1986年。

2.2.2.3 距平法识别突变点

(1) 年径流量、年输沙量序列突变点识别

以1950~2012年均值为基准，由各年的年径流量、年输沙量减去多年均值，得到各年的年径流量和年输沙量的距平值。统计表明，自1986年起各断面年径流量大都低于平均值（除1989年外），自1990年起各断面年径流量均低于平均值。因此，年径流量序列的突变年份为1986年或1990年；年输沙量序列的突变年份，下河沿水文站为1986年，其他3个断面均为1986年或1990年（图2-15）。

(2) 汛期径流量、汛期输沙量序列突变点识别

由图2-16和图2-17知，汛期径流量序列的突变年为1986年或1990年。

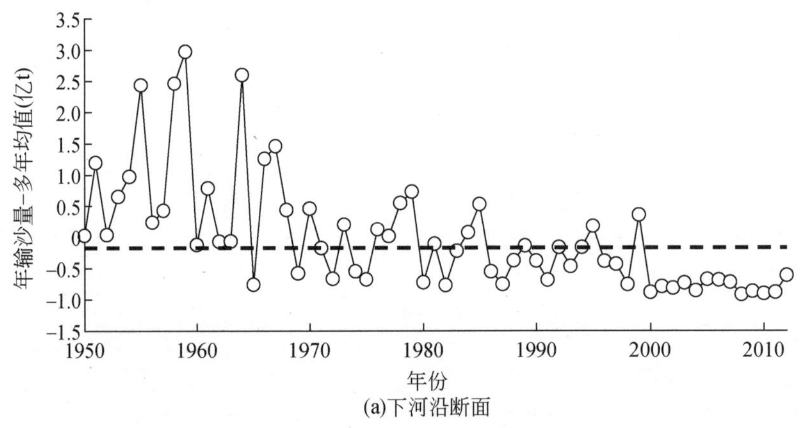

(a)下河沿断面

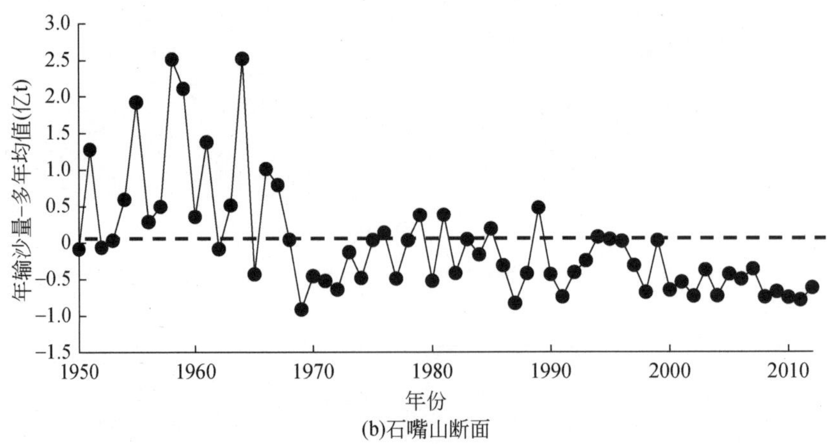

(b)石嘴山断面

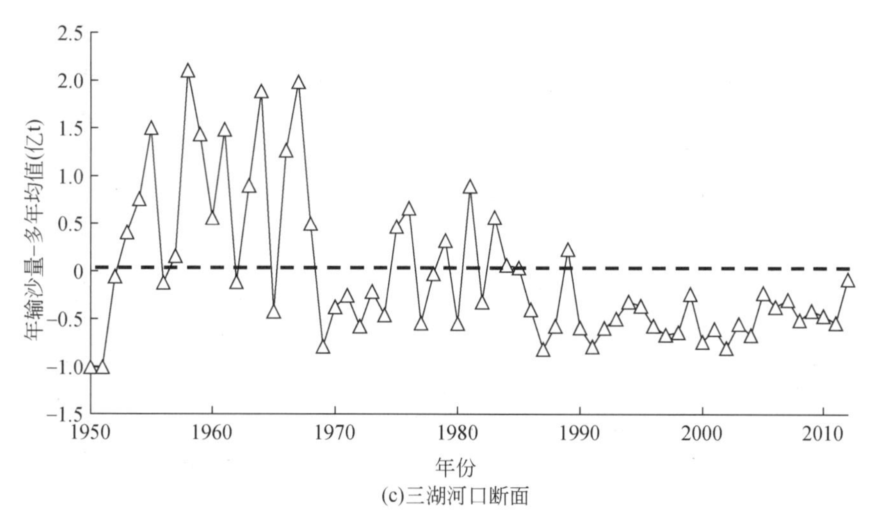

(c)三湖河口断面

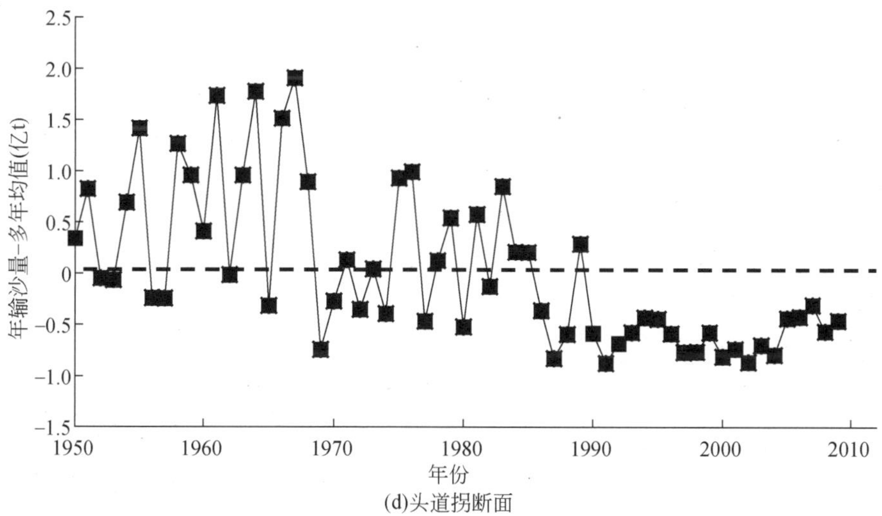

(d)头道拐断面

图 2-15　年输沙量距平

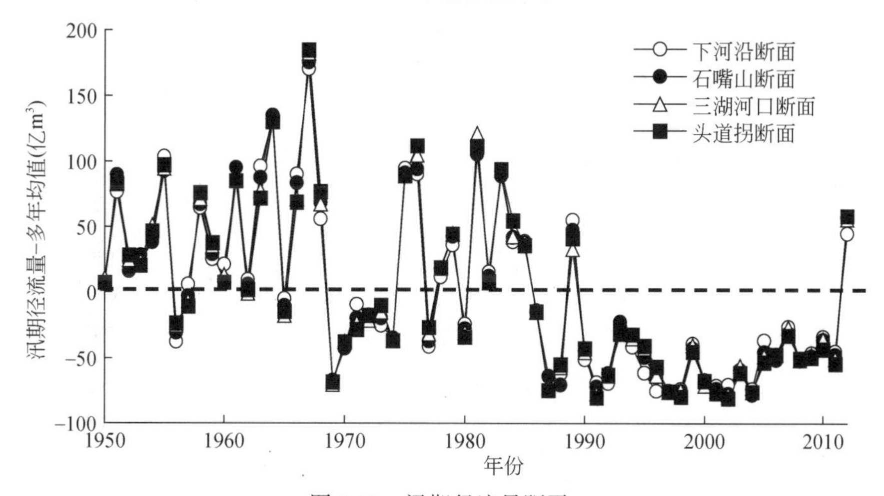

图 2-16　汛期径流量距平

下河沿断面汛期输沙量序列的突变年份为 1980 年、1985 年，石嘴山断面汛期输沙量序列的突变年份为 1982 年和 1990 年，三湖河口断面汛期输沙量序列的突变年份为 1986 年，头道拐断面汛期输沙量序列的突变年份为 1986 年、1990 年。

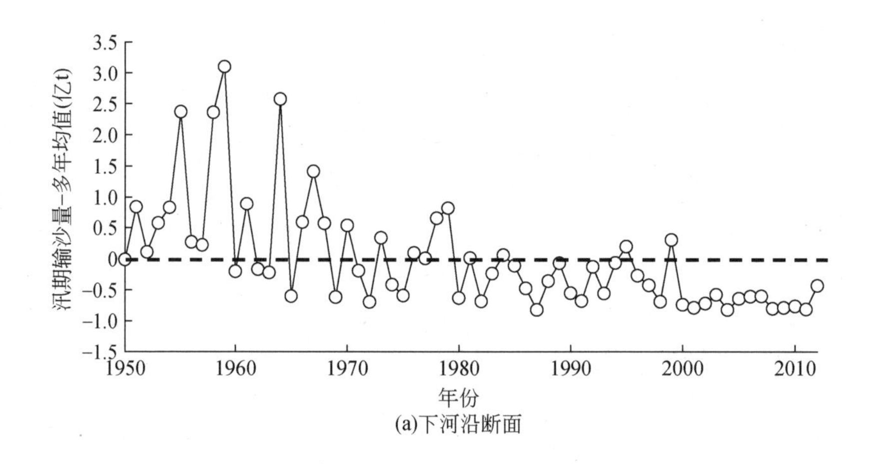

(a)下河沿断面

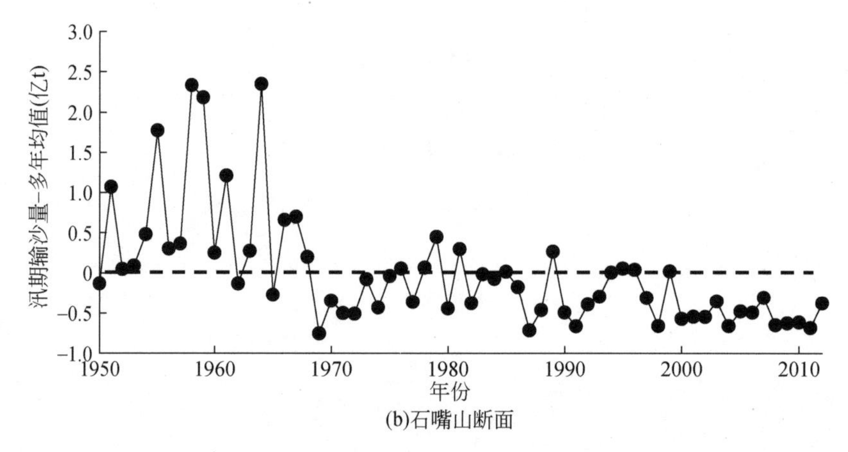

(b)石嘴山断面

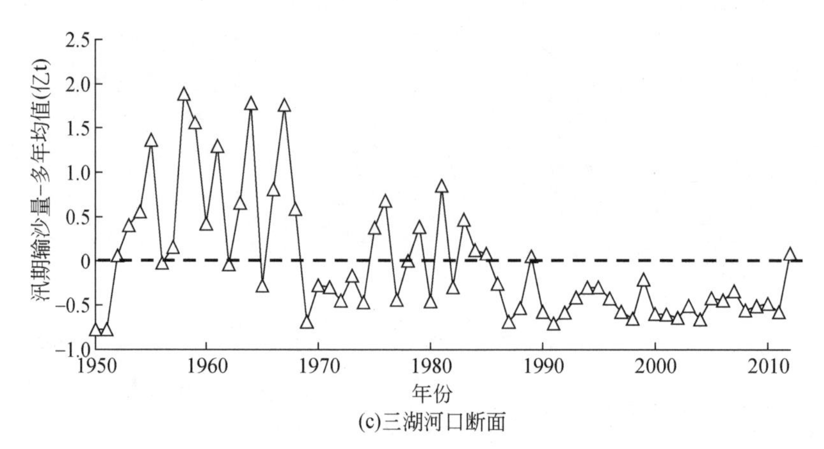

(c)三湖河口断面

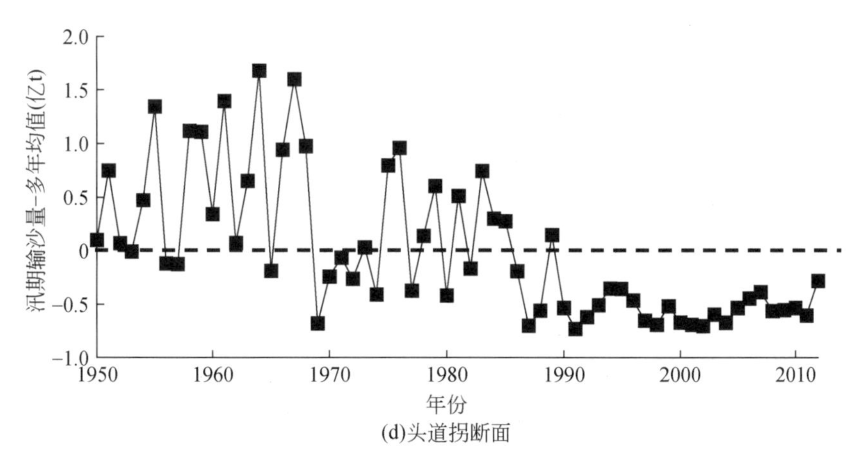

图 2-17 汛期输沙量距平

2.2.2.4 双累积曲线识别水沙关系突变点

径流量-输沙量双累积曲线反映了水沙关系的变化态势。

双累积曲线（double mass curve，DMC）方法是由美国学者 Merriam（Pettitt，1979）于 1937 年提出。所谓双累积曲线方法就是在直角坐标系中绘制同期内一个变量的时段累积值与另一个变量相应时段累积值的关系线，根据累积关系曲线分析两个变量之间响应关系的变化趋势，并判断其变化时间和变化量。双累积曲线法的理论基础是自变量的累积值与因变量的累积值成正比，在直角坐标上可以表示为一条直线，其斜率为两要素对应点的比例常数。如果双累积曲线的斜率发生突变，则意味着两个变量之间的比例常数发生了改变，或者其对应的累积值的比例可能根本就不是常数。若两个变量累积值之间直线斜率发生改变，那么斜率发生突变点所对应的年份就是两个变量累积关系出现突变的时间。

根据兰州断面、下河沿断面、头道拐断面 1919 年以来通过插补得到的近百年径流泥沙资料①建立的径流量-输沙量双累积曲线分析（图 2-18），从百年尺度看，虽然 1919 ~ 1932 年为显著的枯水枯沙年，不过其水沙关系并未发生突变。上游河段在 20 世纪 60 年代末以前，径流量和输沙量基本上呈同步变化趋势，两者有着较强的线性相关关系，各时段的斜率无明显变化，但其后输沙量减幅均大于径流量减幅，曲线斜率变缓，即单位径流量的输沙量明显减少。双累积关序曲线所标示的水沙关系突变临界年份与 MWP 非参数统计检验的径流量、输沙量序列变化的临界年份是基本一致的，兰州断面的突变点是 1968 年、1986 年。另外，从双累积曲线的斜率分析，自 2000 年以来，兰州断面、下河沿断面的相关线斜率相对更缓，说明单位径流量的输沙量又进一步减少。

上述分析表明，根据年径流量、年输沙量序列分析和水沙关系变化突变点辨识所确定的结果并非完全一致，必须结合水沙变化的自然因素、人类活动因素等河流水沙环境系统

① 水利部黄河水利委员会于 2001 年编制的《1919 ~ 1951 年及 1991 ~ 1998 年黄河流域主要水文站实测水沙特征值统计》。

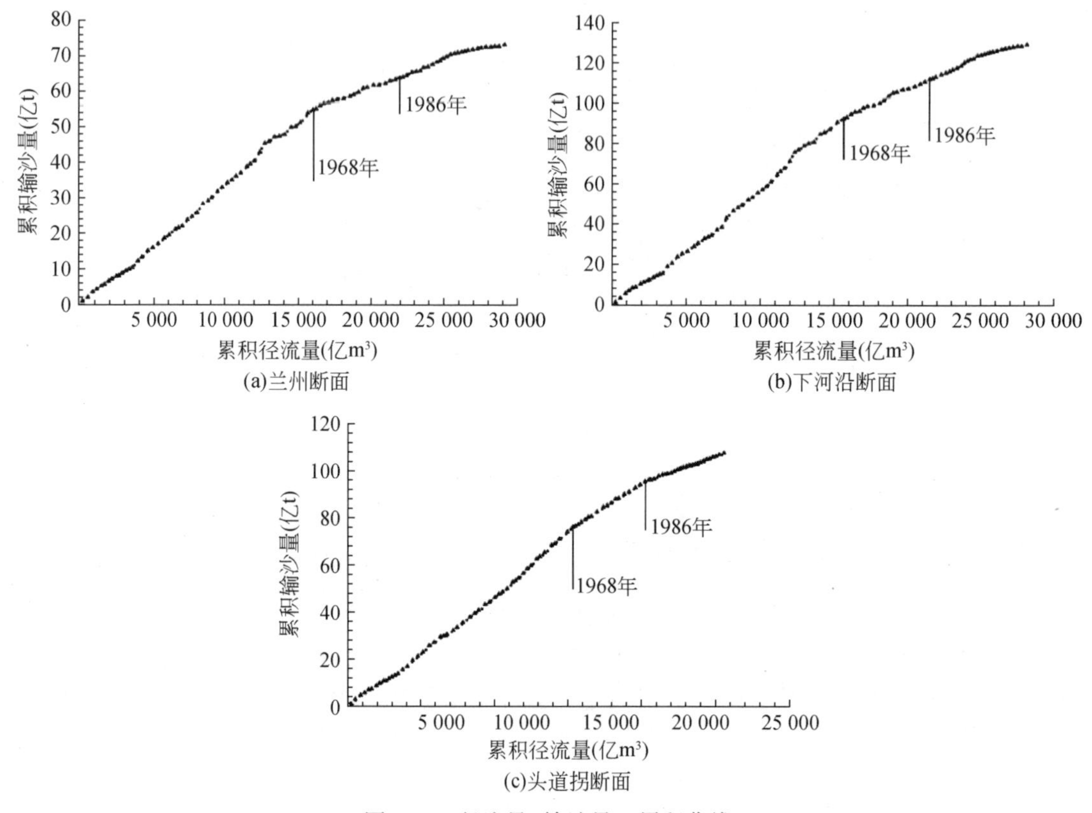

图 2-18 径流量–输沙量双累积曲线

的实际变化情况综合判断。

但从检验方法的判断情况看，对于年径流量序列而言，无论年序列还是汛期序列，M-K 检验的结果均为 1986 年，而 t 检验和距平法检测的突变年份有多个，其中距平法检验表明 1990 年前后也有突变年份，t 检验显示的突变年份还有 20 世纪 90 年代初期和中期；对于年输沙量序列而言，不同方法检验的结果也不一致，但 4 种方法检验的多数断面都有 1986 年，另外 t 检验、双累计曲线检验的每个断面都有 1968 年。汛期输沙量序列的突变年份与年输沙量的突变年份是基本一致的。水沙关系变化突变点的检验结果为 1968 年和 1986 年，同时 2000 年以来有了进一步变化。

由于每种统计方法的原理、水文学意义是有所不同的，加之河床演变及沿程支流水沙及风沙汇入、引水引沙等多因素影响，因此检验的突变年份不完全相同是正常的。因而，临界年份的确定必须结合河流环境变化加以综合判识。从河流环境变化看，1968 年刘家峡水库的运用、1986 年以后龙羊峡水库和刘家峡水库的联合运用等无疑改变了水库下游河道的水沙环境系统，对宁蒙河段的水沙过程进行了强烈的人工干扰与再分配，对水沙过程起到很大的调控作用，使河流水沙过程重新调整。另外，自 2000 年以来随着封禁治理等水土保持生态建设工程的加速推进，加之经济社会的快速发展也会对流域产流产沙产生了很大影响。

因此，结合检验结果进行综合分析判断，1968 年为宁蒙河段水沙序列第一突变点，

1986 年为第二突变点，而 2000 年以来头道拐断面以上河段的水沙关系进一步发生明显变化。

2.3 水沙关系变化规律分析

2.3.1 年径流量-年输沙量关系变化

根据 20 世纪 50 年代以来下河沿断面、青铜峡断面、石嘴山断面、巴彦高勒断面、三湖河口断面和头道拐断面径流水沙关系分析（图 2-19），下河沿断面、青铜峡断面、石嘴山断面、巴彦高勒断面、三湖河口断面和头道拐断面径流输沙关系自刘家峡水库运用后已发生很大变化。在 1968 年以前，年径流量-年输沙量基本上呈正比直线相关，而自刘家峡水库运用后，径流输沙关系发生很大变化，一是图中的点据分布明显偏下，说明相同年径流量下的年输沙量减少；二是两者的正比线性关系减弱，像下河沿断面的径流泥沙关系基本上没有明显的相关性，在所测验的年径流量变化幅度内，尽管年径流量有明显增大，但年输沙量与此并没有趋势性的函变关系，如年径流量从 250 亿 m^3 增至 400 亿 m^3，而年输沙量并没有出现随之增加的趋势，即基本上不随年径流量的变化而变化。不过，由于河床调整的作用，相对来说，头道拐断面的年径流量-年输沙量关系变化并不太明显。

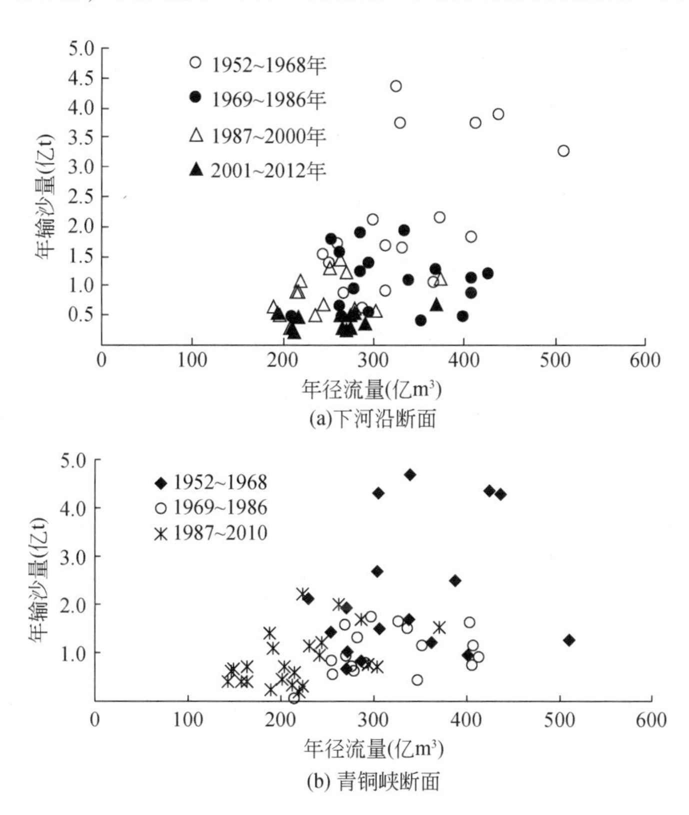

(a)下河沿断面

(b) 青铜峡断面

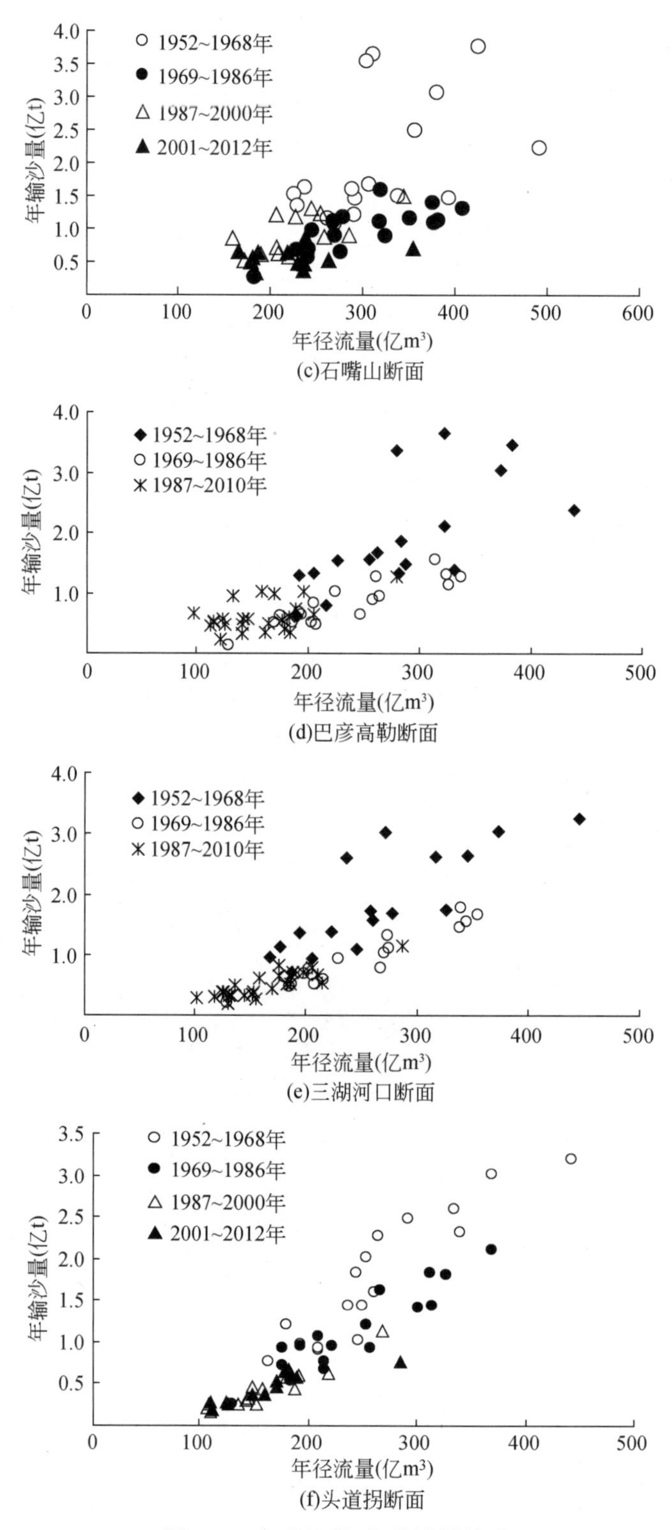

(c)石嘴山断面

(d)巴彦高勒断面

(e)三湖河口断面

(f)头道拐断面

图 2-19　年径流量-年输沙量关系

另外，2000年以来，在同样年径流量条件下，除头道拐断面外，各断面的年输沙量较之前都有明显减少，而且变幅也较小。例如，下河沿断面年径流量为200亿～400亿m^3，1969～2000年输沙量为0.5亿～2.0亿t，变幅达到1.5亿t，而2000年以来，年输沙量变化范围为0.25亿～0.75亿t，变幅只有0.5亿t，这可能是在分析时段内，沙漠宽谷段十大孔兑等支流的产沙量有所降低所致。例如，从十大孔兑中较大的西柳沟流域1960～2010年的年输沙量、年径流量变化过程看（图2-20、图2-21），在1960～1990年和1991～2010年的年输沙量分别为557.12万t、292.48万t，而相应的年径流量分别为0.31万m^3和0.27万m^3，就是说尽管年均径流量仅减少10%，但年均输沙量却减少30%，单位径流量的产沙量显著减少，这势必会减小干流的输沙率。

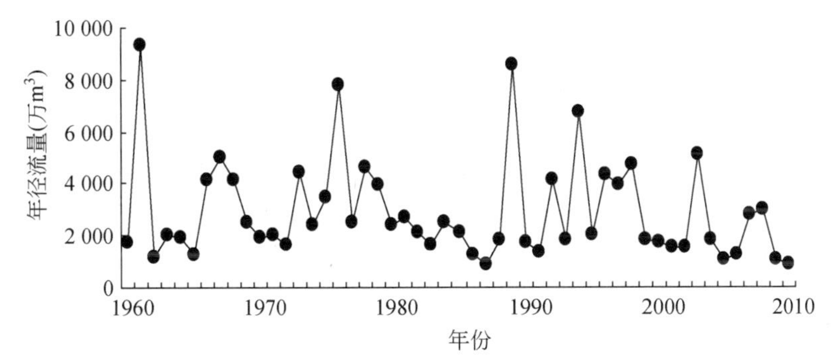

图2-20　西柳沟流域1960～2010年年径流量变化

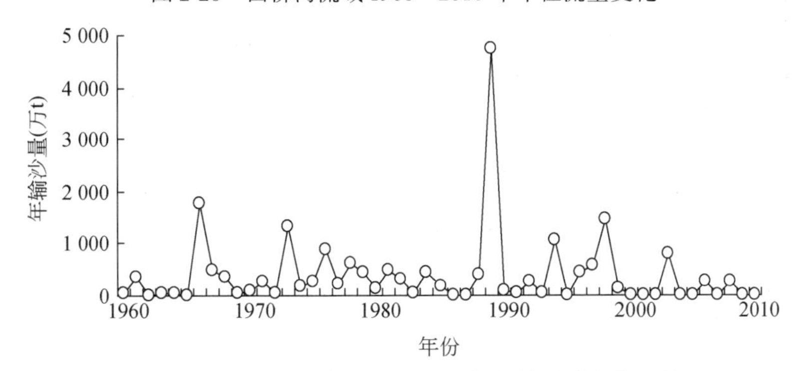

图2-21　西柳沟流域1960～2010年年输沙量变化过程

进一步分析表明，从龙羊峡水库和刘家峡水库上游唐乃亥断面的径流泥沙关系看（图2-22），自20世纪50年代以来并没有出现明显变化，其中包括1968年以来的点据分布并没有明显脱离其1968年之前的点据分布带，而刘家峡水库下游的下河沿断面的径流量-输沙量关系则相应发生了变化，由此也佐证了龙羊峡水库和刘家峡水库的运用对其下游河段下河沿等断面的水沙关系变化的确起到了很大作用。

2.3.2　含沙量变化

含沙量为单位径流量的输沙量，表征了水沙组合关系。与刘家峡水库运用以前的1950～1968年的基准期相比（图2-23、图2-24，表2-7、表2-8），各断面的年含沙量、汛期含沙量

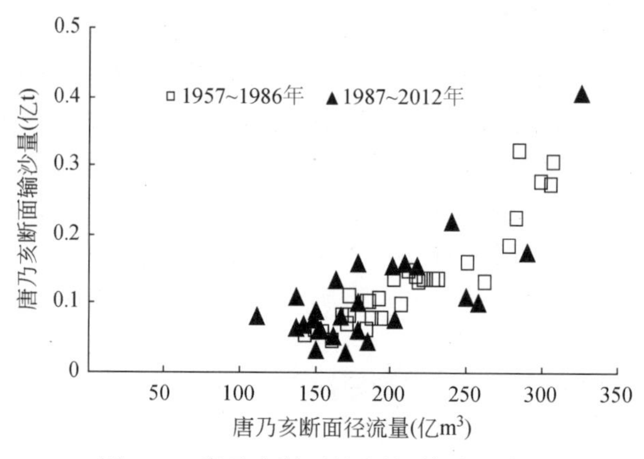

图 2-22 唐乃亥断面径流量-输沙量关系

变化的总趋势为逐渐减少，尤其是 1968 年以后，含沙量已有明显减少，这主要是由于刘家峡水库拦沙的作用结果。较 1969 年之前，1969 ~ 1986 年沿程 4 个水文站测流断面的含沙量分别减少 43.9%、48.4%、47.8% 和 31.3%。在龙羊峡水库、刘家峡水库联合运用后的 1987 ~ 1999年，石嘴山水文站以上含沙量变化相对不大，但三湖河口水文站和头道拐水文站的含沙量进一步降低。2000 年以来，三湖河口断面、头道拐断面含沙量较之前的 1987 ~ 1999年含沙量变化并不大，但下河沿断面、石嘴山断面的含沙量则急剧降低，分别较 1987 ~ 1999 年减少 53% 和 43%，较 1968 年以前的减少 73% 和 57%。

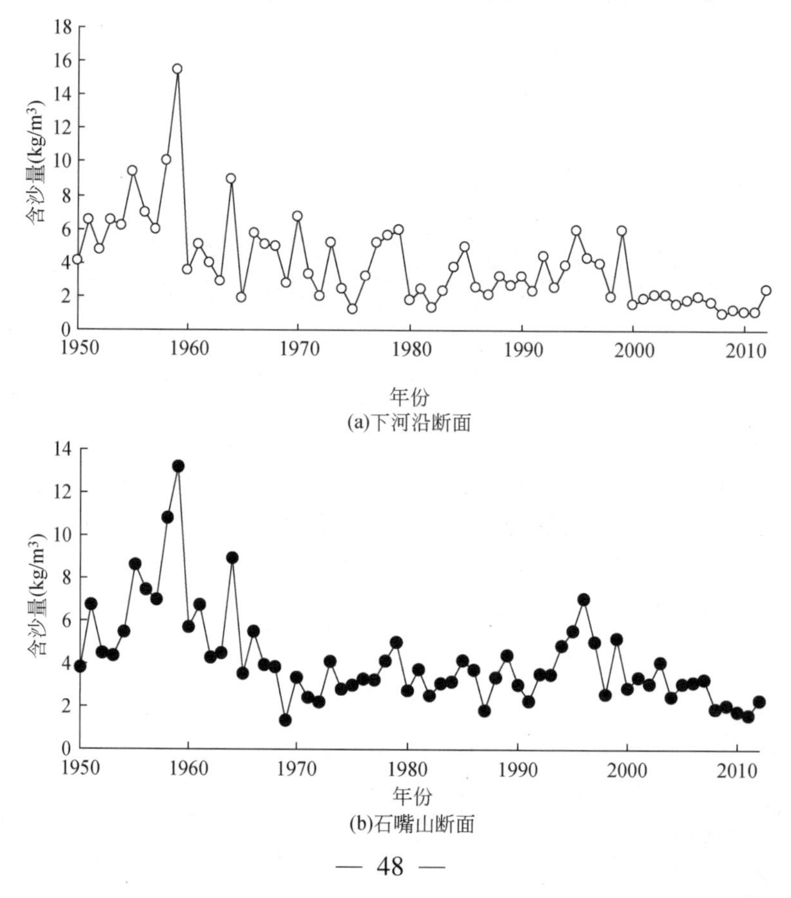

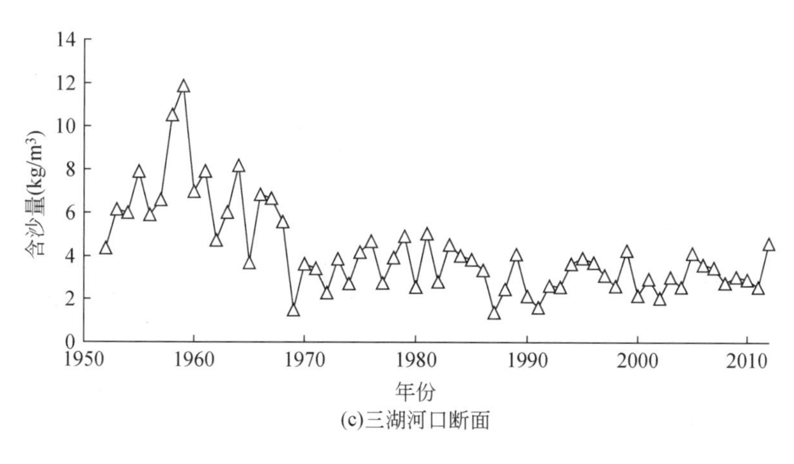

(c)三湖河口断面

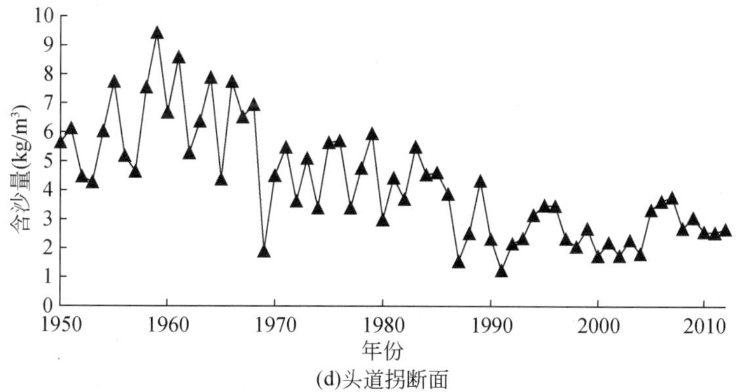

(d)头道拐断面

图 2-23 年含沙量变化过程

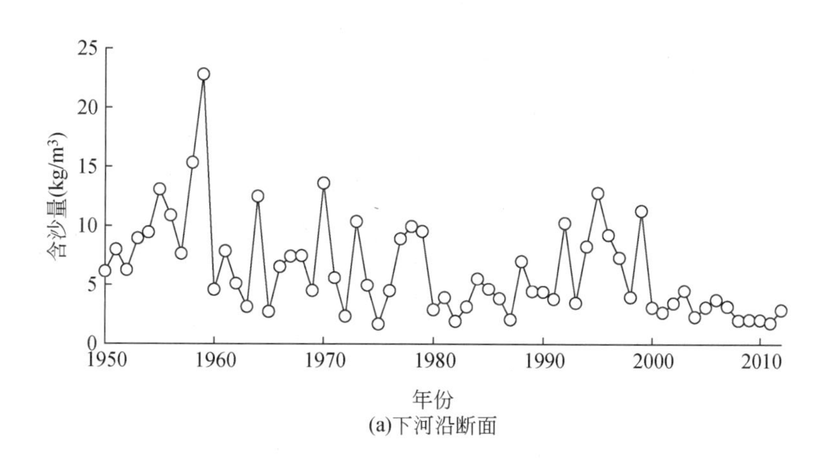

(a)下河沿断面

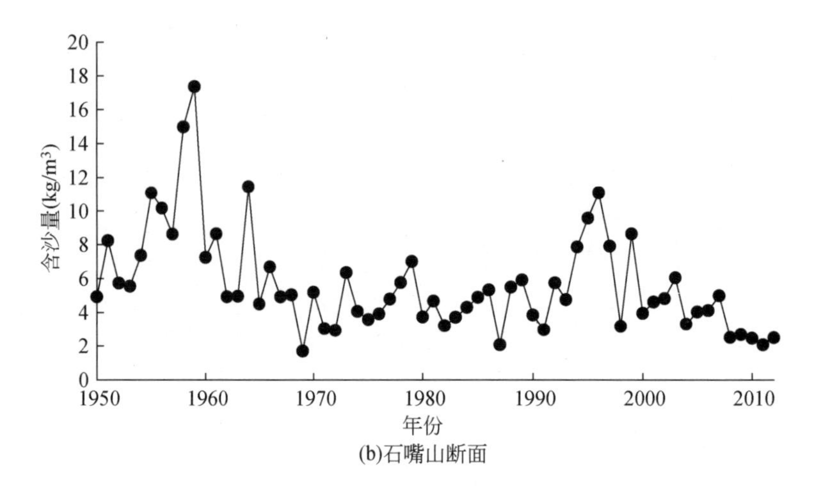

(b)石嘴山断面

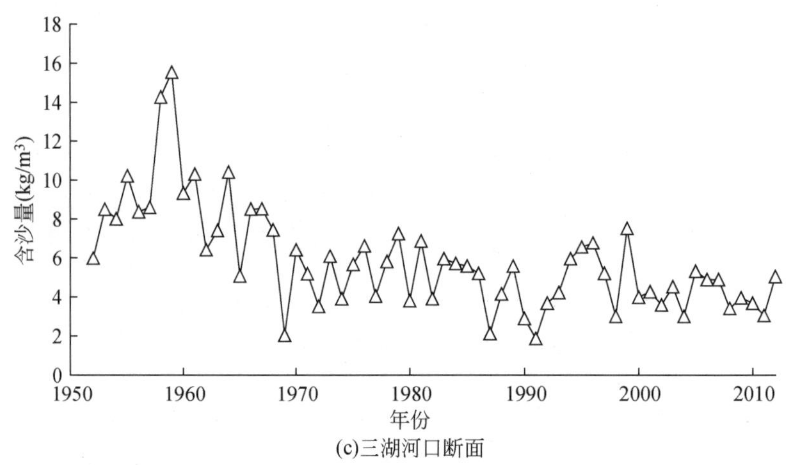

(c)三湖河口断面

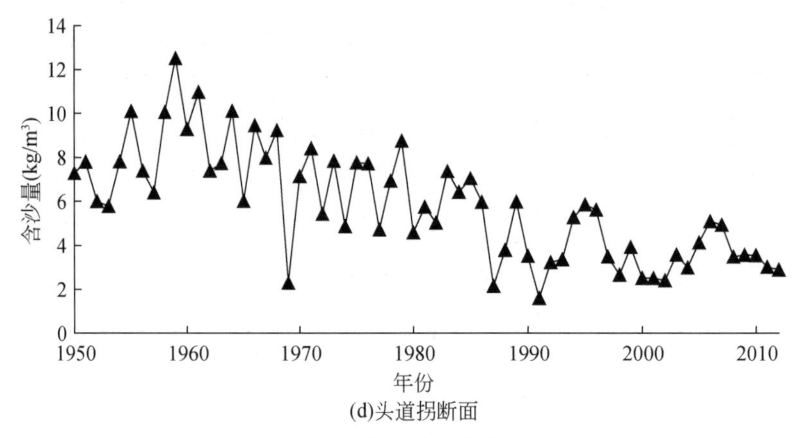

(d)头道拐断面

图 2-24　汛期含沙量变化过程

表 2-7 沙漠宽谷段不同时期含沙量 单位：kg/m³

时段	不同断面年含沙量				不同断面汛期含沙量			
	下河沿断面	石嘴山断面	三湖河口断面	头道拐断面	下河沿断面	石嘴山断面	三湖河口断面	头道拐断面
1950～1968年	6.2069	6.2617	6.8207	6.3978	8.7306	8.0159	9.0002	8.3903
1969～1986年	3.4809	3.2320	3.5616	4.3930	5.6614	4.3412	5.1994	6.3409
1987～1999年	3.5666	4.0196	2.9390	2.5896	6.8000	6.0805	4.5832	3.8820
2000～2012年	1.6534	2.6914	3.0755	2.6226	2.8438	3.6978	4.1238	3.4420

表 2-8 沙漠宽谷段不同时期含沙量减少幅度 单位：kg/m³

时段	年含沙量				汛期含沙量			
	下河沿断面	石嘴山断面	三湖河口断面	头道拐断面	下河沿断面	石嘴山断面	三湖河口断面	头道拐断面
1969～1986年	-43.9	-48.4	-47.8	-31.3	-35.2	-45.8	-42.2	-24.4
1987～1999年	-42.5	-35.8	-56.9	-59.5	-22.1	-24.1	-49.1	-53.7
2000～2012年	-73.4	-57.0	-54.9	-59.0	-67.4	-53.9	-54.2	-59.0

从沿程变化来看，刘家峡水库运用前的1950～1968年，年含沙量沿程增加，至三湖河口—头道拐河段基本上平衡；刘家峡水库单库运用的1969～1986年，其以下河道发生冲刷，年含沙量基本上呈沿程增加趋势；龙羊峡水库和刘家峡水库联合运用后，年含沙量沿程变化较为复杂，规律性不甚明显，汛期含沙量沿程减小。2000年以后，三湖河口断面以上河段发生冲刷，三湖河口断面的含沙量最大，三湖河口—头道拐河段有所淤积，头道拐断面含沙量降低。

虽然各断面含沙量均呈递减趋势，但头道拐水文站含沙量减小的趋势较缓，下河沿水文站、石嘴山水文站和三湖河口水文站自20世纪60～70年代含沙量减小趋势较快。头道拐水文站含沙量在这一时期变化较缓的原因之一是三湖河口—头道拐河段河床发生较大冲淤调整，另一个原因是与十大孔兑的含沙水流入汇也有一定关系。下河沿水文站和石嘴山水文站至20世纪90年代中后期出现极值点，2000年后又有所减小。三湖河口水文站在20世纪90年代含沙量的极值不明显，且2000年后含沙量略有增加趋势，但相对变化不大。头道拐水文站的含沙量自1960年以来，基本上处于持续减少的趋势，但自1987年以来，减幅基本上维持在60%的水平上。

2.3.3 来沙系数变化

从来沙系数时程变化的总体趋势看（表2-9），自20世纪50年代以来，各断面均处于不断减少的状态，2000～2012年下河沿断面、石嘴山断面、三湖河口断面和头道拐断面的年来沙系数分别较1968年以前减少64%、39%、31%和34%，以石嘴山断面以上减少最多。汛期来沙系数的时程变化具有相同的特征，总体上不同时段各断面的来沙系数呈减少趋势。相对来说，汛期来沙系数减幅不及年来沙系数大，三湖河口断面、头道拐断面的汛期来沙系数都是增加的，分别增加18%、11%。根据分析，三湖河口断面、头道拐断面汛期来沙系数增加的主要原因是2012年宁蒙河段出现了较大且历时较长的洪水过程，引起下段河道主槽发生了明显冲刷。

表2-9　宁蒙河段各水文站不同时期来沙系数　　单位：kg·s/m^6

时段	年来沙系数				汛期来沙系数			
	下河沿断面	石嘴山断面	三湖河口断面	头道拐断面	下河沿断面	石嘴山断面	三湖河口断面	头道拐断面
1950～1968年	0.0061	0.0066	0.0086	0.0080	0.0139	0.0134	0.0182	0.0171
1968～1986年	0.0037	0.0036	0.0047	0.0060	0.0123	0.0091	0.0137	0.0172
1987～1999年	0.0047	0.0058	0.0057	0.0051	0.0221	0.0203	0.0235	0.0202
2000～2012年	0.0022	0.0040	0.0059	0.0053	0.0086	0.0127	0.0215	0.0190

从同一时段来沙系数沿程变化看，自下河沿断面至头道拐断面沿程增加，说明该区间内加水不多而加沙较多，尤其是三湖河口—头道拐河段的十大孔兑，遇到强降雨时会有高含沙洪水进入河道，甚至发生堵塞河道的现象。

全年、汛期来沙系数变化过程如图2-25、图2-26所示。1960年之前，各断面来沙系数最大，其中以1959年最大。除此之外，下河沿水文站年来沙系数的极值点还有1970年、1977年和1995年，石嘴山断面、三湖河口断面和头道拐断面年来沙系数的极值点均在1996年。

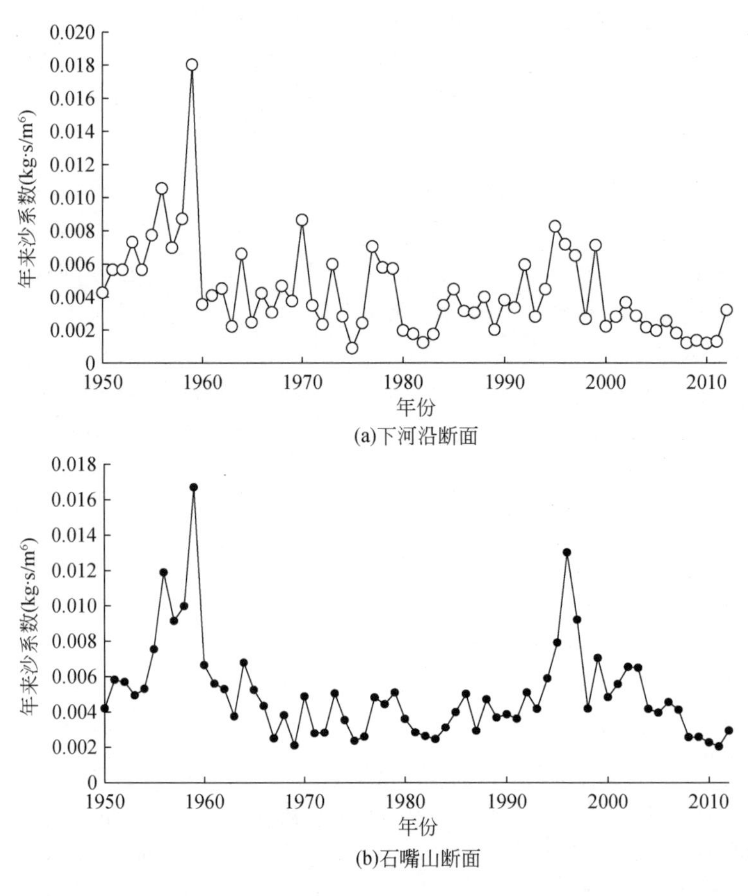

(a)下河沿断面

(b)石嘴山断面

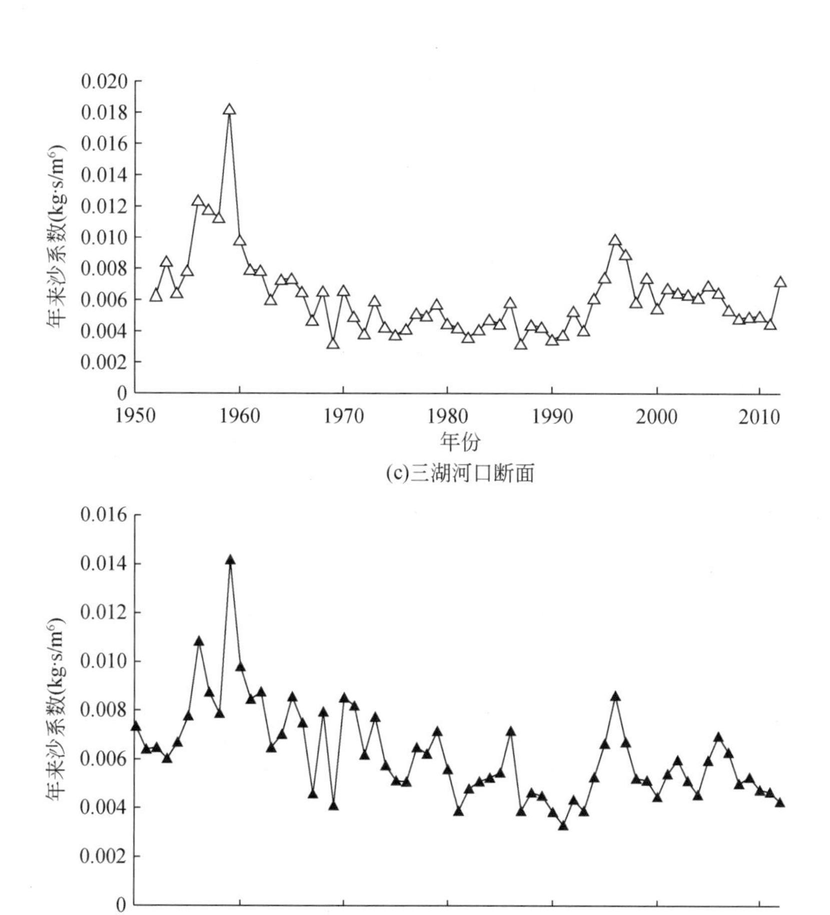

图 2-25　年来沙系数变化过程

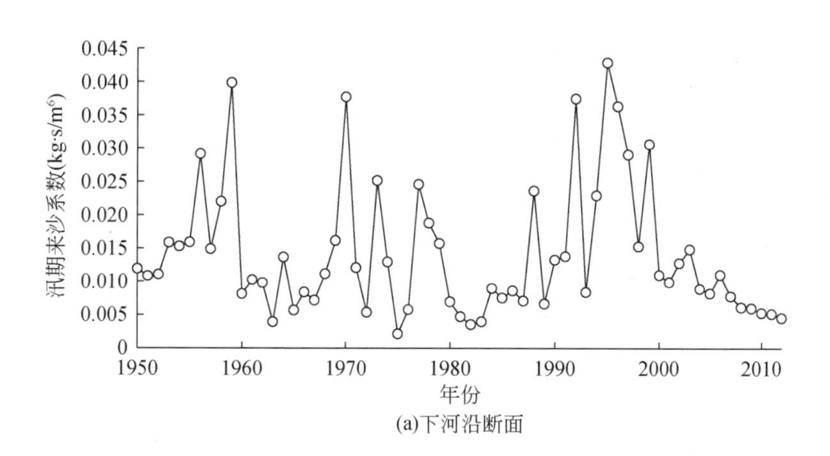

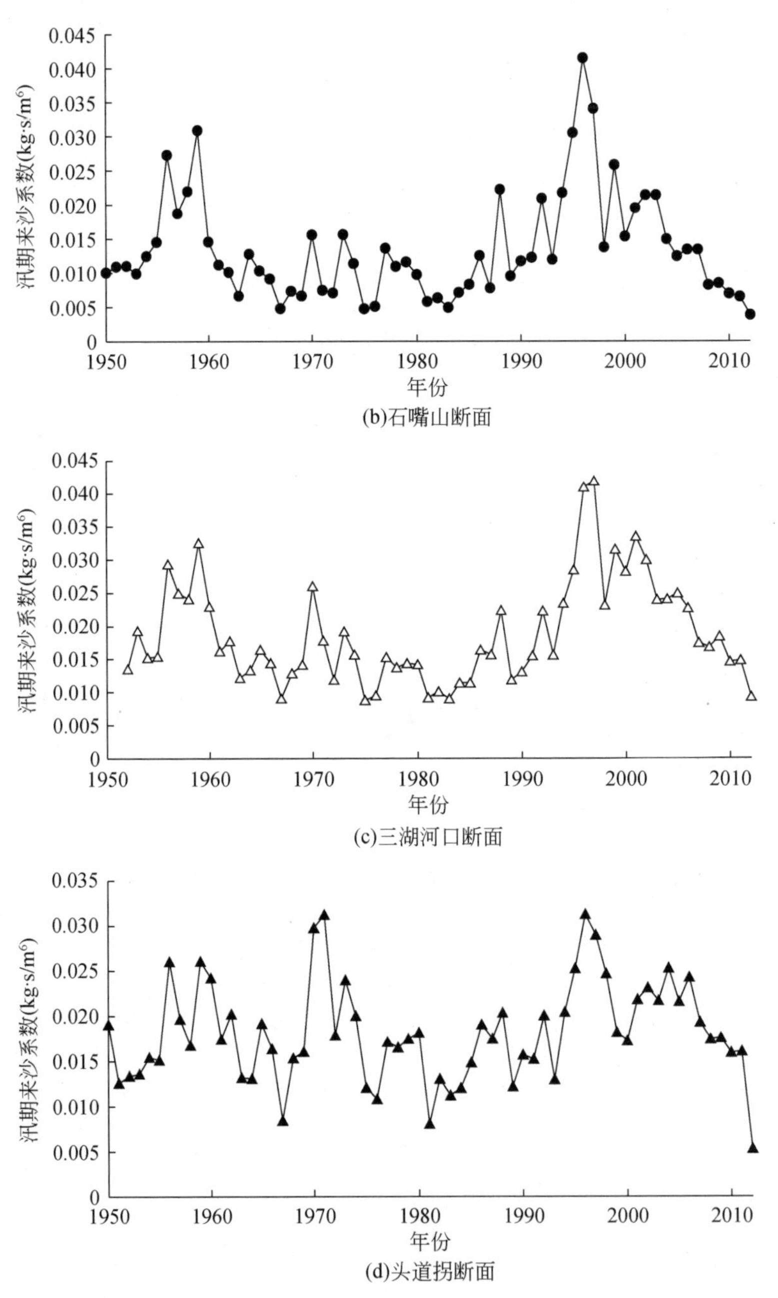

(b)石嘴山断面

(c)三湖河口断面

(d)头道拐断面

图 2-26　汛期来沙系数变化过程

从汛期来沙系数变化过程看（图 2-26），由于下河沿断面水沙过程受上游龙刘水库的影响大，汛期大流量过程减小，因而导致其来沙系数偏高。其他 3 个断面除受下河沿断面水沙条件影响外，还受区间支流、青铜峡水库、三盛公水库调控及河道冲淤调整的影响，其变化趋势与下河沿断面有所不同。其中石嘴山断面和三湖河口断面的变化趋势相近，头道拐断面受 1970 ~ 1980 年十大孔兑来沙影响，该时段内汛期的来沙系数较大。

2.4 水沙变化周期规律分析

2.4.1 分析方法

利用小波分析方法揭示水沙变化的周期特征。

在对水文时间序列的分析中，常常采用时域和频域两种基本形式（张贤达，2002）。时域分析是从时间域上描述水文序列，具有时间定位能力。1822年傅里叶提出的傅里叶变换频域分析方法，可用于揭示水文时间序列不同的频率成分，这样，许多在时域上看不清楚的问题可以通过频域分析获取。但傅里叶变换仅适合平稳水文时间序列的分析。在水文学中，水文时间序列（如暴雨、洪水、径流等）几乎都是非平稳的，对于这一类非平稳序列，需要提取某一时段的频域信息或某一频段的时间信息，即所谓的时频分析，单纯的时频分析和频域分析都是无能为力的。

1980年Morlet提出了小波变换的概念，成功解决了傅里叶变换奇异点位置不确定、分辨率单一等问题，用于实际工程中效果很好（Morlet and Arens，1982）。但限于当时的数学水平，很多假设不能被证明，小波理论未能得到数学家认可。直至1985年法国数学家Meyer创造性地构造了一个真正的正交小波基，并提出了多分辨率概念和框架理论，从此，小波理论有了坚实的数学基础。Lemarie于1986年提出了具有指数衰减形式的的小波函数。1994年，比利时女数学家Daubechies编写的《小波十讲》（*Ten Lectures on Wavelets*）系统讲解了小波理论，为小波的普及起了重要的推动作用，小波研究的热潮开始兴起并成蔓延之势，如今小波分析已成为国际上的研究热点。

1993年，小波分析方法由Kumar和Foufoular-Gegious引入水文学中，在水文学领域中取得了丰富的研究成果，主要表现在水文系统多时间尺度分析、水文时间序列变化特性分析、水文系统预测预报和水文系统随机模拟等方面。1996年，Venckp协同Foufoular-Gegious一起运用小波的相关原理对降水序列进行了能量分解，为降水形成机理的研究提供了一种新的思路（Venugopal and Foufoula-Georgiou，1996）。邓自旺等（1997）运用Morlet复小波变换对西安市50a的月降水量进行了多时间尺度的分析。杨辉和宋正山（1999）通过运用Morlet小波变换方法针对华北地区水资源多时间尺度进行了分析，结果表明华北地区的水资源各分量存在时间—频率的多层次的结构。孙卫国和程炳岩（2000）运用Morlet小波对河南省近50a月降水量距平序列的多时间尺度结构进行了分析，初步研究了河南省旱、涝时频变化特征。王文圣等（2002）利用Morlet小波变换与Marr小波变换，对长江宜昌站百年年均流量资料进行了详细剖析。

小波变换的关键是基本小波函数的选取，所谓小波函数是指具有振荡特性、能够迅速衰减到零的一类函数，其数学表达如下（黄川等，2002）：

$$\int_{-\infty}^{+\infty}\varphi(t)\,\mathrm{d}t = 0 \tag{2-17}$$

目前可选的小波函数有很多，如Morlet小波函数、Mexican hat小波、Wave小波、Harr小波及Meyer小波等。在探讨水文现象的多时间尺度和突变特征分析时，考虑到①径流、泥沙演变过程中包含“多时间尺度”变化特征，且该变化连续，因此应采用连续小波变换来分析；②实小波变换只能给出时间序列变化的振幅和正负，复小波变换可同时给出位相和振幅两个方面的信息，有利于对问题的进一步分析；③复小波函数的实部和虚部位相相差 π/2，能消除用实小波变换系数作为判定依据而产生的虚假振荡，使分析结果更准确，因此本研究选用 Morlet 连续复小波函数进行小波系数的变换。

Morlet 小波的函数定义为

$$\varphi(t) = e^{-t^2/2}e^{iwt} \tag{2-18}$$

式中，w 为常数，且当 $w \geqslant 0$ 时，Morlet 小波就能近似满足允许行条件。

对于给定的小波函数 $\varphi(t)$，水文时间序列 $f(t) \in L^2(R)$ 的连续小波变换为

$$W_f(a, b) = |a|^{-\frac{1}{2}} \int_{-\infty}^{+\infty} f(t)\bar{\varphi}\left(\frac{t-b}{a}\right) dt \tag{2-19}$$

式中，$W_f(a, b)$ 即为小波变换的系数，简称小波系数；a 为尺度因子，反映出小波的周期长段；b 为时间因子，反映出小波在时间轴上的平移运动。

在实际工作中，所观测得到的信号序列往往是间断的、不连续的。例如，序列 $f(k\Delta t)$，其中 $k=1, 2, 3, \cdots, N$；Δt 即为观测取样的时间间隔。

运用积分的定义近似地把连续的小波变换化为离散的小波变换形式：

$$W_f(a, b) = |a|^{-\frac{1}{2}} \Delta t \sum_{k=1}^{n} f(k\Delta t)\bar{\varphi}\left(\frac{k\Delta t - b}{a}\right) \tag{2-20}$$

小波系数 $W_f(a, b)$ 可以同时反映出关于时域的参数 b 和关于频域的参数 a 的特性，即小波系数是时间序列 $f(t)$ 或 $f(k\Delta t)$ 通过对单位脉冲响应的输出。当参数 a 较大时，说明小波系数对频域上的分辨率较高，而对时域上的分辨率相对较低；随着参数 a 的不断减小，其时域上的分辨率不断提高，而频域上的分辨率则不断降低。因此，小波变换在窗口大小固定的前提下，通过参数的调整可以实现将频域和时域局部化的功能。

若小波系数 $W_f(a, b)$ 随着频域参数 a 和时域参数 b 的变化而不断发生变化，便可以用频域参数 a 作为纵坐标，时域参数 b 作为横坐标，进而做出小波系数 $W_f(a, b)$ 的二维等值线图，即小波系数图。通过小波系数图，可以观察得到关于时间序列变化的小波变化特征。再将时间域 b 上关于尺度 a 上的所有小波变换系数的模的平方进行积分，可以得到小波方差：

$$\text{var}(a) = \int_{-\infty}^{+\infty} |W_f(a, b)|^2 db \tag{2-21}$$

小波方差图可以清晰地反映水文时间序列在各种尺度下所包含的周期的波动及其能量大小。例如，从其波峰所处位置可以确定一个水文序列中存在的主要时间尺度，即确定出该水文序列变化的主要周期。

2.4.2 周期特征

2.4.2.1 年水沙序列周期特征

尽管百年以来黄河上游水沙量总体呈不断减少的趋势，但从径流量、输沙量序列分析，仍存在着一定的增减振荡周期。认识水沙序列变化的水文周期规律，对于进一步评估

未来水沙变化发展趋势是有积极意义的。为此，依据 1950 年以来的定位实测水沙资料，利用小波分析方法，检验沙漠宽谷段水沙序列的周期特征。

(1) 年径流量序列周期特征

图 2-27、图 2-28 分别为 4 个主要断面年径流量小波系数实部等值线和小波方差分布。下河沿断面、石嘴山断面、三湖河口断面、头道拐断面年径流量序列基本上均存在着 3 ~ 5a、8 ~9a、15 ~16a 及 25 ~26a 尺度的周期变化规律，就是说，从水文周期变化而言，沙漠宽谷段不同断面具有很好的同步性。

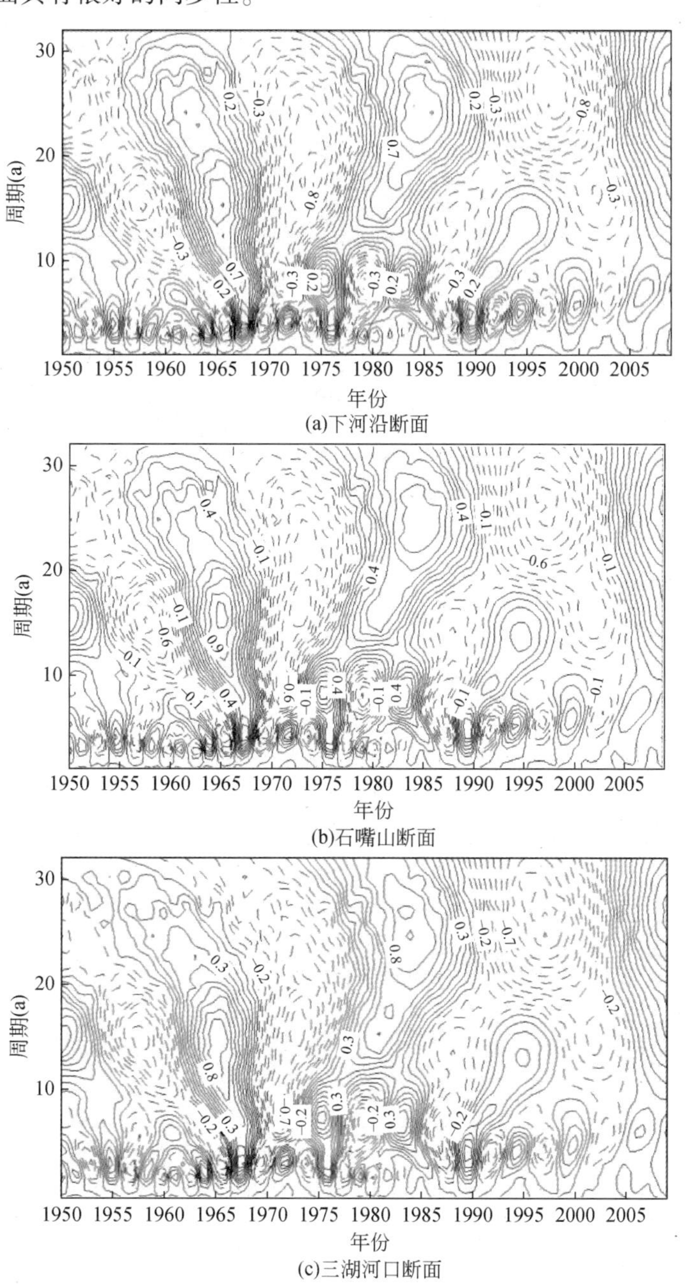

(a)下河沿断面

(b)石嘴山断面

(c)三湖河口断面

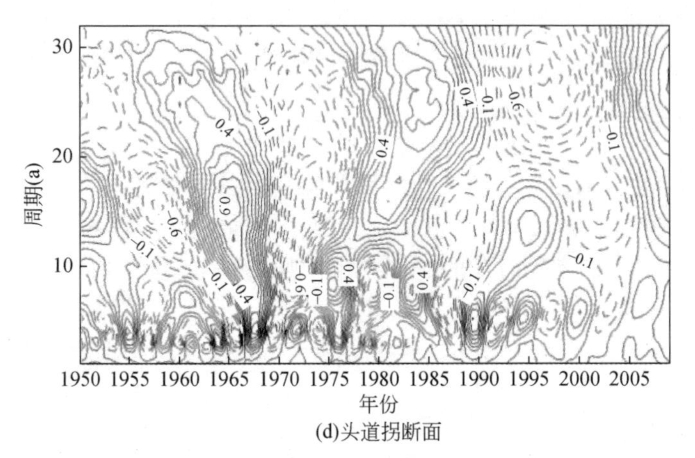

(d)头道拐断面

图 2-27　年径流量序列小波系数实部等值线图

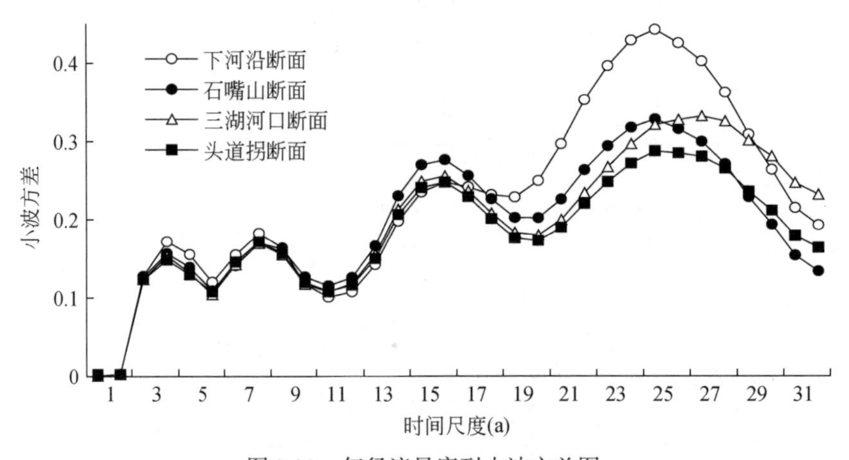

图 2-28　年径流量序列小波方差图

干流径流量序列的小波方差中有 4 个较为明显的峰值，其中下河沿断面、石嘴山断面和头道拐断面均对应着 4a、8a、16a 和 25a 的尺度；三湖河口断面最大峰值对应 27a 尺度，为第一主周期，在第一主周期变化特征上与其他代表断面略有不同。总体来说，25a 左右的周期振荡最强，为年径流量序列变化的第一主周期；16a 尺度对应着第二峰值，为径流变化的第二主周期；第三峰值、第四峰值分别对应着 8a 和 4a 的尺度，依次为径流的第三主周期、第四主周期。这说明上述 4 个周期的波动控制着径流在整个时间域内的变化特征。

综上分析，年径流量序列具有多时间尺度特性，大中尺度振荡中往往嵌套有较小尺度的周期振荡，其中主周期基本上为 25 ~ 27a。

(2) 年输沙量序列周期特征

根据沙漠宽谷段河道年输沙量序列小波系数实部等值线分析（图 2-29），下河沿断面年输沙量序列存在着 3 ~ 5a、9 ~ 15a、22 ~ 23a 3 类尺度的周期，石嘴山断面年输沙量序列存在着 3 ~5a、9 ~15a、18 ~23a 3 类尺度的周期；三湖河口断面、头道拐断面年输沙量序列均存在着 3 ~5a、9 ~14a、21 ~25a 3 类尺度的周期。

各断面年输沙量序列的小波方差图均存在 3 个较为明显的峰值（图 2-30），下河沿断面年输沙量序列对应 4a、11a 和 22a 的尺度，第一主周期尺度为 22a，第二主周期、第三主周期分别为 11a、4a；石嘴山断面和三湖河口断面年输沙量序列周期尺度均分别对应 3a、9a 和 22a，第一主周期尺度为 22a，第二主周期、第三主周期尺度分别对应 9a、3a；头道拐断面年输沙量序列变化周期对应的尺度为 4a、8a、24a，第一主周期尺度为 24a，第二主周期、第三主周期对应尺度分别 4a、8a。

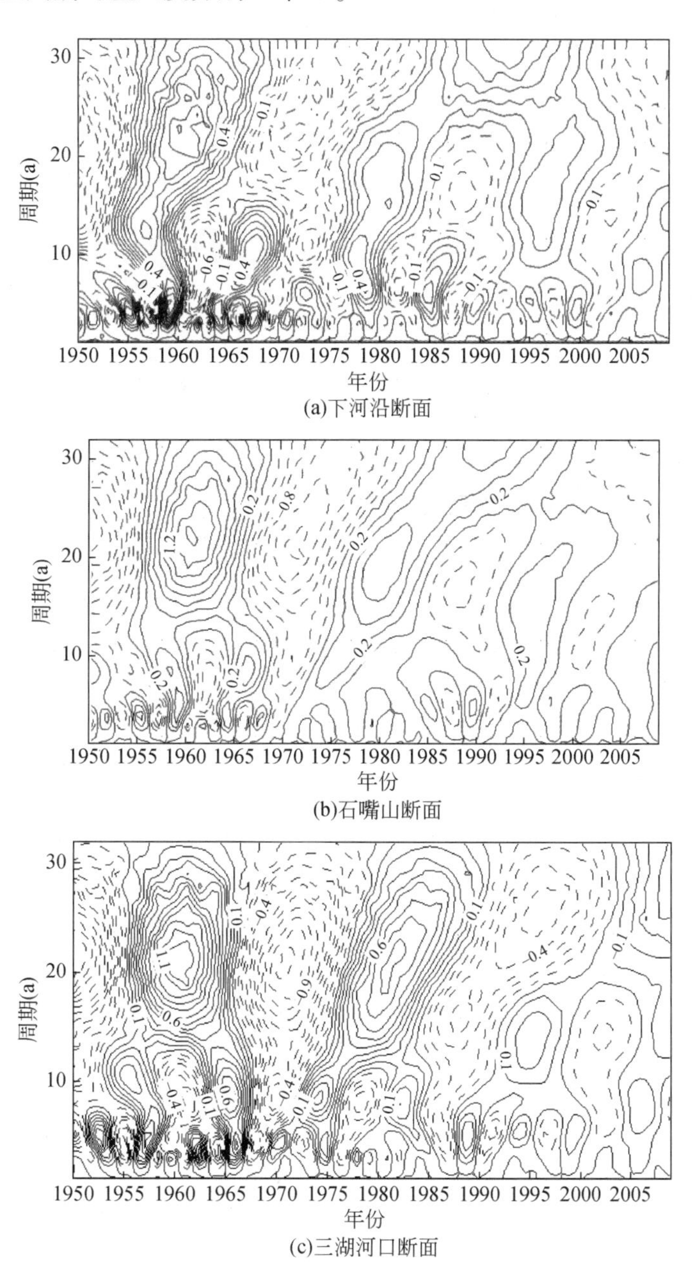

(a)下河沿断面

(b)石嘴山断面

(c)三湖河口断面

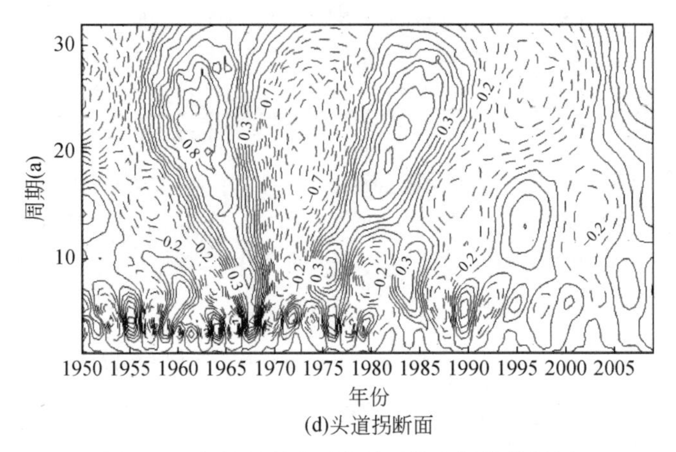

图 2-29　年输沙量序列小波系数实部等值线图

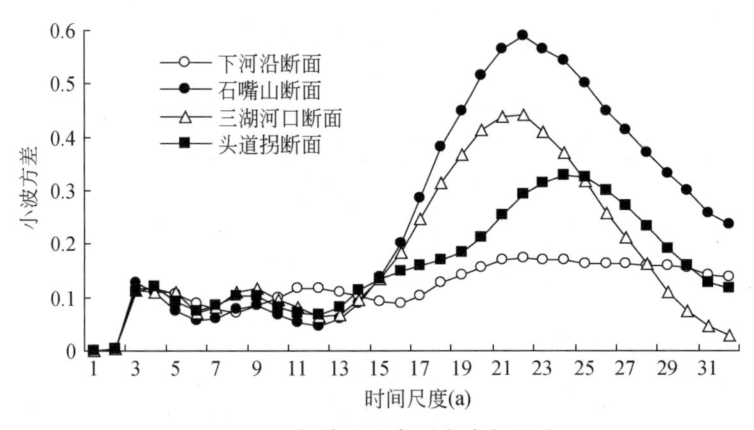

图 2-30　年输沙量序列小波方差图

总体来说，沙漠宽谷河段输沙量序列周期尺度为 4a、8～11a、22～24a，其中下河沿断面、石嘴山断面和三湖河口断面年输沙量序列的第一主周期均为 22a，头道拐水文站年输沙量序列的第一主周期为 24a。由于头道拐水文站与其他断面相比除了受龙羊峡水库和刘家峡水库运用影响之外，还受到三湖河口—头道拐河段十大孔兑高含沙洪水入汇的影响，可能影响了头道拐断面年输沙量序列的变化特性。对此还需进一步研究。

上述周期规律分析表明，年径流量、年输沙量序列的周期规律并不是完全相同的，年径流量序列有 4 个周期时间尺度，而年输沙量仅有 3 个，与年径流量序列相比，年输沙量序列周期缺少 16a 时段，其余基本重合，由此既反映了黄河水沙变化的相关性，又说明由于水沙异源性，年输沙量序列与年径流量序列周期特征也有一定差异。因此，在评估水沙变化发展趋势时对此是应当引起注意的。

2.4.2.2　汛期水沙序列周期变化特征

(1) 汛期径流量序列周期特征

根据汛期径流量序列小波系数实部等值线图和小波方差图分析（图2-31、图2-32），下河沿断面汛期径流量序列存在着3～6a、8～9a、15～18a及23～26a 4类时间尺度的周期特征；石嘴山断面汛期径流量序列存在着3～6a、8～9a、15～16a及24～26a 4类时间

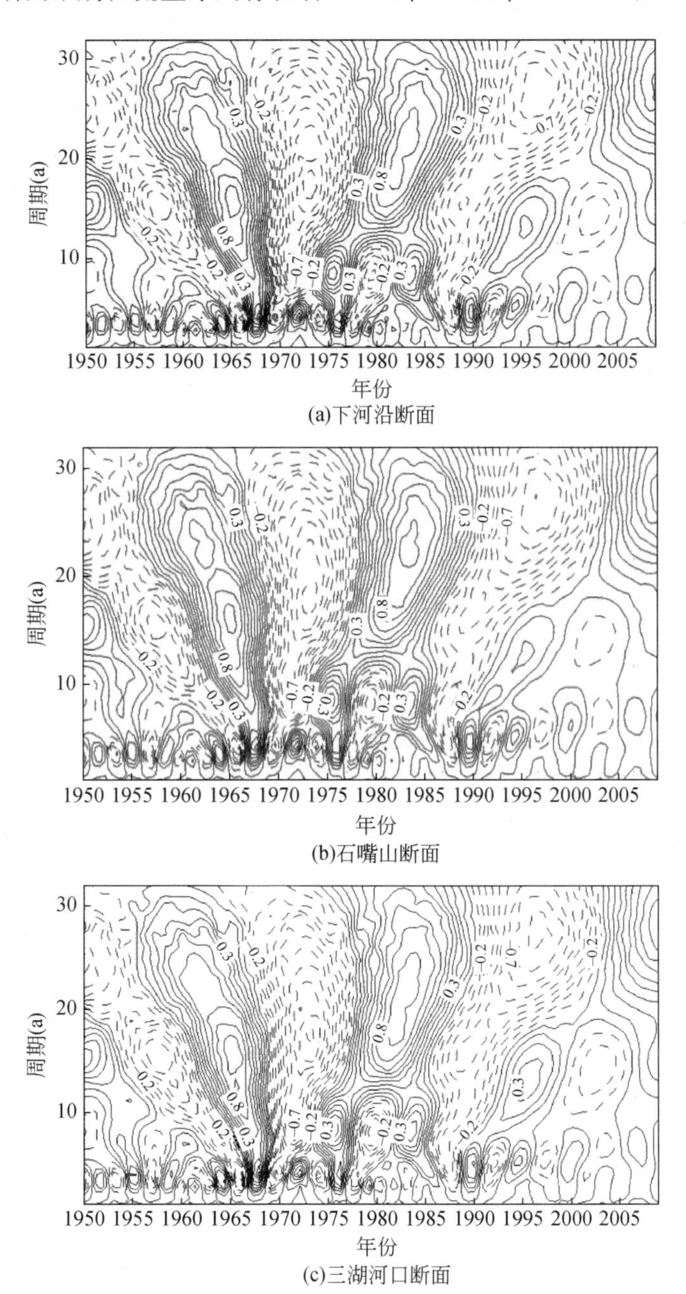

(a)下河沿断面

(b)石嘴山断面

(c)三湖河口断面

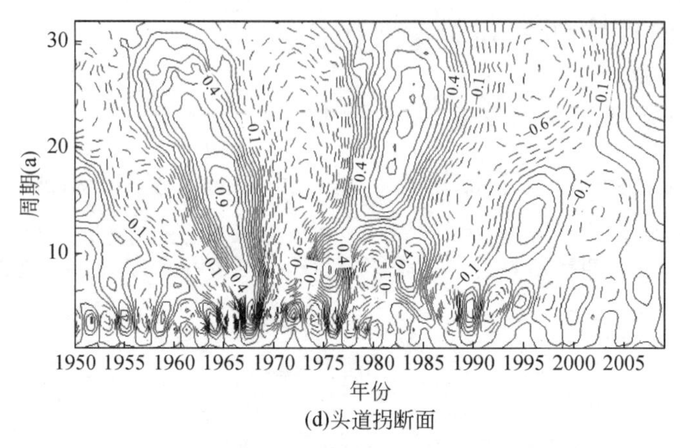

(d)头道拐断面

图 2-31　汛期径流量序列小波系数实部等值线图

尺度的周期变特征；三湖河口断面汛期径流量序列汛期径流量序列存在着 3～5a、8～9a、14～16a 及 25～26a 4 类时间尺度的周期特征；头道拐断面汛期径流量序列存在着 3～5a、8～9a、15～16a、25～27a 4 类时间尺度的周期特征。

根据小波方差计算结果分析（图 2-32），下河沿断面汛期径流量序列对应 4a、9a、18a 和 25a 的周期特征，其中，最大峰值对应 25a 的时间尺度，为第一主周期；石嘴山断面汛期径流量序列对应 4a、9a、18a 和 24a 的周期特征，其中，24a 时间尺度为第一主周期；三湖河口断面和头道拐断面汛期径流量序列均对应 4a、9a、16a 和 24a 的时间尺度，其中，24a 时间尺度为第一主周期。就是说，对于径流量来说，4 个断面的周期变化规律是一致的。

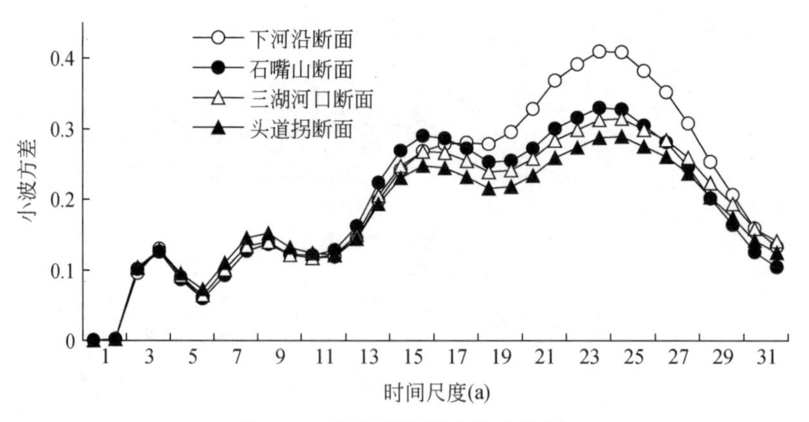

图 2-32　汛期径流量小波方差图

与年径流量序列主周期相比，汛期径流量序列的主周期略有差别，这主要因为水库调蓄、灌溉引水及经济社会用水等因素对汛期径流量的影响大于对年径流量的影响，对汛期径流量受到的干扰更大，因此，两者的周期特征也存在一定的差别。

(2) 汛期输沙量序列周期特征

4 个断面汛期输沙量小波系数实部等值线图和小波方差图分别如图 2-33 和图 2-34 所示。

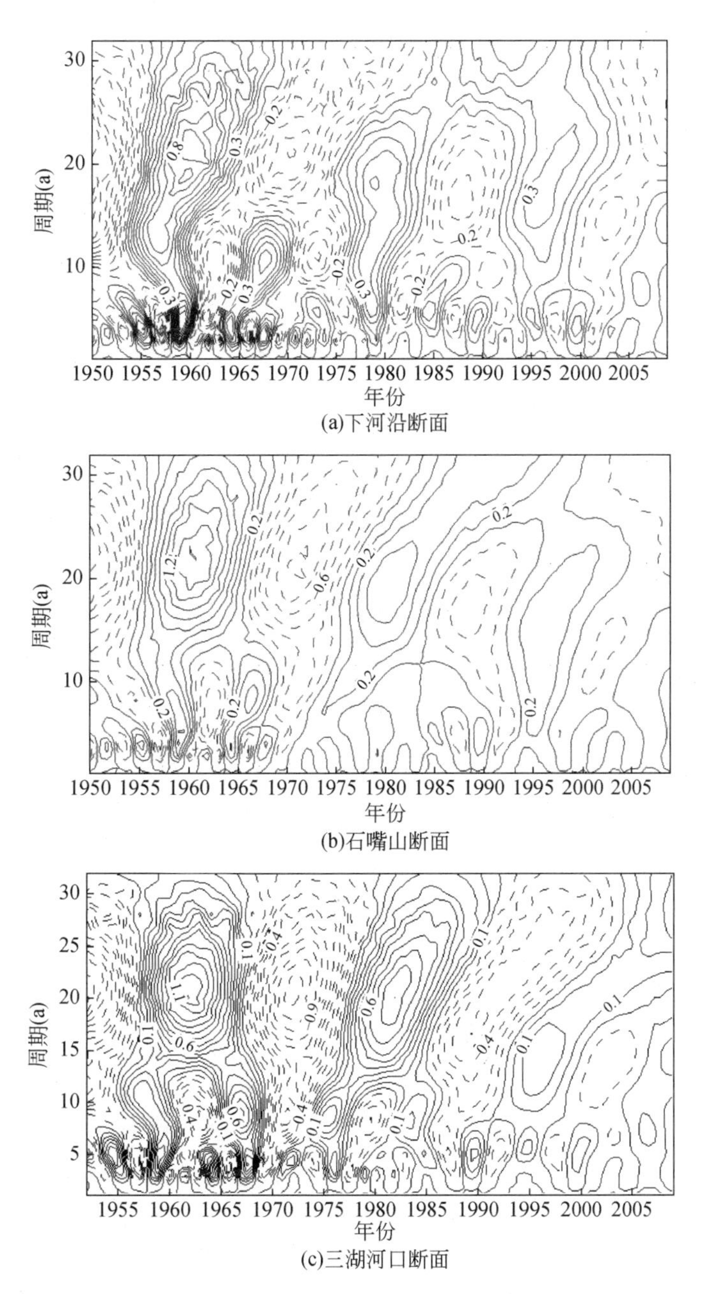

(a)下河沿断面

(b)石嘴山断面

(c)三湖河口断面

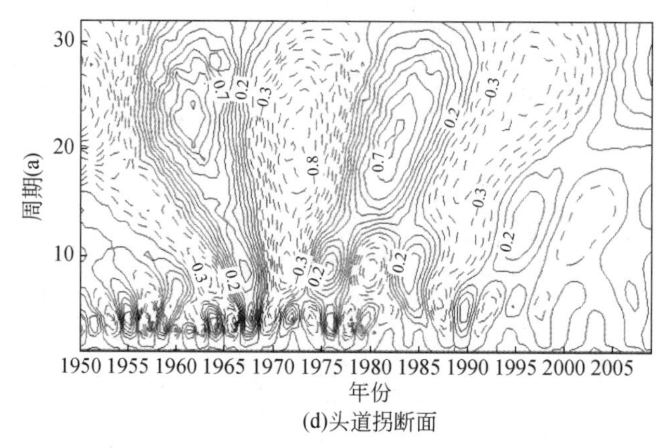

(d)头道拐断面

图 2-33　汛期输沙量小波系数实部等值线

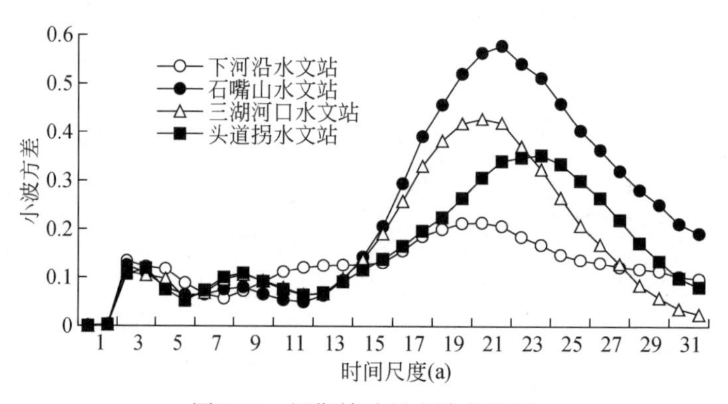

图 2-34　汛期输沙量小波方差图

根据小波系数实部等值线（图 2-34）分析，下河沿断面汛期输沙量序列存在 3 ~ 5a、8 ~ 12a、21 ~ 22a 的 3 类尺度的周期特征；石嘴山断面汛期输沙量序列存在 3 ~ 4a、8 ~ 12a、18 ~ 22a 的 3 类尺度的周期特征；三湖河口断面汛期输沙量序列存在 3 ~ 4a、8 ~ 12a、18 ~ 21a 的 3 类尺度的周期特征；头道拐断面汛期输沙量序列存在着 3 ~ 4a、8 ~ 14a、21 ~ 25a 的 3 类时间尺度的周期特征。

除下河沿水文站外，其余 3 个断面汛期输沙量序列的小波方差图存在 3 个较为明显的峰值（图 2-35），其中下河沿水文站汛期输沙量序列对应 22a 和 3a 的时间尺度，最大峰值对应 22a 的时间尺度，为第一主周期；石嘴山断面和三湖河口断面汛期输沙量序列均对应 22a、9a 和 3a 的时间尺度，其中 22a 时间尺度为第一主周期；头道拐断面汛期输沙量序列对应 24a、8a 及 4a 的时间尺度，其中 24a 时间尺度为第一主周期。

下河沿断面、石嘴山断面、三湖河口断面汛期输沙量序列的主周期均为 22a，头道拐水文站汛期输沙量主周期为 24a，汛期输沙量序列和年输沙量序列的周期特征基本一致。

表 2-10 为各断面年、汛期的径流量、输沙量序列周期特性统计。黄河沙漠宽谷段干流径流量、输沙量均具有多时间尺度特性，但由于水库调蓄、灌溉引水以及经济社会用水等因素对汛期径流量的影响程度较年径流量大，年径流量序列和汛期径流量序列的周期特

征略有差别；年输沙量和汛期输沙量序列的周期特征基本一致。同时，径流量序列和输沙量序列的周期特征也基本相似，表明黄河上游水沙存在密切的相关关系，然而受水沙异源的影响，二者周期特征也存在一定的差异。

表 2-10 年各断面、汛期径流量和输沙量序列周期特性 单位：a

断面名称	年径流量		年输沙量		汛期径流量		汛期输沙量	
	多尺度周期	第一主周期	多尺度周期	第一主周期	多尺度周期	第一主周期	多尺度周期	第一主周期
下河沿	25，16，8，4	25	22，11，4	22	24，18，9，4	24	22，3	22
石嘴山	25，16，8，4	25	22，9，3	22	24，16，9，4	24	22，9，3	22
三湖河口	27，16，8，4	27	22，9，3	22	24，16，9，4	24	22，9，3	22
头道拐	25，16，8，4	25	24，8，4	24	24，16，9，4	24	24，8，4	24

根据各断面的周期特征看，除下河沿断面年径流量序列的周期同其他断面相同外，其年输沙量序列、汛期径流量序列、汛期输沙量序列的变化周期与其他断面的均不一致，尤其是汛期输沙量的变化周期只有两个，而其他的都有 3 个，由此说明沙漠宽谷河段的水沙变化周期特征是比较复杂的，这与该河段受人类活动的干扰较强有关。对下河沿断面而言，位于沙漠宽谷段的最上端，受水库运用影响相对最大。例如，对多年而言，水库对年径流量的调控应当处于一种相对平衡的状态，而对泥沙、汛期径流量的调控作用大且具有一定的波动性，因此，下河沿断面相应的年输沙量序列、汛期水沙序列的周期特征受其干扰作用就大，而对其他断面来说，由于沿程河床不断调整，而表现为趋于一种相对稳定的自然状态下的水文水沙周期特征。

2.5 水沙变化时空特征分析

2.5.1 沙漠宽谷段河道水沙空间变化规律

2.5.1.1 分析方法

为定量了解径流泥沙序列的空间变化规律及其统计分布特征，采用 Sen's 斜率估计、箱线图两种分析方法。

（1）Sen's 斜率估计方法

Sen's 斜率估计是判断时间序列变化趋势的另外一种非参数检验方法（汪攀和刘毅敏，2014），对序列分布没有要求，适合于存在异常值的时间序列的趋势分析。Sen's 斜率估计方法计算的是序列中值，抗噪性强，但不能实现对序列变化趋势进行显著性判断。

对于时间序列 $x_i = (x_1, x_2, x_3 \cdots, x_n)$，Sen's 的斜率 δ 计算公式为

$$\delta = \text{Median}\left(\frac{x_j - x_i}{j - i}\right) \quad \forall j > i \tag{2-22}$$

式中，Median 为中值函数；δ 为序列的平均变化率以及时间序列的趋势，当 $\delta>0$ 时，序列呈上升趋势；当 $\delta=0$ 时，序列变化趋势不明显；当 $\delta<0$ 时，序列呈下降趋势。

(2) 箱线图分析方法

“箱线图”或叫“盒须图”“盒式图”（boxplot），适用于提供有关数据的位置和分散状态，尤其更能表现不同母体数据的差异性。通过绘制箱线图的异常值可以判断一批数据中哪几个数据点异常，哪些数据点表现不及一般，这些数据点放在同类其他群体中处于什么位置，以及每批数据排序的四分位距大小和正常值的分布是集中还是分散等，并根据中位线和异常值的位置可以估计数据分布的偏态程度。

常用的统计量包括平均数、中位数、百分位数、四分位数、全距、四分位距、稳健系数和标准差等。

箱形图绘制的步骤如下：

1）画数轴，度量单位大小和数据序列的单位一致，起点比最小值稍小，长度比该数据批的全距稍长；

2）画矩形盒，两端边的位置分别对应数据序列的上下四分位数（Q_1 和 Q_3）。在矩形盒内部中位数（X_m）位置画一条中位线；

3）异常值被定义为小于 $Q_1-1.5\text{IQR}$ 或大于 $Q_3+1.5\text{IQR}$ 的值，在 $Q_3+1.5\text{IQR}$（四分位距）和 $Q_1-1.5\text{IQR}$ 处画两条与中位线一样的线段，这两条线段为异常值截断点，称其为内限；在 $Q_3+3\text{IQR}$ 和 $Q_1-3\text{IQR}$ 处画两条线段，称其为外限。处于内限以外位置的点表示数据都是异常值，其中在内限与外限之间的异常值为温和的异常值（mild outliers），在外限以外的为极端的异常值（extreme outliers）。其中，四分位距为 Q_3-Q_1；

4）从矩形盒两端边向外各画一条线段直到不是异常值的最远点，表示该数据序列正常值的分布区间；

5）用“○”标出均值，用“*”标出极端的异常值。相同值的数据点并列标出在同一数据线位置上，不同值的数据点标在不同数据线位置上。

图 2-35 为箱线图的示意。

其实箱线图没有展现数据集的全貌，但通过对数据集几个关键统计量的图形化表现，可以了解数据的整体分布和离散情况。

2.5.1.2 径流泥沙序列统计特征空间变化规律

根据 1950 年以来的资料统计，绘制箱线图表明（图 2-36），无论是全年还是汛期的径流量，从下河沿水文站到头道拐水文站，沿程发生显著变化，而且变化特征有着高度的相似性，除异常值以外，下河沿断面、石嘴山断面的第一分位数、中位数、第三分位数都基本接近［图 2-36（a）、图 2-36（c）］。例如，根据表 2-11 统计，第一分位数相应的年径

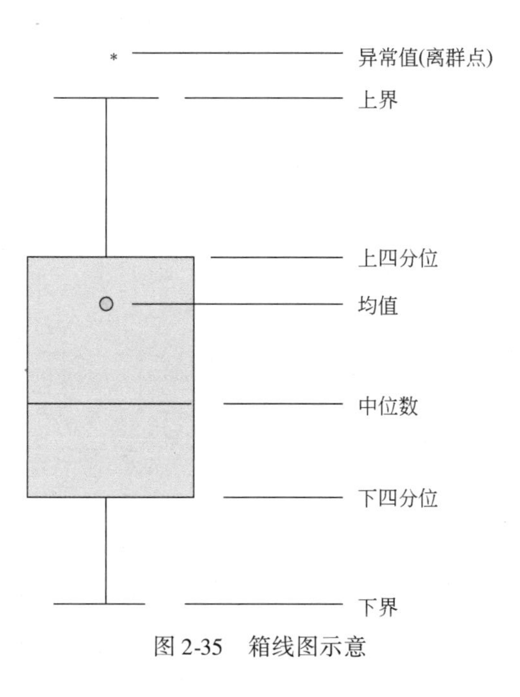

图 2-35　箱线图示意

流量为 218.8 亿～239.9 亿 m^3，说明有 25% 年份的径流量小于或等于 239.9 亿 m^3，第三分位数相应的年径流量为 320.4 亿～336.4 亿 m^3，说明有 75% 年份的径流量小于或等于 336.4 亿 m^3。进一步统计，其稳健变异系数分别为 0.35、0.41，相差约 17%。从石嘴山断面到三湖河口断面后，无论是全年还是汛期，第一分位数、中位数、第三分位数都明显减小，且三湖河口断面、头道拐断面的基本接近，同时两者的异常值也接近，第三分位数对应的年径流量为 269.1 亿～270.1 亿 m^3，说明有 75% 年份的径流量小于或等于 270.1 亿 m^3，第一分位数的年径流量为 165.1 亿～171.6 亿 m^3，有 25% 年份的径流量小于或等于 171.6 亿 m^3，稳健变异系数分别为 0.50、0.55。

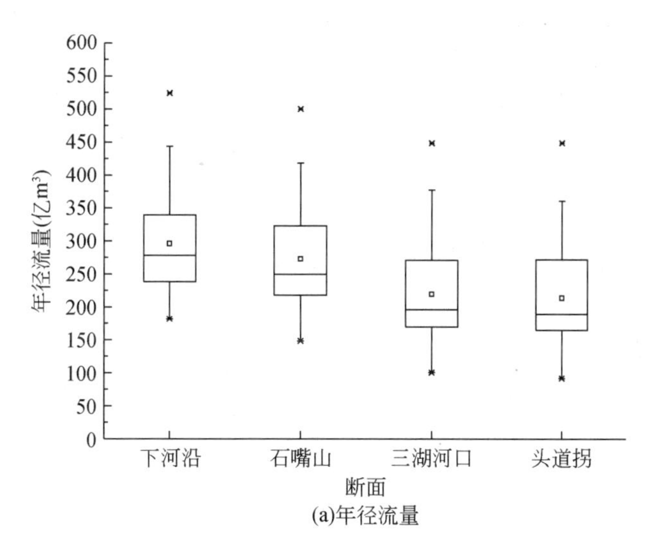

(a)年径流量

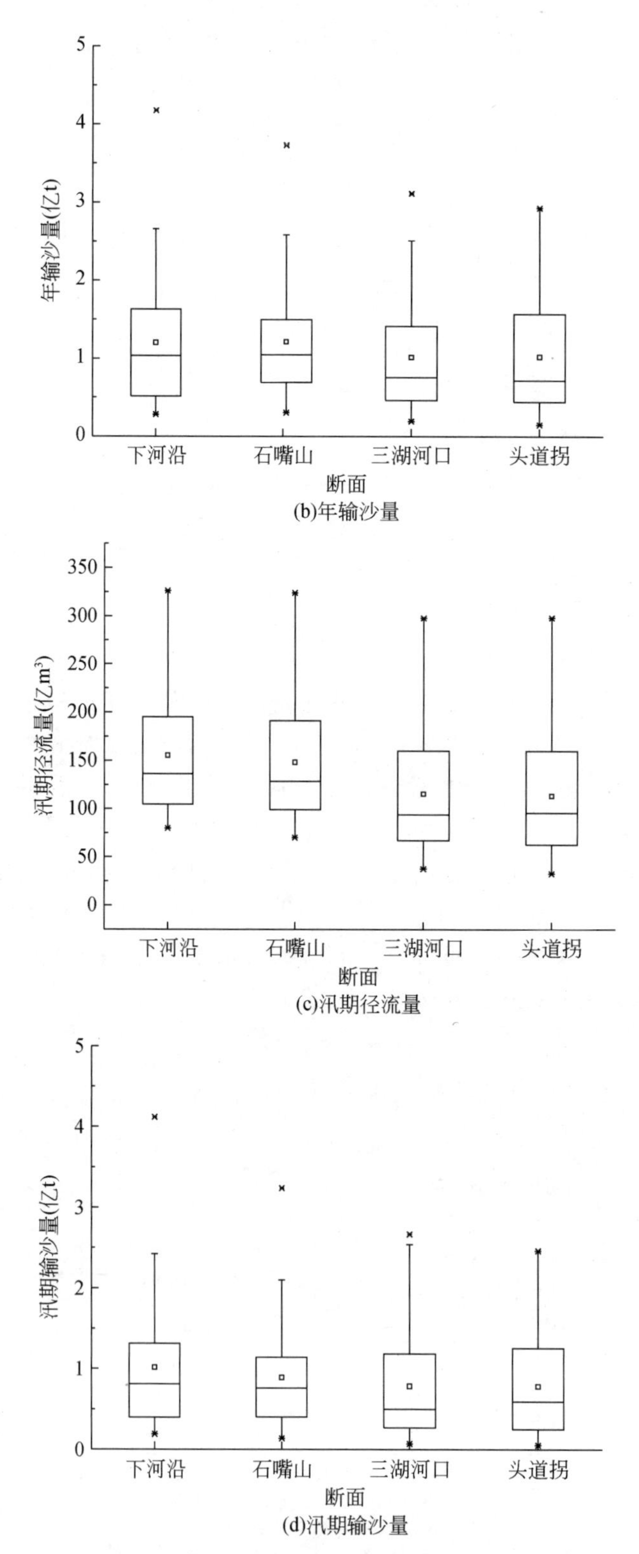

图 2-36　沙漠宽谷河道径流量、输沙量序列箱线图

表2-11　径流量和输沙量序列分位数

断面名称	年径流量			汛期径流量			年输沙量			汛期输沙量		
	第一分位数	中位数	第三分位数	第一分位数	中位数	第三分位数	第一分位数	中位数	第三分位数	第一分位数	中位数	第三分位数
下河沿	239.9	277.9	336.4	104.7	136.3	195	0.52	1.04	1.6	0.4	0.81	1.31
石嘴山	218.8	249.5	320.4	99.02	128.6	191.2	0.68	1.02	1.42	0.4	0.76	1.14
三湖河口	171.6	195.8	270.1	67.1	93.8	160	0.46	0.71	1.41	0.27	0.50	1.17
头道拐	165.1	189.2	269.1	63	95.7	160.1	0.44	0.71	1.5	0.25	0.59	1.25

上述统计表明，石嘴山—三湖河口河段是径流量序系列统计分布特征变化显著的河段，与其上下游河段的下河沿—石嘴山河段、三湖河口—头道拐河段的径流量序列统计分布有明显不同；汛期径流量序列的统计分布特征空间分异性与年径流量的相同，基本上反映了年径流量的统计分布特征，说明在黄河上游沙漠宽谷河段具有汛期径流的空间特征基本决定全年空间特征的规律。

多年输沙量序列的统计分布特征沿程变化规律与年径流量的有很大不同，无论是汛期的还是全年的，自下河沿水文站以下沿程变化并不大，4个断面的统计值相对比较接近，没有明显变化的河段。4个水文站的年输沙量第一分位数、中位数、第三分位数均基本接近［图2-36（b）、图2-36（d）］，第三分位数的输沙量为1.41亿～1.60亿t，说明有75%年份的输沙量小于或等于1.60亿t；第一分位数的输沙量为0.44亿～0.68亿t，有25%年份的输沙量小于或等于0.68亿t。但是，稳健变异系数相差明显，沿程分别为1.04、0.73、1.34、1.49，最大最小相差约50%，说明4个水文站输沙量的丰枯分布具有非一致性，也反映了年输沙量在该河段输移过程中的调整是比较大的。在汛期，4个水文站第三分位数的输沙量变化为1.14亿～1.31亿t，即75%年份的输沙量小于等于1.31亿t，而第一分位数的输沙量变化为0.25亿～0.40亿t，有25%的年份输沙量小于等于0.40亿t。汛期输沙量稳健变异系数没有趋势性变化规律，相差较大，沿程分别为1.12、0.97、1.80、1.69。统计表明，汛期输沙量统计特征对年输沙量统计特征也具有决定性作用。

但是，根据稳健变异系数的沿程变化分析，对径流量序列来说，无论是年径流量还是汛期径流量，其序列的稳健变异系数均由下河沿断面向下游沿程不断增大。由此说明沿干流从上至下，径流量序列的偏态程度不断增大，即丰枯径流量偏差增加，而输沙量序列的稳健变异系数沿程并没有趋势性的变化规律，也说明了输沙量空间变化所受到的影响因素更为复杂。

根据年径流量Sen's斜率检验线进一步分析（图2-37），下河沿断面、石嘴山断面、三湖河口断面和头道拐断面各断面的年径流量点据均分布在45°线以下，表明年径流量沿程呈减少趋势，各断面中等大小年径流量的减幅最大，其次是较大的年径流量，较小的年径流量减幅最小，这一特点反映了水库对大流量过程和洪峰的拦蓄和调控作用。另外，越向下游，点据偏离45°线越明显，说明年径流量在空间上衰减程度沿程不断加大，尤其是三湖河口断面、头道拐断面更为明显。

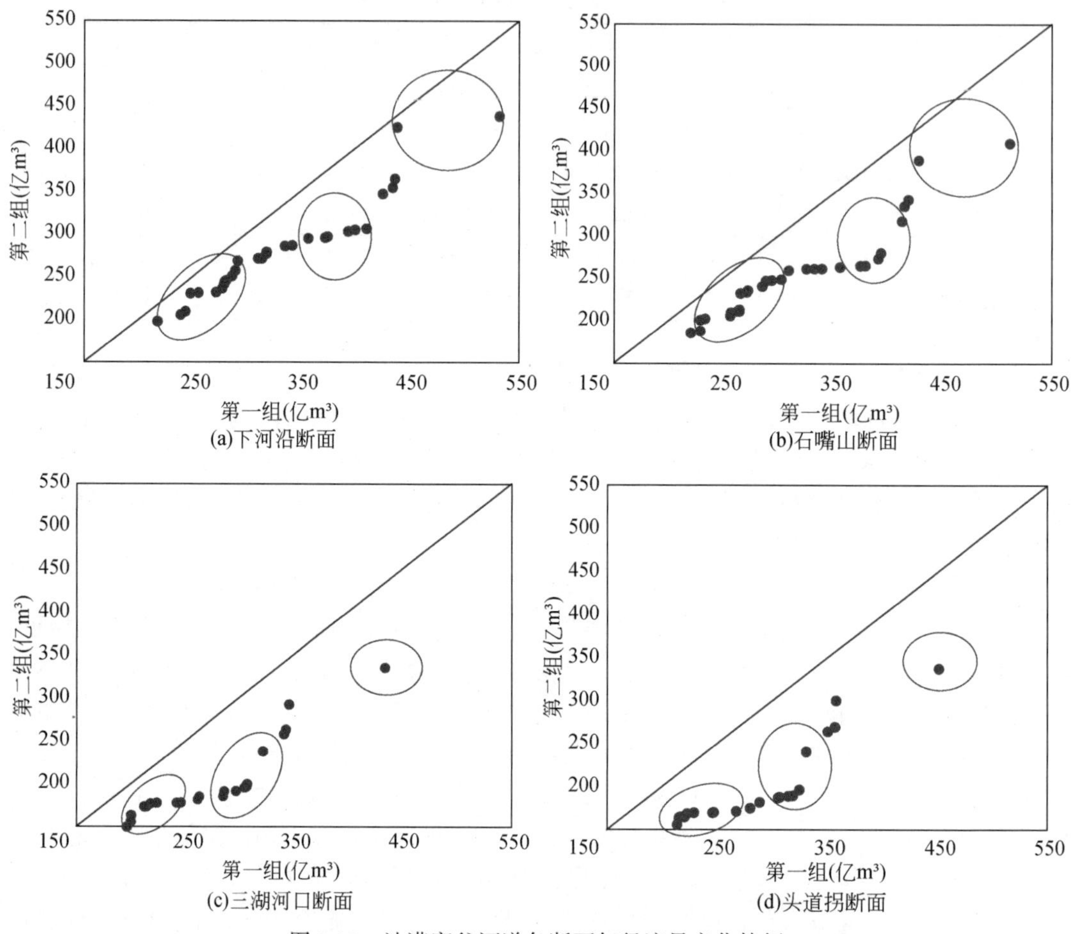

图 2-37　沙漠宽谷河道各断面年径流量变化特征

同理，通过年输沙量 Sen's 斜率检验线分析（图 2-38），如果与年径流量相比，年输沙量沿程减少幅度比径流量更甚。另外，输沙量较少的年份其减幅也小，输沙量大的年份其

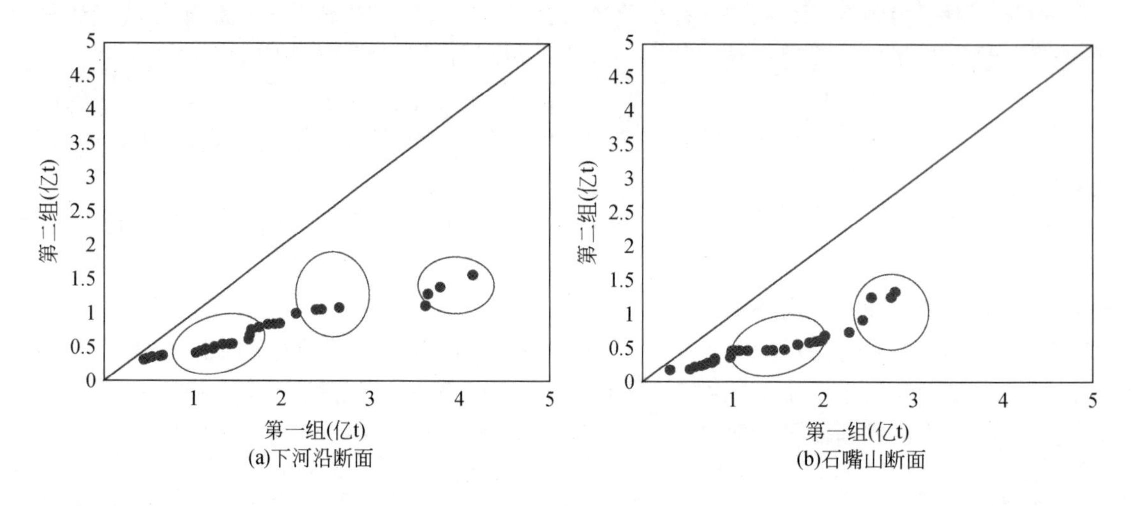

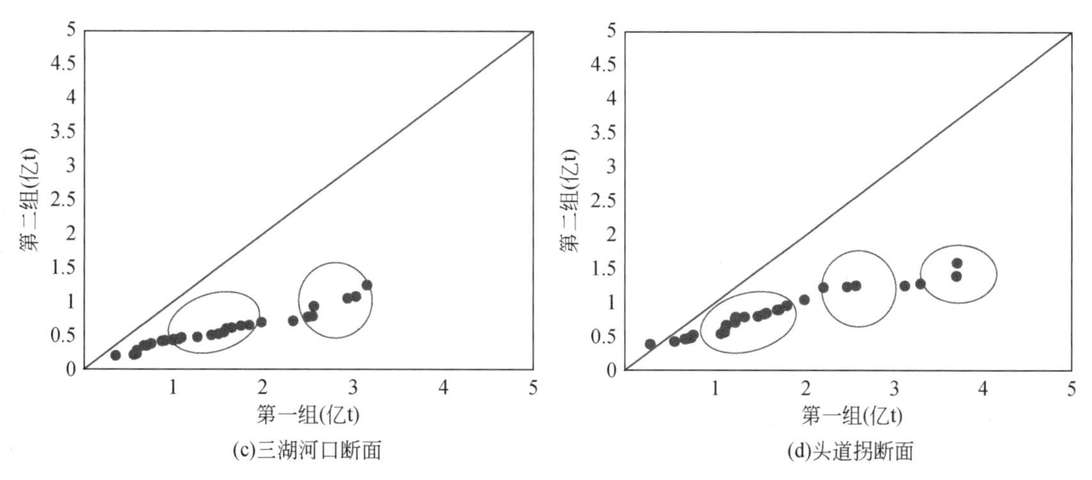

图 2-38　沙漠宽谷河道各断面年输沙量变化特征

减幅度也最大。例如，下河沿断面、石嘴山断面输沙量中等、较大年份的减幅都较大，这主要是受上游龙羊峡水库和刘家峡水库拦沙作用的影响；三湖河口断面、头道拐断面输沙量中等大小年份的减幅最大，而输沙量最大的年份其减幅相对较小，变化比较复杂，这是因为两站除了受上游河段来沙量的影响外，同时还受三盛公水库的影响，水库年内排沙显著增加了这两个水文站的输沙量，减小了两断面较大输沙量的减幅。

2.5.2　实测水沙量时空变化特征

图 2-39 和图 2-40 为沙漠宽谷段 4 个主要断面年径流量和年输沙量不同时段与代表天然时期 1952～1960 年相比的增减量。1961～1968 年、1969～1986 年两个时段各断面年径流量与天然时期相比均是增加的，1961～1968 年年径流量增加量值自下河沿断面至三湖河口断面依次减少，头道拐断面年径流量增加量略大于三湖河口断面，但小于下河沿断面和石嘴山断面；1969～1986 年年径流量增加量自下河沿断面至头道拐断面沿程减小。1987 年以后的两个时段，随着经济社会的快速发展，工农业用水和生活用水日益增多，年径流量与天然时期相比均呈现减少的特征，且减少的量值沿程增加。

1961～1968 年下河沿断面和石嘴山断面的年输沙量较天然时期有所减少，但三湖河口断面和头道拐断面年输沙量有所增加。此外的其他几个时段与天然时期相比年输沙量均有所减少，下河沿断面年输沙量减少最多，沿程随着河道冲淤的调整，年输沙量减少量有所减小。

图 2-41 为下河沿断面、石嘴山断面、三湖河口断面、头道拐断面 4 个断面水沙变化趋势的 M-K 检验值，年径流量和汛期径流量自下河沿水文站至头道拐水文站 M-K 检验值的绝对值依次增大，表明径流量减少幅度沿程依次增大。沙漠宽谷段流经宁蒙灌区，沿途分布很多引水口，且有青铜峡水库、三盛公水库向灌区供水，因此径流量沿程减少，且其减幅沿程增加。

下河沿断面年输沙量和汛期输沙量 M-K 检验值的绝对值最大，表明下河沿断面输沙

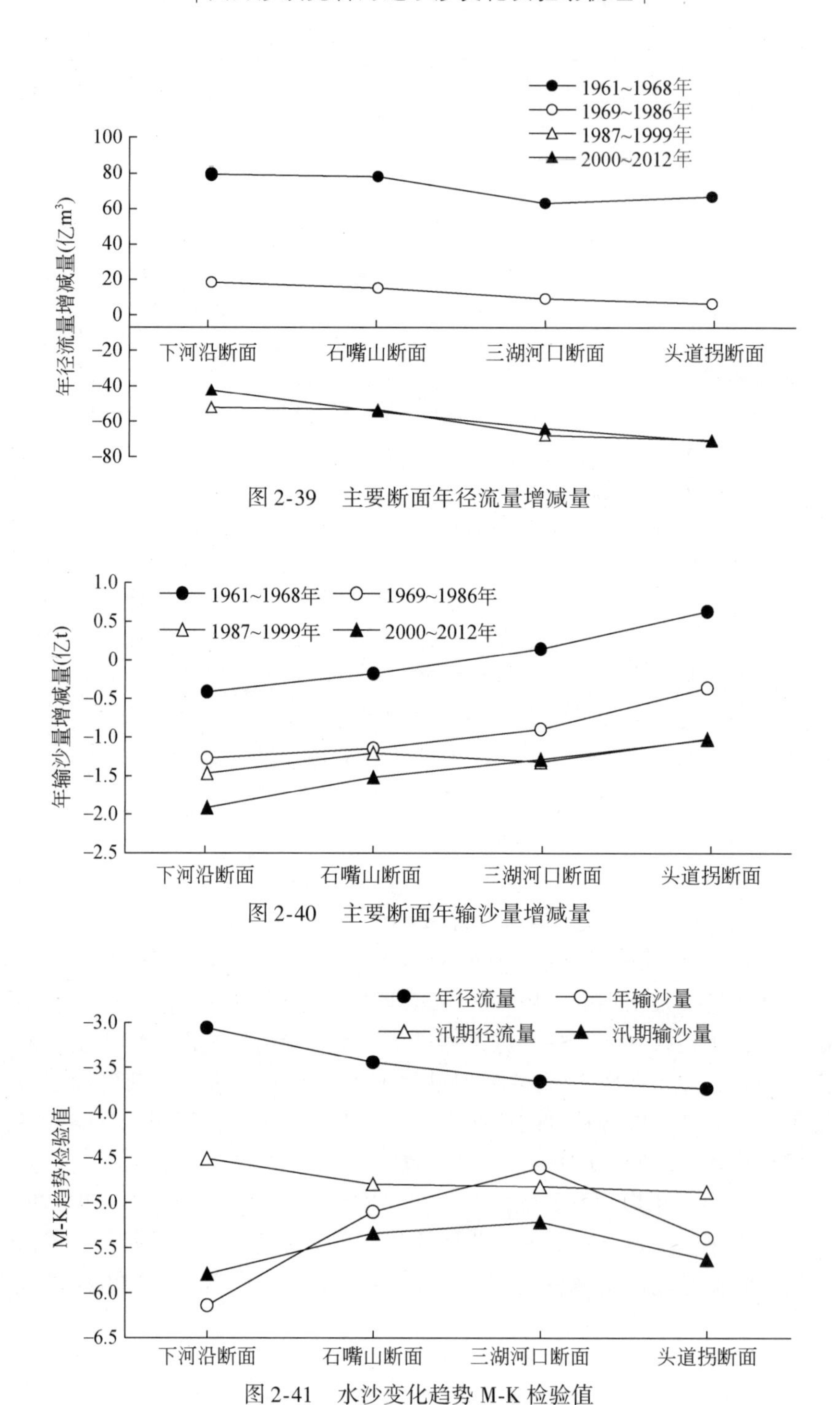

图 2-39　主要断面年径流量增减量

图 2-40　主要断面年输沙量增减量

图 2-41　水沙变化趋势 M-K 检验值

量减幅最大。从实际情况来看，下河沿断面距离刘家峡水库最近，受水库拦沙影响最为明显，因此其减沙幅度最大。自下河沿断面往下，受支流泥沙汇入及河道沿程冲淤调整的影响，至石嘴山断面和三湖河口断面泥沙得到适量补充，减幅有所变小。三湖河口—头道拐河段长期以来一直是沙漠宽谷段河道淤积较为严重的河段，泥沙在该河段落淤后，导致头道拐水文站的沙量减幅又有所增加。

2.6 泥沙级配变化特征及粗泥沙临界粒径

2.6.1 悬移质泥沙

参照水文测验相关规范，将悬移质泥沙分为 4 个粒径级：细泥沙（$d\leqslant 0.025$mm）、中泥沙（0.025mm$<d\leqslant$0.05mm）、较粗泥沙（0.05mm$<d\leqslant$0.1mm）和特粗泥沙（$d>$0.1mm）。

（1）悬移质空间变化规律

泥沙级配既与上游来沙组成有关，又是对该河段水流条件、河床物质组成及河道冲淤演变特征的反应。根据 20 世纪 50 年代以来悬移质泥沙定位观测资料分析，沙漠宽谷河段的悬移质泥沙组成主要为粒径≤0.05mm 的中泥沙、细泥沙，两者输沙量占全沙的比例达到 80% 左右（表 2-12），其中细泥沙输沙量占全沙的比例约为 60%，中泥沙的比例为 21.5% ~22.2%；较粗泥沙占全沙比例进一步减少，不足 15%；特粗泥沙的输沙量最少，占全沙的比例只有 4.4% ~7.1%。因此，沙漠宽谷河段悬移质输沙以细泥沙为主。

表 2-12 沙漠宽谷河道泥沙分组沿程变化特征

断面名称	统计参数	泥沙分组				全沙	中数粒径（mm）	平均粒径（mm）
		细泥沙	中泥沙	较粗泥沙	特粗泥沙			
下河沿	沙量（亿 t）	0.516	0.179	0.096	0.037	0.828	0.018	0.034
	占全沙比例（%）	62.3	21.6	11.6	4.5	100		
青铜峡	沙量（亿 t）	0.527	0.198	0.123	0.047	0.895	0.021	0.034
	占全沙比例（%）	58.9	22.1	13.8	5.2	100		
石嘴山	沙量（亿 t）	0.519	0.195	0.13	0.064	0.907	0.022	0.039
	占全沙比例（%）	57.1	21.5	14.3	7.1	100		
巴彦高勒	沙量（亿 t）	0.508	0.198	0.131	0.057	0.895	0.021	0.036
	占全沙比例（%）	56.8	22.2	14.7	6.3	100		
头道拐	沙量（亿 t）	0.557	0.201	0.128	0.041	0.927	0.017	0.029
	占全沙比例（%）	60.1	21.7	13.8	4.4	100		

从沿程变化看，沙漠宽谷河道不同粒径组泥沙的调整趋势是不一样的。细泥沙输沙量占全沙的比例沿程变化呈现出河段两端较高而中间河段则有所降低的特征；中泥沙、较粗泥沙（除下河沿水文站外）的比例沿程变化趋势不明显，调整幅度较小，进出河段的比例基本持平，说明这部分泥沙参与造床的强度降低；特粗泥沙输沙量占全沙的比例在河段上段不断增加，由 4.5% 增加到 7.0%，但自石嘴山断面以下开始降低，到头道拐断面减至 4.4%，说明特粗泥沙主要淤积在石嘴山水文站以下河段。

定义：

$$\eta_j = \frac{W_{is,\ j} - W_{os,\ j}}{W_{is,\ j}} \tag{2-23}$$

式中，η_j 为第 j 河段河道冲淤比；$W_{is,j}$、$W_{os,j}$分别为 j 河段进口断面输沙量和出口断面输沙量。统计特粗泥沙冲淤比的沿程变化表明，在下河沿—青铜峡河段、青铜峡—石嘴山河段、石嘴山—巴彦高勒河段、巴彦高勒—头道拐河段，泥沙冲淤比分别为-0.27、-0.36、0.11、0.28，可见石嘴山断面以上河段的特粗泥沙沿程有较大幅度增加，说明这部分泥沙还是可以被输移且可以得到一定的补充，到石嘴山断面以下特粗泥沙输移能力有所降低，但降低幅度并没有石嘴山断面以上河段增加的幅度大。

另外，根据汛期各组泥沙占全沙的比例沿程分布分析（表 2-13），除特粗泥沙在头道拐断面有所降低外，其他粒径级泥沙大体上沿程变化幅度不大，细泥沙、中泥沙、较粗泥沙和特粗泥沙占全沙比例的沿程变化分别为 58.2% ~62.8%、20.0% ~22.7%、11.3% ~14.1%、3.5% ~5.0%，可以说较粗粒径组以下的泥沙在汛期是基本上可以达到输移平衡的，特粗泥沙会有所淤积。

表 2-13　沙漠宽谷河道汛期泥沙分组沿程变化特征

断面名称	统计参数	泥沙分组				全沙	中数粒径（mm）	平均粒径（mm）
		细泥沙	中泥沙	较粗泥沙	特粗泥沙			
下河沿	沙量（亿 t）	0.421	0.146	0.076	0.027	0.670	0.018	0.034
	占全沙比例（%）	62.8	21.8	11.3	4.1	100		
青铜峡	沙量（亿 t）	0.465	0.181	0.113	0.04	0.799	0.022	0.035
	占全沙比例（%）	58.2	22.7	14.1	5.0	100		
石嘴山	沙量（亿 t）	0.404	0.127	0.078	0.026	0.635	0.017	0.032
	占全沙比例（%）	63.6	20	12.3	4.1	100		
巴彦高勒	沙量（亿 t）	0.403	0.138	0.086	0.027	0.654	0.02	0.031
	占全沙比例（%）	61.7	21.1	13.1	4.1	100		
头道拐	沙量（亿 t）	0.425	0.156	0.094	0.025	0.700	0.016	0.029
	占全沙比例（%）	60.8	22.3	13.4	3.5	100		

全年 70% 以上的泥沙来自汛期，汛期泥沙组成与全年的相似。除石嘴山断面、巴彦高勒断面的汛期细泥沙较全年偏细外，其他断面的泥沙组成均与全年的相似。就汛期来说，青铜峡断面受上游青铜峡水库的排沙影响，汛期泥沙粒径较非汛期的偏粗，其他断面的粒径均在非汛期较粗，尤其是石嘴山断面、巴彦高勒断面非汛期中数粒径达到 0.03 mm 以上，平均粒径达到 0.05 mm 以上，比汛期普遍粗 40% 以上（表 2-14）。

表 2-14　沙漠宽谷河道非汛期泥沙分组沿程变化特征

断面名称	统计参数	泥沙分组				全沙	中数粒径（mm）	平均粒径（mm）
		细泥沙	中泥沙	较粗泥沙	特粗泥沙			
下河沿	沙量（亿 t）	0.095	0.032	0.02	0.01	0.157	0.02	0.037
	占全沙比例（%）	60.4	20.4	12.7	6.5	100		

续表

断面名称	统计参数	泥沙分组				全沙	中数粒径(mm)	平均粒径(mm)
		细泥沙	中泥沙	较粗泥沙	特粗泥沙			
青铜峡	沙量(亿t)	0.062	0.017	0.011	0.007	0.097	0.018	0.031
	占全沙比例(%)	64.2	17.5	11.1	7.2	100		
石嘴山	沙量(亿t)	0.115	0.068	0.052	0.038	0.273	0.034	0.054
	占全沙比例(%)	42.0	24.9	19.0	14.1	100		
巴彦高勒	沙量(亿t)	0.106	0.06	0.046	0.03	0.242	0.033	0.051
	占全沙比例(%)	43.7	25.0	19	12.2	100		
头道拐	沙量(亿t)	0.133	0.045	0.034	0.016	0.228	0.02	0.037
	占全沙比例(%)	58.2	19.8	14.9	7.1	100		

上述分析说明，对于沙漠宽谷段河道而言，细泥沙、中泥沙和较粗泥沙一般情况下均可以被水流输移至下游。

(2) 悬移质泥沙级配时程变化规律

不同时期悬移质分组沙量见表2-15、表2-16。各粒径组泥沙量总体上均随时程而呈现减少趋势，变化幅度最大的是细泥沙和中泥沙。下河沿断面和头道拐断面各粒径组泥沙的变化幅度小于区间内其他水文站的变幅。1968～1986年各水文站测流断面分组沙量与其多年均值相比有增有减，其中变化幅度最大的是特粗泥沙。1987～1999年及2000～2012年两个时期各粒径组输沙量都在减少，其中1987～1999年特粗泥沙减幅最大，而2000～2012年以细泥沙减幅最大。各时期分组泥沙量占全沙的比例见表2-17。相对来说，下河沿断面各时期泥沙组成变化不大。而其他各断面来沙组成变化明显，均表现出细泥沙占全沙比例减小、中泥沙占全沙比例变化不大、较粗泥沙和特粗泥沙占全沙比例明显增加的特征。以石嘴山断面为例，细泥沙占全沙的比例由1966～1968年的61.6%下降到1969～1986年、1987～1999年的57.3%、58.8%，到2000～2012年，仅为51.2%，减少了10%；而中泥沙保持在20.6%～22.2%，变化不大。较粗泥沙占全沙的比例由1966～1968年的13.0%持续增加到2000～2012年的16.2%，增加了3%；特粗泥沙占全沙比例增加更大，由1966～1968年的4.3%增加到2000～2012年的11.4%，增加了7%。1987～1999年出现细泥沙比例显著增大，中泥沙比例减少的特例，与该时期河道淤积加重有关。

表2-15 沙漠宽谷河道各水文站不同时期泥沙分组特征

断面名称	时段	泥沙分组输沙量(亿t)				全沙(亿t)
		细泥沙	中泥沙	较粗泥沙	特粗泥沙	
下河沿	1970～1986年	0.690	0.243	0.116	0.057	1.106
	1987～1999年	0.543	0.181	0.116	0.031	0.871
	2000～2012年	0.261	0.093	0.049	0.019	0.422
	1970～2012年	0.516	0.179	0.096	0.037	0.828

续表

断面名称	时段	泥沙分组输沙量（亿 t）				全沙（亿 t）
		细泥沙	中泥沙	较粗泥沙	特粗泥沙	
青铜峡	1959~1968 年	1.07	0.323	0.181	0.107	1.681
	1969~1986 年	0.486	0.185	0.101	0.033	0.805
	1987~1999 年	0.481	0.218	0.161	0.037	0.897
	2000~2012 年	0.255	0.111	0.077	0.034	0.477
	1959~2012 年	0.527	0.198	0.123	0.047	0.895
石嘴山	1966~1968 年	1.108	0.379	0.235	0.077	1.799
	1969~1986 年	0.565	0.220	0.135	0.066	0.986
	1987~1999 年	0.533	0.187	0.131	0.054	0.905
	2000~2012 年	0.307	0.127	0.097	0.068	0.599
	1966~2012 年	0.519	0.195	0.13	0.064	0.908
巴彦高勒	1959~1968 年	1.184	0.401	0.224	0.069	1.878
	1969~1986 年	0.465	0.190	0.125	0.059	0.839
	1987~1999 年	0.379	0.158	0.118	0.046	0.701
	2000~2012 年	0.226	0.110	0.089	0.055	0.480
	1959~2012 年	0.508	0.198	0.131	0.057	0.894
头道拐	1961~1968 年	1.28	0.492	0.266	0.059	2.097
	1969~1986 年	0.695	0.261	0.167	0.055	1.178
	1987~1999 年	0.281	0.076	0.064	0.022	0.443
	2000~2012 年	0.219	0.074	0.057	0.032	0.382
	1961~2012 年	0.557	0.201	0.128	0.041	0.927

表 2-16　不同时期分组泥沙量与多年均值的比例　　单位：%

断面名称	时段	泥沙分组占多年均值比例				全沙
		细泥沙	中泥沙	较粗泥沙	特粗泥沙	
下河沿	1970~1986 年	34	36	21	54	33
	1987~1999 年	5	1	21	-16	5
	2000~2012 年	-49	-48	-49	-49	-49
青铜峡	1959~1968 年	103	63	47	128	88
	1969~1986 年	-8	-7	-18	-30	-10
	1987~1999 年	-9	10	31	-21	0
	2000~2012 年	-52	-44	-37	-28	-47
石嘴山	1966~1968 年	113	94	81	20	98
	1969~1986 年	9	13	4	3	9
	1987~1999 年	3	-4	1	-16	0
	2000~2012 年	-41	-35	-25	6	-34

续表

断面名称	时段	泥沙分组占多年均值比例				全沙
		细泥沙	中泥沙	较粗泥沙	特粗泥沙	
巴彦高勒	1959 ~ 1968 年	133	103	71	21	110
	1969 ~ 1986 年	-8	-4	-5	4	-6
	1987 ~ 1999 年	-25	-20	-10	-19	-22
	2000 ~ 2012 年	-56	-44	-32	-4	-46
头道拐	1961 ~ 1968 年	130	145	108	44	126
	1969 ~ 1986 年	25	30	30	34	27
	1987 ~ 1999 年	-50	-62	-50	-46	-52
	2000 ~ 2012 年	-61	-63	-55	-22	-59

表 2-17 沙漠宽谷河道不同时期分组沙量占全沙比例

断面名称	时段	分组泥沙占全沙比例（%）				中值粒径（mm）	平均粒径（mm）
		细泥沙	中泥沙	较粗泥沙	特粗泥沙		
下河沿	1970 ~ 1986 年	62. 4	21. 9	10. 6	5. 1	0. 018	0. 034
	1987 ~ 1999 年	62. 4	20. 8	13. 3	3. 5	0. 017	0. 030
	2000 ~ 2012 年	61. 8	22. 0	11. 6	4. 6	0. 018	0. 031
青铜峡	1959 ~ 1968 年	63. 6	19. 2	10. 8	6. 4	0. 020	0. 036
	1969 ~ 1986 年	60. 3	23. 0	12. 6	4. 1	0. 019	0. 030
	1987 ~ 1999 年	53. 5	24. 3	18. 0	4. 2	0. 021	0. 033
	2000 ~ 2012 年	53. 6	23. 1	16. 2	7. 1	0. 024	0. 040
石嘴山	1966 ~ 1968 年	61. 6	21. 1	13. 0	4. 3	0. 017	0. 034
	1969 ~ 1986 年	57. 3	22. 2	13. 7	6. 8	0. 021	0. 037
	1987 ~ 1999 年	58. 8	20. 6	14. 5	6. 1	0. 019	0. 036
	2000 ~ 2012 年	51. 2	21. 2	16. 2	11. 4	0. 026	0. 048
巴彦高勒	1959 ~ 1968 年	63. 0	21. 4	11. 9	3. 7	0. 019	0. 031
	1969 ~ 1986 年	55. 4	22. 7	14. 9	7. 0	0. 023	0. 037
	1987 ~ 1999 年	54. 0	22. 5	16. 8	6. 7	0. 018	0. 039
	2000 ~ 2012 年	47. 1	22. 9	18. 5	11. 5	0. 022	0. 036
头道拐	1961 ~ 1968 年	61. 0	23. 5	12. 7	2. 8	0. 018	0. 029
	1969 ~ 1986 年	59. 0	22. 2	14. 2	4. 6	0. 019	0. 029
	1987 ~ 1999 年	63. 3	17. 2	14. 5	5. 0	0. 014	0. 024
	2000 ~ 2012 年	57. 3	19. 4	14. 9	8. 4	0. 018	0. 035

河段出口断面头道拐水文站的变化相对较小，但是出现了 1987 ~ 1999 年细泥沙比例显著增大、中泥沙比例减少的特例，这与该时期河道淤积加重有关。图 2-42 进一步表明，除 1987 ~ 1999 年泥沙级配特别细外，基本上随历时不断增粗，青铜峡断面、石嘴山断面、

巴彦高勒断面最为典型，悬移质泥沙中值粒径分别由 1968 年之前的 0.02mm、0.017 mm 和 0.019 mm 增加到 0.024mm、0.026 mm 和 0.022 mm。总之，在各粒径组输沙量随时程不断减少的同时，泥沙组成也随之发生变化，总体上有所粗化，尤其是特粗泥沙所占比例在 2000 年以来增加较多。例如，除下河沿断面外，青铜峡断面、石嘴山断面、巴彦高勒断面和头道拐断面分别较 1968 年以前增加了 0.7%、7.1%、7.8%、5.7%。也就是说，输沙量趋于减少，而泥沙组成趋于粗化，这种现象应当是与河床冲淤调整具有一定的关系，因为下河沿以上干流及其以下支流来沙量减少，可能会引起河床冲刷，使泥沙组成粗化。事实上，2000 年以来，宁蒙河段河道淤积量仅为 1987～1999 年的七分之一，为 0.10 亿 t。

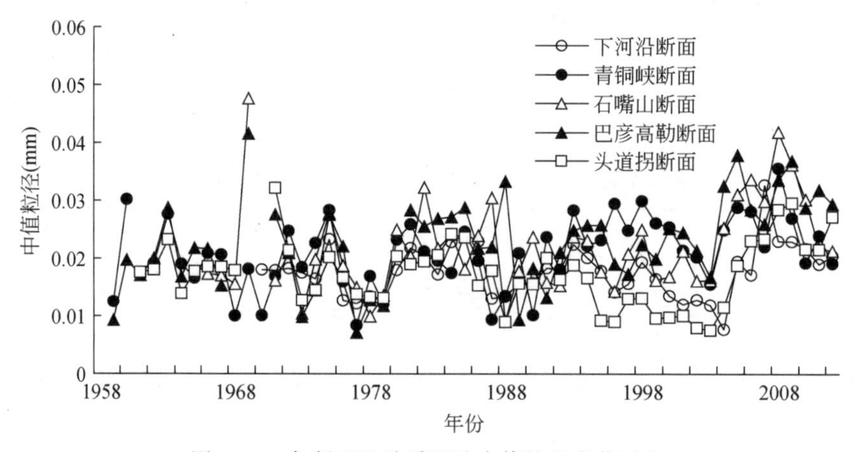

图 2-42　各断面悬移质泥沙中值粒径变化过程

另外，各时期不同分组的泥沙量占全沙的比例与多年平均情况基本一致。例如，各时期细泥沙的比例多在 60% 以上，中泥沙的比例在 20% 以上，较粗泥沙和特粗泥沙所占比例分别平均为 15% 和 5%。

2.6.2　床沙

根据沙漠宽谷段河道实测床沙级配资料分析，床沙中值粒径范围为 0.093～0.245mm，而黄河下游的床沙中值粒径范围为 0.045～0.065mm（图 2-43），前者床沙较后者明显偏粗。该河段的石嘴山断面和巴彦高勒断面床沙中几乎全是特粗泥沙，特粗泥沙比例大于黄河下游。同时可以看到，除石嘴山断面和巴彦高勒断面床沙组成偏粗外，床沙级配也相对均匀。但头道拐断面的级配与花园口断面和艾山断面的相似。

根据 2014 年汛后河道水流含沙量小于 5kg/m^3、流量为 320～1350m^3/s 条件下的观测（图 2-44、表 2-18），床沙中值粒径为 0.029～1.95mm，除个别组次粒径偏细外，普遍较粗，大部分在 0.1mm 以上。该年汛后的床沙粒径是比较粗的，这与 2012 年长历时大流量洪水期河床冲刷粗化也可能有关。

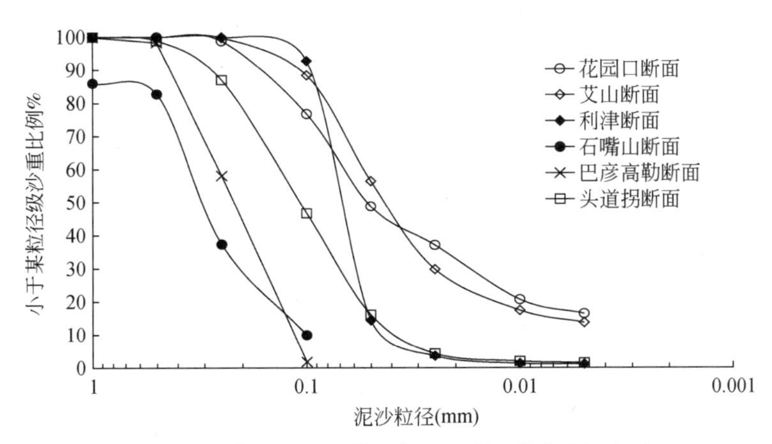

图 2-43　沙漠宽谷段河道和黄河下游河道床沙级配对比

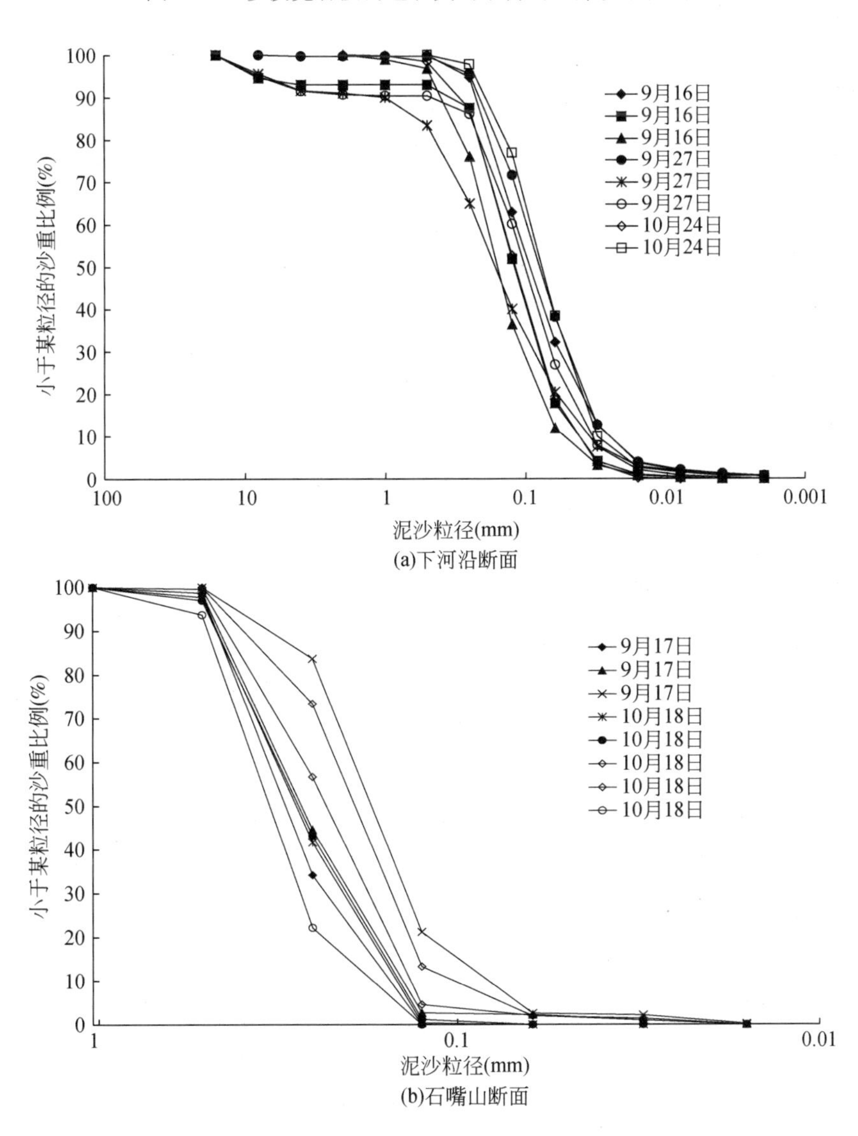

(a)下河沿断面

(b)石嘴山断面

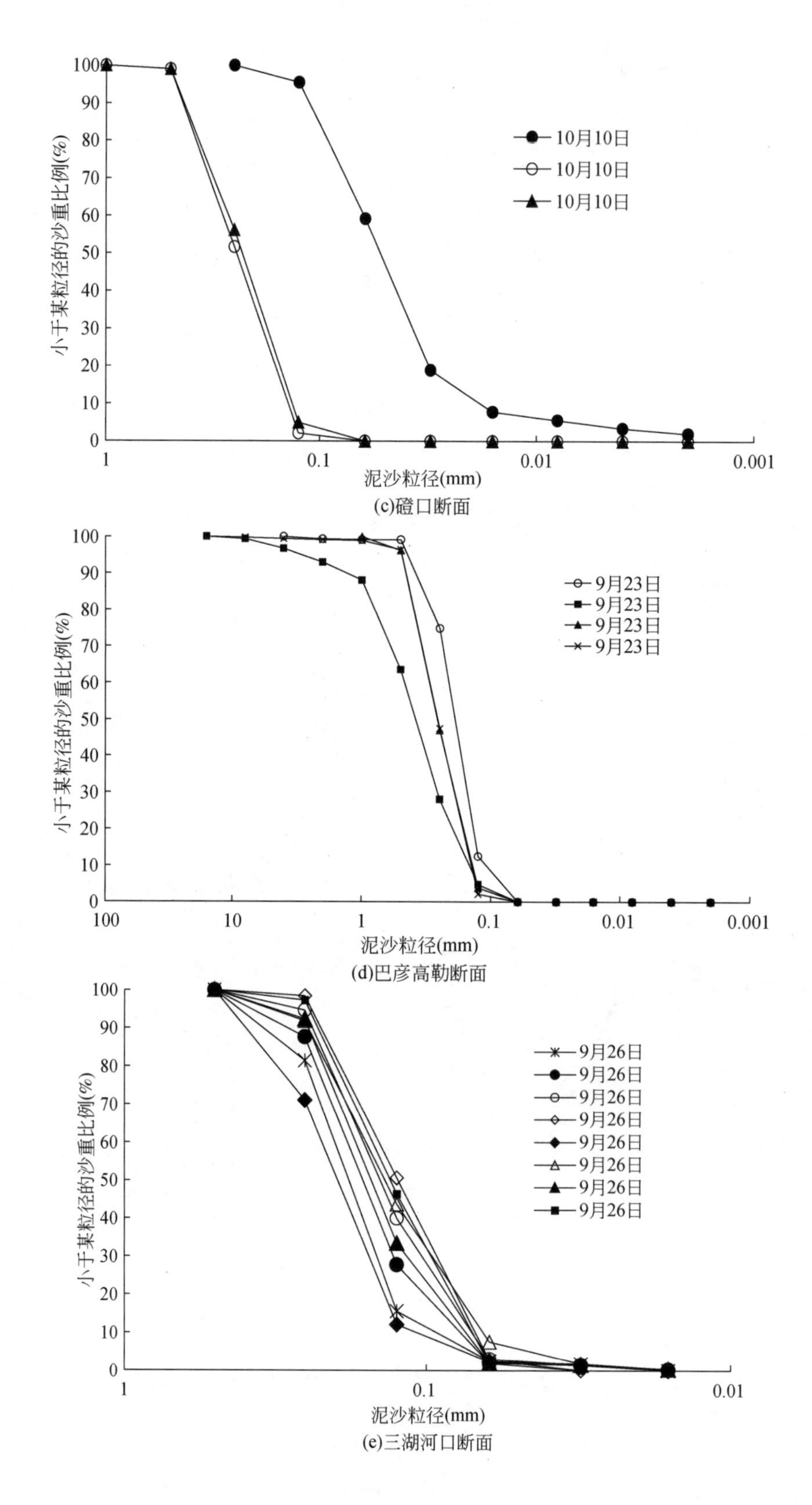

(c)磴口断面

(d)巴彦高勒断面

(e)三湖河口断面

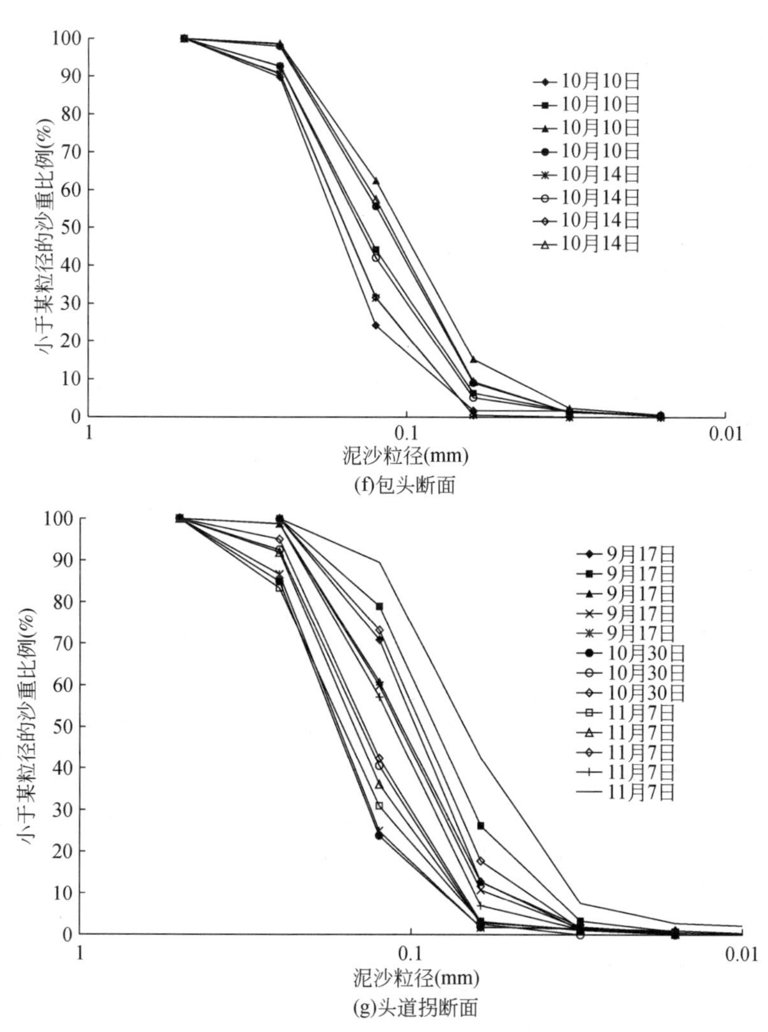

图 2-44　沙漠宽谷段河道 2014 年床沙级配曲线

表 2-18　沙漠宽谷段河道 2014 年实测河床质泥沙粒径　　单位：mm

断面名称	中值粒径	床沙中小于 10% 对应的粒径
下河沿	0. 076 ~ 0. 24	0. 06 ~ 0. 07
石嘴山	0. 053 ~ 1. 95	0. 06 ~ 0. 11
磴口	0. 054 ~ 0. 246	0. 10 ~ 0. 11
巴彦高勒	0. 179 ~ 0. 38	0. 10 ~ 0. 11
三湖河口	0. 032 ~ 0. 201	0. 06 ~ 0. 07
包头	0. 029 ~ 0. 162	0. 06 ~ 0. 07
头道拐	0. 051 ~ 0. 168	0. 05 ~ 0. 06

2.6.3 粗细泥沙分界粒径分析

通常多以床沙级配曲线中某粒径组的含量小于10%的泥沙作为粗泥沙。不过这样确定的分界粒径往往不是固定的，是与水沙条件及河床边界紧密相关的，从长时期来看仍基本上处于一定的范围内。根据2014年观测结果分析，该河段河道床沙粗细泥沙的分界粒径在0.05～0.11mm（表2-18）。

根据泥沙运动理论（韩其为，2003），粗细泥沙的分界粒径可以通过床沙挟沙力与悬沙中粗细泥沙分界沉速的关系求得。所谓床沙挟沙力指床沙中与悬沙级配相应的部分泥沙的挟沙力，由床沙中可悬的各粒径组均匀挟沙力与其相应的比例之积的总和除以可悬泥沙比例求得（刘月兰和余欣，2011）。床沙挟沙力 $S_*(k)$ 与悬沙中粗细泥沙分界沉速 $\omega_{*1,1}$ 的关系为

$$\omega_{*1,1}=\left(\sum\frac{P_{1,k,1}S_*(k)}{P_1S_*(\omega_{*1,1})}\omega_k^m\right)^{1/m} \tag{2-24}$$

式中，P_1为可悬泥沙比例（%），指床沙中与悬沙级配相应部分（可悬部分）的累积比例（%）；S_*（k）、$P_{1,k,1}$为床沙中可悬泥沙的各粒径分组挟沙力与其相应的比例（%）；ω_k 为各粒径组相应的沉速（cm/s）；m 为指数；k 为粒径分组号。

利用式（2-24），选取石嘴山水文站、巴彦高勒水文站、头道拐水文站3个断面20世纪80年代和2014年观测资料进行计算，其资料的流量为236～4870m³/s，含沙量为0.92～17.7kg/m³（表2-19）。计算结果表明，石嘴山水文站的分界粒径为0.08～0.191mm，巴彦高勒水文站的分界粒径为0.047～0.215mm，头道拐水文站的分界粒径为0.040～0.148mm。

表2-19　沙漠宽谷段粗细泥沙分界粒径计算成果

断面名称	资料观测时段	流量（m³/s）	含沙量（kg/m³）	分界粒径（mm）
石嘴山	1981～1988年、2014年	285～3240	1.79～13.9	0.008～0.191
巴彦高勒	1981～1988年、2014年	346～3630	0.92～17.7	0.047～0.215
头道拐	1981～1987年、2014年	236～4870	0.93～11.5	0.040～0.148

为分析计算分界粒径的集中范围，做分界粒径频率分布曲线（图2-45），结果表明，石嘴山断面没有频率段比较高的粒径范围，各分界粒径出现频率比较均匀；巴彦高勒断面出现频率较高的粒径范围为0.07～0.10mm，约占到整个粒径组次的30%；头道拐断面出现频率较高的粒径范围为0.07～0.09mm，占到总组次的25%。将3个断面分界粒径综合统计，集中分布在0.07～0.10mm，占到总组次的37%。因此可认为黄河沙漠宽谷段粗泥沙分界粒径为0.07～0.10mm。

综上分析，两种方法得到的粗泥沙分界粒径分布范围是比较宽的，为0.05～0.11mm，但作为河段平均来说，应主要考虑粒径组频率分布的集中程度，据此认为，以0.07～0.10mm作为粗泥沙临界粒径较为合理。

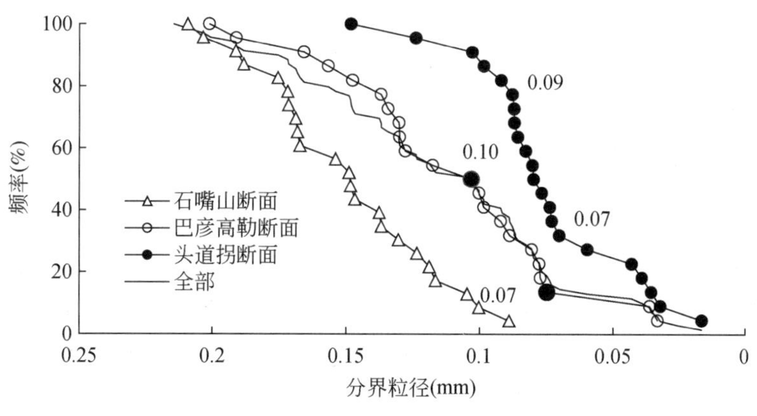

图 2-45　粗泥沙分界粒径出现频率

2.7　小　　结

1）水沙变化是一种具有时间、状态、过程特征的水文演化现象，其变化应包括水沙量、水沙关系两个重要特征指标。分析表明，不同时期内的水沙量可能发生较大变化，但水沙关系不一定发生变化，两者没有必然的联系。

2）对黄河宁蒙河段百年尺度水沙序列变化的时空分异性取得了新认识。百年尺度内，黄河年径流量、输沙量于20世纪80年代中期以来总体呈不断减少之趋势，而上游水沙关系则早于60年代末与70年代末也已发生突变，1986年属上中游同时发生的第二次突变。综合分析认为，黄河上游径流量、输沙量序列的突变年份均为1968年和1986年。黄河上游水沙变化在1960年以前主要受气候等自然因素制约，径流泥沙序列随降水丰歉而相应出现丰枯变化，之后黄河水沙变化受制于气候等自然因素和人类活动因素的双重影响，在双重因子驱动下，尽管不同时段降水有丰歉变化，但径流量、输沙量却都是持续减少的。以水沙变化趋势度为判别指标，近百年内径流量、输沙量序列处于不断减少的发展趋势，同时输沙量减少的趋势度明显大于年径流量。另外，汛期水沙量减少幅度较年水沙量减幅为大，说明水沙量主要减于汛期。

根据径流泥沙序列的丰枯交替规律分析，两者并不是完全一致。对径流量序列来说，无论是年径流量还是汛期径流量，沿干流从上至下径流量序列的偏态程度不断增大，即丰枯径流量偏差增加，而输沙量序列的偏态程度沿程并没有趋势性的变化规律，说明输沙量空间变化所受到的影响因素更为复杂。

3）自1968年以来，沙漠宽谷段河道径流泥沙关系发生变化，但沿程变化程度并非一致，以下河沿水文站断面的变化最为显著，随着河床调整等因素的作用，沿程变化程度不断减弱，到头道拐水文站断面其水沙关系并没有明显变化。1968～1986年，沙漠宽谷段河道来沙系数明显降低，各断面只有1968年前的54.5%～75.0%，但自1987年以后的两个时段，除下河沿水文站2000～2012年较1987～1999年又减少53.25%以外，其他断面的变化不大，也就是说，自石嘴山水文站以下的年均水沙搭配关系处于相对稳定状态。汛期的变化特征与全年的基本一致。

4）沙漠宽谷段河道不同断面的水沙序列周期变化规律是不同的，同时年径流量序列与年输沙量序列的周期规律也并不完全一致，水沙年尺度序列与汛期尺度序列的周期规律同样并不完全一致，充分说明了该河段水沙序列周期变化规律的复杂性。根据小波法统计分析，下河沿断面、石嘴山断面和头道拐断面年径流量序列的第一主周期均为25a，三湖河口断面年径流量序列的第一主周期为27a。下河沿断面、石嘴山断面汛期径流量序列的第一主周期为25a，三湖河口断面和头道拐断面汛期径流量的第一主周期为24a。下河沿断面、石嘴山断面、三湖河口断面年输沙量序列的第一主周期为22a，头道拐断面年输沙量序列的第一主周期为24a。下河沿断面、石嘴山断面、三湖河口断面汛期输沙量序列的第一主周期为22a，头道拐断面汛期输沙量序列的第一主周期为24a，同时，下河沿断面汛期输沙量序列只有2个变化周期，而其他断面有3个变化周期。

5）从水沙序列分布特征看，沙漠宽谷段石嘴山—三湖河口河段是统计分布特征变化最为显著的河段，无论是中位数还是第一分位数、第三分位数，自石嘴山水文站以下明显降低。同时，沙漠宽谷段从上段至下段径流量序列的偏态程度增大，而输沙量序列的偏态性没有明显变化。总体来说，汛期水沙序列统计分布特征与全年的是基本一致的，由此说明在黄河上游沙漠宽谷段具有汛期水沙序列的空间特征基本上决定了全年空间分布特征的规律。

该河段径流量沿程减少趋势明显，其中中等大小年径流量的减幅最大，其次是较大的年径流量，较小的年径流量减幅也最小；输沙量沿程减幅比径流量更甚，且输沙量较少的年份其减幅也小，输沙量最大年份的减幅也最大。

与1960年天然时期相比，1960~1986年沙漠宽谷段的年径流量沿程增加，不过增加量沿程减少。自1987年以来，年径流量沿程减少，且减幅沿程增加。在天然时期，年输沙量沿程增加，且增幅沿程增大，但自1968年以后，由于刘家峡水库、龙羊峡水库陆续投入运用拦沙，年输沙量沿程减少，不过，随着十大孔兑等支流入汇及河床冲淤调整，减幅逐渐降低，其中以下河沿的输沙量减幅最大。

6）沙漠宽谷段河道悬沙中粒径小于0.025mm的细泥沙最多，多年平均为0.51亿~0.56亿t，占全沙的比例约60%；其次为中泥沙和较粗泥沙，多年平均分别为0.18亿~0.20亿t和0.10亿~0.13亿t，分别约占总沙量的20%左右和15%左右；最少的是特粗泥沙，年均仅0.04亿~0.06亿t，约占全沙的5%。根据河道冲淤统计，石嘴山水文站以上的特粗泥沙沿程增加，说明这部分泥沙是可以被输移的。另外，尽管石嘴山水文站以下特粗泥沙沿程减少，但降幅小于上段的增幅。近年来泥沙粒径有变粗的趋势，石嘴山水文站平均中值粒径由1966~1968年的0.017mm增大到2000~2012年的0.026mm。

自1968年以来，各粒径组泥沙输移量总体上均随时程呈减少趋势，变幅最大的是细泥沙和中泥沙，其中1987~1999年特粗泥沙减幅最大，2000~2012年以细泥沙减幅最大。因而，在随时程不断减少的同时，沙漠宽谷段的泥沙组成有所粗化，尤其是2000年以来4个代表性断面的特粗泥沙比例较1968年以前增加1%~8%。

汛期泥沙组成变化特征与全年的相似。

7）床沙的中值粒径为0.093~0.245mm，床沙级配较黄河下游河道的明显偏粗。沙漠宽谷段河道的粗泥沙分界粒径为0.07~0.09mm。

参考文献

邓自旺，林振山，周晓兰．1999．西安市近50年来气候变化多时间尺度分析［J］．高原气象，(01)：82~94.
董安祥，柳媛普，李晓萍，等．2010．黄河流域1922~1932年特大旱灾的特点及其影响［J］．干旱气象，28（3）：270~278.
韩其为．2003．水库淤积［M］．北京：科学出版社．
胡春宏，陈建国，刘大滨，等．2006．水沙变异条件下黄河下游河道横断面形态特征研究［J］．水利学报，(11)：1283~1289.
黄川，娄霄鹏，刘元元．2002．金沙江流域泥沙演变过程及趋势分析［J］．重庆大学学报（自然科学版），(01)：21~23.
林秀芝，田勇，伊晓燕，等．2005．渭河下游平滩流量变化对来水来沙的响应［J］．泥沙研究，(05)：1~4.
刘建成．2014．研究发现黄河4次大决口和气候变化有关［N］．黄河报．
刘月兰，余欣．2011．黄河悬移质非均匀不平衡输沙挟沙力计算［J］．泥沙研究，(1)：28~32.
裴益轩，郭民．2001．滑动平均法的基本原理及应用［J］．火箭炮发射及控制，(01)：21~23.
申冠卿，姜乃迁，李勇，等．2006．黄河下游河道输沙水量及计算方法研究［J］．水科学进展，(03)：407~413.
水利电力部黄河水利委员会．1984．黄河流域防汛资料汇编［G］．郑州．
孙卫国，程炳岩．2000．河南省近50年来旱涝变化的多时间尺度分析［J］．南京气象学院学报，(02)：251~255.
汪攀，刘毅敏．2014．Sen's斜率估计与Mann-Kendall法在设备运行趋势分析中的应用［J］．武汉科技大学学报，37（6）：454~457.
王文圣，丁晶，向红莲．2002．水文时间序列多时间尺度分析的小波变换法［J］．四川大学学报（工程科学版），(06)：14~17.
魏凤英．1999．现代气候统计诊断与预测技术［M］．北京：气象出版社．
吴保生，申冠卿．2008．来沙系数物理意义的探讨［J］．人民黄河，(04)：15~16.
吴保生，夏军强，张原锋．2007．黄河下游平滩流量对来水来沙变化的响应［J］．水利学报，(07)：886~892.
吴保生，张原锋．2007．黄河下游输沙量的沿程变化规律和计算方法［J］．泥沙研究，(01)：30~35.
许炯心，张欧阳．2000．黄河下游游荡段河床调整对于水沙组合的复杂响应［J］．地理学报，(03)：274~280.
许炯心．2004．人类活动影响下的黄河下游河道泥沙淤积宏观趋势研究［J］．水利学报，(02)：8~16.
杨辉，宋正山．1999．华北地区水资源多时间尺度分析［J］．高原气象，(04)：496~508.
姚文艺，高亚军，安催花，等．2015．百年尺度黄河上中游水沙变化趋势分析［J］．水利水电科技进展，35（5）：112~120.
张贤达．2002．现代信号处理［M］．北京：清华大学出版社．
张行勇．2014．揭示黄土高原降雨准50年周期［N］．中国科学报．
Chattopadhyay S，Jhajharia D，Chattopadhyay G. 2011. Univariate modelling of monthly maximum temperature time series over Mann-Kendall trend analysis of tropospheric ozone using ARIMA northeast India：neural network versus Yule-Walker equation based approach［J］. Meteorological Applications，(18)：70~82.
Hanssen-Bauer I，Førland E. 1998. Long-term trends in precipitation and temperature in the Norwegian Arctic：can they be explained by changes in atmospheric circulation patterns?［J］. Climate Research，(10)：143~153.

Kendall M. 1975. Rank correlation methods. [M] . New York: Oxford University Press.

Kumar P, Foufoula-Georgiou E. 1993. A multi-component decomposition of spatial rainfall fields 1: segregution of large-and small-scal features using wavelet transforms [J] . Water Resources Research, 29 (8): 2515 ~ 2532.

Mann H B. 1945. Nonparametric tests against trend [J] . Econometrica, (3): 245 ~ 259.

Modarres R, da Silva V P R. 2007. Rainfall trends in arid and semi-arid regions of Iran [J] . Journal of Arid Environments, (70): 344 ~ 355.

Morlet J, Arens G. 1982. Wave propagation and sampling theory—Part I: Complex signal scattering in multilayered media [J] . Geophysics, 47 (2): 222 ~ 236.

Pettitt A N. 1979. A Non-Parametric Approach to the Change-Point Problem [J] . Applied Statistics, 28 (2): 126 ~ 135.

Shrestha A B, Wake C P, Mayewski P A, et al. 1999. Maximum temperature trends in the Himalaya and its vicinity: an analysis based on temperature records from Nepal for the period 1971 ~ 94 [J] . Journal of Climate, (12): 2775 ~ 2786.

Venugopal V, Foufoula-Georgiou E. 1996. Energy decomposition of rainfall in the time-frequency-scale domain using wavelet packets [J] . Journal of Hydrology, (187): 3 ~ 27.

Yue S, Pilon P, Phinney B, et al. 2002. The influence of autocorrelation on the ability to detect trend in hydrological series [J] . Hydrological Processes, (9): 1807 ~ 1829.

第3章　黄河上游大型水库运用对水沙过程变异的影响

自20世纪60年代以来，黄河上游相继修建了多座大型水利枢纽，其调控运用在不同程度上改变了干流的水沙过程。本章以龙羊峡水库、刘家峡水库（简称龙刘水库）为重点，基于水沙定位观测资料和泥沙运动学理论，分析水库调控参数变化特征，水库运用对出库水沙关系的影响，以及龙刘水库运用对沙漠宽谷河段干流水沙变异的影响，并建立水库综合调控参数与干流输沙量的响应关系，揭示大型水库对水沙关系变化的调控机制。

3.1　黄河上游大型水库运用概况及水库调控参数分析

黄河上游已先后修建了刘家峡、龙羊峡、李家峡等近20座水利枢纽（表3-1），发挥了很大的防洪防凌、发电、灌溉等经济社会效益。但与此同时，也显著改变了河流环境，胁迫水文过程及水动力学特性发生变化，如水沙过程变异、河床再调整、水生态演变等，对河流治理、防洪防凌及水生态安全带来一系列新情况新问题，因此迫切需要在充分了解大型水库运用方式、运行特性及其调控关键参数的基础上，研究水库对水沙过程的调控作用与规律，揭示水库对水沙过程及水沙关系的调控机制，为优化水库运用方式，保障防洪防凌安全提供理论基础。

表3-1　黄河上游主要水库工程概况

水电站名称	正常蓄水位（m）	正常蓄水位以下库容（亿 m^3）	调节库容（亿 m^3）	调节性能	装机容量（MW）	保证出力（MW）	年发电量（亿kW·h）
龙羊峡	2600	247	193.5	多年	1280	589.8	59.42
拉西瓦	2452	10	1.5	日	5000～6000	958.8	10.23
尼那	2235.5	0.262	0.086	日	160	74.7	0.76
李家峡	2180	16.48	0.6	日	2000	581.0	5.90
直岗拉卡	2050	0.15	0.03	日	192	69.8	0.76
康杨	2033	0.288	0.05	日	284	93.6	0.99
公伯峡	2005	5.5	0.75	日	1500	492.0	5.14
苏只	1900	0.245	0.02	日	210	79.2	0.81
积石峡	1856	2.38	0.2	日	1000	328.9	3.39
炳灵	1748	0.48	—	日	240	92.0	9.74
刘家峡	1735	57	41.5	年	1350	489.9	5.76
盐锅峡	1619	2.2	0.07	日	446	152.0	2.28
八盘峡	1578	0.49	0.09	日	216	82.0	0.95
柴家峡	1550	0.16	0	日	96	46.8	0.49

续表

水电站名称	正常蓄水位（m）	正常蓄水位以下库容（亿 m^3）	调节库容（亿 m^3）	调节性能	装机容量（MW）	保证出力（MW）	年发电量（亿 kW · h）
小峡	1499	0. 48	0. 14	日	230	93. 0	0. 96
大峡	1480	0. 9	0. 55	日	300	154. 1	1. 49
沙坡头	1240. 5	0. 26	0	径流式	120. 4	63. 0	0. 67
青铜峡	1156	5. 65	3. 2	日	302	86. 8	1. 12
合计			242. 286			4527. 4	102. 12

注：“—”代表缺少数据。

由于龙羊峡、刘家峡水库的运用方式分别为年、多年调节，其调节库容约占黄河上游水库总调节库容的97%，对上游水沙过程的调控作用大，本章主要以龙羊峡、刘家峡水库为对象，分析龙羊峡、刘家峡水库的调控过程，以及进库和出库流量、含沙量、水库蓄变量、洪峰特征、来沙系数等进出库水沙参数特征，认识龙刘水库不同时段水沙关系的调控特征及其调控机制。

3. 1. 1　龙羊峡水库运用及调控参数

3. 1. 1. 1　龙羊峡水库概况[①]

龙羊峡水库是黄河上游具有多年调节能力的大型水库，坝址位于青海省共和县与贵南县交界的龙羊峡峡谷进口 2km 处，上距黄河源头 1686km，距西宁市 147km，在刘家峡水库坝址上游 332km 处。坝址以上控制流域面积为 13. 14 万 km^2，占全流域面积的 17. 5%。水库正常蓄水位为 2600m，相应库容为 247 亿 m^3；校核洪水位为 2607m，相应库容为 276. 3 亿 m^3；死水位为 2530m，死库容为 53. 4 亿 m^3；有效调节库容为 193. 5 亿 m^3，具有多年调节性能。龙羊峡水库以发电为主，并配合刘家峡水库担负下游河段的防洪、灌溉和防凌任务。1986 年 10 月下闸蓄水。水库运用一般为 6 ~ 10 月蓄水，其他月份补水。水库入库控制水文站为唐乃亥，出库控制水文站为贵德。

3. 1. 1. 2　龙羊峡水库运用过程

龙羊峡水库自 1986 年 10 月 15 日下闸蓄水，其运用大致分为两个阶段（侯素珍等，2012）。

一是初期运用阶段，即 1986 年 10 月至 1989 年 11 月，库水位基本持续上升，非汛期略有下降。1986 年 10 月至 1987 年 1 月和每年 5 ~ 11 月抬高水位，11 月至次年 4 月水位略有下降，到 1989 年 11 月底水位达 2575m，达到初期蓄水的要求，共抬高水位 110m 左右。

在初期运用阶段共有 4 次蓄水过程，即 1986 年 10 月至 1987 年 1 月，以及 1987 ~ 1989 年的 5 ~ 11 月。1989 年汛后蓄水量达到 160 亿 m^3，之后水库转入正常运用并实现多

① 张金良，孙振谦．黄河防汛基本资料［Z］．郑州黄河防汛抗旱总指挥部办公室，2002.

年调节（图3-1）。

二是正常运用阶段。自1989年11月水库转入正常运用，一般情况下每年6～10月蓄水，库水位上升。正常运用阶段基本上按照遇丰水年尽可能多蓄水，遇枯水年进行补水的原则运用。

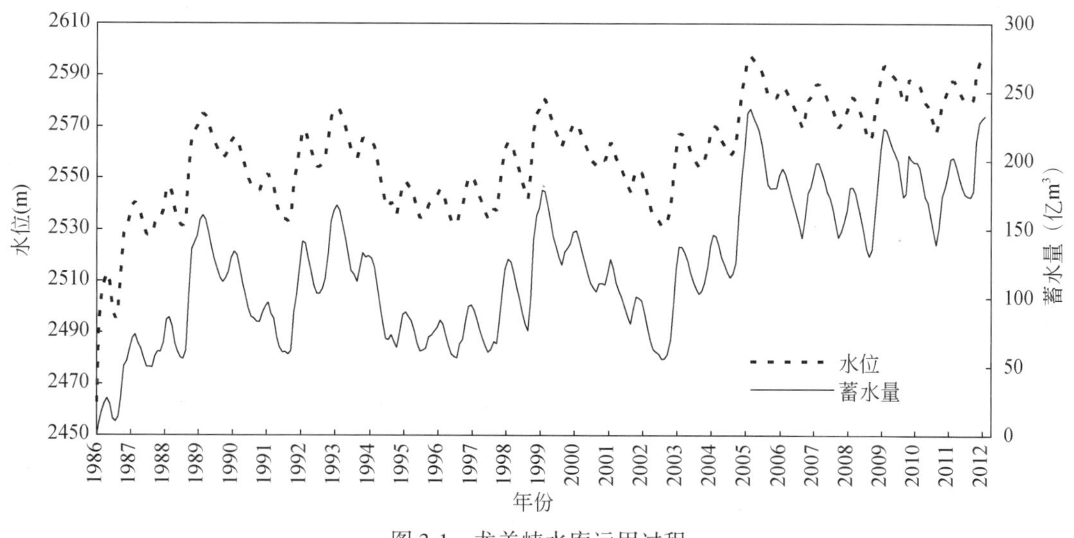

图3-1 龙羊峡水库运用过程

3.1.1.3 龙羊峡水库调控参数及调控特征

龙羊峡水库的调控类型主要有两种：一是洪水期调控，主要是防洪蓄水，削减洪峰，减轻或消除水库下游的洪水灾害；二是枯水期调控，主要是发电泄水和抗旱补水。经过水库调控后出库径流泥沙过程发生变化，洪峰削减，出库流量过程调平，年内水量分配发生变化，年际丰枯调整，蓄水的同时拦截泥沙，出库沙量减少（表3-2）。

表3-2 不同时期年径流量、年输沙量特征值

时段	断面名称	年径流量（亿 m³）	年输沙量（亿 t）	来沙系数（kg · s/m⁶）	洪峰流量（m³/s）
1950～1986年	唐乃亥水文站	211.66	0.1303	0.0008	2504
	贵德水文站	219.72	0.2579	0.0017	2498
	贵德—唐乃亥河段	8.06	0.1299	0.0009	-6
1987～2012年	唐乃亥水文站	186.88	0.1105	0.0010	1972
	贵德水文站	180.07	0.0242	0.0003	1024
	贵德—唐乃亥河段	-6.81	-0.0863	-0.0007	-948

注：表中年径流量序列为1950～1986年，年输沙量序列为1956～1986年。

根据龙羊峡水库的调控类型，其水库调控参数包括水库蓄变量、洪峰削减值、径流量年内分配、年际径流量、出库泥沙量及来沙系数（侯素珍等，2013）。

1）水库蓄变量主要集中于6～10月（图3-2）。从水库各月蓄水过程看，在初期运用阶段5～11月为蓄水期，年蓄变量为68.4亿m^3，其中6～7月平均蓄变量在20亿m^3以上；12月至次年4月年泄水量为20.4亿m^3，具有蓄水量大、蓄水历时长，下泄水量小、下泄历时短的特点。在1990～2012年，6～10月为蓄水期，年蓄变量为45.4亿m^3，其中7月蓄变量最大，平均为14.5亿m^3，8月和9月蓄变量也在9亿m^3以上；11月至次年5月为泄水期，年泄水量为42.1亿m^3。

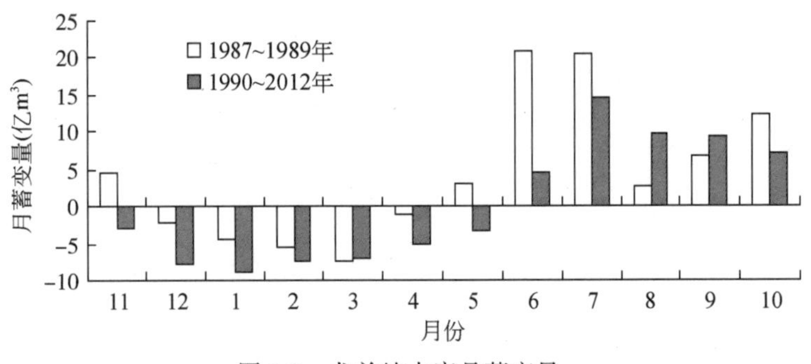

图3-2　龙羊峡水库月蓄变量

2）削峰作用明显。建库前，贵德水文站出库的洪峰流量与唐乃亥水文站入库的洪峰流量比较接近，1957～1986年最大日均流量平均分别为2498 m^3/s和2504m^3/s；龙羊峡水库自1986年9月运用以来，1987～2012年贵德水文站和唐乃亥水文站最大日均流量平均分别为1972 m^3/s和1024m^3/s，消减48.1%。除1989年和2012年外，出库最大流量均在1000m^3/s左右（图3-3），削峰比平均为64.9%，平均削减流量为1312m^3/s（图3-4）。

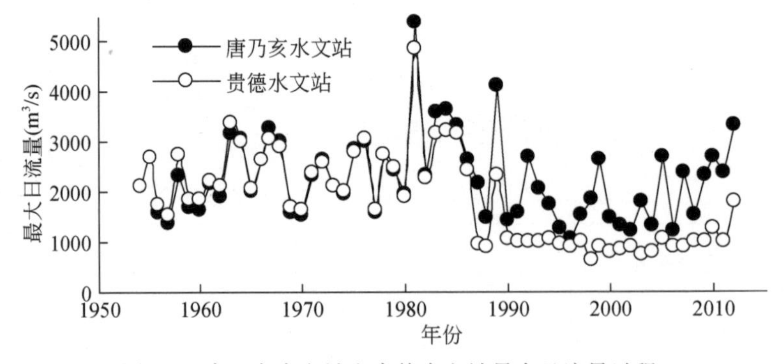

图3-3　唐乃亥水文站和贵德水文站最大日流量过程

3）显著改变径流量年内分配。水库运用以来，洪水期出库流量大幅度削减，非汛期出库流量增加。由进出库流量过程可以看出（图3-5），每年出库大于1000 m^3/s的大流量基本消失，主要集中在250～850 m^3/s，平均流量约为570 m^3/s。1997年之前汛期出库流量可达900～1000 m^3/s，1998～2005年汛期出库流量最大在800 m^3/s左右，2006年之后汛期出库流量最大只有1000 m^3/s左右。就年内各月进出库流量分配来说，6～10月出库径流量小于入库径流量，11～5月出库径流量大于入库径流量，出库各月径流量趋于均匀，最大和最小月径流量之比仅为1.45，远小于入库最大和最小月径流量之比8.1（图3-6）。

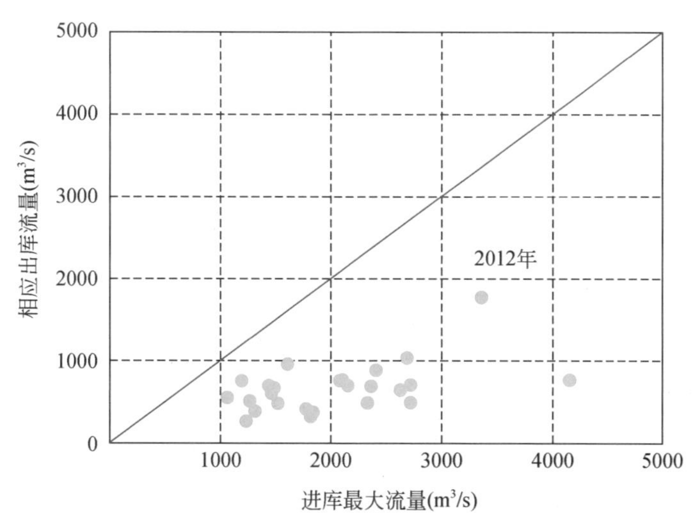

图 3-4　龙羊峡水库进出库最大日均流量关系

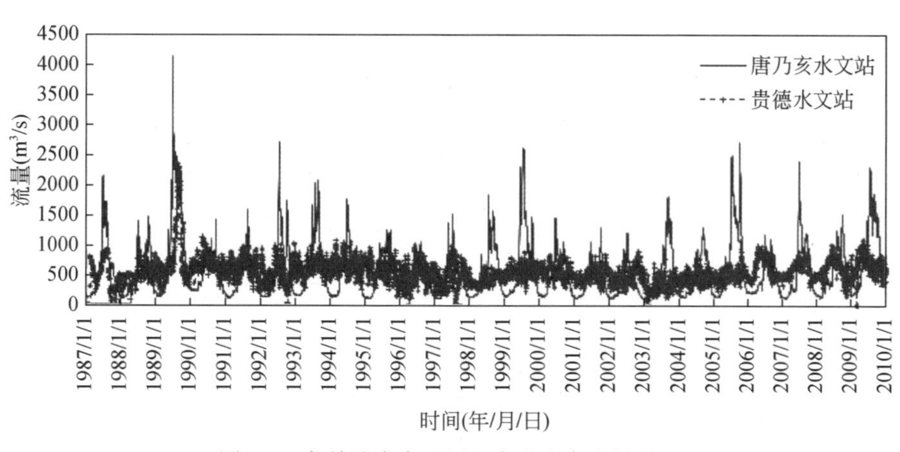

图 3-5　龙羊峡水库运用以来进出库流量过程

4）年际径流量趋于相对均匀。龙羊峡水库有效调节库容大，具有多年调节能力。图3-7为历年径流量变化过程，建库前唐乃亥水文站到贵德水文站径流量沿程平均增大8.06亿 m^3；建库后唐乃亥水文站径流量较大的年份，贵德水文站出库径流量有所减少，如1989年减少98.3亿 m^3，2005年减少92.7亿 m^3，而1991年、1994年、1995年等年份增加近50亿 m^3。多年调节结果使年际水量变幅减小（表3-3），就年最大和最小径流量之比来说，1957～1986年两断面比较接近，1987～2012年唐乃亥水文站最大和最小径流量之比为2.91，贵德水文站最大和最小径流量之比为2.23。另外，从变差系数（C_v）而言，1986年以来进出库变差系数基本接近，贵德水文站、唐乃亥水文站分别为0.21、0.23，但是1986年以后，两者相差较多，唐乃亥水文站进库的径流量比贵德水文站出库的径流量大30%左右，说明经水库调节，年均流量分配趋于均匀。

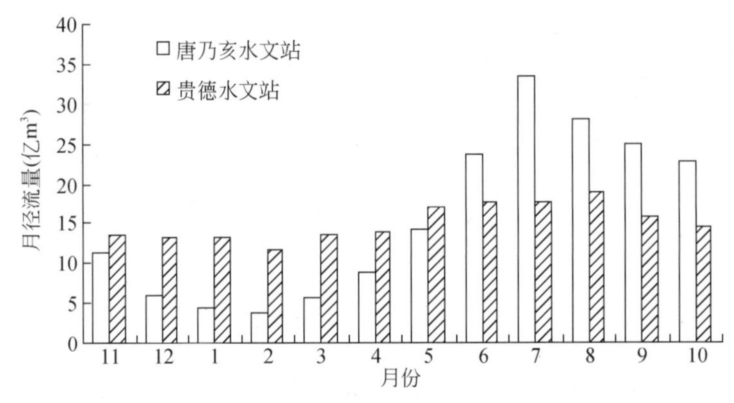

图 3-6 1986 年 10 月 ~2012 年 10 月龙羊峡水库进出库月径流量对比

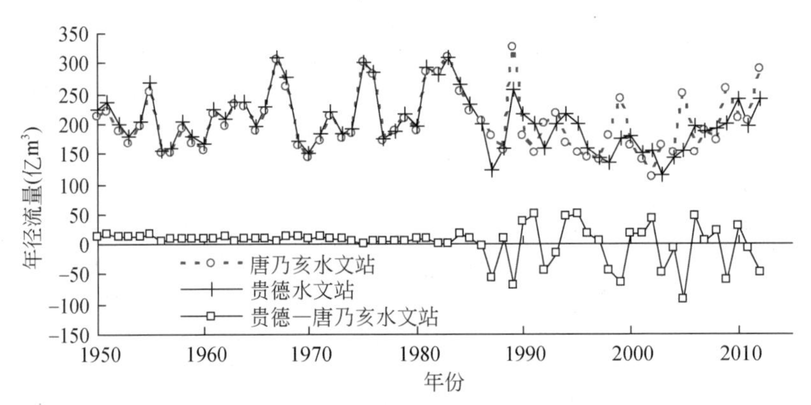

图 3-7 龙羊峡水库进出库年径流量对比

表 3-3 龙羊峡水库进出库流量参数

时段	断面名称	平均径流量（亿 m^3）	C_v值	最大和最小径流量之比
1957 ~1986 年	唐乃亥水文站	214.97	0.23	2.14
	贵德水文站	222.07	0.21	2.04
1987 ~2012 年	唐乃亥水文站	186.88	0.28	2.91
	贵德水文站	180.07	0.20	2.23

5）出库泥沙量明显减少。天然情况下，1986 年以前贵德水文站实测年均沙量为 0.26 亿 t，为唐乃亥水文站相应时段输沙量 0.13 亿 t 的 2 倍；1987 ~2012 年由于水库拦沙，贵德水文站输沙量年均仅为 0.02 亿 t，远小于唐乃亥水文站的 0.11 亿 t，就是说有 80% 以上的泥沙被拦蓄在库内。1956 ~1986 年贵德水文站年含沙量为 1.174kg/m^3，1987 年以后年含沙量仅为 0.146 kg/m^3（图 3-8），1987 年后年输沙量显著减少。

6）来沙系数明显降低。龙羊峡水库进出库年来沙系数变化过程如图 3-9 所示。1986 年之前唐乃亥水文站来沙系数为 0.0005 ~0.0013kg · s/m^6，平均为 0.0008 kg · s/m^6，到

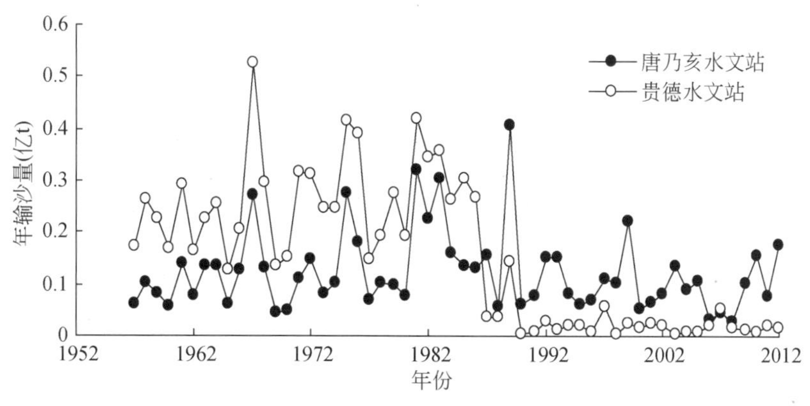

图 3-8 龙羊峡水库进出库输沙量过程

贵德水文站平均来沙系数增至 0.0017 kg·s/m^6，年际变幅增大。1987 ~2012 年唐乃亥水文站来沙系数年际变幅增大，平均为 0.0010 kg·s/m^6，出库沙量减少，到贵德水文站平均来沙系数仅 0.000 24 kg·s/m^6，只有入库的 24%，来沙系数明显降低。

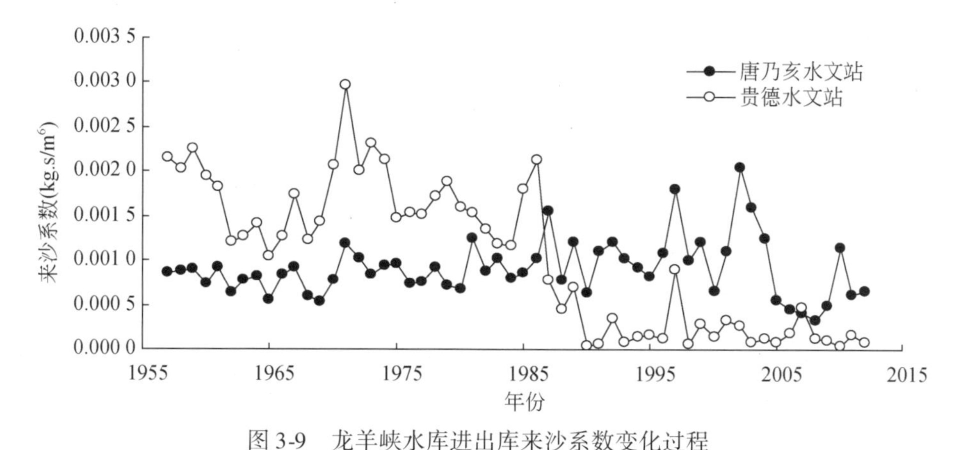

图 3-9 龙羊峡水库进出库来沙系数变化过程

3.1.2 刘家峡水库运用及调控参数

3.1.2.1 刘家峡水库概况[①]

刘家峡水电站是一座以发电为主，兼有防洪、灌溉、防凌、养殖等综合利用效益的大型水利水电枢纽，位于黄河上游甘肃省临夏回族自治州永靖县境内刘家峡峡谷出口段，坝址在黄河支流洮河汇入口下游 1.5km 处，库区由黄河干流、右岸支流洮河及大夏河 3 部分组成，设计水库正常蓄水位为 1735m，相应库容为 57 亿 m^3，其中黄河干流占 94%，洮河占 2%，大夏河占 4%，为不完全年调节水库。1968 年 10 月 15 日开始蓄水。径流泥沙入

① 张金良，孙振谦．黄河防汛基本资料［Z］．郑州：黄河防汛抗旱总指挥部办公室，2002.

库控制水文站为干流的循化、支流的洮河红旗和大夏河折桥，出库控制水文站为小川。

3.1.2.2 刘家峡水库运用过程

刘家峡水库从 1968 年 10 月 15 日开始蓄水，到 1969 年 11 月 5 日库区水位升至 1735m，进入正常运用。水库单独运用期年内运用分两个阶段：①每年 11 月到次年 5 月，一般以泄水为主并控制下泄流量，以满足下游灌溉和盐锅峡水文站、青铜峡水文站用水，以及宁蒙河段防凌需要，到次年 5 月底泄到死水位 1694m 左右。1970 ~ 1986 年最大泄水量为 38.92 亿 m^3，最小泄水量为 10.85 亿 m^3，年泄水量为 28.59 亿 m^3；②6 ~ 10 月为蓄水期，根据来水情况从 6 月初开始蓄水到防洪限制水位 1726m 左右，10 月底蓄水到正常水位 1735m。1970 ~ 1986 年间最大蓄变量为 41.43 亿 m^3，最小蓄变量为 5.66 亿 m^3，年蓄变量为 28.32 亿 m^3（图 3-10）。

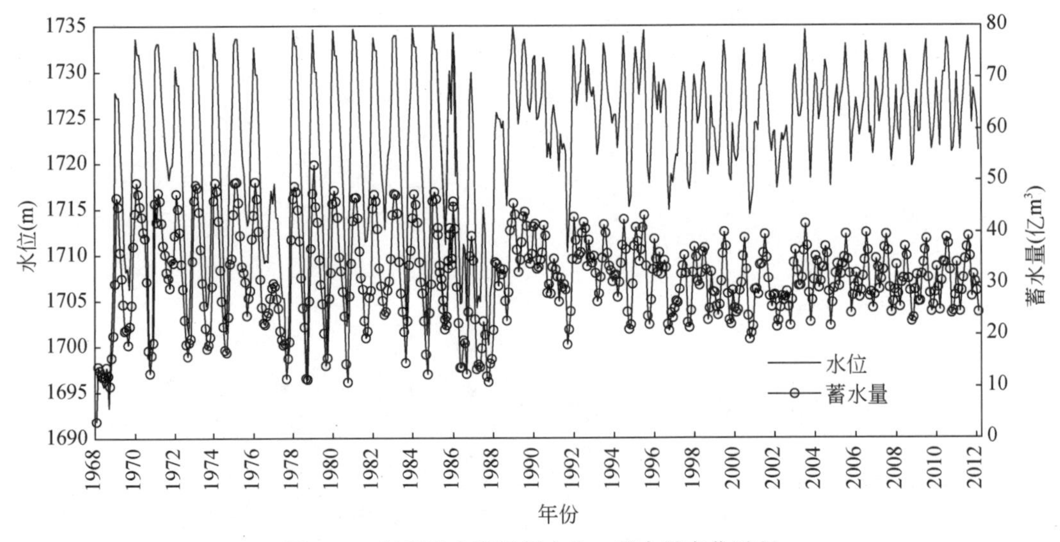

图 3-10 刘家峡水库运用水位、蓄水量变化过程

水库泄水降低水位的变幅比较大，有的年份接近死水位（1978 年 5 月 28 日水位为 1693.93m），有的年份水位较高，在 1710m 以上。

3.1.2.3 刘家峡水库调控参数及特征

刘家峡水库在龙羊峡水库运用前的单库运用期，调控类型主要有两种：一是洪水期调控，主要是防洪蓄水，削减洪峰，减轻水库下游的洪水灾害；二是枯水期调控，主要是发电泄水、防凌、灌溉补水。经过水库调控后出库径流泥沙过程发生变化，洪峰削减，年内径流量分配发生变化，但对年径流量影响很小。水库蓄水的同时拦截泥沙，出库沙量明显减少。1986 年龙羊峡水库运用后，刘家峡主要是配合龙羊峡水库进行调节运用。

上述可知，刘家峡水库调控参数主要包括：水库蓄变量、洪峰削减值、年内水沙分配、来沙系数等。依据上述参数的变化分析，进一步认识刘家峡水库的调控特征。

1）龙羊峡、刘家峡水库联合运用后使蓄变量减少。1969 ~ 1986 年单库运用期，6 ~

10月为蓄水过程，年蓄变量为28.67亿 m^3，其他月份泄水，年泄水量为26.51亿 m^3。1987～2012年两库联合运用后，蓄泄过程发生变化，当年12月至次年3月和7～9月，平均蓄变量为17.05亿 m^3，4～6月和10～11月为泄水，年泄水量为17.68亿 m^3（图3-11），较龙羊峡、刘家峡水库联合运用前减少38%以上。

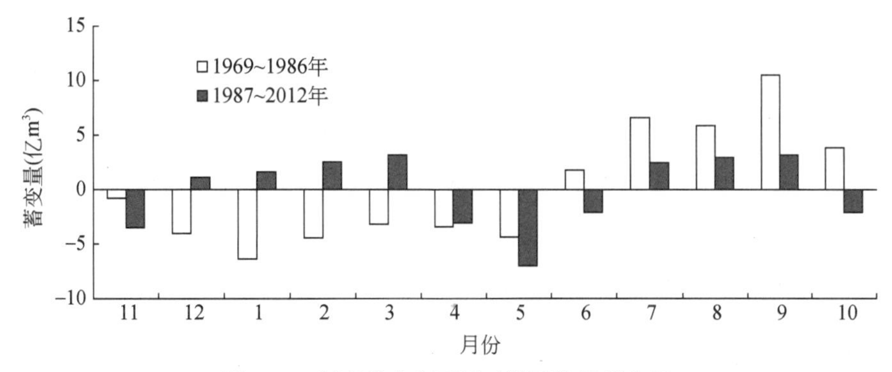

图3-11　刘家峡水库不同时段平均月蓄变量

2）龙羊峡、刘家峡水库联合运用后洪峰削减作用明显。1969～1986年刘家峡水库单库运用期平均削峰比为24%，洪峰期出库流量与入库流量具有高度的线性相关关系，随入库流量的增加而增加。1986年后受龙羊峡水库汛期蓄水影响，进入刘家峡水库的洪水过程涨落不明显，只有当入库流量最大时，出库流量有所减小。例如，1987～2012年入库最大流量平均为1425 m^3/s，相应出库流量为1132 m^3/s，消减比约为20%。但是，在有些年份出库流量也会大于入库流量，遇1989年和2012年大流量时出库和入库洪峰流量接近（图3-12）。

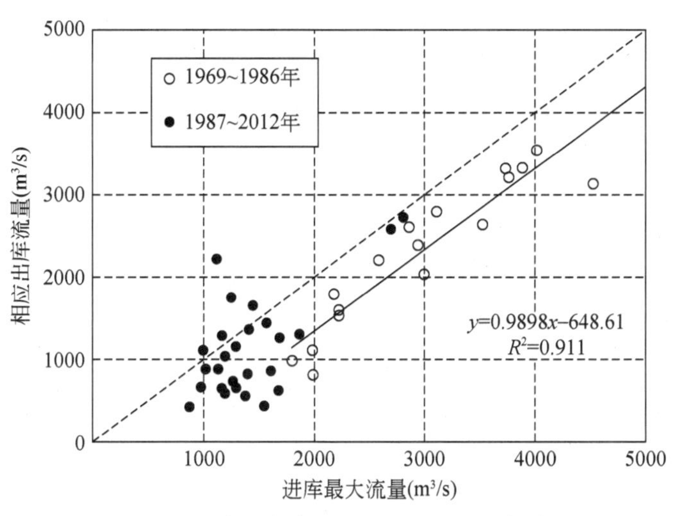

图3-12　刘家峡水库最大日均流量进出库关系

3）明显改变年内水沙分配。刘家峡水库为不完全年调节水库，水库运用对年际出库径流量影响相对较小，但对年内分配影响比较大。在单库运用期出库沙量大幅度减少，两库联合运用期出库沙量进一步减少（图3-13）。水库单库运用与联合运用期，对水沙的影响作用见表 3-4。

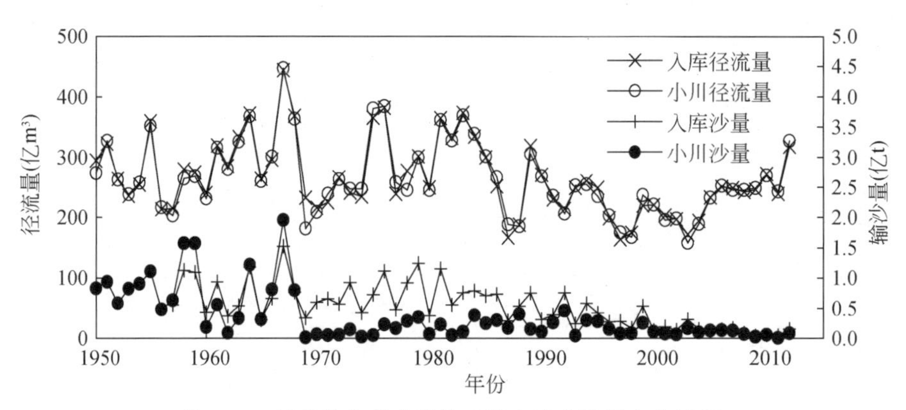

图 3-13 刘家峡水库建库前后进出库水沙量变化过程

表 3-4 刘家峡水库进出库径流泥沙特征值

断面名称	时段	径流量（亿 m^3）			输沙量（亿 t）			汛期占全年（%）	
		非汛期	汛期	全年	非汛期	汛期	全年	径流量	输沙量
循化水文站+红旗水文站+折桥水文站	1919～1968 年	110.3	166.4	276.7	0.124	0.584	0.708	60.1	82.5
	1969～1986 年	114.8	173.4	288.2	0.156	0.571	0.727	60.2	78.5
	1987～2012 年	134.5	94.3	228.8	0.069	0.212	0.281	41.2	75.4
小川水文站	1919～1968 年	107.8	164.7	272.5	0.137	0.620	0.757	60.4	81.9
	1969～1986 年	141.4	145.7	287.1	0.062	0.094	0.157	50.7	60.2
	1987～2012 年	140.5	88.3	228.8	0.044	0.106	0.150	38.6	70.7

由表 3-4 可知，在 1969～1986 年刘家峡水库单库运用期，入库 3 个水文站的年水沙量与长序列年均值接近，汛期径流量占全年 60.2%，输沙量占全年 78.5%，无论径流量还是输沙量均以汛期为主；在出库年径流量与入库年径流量接近的情况下，1969～1986 年汛期径流量减少近 10%，占全年的 50.7%；汛期输沙量减少更多，减少近 20%，占全年的 60.2%，同时出库输沙量只有入库输沙量的 22%。1987～2012 年两库联合运用期，汛期出库径流量进一步减少，汛期径流量仅占全年的 41.2%，出库年径流量与入库年径流量相当，汛期比例进一步减少；入库输沙量较单库运用期减少 61%，出库输沙量与单库运用期基本相同，为入库输沙量的 53%。

4）水库调控使来沙系数变化过程复杂。从历年来沙系数看（图 3-14），1968 年前进出库来沙系数同步变化，且两者相差较小。1969～1986 年由于水库拦沙，出库来沙系数平均仅为 0.0008 $kg \cdot s/m^6$，远小于入库平均值 72.4%。但在 1987 年后，入库来沙系数有减小趋势，且出库来沙系数有所恢复，并与入库来沙系数的变化过程具有较好的响应关系，这可能是与水库拦沙淤积接近平衡及龙刘水库联合运用方式有关。

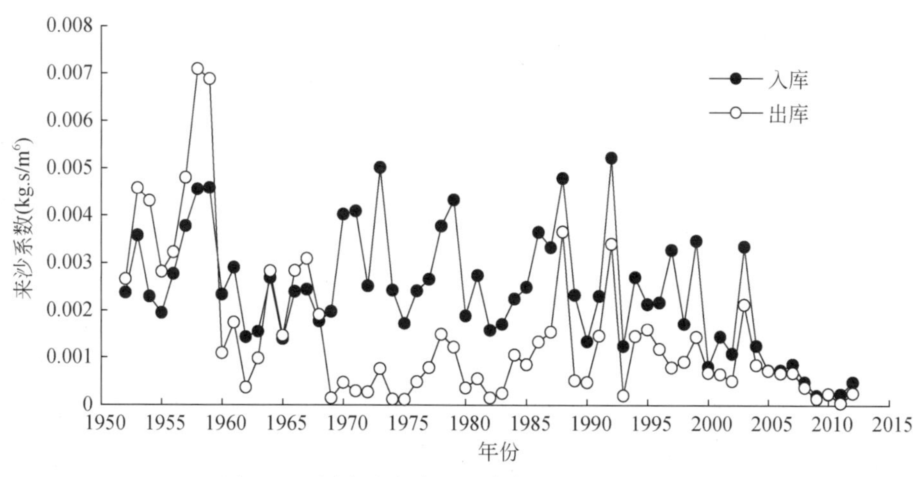

图3-14 刘家峡水库进出库来沙系数变化过程

3.2 黄河上游大型水库进出库水沙参数分异特征

水沙参数分异特征是指表征水沙参数的要素在时空分布上的变化规律，即在时空上某一方向保持特征的相对一致性，而在另一方向则表现出明显差异且有规律性的变化。以龙羊峡、刘家峡水库运用及调控参数特征分析为基础，阐明不同时期龙羊峡、刘家峡水库进出库水沙参数的分异特征及其关系，分析龙刘水库进出库水沙关系的差异特征。

3.2.1 龙羊峡水库水沙参数的分异特征

3.2.1.1 唐乃亥水文站入库水沙特征

1）水沙序列变化趋势性。绘制唐乃亥水文站年径流量、年输沙量变化过程（图3-15），采用线性倾向率法分析其变化趋势。由图3-15可知，唐乃亥水文站年径流量、年输沙量存在丰枯年际变化，1957～2012年平均径流量最大与最小相差2.9倍，年输沙量最大与最小相差13.6倍。龙羊峡水库的入库径流量存在枯—平—丰—枯过程，线性倾向率分析表明，径流量呈微弱减少趋势。入库输沙量与径流量的相关性较高，相关系数达0.8以上，故入库输沙量与径流量有着相类似的丰枯变化过程，年际输沙量略呈减少趋势。

采用累积距平法和M-K检验法（Mann，1945；Kendall，1975）分别对唐乃亥水文站年径流量、年输沙量序列进行分析。由图3-16知，受气候和下垫面因子变化的影响，唐乃亥水文站年径流量、年输沙量序列也存在一定的变化趋势和突变过程，根据累积距平法分析，唐乃亥水文站年径流量序列突变年份为1989年，年输沙量序列的突变年份也是1989年。

M-K检验法表明，唐乃亥水文站径流量序列的M-K检验值为-0.98，未通过显著水平为0.05的显著性检验，说明下降趋势不显著；对年径流量序列进行突变检验表明（图3-17），

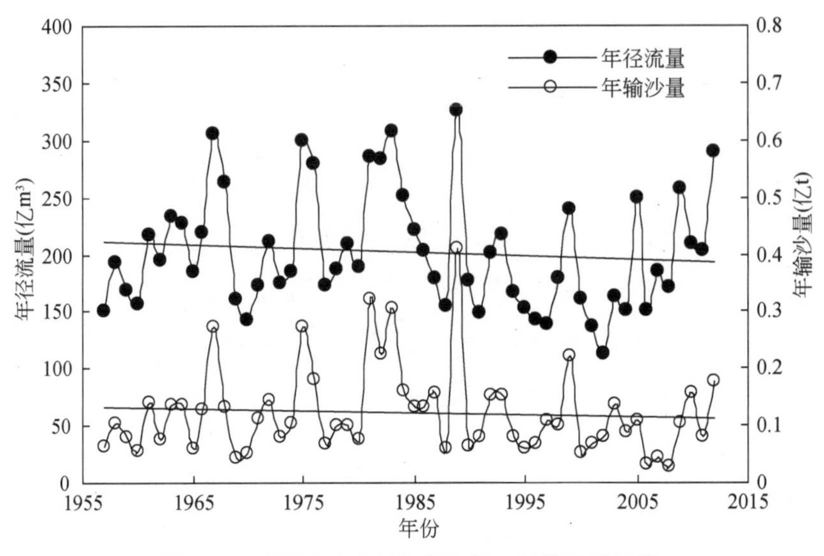

图 3-15　唐乃亥水文站年径流量、年输沙量过程

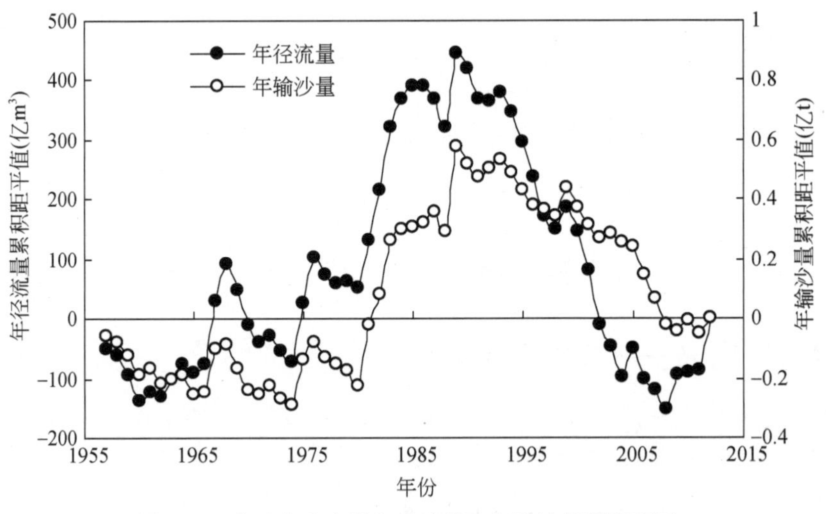

图 3-16　唐乃亥水文站年径流量、年输沙量累积距平

年径流量序列在 1957 ~ 1995 年的 M-K 检验参数 UF>0，说明序列呈上升趋势，1995 年之后统计序列 UF<0，说明序列呈下降趋势。两条检验曲线相交于 1989 年附近，可认为 1989 年为唐乃亥水文站年径流量序列突变年份。若以 1989 年为界，将实测年径流量序列分为 1957 ~ 1989 年、1990 ~ 2012 年两个阶段，其实测年径流量序列均值分别为 215. 37 亿 m^3、182. 63 亿 m^3，1990 ~ 2012 年较 1957 ~ 1989 年减幅为 15. 2%。同理，采用 M-K 检验法对年输沙量序列进行趋势检验，其检验值为−0. 52，未通过显著水平为 0. 05 的检验，说明下降趋势不显著。年输沙量序列在 1957 ~ 2002 年的 M-K 检验参数 UF>0，表明序列呈上升趋势，2003 年之后 UF<0，说明序列呈下降趋势。在 1999 年附近两条检验曲线相交，因此可认为 1999 年为唐乃亥水文站年输沙量序列突变年份。若以 1999 年为界，将实测年输沙量

序列分为1957～1999年、2000～2012年两个阶段，其实测年输沙序列均值分别为0.133亿t、0.089亿t，2000～2012年较1957～1999年减幅为33.1%。

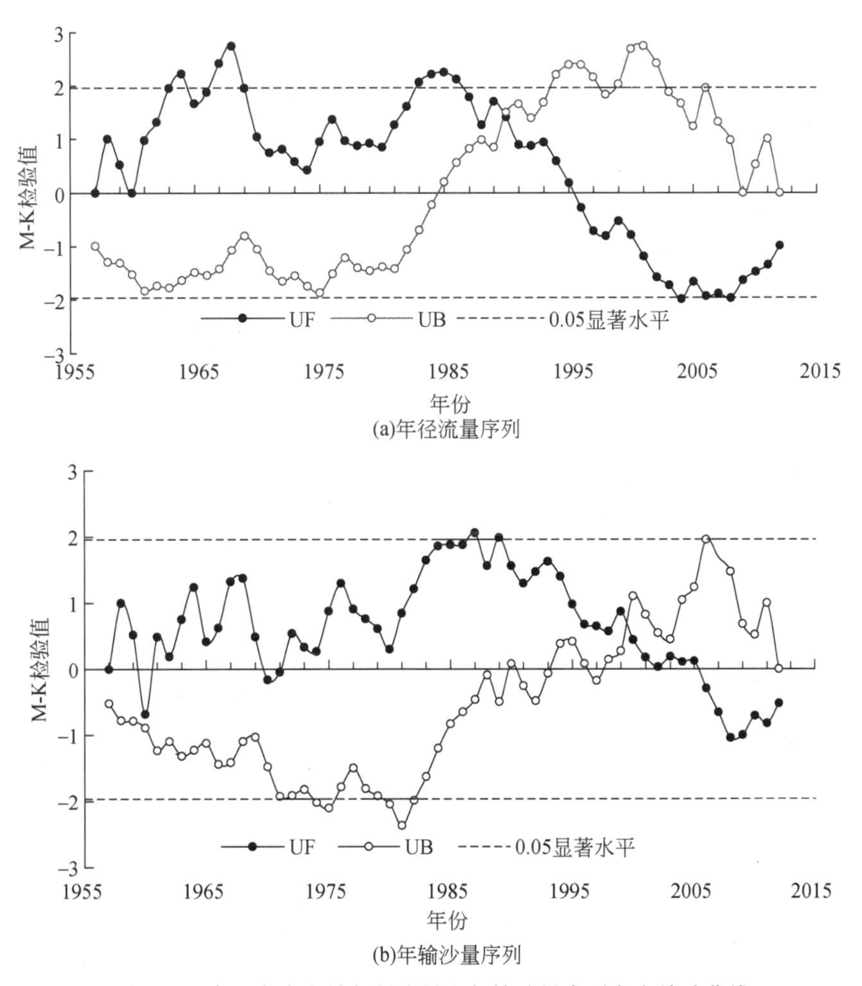

图3-17 唐乃亥水文站年径流量和年输沙量序列突变检验曲线

由上述分析知，在年输沙量序列突变年份检验中，M-K突变检验结果与累积距平法的结果有差别。由图3-16分析，年输沙量序列在1989年之后有两个较大的拐点，一个为1989年，另一个为1999年，而累积距平法实际上检验出的是第一个突变点。进一步计算表明，以1989年为分界点的减幅为30.4%，而以1999年作为分界点的减幅为33.1%，说明1999年之后序列的整体变化幅度大于1989年之后序列的整体变化幅度。因此，综合判断可以认为年输沙量序列第一个突变年份为1989年，1999年又进一步发生突变。

2）最大日流量变化趋势性。采用M-K检验法分析唐乃亥水文站最大日流量序列趋势性与突变性。年径流量序列的M-K检验值为-1.33，未通过显著水平为0.05的显著性检验，说明下降趋势不显著。对最大日流量的检验表明（图3-18），在1957～1995年的M-K检验参数UF>0，表明序列呈上升趋势，1995年之后的M-K检验参数UF<0，表明序列呈下降趋势。两条检验曲线相交在1989年附近，故可认为1989年为唐乃亥水文站最大日流

量突变年份。若以1989年为界，将最大日流量序列分为1957～1989年、1990～2012年两个阶段，年最大日流量均值分别为2540m³/s、1892m³/s，1990～2012年较1957～1989年减幅为25.5%。

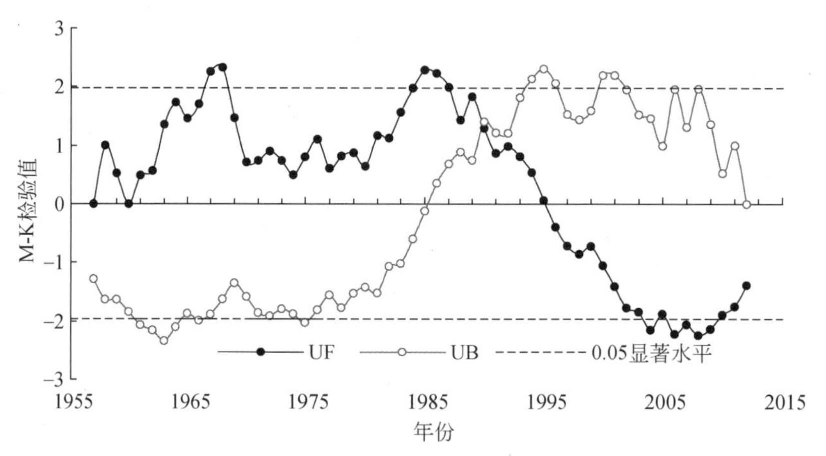

图3-18　唐乃亥水文站最大日流量突变检验

3.2.1.2　贵德水文站出库水沙特征

1）水沙序列变化趋势性。贵德水文站年径流量、年输沙量序列也存在丰枯交替的年际变化特点（图3-19）。1957～2012年平均径流量最大和最小值相差2.7倍，年输沙量最大与最小值相差151.6倍。线性倾向率分析表明，年径流量呈减少趋势，且受水库运用的影响，出库输沙量与径流量的相关性变差，并在1986年之后出库输沙量急剧减少，1987～2012年出库输沙量大多数都低于0.05亿t，最小仅为0.003 5亿t。

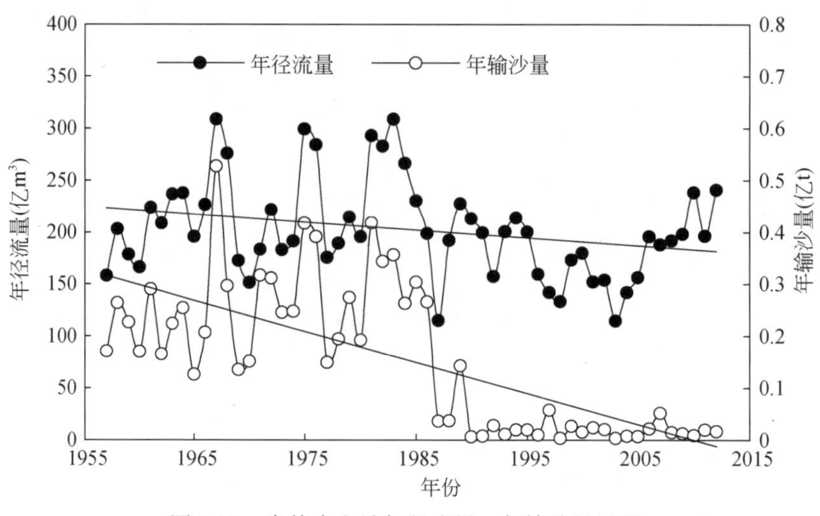

图3-19　贵德水文站年径流量、年输沙量过程

由贵德水文站年径流量、年输沙量累积距平图（图3-20）可知，贵德水文站年径流量

和年输沙量的突变年份均为 1986 年。进一步采用 M-K 检验法分析，贵德水文站径流量序列的检验值为 -1.62，未通过显著水平为 0.05 的显著性检验，说明下降趋势不显著。1957 ~ 1996年序列 M-K 检验参数 UF>0，说明序列呈上升趋势，1996 年之后序列的 M-K 检验参数 UF<0，说明序列呈下降趋势。两条检验曲线相交于 1991 年附近，可认为 1991 年为贵德水文站年径流量序列的突变年份。若以 1991 年为界，将实测径流量序列分为 1957 ~ 1991年、1992 ~ 2012 年两个阶段，实测径流量序列均值分别为 217.39 亿 m^3、177.53 亿 m^3，1992 ~ 2012 年较 1957 ~ 1991 年减幅为 18.3%。同理，对年输沙量序列进行趋势检验，其检验值为-5.11，通过显著水平为 0.05 的显著性检验，说明下降趋势显著。年输沙量序列在 1957 ~ 1989 年的 M-K 检验参数 UF>0，表明序列呈上升趋势，1989 年之后的 UF<0，表明序列呈下降趋势。两条检验曲线相交在 1989 年附近，可认为 1989 年为贵德水文站年输沙量序列的突变年份。若以 1989 年为界，将实测输沙量序列分为 1957 ~ 1989 年、1990 ~ 2012 年两个阶段，实测输沙量序列均值分别为 0.246 亿 t、0.018 亿 t，1990 ~ 2012 年较 1957 ~ 1989 年减幅为 92.7%。

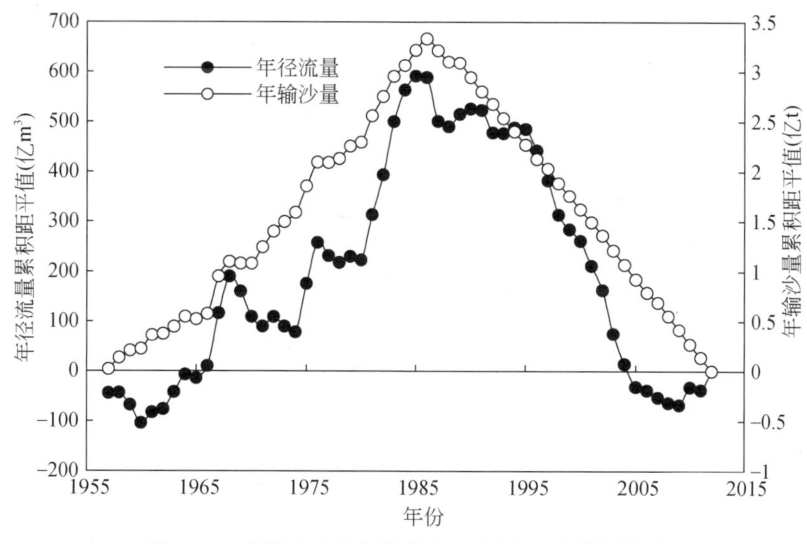

图 3-20　贵德水文站年径流量、年输沙量累积距平

M-K 检验法的突变年份与累积距平法的突变年份也有差别（图 3-21）。通过比较分界点前后均值减幅发现，年径流量序列以 1986 年为分界点时，前后均值减幅为 19.0%，与 M-K 检验法所界定的突变年份相比，后时段的变幅相对大，故采用 1986 年为分界年份；年输沙量序列以 1986 年为分界点时，1986 年以后时段较前一时段减 90.8%，而 1989 年为分界点的减幅为 92.7%。不过，虽然两者相差不大，但结合实际分析，对于年输沙量减幅达到 90% 以上的减幅来说，1986 年与 1989 年的变幅相差 1.9% 没有质的差别，但考虑到 1986 年为龙羊峡水库运用开始年份，水库对水沙过程变化产生显著影响，因此采用 1986 年作为突变点较为合理。

2）最大日均流量变化趋势性。贵德水文站最大日均流量序列趋势性的 M-K 检验法表明，其检验值为-4.57，通过显著水平为 0.05 的显著性检验，说明下降趋势显著。最大日

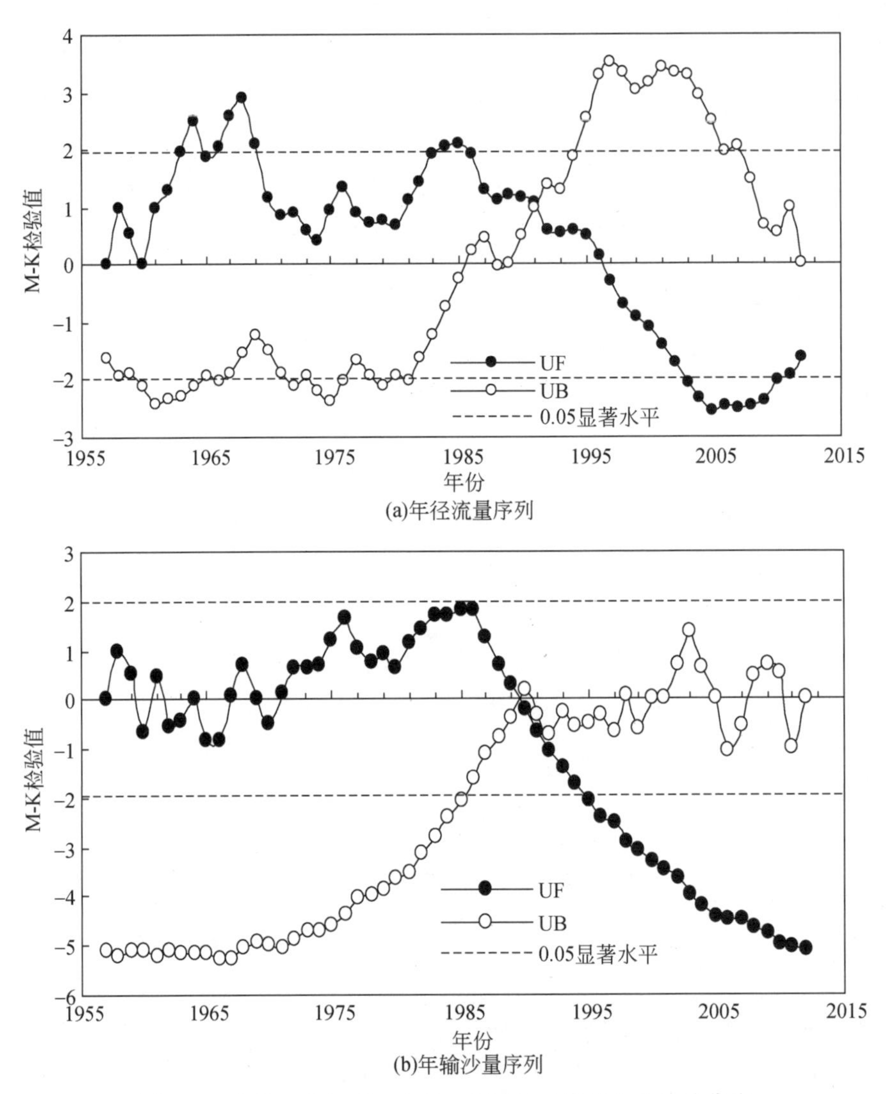

图 3-21　贵德水文站年径流量、年输沙量序列突变检验曲线

均流量在 1957～1990 年序列的 M-K 检验参数 UF>0（图 3-22），表明序列呈上升趋势，1990 年之后序列的 M-K 检验参数 UF<0，表明序列呈下降趋势。1989 年附近两条检验曲线相交，认为 1989 年为贵德水文站最大日均流量突变年份。若以 1989 年作为分界，将最大日均流量序列分为 1957～1989 年、1990～2012 年两个阶段，最大日均流量均值分别为 $2420m^3/s$、$975m^3/s$，1990～2012 年较 1957～1989 年减幅为 59.7%。

3.2.1.3　进出库水沙参数分异特征

根据上述分析，龙羊峡水库进出库年径流量、年输沙量及年最大日均流量等参数的统计趋势性见表 3-5。

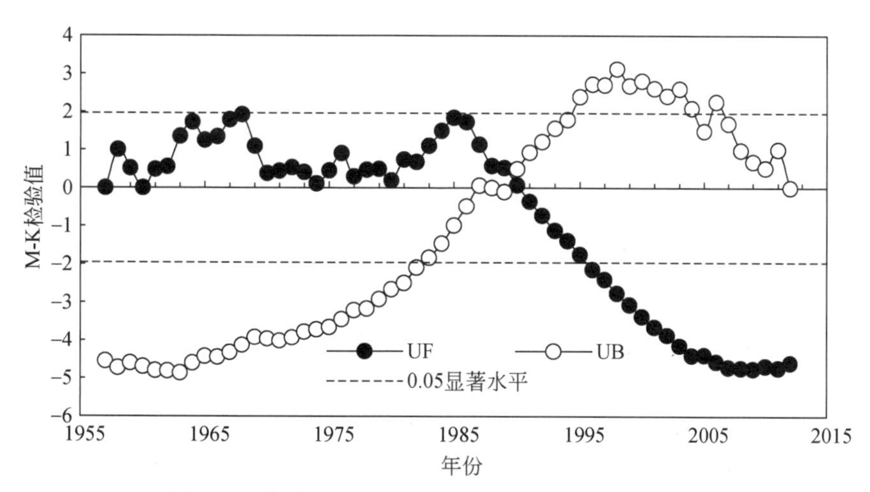

图 3-22　贵德水文站最大日均流量序列突变检验曲线

表 3-5　龙羊峡水库进出库水沙参数分异特征值

特征参数	断面名称	检验值	趋势性	突变年份	突变后减幅（%）
年径流量	唐乃亥水文站	-0.98	$\|U\|<1.96$，有下降趋势，但不显著	1989	15.2
	贵德水文站	-1.62	$\|U\|<1.96$，有下降趋势，但不显著	1986	19.0
年输沙量	唐乃亥水文站	-0.52	$\|U\|<1.96$，有下降趋势，但不显著	1989	30.4
	贵德水文站	-5.11	$\|U\|>1.96$，下降趋势显著	1986	90.8
年最大日均流量	唐乃亥水文站	-1.33	$\|U\|<1.96$，有下降趋势，但不显著	1989	25.5
	贵德水文站	-4.57	$\|U\|>1.96$，下降趋势显著	1986	59.7

注：U 为趋势统计量。

龙羊峡水库进出库年径流量、年输沙量及年最大日均流量在时间尺度上都表现为不断下降的趋势，但趋势的显著性在空间尺度上有一定差别。例如，唐乃亥水文站输沙量和年最大日均流量的下降趋势都不明显，而贵德水文站的下降趋势显著，这与水库运用有着密切的关系。龙羊峡水库水沙序列突变的时间点并不一致，出库断面贵德水文站的年径流量、年输沙量及年最大日均流量的突变年份均发生在龙羊峡水库开始运用的 1986 年，而入库断面的唐乃亥水文站则均滞后到 1989 年。1986 年为龙羊峡水库开始运用的年份，水库运用初期大量蓄水必然引起贵德水文站径流过程变化，而唐乃亥水文站径流量、输沙量序列的突变年份主要与上游流域气候、下垫面和人类活动等变化有关。

3.2.2　刘家峡水库水沙参数的分异特征

3.2.2.1　入库断面水沙序列变化趋势性

根据入库控制断面循化水文站、红旗水文站、折桥水文站年径流量、年输沙量变化过程的线性倾向率分析（图 3-23），循化水文站年径流量存在丰枯交替的年际变化特点，在 1957～2012 年，最大年径流量和最小年径流量差 2.7 倍，年输沙量最大与最小相差 78.9 倍。

年径流量呈减少趋势，年输沙量下降趋势更加显著。红旗水文站和折桥水文站属支流水文站，水沙过程主要取决于支流的产水产沙状况，均有减少趋势。从线性倾向看，红旗水文站、折桥水文站水沙序列的线性倾向线基本平行，说明水沙减少同步且变幅大致相近。

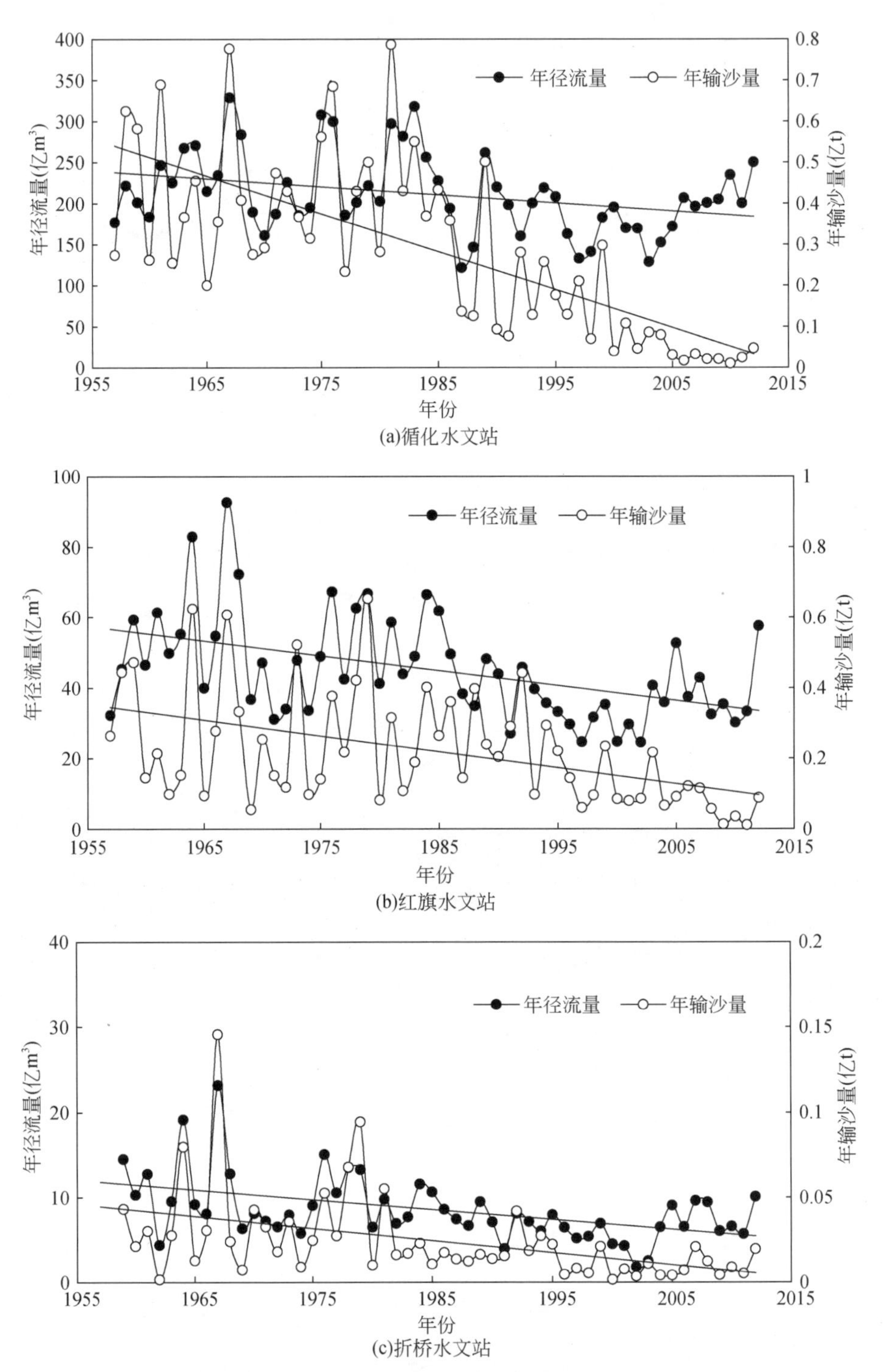

图 3-23　循化水文站、红旗水文站、折桥水文站年径流量、年输沙量变化过程

根据循化水文站、红旗水文站、折桥水文站年径流量、年输沙量累积距平分析（图3-24），循化水文站径流量序列突变年份为1986年，年输沙量序列突变年份为1989年；红旗水文

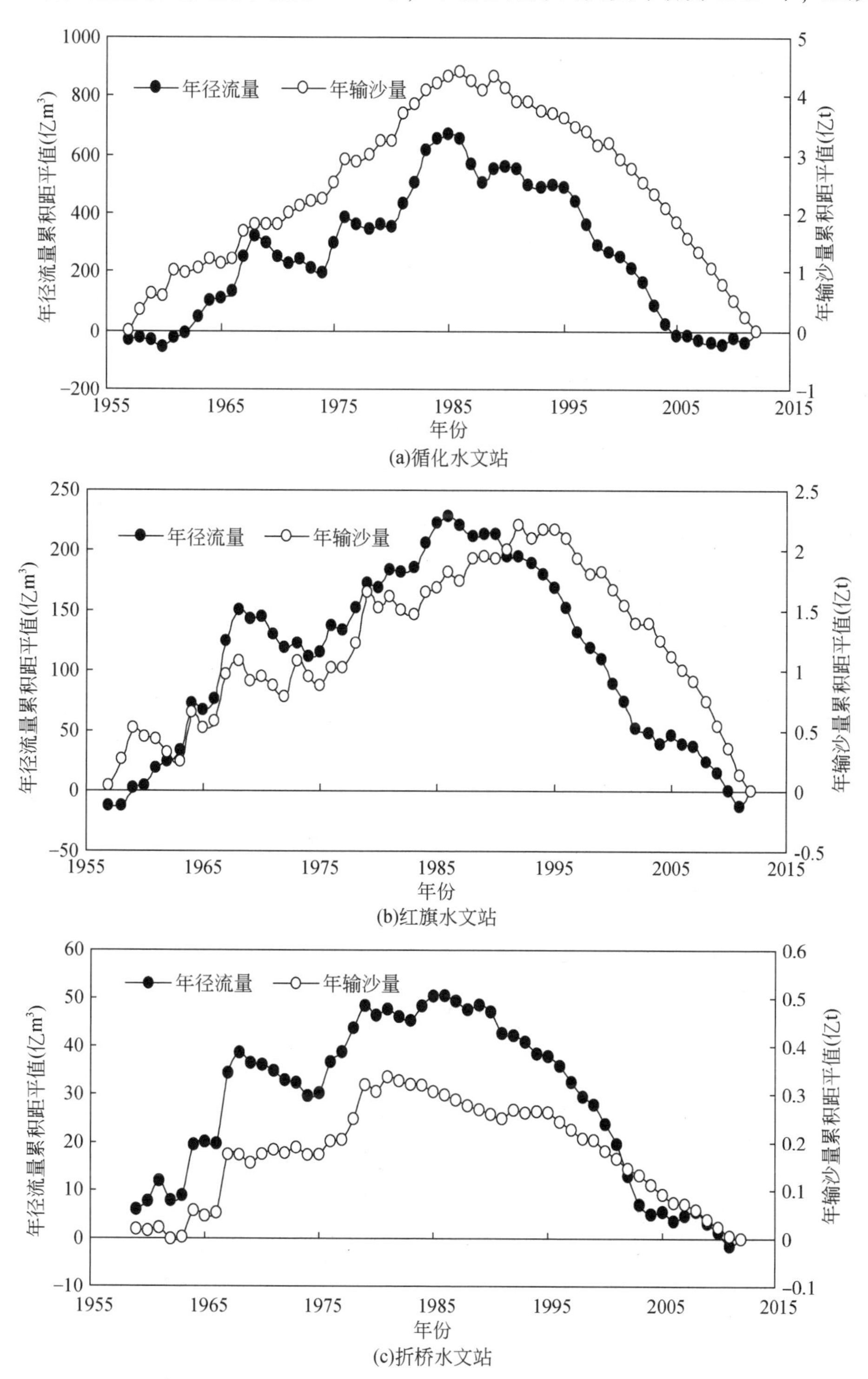

图3-24　循化水文站、红旗水文站、折桥水文站年径流量、年输沙量累积距平曲线

站年径流量序列突变年份为1986年，年输沙量序列突变年份为1995年；折桥水文站年径流量序列突变年份为1986年，年输沙量为1992年。

采用M-K检验法分析，循化水文站、红旗水文站及折桥水文站年径流量序列的检验值分别为-2.04、-3.60、-3.59，都通过显著水平为0.05的显著性检验，说明3个水文站年径流量下降趋势显著（图3-25）。循化水文站年径流量在1957～1991年序列的M-K检验参数UF>0，表明序列呈上升趋势，1991年之后序列的UF<0，表明序列呈下降趋势。两条检验曲线相交于1986年附近，因此认为1986年为循化水文站年径流量序列的突变年份。将实测年径流量序列分为1957～1986年、1987～2012年两个阶段，实测年径流量序列均值分别为232.88亿m^3、185.87亿m^3，1987～2012年较1957～1986年减幅为20.2%。同理分析，红旗水文站年径流量序列突变年份为1988年，但与累积距平法相比

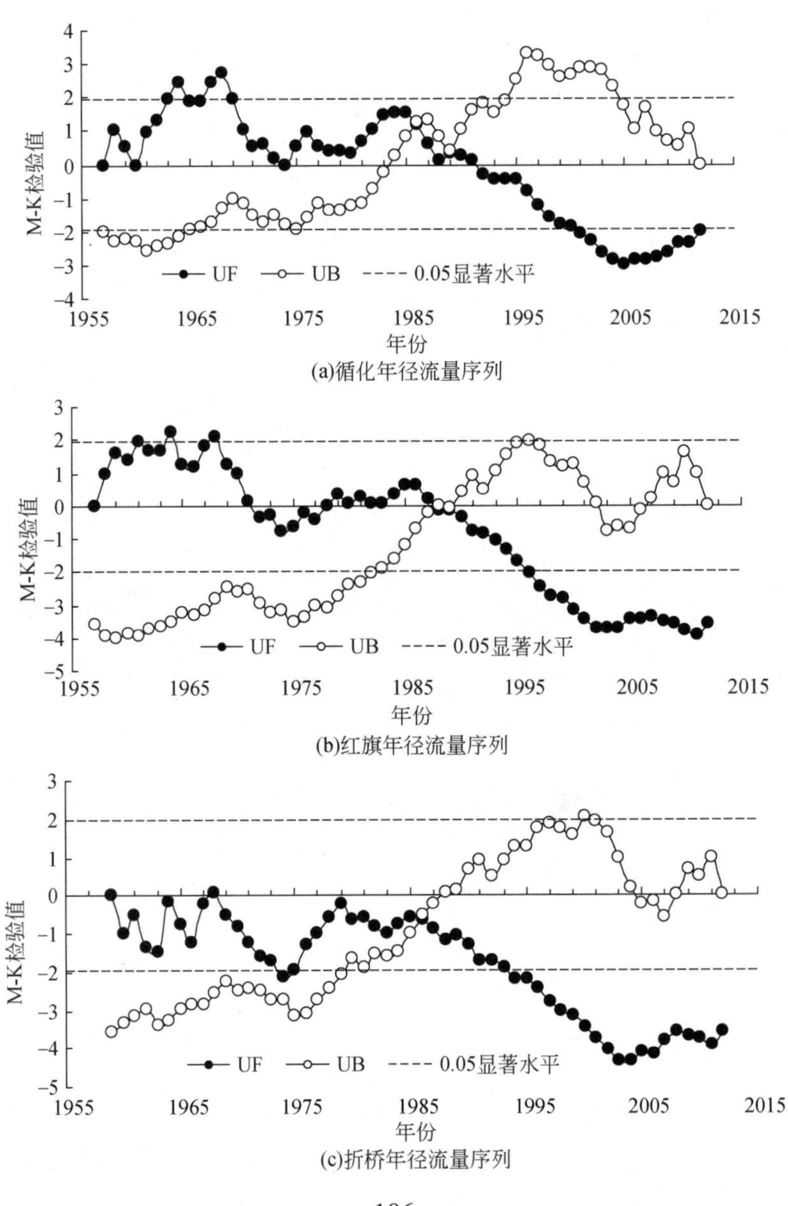

(a)循化年径流量序列

(b)红旗年径流量序列

(c)折桥年径流量序列

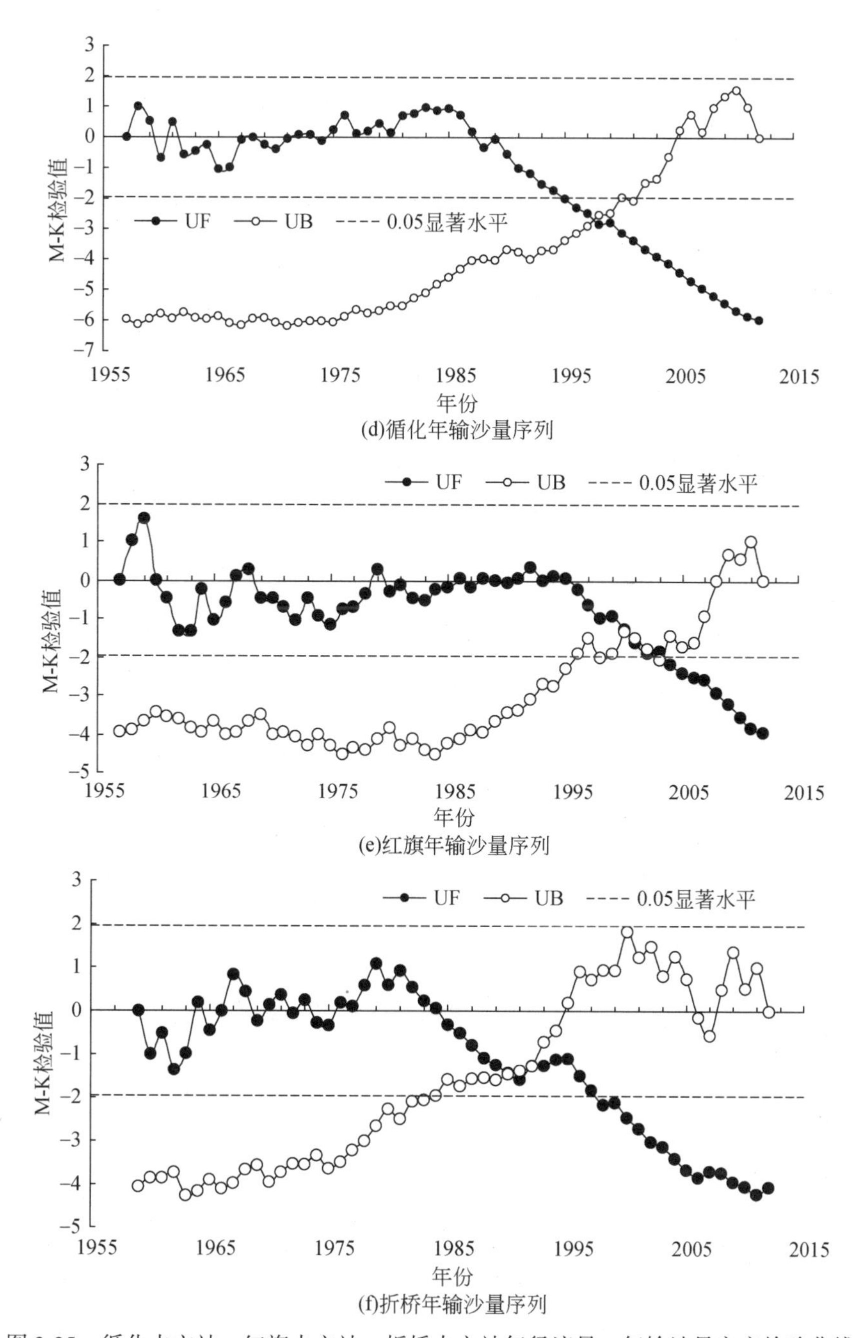

(d)循化年输沙量序列

(e)红旗年输沙量序列

(f)折桥年输沙量序列

图3-25 循化水文站、红旗水文站、折桥水文站年径流量、年输沙量突变检验曲线

较，1986年突变点前后时段年径流量变幅较1988年突变前后的大，为31.0%，由此认定红旗水文站年径流量序列突变年份为1986年。折桥水文站年径流量序列突变年份为1986年，与累积距平法相同，1986年前后，折桥水文站年径流量均值减小幅度为36.3%。

循化水文站、红旗水文站及折桥水文站年输沙量序列的M-K检验值分别为-5.94、-3.96、-4.04，都通过显著水平为0.05的显著性检验，说明3站年输沙量下降趋势显著。

经综合分析认为，循化水文站年输沙量序列的突变年份为1986年；红旗水文站年输沙量序列的突变年份为1999年，突变前后时段年输沙量均值减小幅度为68.8%；折桥水文站年输沙量序列的突变年份为1992年，突变前后时段年输沙量均值减小幅度为65.8%。

由上述分析知，干流及两条入库支流的年输沙量序列突变年份是不一致的。干流主要受上游水库运用的影响，早于1986年就发生突变，而两条支流年输沙量变化主要受制于流域人类活动及气候等因素的影响，先后变化于1992年和1999年。

3.2.2.2 出库断面小川水文站水沙序列变化趋势性

小川水文站年径流量也存在丰枯交替的年际变化特点（图3-26）。1957～2012年最大年径流量和最小年径流量相差2.8倍，最大年输沙量与最小年输沙量相差224.4倍。由线性倾向率分析，年径流量呈减少趋势，且在1968年之后出库输沙量急剧减少，1969～2012年出库输沙量都低于0.5亿t，最小为0.008 7亿t。

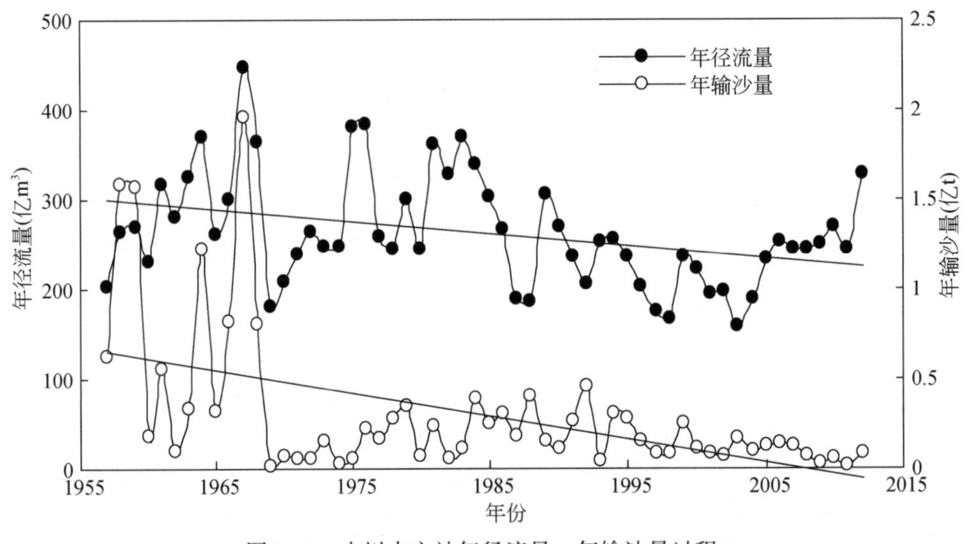

图3-26 小川水文站年径流量、年输沙量过程

根据小川水文站年径流量、年输沙量累积距平分析（图3-27），小川水文站年径流量序列突变年份为1986年，年输沙量序列突变年份为1968年（图3-28）。采用M-K检验法分析，小川水文站年径流量序列M-K检验值为-2.56，通过显著水平为0.05的显著性检验，说明下降趋势显著。1957～1991年径流量序列UF>0，表明序列呈上升趋势，1991年之后的UF<0，表明序列呈下降趋势。在1986年和1989年分别有交点，其中1986年也是累积距平法计算的突变年份，经比较判断，认为1986年为小川水文站年径流量序列突变年份，该年份前后径流量均值减幅为22.0%。同理分析，小川水文站年输沙量序列检验值为-3.41，通过显著水平为0.05的显著性检验，说明下降趋势显著。1957～1959年输沙量序列的M-K检验参数UF>0，表明序列呈上升趋势，1959年之后的UF<0，表明序列呈下降趋势。小川水文站年输沙量序列M-K突变检验中有多个交点，经综合分析认为，1968年、

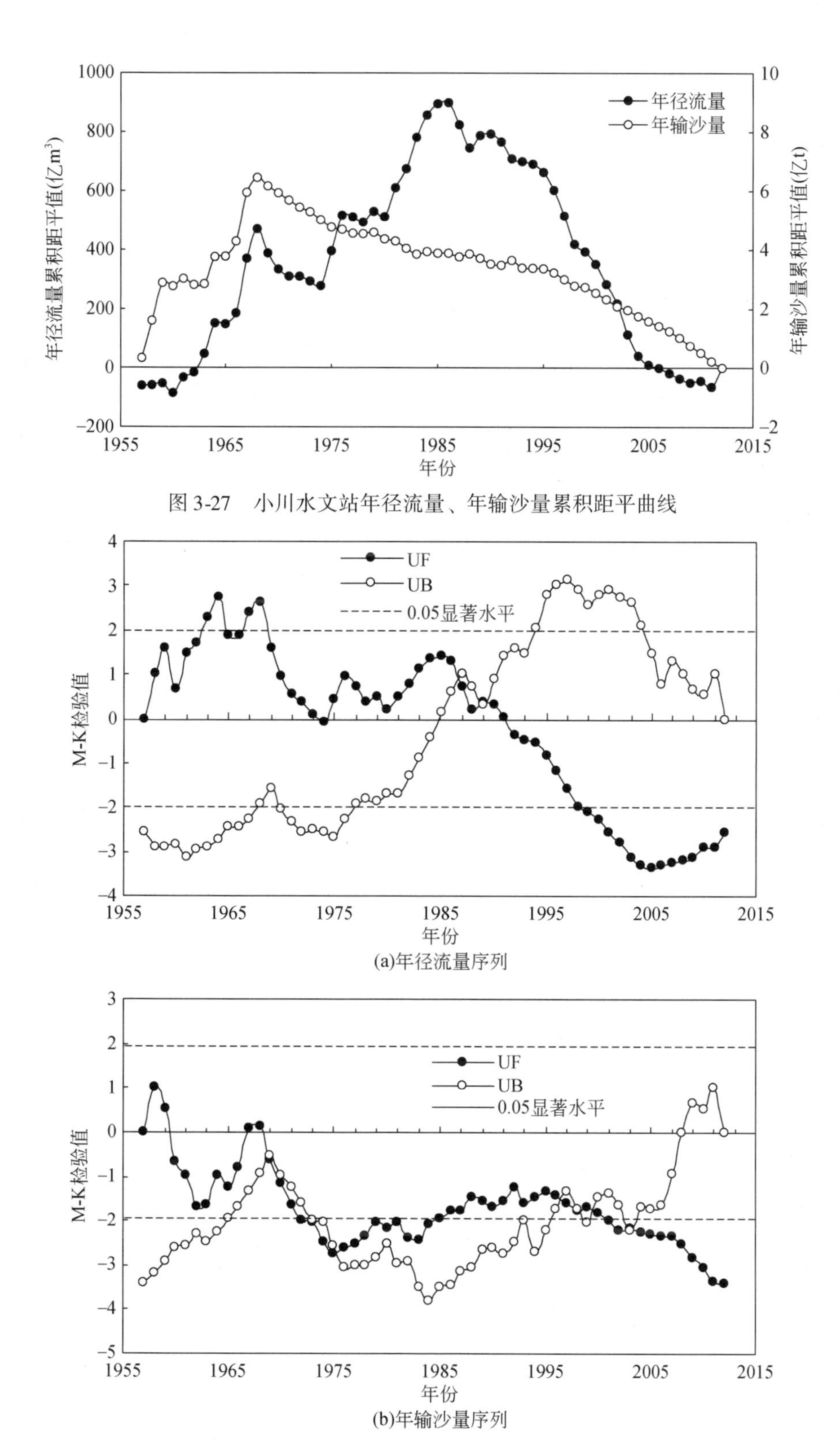

图 3-27 小川水文站年径流量、年输沙量累积距平曲线

图 3-28 小川水文站年径流量、年输沙量突变检验曲线

1996 年和 1999 年为突变年份，其中 1968 年也是累积距平法计算的突变年份，经比较判断，认为 1968 年和 1999 年为小川水文站年输沙量突变年份，以该年份为分界点，3 个时段小川水文站实测年输沙量分别为 0.864 亿 t、0.180 亿 t、0.089 亿 t，突变后 2 个时段较 1968 年前分别减少 79.2% 和 89.7%。

3.2.2.3 进出库水沙参数分异特征

表 3-6 为刘家峡水库进出库年径流量、年输沙量分异特征值。

表 3-6 刘家峡水库进出库年径流量、年输沙量分异特征

特征参数	断面名称	检验值	趋势性	突变年份	突变后减幅（%）
年径流量	循化水文站	-2.04	$\|U\|>1.96$，下降趋势显著	1986	20.2
	红旗水文站	-3.60	$\|U\|>1.96$，下降趋势显著	1986	31.0
	折桥水文站	-3.59	$\|U\|>1.96$，下降趋势显著	1986	36.3
	小川水文站	-2.56	$\|U\|>1.96$，下降趋势显著	1986	22.0
年输沙量	循化水文站	-5.94	$\|U\|>1.96$，下降趋势显著	1986	76.2
	红旗水文站	-3.96	$\|U\|>1.96$，下降趋势显著	1999	68.8
	折桥水文站	-4.04	$\|U\|>1.96$，下降趋势显著	1992	65.8
	小川水文站	-3.41	$\|U\|>1.96$，下降趋势显著	1968、1999	79.2、89.7

注：U 为趋势统计量。

刘家峡水库进出库年径流量、年输沙量在时间尺度上都表现为显著下降的趋势。但刘家峡水库水沙参数在空间尺度的突变性上存在一定的差别。例如，刘家峡入库控制水文站循化、红旗、折桥及出库控制水文站小川的年输沙量突变年份不同，其中循化水文站突变年份为 1986 年，与龙羊峡水库贵德水文站年输沙量序列突变年份一致，表明龙羊峡水库运行对循化水文站年输沙量产生显著影响；红旗水文站和折桥水文站年输沙量序列突变年份分别为 1999 年和 1992 年，水沙变化主要受支流产水产沙状况影响；小川水文站年输沙量序列突变年份为 1968 年和 1999 年，1968 年为刘家峡水库开始运用的年份，水库运用初期大量蓄水的同时也拦截了上游大量的泥沙，使小川水文站出库年输沙量序列在 1968 年发生了突变，1999 年为小川水文站年输沙量突变的第二个年份，与红旗水文站年输沙量序列突变年份相同，表明小川水文站年输沙量序列的突变不仅与水库运用有关，还与支流来沙有一定的关系，其变化比较复杂。

3.2.3 水库运用对出库流量变化的影响

3.2.3.1 龙羊峡水库运用对出库流量级分布的影响

1986 年 10 月龙羊峡水库投入运用，降低了出库大流量级出现的天数，并减少了出库年径流量和年输沙量。对比唐乃亥水文站与贵德水文站 6～10 月各流量级天数、年径流量和年输沙量所占比例可知（表 3-7），唐乃亥水文站 6～10 月 500～1500m^3/s 流量级天数占总天数

的78.30%，相应年径流量和年输沙量分别占总量的68.54%和55.34%，其中500～1000m³/s流量级的天数、年径流量和年输沙量均最大，比例分别为56.03%、41.35%和28.37%。1000～3000m³/s各流量级的持续天数、年径流量和年输沙量比例依次递减，只有个别年份出现大于3000m³/s的流量过程。而贵德水文站各流量级出现天数、年径流量和年输沙量有较大变化，其中500～1000m³/s流量级天数、年径流量和年输沙量更加集中，为出库过程的主体，相应比例分别为66.31%、71.58%和66.36%；100～500m³/s流量级天数、年径流量和年输沙量显著增加；大于1000m³/s各流量级天数、年径流量和年输沙量剧烈减少，出现的总天数仅有入库的5.16%，说明大流量过程多被调至100～1000m³/s的流量级下泄。

表3-7　1987～2012年6～10月进出库流量级主要特征值占总量比例

流量级(m³/s)	唐乃亥水文站			贵德水文站		
	天数占比(%)	径流量占比(%)	输沙量占比(%)	天数占比(%)	径流量占比(%)	输沙量占比(%)
<100	0	0	0	0.65	0.03	0.51
100～500	7.39	3.15	1.12	27.88	17.10	18.20
500～1000	56.03	41.35	28.37	66.31	71.58	66.36
1000～1500	22.27	27.19	26.97	3.80	7.08	11.38
1500～2000	8.55	14.46	19.95	0.68	1.84	1.76
2000～2500	4.32	9.72	15.20	0.68	2.37	1.80
2500～3000	1.06	2.82	4.64	0	0	0
3000～3500	0.23	0.72	0.37	0	0	0
3500～4000	0.08	0.28	1.57	0	0	0
4000～4500	0.08	0.31	1.80	0	0	0

注：唐乃亥水文站各流量级出现总天数为153d，总径流量为132.63亿m³，总输沙量为96.57亿kg；贵德水文站各流量级出现总天数为153d，总径流量为83.42亿m³，总输沙量为23.46亿kg。

从全年进出库各流量级天数看（表3-8），6～10月为满足防洪和蓄水要求，贵德水文站出库流量大于1000m³/s的天数已很少，平均每年约8d；200～1000m³/s流量级出现天数平均约为143d。当年11月至次年5月，为满足发电等需求，唐乃亥水文站入库小流量过程被调节为较大流量出库，100～200 m³/s流量级唐乃亥水文站年均出现约75d，贵德水文站的仅有4d，200～500 m³/s流量级出库天数也同时减少；500～1000 m³/s流量级唐乃亥水文站出现天数年均约为27d，经水库调节出库贵德水文站天数显著增加，年均约为112d。全年来看，贵德水文站出库500～1000 m³/s流量级年均出现213d，200～500 m³/s流量级年均出现135d，合计占全年95.4%，而唐乃亥水文站入库相应流量级的天数占全年的63.4%，入库1500m³/s以上流量级的天数占全年的5.9%，而出库的仅占到0.57%。

表 3-8 龙羊峡水库进出库流量级出现天数

流量级 (m^3/s)	6～10 月出现天数 (d)		11～5 月出现天数 (d)		全年出现天数 (d)	
	唐乃亥水文站	贵德水文站	唐乃亥水文站	贵德水文站	唐乃亥水文站	贵德水文站
<100	0	0.00	2.23	3.36	2.21	3.45
100～200	0	1.00	74.80	2.91	74.75	3.75
200～500	11.31	41.88	107.90	93.31	119.25	135.10
500～1000	85.77	101.46	26.61	111.69	112.41	213.10
1000～1500	34.42	5.81	0.46	1.81	34.85	7.60
1500～2000	12.81	1.04	0	0	12.80	1.00
2000～2500	6.58	1.04	0	0	6.55	1.00
2500～3000	1.62	0	0	0	1.60	0
3000～3500	0.35	0	0	0	0.35	0
3500～4000	0.12	0	0	0	0.12	0
4000～4500	0.12	0	0	0	0.12	0
合计	153	152	212	212	365	365

注：合计天数均为取整数值。

3.2.3.2 刘家峡水库运用对出库流量级分布的影响

刘家峡水库入库年径流量、年输沙量分别为循化、红旗、折桥 3 个水文站年径流量、年输沙量之和，统计不同时期 7～10 月各流量级天数变化如图 3-29 所示。1969～1986 年刘家峡水库单库运用，500～1000m^3/s 流量级出库天数较入库天数年均增加约 22d，其他流量级天数均有不同程度减少。龙羊峡水库运用后，在 1987～2012 年进入刘家峡水库的汛期平均水量减少 45.8% 的情况下，500～1000m^3/s 流量级入库天数增加近 61 d，占汛期的 69.2%，其他流量级天数均减少；而 100～1000m^3/s 流量级出库天数略有增加，1000～1500m^3/s流量级出库天数减少，其他流量级变化很小，其中 500～1000 m^3/s 流量级天数占汛期的 70.6%。

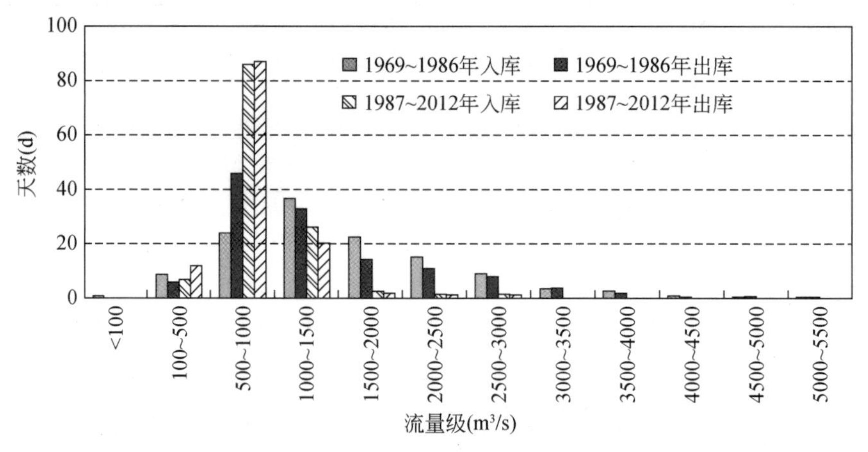

图 3-29 刘家峡水库进出库各流量级天数

3.2.4　水库运用对出库径流泥沙关系的影响

3.2.4.1　龙羊峡水库影响

水库的运用，改变了出库流量过程和含沙量过程，其水沙关系也随之发生变化。

1957～1986 年建库前，贵德水文站年输沙量与年径流量具有较好的关系（图 3-30），相关系数 R 达到 0.8272。水库运用后蓄水拦沙，出库流量过程受水库运用的影响而趋于均匀，出库沙量大幅度减少，贵德水文站水沙关系发生明显变化，相同出库径流量条件下的输沙量大幅减少，在年径流量小于 250 亿 m^3 时，出库输沙量基本上不随径流量变化而增减，稳定在 0.1 亿 t 以下。而此阶段唐乃亥水文站入库水沙关系仍然遵循 1986 年前的规律，只是点群有些相对分散（图 3-31）。

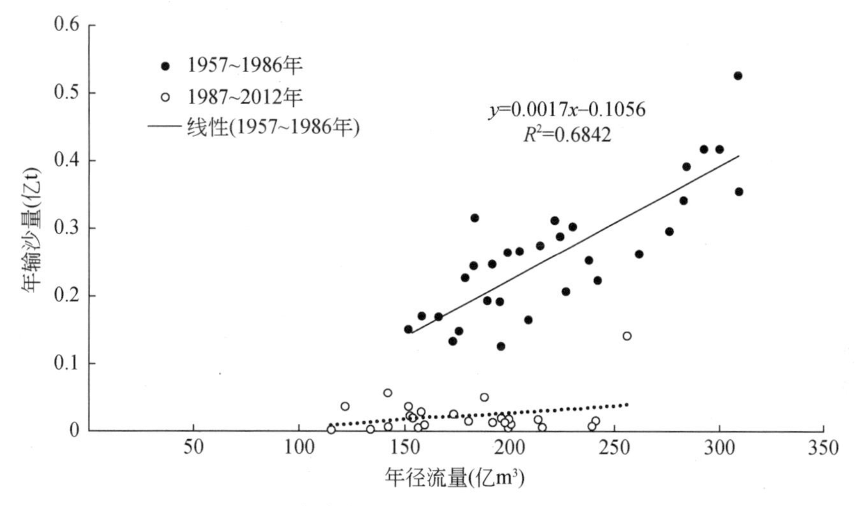

图 3-30　贵德水文站年径流量-年输沙量关系

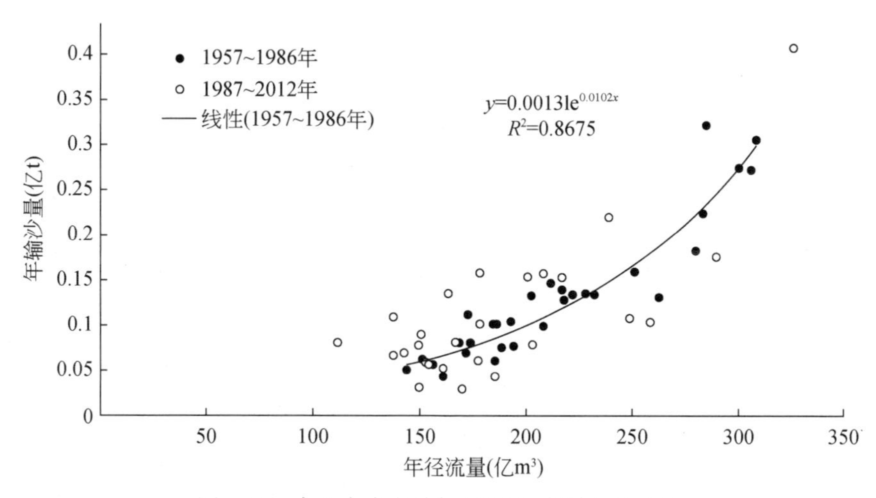

图 3-31　唐乃亥水文站年径流量-年输沙量关系

由于唐乃亥水文站到贵德水文站没有较大支流入汇，只有未控区产流产沙，在天然条件下贵德水文站年径流量、年输沙量与唐乃亥水文站年径流量、年输沙量都具有较好的关系（图 3-32）。龙羊峡水库运用前，贵德水文站年径流量略大于唐乃亥水文站年径流量，两者年径流量高度相关，相关系数 R 达到 0.9961。水库运用后，唐乃亥水文站入库年径流量大时，贵德水文站出库年径流量反而减少；入库年径流量过小时，出库年径流量则增加，但其相关性非常弱，相关系数 R 只有 0.4632。图 3-33 进出库年输沙量关系表明，建库前贵德水文站年输沙量随唐乃亥水文站年输沙量增加而增加，并呈幂函数关系，其相关系数 R 为 0.9053。建库后贵德水文站年输沙量大幅度减少，年际变化非常小，在唐乃亥水文站年来沙量小于 0.15 亿 t 的条件下，出库年输沙量变幅不大，基本上稳定在 0.05 亿 t 以下。

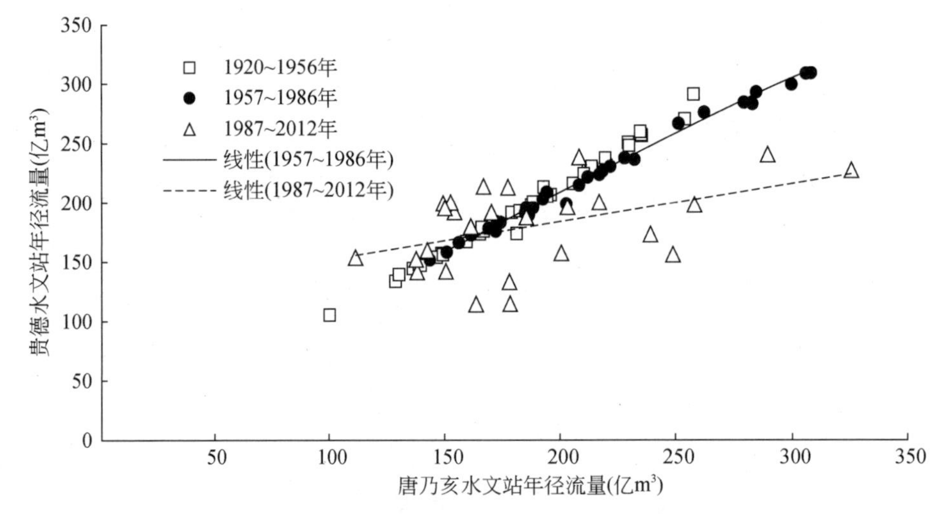

图 3-32　贵德水文站年径流量-唐乃亥水文站年径流量关系

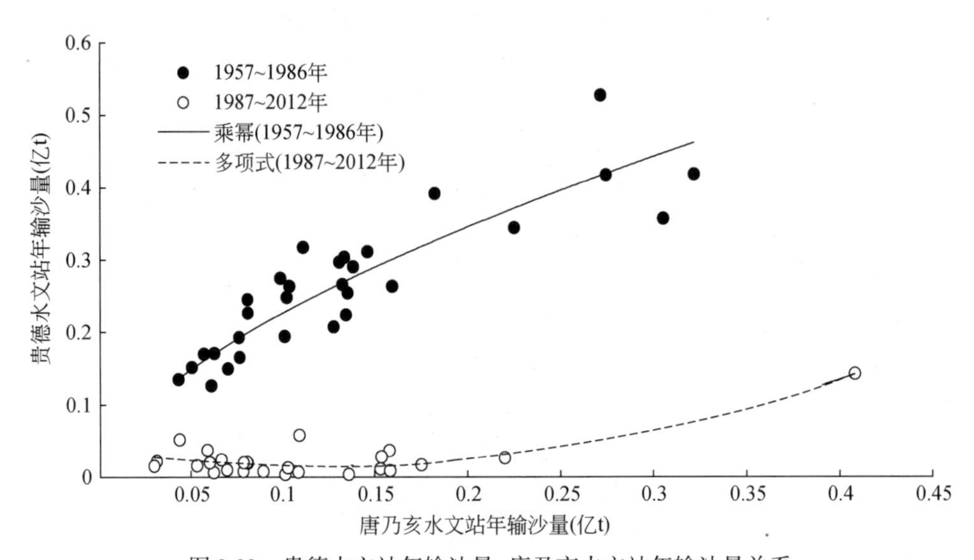

图 3-33　贵德水文站年输沙量-唐乃亥水文站年输沙量关系

龙羊峡水库运用前贵德水文站年输沙量 $W_{s出}$ 与唐乃亥水文站年输沙量 $W_{s入}$ 关系为

$$W_{s出} = 0.9225 W_{s入}^{0.6106} \tag{3-1}$$

龙羊峡水库运用后的关系变化为

$$W_{s出} = 1.4933 W_{s入}^{2} - 0.3505 W_{s入} + 0.0361 \tag{3-2}$$

式（3-1）、式（3-2）的相关系数 R 分别为 0.9053、0.8745。

3.2.4.2　刘家峡水库影响

刘家峡水库入库控制水文站有干流的循化、支流洮河的红旗和大夏河的折桥，出库为小川（在建库前为上诠）。

在天然情况下，小川水文站年径流量、年输沙量与上诠水文站年径流量、年输沙量具有较好的线性关系（图 3-34），相关程度较高，相关系数 R 为 0.7845。盐锅峡水库于 1958 年 9 月开始施工，1961 年 3 月正式蓄水，在施工期、运用后至刘家峡水库运用前，盐锅峡水库滞洪拦沙，相同年径流量下年输沙量减少，而且大年径流量时减得少、小年径流量时减得多，但是年输沙量与年径流量仍具有明显的线性关系。

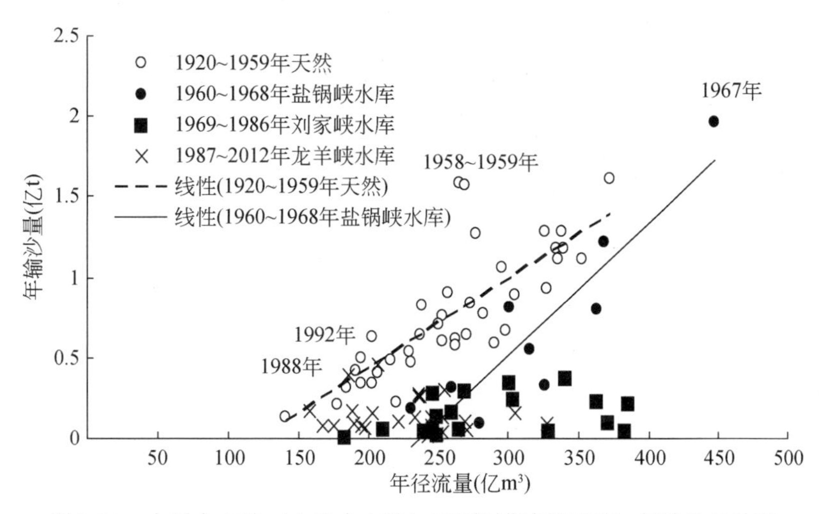

图 3-34　小川水文站（上诠水文站）不同时期年径流量-年输沙量关系

自 1969 年刘家峡水库运用至 1986 年龙羊峡水库投入运用，年输沙量与年径流量的相关性已相对减弱。

由于刘家峡水库为不完全年调节水库，出库年径流量、年输沙量过程与入库的年径流量、年输沙量有一定关系。进一步分析了出库年输沙量与入库年输沙量（3 站）的关系（图 3-35），并根据出库含沙量与入库含沙量的关系分析表明（图 3-36），天然状态下的 1952 ~ 1968 年，小川水文站年输沙量与 3 个水文站年输沙量呈较好的响应关系，线性相关系数 R 达 0.9285；刘家峡水库单库运用的 1969 ~ 1986 年，出库年输沙量受水库拦蓄作用影响，与入库年输沙量的线性关系变差，相关系数 R 为 0.6901；龙羊峡、刘家峡水库联合运用的 1987 ~ 2012 年，出库年输沙量与入库年输沙量有较好的响应关系，线性相关系数 R 为 0.8004。由图 3-36 可知，1957 ~ 1968 年天然状态下，小川水文站年含沙量与 3 个水文站含沙量也有较好的响应关系，线性相关系数 R 达 0.9283；刘家峡水库单库运用的 1969～1986 年，由于出库年含沙量受水库拦沙作用影响，与入库年含沙量的线性关系变差，相关系数 R 仅为 0.6444；龙刘水库联合运用的 1987～2012 年，出库年含沙量与入库年含沙量线性关系较好，相关系数 R 为 0.8545。上述分析说明，水库运用前进出库年输沙量、年含沙量具有较高的响应关系，而水库运用后的进出库关系减弱，且随进库年输沙量、年含沙量的增加，出库的增幅较水库运用前已大大降低。表 3-9 给出了各时期线性相关统计参数，不同时期统计参数的差异性说明，进出库年输沙量关系不仅与来水量有关，而且与水库的调控有一定的关系。

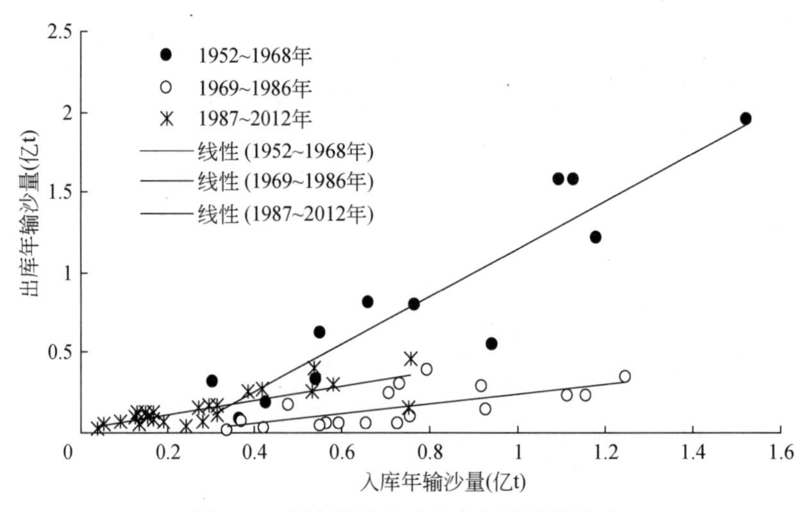

图 3-35　刘家峡水库进出库年输沙量关系

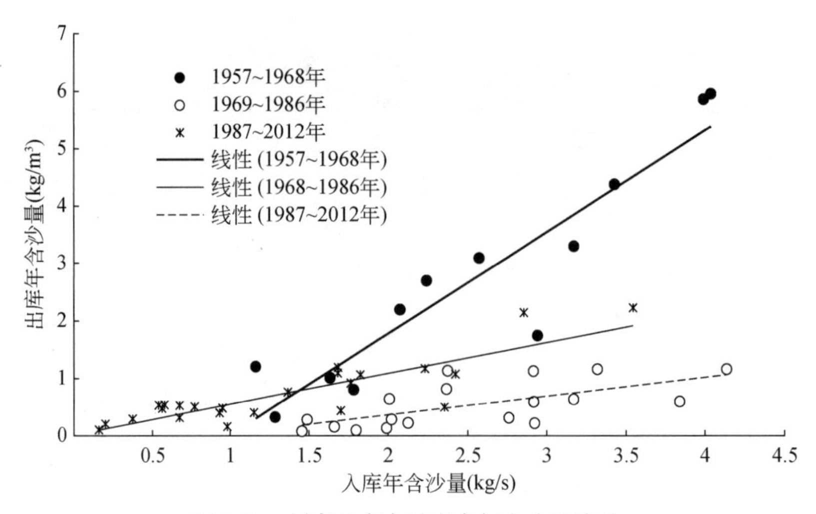

图 3-36　刘家峡水库进出库年含沙量关系

表 3-9　不同时期年径流量、年输沙量关系式参数

时段	$W=kW_{入}+b$			$W_s=kW_{s入}+b$			$S=kS_{入}+b$		
	R	k	b	R	k	b	R	k	b
1952 ~ 1968 年	0.9028	0.0082	-1.953	0.9285	1.4933	-0.3460	0.9285	1.7688	-1.7569
1969 ~ 1986 年				0.6901	0.3114	-0.0693	0.6444	0.3273	-0.2878
1987 ~ 2012 年				0.8004	0.4278	0.0343	0.8545	0.5248	0.0424

注：W、W_s 分别为出库径流量、出库输沙量；$W_{入}$、$W_{s入}$ 分别为入库径流量、入库输沙量；S 为出库含沙量；$S_{入}$ 为入库含沙量；k 为斜率；b 为截距。

3.3　水库运用对出库还原径流泥沙序列周期的影响

黄河上游龙羊峡、刘家峡水库联合运用明显改变了天然径流量和输沙量的年内分配，在取得发电、防洪、灌溉和防凌等社会经济效益的同时，也给枢纽下游河道水沙变化带来了一定影响（申冠卿等，2007）。上游水库运用对下游水沙的影响主要表现在两个方面，一是水库蓄水滞洪，下游洪峰流量减小，挟沙能力降低，输沙量减少；二是水库拦沙，输入下游的泥沙减少（Xu，2009）。为辨识龙羊峡、刘家峡水库运用后对下游河道水沙的影响，本节以龙羊峡、刘家峡水库下游下河沿断面为例，将水库调控过程还原，形成还原水沙序列，分析水库运用对水沙序列变化周期的影响，揭示水库运用与水沙周期变化的关系（郭彦等，2014）。

3.3.1　下河沿水文站水沙序列还原

下河沿水文站位于刘家峡大坝下游约为 462km，为黄河上游沙漠宽谷河段的入口控制水文站，因此以下河沿水文站实测水沙序列为对象，分析龙羊峡、刘家峡水库运用对水沙序列周期的影响。

3.3.1.1　径流量还原方法及还原量

将龙羊峡水库进出库水文站唐乃亥、贵德的径流量差值，刘家峡水库进库控制水文站循化+红旗+折桥与出库水文站小川的径流量之差值，按传播时间加到下河沿水文站，其中龙羊峡水库出口径流量到下河沿水文站的传播时间为 4d，刘家峡水库出库径流量到下河沿水文站的传播时间为 3d（张金良和孙振谦，2002），同时根据龙刘水库调度运行参数对还原的径流量进行修正。计算式如下：

$$Q = Q_0 + (Q_1 - Q_2) + (Q_3 - Q_4) + \Delta Q \tag{3-3}$$

式中，Q 为还原后下河沿水文站径流量；Q_0 为下河沿水文站实测径流量；Q_1、Q_2 分别为龙羊峡水库进出库径流量；Q_3、Q_4 分别为刘家峡水库进出库径流量；ΔQ 为修正量。

按照上述还原方法对龙羊峡水库、刘家峡水库的蓄水量进行还原，并与龙羊峡、刘家峡水库运用后的下河沿水文站实测径流量进行对比（图 3-37、图 3-38），发现 1969 ~ 1986 年仅有刘家峡水库运用时，下河沿水文站年径流量变化较小，汛期径流量有较明显的变

化，即刘家峡水库运用降低了下河沿水文站汛期径流量；自1986年10月龙羊峡水库投入运用后，1987～2012年龙刘水库的运用，对下河沿水文站年径流量产生了较明显的影响，特别是汛期，龙羊峡、刘家峡水库的联合运用较刘家峡水库单库运用对径流过程的调控作用更加显著，大大降低了下河沿水文站汛期径流量（表3-10）。

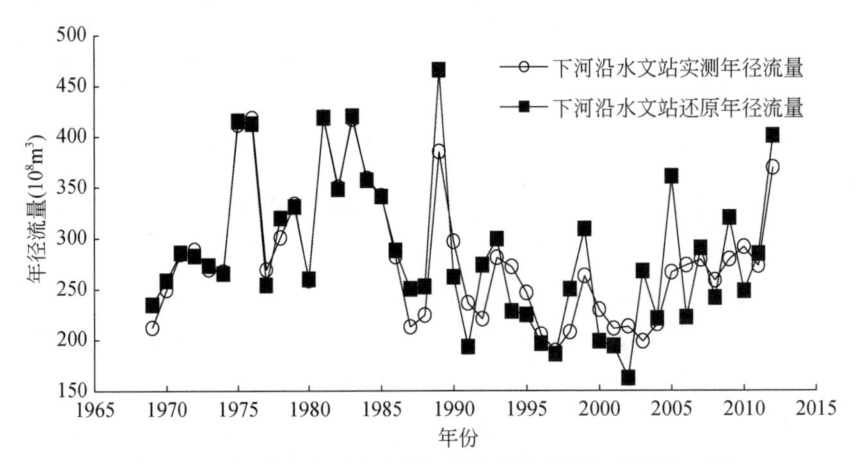

图3-37　下河沿水文站年实测年径流量与还原年径流量过程

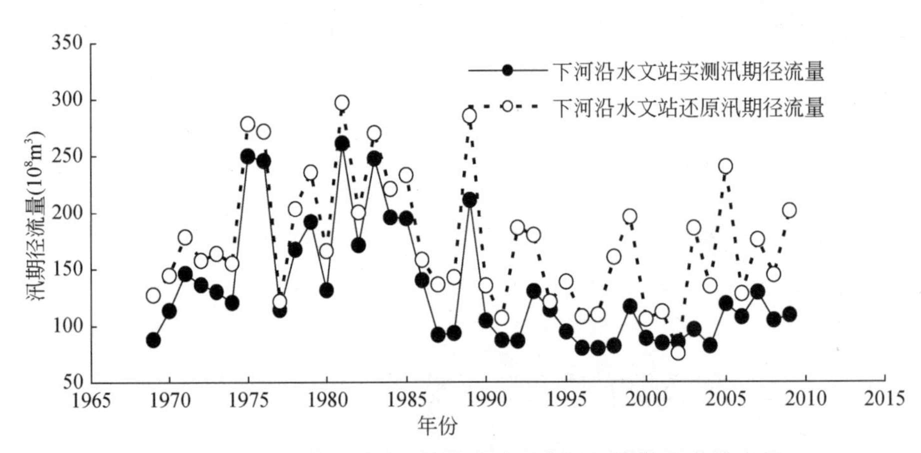

图3-38　下河沿水文站实测汛期径流量与还原汛期径流量过程

表3-10　龙羊峡、刘家峡水库运用前后下河沿水文站径流量变化特征值

径流参数	时段	实测值（亿 m^3）	还原值（亿 m^3）	水库运用影响量（亿 m^3）
年径流量	1969～1986年	318.52	320.40	1.88
	1987～2012年	253.80	261.61	7.81
	1969～2012年	280.28	285.66	5.38
汛期径流量	1969～1986年	169.20	199.00	29.80
	1987～2012年	108.05	157.50	49.45
	1969～2012年	133.06	174.47	41.41

由表3-10可知，1969～1986年在刘家峡水库运用的情况下，下河沿水文站汛期径流量年均减少29.80亿m^3，年径流量减少1.88亿m^3，由此可推知非汛期径流量年均增加27.92亿m^3；1987～2012年龙羊峡、刘家峡水库联合运用下，对径流的调节作用进一步加强，下河沿水文站汛期径流量年均减少49.45亿m^3，年径流量减少7.81亿m^3，由此可推知非汛期径流量年均增加41.64亿m^3，下河沿水文站年径流量变化显著。从1969～2012年整个时段看，下河沿水文站汛期径流量年均减少41.41亿m^3，年径流量减少5.38亿m^3，非汛期径流量年均增加36.03亿m^3。

3.3.1.2　输沙量还原方法及还原量

与径流量还原同理，对输沙量还原。将龙羊峡水库进库水文站唐乃亥、贵德的输沙率差值，刘家峡水库入库水文站循化+红旗+折桥与出库小川水文站输沙率之差值，按传播时间加到下河沿水文站，不考虑输沙量沿程调整，则有

$$Q_s = Q_{s0} + (Q_{s1} - Q_{s2}) + (Q_{s3} - Q_{s4}) + \Delta Q_s \tag{3-4}$$

式中，Q_s为还原后下河沿水文站输沙率；Q_{s0}为下河沿水文站实测输沙率；Q_{s1}、Q_{s2}为龙羊峡水库进出库输沙率；Q_{s3}、Q_{s4}为刘家峡水库进出库输沙率；ΔQ_s为修正量。

按照上述还原方法对龙羊峡、刘家峡水库的输沙量进行还原，并与下河沿水文站实测输沙量进行对比（图3-39、图3-40）。

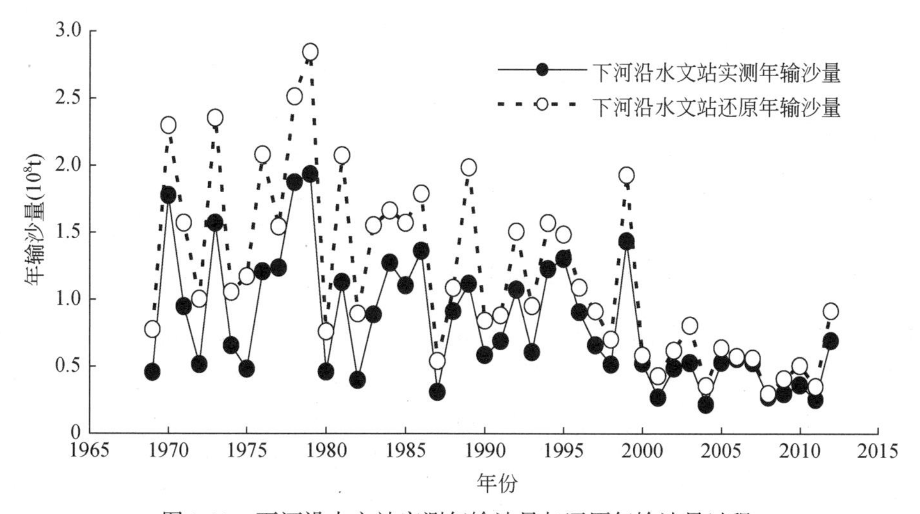

图3-39　下河沿水文站实测年输沙量与还原年输沙量过程

1969～1986年仅有刘家峡水库运用时，与同期还原输沙量序列相比，下河沿水文站实测输沙量序列变化已比较大，年输沙量减少34.7%；1987～2012年龙羊峡水库和刘家峡水库联合运用后，下河沿水文站输沙量变化进一步发生变化，年输沙量约减少25.2%，相对1969～1986年变化而言减幅相对较小（表3-11）。

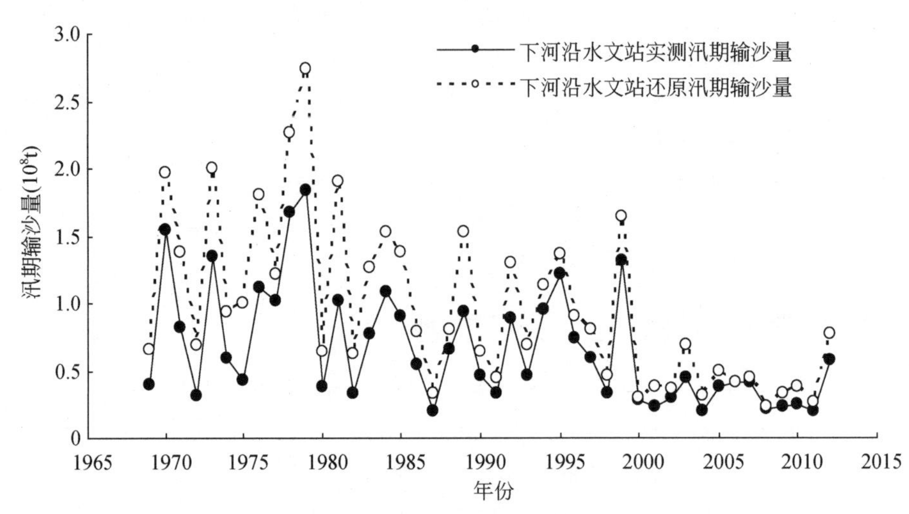

图 3-40 下河沿水文站实测汛期输沙量与还原汛期输沙量过程

表 3-11 龙羊峡、刘家峡水库运用前后下河沿水文站输沙量变化特征值

泥沙参数	时段	实测值（亿 t）	还原值（亿 t）	水库运用影响量（亿 t）
年输沙量	1969 ~ 1986 年	1. 0692	1. 6378	0. 5686
	1987 ~ 2012 年	0. 6473	0. 8648	0. 2175
	1969 ~ 2012 年	0. 8199	1. 1810	0. 3611
汛期输沙量	1969 ~ 1986 年	0. 8945	1. 3759	0. 4814
	1987 ~ 2012 年	0. 5042	0. 6679	0. 1637
	1969 ~ 2012 年	0. 6639	0. 9576	0. 2937

1969 ~ 1986 年在刘家峡水库单独运用情况下，下河沿水文站汛期输沙量年均减少 0. 4814 亿 t，非汛期输沙量减少 0. 0872 亿 t，年输沙量减少 0. 5686 亿 t；1987 ~ 2012 年在龙羊峡水库和刘家峡水库联合运用期，属于枯水少沙阶段，且由于该区域水沙主要来自清水来源区，产沙量少，水库拦沙量也相对较少，汛期输沙量减少 0. 1637 亿 t，非汛期输沙量减少 0. 0538 亿 t。

3. 3. 2 水库运用对下河沿水文站还原水沙序列周期的影响

3. 3. 2. 1 水库运用对下河沿水文站还原年径流量序列周期影响

对水库运用前后下河沿水文站还原年径流量序列数据处理后，通过 2. 4. 2. 1 节所述的小波变换分析，得到下河沿水文站还原年径流量序列小波系数实部等值线，如图 3-41 所示。

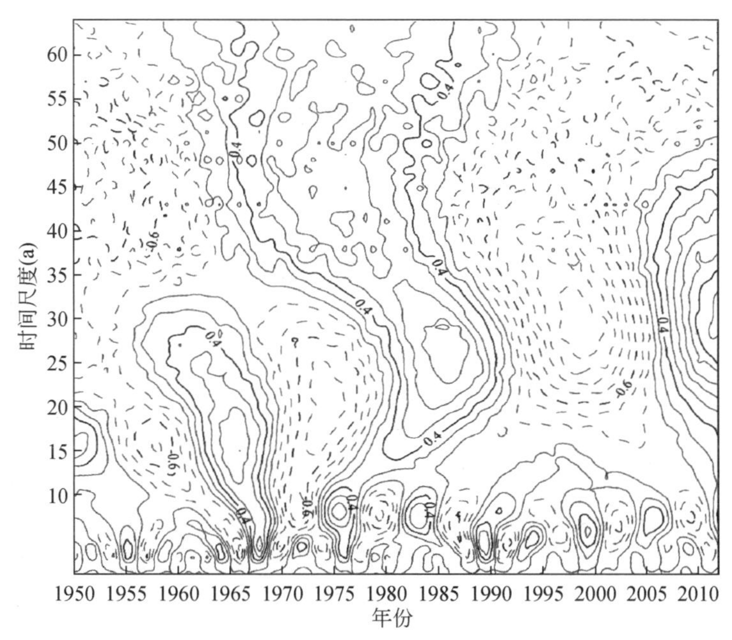

图 3-41 下河沿水文站还原年径流量序列小波系数实部等值线

小波系数实部等值线图的垂向截取显示在同一时间点上不同时间尺度的振荡强度，而横向截取则表明同一尺度（周期）上不同时间点的分布特征及振荡强度，反映序列的丰枯特征（王霞和吴加学，2009）。由 2.4.2.1 节分析可知，水库运用后实测年径流量序列变化周期有 3～5a、8～9a、15～16a 和 25～26a，还原后年径流量序列的周期与实测序列的基本一致，为 3～5a、6～9a、14～17a 和 25～30a，不同之处在于还原后的序列某些周期变化尺度的振荡强度不同，如还原序列的 6～9a 周期变化在 1976 年的振荡强度较实测的强。总体来说水库运用对下河沿水文站年径流量序列的周期影响不大，周期没有发生实质性的变化。

为了进一步分析水库运用前后下河沿水文站还原年径流量序列的主要周期，绘制了小波方差曲线图（图 3-42）。

下河沿水文站还原年径流量序列的主周期有 3 个，依次为 28a、8a 和 4a，而实测序列主周期有 4 个，即 25a、16a、8a 和 4a，说明龙刘水库联合运用对黄河下游年径流量序列的周期有一定的影响，水库运用减少了年径流量序列的主周期。

3.3.2.2 水库运用对下河沿水文站还原年输沙量序列周期影响

同样对下河沿水文站水库运用前后的年输沙量序列数据处理后，通过小波变换，得到下河沿水文站还原年输沙量序列小波系数实部等值线图（图 3-43）。

结合 2.4.2.1 节分析，还原后下河沿水文站年输沙量序列周期变化与实测序列的变化尺度一致，为 3～5a、9～15a、22～23a。对比周期变化结果可知，水库运用对年输沙量序列周期变化的影响较小。

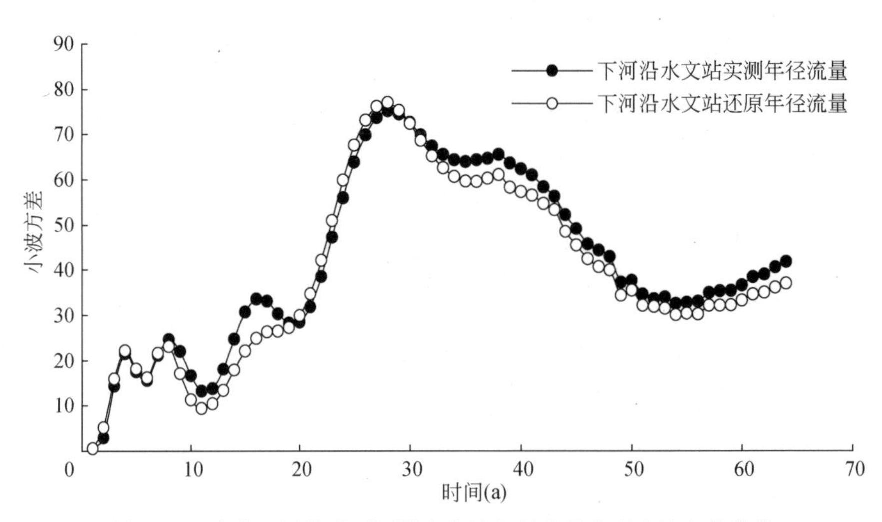

图 3-42　水库运用前后下河沿水文站年径流量序列小波方差曲线

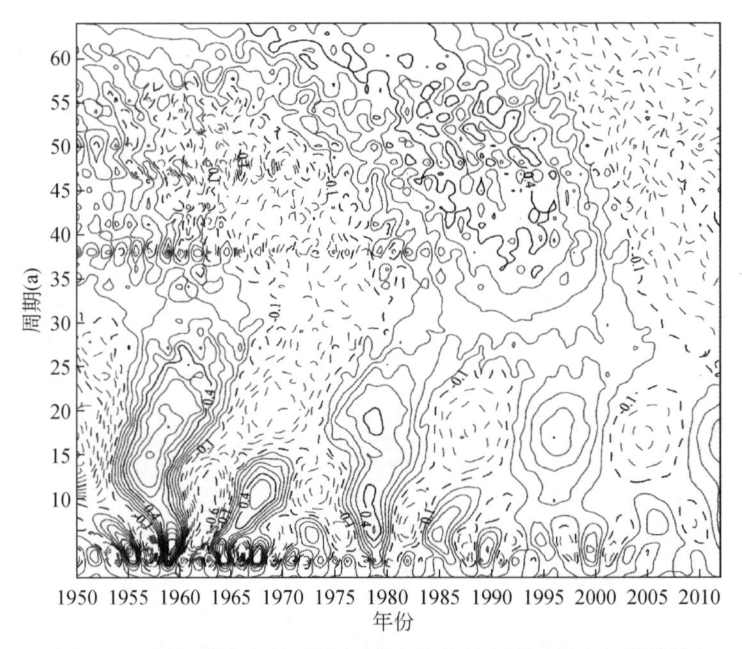

图 3-43　下河沿水文站还原年输沙量序列小波系数实部等值线

由下河沿水文站还原年输沙量序列小波方差分析（图 3-44），还原年输沙量序列的主周期依次为 3a、13a、19a，与实测序列主周期的 4a、11a 和 22a 亦有一定差别，说明水库运用对年输沙量序列周期也有影响。

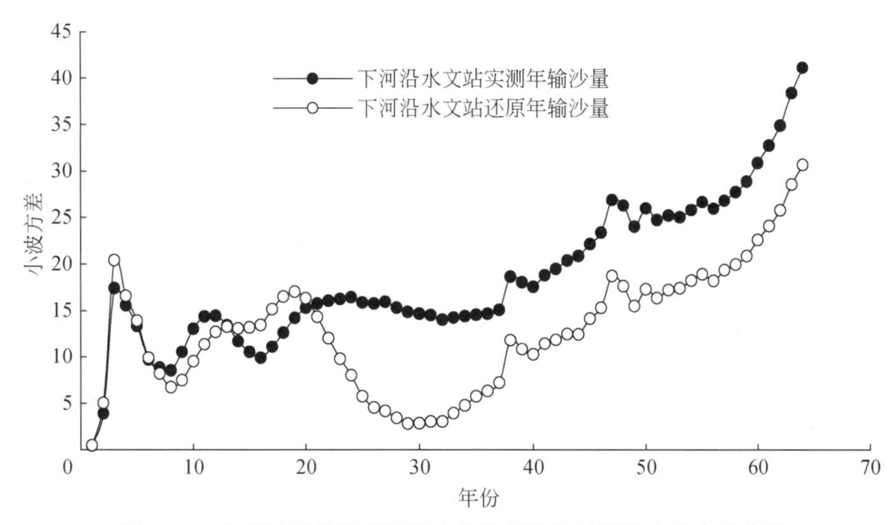

图3-44　水库运用前后下河沿水文站年输沙量序列小波方差曲线

3.4　水库运用对河道水沙过程的调控作用机制

水库运用对径流的影响主要表现在水库的调节过程和调节程度，即汛期洪水过程蓄水直接减少了进入宁蒙河段的径流量过程，非汛期水库泄水增加了宁蒙河道径流量，使全年径流量过程趋于调平。同时非汛期径流量增大，提高了沿程宁蒙灌区灌溉保证率，到头道拐水文站断面表现为汛期径流量大幅度减少、非汛期径流量并没有明显增加。

对输沙量的作用表现在两个方面，一是水库拦沙直接减少进入宁蒙河段的输沙量，二是由于洪水径流量的大幅度削减，输沙能力降低，区间来沙难以被水流挟带，减少了头道拐水文站的输沙量。

本节着重从水库运用对河道水沙过程的影响、水沙量的分配及洪峰的调节等方面，分析水库运用对河道水沙过程的调控作用机制。

3.4.1　水库运用对下河沿水沙过程的影响

1）水库运用对水沙变化趋势的影响。1920～1934年下河沿水文站水沙量偏枯，1935年后总体偏丰（图3-45、图3-46）。刘家峡水库1968年运用成为水沙变化趋势的分界，即1968年后输沙量减少，径流量在1968和1974年也发生突变但不显著，采用M-K法检验，1986年是下河沿水文站径流量序列突变年份，即1986年龙羊峡水库运用对径流量的变化趋势产生影响。

从序列平均看，1987～2012年平均径流量为255.9亿m^3，平均输沙量为0.66亿t，分别占1920～1968年的81.5%、35.6%，平均含沙量由1968年前的5.90 kg/m^3减小为2.58kg/m^3。

2）对径流量年际变化的影响。水库运用后特别是龙羊峡水库的多年调节作用，对径

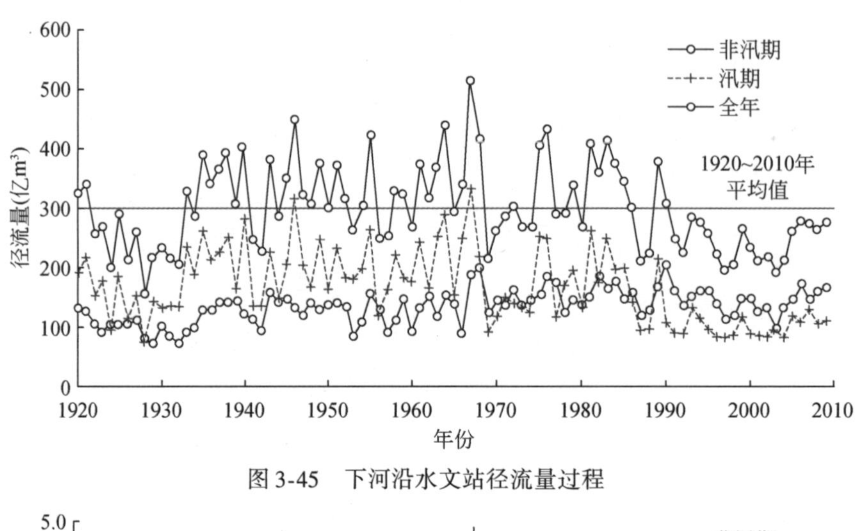

图 3-45 下河沿水文站径流量过程

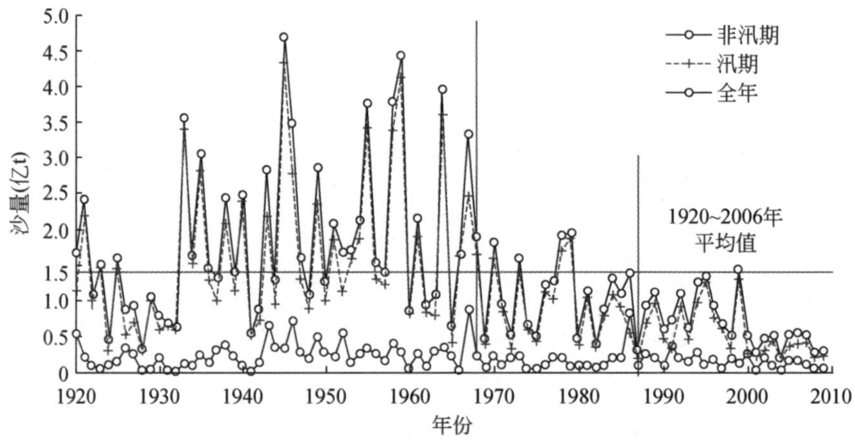

图 3-46 下河沿水文站输沙量过程

流量年际变化产生一定影响（表 3-12）。1969～1986 年刘家峡水库单库运用期只是对年内过程进行调节，从变差系数看，实测为 0.21，不考虑水库调节为 0.20，两者接近；1987 年龙羊峡水库运用后年际调控能力增大，不考虑水库调节年径流量变差系数为 0.26，实测为 0.19，即年际变幅减小，年际趋向均匀化。

表 3-12 水库运用前后下河沿水文站径流量序列的变化

时段	实测序列变差系数	无水库调节序列变差系数
1950～1968 年	0.22	—
1969～1986 年	0.21	0.20
1987～2012 年	0.19	0.26

3）年内径流量分配的影响。水库调控使得年内径流量集中程度削弱，年内径流量分配趋于均匀。1920～1968 年下河沿水文站汛期径流量占全年的比例为 61.5%，1969～1986 年为 53.0%，1987～2012 年为 42.3 %。从月均最大最小径流量之比看，1920～1968 年为 7.1，1987～2012 年为 2.5（表 3-13）。

表 3-13　下河沿水文站不同时段径流量变化

时段	汛期均值（亿 m^3）	年均值（亿 m^3）	汛期所占比例（%）	最大最小月径流量之比
1919～1968 年	192.97	313.93	61.5	7.1
1969～1986 年	171.65	324.01	53.0	3.6
1987～2012 年	109.21	255.90	42.3	2.5

4）对洪水过程的影响。根据实测资料统计，1951～1968 年汛期流量级大于2000 m^3/s 的洪水过程平均出现 53.6d；1969～1986 年刘家峡水库单库运用期，大于 2000 m^3/s 的流量级平均出现 30.6d，而 500～1500m^3/s 流量级天数达 72.6d。如果没有水库调节，大于 2000 m^3/s 的流量级会增加 12d，500～1500m^3/s 流量级天数减少 19.2d，各年洪峰流量普遍增加，平均可增大约 600 m^3/s。

1987～2012 年龙羊峡、刘家峡水库联合运用期，大于 2000 m^3/s 的流量级过程平均仅出现 3.8d，而 500～1500m^3/s 流量级天数达 114.1d。如果没有水库调节，大于 2000 m^3/s 的流量级会增加近 20d，而 500～1500m^3/s 流量级天数减少 42.4d，洪峰流量平均增加约 1100 m^3/s，年际变化幅度增大（图 3-47）。

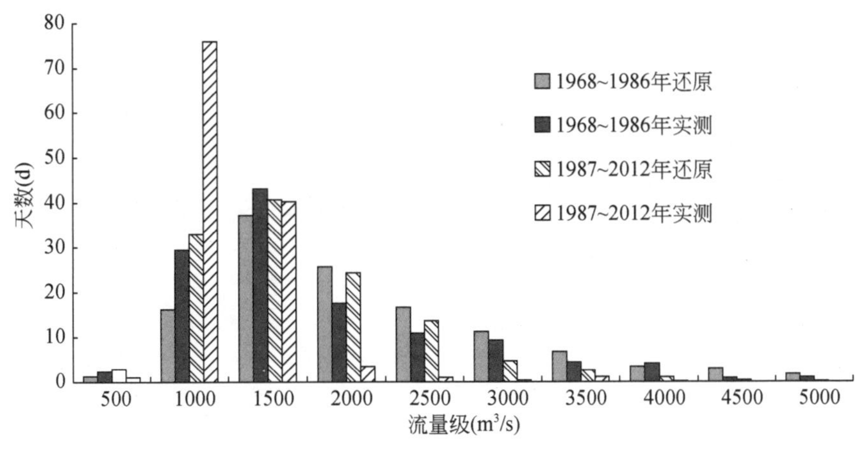

图 3-47　水库运用前后下河沿水文站流量级出现天数

3.4.2　典型年份水库运用对河道水沙过程的调控

2012 年唐乃亥水文站发生了洪峰流量为 3350m^3/s 的洪水过程，为龙羊峡水库 1986 年运用以来第二大洪峰，仅次于 1989 年 4140m^3/s 的洪峰流量，也是水库正常运用以来的最大洪水。因此，以 2012 年为典型年，分析水库运用对水沙过程的影响以及洪水过程的沿程变化，揭示水库运用对下游河道水沙过程的调控作用。

1）2012 年洪水及龙羊峡、刘家峡水库的调节作用。2012 年唐乃亥水文站流量从 6 月 27 日约 1000 m^3/s 开始起涨，7 月 25 日出现 3440m^3/s 的洪峰流量，最大日均流量为 3350m^3/s，至 9 月 13 日流量降至 1000 m^3/s 以下，洪水持续时间约 80d，其中大于

3000m³/s 的流量历时 7 d，大于 2500m³/s 的流量历时长达 17 d，大于 2000m³/s 的流量历时长达 55 d。

洪水期龙羊峡水库蓄水运用，蓄水过程分 3 个阶段（侯素珍等，2013）（图 3-48）：①6 月 27 日 ~8 月 8 日，蓄水量增速快，6 月 28 日唐乃亥水文站流量起涨时水库蓄水速度加快，7 月 24 日蓄水位已经超过 2588m，即 2012 年的汛限水位。为减轻宁蒙河段防洪负担，水库继续蓄水运用直至落水期流量小于 2400 m³/s，7 月 1 日 ~ 8 月 8 日蓄变量为 41.78 亿 m³。②8 月 9 日 ~9 月 6 日为流量从 2400 m³/s 到 1500 m³/s 的落水期，蓄水速度减缓，8 月 24 日开始库水位超过相应时段的汛限水位 2594m，期间水库蓄变量为 9.89 亿 m³。③9 月 7 日 ~10 月 31 日为流量小于 1500 m³/s 的落水期及洪水结束后的平水期，水库仍为缓慢蓄水状态，期间蓄变量为 3.07 亿 m³。3 个阶段水库蓄水量增幅逐渐减小。7 月 1 日 ~ 10 月 31 日库水位共抬高 15.61m，蓄水量增加 54.74 亿 m³，达到 232.85 亿 m³，其中 7 月蓄水增量为 35.63 亿 m³，占汛期的 65.1%，库水位从 8 月到 10 月基本为同期最高。

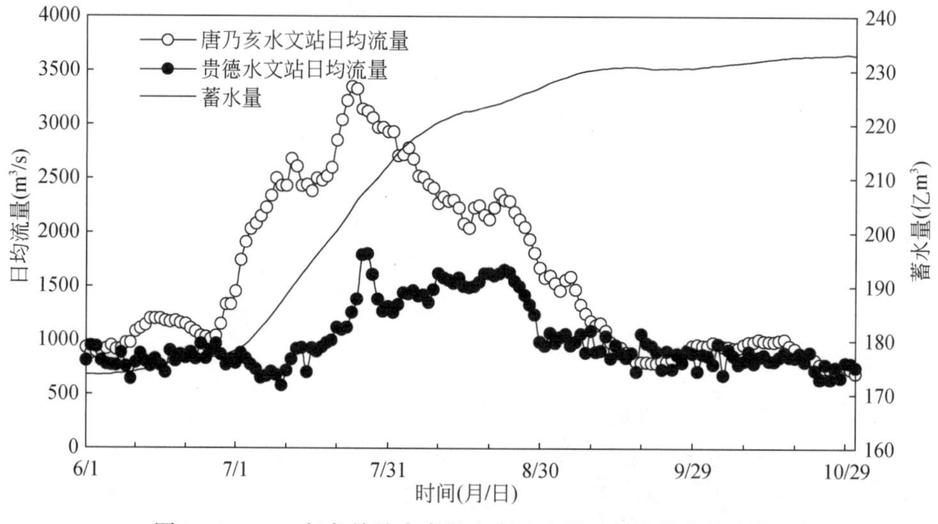

图 3-48　2012 年龙羊峡水库进出库日流量过程及蓄水量变化

经过水库调节，出库最大日均流量为 1800 m³/s，流量大于 1500 m³/s 天数为 19d；最大日均流量削减 2100m³/s，洪峰削峰比为 62%，洪水期平均削减流量约 1200 m³/s。

刘家峡水库汛期运用也可分 3 个阶段（图 3-49）：① 7 月 1 日 ~27 日为汛初洪水前的低水位运用，水位变化在 1724m 上下；② 7 月 28 日 ~8 月 29 日洪水期运用水位较高，最高为 1729.19m，平均约 1728.18m，超过汛限水位 1727m 达到 30d，相应入库流量基本在 2000m³/s 以上；③ 洪水后水库为较低水位运用。洪水期水库对流量过程没有明显的调控作用。

汛期 7 ~ 10 月水库蓄水量减少 3.09 亿 m³，库水位降低约 3m，其中 7 月份蓄水量增加 4.29 亿 m³，8 ~ 10 月水库蓄水量减少。

2）水库调节后下游河道水沙变化过程。唐乃亥水文站洪峰发生在 7 月 25 日，而龙羊峡水库蓄水集中在涨水阶段和流量大于 2000m³/s 的洪水过程，经过刘家峡水库的进一步调节和区间支流来水影响，到下河沿水文站以下洪峰出现在 8 月 27 日 ~9 月 7 日（图 3-50）。下

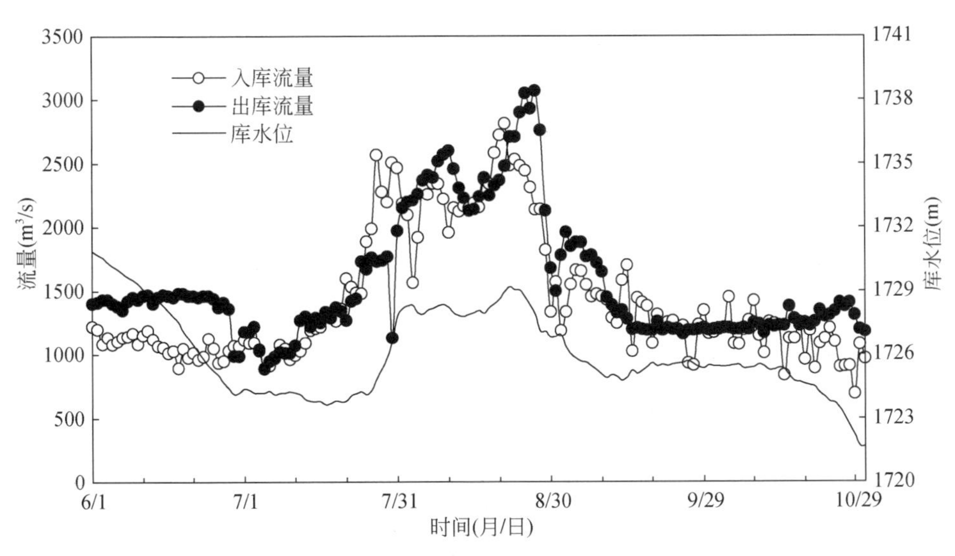

图 3-49　2012 年刘家峡水库进出库流量过程及库水位变化

河沿—石嘴山河段，虽然在青铜峡坝上有引水影响，但在青铜峡水文站和石嘴山水文站之间也有退水回归，结果两个水文站洪水过程和峰型十分相似；石嘴山—巴彦高勒河段，受三盛公闸水利枢纽引水影响，洪峰流量从 3360m³/s 减小到 2670m³/s，峰型变平；巴彦高勒—三湖河口河段，对于流量 2500m³/s 左右的洪水基本不漫滩；三湖河口—头道拐河段，特别是昭君坟水文站以下河道流量从 1500m³/s 左右开始漫滩，洪水期流量达 2500m³/s 时发生大范围漫滩，在洪水开始回落时滩地同时退水，在头道拐水文站形成流量 3010m³/s 的洪峰。

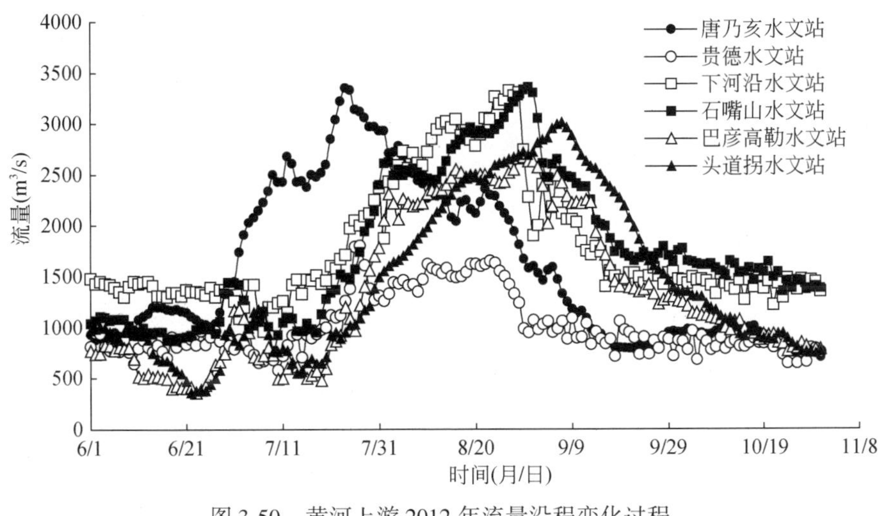

图 3-50　黄河上游 2012 年流量沿程变化过程

在洪水演进过程中，径流量的变化与洪峰流量的变化基本一致（图 3-51），汛期下河沿—石嘴山河段径流量变化很小，在 200 亿 m^3左右，石嘴山—巴彦高勒河段约减少 43 亿 m^3，巴彦高勒—头道拐河段受乌梁素海退水等影响，水量略有增加。

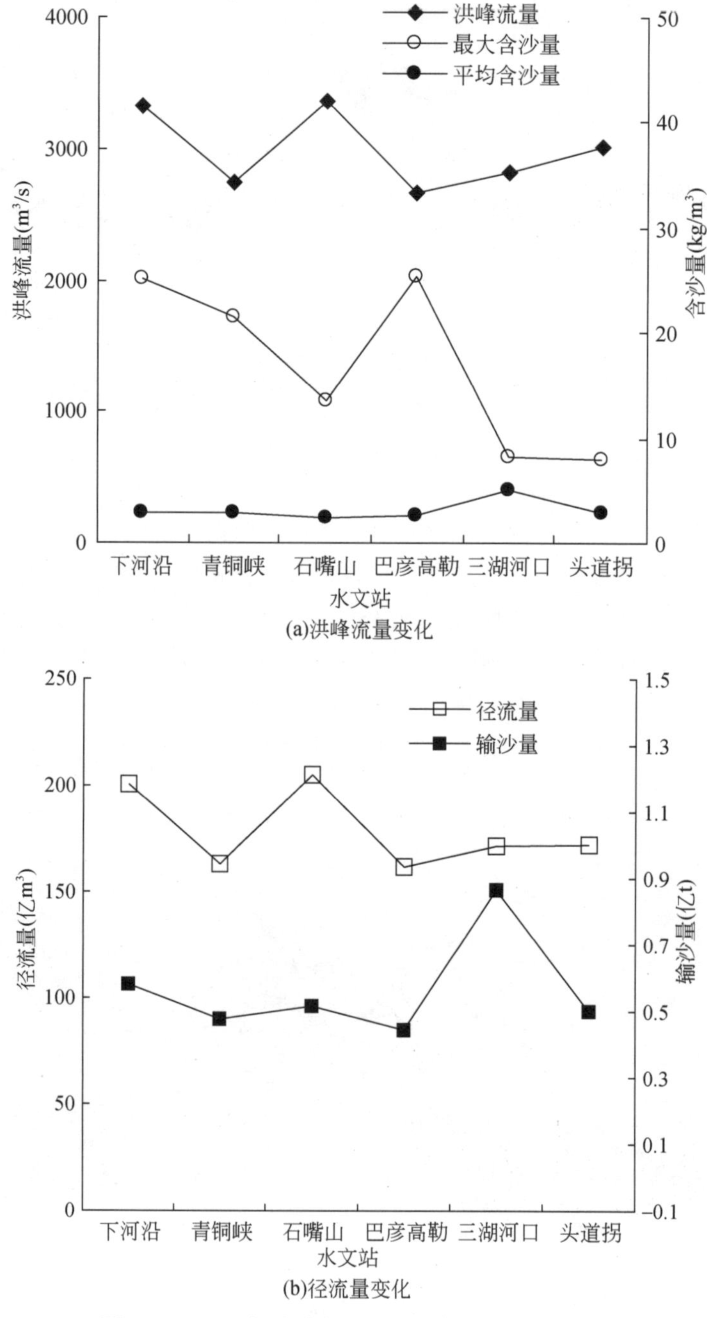

(a)洪峰流量变化

(b)径流量变化

图 3-51　2012 年沙漠宽谷段沿程断面水沙特征值

2012 年汛期下河沿水文站输沙量为 0. 581 亿 t，经过青铜峡水库调整和引水引沙影响到青铜峡水文站输沙量减少 0. 105 亿 t，青铜峡—石嘴山河段略有冲刷。巴彦高勒—三湖河口输沙量从 0. 444 亿 t 增加到 0. 865 亿 t，说明在洪水的作用下河道冲刷 0. 421 亿 t。三湖河口—头道拐河段，由于大量洪水漫滩淤积，头道拐水文站输沙量又显著减少，略大于巴彦高勒水文站的输沙量。

根据大水年份洪峰流量的沿程变化分析（图 3-52），2012 年与 1989 年下河沿水文站洪峰流量相近，在演进过程中各站增减变化与 1989 年十分相近，沿程增减交替。1967 年唐乃亥水文站洪峰流量为 3290m^3/s，与 2012 年相近，但没有大型水库的调蓄，到下河沿水文站增加到 5000 m^3/s 以上。对洪峰流量 5000 m^3/s 以上的大洪水，下河沿—头道拐河段也呈增减交替变化。

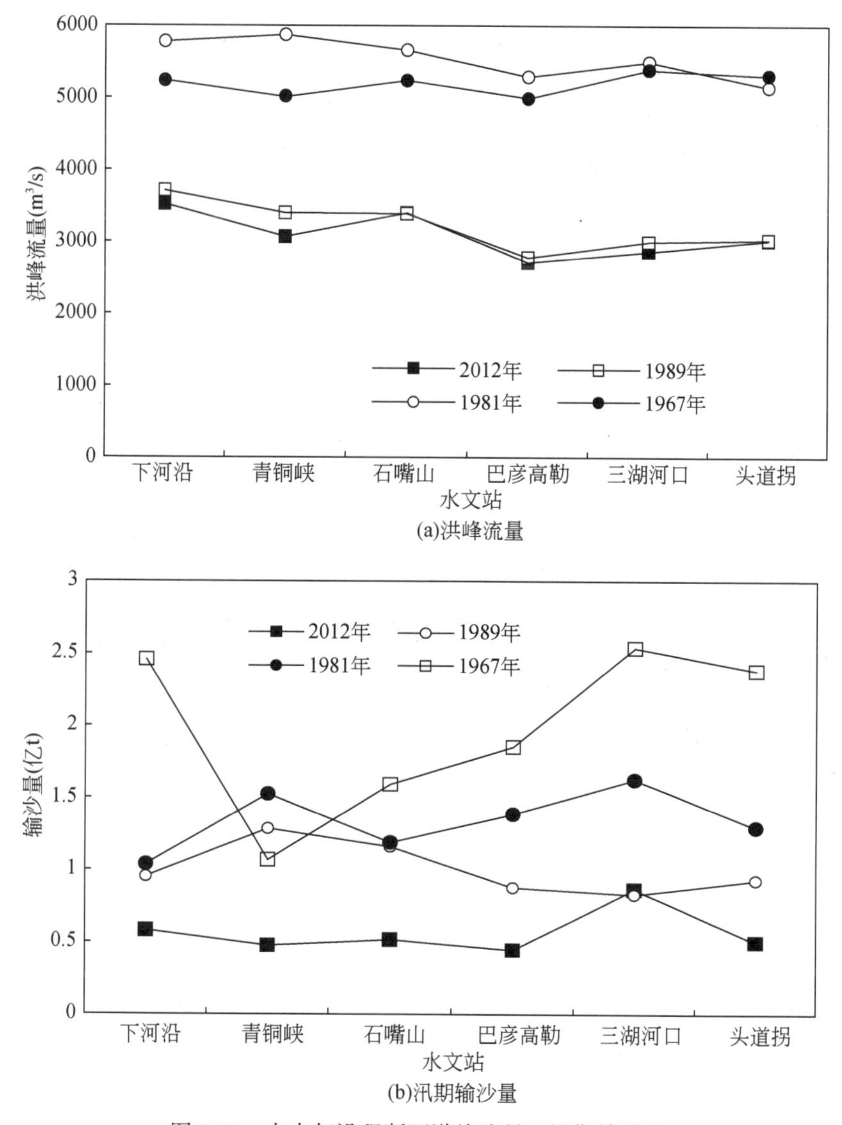

图 3-52　大水年沿程断面洪峰流量、汛期输沙量

汛期输沙量的变化不仅与洪水的大小、干流来沙量的多少有关，其沿程变化还与河床前期冲淤变化密切相关。例如，2012 年上游干流输沙量小，沿程变化也小；1989 年洪峰流量与 2012 年洪峰流量相近，但输沙量大，沿程略有淤积；1967 年洪峰流量大，但由于青铜峡水库初期运用拦沙量大，前期宁蒙河段又发生了严重淤积（张金良和孙振谦，2002），在大流量作用下青铜峡河床冲刷使输沙量增加；1981 年洪峰流量与 1967 年洪峰流量接近，而输沙量较小，受 1968 年以来河槽冲刷的影响，输沙量沿程增加值远小于 1967 年；在所有大水漫滩年份，三湖河口—头道拐河段均为淤积。可见洪峰流量较小的年份，沿程输沙量也较小，沿程发生淤积或冲刷量较小。

为进一步认识水库蓄水运用对下游流量过程的影响，对洪水调控起决定作用的龙羊峡水库的蓄水过程进行还原，考虑到龙羊峡水库出口到下河沿水文站和头道拐水文站的传播时间分别为 4d 和 14d，得到 2012 年汛期下河沿水文站和头道拐水文站没有水库调节即还原后的流量过程（图 3-53），若汛期无龙羊峡水库的调节，下河沿水文站和头道拐水文站的洪峰流量将提前 20 多天出现，洪峰流量增大至 4000 m^3/s 左右，大于 2000m^3/s 流量级的持续天数分别增多 20d 和 26d，约达到 67d，这对下游两岸防洪安全将产生巨大压力，而实际在龙刘水库调节下，下河沿水文站和头道拐水文站的洪峰流量都未超过 3400m^3/s，洪峰出现时间相对上游唐乃亥水文站洪峰出现时间推后近 30d，大于 2000m^3/s 流量级的天数相对减少，由此说明龙刘水库对 2012 年汛期防洪起到了至关重要的作用。

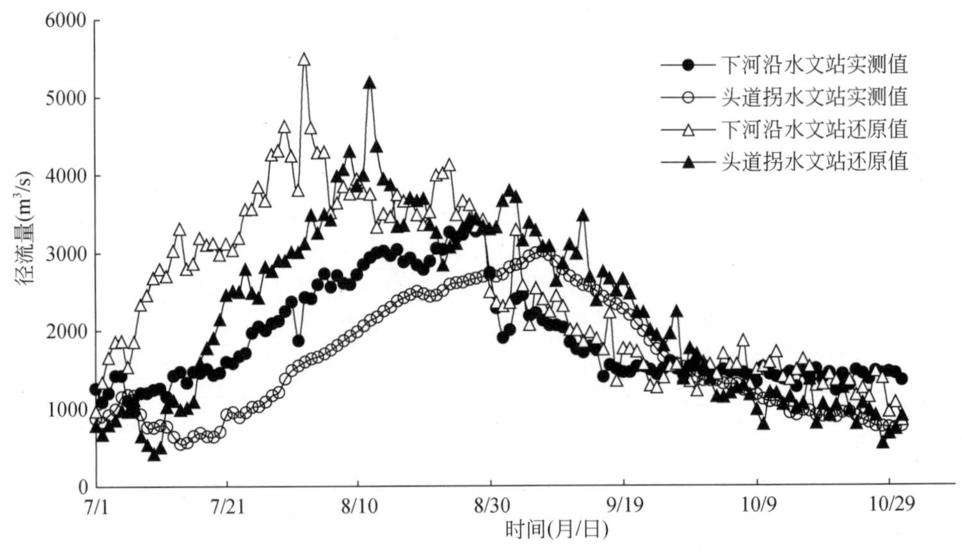

图 3-53　2012 年汛期黄河上游下河沿水文站、头道拐水文站实测径流量与还原径流量过程

由于流量的削减，水流的输沙能力降低，相应减少了河道的冲刷。特别是对于一般来水较少年份或偏枯年份，龙羊峡水库出库流量一般不超过 1000m^3/s，到头道拐水文站洪峰流量也多在 1500m^3/s 以下（图 3-54），对宁蒙河段的输沙产生非常不利的影响，降低了河道水流输沙能力。

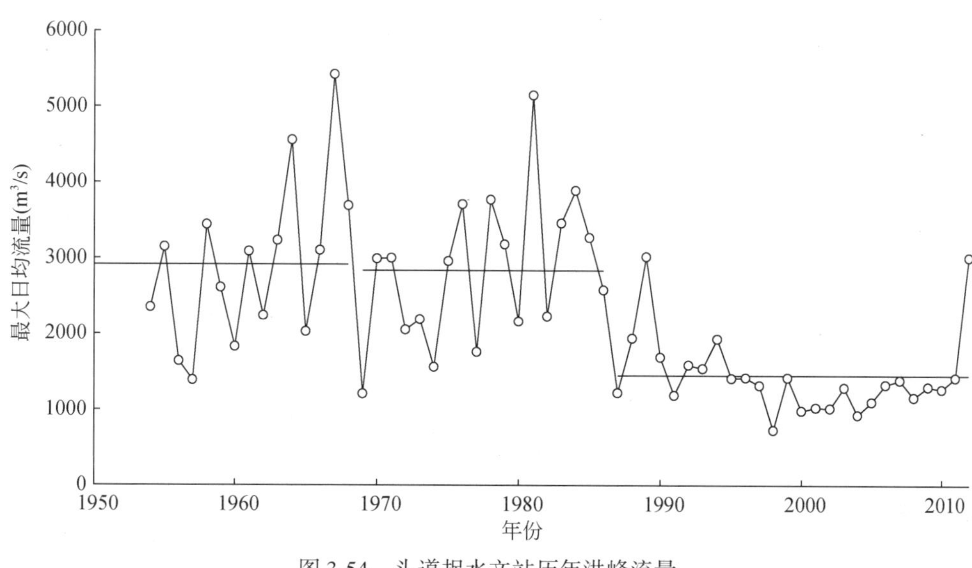

图 3-54 头道拐水文站历年洪峰流量

3.5 水库运用对水沙关系的调控机制及其贡献率

3.5.1 水库运用对径流泥沙关系的影响

根据水库下游沙漠宽谷河段入口断面下河沿水文站年径流量与年输沙量双累积曲线分析（图 3-55），1950～1968 年下河沿水文站年径流量为 339.86 亿 m^3，年输沙量为 2.116 亿 t，1969～1986 年下河沿水文站年径流量为 324.01 亿 m^3，与上时段接近，年输沙量仅为 1.089 亿 t，减少 48.5%。1986 年龙羊峡水库开始运行，刘家峡水库配合龙羊峡水库运

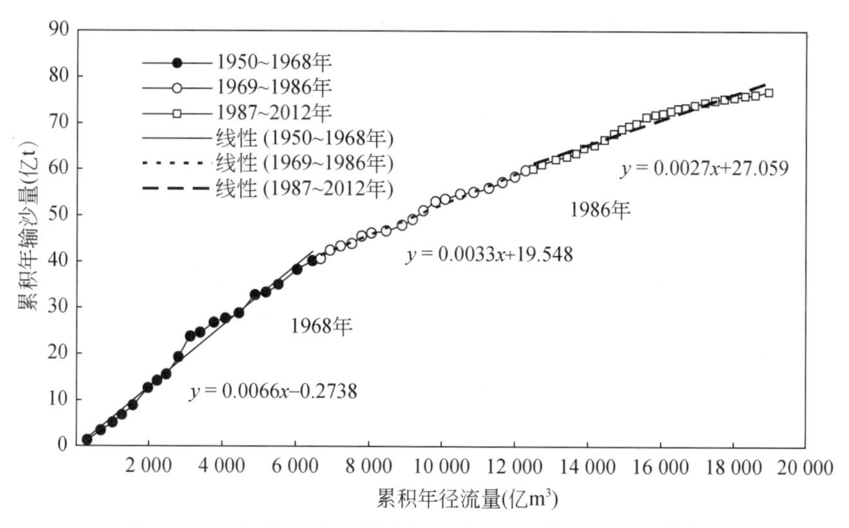

图 3-55 下河沿水文站累积年径流量-年输沙量双累积曲线

用，其水沙关系曲线斜率进一步变缓，但减缓幅度很小。

依据黄河沙漠宽谷河段出口断面头道拐水文站1950年以来年径流量与年输沙量双累积曲线分析（图3-56），1968年刘家峡水库运用后水沙关系曲线斜率变缓，由之前的0.0066减小为0.0048，1986年龙羊峡水库运用后其水沙关系曲线斜率进一步变缓，仅为0.002 7。即相同年径流量条件下，与1968年前相比，1969～1986年输沙量减少27%，1987～2012年减少59%。头道拐水文站输沙量的减少不仅与水库拦沙有直接关系，与水库6～9月蓄水造成流量过程的减小也有密切关系。1950～1968年头道拐水文站年径流量为266.09亿m^3，汛期占61.9%，年输沙量为1.757亿t；1969～1986年头道拐水文站年径流量为239.15亿m^3，汛期占54.3%，期间刘家峡水库年均拦沙、削减洪峰流量，相应输沙能力降低，头道拐水文站年输沙量减小为1.103亿t。1986年龙羊峡水库运用，对洪水的调控能力强，流量1000m^3/s以上的洪水基本被蓄存，下泄流量多在1000m^3/s以下。1987～2012年头道拐水文站年径流量减少到162.07亿m^3，汛期仅占39.7%，年输沙量仅0.445亿t。水库运用对头道拐水文站、下河沿水文站水沙关系影响机理有所不同，下河沿水文站以上为峡谷型河段，其输沙量主要受上游干支流来沙的影响，龙羊峡水库来沙量占下河沿水文站比例很小，水库运用对下河沿水文站水沙关系的影响较小，而对拦沙作用大的刘家峡水库影响则较大；下河沿至头道拐区间多为冲积型河段，水流含沙量随流量的大小沿程自动调整，流量减小后输沙能力降低，河道发生淤积或冲刷量减少，相应头道拐水文站年输沙量减少，因此，龙羊峡水库的蓄水和削减流量降低了下游河道的输沙能力，对头道拐水文站年输沙量产生较大影响，头道拐水文站水沙关系随之发生变化。

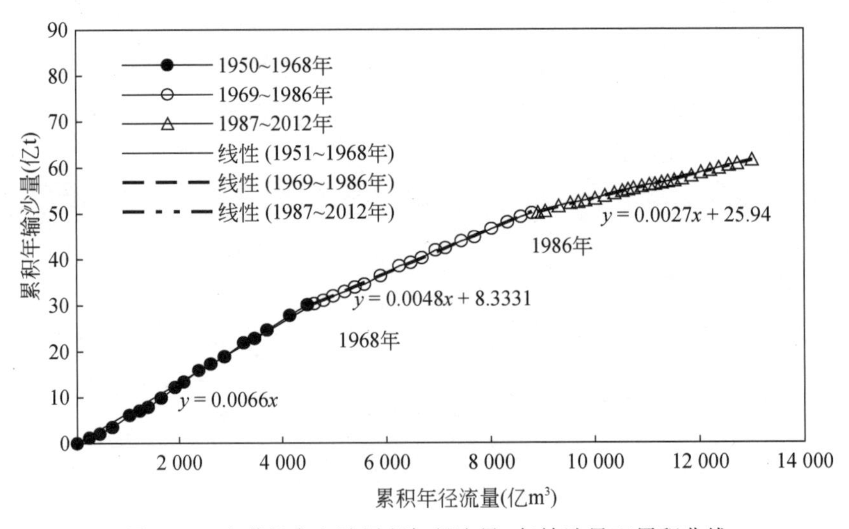

图3-56 头道拐水文站累积年径流量–年输沙量双累积曲线

根据分析，龙羊峡、刘家峡水库尤其是龙羊峡水库对宁蒙河段水沙关系的影响作用是非常明显的（图3-57）。

根据1954年以来唐乃亥水文站、兰州水文站、下河沿水文站、青铜峡水文站、石嘴山水文站、巴彦高勒水文站、三湖河口水文站和头道拐水文站径流量–输沙量关系分析，在不同时段，唐乃亥水文站的径流量–输沙量关系均没有发生明显变化［图3-57（a）］，

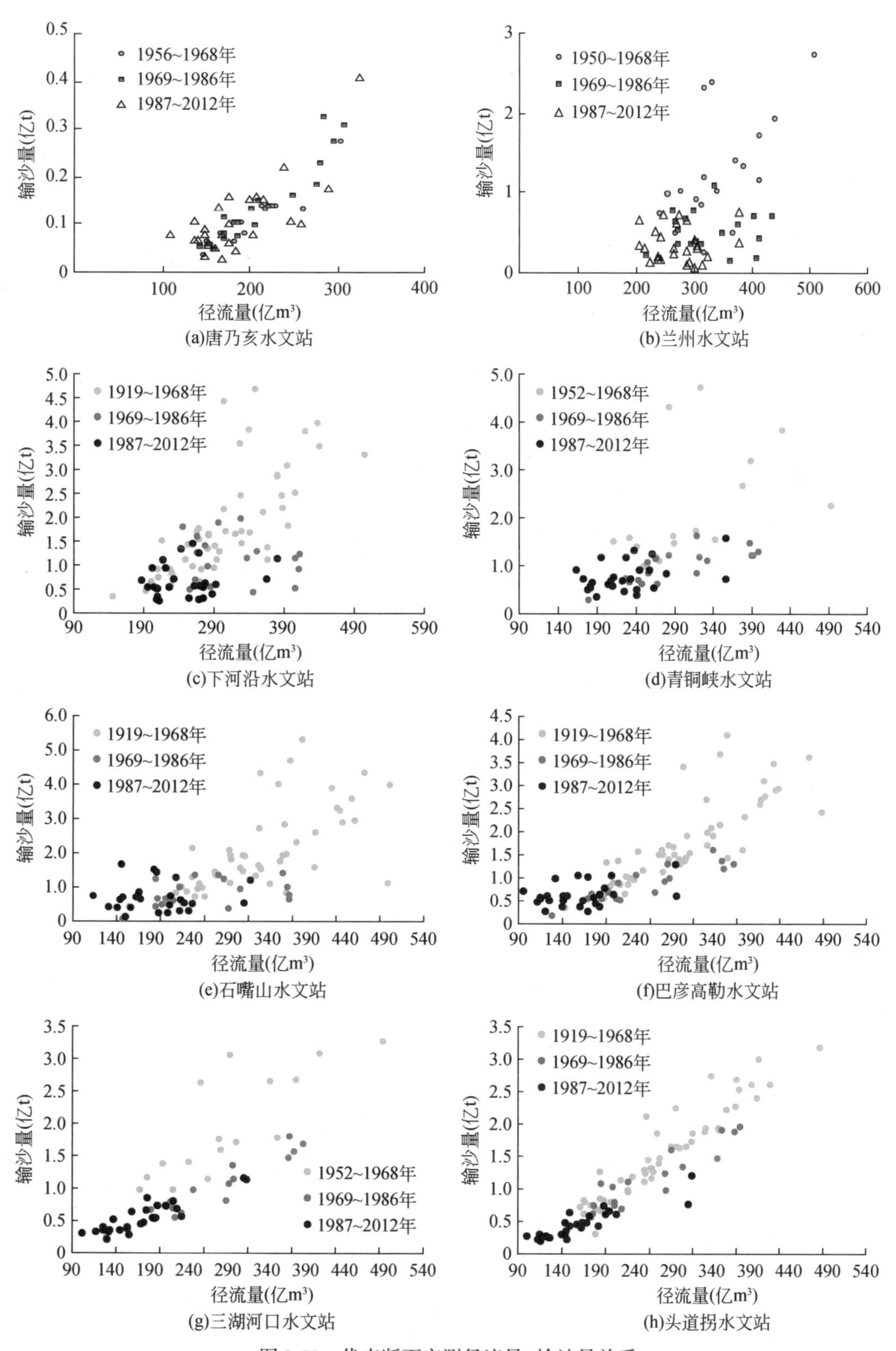

图3-57 代表断面实测径流量-输沙量关系

而兰州水文站、下河沿水文站、青铜峡水文站、石嘴山水文站、巴彦高勒水文站、三湖河口水文站和头道拐水文站径流量-输沙量关系自刘家峡水库运用后也已发生很大变化［图3-57（b）~图3-57（h）］。在1968年以前，径流量-输沙量基本上呈正比直线相关，而自刘家峡水库运用后，径流量-输沙量关系发生很大变化，一是图中的点据分布明显偏下，说明相同径流量下的输沙量减少；二是两者的正比线性关系大大减弱，基本上没有明显的相关性，在所测验的径流量变化幅度内，尽管径流量有明显增大，但输沙量与此并没有趋势性的函变关系，如兰州水文站、下河沿水文站的径流量从250亿 m^3 增至400亿 m^3，而输沙量并没有出现随之不断增加的趋势，即基本上不随径流量的变化而变化。因此，水库调控对其下游河道水沙关系具有较强的影响，减弱了水流的输沙能力，同时打破坏了天然条件下所形成的水沙输移关系。

从下河沿水文站来沙系数变化过程分析（图3-58），全年来沙系数呈明显减小趋势，汛期来沙系数呈上升趋势。来沙系数的变化大致分为3个阶段：第一阶段为1968年之前，1919~1968年下河沿水文站年来沙系数和汛期来沙系数分别为0.0056kg · s/m^6和0.0045kg · s/m^6；第二阶段为1969~1986年，1969~1986年由于刘家峡水库的建成与运用，刘家峡水库的蓄水拦沙作用对下河沿水文站水沙量及年内分配造成一定的影响，来沙系数减小，全年、汛期来沙系数均值分别为0.0036kg · s/m^6、0.0041kg · s/m^6；第三阶段为1986年以后，龙羊峡水库与刘家峡水库的联合运用进一步改变了河道水量的年内分配，对年际变化也有一定影响，水沙关系随之改变，特别是汛期由于流量削减，来沙系数显著增大为0.0051kg · s/m^6，而全年平均来沙系数因区间来沙量的减少而减小，平均仅为0.0033kg · s/m^6。通过不同时期的来沙系数变化可以看出，年均来沙系数逐渐减小；汛期来沙系数变化除水沙条件外，受水库调控能力的影响很大，当水库拦沙作用大时来沙系数减小，如1969~1986年，当水库蓄水作用大时来沙系数增加。可见，水库调控对来沙系数产生很大影响。

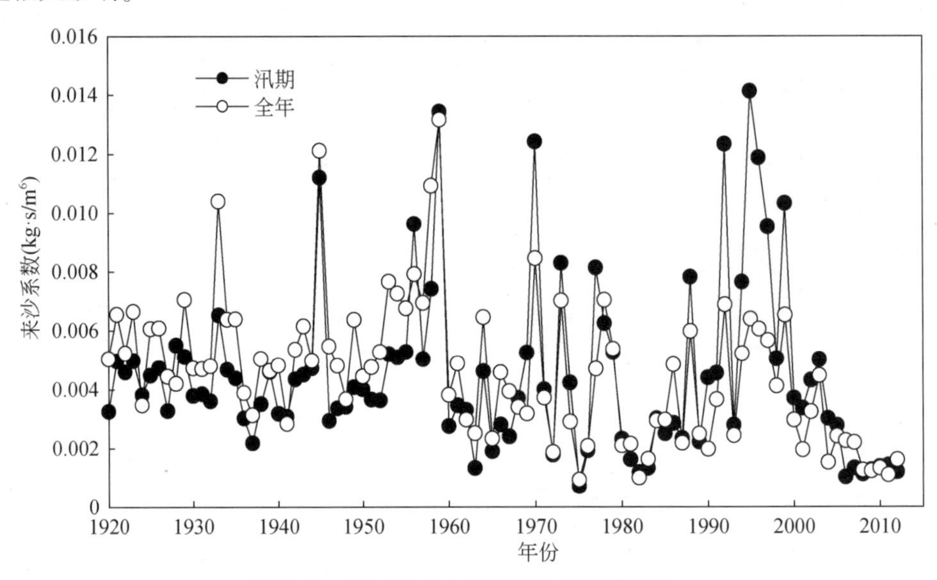

图3-58　下河沿水文站历年来沙系数变化

3.5.2 水库运用对水库下游水沙关系的调控机制

龙羊峡、刘家峡水库均具有防洪功能，在汛期对水沙的调节作用较强，其主要表现是对洪水过程的调控。由图3-3龙羊峡水库运用后的贵德水文站最大日均流量过程分析，1986年以前，龙羊峡水库进库水文站唐乃亥、出库水文站贵德的最大日均流量的过程线吻合且量值接近。但是，1986年后两者的过程线极不吻合，而且最大日均流量相差很大，贵德水文站的最大日均流量基本上稳定在$1000m^3/s$左右。另据实测资料分析（姚文艺等，2015），黄河上游河道输沙主要集中在汛期较大流量的场次洪水，在没有水库调控干扰下，兰州水文站大于$2000m^3/s$流量级的洪水天数占汛期天数的60%以上，其径流量占50%以上，但龙羊峡、刘家峡水库运用后，其天数占比降至40%左右，径流量占比不足20%。根据河流动力学原理，水库运用对洪水运动特性的改变，必然会导致挟沙水流能量的再分配，从而导致水沙关系发生变化。

根据龙羊峡水库库区水沙垂向分布特点，将其概化为分层模式，即上层为清水运动层、下层为泥沙输移层（钱宁和万兆慧，1965；方宗岱和胡光斗，1984）。挟沙水流经水库调节再分配后，双层流动的动力学特性均发生改变。其中双层流动间动力交换将很大程度上改变水沙关系。泥沙输移层可视为宾汉体，其本构关系为

$$\tau = \tau_{\min} + \mu \frac{\mathrm{d}u}{\mathrm{d}y} \tag{3-5}$$

式中，τ为切应力；$\tau_{\min}$为宾汉体剪切应力；u为水流的垂线流速；μ为动力黏滞系数；y为垂向坐标。

将式（3-5）沿y坐标积分，同时考虑到$u(y=0)=0$，可得到如下关系：

$$u(y) = \frac{1}{\mu}\left[(\tau_1 - \tau_{\min} + \rho_m g h S_0)y - \frac{1}{2}\rho_m g h S_0 y^2\right] \tag{3-6}$$

式中，h为清水层水深；g为重力加速度。

由式（3-6）可见，在黏性很高的泥沙输移层内的垂线流速一般可认为满足线性分布。

根据双层流动的应力分布，可得到如下关系：

$$\tau_{\min} + \mu \left.\frac{\mathrm{d}u}{\mathrm{d}y}\right|_{y=h_1} = \tau_1 \tag{3-7}$$

式中，h_1为泥沙输移层厚度；τ_1为双层间切应力。

将式（3-6）、式（3-7）代入清水层水流动量方程后可得

$$\frac{\partial hu}{\partial t} + \frac{\partial hu^2}{\partial x} + gh\frac{\partial h}{\partial x} = gh\left(\frac{\rho_w - \rho_m + \rho_m h_1}{\rho_w}S_0 - \frac{\tau_1}{\rho_w gh}\right) \tag{3-8}$$

泥沙输移层水沙动量方程满足

$$\frac{\partial h_1 u_1}{\partial t} + \frac{\partial h_1 u_1^2}{\partial x} + gh_1\frac{\partial h_1}{\partial x} = gh_1\left(S_0 - \frac{\tau_b - \tau_1}{\rho_w gh}\right) \tag{3-9}$$

式中，t为时间；x为平面沿水流方向坐标；τ_b为宾汉体床面切应力。

考虑到式（3-8）、式（3-9）及连续方程为非线性双曲线方程，直接求解难度较大。

为了获得挟沙水流临界失稳的判据，对泥沙输移层采用线性扰动处理：$u_1 = U + u'_1$，

$h_1 = H + h'_1$，省去各扰动变量中的“ ′ ”，可得

$$\frac{\partial h_1}{\partial t} + H\frac{\partial u_1}{\partial x} + U\frac{\partial h_1}{\partial x} = 0 \tag{3-10}$$

$$\frac{\partial u_1}{\partial t} + U\frac{\partial u_1}{\partial x} + g\frac{\partial h_1}{\partial x} + gS_0\left[\frac{2Uu_1}{u_{\text{aver}}} - \frac{4h_1}{3H}\left(1 + \frac{3\tau_{\text{b}}}{4\tau_1}\right)\right] = 0 \tag{3-11}$$

式中，U 为输沙层恒定流流速；u_1 为扰动流速；H 为恒定流水深；h_1 为扰动水深；u_{aver} 为输沙层垂线平均流速，其满足如下关系：

$$u_{\text{aver}} = \frac{h_1}{6\mu}\left(\frac{\tau_{\text{b}} - \tau_{\min}}{\tau_{\text{b}} - \tau_1}\right)^2 (2\tau_{\text{b}} + \tau_{\min} - 3\tau_1) \tag{3-12}$$

式中，$\tau_{\min}$为床面屈服应力。

为了揭示双层流动间动力学作用机制，引入无量纲数 $\psi = \tau_{\text{b}}/\tau_1$，以度量宾汉体床面切应力与双层交界面切应力的比值。从 ψ 表达式可以看出，无量纲数 ψ 由两部分构成，一是极限剪切应力 τ_{b}，表达了泥沙输移层的流变特性；二是双层间切应力 τ_1，由清水层的运动参数构成，反映清水层的运动特性。因此，无量纲数 ψ 起到了连接双层流动的重要作用，表征了两层间相互作用对水流运动及稳定性的影响。同时引入无量纲数 $\delta = \tau_{\min}/\tau_1$，以度量宾汉体床面屈服切应力与双层交界面切应力的比值。将 $\psi = \tau_{\text{b}}/\tau_1$，$\delta = \tau_{\min}/\tau_1$ 代入式（3-11）经整理后可得

$$\frac{\partial u_1}{\partial t} + U\frac{\partial u_1}{\partial x} + g\frac{\partial h_1}{\partial x} + US_0\mu\left[\frac{12u_1(\psi - 1)^2}{h_1\tau_1 g(\psi - \delta)^2(2\psi + \delta - 3)} - \frac{4h_1}{3Re}\left(1 + \frac{3\psi}{4}\right)\right] = 0 \tag{3-13}$$

式中，Re 为恒定流雷诺数，$Re = UHg/\mu$。

将式（3-10）、式（3-13）交叉求导可得波系方程：

$$\left(\frac{\partial}{\partial t} + \lambda_1\frac{\partial}{\partial x}\right)\left(\frac{\partial}{\partial t} + \lambda_2\frac{\partial}{\partial x}\right)h_1 + \frac{2gS_0}{U}\left[\frac{\partial}{\partial t} + \left(\frac{12(\psi - 1)^2}{\tau_1 g(\psi - \delta)^2(2\psi + \delta - 3)} + \frac{\psi}{2Re}\right)U\frac{\partial}{\partial x}\right]h = 0 \tag{3-14}$$

式中，$\lambda_1 = U + \sqrt{gH}$；$\lambda_2 = U - \sqrt{gH}$。

式（3-14）作为典型的波系方程，决定了双层流动的临界判据，即运动波速与正向动力波波速达到平衡时，有

$$U + \sqrt{gH} = \left(\frac{12(\psi - 1)^2}{\tau_1 g(\psi - \delta)^2(2\psi + \delta - 3)} + \frac{\psi}{2Re}\right)U \tag{3-15}$$

从式（3-15）可获得双层流动失稳的判据——临界弗劳德数 F_{rc}，即

$$\frac{U}{\sqrt{gH}} = \left(\frac{12(\psi - 1)^2}{\tau_1 g(\psi - \delta)^2(2\psi + \delta - 3)} + \frac{\psi}{2Re} - 1\right)^{-1} \tag{3-16}$$

式（3-16）说明临界弗劳德数与无量纲参数 ψ 和 δ 密切相关，若水库运用引起挟沙水流异常传播，水深和流速会同时出现失稳，水流切应力变化，且这种扰动会随传播而增大，即水库对洪水过程的调节将会导致水流动力学特性发生变化。由式（3-16）可以绘制水流失稳时的 $F_{\text{rc}} - Re$ 中性曲线，将洪水过程划分为 $F_r < F_{\text{rc}}$ 的稳定区和 $F_r > F_{\text{rc}}$ 的失稳区。当洪水过程一旦遭受外界干扰发生变异时，其动力平衡条件会随之被打破，即水沙输移动

力条件发生变化。例如，根据2004年、2010年贵德水文站实测洪水数据得到其临界曲线如图3-59所示。通过水库调控，处于失稳状态下的挟沙水流在传播过程中河床切应力会有所减弱，ψ 值减小，在相同雷诺数条件下的临界弗劳德数增大。根据河床演变学原理，为达到新的河床冲淤平衡状态，挟沙水流需相应调整其输沙能力，而这一过程可通过调整水流自身流态来实现。与之相耦合的过程是，河道产生纵向淤积使河床比降增大，水流动能增加，进而增加水流弗劳德数，且临界弗劳德数越大，挟沙水流欲达到新的平衡状态所需的河床淤积程度应越强。为实现新的输沙平衡状态所引起的河床淤积必然会使河道水沙关系发生相应变化。因此，河床调整迫使挟沙水流输沙能力与临界弗劳德数的变化，也就阐释了水库运用导致水沙关系产生变化的动力学机制。

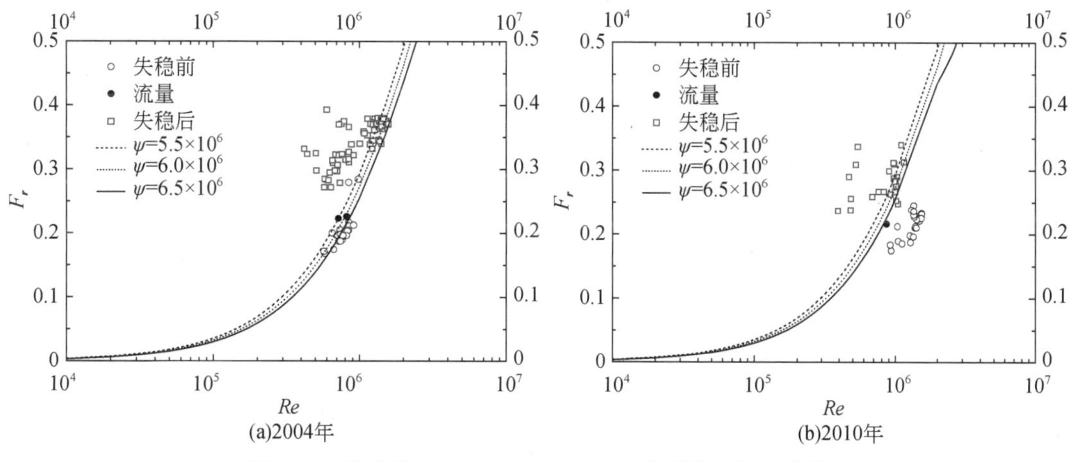

图3-59 贵德水文站2004年、2010年实测洪水临界曲线

3.5.3 水库运用对头道拐水文站水沙过程影响的贡献率

根据不同年代汛期头道拐水文站日均输沙率与流量的关系分析（图3-60），除了漫滩情况外，不同年代具有同样的趋势关系，并具有很好的相关性。20世纪90年代以前，巴彦高勒水文站和三湖河口水文站平滩流量多在4000～5000m³/s，昭君坟水文站在3000m³/s左右，流量大于此值发生漫滩；20世纪90年代以后，平滩流量呈减小趋势，到2004年平滩流量基本为最低，约为1000 m³/s，之后有所回升（Hou et al.，2014），2012年巴彦高勒水文站洪峰流量为2710 m³/s，三湖河口—头道拐河段流量为1500 m³/s时部分滩区开始上水，大于2000 m³/s时发生大范围漫滩（侯素珍等，2013），输沙能力降低。洪水漫滩后输沙率与流量的关系发生变化，随流量增大漫滩程度增大，输沙率减小。例如，1989年流量在3000 m³/s左右、2012年流量在1600 m³/s左右时输沙率和流量关系发生变化。

非汛期包括了畅流期和封冻期，非汛期水沙量关系如图3-61所示，水库运用前后线性关系具有不同的斜率。考虑到汛期流量变幅大、非汛期流量相对稳定，因此，汛期以日均值为计算单元，非汛期以水库运用之前的1950～1968年资料为基础，以总量为计算单元，建立头道拐水文站断面输沙的经验关系。

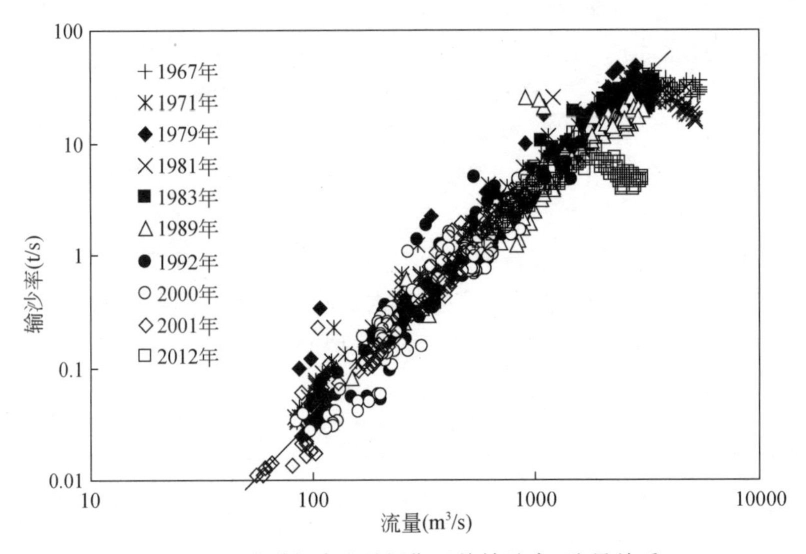

图 3-60　头道拐水文站汛期日均输沙率-流量关系

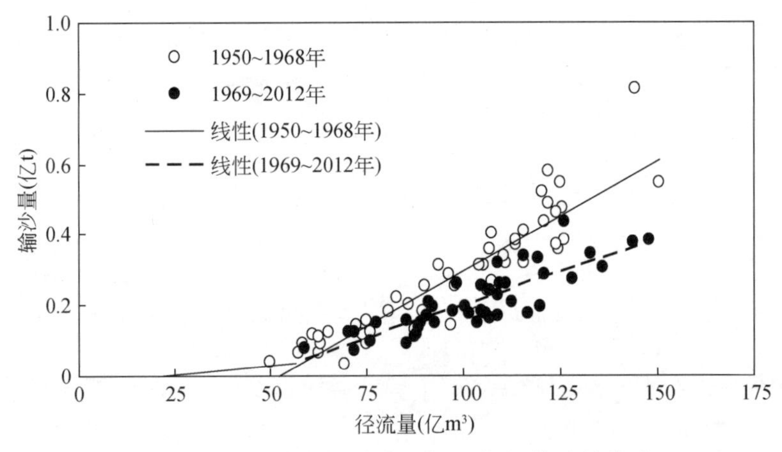

图 3-61　头道拐水文站非汛期径流量-输沙量关系

汛期：

$$\begin{cases} Q_s = 2.7 \times 10^{-6} Q^{2.05} & Q < 3000\text{m}^3/\text{s} \\ Q_s = KQ^{-1.292} & Q > 3000\text{m}^3/\text{s} \end{cases} \tag{3-17}$$

非汛期：

$$\begin{cases} W_s = 0.00625W - 0.2879 & W > 50\ 亿\ \text{m}^3 \\ W_s = 0.00049W & W < 50\ 亿\ \text{m}^3 \end{cases} \tag{3-18}$$

式中，Q_s为日均输沙率（t/m^3）；Q 为日均流量（m^3/s）；K 为系数，对于平滩流量小于 2000 m^3/s 的年份，当流量大于 2000m^3/s 时取 1.779×10^5，对于平滩流量在 2000 m^3/s 以上的年份，当流量大于 3000m^3/s 时取 1.108×10^6；W_s为头道拐水文站非汛期输沙量（亿 t）；

W 为头道拐水文站非汛期径流量（亿 m^3）。

根据上述关系式，计算水库不调节情景时头道拐水文站的输沙量，与实测输沙量对比，得到水库调节对减少头道拐水文站输沙量的贡献率（表3-14）。结果表明，在刘家峡水库单库运用期（1969～1986年），汛期蓄水削峰，削减了头道拐水文站的流量过程，输沙能力降低，年输沙量减少，如果没有水库调节汛期输沙量为1.118亿t、年输沙量为1.362亿t，水库运用造成年均输沙量减少0.259亿t，汛期减少0.259亿t，其调控作用的贡献率分别为23.17%、19.01%；两库联合运用的1987～2012年，如果没有龙羊峡水库和刘家峡水库调节，头道拐水文站年输沙量为0.706亿t、汛期年输沙量为0.601亿t，两库联合运用造成头道拐水文站年输沙量减少0.261亿t，汛期减少0.344亿t，非汛期增加输沙量0.083亿t。但是1969～1986年刘家峡水库和青铜峡等水库拦沙作用显著，年均拦沙约0.7亿t，因此期间宁蒙河段并没有发生淤积。而1987年后，龙羊峡水库削减洪峰和径流量，调控作用更强，水流输送泥沙能力降低，同时水库控制和拦截泥沙量削弱，加重了宁蒙河段的淤积萎缩（侯素珍等，2015；张晓华等，2015）。

表3-14　水库运用对头道拐水文站水沙变化的影响量

时段	计算条件	径流量（亿 m^3）			输沙量（亿t）			汛期水量占比（%）	汛期沙量占比（%）
		汛期	非汛期	全年	汛期	非汛期	全年		
1920～1968年	实测	160.5	97.4	257.9	1.253	0.279	1.532	62.2	81.8
1969～1986年	实测	129.9	109.3	239.2	0.868	0.235	1.103	54.3	78.7
	无水库	159.3	85.1	244.4	1.118	0.244	1.361	65.2	82.1
1987～2012年	实测	64.6	97.6	162.2	0.257	0.188	0.445	39.9	57.8
	无水库	117.3	62.1	179.4	0.601	0.105	0.706	65.4	85.1

为研究水库运用对河道输沙量变化的影响，以水库6～10月蓄水量和洪峰削减值为参数，分析头道拐水文站输沙量变化值（无水库调控时计算的头道拐水文站输沙量与实测输沙量之差）与各因子的相关关系表明（图3-62），在1969～1986年刘家峡水库不仅起到了蓄水和削峰作用，同时刘家峡、青铜峡等水库的拦沙作用较大。但影响头道拐水文站输沙量变化因素复杂，头道拐水文站输沙量与水库削峰值、汛期蓄水量关系并不明显；在1987～2012年，龙羊峡水库蓄水量大、削峰比也大，但相对来说，刘家峡、青铜峡等水库的拦沙作用大幅度削弱，水库运用对头道拐水文站输沙量影响值与水库蓄水量和削峰值呈线性关系，两库蓄水量和削峰值越大，头道拐水文站输沙量减少值也越大，其相关系数 R 分别达0.8927和0.9127。

水库蓄水量和削峰值是反映水库调控流量程度的关键参数，水库蓄水量增加或者削峰值增大均会减少头道拐的输沙量。因此，以水库蓄水量和削峰值的乘积作为综合调控参数，建立1987年以后头道拐水文站输沙量变化值与水库调控参数的关系（图3-63）。

设两水库6～10月蓄水量为 V（亿 m^3），洪峰流量削减值为 ΔQ（m^3/s），水库调控参数 $M = V\times\Delta Q/1000$，头道拐水文站输沙量变化值为 W_s（亿t），则有关系式：

$$W_s = -0.0035(V \times \Delta Q/1000) \tag{3-19}$$

龙羊峡、刘家峡水库联合运用对头道拐水文站输沙量的影响与水库调控参数具有高度

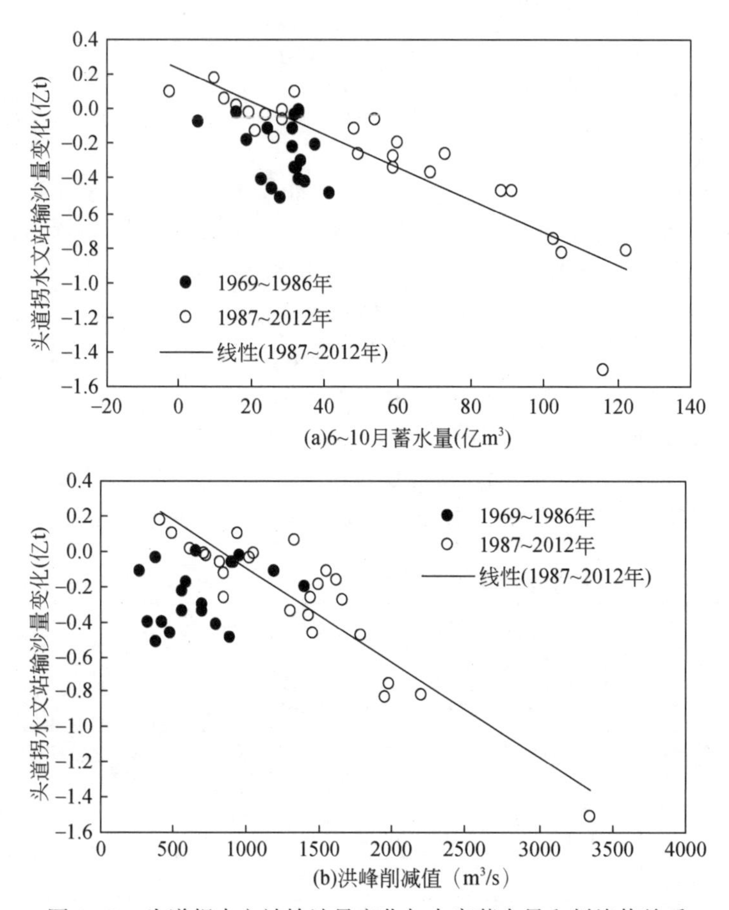

图 3-62　头道拐水文站输沙量变化与水库蓄水量和削峰值关系

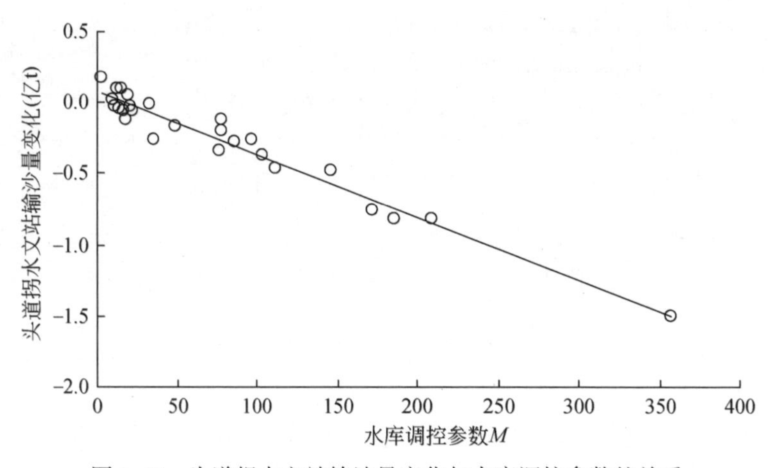

图 3-63　头道拐水文站输沙量变化与水库调控参数的关系

相关，随汛期蓄水量和洪峰流量削减值呈线性关系。式（3-19）反映了上游大型水库蓄水量和洪峰削减值对宁蒙河段出口断面头道拐水文站输沙量变化的影响，对可用于计算水库不同调控规模和调控方式对头道拐水文站输沙量的贡献率。由式（3-19）可知，如果水库蓄水量增加1亿m^3，洪峰流量减少1m^3/s，则头道拐水文站输沙量减少350t。

3.6 小 结

1）大型水库对径流泥沙的调节作用主要表现于削减出库洪峰流量，使出库径流量过程均匀化，年内径流量分配发生变化，年际径流量得到一定调节；水库拦蓄使出库泥沙量减少，来沙系数减小。水库运用对水沙关系变化有很大影响作用。

2）根据龙羊峡水库、刘家峡水库进出库水沙参数进行分析，并比较水库进出库径流量、输沙量及最大日均流量等参数的趋势性与突变性，认为水库进出库水沙量在时程上存在着相同的下降趋势，而进出库水沙参数变化在空间上存在一定的差异，造成这种差异的原因与水库的运用及支流产流产沙状况有一定的关系。

3）水库运用对径流量序列周期变化没有实质性的影响，但水库运用对径流量序列主周期的次序有一定的影响，对主周期的尺度也有一定的影响；同理，对输沙量序列进行相同的分析认识到，水库运用对输沙量序列的影响与径流量序列的影响类似，也是对其主周期的次序有一定的影响，但未能改变序列的周期。

4）大型水库对水沙调控作用不仅改变了水库下游河道水沙过程和年内分配，使汛期水沙关系发生较大变化，对径流变化趋势也产生一定影响。分析发现龙羊峡水库和刘家峡水库调控运用对下河沿水文站径流泥沙序列具有不同的影响作用，刘家峡水库对输沙量变化趋势产生影响，对径流量变化趋势影响较小；龙羊峡水库运用对径流量变化趋势产生影响，而对输沙量变化趋势影响很小。

5）大型水库运用对水沙关系的调控机制主要在于改变了挟沙水流动力平衡条件，使处于失稳状态下的挟沙水流在传播过程中床面切应力减弱，相同雷诺数条件下的临界弗劳德数增大，为达到新的河床冲淤平衡状态，河道产生纵向淤积，使河床比降增大，水流动能增加，从而带来河道水沙关系发生变化。临界弗劳德数增大越多，所需的河床淤积程度也越强，水沙关系变化也会越大。

6）根据龙羊峡水库、刘家峡水库调控参数与头道拐水文站输沙量变化的响应关系分析，随着大型水库的蓄水量和削峰作用增加，水库下游河道输沙量的减幅呈线性增加。

参考文献

方宗岱，胡光斗. 1984. 巴家嘴水库实测高含沙水流特性简介［J］. 泥沙研究，(1)：73~75.
郭彦，侯素珍，胡恬，等. 2014. 龙刘水库联合运用对黄河上游径流量变化的影响［J］. 水电能源科学，32（8）：39~42，47.
侯素珍，王平，楚卫斌. 2012. 黄河上游水沙变化及成因［J］. 泥沙研究，(4)：46~52.
侯素珍，王平，楚卫斌. 2013. 2012年黄河上游洪水及河道冲淤演变分析［J］. 人民黄河，35（12）：15~18.
侯素珍，王平，郭秀吉，等. 2015. 黄河内蒙古段河道冲淤对水沙的响应［J］. 泥沙研究，(1)：61~66.
侯素珍，王平，郭彦，等. 2013. 龙羊峡水库水沙调控特征分析［J］. 水力发电学报，32（6）：151~156.
钱宁，万兆惠. 1965. 近底高含沙流层对水流及泥沙运动影响的初步探讨［J］. 水利学报，(4)：1~20.

申冠卿，张原峰，侯素珍，等．2007．黄河上游干流水库调节水沙对宁蒙河道的影响［J］．泥沙研究，(1)：67～75.

王霞，吴加学．2009．基于小波变换的西、北江水沙关系特征分析［J］．热带海洋学报，28（1）：21～28.

姚文艺，高亚军，安催花，等．2015．百年尺度黄河上中游水沙变化趋势分析［J］．水利水电科技进展，35（5）：112～120.

张金良，孙振谦．2002．黄河防汛基本资料［Z］．郑州：黄河防总办公室．

张晓华，姚文艺，郑艳爽，等．2015．黄河宁蒙河道输沙特性与河床演变［M］．郑州：黄河水利出版社．

Hou S Z, Wang P, Guo Y, et al . 2014. Response of bankfull discharge of the Inner MongoliaYellow River to flow and sediment factors［J］. Journal of Earth System Science，123（6）：1307～1316.

Kendall M. 1975. Rank correlation methods［M］. New York：Oxford University Press.

Mann H B. 1945. Nonparametric tests against trend［J］. Econometrica，(3)：245～259.

Xu J X. 2009. Plausible causes of temporal variation in suspended sediment concentration in the upper Changjiang River and major tributaries during the second half of the 20thcentury［J］. Quaternary International，208（1）：85～92.

第4章　黄河上游大型灌区引水对水沙过程变异影响

黄河上游灌区主要包括宁夏引黄灌区和内蒙古引黄灌区（简称宁蒙灌区），其引水引沙对宁蒙河段河道水沙变化有着较大影响，分析宁蒙灌区引水引沙对干流水沙变化的影响，对于深化认识黄河沙漠宽谷段水沙变化成因及其变化趋势，具有很大意义。本章以宁蒙灌区为重点，分析了宁蒙灌区引水引沙及退水特点及引水-退水关系，建立基于GIS的灌区-河道水循环双过程耦合模型、上下断面关系分析法等，同时，研发一种结合影像空间和光谱信息的高光谱影像端元光谱自动提取技术，定量分析宁蒙灌区引水引沙对河道水沙变化的影响及其贡献率。

4.1　灌区基本概况

宁蒙灌区大部分位于黄河上游下河沿—头道拐河段，是沙漠宽谷段耗水的主要区域，由卫宁灌区、青铜峡灌区、河套灌区（包括黄河南岸灌区）等组成，其中卫宁灌区、青铜峡灌区属于宁夏引黄灌区，河套灌区属于内蒙古引黄灌区。

4.1.1　灌区基本资料来源

由于不同时期的统计资料来源及统计方法的不一致，在不同文献中关于宁蒙灌区基本情况的统计结果往往有一定差异。为尽量客观、准确反映灌区的基本情况，在本项研究的统计工作中，除开展了大量野外勘测外，还参考了近年来的大量相关统计资料及相关研究、规划报告等，主要包括：《内蒙古自治区黄河水权转换总体规划报告》（内蒙古自治区水利水电勘测设计院，2004）；《黄河内蒙古自治区河套灌区续建配套与节水改造工程可行性研究报告》（内蒙古自治区水利水电勘测设计院，2013）；《黄河南岸灌区节水改造与水权转让工程情况介绍》（鄂尔多斯市水务局，2015）；《鄂尔多斯市引黄灌区水权转换暨现代农业高效节水工程规划》，（内蒙古自治区水利水电勘测设计院，2009）；《黄河流域水沙变化情势分析与评价》（姚文艺等，2011）。

4.1.2　宁夏引黄灌区

宁夏引黄灌区位于下河沿—石嘴山河段，沿黄河两岸川地呈“J”形分布。以青铜峡水利枢纽为界，其上游为沙坡头（卫宁）灌区，下游为青铜峡灌区。根据黄河河道的自然分界，卫宁灌区又划分为河北灌区和河南灌区，青铜峡灌区又划分为河东灌区和河西灌区。另外在宁夏灌区内还陆续建设有固海、盐环定、红寺堡和固海扩灌 4 个大型扬水灌区，在自流灌区周边兴建了南山台子等 8 个中型扬水灌区。

于 1967 年、2004 年分别建成的青铜峡水利枢纽、沙坡头水利枢纽极大地改善了青铜峡灌区和卫宁灌区的引水条件，使两灌区主要引水渠由无坝引水变为有坝引水，提高了引水保证率。截至 2015 年，宁夏有引黄灌区 14 处，灌溉面积为 783 万亩，其中大型自流灌区两处，自流灌溉面积为 533 万亩，大中型扬水灌区 12 处，扬水灌溉面积为 250 万亩。

4.1.2.1 引排水工程

(1) 引水工程

宁夏灌区在下河沿以上有美利渠、羚羊角渠两个引水口，在青铜峡以下只有陶乐灌区引水口和一些小型扬水站，其他引水口都位于下河沿—青铜峡河段（表 4-1）。

表 4-1 宁夏引黄灌区渠系基本情况

渠道名称	灌溉面积（万亩）	引水能力（m^3/s）		年均引水量（亿 m^3）	长度（km）	引水水源	建设时间
		设计	实际				
一、青铜峡灌区	477.8	619.0	598.0	46.95	1039.8		
1. 河西灌区	376.9	450.0	433.0	35.45	833.8	青铜峡水库	1967 年
河西总干渠		450.0	433.0	0.53	47.1	青铜峡水库	公元前 119 年
西干渠	70.6	70.0	60.0	6.13	112.7	河西总干渠	1960 年
唐徕渠	123.1	150.0	152.0	8.49	191.0	河西总干渠	汉代
第二农场渠		36.8	36.0	2.71	83.0	唐徕渠	1955 年
汉延渠	46.1	80.0	80.0	5.54	102.0	河西总干渠	汉代
惠农渠	71.7	97.0	97.0	3.96	139.0	河西总干渠	1729 年
昌滂渠	35.5	35.0	35.0	2.71	69.0	惠农渠	清，1955 年
官泗渠	6.5	5.0	5.0	2.70	22.0	惠农渠	清，1729 年
大清渠	16.0	25.0	25.0	1.39	23.0	河西总干渠	1699 年
泰民渠	7.4	19.0	19.0	1.29	45.0	河西总干渠	1966 年
2. 河东灌区	100.9	169.0	165.0	11.50	206.0	青铜峡水库	
河东总干渠		115.0	120.0	0.05	5.0	青铜峡水库	1968 年
秦渠	16.1	65.5	65.5	4.10	60.0	河东总干渠	公元前 214 年
第一农场渠	22.2	25.0	25.0		33.0	秦渠	1974 年
汉渠	23.4	33.5	33.5	2.10	43.0	河东总干渠	公元前 119 年
马莲渠		21.0	21.0	1.20	16.0	河东总干渠	1969 年
东干渠	39.2	54.0	45.0	4.10	54.0	青铜峡水库	1975 年
二、卫宁灌区	100.8	175.5	145.0	11.57	359.0		
美利渠	35.1	47.5	44.0	4.62	116.0	沙坡头水库	公元 90 年
跃进渠	18.2	30.0	28.0	2.41	81.0	黄河	1958 年

续表

渠道名称	灌溉面积（万亩）	引水能力（m^3/s）		年均引水量（亿 m^3）	长度（km）	引水水源	建设时间
		设计	实际				
七星渠	30.8	78.0	61.0	3.68	119.0	黄河	明朝
羚羊寿渠	16.7	15.0	11.0	0.80	32.0	黄河	清，康熙
羚羊角渠		5.0	1.0	0.06	11.0	沙坡头水库	清，康熙
三、扬水灌区	165.1	73.7	73.7	7.74	799.0		
固海	67.2	25.0	25.0	3.50	287.0	黄河、七星渠	1986 年
固海扩灌	27.7	12.7	12.7	1.10	205.0	高干渠	2001 年
盐环定	21.6	11.0	11.0	0.84	124.0	东干渠	1996 年
红寺堡	48.6	25.0	25.0	2.30	183.0	高干渠	1998 年
四、陶乐及月牙湖扬水灌区	17.1	9.4	9.4	0.95	60.0	黄河	20 世纪 60 ~ 70 年代
合计	760.8	803.9	752.4	67.21	2257.8		

宁夏引黄灌区共有大中型引水干渠 25 条，总长约为 2258km，干渠总引水能力为 752.4m^3/s，设计灌溉面积为 760.8 万亩。其中，卫宁灌区主要有美利渠、跃进渠、七星渠、羚羊寿渠、羚羊角渠，引水能力为 145m^3/s，灌溉面积为 100.8 万亩。青铜峡灌区有河东总干渠、河西总干渠、东干渠等。从河东总干渠分水的干渠有秦渠、汉渠、马莲渠等，从河西总干渠分水的干渠有唐徕渠、汉延渠、惠农渠、西干渠、大清渠、泰民渠等。干渠总长为 1039.8km，引水能力为 598 m^3/s，灌溉面积为 477.8 万亩。扬水灌区主要有固海、固海扩灌、盐环定、红寺堡，干渠总长为 799km，引水能力为 73.7m^3/s，灌溉面积为 165.1 万亩。

(2) 排水工程

宁夏引黄灌区共有排水沟 223 条（表 4-2），其中直接入黄的一级排水沟计 177 条，其他二级排水沟 46 条，排水能力为 600 m^3/s。由水文站监测控制的排水沟共计 24 条。灌区另有电排站 178 座，装机容量为 1.59 万 kW，排水能力为 159m^3/s。机电排水井 3081 眼，排水能力为 41.95m^3/s，这些电排站和排水井的排水一般是先汇入排水沟后再进入黄河。较大的排水沟有卫宁灌区的第一排水沟和南河子沟，青铜峡灌区的清水沟及第一～第五排水沟等。另外天然河道苦水河、红柳沟等兼有部分灌区排水功能。宁夏引黄灌区现有主要排水干沟 38 条，总长为 982.43km，排水面积为 600.39 万亩，排水能力为 632.12m^3/s。

表 4-2 宁夏引黄灌区排水干沟基本情况

沟道名称	长度（km）	排水能力（m^3/s）	排水面积（万亩）	汇入水系	建设时间
一、卫宁灌区	225.20	67.11	52.50		
第一排水沟	36.50	11.50	4.60	黄河	1957 ~ 1958 年
第二排水沟	20.00	3.50	3.20	一排水沟	1953 ~ 1954 年

续表

沟道名称	长度（km）	排水能力（m^3/s）	排水面积（万亩）	汇入水系	建设时间
第三排水沟	24.80	10.00	7.40	一排水沟	1959年
第四排水沟	21.76	1.50	4.50	跃进渠	1957年
中沟	15.34	1.50	3.00	一排水沟	1958年
第六排水沟	12.80	4.40	3.00	清水河	1961年
第八排水沟	7.00	4.00	2.40	清水河	
第九排水沟	11.00	3.00	2.20	清水河	
北河子沟	20.70	8.00	6.00	红柳沟	
南河子沟	39.30	15.00	10.30	红柳沟	
长滩（中河）沟	6.00	2.80	2.40		
团结沟	10.00	1.91	3.50		
二、河东灌区	175.10	154.27	42.20		
山水沟	70.00	70.00	6.00	黄河	
清水沟	26.50	45.00	10.20	黄河	1952年
金南干沟	11.00	15.00	4.00	黄河	
灵南干沟	13.80	6.27	9.00	苦水河	1966年
灵武东排水沟	31.80	11.00	8.50	黄河	1957年
灵武西排水沟	22.00	7.00	4.50	黄河	1957年
三、河西灌区	510.30	406.69	494.80		
大坝排水沟	7.5	6.27	3.1	红旗沟	
反帝沟	17.2	14.6	8	黄河	1971年
中沟	20.9	14.5	7	惠农渠	1964年
胜利沟	16	14.0	7.5	黄河	
罗家河沟	24.60	6.02	8.10	黄河	1990年
红卫沟	3.55	40.00		秦渠	1973年
第一排水沟	36.00	35.00	26.00	黄河	1952年
中干沟	18.50	11.00	12.00	黄河	1974年
永清沟	22.60	18.50	12.00	黄河	1966年
永二干沟	25.80	15.50	17.40	黄河	1971年
第二排水沟	32.00	25.00	17.00	黄河	1952年
银东干沟	16.50	11.00	3.40	黄河	1978年
银新干沟	33.40	46.00	62.00	黄河	1974年
四二干沟	53.75	35.00	60.00	第四排水沟	1964年
第三排水沟	80.00	31.00	145.00	黄河	1954年
第四排水沟	43.70	54.30	48.00	黄河	1958年
第五排水沟	48.20	22.00	51.00	黄河	1957年

续表

沟道名称	长度（km）	排水能力（m^3/s）	排水面积（万亩）	汇入水系	建设时间
第七排水沟	10.10	7.00	7.30	黄河	
四、陶乐灌区	71.83	4.05	10.89		1964～1977 年
马太干沟				黄河	
六顷地干沟				黄河	
灌区合计	982.43	632.12	600.39		

4.1.2.2 引排水监测

宁夏引黄灌区从黄河直接取水的引水口主要有 10 个，其中设有水文监测站并且在《黄河流域水文资料》（简称《水文年鉴》）刊印的 6 个，未设水文监测站（或未在《水文年鉴》刊印）的有羚羊寿渠、羚羊角渠、黄河泵站（表 4-3）。

表 4-3 宁夏引黄灌区引黄工程现状 单位：亿 m^3

灌区名称		引水渠名称	水源	岸别	河段	2010 年引水量	水文站或监测站
卫宁灌区	河北灌区	美利渠	黄河	左岸	安宁渡—下河沿	4.55	下河沿
		跃进渠	黄河	左岸	下河沿—青铜峡	2.34	胜金关
	河南灌区	七星渠	黄河	右岸	下河沿—青铜峡	9.39	申滩
		羚羊寿渠	黄河	右岸	下河沿—青铜峡	1.17	羚羊寿渠
		羚羊角渠	黄河	右岸	安宁渡—下河沿	0.07	羚羊角渠
	固海	黄河泵站	黄河	右岸	下河沿—青铜峡	2.24	泉眼山
青铜峡灌区	河东灌区	河东总干渠	黄河	右岸	下河沿—青铜峡	9.66	青铜峡
		秦渠	河东总干渠	右岸		4.18	秦坝关
		汉渠	河东总干渠	右岸		2.24	余家桥（2）
		马莲渠	河东总干渠	右岸		0.80	余家桥
		东干渠	黄河	右岸	下河沿—青铜峡	4.64	东干渠
	河西灌区	河西总干渠	黄河	左岸	下河沿—青铜峡	49.96	青铜峡
		西干渠	河西总干渠	左岸		5.92	西干渠
		唐徕渠	河西总干渠	左岸		10.48	大坝
		汉延渠	河西总干渠	左岸		5.17	小坝
		惠农渠	河西总干渠	左岸		8.91	龙门桥
		大清渠	河西总干渠	左岸		1.45	大坝
		泰民渠	河西总干渠	左岸		0.85	泰民渠
		陶乐泵站	黄河	右岸	青铜峡—石嘴山	0.93	陶乐

宁夏灌区排水沟较多（表 4-4），只对主要排水沟设水文站，或进行巡测，并在《水文年鉴》刊印。排水监测站随排水沟的调整及年代变化也不断调整。据统计，1985 年监

测排水沟26条、通过灌区的河流3条；1995年监测排水沟22条、通过灌区的河流3条；2012年有21条排水沟设水文站，另有3条承接灌区排水的天然河流设有水文站。由此，根据有多年监测资料的24个排水沟（河）道监测站作为排水控制站计算多年排水量。

表4-4　宁夏引黄灌区主要排水沟基本情况

灌区名称		排水沟名称	排入河流	排水能力（m^3/s）	排水面积（km^2）	2010年排水量（亿m^3）	监测站
卫宁灌区	河北灌区	中卫一排	黄河	11.5	164	1.337	胜金关
	河南灌区	南河子沟	黄河	40	117	1.068	南河子
		北河子沟	黄河	15	46.4	0.196	南河子
		红柳沟	黄河		2.25	0.192	鸣沙洲
青铜峡灌区	河东灌区	金南干沟	黄河	15	72	0.457	郭家桥
		清水沟	黄河	45	192	2.080	郭家桥
		苦水河	黄河	50	119	1.217	郭家桥
		灵南干沟	苦水河	8.3	69.4	0.483	郭家桥
		灵武东排水沟	黄河	12.6	91.4	0.834	郭家桥
		灵武西排水沟	黄河	8	61.4		郭家桥
	河西灌区	大坝排水沟	黄河	3	39.6		望洪堡
		中沟	黄河	10	79.6	0.740	望洪堡
		反帝沟	黄河	15	60	0.515	望洪堡
		中滩沟	黄河	10	62.8	0.726	望洪堡
		胜利沟	黄河	5	25.6	0.261	望洪堡
		第一排水沟	黄河	35	206	2.225	望洪堡
		中干沟	黄河	11	55.6	0.448	望洪堡
		永清沟	黄河	18.5	52.8	0.642	贺家庙
		永二干沟	黄河	15.5	124	1.103	贺家庙
		第二排水沟	黄河	25	287	0.661	贺家庙
		银新干沟	黄河	45	126	1.307	贺家庙
		第四排水沟	黄河	54	744	2.328	通伏堡
		第五排水沟	黄河	56.5	592	1.186	熊家庄
		第三排水沟	黄河	31	974	1.756	石嘴山

4.1.3　内蒙古引黄灌区

内蒙古引黄灌区西起乌兰布和沙漠东缘，东至呼和浩特市东郊，北界狼山、乌拉山、大青山，南倚鄂尔多斯台地，由河套灌区、黄河南岸灌区、磴口扬水灌区、民族团结灌区、麻地壕扬水灌区、大黑河灌区及沿黄小灌区组成，东西长480km，南北宽10～

415km，土地总面积约为 2.13 万 km^2，引黄灌溉面积约为 1100 万亩。

灌区历史悠久，早在唐贞元年间，在今五原县一带曾“凿成应、永靖二渠，灌田数百顷。”清光绪二十六年（公元 1900 年），八大干渠相继浚通，灌溉面积达 100 万亩，其后一直处于停滞状态。长期以来，灌区引水无控制，枯水季节用水不足，洪水季节又大量进水，甚至泛滥成灾。20 世纪 50 年代初，灌溉面积增加到 400 余万亩；到 50 年代末，进行了灌区统一规划，并于 1961 年建成三盛公水利枢纽，同时修建总干渠及部分渠系建筑物，此后又开挖了第六排水干沟、第七排水干沟和总排干沟，兴建了磴口、麻地壕、民族团结等大中型扬水工程；70 年代后期又进行了灌排工程配套建设，解决灌区的排水问题。自 1999 年以来，对大型灌区开展续建配套与节水改造，不断完善灌区灌排工程。

内蒙古引黄灌区位于磴口—托克托河段，长为 580km，年过境径流量约为 290 亿 m^3。区间有大黑河入汇，全长 236km，流域面积为 17 673km^2。乌梁素海位于河套灌区最东端，南北长 35 ~ 40km，东西宽 5 ~ 10km，水域面积为 293km^2，库容达 3.3 亿 m^3，承纳后套灌区的排退水及阴山南麓的山洪，通过泄水渠排入黄河。目前已形成较为完善的引水渠系（表 4-5）。

表 4-5　内蒙古引黄灌区骨干渠系工程现状

灌区名称	渠道	数量（条）	长度（km）	引水规模（m^3/s）
河套灌区	总干渠	1	180.85	78.0 ~ 520.0
	干渠	13	810.09	2.6 ~ 93.0
	分干渠	48	985.74	1.0 ~ 25.0
	支渠	338	2522.91	0.5 ~ 15.0
黄河南岸灌区	总干渠	1	149.36	19.0 ~ 40.0
	干渠	40	210.68	0.7 ~ 4.5
磴口灌区	总干渠	1	18.05	50.0
	干渠	3	132.10	7.0 ~ 22.0
	支渠	89	336.00	0.5 ~ 2.5
民族团结灌区	总干渠	1	13.86	25.3
	干渠	3	98.30	
麻地壕扬水灌区	总干渠	1	4.90	8.0 ~ 40.0
	干渠	3	47.29	8.0 ~ 18.0
	分干渠	8	113.88	8.0 ~ 18.0
	支渠	48	207.37	0.8 ~ 2.0
总干渠合计		5	367.02	
干渠合计		62	1298.46	

4.1.3.1　河套灌区

河套灌区地理坐标为北纬 40°19′ ~ 41°18′，东经 106°20′ ~ 109°19′，地处黄河河套平原，北抵阴山山脉的狼山及乌拉山、南至黄河、东与包头市为邻、西与乌兰布和沙漠相接，横跨巴彦淖尔市的乌拉特前旗、五原县、临河区、杭锦后旗、磴口县。灌区土地面积为1679.31万亩，现灌溉面积为861.54万亩。灌区自西向东由乌兰布和、解放闸、永济、义长、乌拉特等灌域组成，是我国最大的一首制自流引黄灌溉区和全国3个特大型灌区之一。

河套灌区属于常温带大陆性干旱、半干旱气候带。降水稀少、蒸发强烈、干燥多风、日温差大、日照时间长是其主要气候特征。灌区年降水量为136～213mm，年蒸发量为1993～2372mm，年平均气温为6～8℃，自东向西升高，平均相对湿度为40%～50%。全年封冻期为5～6个月，最大冻结深度为1.0～1.3m。封冻期由11月下旬至次年4月，无霜期为135～150d，全年日照期为3100～3300h。

灌区地势平坦，海拔为1020～1054m，西高东低，坡降1.67/万～1.25/万；南高北低，坡降1.67/万。灌区地质构造为长期下沉的封闭断陷盆地，整个平原地区几乎为深厚的第四纪松散沉积物所覆盖。河套平原北部和东部靠近狼山、色尔腾山及乌拉山山麓地带，是一系列洪积扇所组成的山麓洪积平原；靠近黄河沿岸为河漫滩；磴口县南部和西北部、杭锦后旗西南部一带，地表为沙丘覆盖，属乌兰布和沙漠范围，多流动沙丘。

全灌区由三盛公水利枢纽控制引水，灌水渠系共设7级，即总干渠、干渠、分干渠、支渠、斗渠、农渠、毛渠。据2012年资料统计，灌区有总干渠1条，全长为180.85km；干渠13条，全长为810.09km（包括复兴、长塔引水干渠）；分干渠48条，全长为985.74km；支渠338条，全长为2522.91km；斗渠、农渠、毛渠共85 522条，全长为46 136km。排水系统与灌水系统相对应，亦设有7级，现有总排干沟1条，全长为260.28km；干沟12条，全长为501km；分干沟64条，全长为1031km；支沟346条，全长为1943.92km；斗沟、农沟、毛沟共17 322条，全长为10 534km。灌区现有各类灌排建筑物13.25万座，其中支渠（沟）级别以上骨干灌排建筑物18 038座（不包括总干渠、总排干沟建筑物）。

总干渠灌区面积为861.54万亩，渠首设计流量为565m³/s，现状最大引水流量为520m³/s，每年4月中下旬开闸放水，10月底关口停水，全年行水180d左右。2000～2012年灌区年均引水量为58.66亿m³。总干渠现有渠首进水闸、电站、跌水各1座，分水枢纽4座（其中节制闸4座，泄水闸3座，干渠进水闸11座，分干渠进水闸8座），渡槽涵洞交叉工程两座，桥梁16座，西山嘴节制闸1座。

总排干沟担负保尔套勒盖、后套灌域的排水、退水和灌区北部狼山山洪水排泄入黄的任务，西起杭锦后旗太阳庙乡张大圪旦村，沿狼山冲积平原交接洼地即乌加河古河道东行，通过乌梁素海，在三湖河口水文站自流排入黄河，控制灌区排水面积为170.63万亩，控制狼山山洪集水面积为1996.95万亩。总排干沟建有排水闸、渡槽、扬水站等各类水工建筑物235座，起始处设计流量为2.52m³/s，至乌梁素海处设计流量为55.13m³/s，校核流量为99.78m³/s，红圪卜新旧站排水能力达120m³/s。

4.1.3.2 黄河南岸灌区

南岸灌区位于内蒙古河段南岸的杭锦旗与达拉特旗境内，地理坐标为东经106°42′～111°27′，北纬37°35′～40°51′，呈东西长、南北窄带状平原地形。南岸灌区西起三盛公水利枢纽右岸，东至黄河支流呼斯太河，东西长约398km；北以黄河大堤为界，南到库布齐沙漠及鄂尔多斯台地边界，南北宽5～40km，受沙丘和山洪沟的阻隔，灌区呈分散不连续状。平均地面海拔为998～1033m，主要土壤类型有潮土、盐土、风沙土三大土类，土壤质地为沙壤土、重壤土。灌区属典型的温带大陆性气候。气候干燥多风，一年四季温差变化较大，降水量集中而稀少，蒸发旺盛且强烈，光能资源丰富。年均气温为6.2～8.0℃，年日平均≥10℃年积温为3007～3371℃，无霜期为158d左右，多年平均日照时数为3142～3193h。多年平均降水量为281.7mm，多年平均蒸发量为2607mm。多年平均冻土深度约为1.2m，最大冻土深度为1.71m，冻结期平均为150d左右。

南岸灌区由自流灌区、扬水灌区和井灌区组成，总灌溉面积为139.62万亩，其中自流灌区地处灌区上游，位于杭锦旗境内，灌溉面积为32万亩，总干渠1条，全长为149.36km，分干渠两条，全长为45.46km；扬水灌区地处灌区下游，位于达拉特旗境内，由23处扬水站提水灌溉，灌溉面积为62.3万亩（扬水为49.8万亩，井渠结合为12.5万亩），干渠38条，总长为165.22km；一些灌域内插花分布数量不等的井灌区，灌溉面积为45.3万亩。

4.1.3.3 内蒙古灌区引排水工程

(1) 引水工程

至2014年，由水利部黄河水利委员会（简称黄委会）管理的内蒙古农业用水（含部分生态用水）取水口32处，批准年取水量为56.26亿m^3。其中，河套灌区农业用水（含部分生态用水）取水口两处，批准年取水量为47.7亿m^3；黄河南岸灌区农业取水口1处，批准年取水量为3.92亿m^3；其他灌区农业用水取水口29处，批准年取水量为4.64亿m^3。

内蒙古引黄灌区共有引水总干渠5条，总长为367.02km；干渠62条，总长为1298.46km（表4-5）。河套灌区总干渠设计引水能力为565m^3/s，现状最大引水流量为520m^3/s；黄河南岸灌区总干渠设计引水能力为75m^3/s，目前渠首实际过水能力为40m^3/s。

(2) 排水工程

根据河套灌区和南岸灌区排水工程统计资料分析，内蒙古引黄灌区总排干沟共计3条，全长为345.11km；干沟共计17条，全长为673.75km（表4-6）。

表4-6 内蒙古引黄灌区骨干排水沟工程现状

灌区名称	渠系	数量（条）	长度（km）
河套	总排干	1	260.28
	干沟	12	501
	分干沟	64	1 031
	支沟	346	1 943.92
	支沟以下	17 322	10 534

续表

灌区名称	渠系	数量（条）	长度（km）
黄河南岸	总排干	2	84.83
	干沟	5	172.75
总排合计		3	345.11
干沟合计		17	673.75

4.1.3.4 引排水监测

引水监测站网相对完善，主要引水渠道由黄河水利委员会水文局、内蒙古自治区水利厅灌溉管理局或有关县水利局设水文站或监测站。引退水量监测站设置情况见表4-7。

表4-7 内蒙古引黄灌区引退水量监测站

渠系名称		所属灌区	监测站
引水工程	总干渠	河套灌区	总干渠巴彦高勒（总）站
	沈乌干渠		沈乌干渠巴彦高勒（沈）站
	南干渠	黄河南岸灌区	南干渠巴彦高勒（南）站
	磴口泵站	磴口灌区	磴口渠首泵站
退水工程	二闸	河套灌区	二闸
	三闸		三闸
	四闸		四闸
	西山嘴		乌梁素海西山嘴（退三、四）站
		黄河南岸灌区	

4.2 黄河上游大型灌区引水退水变化过程

4.2.1 灌区引排水量计算方法

4.2.1.1 引水量计算方法

按照水文站控制断面划分，灌区在安宁渡—下河沿河段有美利渠、羚羊角渠两个引水口，在下河沿—青铜峡河段有羚羊寿渠、七星渠、跃进渠、黄河泵站、河东总干渠、河西总干渠、东干渠7个引水口，在青铜峡—石嘴山河段主要是陶乐灌区小型扬水泵站。由于美利渠、河东总干渠、河西总干渠在渠首及分水闸处设有多个监测站，为统一起见，引水量计算的引水控制站分别为美利渠总干渠的下河沿；河东总干渠采用秦渠秦坝关、汉渠余家桥（2）、马莲渠余家桥3个站；河西总干渠采用西干渠、唐徕渠大坝、汉延渠小坝、惠农渠龙门桥、大清渠大坝、泰民渠6个站。固海扬水黄河泵站计入卫宁灌区。

宁夏引黄灌区渠道引水量的统计采用《黄河流域水文年鉴》或灌区监测数据。实际上，宁夏引黄灌区引水量即为下河沿—青铜峡河段的引水量。

4.2.1.2　排水量计算方法

将宁夏引黄灌区正常监测的 24 条排水沟的排水量作为已控排水量，其他未控排水沟的排水量作为未控排水量，已控排水量和未控排水量之和作为灌区总排水量，即

$$W_{排} = W_{已控} + W_{未控} \tag{4-1}$$

式中，$W_{排}$ 为灌区排水量；$W_{已控}$ 为灌区已控排水量；$W_{未控}$ 为灌区未控排水量。

针对宁夏引黄灌区排水问题，黄河水利委员会上游水文水资源局和宁夏水文水资源勘测局先后于 1993～1994 年开展了“宁夏青铜峡河东灌区用水试验”“宁夏引黄灌区灌溉回归水勘查研究”等项工作，增加了监控排水沟的数量，对少量无法监测的排水沟的排水量，借用邻近已经监控排水沟的排水模数予以估算。参考该研究成果，根据试验资料，建立灌区月未控排水量与月已控排水量的关系式（图 4-1），以用于估算灌区未控排水量。

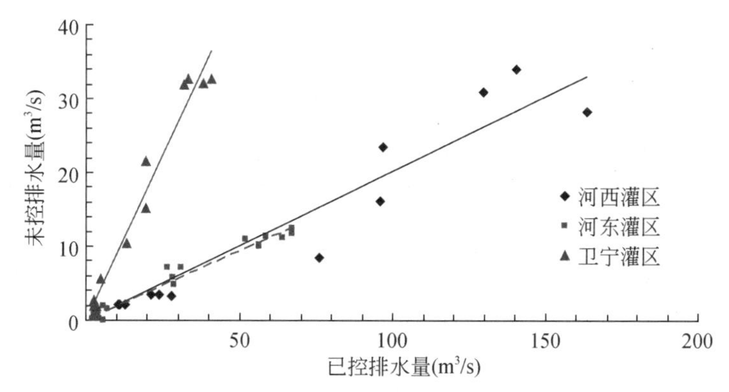

图 4-1　宁夏引黄灌区月未控排水量与已控排水量关系

宁夏引黄灌区月未控排水量计算式如下。

卫宁灌区：

$$Q_{未控} = 0.8929Q_{已控} \tag{4-2}$$

河东灌区：

$$Q_{未控} = 0.1869Q_{已控} \tag{4-3}$$

河西灌区：

$$Q_{未控} = 0.2027Q_{已控} \tag{4-4}$$

式中，$Q_{未控}$ 为灌区月未控排水量（m^3/s）；$Q_{已控}$ 为灌区月已控排水量（m^3/s）。上述各回归式的相关系数均达到 0.9 以上。

4.2.2　宁夏引黄灌区引排水变化

4.2.2.1　引水变化特点

宁夏引黄灌区引水时间集中在每年的 4 月中旬～9 月下旬（主灌溉期）和 10 月下旬～11

月下旬（冬灌期），年引水历时7～8个月。1950～2012年平均引水量为65.73亿m^3，占下河沿水文站同期年实测径流量的22.0%。2000～2012年平均引水量为68.78亿m^3，占下河沿水文站同期年实测径流量的26.2%。

（1）年际变化

1950年以来，宁夏引黄灌区的引水量总体呈递增趋势，到青铜峡水利枢纽运用后的1969年达到75.8亿m^3，到1999年达到89.5亿m^3。1999年以后，引水量有所下降，并在2003年降至2012年的最小值54.0亿m^3（图4-2）。20世纪50～90年代的5个时段，年引水量分别为42.17亿m^3、58.94亿m^3、67.84亿m^3、72.17亿m^3、83.58亿m^3；进入21世纪后，年引水量回落至不足亿立方米，引水减少区域主要为青铜峡灌区，而卫宁灌区年引水量变化不大。

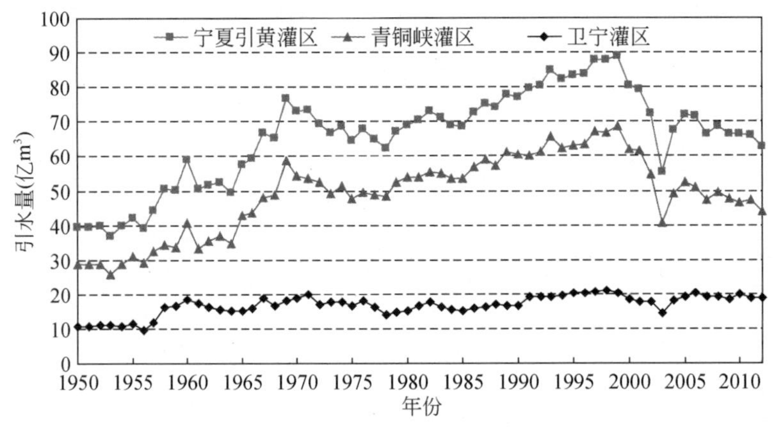

图4-2　宁夏引黄灌区引水量过程

2000～2012年宁夏引黄灌区年引水量为68.77亿m^3，占同期黄河下河沿实测年径流量的26.2%，其中卫宁灌区年引水量为18.50亿m^3，青铜峡灌区年引水量为50.27亿m^3，分别占宁夏引黄灌区年引水量的26.9%、73.1%（表4-8）。

表4-8　宁夏引黄引黄灌区不同时段年引水量

时段	年引水量（亿m^3）			2000～2012年引水量变化					
				宁夏引黄灌区		卫宁灌区		青铜峡灌区	
	宁夏引黄灌区	卫宁灌区	青铜峡灌区	变化量（亿m^3）	比例（%）	变化量（亿m^3）	比例（%）	变化量（亿m^3）	比例（%）
1950～2012年	65.73	16.77	48.96	3.05	4.6	1.73	10.3	1.32	2.7
1950～1959年	42.17	12.06	30.11	26.61	63.1	6.44	53.4	20.16	67.0
1960～1969年	58.94	16.64	42.30	9.84	16.7	1.86	11.2	7.98	18.9
1970～1979年	67.84	17.08	50.76	0.94	1.4	1.43	8.4	-0.49	-1.0
1980～1989年	72.17	16.18	55.99	-3.40	-4.7	2.32	14.3	-5.72	-10.2
1990～1999年	83.58	19.66	63.92	-14.80	-17.7	-1.16	-5.9	-13.65	-21.4
2000～2012年	68.77	18.50	50.27	0.00	0.00	0.00	0.00	0.00	0.00

注："-"表示减少。

2000～2012 年平均引水量与 1950～2012 年的相比，宁夏引黄灌区年引水量增加 3.05 亿 m^3，增幅为 4.6%，占下河沿水文站年径流量的比例由 22.0% 增加到 26.2%（表 4-8）。

(2) 汛期变化

7～10 月为黄河汛期，从 1950～2012 年汛期引水量看，宁夏引黄灌区 7～10 月引水量约占全年引水量的 45%，其中卫宁灌区、青铜峡灌区分别占各区域年引水量的 47% 和 45%。

2000～2012 年宁夏引黄灌区汛期引水量为 26.71 亿 m^3，占同期年引水量 68.78 亿 m^3 的 38.8%，其中卫宁灌区汛期引水量为 7.56 亿 m^3，占其同期年引水量的 41%；青铜峡灌区汛期引水量为 19.15 亿 m^3，占其同期年引水量的 38%。

由表 4-9 知，2000～2012 年汛期引水量与 1950～2012 年同期的引水量相比，减少 3.14 亿 m^3，减幅约为 10.5%，占下河沿水文站同期径流量的比例由 20.0% 增加到 23.8%。2000～2012 年汛期引水量与 1990～1999 年同期的引水量相比，减少 7.97 亿 m^3，减幅为 23.0%，其中卫宁灌区汛期引水量减少 0.68 亿 m^3，青铜峡灌区汛期引水量减少 7.30 亿 m^3。

表 4-9 宁夏引黄灌区不同时段汛期引水量

时段	汛期引水量（亿 m^3）			2000～2012 年汛期引水量变化					
	宁夏引黄灌区	卫宁灌区	青铜峡灌区	宁夏引黄灌区		卫宁灌区		青铜峡灌区	
				变化量（亿 m^3）	比例（%）	变化量（亿 m^3）	比例（%）	变化量（亿 m^3）	比例（%）
1950～2012 年	29.85	7.87	21.98	-3.14	-10.5	-0.31	-3.9	-2.83	-12.9
1950～1959 年	22.83	6.60	16.23	3.88	17.0	0.96	14.5	2.92	18.0
1960～1969 年	30.47	8.94	21.53	-3.75	-12.3	-1.38	-15.4	-2.37	-11.0
1970～1979 年	32.32	8.35	23.97	-5.60	-17.3	-0.79	-9.5	-4.81	-20.0
1980～1989 年	33.03	7.64	25.39	-6.31	-19.1	-0.08	-1.0	-6.24	-24.6
1990～1999 年	34.69	8.24	26.45	-7.97	-23.0	-0.68	-8.3	-7.30	-27.6
2000～2012 年	26.71	7.56	19.15	0.00	0.00	0.00	0.00	0.00	0.00

(3) 年内变化

从各月引水量看，宁夏引黄灌区引水量主要在 4～11 月，其中 5～8 月平均引水流量在 400m^3/s 以上。从 20 世纪 50 年代到 90 年代，4～8 月、11 月平均引水流量呈增加趋势；21 世纪以来，除 4 月引水流量增加外，其他各月引水流量均有所减少，同时，以前不引水的 3 月份也开始少量引水（图 4-3）。

2000～2012 年宁夏引黄灌区 5～7 月平均引水流量在 500m^3/s 左右，其中 5 月平均引水流量最大，为 507.6m^3/s；卫宁灌区 5～8 月平均引水流量在 100m^3/s 以上，其中 6 月平均引水流量最大，为 133.3m^3/s；青铜峡灌区 5～7 月平均引水流量在 360m^3/s 以上，其中

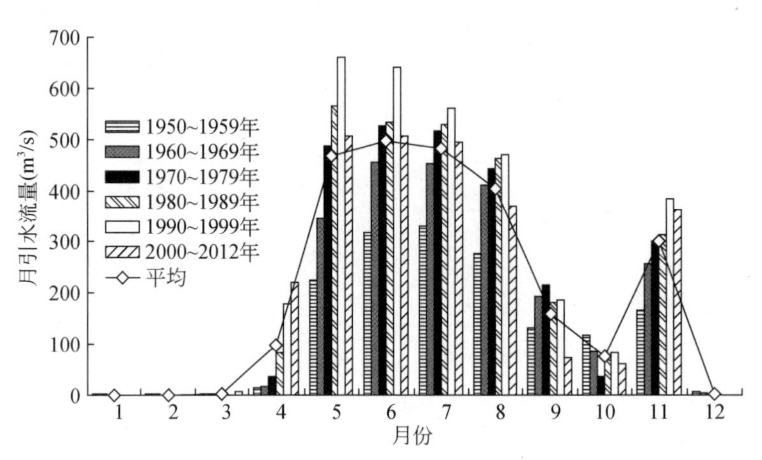

图 4-3　宁夏引黄灌区不同时段月引水流量

5 月平均引水流量最大，为 390 m^3/s（表 4-10）。

表 4-10　2000～2012 年宁夏引黄灌区月引水量

灌域	各月引水流量（m^3/s）									不同时段引水量（亿 m^3）		汛期占年引水量比例（%）
	3 月	4 月	5 月	6 月	7 月	8 月	9 月	10 月	11 月	全年	汛期	
宁夏引黄灌区	6.7	221.2	507.4	507.6	493.6	370.7	73.5	61.9	362.8	68.78	26.71	38.8
卫宁灌区	2.2	86.9	117.6	133.3	130.4	108.4	28.5	16.0	78.0	18.50	7.56	40.9
青铜峡灌区	4.5	134.2	389.8	374.2	363.2	262.3	45.1	46.0	284.8	50.27	19.15	38.1

4.2.2.2　排（退）水变化特点

（1）年际变化

1950 年以来，宁夏引黄灌区总排水量呈现 4 个变化阶段：快速增长期（1950～1967 年）、缓慢增长期（1968～1998 年）、快速减少期（1999～2003 年）、缓慢减少期（2004～2012 年）。在 1998 年达到历史最大值 53.0 亿 m^3，2002 年以后则急剧下降（图 4-4）。

与图 4-2 所示的不同时期引水量变化情况对比，宁夏引黄灌区的退水变化过程与其有着一定的对应关系，一般来说，引水多退水也多，反之引水少退水也少。在 1950～2012 年引水退水均有两个高峰期，且发生时间基本上是对应的，一个是 20 世纪 60 年代末，另一个是 90 年代末。不过，近年来虽然引水退水量均有所降低，但退水更少，其减幅较大。

2000～2012 年宁夏引黄灌区年排水量为 31.36 亿 m^3，其中卫宁灌区年排水量为 6.65 亿 m^3，约占宁夏引黄灌区年排水量的 21%；青铜峡灌区年排水量为 24.71 亿 m^3，约占宁夏引黄灌区年排水量的 79%。

2000～2012 年年排水量与 1990～1999 年的相比，宁夏引黄灌区年排水量减少 17.1 亿 m^3，其中卫宁灌区、青铜峡灌区分别减少了 4.25 亿 m^3、12.83 亿 m^3（表 4-11）。

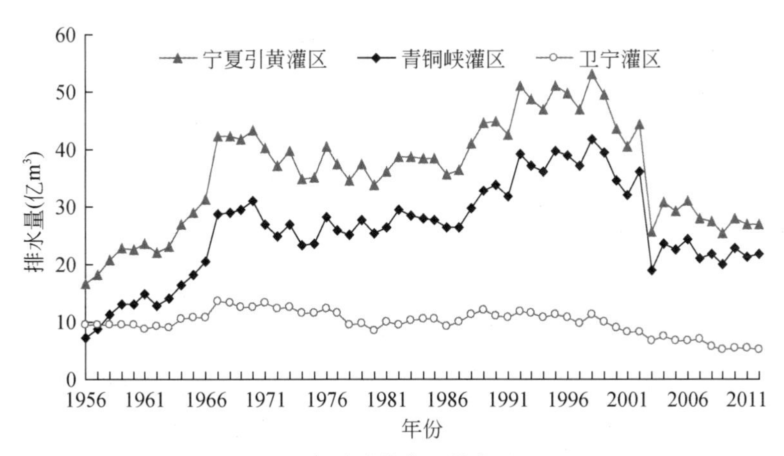

图4-4 宁夏引黄灌区排水量过程

表4-11 宁夏引黄灌区不同时段年排水量

时段	年排水量（亿 m³）			2000～2012年排水量变化					
	宁夏引黄灌区	卫宁灌区	青铜峡灌区	青铜峡灌区		宁夏引黄灌区		卫宁灌区	
				变化量（亿 m³）	占排水量比例（%）	变化量（亿 m³）	占排水量比例（%）	变化量（亿 m³）	占排水量比例（%）
1950～1969年	23.60	10.14	13.46	11.25	83.6	7.76	32.9	-3.49	-34.4
1970～1979年	38.03	11.66	26.37	-1.66	-36.3	-6.67	-17.5	-5.01	-43.0
1980～1989年	38.23	10.15	28.07	-3.36	-12.0	-6.87	-18.0	-3.50	-34.5
1990～1999年	48.44	10.90	37.54	-12.83	-34.2	-17.08	-35.3	-4.25	-39.0
2000～2012年	31.36	6.65	24.71	0.00	0.00	0.00	0.00	0.00	0.00
1970～2012年	38.48	9.62	28.86	-4.15	-14.4	-7.12	-18.5	-2.97	-30.9

注：“-”表示减少。

(2) 汛期变化

2000～2012年宁夏引黄灌区汛期排水量为13.47亿m³，占同期年排水量的43%，其中卫宁灌区汛期排水量为2.87亿m³，占同期年排水量的43%；青铜峡灌区汛期排水量为10.6亿m³，占同期年排水量的43%。各灌区汛期排水量占年排水量的比例均较其他时段及多年平均情况有所减小（表4-12）。

表4-12 宁夏引黄灌区不同时段汛期排水量

时段	宁夏引黄灌区		卫宁灌区		青铜峡灌区	
	汛期排水量（亿 m³）	占年排水量比例（%）	汛期排水量（亿 m³）	占年排水量比例（%）	汛期排水量（亿 m³）	占年排水量比例（%）
1950～1969年	14.27	60	5.83	58	8.44	63
1970～1979年	21.66	57	6.40	55	15.26	58

续表

时段	宁夏引黄灌区		卫宁灌区		青铜峡灌区	
	汛期排水量（亿 m^3）	占年排水量比例（%）	汛期排水量（亿 m^3）	占年排水量比例（%）	汛期排水量（亿 m^3）	占年排水量比例（%）
1980～1989 年	19.49	51	5.17	51	14.32	51
1990～1999 年	22.99	47	5.19	48	17.80	47
2000～2012 年	13.47	43	2.87	43	10.60	43
1970～2012 年	19.40	49	4.90	50	14.50	49

与 1990～1999 年同期相比，2000～2012 年宁夏引黄灌区汛期排水量减少 9.52 亿 m^3，其中卫宁灌区、青铜峡灌区分别减少 2.32 亿 m^3、7.20 亿 m^3。

(3) 年内变化

宁夏引黄灌区排水期主要在 4～11 月，与灌水期吻合。2000～2012 年宁夏引黄灌区 5～8月平均排水流量在 180m^3/s 左右，其中 6 月平均排水流量最大，为 189 m^3/s；卫宁灌区 5～8 月平均排水流量在 40m^3/s 左右，其中 6 月平均排水流量最大，为 38.7 m^3/s；青铜峡灌区 5～8 月平均排水流量在 140m^3/s 左右，其中 6 月平均排水流量最大，为 151 m^3/s（表 4-13）。

表 4-13　宁夏引黄灌区 2000～2012 年排水量年内分配

灌域	月排水流量（m^3/s）												年排水量（亿 m^3）
	1 月	2 月	3 月	4 月	5 月	6 月	7 月	8 月	9 月	10 月	11 月	12 月	
宁夏引黄灌区	24.0	23.4	27.9	52.3	175.5	189.4	186.3	180.8	93.0	45.9	150.2	40.0	31.4
卫宁灌区	5.38	5.27	5.57	14.68	40.22	38.66	37.97	37.31	23.03	9.58	26.00	8.40	6.65
青铜峡灌区	18.6	18.2	22.3	37.6	135.3	150.8	148.3	143.5	69.9	36.3	124.2	31.6	24.7

4.2.3　内蒙古引黄灌区引退水变化

4.2.3.1　引水变化特点

内蒙古引黄灌区 1961～2012 年平均引水量为 60.24 亿 m^3，其中石嘴山—三湖河口河段（简称石—三河段）年引水量为 57.64 亿 m^3，占内蒙古引黄灌区年引水量的 95.7%；三湖河口—头道拐河段（简称三—头河段）年引水量 2.60 亿 m^3，占内蒙古引黄灌区年引水量的 4.3%。

(1) 年际变化

自 20 世纪 60 年代以来，内蒙古引黄灌区的引水量总体呈增加趋势（图 4-5），1979

年之前年引水量徘徊在50亿 m³左右，1980～1999年引水量不断增加至70亿 m³左右，自1999年有所下降，2003年降至最小值为52.37亿 m³。1991年引水量最大，为73.92亿 m³，1964年引水量最小，为37.68亿 m³，年引水量最大与最小值之比为2.0。

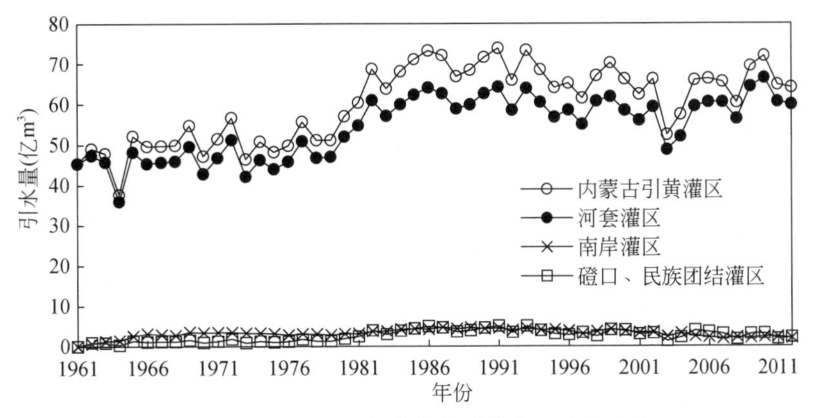

图4-5　1961～2012年内蒙古引黄灌区引水过程

表4-14为内蒙古引黄灌区不同时段年引水量，2000～2012年平均引水量为64.10亿 m³，与1961～2012年的60.24亿 m³相比，增加3.86亿 m³；与1990～1999年的68.16亿 m³相比，减少4.06亿 m³。总体而言，2000年以来内蒙古引黄灌区年引水量变化不大。

表4-14　内蒙古引黄灌区不同时段年引水量

时段	石—头河段	石—三河段		三—头河段	
	引水量（亿 m³）	引水量（亿 m³）	占全灌区比例（%）	引水量（亿 m³）	占全灌区比例（%）
1961～2012年	60.24	57.64	95.7	2.60	4.3
1961～1969年	48.58	47.50	97.8	1.08	2.2
1970～1979年	50.86	49.62	97.5	1.25	2.5
1980～1989年	67.01	63.32	94.5	3.69	5.5
1990～1999年	68.16	64.35	94.4	3.81	5.6
2000～2012年	64.10	61.30	95.6	2.80	4.4

注：石嘴山—头道拐河段，简称石—头河段。

内蒙古引黄灌区引水主要集中在石—三河段，该河段不同时段年引水量占总引水量的比例在94.4%～97.8%。因此，以下重点以石—三河段灌区作为内蒙古引黄灌区的研究代表区。自20世纪80年代以来，石—三河段灌区各时段引水量较为稳定，基本维持在60亿 m³以上（表4-15）。2000～2012年石—三河段灌区年引水量为61.31亿 m³，占石嘴山水文站同期来水量的27.0%，较多年平均增加了3.66亿 m³，其中河套灌区引水量增加4.22亿 m³，南岸灌区减少0.61亿 m³（表4-15）。

表 4-15　石—三河段灌区不同时段年引水量

时段	引水量（亿 m^3）			2000～2012 年引水量变化					
	石—三河段	河套灌区	南岸灌区	石—三河段		河套灌区		南岸灌区	
				变化量（亿 m^3）	占引水量比例（%）	变化量（亿 m^3）	占引水量比例（%）	变化量（亿 m^3）	占引水量比例（%）
1961～2012 年	57.70	54.44	3.26	3.61	6.3	4.22	7.8	-0.61	-18.7
1961～1969 年	47.75	45.45	2.30	13.56	28.4	13.20	29.1	0.35	15.2
1970～1979 年	49.62	46.38	3.24	11.69	23.6	12.28	26.5	-0.59	-18.2
1980～1989 年	63.32	59.26	4.06	-2.01	-3.2	-0.60	-1.0	-1.41	-34.7
1990～1999 年	64.36	60.29	4.07	-3.05	-4.7	-1.63	-2.7	-1.42	-35.9
2000～2012 年	61.31	58.66	2.65	0.00	0.0	0.00	0.0	0.00	0.0

（2）汛期变化

1961～2012 年内蒙古引黄灌区汛期引水量为 37.12 亿 m^3，占同期年引水量的 61.6%，其中石—三河段汛期引水量为 36.07 亿 m^3，占内蒙古灌区汛期总引水量的 97.2%；三—头河段汛期引水量为 1.05 亿 m^3，占内蒙古灌区汛期总引水量的 2.8%。

2000～2012 年内蒙古引黄灌区汛期引水量为 37.96 亿 m^3，占同期年引水量的 59.2%，与多年汛期引水量相比变化不大，仅增加了 0.84 亿 m^3；与 1990～1999 年汛期引水量 41.49 亿 m^3 相比，减少了 3.54 亿 m^3。总体而言，2000 年以来内蒙古引黄灌区汛期引水情况变化不大（表 4-16）。

表 4-16　内蒙古引黄灌区不同时段各灌域汛期引水量

时段	全灌区汛期引水量（亿 m^3）	石—三河段		三—头河段	
		引水量（亿 m^3）	占全灌区汛期引水量比例（%）	引水量（亿 m^3）	占全灌区汛期引水量比例（%）
1961～2012 年	37.12	36.07	97.2	1.05	2.8
1961～1969 年	32.56	32.14	98.7	0.42	1.3
1970～1979 年	31.24	30.75	98.5	0.48	1.5
1980～1989 年	41.61	40.18	96.6	1.43	3.4
1990～1999 年	41.49	39.99	96.4	1.50	3.6
2000～2012 年	37.96	36.72	96.7	1.24	3.3

对于石—三河段，1961～1979 年汛期引水量在 30 亿 m^3 左右，20 世纪 80 年代后基本在 40 亿 m^3 左右，与年引水量变化趋势一致。2000～2012 年汛期引水量为 36.72 亿 m^3，其中河套灌区为 34.04 亿 m^3，占河段汛期总引水量的 94.2%；南岸灌区为 2.08 亿 m^3，占河段汛期总引水量的 5.8%。

石—三河段 2000～2012 年汛期引水量占同期年引水量的 59.9%，占石嘴山水文站同期汛期实测径流量的36.2%；与多年汛期引水量36.12亿m^3相比变化不大，仅增加0.61亿m^3；与1990～1999年汛期引水量39.99亿m^3相比，减少3.27亿m^3（表4-17）。

表4-17 石—三河段灌区汛期引水量

时段	汛期引水量（亿m^3）			2000～2012年汛期引水量变化					
				石—三河段		河套灌区		南岸灌区	
	石—三河段	河套灌区	南岸灌区	变化量（亿m^3）	占引水量比例（%）	变化量（亿m^3）	占引水量比例（%）	变化量（亿m^3）	占引水量比例（%）
1961～2012年	36.12	34.04	2.08	0.61	1.7	1.07	3.1	-0.47	-22.6
1961～1969年	32.32	30.73	1.59	4.40	13.6	4.38	14.3	0.02	1.3
1970～1979年	30.75	28.63	2.12	5.97	19.4	6.48	22.6	-0.51	-24.1
1980～1989年	40.18	37.63	2.55	-3.46	-8.6	-2.52	-6.7	-0.94	-36.9
1990～1999年	39.99	37.43	2.56	-3.27	-8.2	-2.32	-6.2	-0.95	-37.1
2000～2012年	36.72	35.11	1.61	0.00	0.0	0.00	0.0	0.00	0.0

（3）年内变化

内蒙古引黄灌区一般从每年的4月中旬开始引水，11月上旬结束。全年灌溉期分为两个时段，4月中旬～8月上中旬为第一时段，是主要灌溉期，该时段多年平均引水量占全年总引水量的55%左右；8月下旬～11月上旬为第二时段，该时段多年平均引水量占全年总引水量的45%左右。

从多年平均月引水量来看，在引水期内（4～11月，下同），10月引水量最多，为12.76亿m^3，占全年总引水量的21.2%；4月引水量最少，为1.43亿m^3，占全年总引水量的2.4%。最大月引水量约是最小月引水量的9倍（图4-6）。

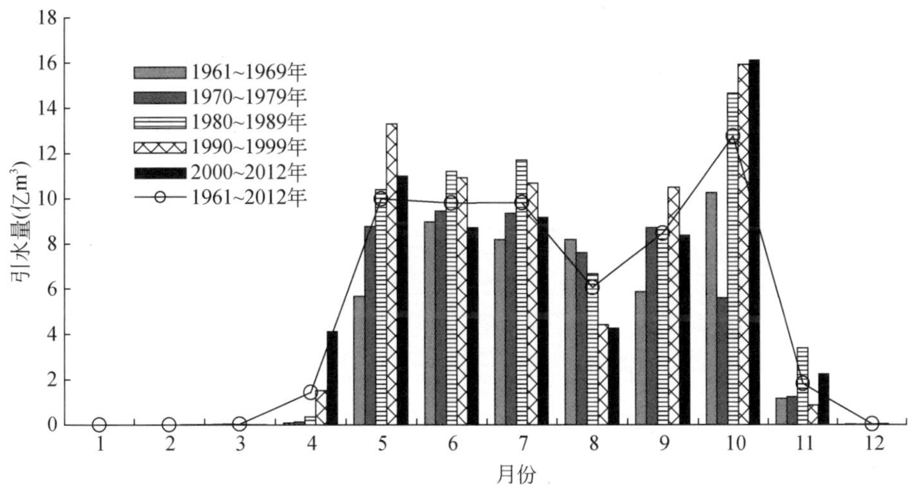

图4-6 内蒙古引黄灌区不同时段引水量年内分配

除20世纪70年代最大月引水量出现在7月外，其他年代均出现在10月；最小月引水量出现在90年代以前的4月，其后出现在11月。

2000～2012年内蒙古引黄灌区引水量年内分配见表4-18。10月引水最多，为16.13亿 m^3，占全年总引水量的25.2%；11月引水量最少，为2.25亿 m^3，占全年总引水量3.5%，最大月引水量约是最小月引水量的7倍。4月和10月引水量所占比例较大，与多年平均相比均增加4%左右，而6月、7月、8月引水量所占比例相对有所减少。

石—三河段引水量占内蒙古引黄灌区的95%左右，故内蒙古灌区引水量年内分配特点主要取决于石—三河段的引水情况。2000～2012年石—三河段中河套灌区和南岸灌区的年内引水过程基本同步（图4-7），引水高峰期均在5月、7月、10月。

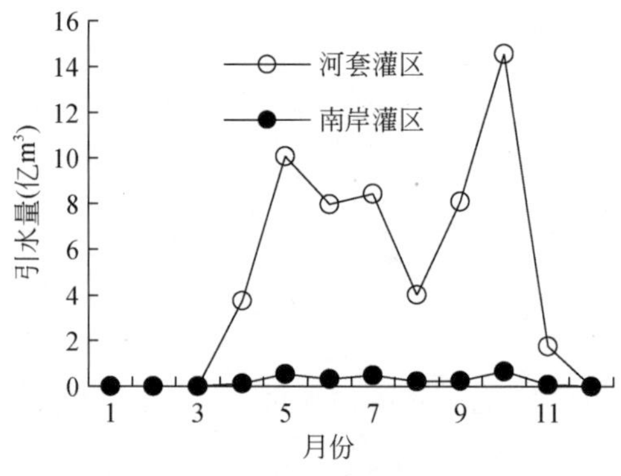

图4-7　石—三河段月引水过程

表4-18　2000～2012年内蒙古引黄灌区引水量年内分配　　单位：亿 m^3

河段	各月引水量												年内时段引水量		
	1月	2月	3月	4月	5月	6月	7月	8月	9月	10月	11月	12月	汛期	引水期	全年
石—头	0.00	0.00	0.03	4.13	11.01	8.73	9.18	4.27	8.38	16.13	2.25	0.00	37.96	64.07	64.10
石—三	0.00	0.00	0.00	3.86	10.61	8.29	8.92	4.22	8.34	15.23	1.82	0.00	36.72	61.30	61.30
三—头	0.00	0.00	0.03	0.27	0.40	0.44	0.26	0.04	0.04	0.89	0.43	0.00	1.24	2.77	2.79

三—头河段年内引水量分布与石—三河段略有不同，引水高峰期在6月、10月和11月，引水量分别占年引水量的15.7%、32.0%和15.4%（图4-8）。

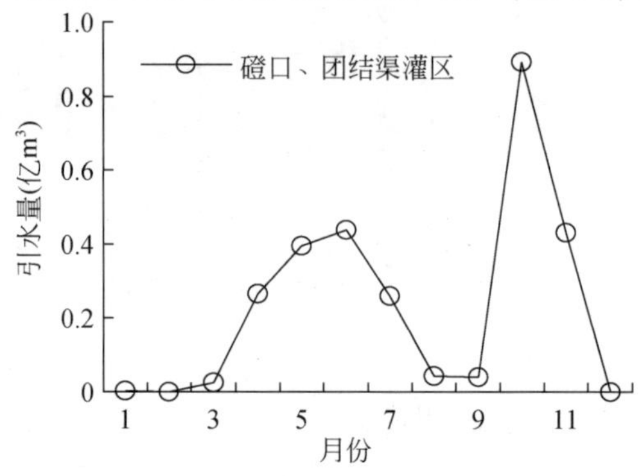

图4-8　三—头河段月引水过程

4.2.3.2 引退水变化特点

内蒙古引黄灌区的退水主要由两部分组成，一是通过河套灌区第二～第四泄水闸直接排水入黄，二是经总排干入乌梁素海后经西山嘴排水入黄。灌区退水主要集中在石—三河段及头道拐水文站断面以下。

石—三河段 1961～2012 年多年平均退水量为 9.59 亿 m^3，其中河套灌区多年平均退水量为 8.99 亿 m^3，占总退水量的 93.7%；南岸灌区多年平均退水量为 0.60 亿 m^3，占总退水量的 6.3%。

(1) 年际退水量变化

随引水量不断增加，石—三河段退水量总体上也呈增长趋势（图 4-9），由 20 世纪 60 年代平均退水量 3.26 亿 m^3 增到 2000～2002 年的 13.13 亿 m^3，增加了 3 倍。以 1996 年为分界点，退水过程大体可分为两个阶段，第一阶段为 1961～1996 年，该阶段持续增长；第二阶段为 1997～2012 年，1997 年退水量较 1996 年大幅度减少，但其后至 2006 年，逐年波动增加。在 1961～2012 年，2012 年退水量最大，为 21.83 亿 m^3，1964 年退水量最小为 0.27 亿 m^3。

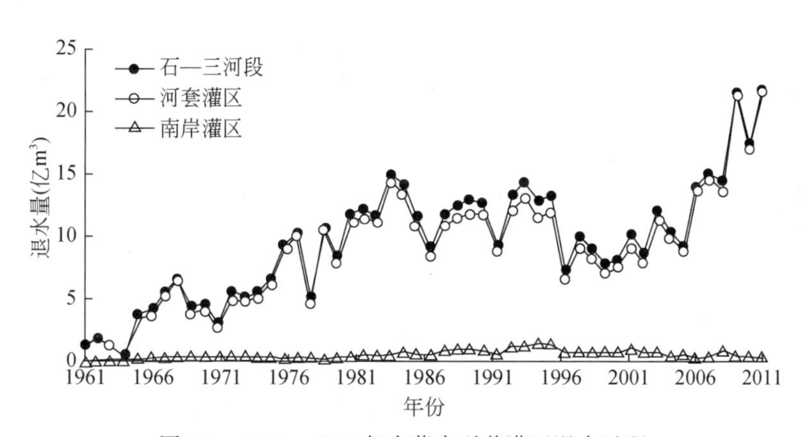

图 4-9 1961～2012 年内蒙古引黄灌区退水过程

表 4-19 为石—三河段不同时段年退水量及其变化量。2000～2012 年石—三河段年退水量为 13.13 亿 m^3，与多年平均退水量 9.59 亿 m^3 相比增加 37.0%；与 1990～1999 年年退水量 11.52 亿 m^3 相比增加 14%。

表 4-19 石—三河段灌区年退水量

时段	年退水量（亿 m^3）			2000～2012 年退水量变化					
	石—三河段	河套灌区	南岸灌区	石—三河段		河套灌区		南岸灌区	
				变化量（亿 m^3）	占退水量比例（%）	变化量（亿 m^3）	占退水量比例（%）	变化量（亿 m^3）	占退水量比例（%）
1961～2012 年	9.59	8.99	0.60	3.55	37.0	3.53	39.2	0.02	3.4

续表

时段	年退水量（亿 m³）			2000～2012 年退水量变化					
	石—三河段	河套灌区	南岸灌区	石—三河段		河套灌区		南岸灌区	
				变化量（亿 m³）	占退水量比例（%）	变化量（亿 m³）	占退水量比例（%）	变化量（亿 m³）	占退水量比例（%）
1961～1969 年	3. 26	2. 99	0. 27	9. 87	302. 7	9. 52	318. 0	0. 35	132. 4
1970～1979 年	6. 55	6. 19	0. 36	6. 59	100. 6	6. 32	102. 1	0. 27	74. 5
1980～1989 年	11. 75	11. 11	0. 64	1. 39	11. 8	1. 41	12. 7	-0. 02	-3. 6
1990～1999 年	11. 52	10. 48	1. 04	1. 61	14. 0	2. 04	19. 4	-0. 42	-40. 5
2000～2012 年	13. 13	12. 51	0. 62	0. 00	0. 0	0. 00	0. 0	0. 00	0. 0

2000～2012 年河套灌区年退水量较其他时段均呈增加趋势，南岸灌区略有不同，该时段年退水量较 20 世纪 80 年、90 年代分别减少 3. 6% 和 40. 5%。

（2）汛期退水量变化

1961～2012 年石—三河段灌区汛期退水量为 5. 75 亿 m³（表 4-20），占同期年退水量 9. 59 亿 m³的 60. 0%，其中河套灌区汛期退水量为 5. 36 亿 m³，占石—三河段汛期总退水量的 93. 2%；南岸灌区汛期退水量为 0. 39 亿 m³，占石—三河段汛期总退水量的 6. 8%。

表 4-20　石—三河段灌区不同时段汛期退水量

时段	石—三河段		河套灌区		南岸灌区	
	退水量（亿 m³）	占年退水量比例（%）	退水量（亿 m³）	占年退水量比例（%）	退水量（亿 m³）	占年退水量比例（%）
1961～2012 年	5. 75	60. 0	5. 36	59. 6	0. 39	65. 0
1961～1969 年	2. 12	65. 0	1. 94	64. 9	0. 18	66. 7
1970～1979 年	4. 55	69. 5	4. 30	69. 5	0. 25	69. 4
1980～1989 年	7. 78	66. 2	7. 35	66. 2	0. 43	67. 2
1990～1999 年	7. 01	60. 9	6. 31	60. 2	0. 70	67. 3
2000～2012 年	6. 65	50. 6	6. 29	50. 3	0. 36	58. 1

由不同时段石—三河段灌区汛期退水量对比可知（图 4-10），2000 年以前汛期退水量占年退水量的比例均在 60% 以上，其中 20 世纪 70 年代所占比例最大，接近 70%；2000～2012 年汛期退水量占年退水量的比例明显下降，仅为 50% 左右。

2000～2012 年石—三河段灌区汛期退水量为 6. 65 亿 m³，占同期年退水量的 50. 6%，与多年平均汛期退水量 5. 75 亿 m³ 相比，仅增加 0. 9 亿 m³；与 1990～1999 年汛期退水量 7. 01 亿 m³相比，减了 0. 36 亿 m³，变化不大（表 4-21）。

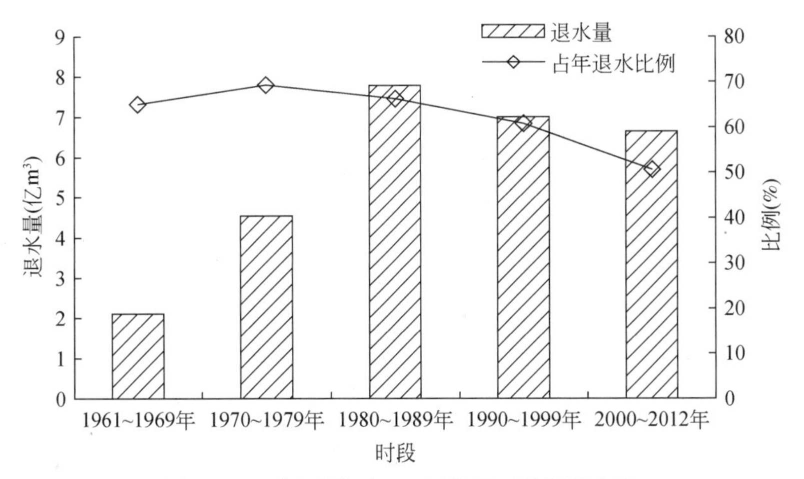

图4-10　不同时段石—三河段灌区汛期退水量

表4-21　石—三河段灌区不同时段汛期退水量

时段	汛期退水量（亿 m³）			2000～2012年汛期退水量与其他时段比较					
	石—三河段	河套灌区	南岸灌区	石—三河段		河套灌区		南岸灌区	
				变化量（亿 m³）	占退水量比例（%）	变化量（亿 m³）	占退水量比例（%）	变化量（亿 m³）	占退水量比例（%）
1961～2012年	5.75	5.36	0.39	0.90	15.6	0.93	17.4	-0.03	-8.3
1961～1969年	2.12	1.94	0.18	4.53	213.5	4.35	224.2	0.18	98.5
1970～1979年	4.54	4.30	0.25	2.11	46.4	2.00	46.5	0.11	45.2
1980～1989年	7.79	7.35	0.43	-1.14	-14.6	-1.06	-14.4	-0.08	-17.7
1990～1999年	7.01	6.31	0.70	-0.36	-5.1	-0.01	-0.2	-0.34	-48.8
2000～2012年	6.65	6.29	0.36	0.00	0.0	0.00	0.0	0.00	0.0

(3) 年内退水量变化

石—三河段灌区一般从4月开始退水，到11月底结束，其中5～9月为全年退水高峰期，退水量占全年的80%左右；冬灌后在11月也会出现一个退水小高峰，其退水量约占全年的10%。

从石—三河段灌区不同时期年内退水量分配来看（图4-11），在退水期内（4～11月，下同），9月退水量最多，为2.03亿 m³，占全年退水量的21.2%；4月退水量最少，为0.38亿 m³，占全年退水量的4.0%。最大月退水量约是最小月退水量的5倍。

对比不同时期年内退水量分配情况，各时期平均最大退水量除1970～1979年出现在8月外，其他时期均出现在9月；平均最小退水量除2000～2012年出现在10月外，其他年代均出现在4月。

从2000～2012年石—三河段灌区退水量年内分配可以看出（表4-22），9月退水量最大，为2.82亿 m³，占全年的21.5%；10月退水量最少，为0.48亿 m³，占全年的3.7%。

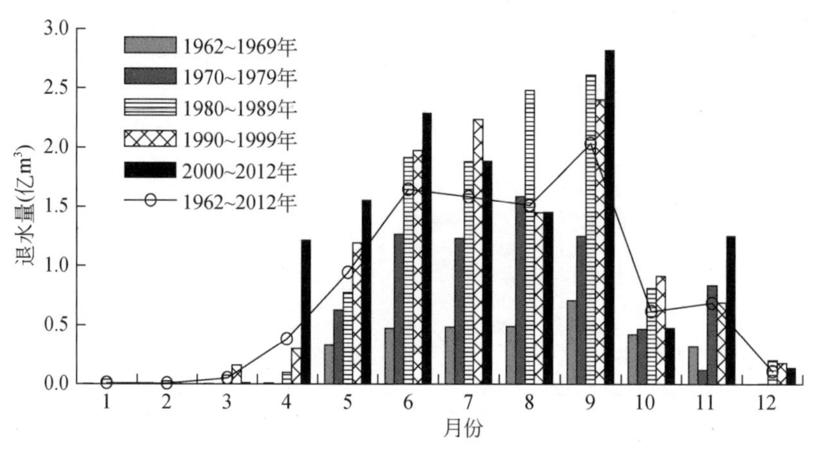

图 4-11　不同时段内蒙古引黄灌区退水量年内分配

最大月退水量约是最小月退水量的 6 倍。与多年平均相比，9 月退水量占年退水量的比例基本一致，4 月所占比例增加较多，增加了 5.3%。

表 4-22　2000 ~ 2012 年石—三河段灌区退水量年内分配　　单位：亿 m³

灌区名称	各月退水量												年内时段退水量		
	1 月	2 月	3 月	4 月	5 月	6 月	7 月	8 月	9 月	10 月	11 月	12 月	汛期	退水期	全年
全灌区	0.01	0.00	0.02	1.22	1.56	2.29	1.89	1.45	2.82	0.48	1.26	0.14	6.65	12.97	13.14
河套灌区	0.01	0.00	0.02	1.20	1.44	2.17	1.79	1.39	2.70	0.41	1.24	0.14	6.29	12.35	12.51
南岸灌区	0.00	0.00	0.00	0.02	0.11	0.12	0.10	0.07	0.12	0.06	0.01	0.00	0.36	0.62	0.62

2000 ~ 2012 年石—三河段河套灌区和南岸灌区的年内退水过程有所不同（图 4-12），河套灌区 5 月退水有所减少，但南岸灌区在 5 月基本达到退水高峰；河套灌区 9 月退水高峰后，11 月形成冬灌后的退水高峰，但南岸灌区自 9 月起退水量呈持续下降趋势。

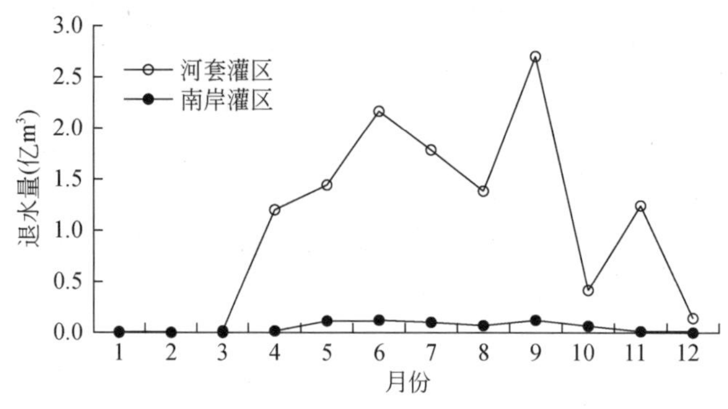

图 4-12　2000 ~ 2012 年内蒙古引黄灌区年内退水过程

4.3 宁蒙引黄灌区引退水关系

4.3.1 宁夏引黄灌区引排水关系

4.3.1.1 年引排水关系

(1) 引排水关系

根据宁夏引黄灌区年引水量与年排水量关系分析（图 4-13），排水量与引水量呈现较好的正相关关系，但近年来相同引水量下的排水量呈减小趋势，尤其是当引水量小于 75 亿 m^3时，退水量减少更为明显，就是说，较以往相比，引水量较少时退水量相应大幅减少。

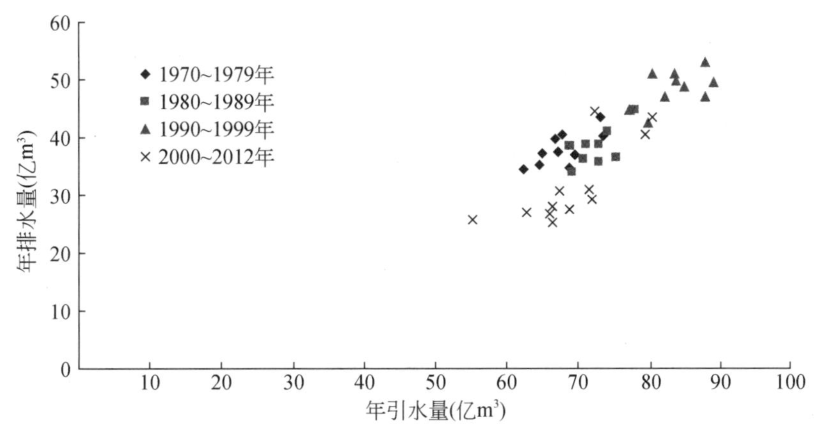

图 4-13 宁夏引黄灌区年引水量与年排水量关系

根据宁夏引黄灌区 1970 ~ 2012 年资料分析，排水量不仅与引水量有关，还与降水量有关，排水量与引水量和降水量都成正相关关系，其关系式为

$$W_{排} = 0.8849W_{引} + 0.0469P - 34.451 \tag{4-5}$$

式中，$W_{排}$为灌区年总排水量（亿 m^3）；$W_{引}$为灌区年引水量（亿 m^3）；P 为灌区年降水量（亿 m^3）；式（4-5）的相关系数 R 为 0.88。

上述关系说明，宁夏引黄灌区排水包括灌溉退水和降水产流两部分。

(2) 排引比关系（排水量与引水量之比）

宁夏引黄灌区引排水变化趋势基本一致。在 1999 年以前引水量呈增长趋势，1999 年以后呈下降趋势，与此对应，在 1998 年以前排水量呈增长趋势，1999 年以后呈下降趋势。排引比在 2002 年以前呈波动相对稳定趋势，2002 年以后呈下降趋势（图 4-14）。

1970 ~ 2012 年宁夏引黄灌区年排引比为 0.53，其中卫宁灌区、青铜峡灌区分别为 0.55、0.53。2000 ~ 2012 年宁夏引黄灌区的年排引比降到历史最低水平，宁夏引黄灌区、

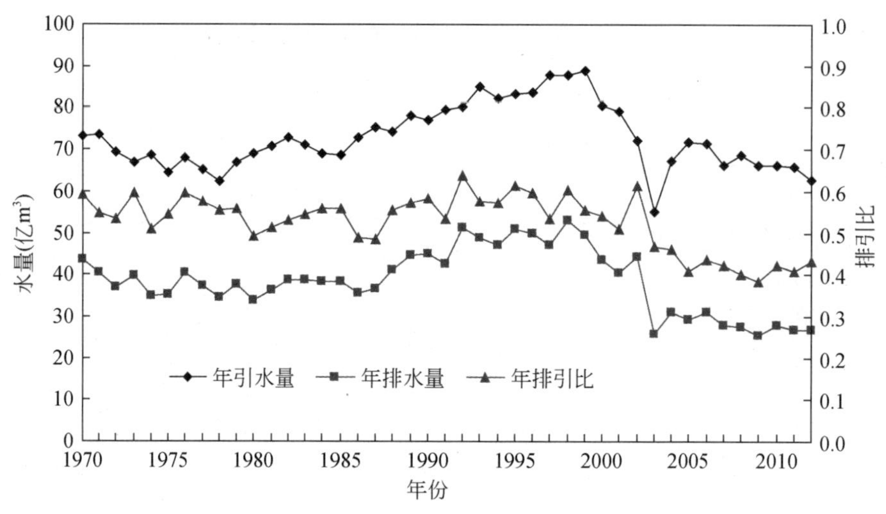

图 4-14 宁夏引黄灌区年引水量、年排水量变化过程

卫宁灌区、青铜峡灌区年排引比分别为 0.46、0.36、0.49，比 1990 ~ 1999 年相应灌区的年排引比分别下降 12%、19%、10%（表 4-23，图 4-15）。

表 4-23 宁夏引黄灌区不同时段年排引比

时段	宁夏引黄灌区	卫宁灌区	青铜峡灌区
1950 ~ 1969 年	0.47	0.71	0.37
1970 ~ 1979 年	0.56	0.68	0.52
1980 ~ 1989 年	0.53	0.63	0.50
1990 ~ 1999 年	0.58	0.55	0.59
2000 ~ 2012 年	0.46	0.36	0.49
1970 ~ 2012 年	0.53	0.54	0.53

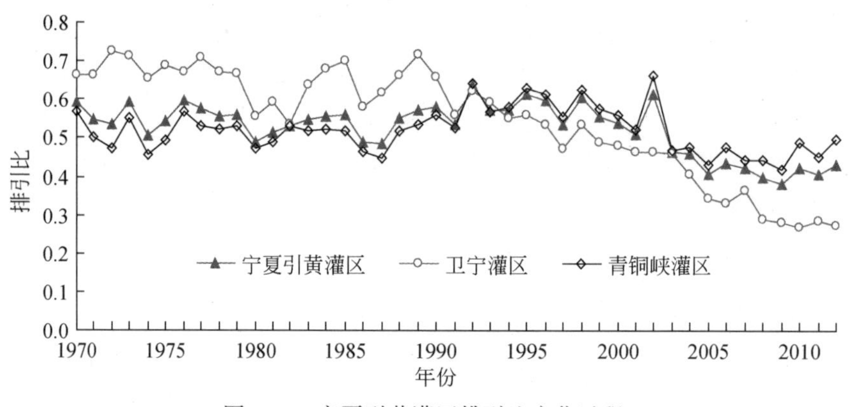

图 4-15 宁夏引黄灌区排引比变化过程

宁夏引黄灌区月排引比呈现由小到大，再由大到小的变化过程（图 4-16）。从 4 月灌

溉开始，排引比逐渐增大，并在9月排引比达到年内最大，甚至超过1；9月以后排引比逐渐减小直至11月停灌。全年各月中4月排引比最小。

2000～2012年宁夏引黄灌区年排引比为0.46，9月排引比最大为1.26，4月排引比最小为0.24；卫宁灌区年排引比为0.36，9月排引比最大为0.81，4月排引比最小为0.17；青铜峡灌区年排引比为0.49，9月排引比最大为1.55，4月排引比最小为0.28（图4-16）。

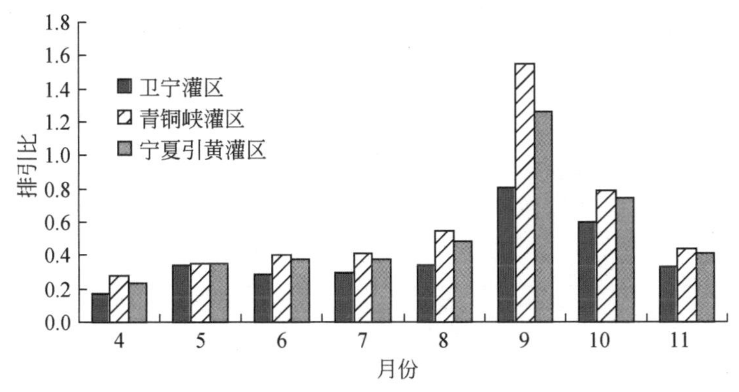

图4-16　2000～2012年宁夏引黄灌区月排引比分布

4.3.1.2　月引排水关系

根据1970～2012年宁夏引黄灌区月引水流量与排水流量关系分析（图4-17），不同月份的引排水关系差别较大。由于4月是灌区春灌引水，排水流量小且排引比（排水流量占引水流量的比例）也最小；5～8月，排水流量较高，排引比逐月加大；9月引水流量减小，而排引比最高；10月引水时间短，引水流量小、排水流量也小；11月为冬灌期，引水流量及排引比在年度各月中处于居中位置。

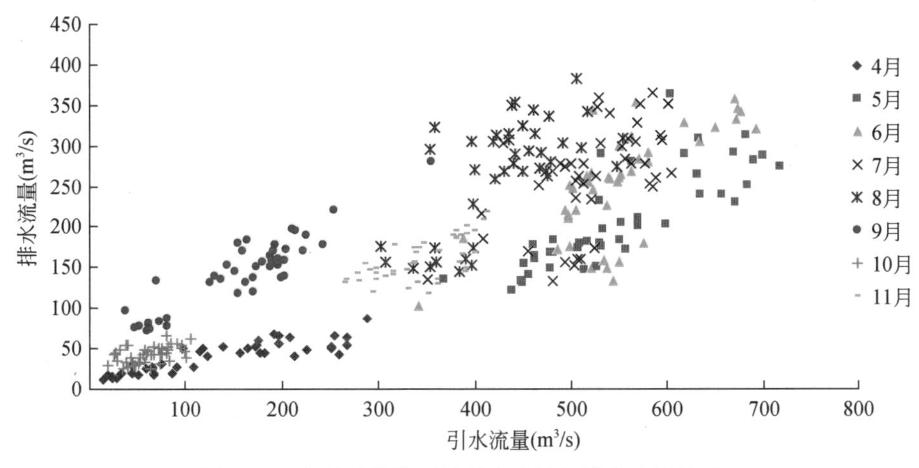

图4-17　宁夏引黄灌区月引水流量与排水流量关系

各月排水流量与当月引水流量、降水量、蒸发量和上月引水流量、排水流量关系见表4-24。

表 4-24　宁夏引黄灌区引排水关系

时间（月）	引排水关系	相关系数 R	备注
1	$R_1 = 0.6610R_{上} - 2.4235$	0.95	R_i为第 i 月平均排水流量（m^3/s）；I_i 为第 i 月平均引水流量（m^3/s）；P_i 为第 i 月平均降水量（mm）；E_i 为第 i 月平均蒸发量（mm）；$R_{上}$为上月（i-1 月）平均排水流量（m^3/s）；$I_{上}$为上月（i-1 月）平均引水流量（m^3/s）
2	$R_2 = 1.0062R_{上} - 0.9128$	0.97	
3	$R_3 = 1.1036R_{上} + 1.6201$	0.96	
4	$R_4 = 0.2019I_4 + 0.4156P_4 + 9.0158$	0.89	
5	$R_5 = 0.6279I_5 + 1.9262P_5 - 171.293$	0.94	
6	$R_6 = 0.7999I_6 + 0.8303P_6 - 1.3071E_6 + 8.6022$	0.85	
7	$R_7 = 1.0247I_7 + 1.0738P_7 - 1.0348E_7 - 153.827$	0.81	
8	$R_8 = 0.9692I_8 + 1.2918P_8 - 1.1771E_8 - 52.4894$	0.85	
9	$R_9 = 0.6593I_9 + 0.5252P_9 - 0.4709E_9 + 69.8143$	0.95	
10	$R_{10} = 0.2277I_{10} - 0.2546E_{10} + 46.8776$	0.57	
11	$R_{11} = 0.4060I_{11} + 20.5007$	0.67	
12	$R_{12} = 0.1405I_{上} - 17.6416$	0.69	

在引水期间，月排水流量与月引水流量、降水量、蒸发量有关，且随着月引水流量、降水量的增大而增大，随着月蒸发量的增大而减小；在非引水期间，灌区排水主要来自灌区沟道蓄水、地下水，与反应灌区蓄水情况的前期排水流量、前期引水流量有关。

4.3.2　内蒙古引黄灌区引排水关系

4.3.2.1　年引退水关系

（1）年退引比

石—三河段灌区引水退水的变化趋势基本一致（图 4-18）。

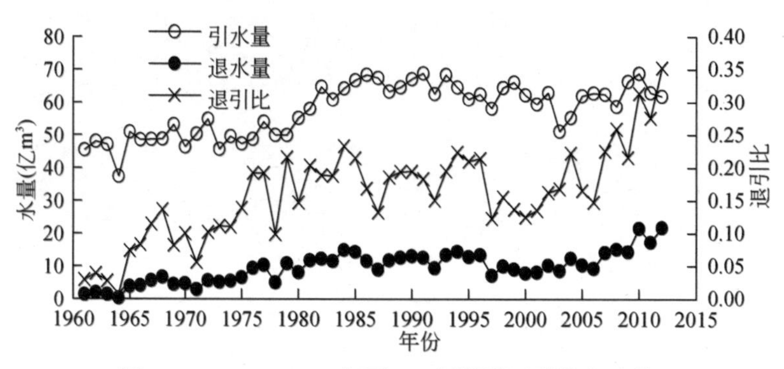

图 4-18　1961 ~ 2012 年石—三河段灌区引退水过程

统计分析表明，自 1961 年以来，石—三河段灌区年退引比呈增长趋势，年退引比由 1961 ~ 1969 年的 0.06 增长到 2000 ~ 2012 年的 0.21。

石—三河段灌区2000~2012年平均退引比为0.21，其中2012年退引比最大，为0.35；2000年退引比最小，为0.12，最大退引比约是最小退引比的2.6倍。与多年平均退引比0.16相比，退引比增加了1/3。石—三河段灌区不同时段年退引比对比情况见表4-25。

表4-25 石—三河段灌区不同时段年退引比

时段	河套灌区	南岸灌区	石—三河段灌区
1961~1969年	0.06	0.10	0.06
1970~1979年	0.13	0.11	0.13
1980~1989年	0.19	0.16	0.19
1990~1999年	0.14	0.26	0.18
2000~2012年	0.21	0.23	0.21
1961~2012年	0.15	0.18	0.16

(2) 年引退水关系

1961~2012年石—三河段灌区年退水量随着年引水量的增大而增大，两者呈线性相关，但相关程度并非密切，相关系数为0.77（图4-19）。

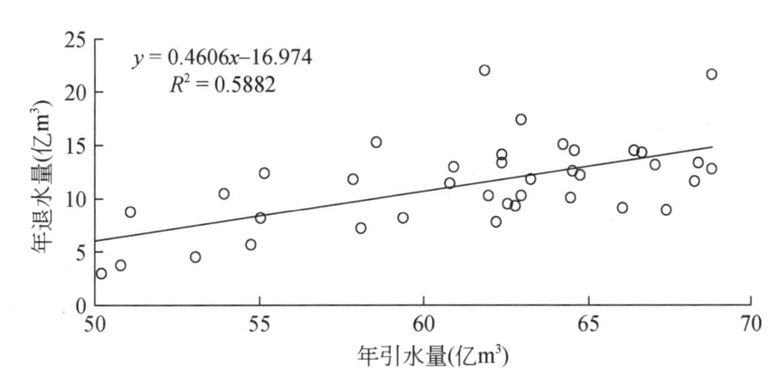

图4-19 石—三河段灌区年引退水关系

4.3.2.2 月引退水关系

1961~2012年石—三河段灌区月引水量、退水量变化并不完全同步（图4-20）。例如6月引水量减少，但退水量呈增长态势；8~10月引水量持续增长至最大值，但10月退水量却大幅度下降。1961~2012年11月退引比最大，为0.49；10月退引比最小，仅为0.05，主要原因在于10月引水量为全年最大，但退水由于滞后原因在11月仍有该次引水所引起的退水量。

根据1961~1969年各月引退水关系分析（图4-21），除4月引退水呈较好的直线相关关系外，其他月份的相关点据比较分散，说明影响退水的因素绝非单一引水量，还有其他因素，引退水关系比较复杂，有待进一步研究。

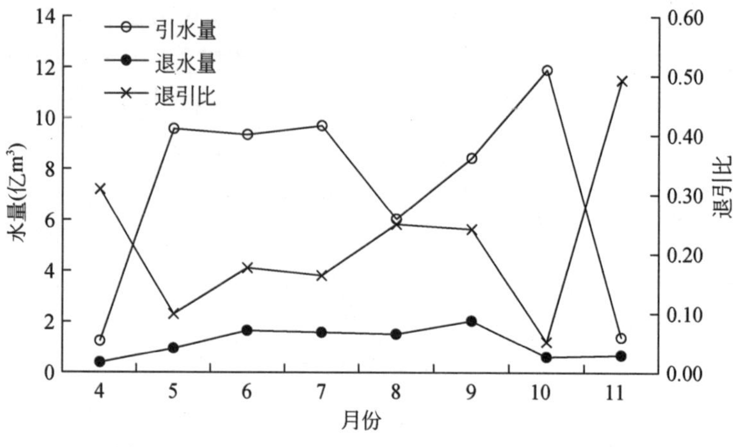

图 4-20　1961～2012 年石—三河段灌区月退引比

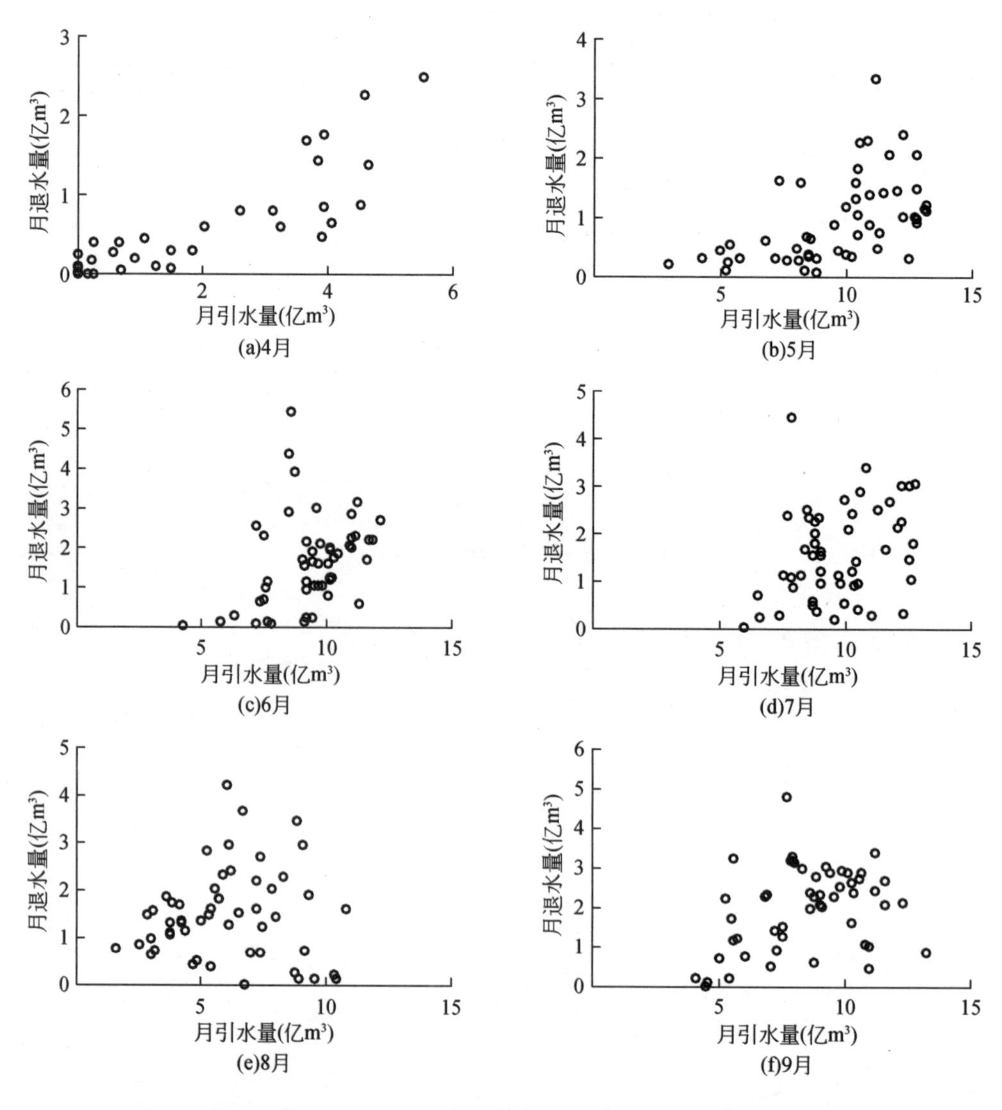

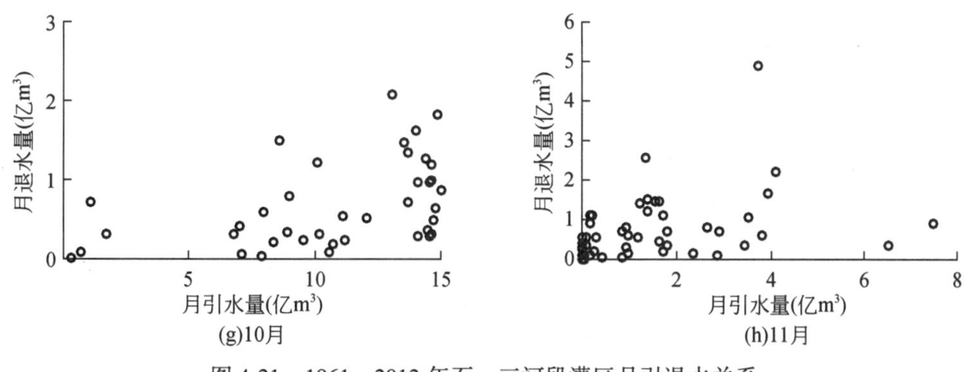

图 4-21 1961 ~2012 年石—三河段灌区月引退水关系

4.4 基于 GIS 的大型灌区引水循环模型

为揭示黄河上游大型灌区引黄用水的循环转化过程，基于 MIKE SHE 模型原理，采用具有物理过程的分布式水文模型的思路建立灌区引水循环模型。

4.4.1 模型结构与原理

MIKE SHE 系统是由丹麦水工试验所 DHI（Danish Hydraulic Institute，DHI）在 20 世纪 90 年代初期开发的确定性、综合性、基于物理过程的分布式流域水文系统模型（DHI，2011），近年来得到较广泛的应用（肖金强，2006；夏军和左其亭，2006；胡和平和田富强，2007；刘晨峰等，2008；万增友，2011）。模型结构如图 4-22 所示。

将研究区划分成许多正方形网格，在网格的垂直面上，划分为 3 个水平层，即地表、非饱和带和饱和带。地表水流运动以二维的坡面流模块和一维河道汇流模块相结合，通过一维的非饱和带水流运动模块（包括蒸散发模块）与三维的地下水（饱和带）水流运动模块联系在一起。

结合灌区水循环的特点，用于模拟灌区引水循环过程的模型包括 6 个独立的且相互联系的基于完整水流运动过程的子模块，分别为林冠截留模块、蒸散发模块、坡面流模块、河道流模拟模块、非饱和带水分交换模块、饱和带地下水流运动模块。每个子模块用于对一个主要水文过程的描述，根据不同的模拟要求，这些模块运行可相互分离也可进行整合，分离时可分别描述水流运动的各个子过程，综合运行时就可以描述灌区的整个水流运动过程。

4.4.1.1 降水及蒸散发模块

采用以经验公式为基础的 Kristensen-Jensen 公式计算灌区实际蒸散发量。该模块中包含冠层截留、冠层蒸发、植物蒸腾、土壤蒸发量，根系区的实际蒸发和土壤含水量由潜在蒸发率确定，并以植物的最大根系深和叶面指数为主要参数。

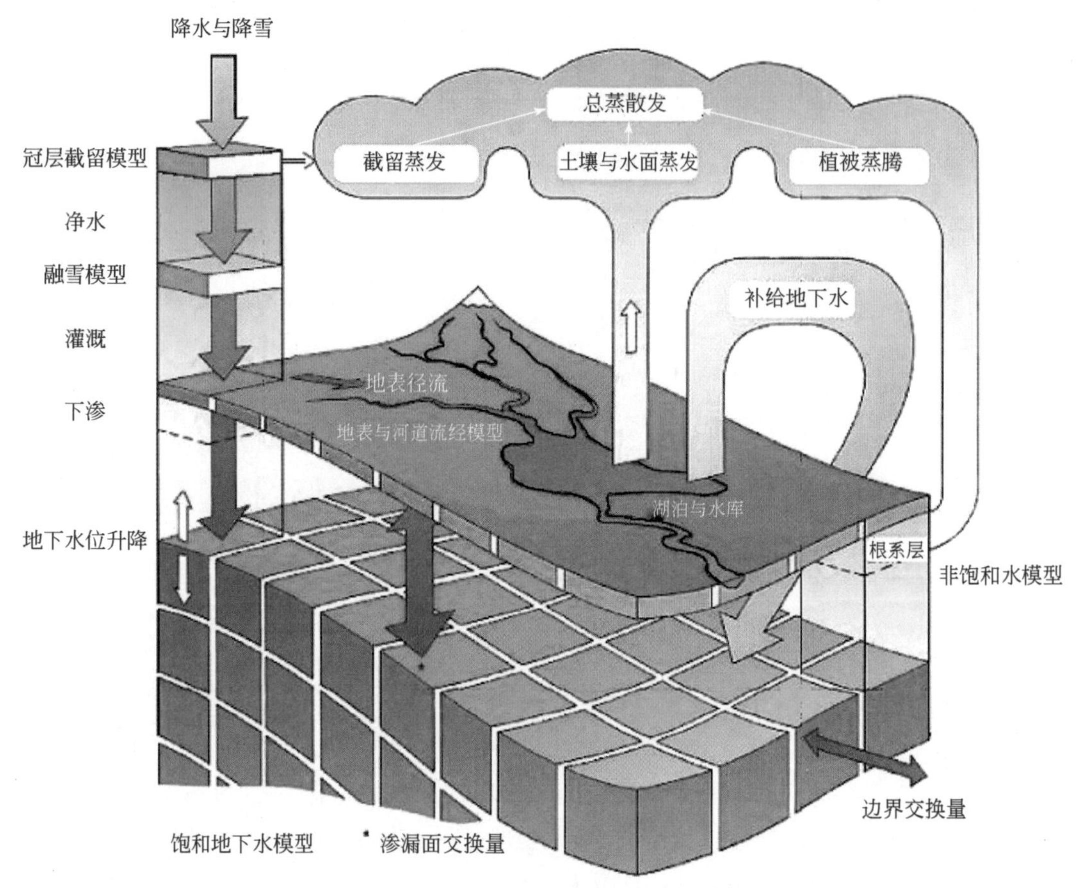

图 4-22　模型框架概念示意图

冠层是陆地上各个水分循环过程同大气接触的第一个层面，具有截留和蒸散发的功能，冠层的截留能力和蒸散发能力与植被的种类和生长期有关。目前，在水文模型模拟中，冠层水的平衡很少涉及内部水的水平传输，而只考虑垂直方向水分的运动。Kristensen-Jensen 计算林冠截留蓄水容量的公式为

$$I_{max} = C_{int} L_{ai} \tag{4-6}$$

式中，I_{max}为最大截留量（mm）；C_{int}为截留系数（mm），表示植被冠层的截留蓄水能力，通常取值为 0.05，更精确的数值必须通过试验资料率定；L_{ai}为叶面积指数。

灌区蒸散发包括土壤、水面、截留的蒸发以及作物的蒸腾。光合作用、土壤前期含水率、根系水分利用率、空气动力传输条件等均会影响流域的蒸散发能力。

在计算实际蒸散发时，需要首先确定参考作物蒸发蒸腾量 ET_0。蒸散发是灌区土壤水和地下水的主要排泄方式之一，为了增加模型精度，采用联合国粮食及农业组织（Food and Agriculture Organization of the United Nations，FAO）推荐使用的 Penman-Monteith 公式计算 ET_0。

1991 年 FAO 对 1979 年参考作物需水量计算的 Penman-Monteith 公式进行了修正，并确定了参考平面的蒸发蒸腾量 ET_0。该方法可提供相应计算地区和气候条件下的恒定 ET_0

值。修正后的 Penman-Monteith 公式形式为

$$ET_0 = \frac{0.408\Delta(R_n - G) + \gamma \frac{900}{T + 273}u_2(e_s - e_a)}{\Delta + \gamma(1 + 0.34u_2)} \tag{4-7}$$

式中，ET_0为参考作物腾发量（mm/d）；Δ 为饱和水汽压与温度关系曲线的斜率；R_n为太阳辐射［MJ/（m^2·d）］；G 为土壤热通量［MJ/（m^2·d）］；γ 为湿度计常数（kPa/℃）；T 为空气温度（℃）；u_2为在地面以上 2m 高处的风速（m/s）；e_s为日平均饱和水汽压（kPa）；e_a为实际水汽压（kPa）。

灌区实际蒸散发计算公式为

$$E_{tc} = K_c E_{t0} \tag{4-8}$$

式中，E_{tc}为实际蒸散发量（mm/d）；E_{t0}为蒸发皿蒸发量（mm/d）；K_c为作物系数。

采用 FAO 推荐使用的分段单值平均作物系数法和双值作物系数法，结合灌区土壤、气象、水平衡数据计算或率定主要作物 K_c值。截留、蒸散发对整个水文循环过程影响非常显著，截留量和蒸散发量的预测在水文与水资源研究中有很重要的地位，在模型中决定了非饱和带模块中补给地表水和地表漫流产生的时间和强度。

4.4.1.2 坡面汇流模拟模块

坡面汇流是降水量扣除植被冠层截留、填洼、下渗以及蒸发等损失量以后，沿坡面汇集的水流。

目前，分布式水文模型大多用明渠流圣维南方程组：

$$\frac{\partial h}{\partial t} + \frac{\partial}{\partial x}(uh) + \frac{\partial}{\partial y}(vh) = i \tag{4-9}$$

$$\begin{cases} S_{fx} = S_{ox} - \dfrac{\partial h}{\partial x} - \dfrac{u}{g}\dfrac{\partial u}{\partial x} + \dfrac{1}{g}\dfrac{\partial u}{\partial t} - \dfrac{qu}{gh} \\ S_{fy} = S_{oy} - \dfrac{\partial h}{\partial y} - \dfrac{v}{g}\dfrac{\partial v}{\partial y} + \dfrac{1}{g}\dfrac{\partial v}{\partial t} - \dfrac{qv}{gh} \end{cases} \tag{4-10}$$

式中，S_{fx}、S_{fy}为 x 和 y 方向上的摩阻坡降；S_{ox}、S_{oy}为 x 和 y 方向上的坡面坡度；u，v 分别为 x、y 方向的水流流速；q 为单宽流量；h 为水深；t 为时间；i 为净流入量。

二维圣维南方程组的动力学解法会随着数值的变化而变化，黄河上游大型引黄灌区地面坡度较缓，因此，为了降低方程组解法的复杂性，通常会将后面 3 部分的方程组舍去，采用圣维南方程的二维扩散波近似模拟坡面流，在模型中运用的扩散波近似值法是把方程组中由于地表面对流加速以及侧向入流而失去的水量忽略不计。

一般来说，坡面流的计算方法有两种，包括解析法和数值解法，其中数值解法比较常见。数值解就是求解坡面水流运动连续方程和动量方程。数值求解法包括有限元法和有限差分法，这两种又以有限差分法最为常见，可用于求解简单情况下的坡面流问题，特别适合求解变降水强度及下渗率随时空变化情况下的坡面流问题。模型中运用有限差分的方法对方程组进行计算。

在灌区坡面汇流计算中，由于灌区地表坡降小，首先假定地表的摩阻坡降都采用 Strickler/Manning 定律，再用扩散波的方法可得到方程组：

$$\begin{cases} S_{fx} = \dfrac{u^2}{K_x^2 h^{4/3}} \\ S_{fy} = \dfrac{v^2}{K_y^2 h^{4/3}} \end{cases} \tag{4-11}$$

式中，S_{fx}、S_{fy}同上，K_x和K_y分别为 x 和 y 方向上的 Strickler 系数；n 为糙率。

因此流速和水深的关系为

$$\begin{cases} uh = n_x \left(-\dfrac{\partial z}{\partial x}\right)^{1/2} h^{5/3} \\ vh = n_y \left(-\dfrac{\partial z}{\partial y}\right)^{1/2} h^{5/3} \end{cases} \tag{4-12}$$

式中，u 为 x 方向流速；v 为 y 方向流速；h 为水深；i 为净流入量；n_x、n_v分别为 x、y 方向 Manning 糙率系数。

4.4.1.3 湖泊、河流及沟渠模拟模块

河道、湖泊、沟渠水流运动模拟采用一维圣维南完全动力方程组描述：

$$\frac{\partial A}{\partial t} + \frac{\partial Q}{\partial x} = i \tag{4-13}$$

$$\frac{\partial Q}{\partial t} + \frac{\partial}{\partial x}\left(\frac{Q^2}{A}\right) + gA\frac{\partial h}{\partial x} + g\frac{Q|Q|}{C^2 AR} = 0 \tag{4-14}$$

式中，x 为距离坐标；t 为时间坐标；A 为过水断面面积；Q 为流量；h 为水深；i 为旁测入流量；n 为河床糙率系数；R 为水力半径；g 为重力加速度。应用隐式有限差分法求解该方程组。

河道水流与坡面流、非饱和带和饱和带水流的耦合通过位于栅格单元之间的河道链接（river links）实现，在河道模拟中定义用于与流域过程耦合的河道（coupling reaches），流域过程只与这些耦合的河道发生水量的交换（图 4-23）。饱和带含水层与河道的水量交换在河流经过的两个相邻单元格之间进行，并通过以下公式进行计算：

$$Q_i = \Delta h_f C_i \tag{4-15}$$

式中，Q_i为交换水量；C_i为水力传导率；Δh_f 为河流和单元格的水头差；i 为河流两岸的任意一个单元格的表示符号。

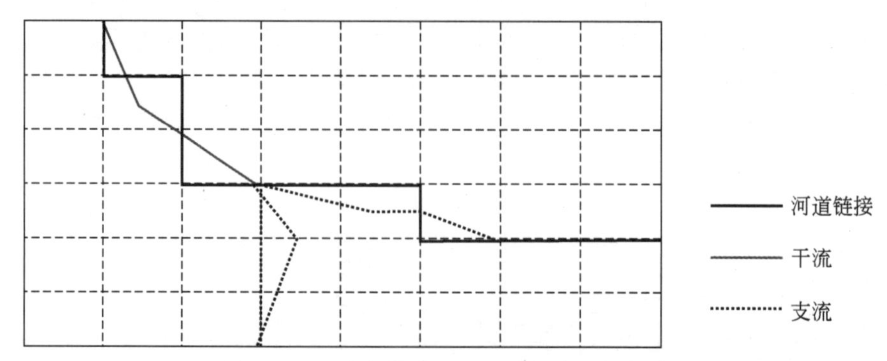

图 4-23　河流与栅格通过河道链接进行耦合

含水层与河道的水头差 Δh_i 通过以下公式进行计算：

$$\Delta h_i = h_i - h_{riv} \tag{4-16}$$

式中，h_i为网格单元的水头；h_{riv}为河道水流的水头。一般来说，h_{riv}的数值从河道模型的 H 点中插值生成。

以上耦合考虑了两个主要的且不同地表水与含水土层的水分交换机制，一是单纯的河道与含水土层水量交换，适用于线形河道；二是有淹没面积的洪水，该方法适用于较宽的河道、大面积洪水、湖泊等。

一般认为沟道、河流是固定在模型栅格之间的线，河道的宽度相对栅格来说较小，而河道与含水层的水量交换（渗透与补给）计算主要基于水头梯度。如果需要更精确的描述，就要考虑河道、洪积面积以及蓄水土层和大气（表现为蒸发散）的关系，在这种情况下，对淹没面积、洪水动力的可靠描述至关重要。

4.4.1.4 非饱和带模拟模块

非饱和带水流运动是模型的核心模拟过程，通常非饱和带是非均质的，土壤的水分因为降水、灌溉、蒸散发及对地下水的补给而变化，所以土壤非饱和层（包气带）的水分运动比较复杂。非饱和土壤含水量直接影响到蒸发、下渗等过程，并决定降水和灌溉中产生径流（地表径流、壤中流和地下径流）的比例，在水流运动的过程中，非饱和带是联系降水、灌溉、下渗、蒸发和径流等水循环环节的纽带。

黄河上游大型引黄灌区土壤水在垂向上的水量交换频繁。Richards 方程在计算水动力过程方面具有强度大、精度高的特点，因而能够满足模型对不饱和带水分运动的要求。在平原地区，地下水运动主要受重力作用，在下渗过程中主要沿垂直方向运动。因此，模型采用土壤水运动方程的简化形式，即一维（垂直方向）的 Richards 方程描述非饱和带水流运动：

$$C\frac{\partial\psi}{\partial t} = \frac{\partial}{\partial z}\left(k\frac{\partial\psi}{\partial z}\right) + \frac{\partial k}{\partial z} - s \tag{4-17}$$

式中，C 为比水容重；$C = \frac{d\theta}{d\psi}$；$\psi$ 为土壤基质势；θ 为土壤体积含水率；k 为非饱和导水率；z 为土壤水分垂向运动方向；s 为根系吸水项。模型以隐式有限差分法求解 Richards 方程。

求解的边界条件为上边界在一段时间内固定的通量条件即到达地表的净水量，或固定的压力水头条件即地表的蓄水位。当下渗能力超过地表储水时，上边界由压力条件转变为通量条件：

$$\begin{cases} k(\psi)\left(\frac{\partial\psi}{\partial Z} - 1\right)_{Z=0} = R(t) & T = t = 0 \\ k(\psi)\left(\frac{\partial\psi}{\partial Z} - 1\right)_{Z=0} = 0 & \psi = \Delta Z_{n+1}(x = 0,\ t) \quad t = T \end{cases} \tag{4-18}$$

式中，ψ 为土壤基质势；R（t）为净雨量；k（ψ）是水力传导度；T 为总历时，t 为任一时间段；Z 指垂直方向，向上为正。

下边界条件通常是由地下水位高程决定。用处于水位处的计算节点的水势表示压力边界。计算节点在地下水位以上时，下边界含水率条件为 $\theta(H,\ t)=\theta_H^0$（θ_H^0 是初始时刻水位 H 处的含水率）；计算节点在地下水位以下时，下边界压力条件为 $\psi=\psi_h$（ψ_h 是指从节点到地下水位处的基质势）；当地下水位处于不透水层以下时（非饱和条件），边界变为零通量条件，直到土壤从底层开始饱和。

初始条件——假设没有水流情况下的均一的土壤含水率/压力条件产生的土壤水势（含水量）为：$\psi_z=\psi_0$ 或 $\theta(z,\ 0)=\theta_0(z)$

4.4.1.5 饱和带地下水模拟模块

地下水三维运动由以下偏微分控制方程（非线性）描述：

$$\frac{\partial}{\partial x}\left(k_{xx}\frac{\partial h}{\partial x}\right)+\frac{\partial}{\partial y}\left(k_{yy}\frac{\partial h}{\partial y}\right)+\frac{\partial}{\partial z}\left(k_{zz}\frac{\partial h}{\partial Z}\right)-Q=S_s\frac{\partial h}{\partial t} \tag{4-19}$$

式中，k_{xx}、k_{yy}、k_{zz}是渗透系数在 x、y、z 方向上的分量（m/s）；h 为水深（m）；S_s是孔隙介质的储水率（L/m）；t 为时间（s）；Q 为流量（L/s），包括与非饱和层、河道的交换量，地下水补给、直接蒸发等，是联系地下水和地表水的纽带。

模拟地下水时，地下水子模块需要包括式（4-19）中的 k_{xx}、k_{yy}、k_{zz}在内的水文地质数据，这些数据需要经过前期处理。采用改进的 Guass-Seidel 交替隐式有限差分法和 Preconditioned conjugated gradients 法两种思路模拟求解地下水运动，求得的解是数值解。在垂直方向上算法依据三维河网或是二维的地质分层（针对单层含水层）进行，水分的补给和交换在河网计算单元中都有发生，整体的描述有助于流域内地下水位的综合考虑和理解，可解决地表水和地下水的结合问题。

模型应用与坡面流数值解法相同，即将式（4-19）写成差分格式，用经改进的 Guass-Seidel 交替隐式有限差分法进行地下水的数值求解。

4.4.2 青铜峡灌区水循环模型

4.4.2.1 模型概化

基于分布式水文模型 MIKE SHE 建立青铜峡灌区水循环模型（图 4-24），各计算模块功能设计考虑青铜峡灌区“取水（包括河道、灌井取水）—输水—排水—回归（包括灌区地表、地下回归水）”的水循环过程，以及自然条件下的降水、蒸散发、产流、入渗和径流等各个环节。

按照青铜峡灌区引排水特点，为减轻模型计算的任务量，提高计算速度，将灌区复杂的灌排系统按渠系级别、分布等因素概化为 16 条引水渠，26 条排水沟；灌溉面积按照各个渠道控制的灌溉面积进行划分。

对于地表水和地下水的模拟采用变时间步长的方式。计算过程中在考虑计算精度和模型稳定的基础上，根据设定的迭代次数以及最大误差设定计算步长。计算步长按地表径流<非饱和带<饱和带的递次关系确定。MIKE SHE 中的变步长是以设定的时间作为变量的因变量，由单位步长内变化阈值来确定，当单位时间内的因变量变化量大于设定的阈值则减小步长，反之则增大步长。

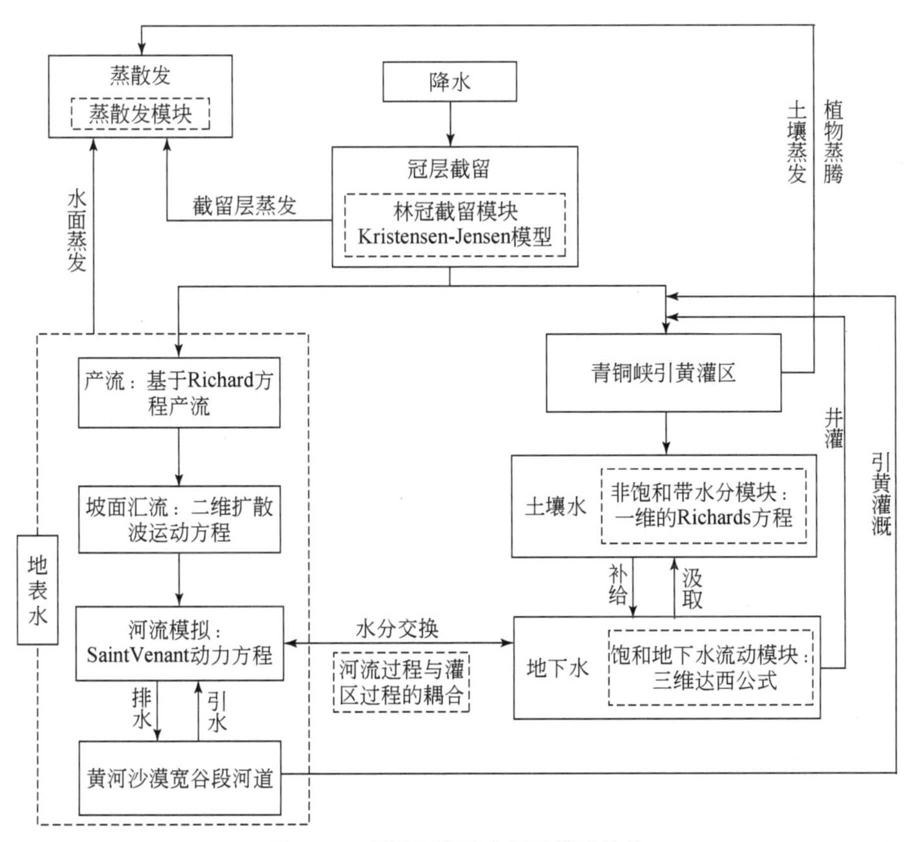

图 4-24　青铜峡灌区水循环模型结构

选择 2006～2009 年实测地下水位变化和排水沟排水过程率定模型参数，用 2009～2012 年实测地下水位变化和排水过程进行验证。模型构建后，应用模型模拟计算不同条件下灌区地下水与黄河水的交换量，为所耦合的河道水沙模块提供基础数据。

4.4.2.2　模型功能设置

（1）模型范围及地表高程

将 90m×90m 的数字高程地形作为区域下垫面资料导入水循环模型，以充分反映下垫面的空间差异性。此外，将研究范围分为若干个 1km×1km 的计算单元。

（2）降水及蒸发子模块

采用青铜峡灌区 20 个雨量站的降水资料（表 4-26）、5 个气象站点的逐日 E_{t0} 资料（表 4-27）输入模型，根据各站的坐标，采用泰森多边形法在 ArcGIS 中做出降水分布多边形，导入到 MIKE SHE 中。最后，在 MIKE SHE 中对每个站输入相应的降水量和 E_{t0}。

表 4-26　模型输入雨量站基本情况

序号	站名	北纬（°）	东经（°）
1	青铜峡	106.00	37.90
2	大坝车站	105.93	38.02
3	侯家河	106.45	37.72
4	侯家桥	106.13	37.88
5	郭家桥	106.25	37.98
6	望洪堡	106.22	38.20
7	平吉堡	106.03	38.43
8	贺家庙	106.45	38.53
9	小口子	105.93	38.62
10	苏峪口	105.98	38.72
11	金山	106.13	38.70
12	大水沟口	106.17	38.88
13	下庙	106.22	38.85
14	汝箕沟	106.25	38.95
15	平罗	106.53	38.90
16	大武口	106.42	39.08
17	苦水沟	106.92	39.08
18	熊家庄	106.77	39.17
19	达家梁子	106.65	39.15
20	石嘴山	106.78	39.25

表 4-27　青铜峡灌区主要气象站基本情况

编号	站名	北纬（°）	东经（°）	海拔（m）
53519	石嘴山	39.12	106.45	1091.0
53614	银川	38.29	106.13	1111.5
53615	陶乐	38.49	106.41	1101.6
53704	中卫	37.32	105.11	1225.7
53705	中宁	37.29	105.40	1183.3

(3) 土地利用子模块

青铜峡灌区土地利用类型概括为居民区、耕地、草地、林地、水域、沙荒地等6种，分别占总面积的0.49%、47.62%、46.96%、0.09%、4.11%和0.73%。

根据不同土地利用类型，确定叶面指数 L_{ai} 和根深 RD 等参数。

(4) 作物种植结构和灌溉制度子模块

进一步划分农业耕地种植结构，作物包括粮食作物、经济作物、瓜菜、园林地作物、饲草地作物和设施农业等（表4-28）。

表4-28 青铜峡灌区各干渠控制区作物种植面积

作物名称		不同控制区作物面积（万亩）					
		西干渠	唐徕渠	汉延渠	惠农渠	渠首	秦汉渠
粮食作物	水稻	5.4	38.7	10.7	39.2	6.9	26
	小麦	13.6	46.9	26.6	52	14.5	34.5
	玉米	22	13.8	0.3	9.1	0.3	19.1
	其他谷物	0.5	0.2	0.0	0.1	0.0	0.1
经济作物	马铃薯	0.3	0.0	0.0	0.0	0.0	0.0
	油料	0.6	0.4	0.0	4.2	0.0	2.1
	药材	2.1	0.1	0.0	0.0	0.0	0.2
瓜菜	大地蔬菜	0.0	1.8	0.1	5.1	0.1	0.9
	瓜果	0.0	0.0	0.0	0.0	0.0	0.5
园林地作物	葡萄	12.4	0.6	0.2	0.0	0.2	0.3
	枸杞	2.2	2.1	0.0	0.7	0.0	0.0
	果园	4.4	1.6	1.2	0.1	0.4	9.7
饲草地作物	灌溉林地	2.1	2.5	0.6	0.1	0.3	3.9
	饲草	2.4	0.4	0.0	0.2	0.0	0.5
设施农业		1.6	4.8	4.4	1.1	0.5	2.4
合计		69.6	113.9	44.1	111.9	23.2	100.2

参考《宁夏主要农作物及经果林灌溉制度研究》《宁夏中部干旱带高效节水补灌工程总体实施方案》和《宁夏不同灌区各种作物田间灌溉定额表》等资料确定模型的农业灌溉方式。

灌溉、配水制度主要分为夏灌（4~6月）、秋灌（7~9月）和冬灌（10月下旬~11月中旬）。旱作生育期一般灌水2~5次，灌水期为10~15d，灌水定额为70~90m³/亩，灌溉定额为270~530 m³/亩；水稻生育期灌水30~34次，灌水定额为40~100 m³/亩，灌溉定额为900~1300m³/亩。灌水方式为传统的畦灌。

(5) 坡面汇流子模块

坡面流是降水产流后汇入河道中的一个重要途径，需设置曼宁糙率系数 n、初始水深和独立的流场分布（图4-25）。

曼宁糙率系数 n 是根据不同土地利用类型，参照相关文献资料加以确定的。初始水深根据典型灌区实际蓄水情况和参考调查资料确定。模型通过引排水渠以及天然河流的分布

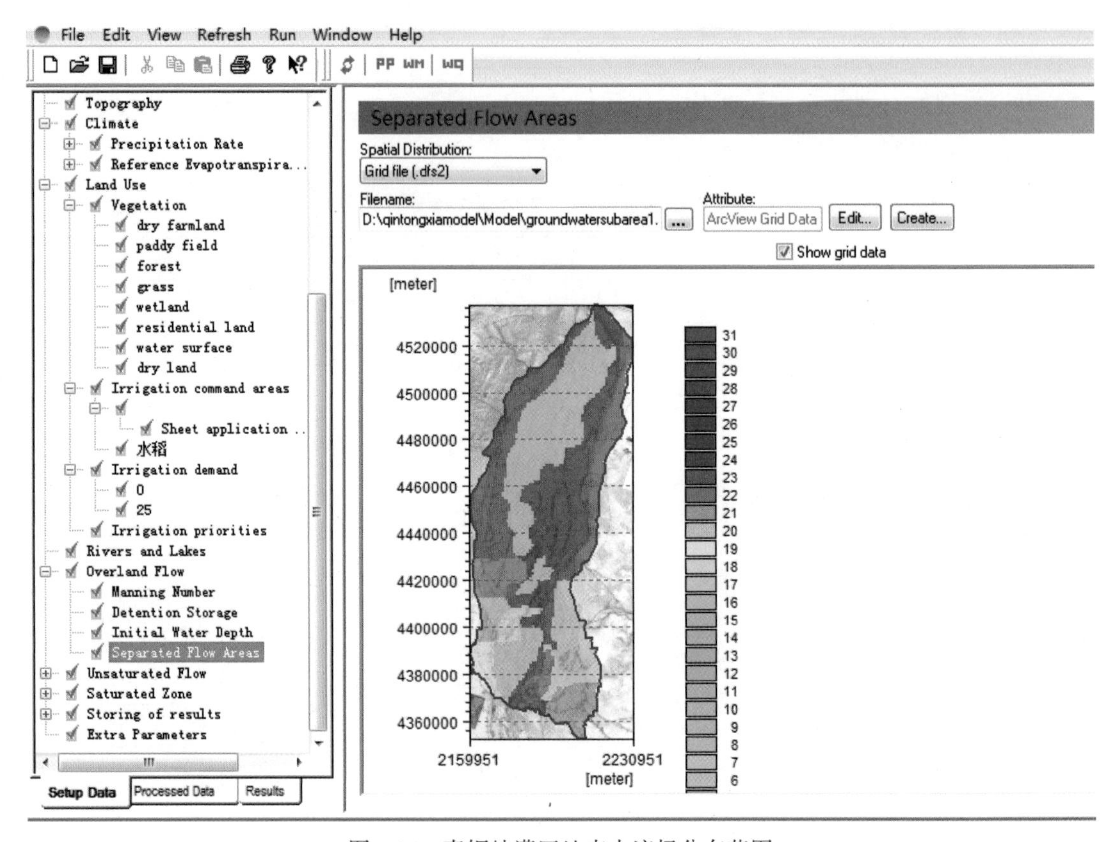

图 4-25　青铜峡灌区地表水流场分布范围

划分地表径流的流场范围，灌区内部共划分为 31 个相对独立的地表径流场。

（6）河流计算子模块

模型输入参数包括河网文件、河网断面文件、边界条件和水力参数文件等。将青铜峡灌区 16 条主要干渠、25 条主要干沟及其过境的黄河干流数字化后输入模型，每条河流（包括输水渠、排水沟等）由若干节点构成，节点数量根据河流长度、模型精度、叠加次数等进行调整。同时对河流节点、输入流量及出流断面的流量—水位关系等进行数字描述，分别确定河道断面文件和边界文件和其他水力参数文件。

（7）非饱和带子模块

非饱和带模块需要输入 5 个参数，即饱和含水量、田间持水量、凋萎含水量、饱和导水率、蒸散发量。根据遥测图像分析和相关文献，把灌区内的土壤类型划分为沙土、沙黏土、上沙下黏土、上黏下沙土、沙卵砾石和黏沙土等 6 种，分别占总面积的 20.5%、19.9%、1.5%、10.1%、14.3%和33.7%（图4-26）。不同土壤类型的下渗率、饱和含水量、田间持水量和凋萎含水量按照相关文献和经验值给出，下渗率为 $10^{-6}\sim10^{-7}$m/s，各土壤不同状态下的含水率以及根系蒸发表面深的值为 1～2m。

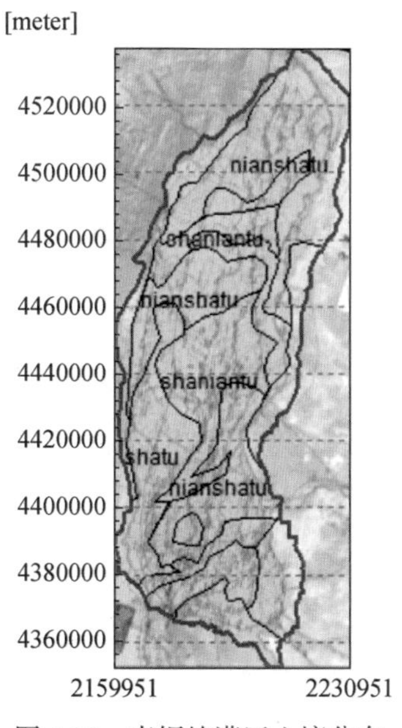

图 4-26　青铜峡灌区土壤分布

（8）饱和带子模块

饱和带模块需要输入的空间数据主要包括地下水分层数目、含水层底面高程、含水层初始水位、饱和带中的透镜体空间位置、含水层及透镜体的渗透系数、给水度、各含水层间的越流系数、开采井参数、空间排水水位及排水系数等。参考《宁夏地下水资源评价报告》（1984 年）、《银川平原农业生产基地地下水资源及环境地质综合勘查报告》（1995 年）等资料，确定不同地质分区各参数取值。

4.4.2.3　输出结果设置

当需要模拟的水文过程以及所使用的方法选定之后，模型可自动按照所需要模拟的模块产生一个结果输出选择列表（图 4-27）。最后在输出列表当中选择需要的图表类型。模型提供整个流域或观测点（单个或者多个）等类型的图表输出，为不同角度的研究分析提供更直观的资料。

4.4.2.4　模型参数率定和验证

MIKE SHE 是完全分布式模型，其参数具有实际物理意义，一般情况下不需要对模型的参数进行率定，或者只需要按照不同地区的差异作一定程度上的调整。但是，这一结论只适用于在大量的数据资料支持的基础上。由于现在技术手段的限制以及观测资料的不全，往往不能够完全得到对区域水循环过程进行模拟所需的所有资料，特别是地下水模拟所需的资料，数据资料往往相当缺乏。在这种情况下，某些水循环过程的模拟只能采取其他非完全分布式模型的方法处理，这样就会对模拟的精度造成一定影响。另外，由于一些模块所给定的参数和初值主要为试验值和经验值，而不同区域在不同状态下土壤特性等信

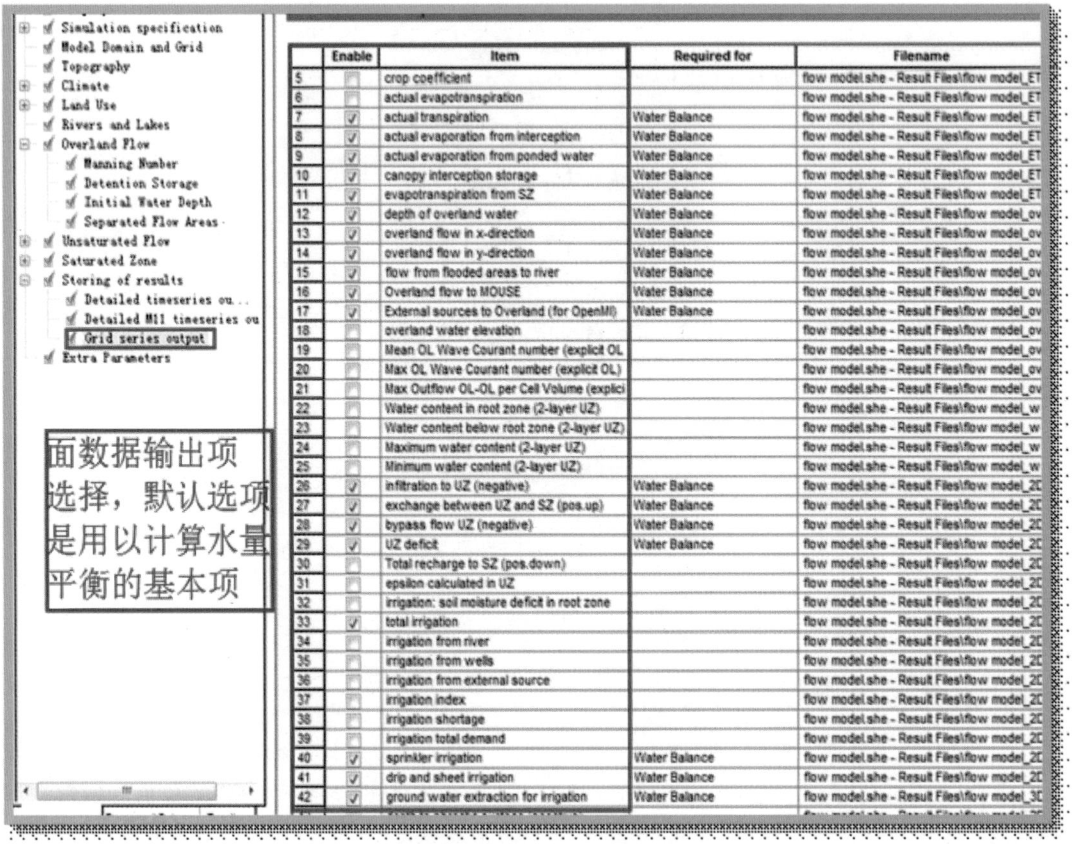

Simulation specification
Model Domain and Grid
Topography
Climate
Land Use
Rivers and Lakes
Overland Flow
Manning Number
Detention Storage
Initial Water Depth
Separated Flow Areas
Unsaturated Flow
Saturated Zone
Storing of results
Detailed timeseries ou...
Detailed M11 timeseries ou
Grid series output
Extra Parameters

面数据输出项
选择，默认选项
是用以计算水量
平衡的基本项

	Enable	Item	Required for	Filename
5		crop coefficient		flow model.she - Result Files\flow model_ET
6		actual evapotranspiration		flow model.she - Result Files\flow model_ET
7	√	actual transpiration	Water Balance	flow model.she - Result Files\flow model_ET
8	√	actual evaporation from interception	Water Balance	flow model.she - Result Files\flow model_ET
9	√	actual evaporation from ponded water	Water Balance	flow model.she - Result Files\flow model_ET
10	√	canopy interception storage	Water Balance	flow model.she - Result Files\flow model_ET
11	√	evapotranspiration from SZ	Water Balance	flow model.she - Result Files\flow model_ET
12	√	depth of overland water	Water Balance	flow model.she - Result Files\flow model_ov
13	√	overland flow in x-direction	Water Balance	flow model.she - Result Files\flow model_ov
14	√	overland flow in y-direction	Water Balance	flow model.she - Result Files\flow model_ov
15	√	flow from flooded areas to river	Water Balance	flow model.she - Result Files\flow model_ov
16	√	Overland flow to MOUSE	Water Balance	flow model.she - Result Files\flow model_ov
17	√	External sources to Overland (for OpenMI)	Water Balance	flow model.she - Result Files\flow model_ov
18		overland water elevation		flow model.she - Result Files\flow model_ov
19		Mean OL Wave Courant number (explicit OL		flow model.she - Result Files\flow model_ov
20		Max OL Wave Courant number (explicit OL)		flow model.she - Result Files\flow model_ov
21		Max Outflow OL-OL per Cell Volume (explici		flow model.she - Result Files\flow model_ov
22		Water content in root zone (2-layer UZ)		flow model.she - Result Files\flow model_w
23		Water content below root zone (2-layer UZ)		flow model.she - Result Files\flow model_w
24		Maximum water content (2-layer UZ)		flow model.she - Result Files\flow model_w
25		Minimum water content (2-layer UZ)		flow model.she - Result Files\flow model_w
26	√	infiltration to UZ (negative)	Water Balance	flow model.she - Result Files\flow model_2D
27	√	exchange between UZ and SZ (pos.up)	Water Balance	flow model.she - Result Files\flow model_2D
28	√	bypass flow UZ (negative)	Water Balance	flow model.she - Result Files\flow model_2D
29	√	UZ deficit	Water Balance	flow model.she - Result Files\flow model_2D
30		Total recharge to SZ (pos.down)		flow model.she - Result Files\flow model_2D
31		epsilon calculated in UZ		flow model.she - Result Files\flow model_2D
32		irrigation: soil moisture deficit in root zone		flow model.she - Result Files\flow model_2D
33	√	total irrigation		flow model.she - Result Files\flow model_2D
34		irrigation from river		flow model.she - Result Files\flow model_2D
35		irrigation from wells		flow model.she - Result Files\flow model_2D
36		irrigation from external source		flow model.she - Result Files\flow model_2D
37		irrigation index		flow model.she - Result Files\flow model_2D
38		irrigation shortage		flow model.she - Result Files\flow model_2D
39		irrigation total demand		flow model.she - Result Files\flow model_2D
40	√	sprinkler irrigation	Water Balance	flow model.she - Result Files\flow model_2D
41	√	drip and sheet irrigation	Water Balance	flow model.she - Result Files\flow model_2D
42	√	ground water extraction for irrigation	Water Balance	flow model.she - Result Files\flow model_3D

图 4-27　模型输出结果设置

息都不完全相同甚至有较大差异，给出的初值并不能够完全反映实际情况。必须根据最后的模拟结果，再对参数进行率定和验证。

利用 2006 年 4 月 ~2009 年 4 月实测地下水位变化和排水沟排水过程对模型参数的敏感程度进行分析，选出对输出结果有明显影响的参数进行率定。输出结果以特定区域地下水位作为响应，以地下水观测井实测值为基准，观察参数变化后模拟值与观测值间的差异程度。通过对模型主要参数进行调整的结果表明，各个模块都有一些参数对模拟结果有较大影响，不过模型响应的表现则各有不同。

模型率定的方法是以初定值为中心，固定模型其他参数不变，改变需要进行观察的参数，参数调整范围在初定值的正负 50% 内取值，每次调整步长为 10%，同时以纳西效率系数 E 为 0.7 进行控制。

(1) 对灌区地下水位的影响

鉴于青铜峡灌区水循环的特殊性，降水量少，灌溉过程中一般不会产生地表径流，灌溉水以一定的水深停蓄在田块中，水量的消耗主要途径为蒸散发以及补给地下水。分析灌区地下水位的影响参数主要有非饱和带的土壤饱和含水量、田间持水量、饱和水力传导系数及饱和带中的渗透系数、给水度、排水水位以及排水系数等。

非饱和带的土壤饱和含水量和饱和水力传导系数主要控制下渗水量中补给地下水的水量。饱和含水量越小、饱和水力传导系数越大，则补给地下水的下渗水量就越大、越快，反之则量小、补给速度越慢。非饱和带的田间持水量主要是控制土壤中的蓄滞水量的大小，田间持水量越大土壤中的蓄水量就越大，发生补给地下水的时间就越晚，反之则越早。

对于饱和带的渗透系数，主要控制的是地下水单元格之间的水量交换速度和交换量，渗透系数越大，地下水的交换量就越大，如果计算的水位值较实测水位值小，可以适度的调小渗透系数，增强单元的蓄水能力，使水量在本单元的停留时间延长，从而壅高水位，反之则可适当调大，以降低计算水位；给水度主要用于调整计算结果的平滑度，如果计算值出现频繁的波动，可以适度调大给水度，使计算水位曲线更平滑，更符合实际情况，这样做法的主要原因是给水度相当于一个调蓄水库的库容，如果给水度越大，则调蓄能力越大，地下水位的变化就会越平缓，反之则越剧烈；排水水位和排水系数同样也是影响地下水水位的主要因素，定义两者的主要原因是灌区最主要的田间排水是通过交错于田间的斗沟、农沟、毛沟实现的，干沟、支沟这些较大级别的沟道的田间排水能力有限，其主要作用是输水，然而实际情况是模型往往不能加载干沟以下的沟道，默认的是地下水与干沟的水量交换，这样就忽略了田间排水，因此需要定义一个排水水位和相应的排水系数，定义的依据就是对田间排水起关键作用的斗沟、农沟、毛沟的水深。当地下水位高于排水水位时发生排水，排水量的大小用水位差和排水系数决定。因此其对地下水位的影响可概括为：排水水位越高，排水系数越小，排水量越小，地下水位计算值就越高，反之水位越低。如果计算值与实测值相差很大，但是变化规律一致，则可以适当地调节两者以达到满足精度需求的拟合度。

(2) 对排水沟排水过程的影响

影响灌区排水沟排水过程的主要参数有排水水位、排水系数，以及河流湖泊模块 MIKE 11 中河道沿程糙率、Delta 和 Delts 参数。

由于排水沟的主要来水量来源于地下水，为排除灌溉期间土壤中的多余水量，当排水过程相差很大时，可以调节排水水位和排水系数。

河道沿程曼宁糙率系数反映的是河道的粗糙程度，糙率系数越大，水流阻力越大，水位就会越高，反之糙率系数越小，同流量下的水位就会偏低。根据以往研究，黄河大多河段的床面糙率系数可取 0.01 左右，排水沟的糙率系数为 0.1 左右。

另外，由于非灌溉期流量往往很小甚至流量为零，为防止排水沟干涸所导致的模拟错误，需要调整河流湖泊模块 MIKE 11 中 Delta 和 Delts 参数。MIKE 11 中的 Delta 参数决定了模拟的精度和模型的稳定度，Delta 参数越大精度越高，但是模型稳定度就会下降，默认为 0.5 ~0.9，要根据模型需要适度调节。Delts 参数主要是用于避免排水沟干涸导致的错误。

通过对模型参数的调整、率定，青铜峡灌区两口观测井 2006 年 4 月 ~2009 年 4 月地下水位实例变化过程和第一排水沟、第五排水沟排水过程的模型模拟结果如图 4-28。

经过模型参数敏感性分析，根据给定的初始值进行模拟，再根据模拟结果对参数进行适当调整，提出适合研究流域的参数（表 4-29）。

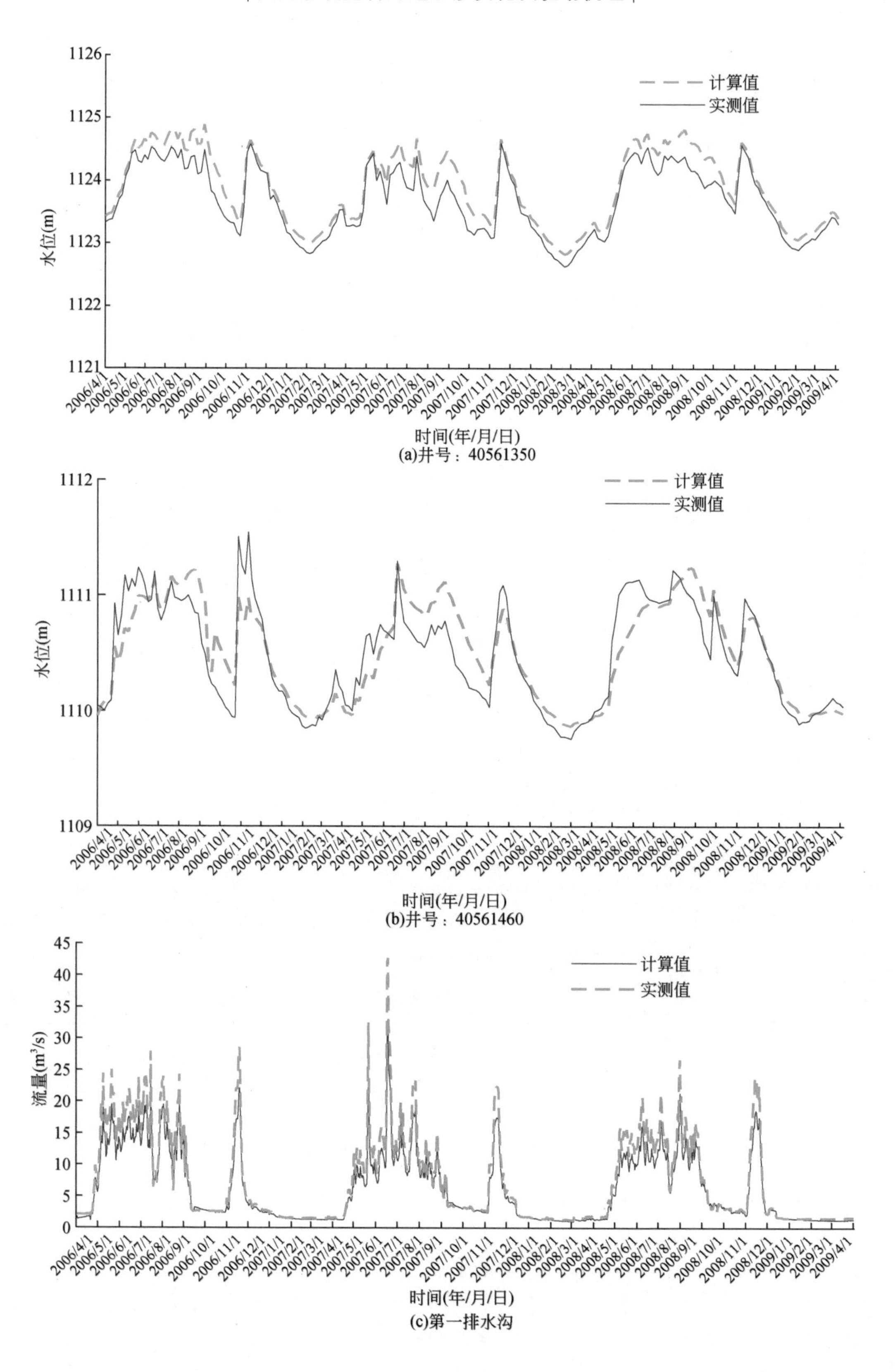

(a)井号：40561350

(b)井号：40561460

(c)第一排水沟

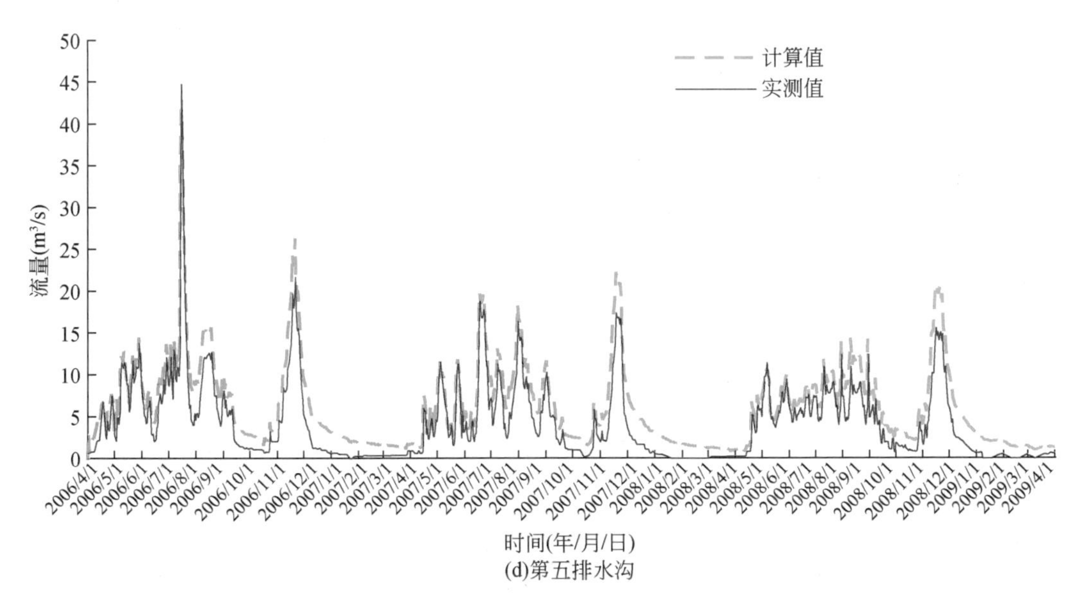

(d)第五排水沟

图 4-28　调参后模型计算值与实测值对比

表 4-29　模型主要参数

模块	参数	参数值
非饱和带（UZ）	土壤饱和含水量	0. 445 ~ 0. 548
	田间持水量	0. 425 ~ 0. 478
	饱和水力传导系数	$1.71e^{-006}$
饱和带（SZ）	渗透系数	0. 57 ~ 2. 62
	给水度	0. 14 ~ 0. 32
	排水水位	年内最低水位
	排水系数	e^{-7} ~ e^{-6}
河流湖泊模块 MIKE 11	糙率	0. 01
	Delta	0. 75
	Delts	0. 01

模型校正的目的是为了获得最为适当的参数，使实测值与模拟值达到最好的拟合效果。校正过程是通过人为反复试验以确定最合适的参数设置，并由统计标准评价校正效果，即检测模型参数调整后对模拟结果的影响，所有通过最后校正程序的参数在模型验证过程中视为恒量，用于验证是否经过校正后的模型参数在模拟过程中是有效的、正确的。利用使用比较普遍的模型评价指标纳西效率系数 E、相关系数 R 及均方差 σ 对模型校正结果进行评价。

1）纳西效率系数 E。纳西效率系数是一个整体综合指标，可以定量表征对整个径流过程拟合好坏的程度，这是描述计算值对目标值的拟合精度的无量纲统计参数，一般取值范围为 0 ~ 1，数值越接近 1 表示模拟结果越好。纳西效率系数 E 计算式为

$$E = 1 - \frac{\sum_{i-1}^{m} (x - y)^2}{\sum_{i-1}^{m} (x - \bar{y})^2}$$

式中，x 为观测值；y 为模型模拟值；$\bar{y}$ 为观测值序列的均值；m 为时段总数。

2）相关系数 R。相关系数表示模拟曲线与实测曲线的拟合程度以及是否存在比较好的相关性质，它能够对模拟结果的好坏进行评价，一般取值范围为 $|R| \leq 1$，越接近 1 表明模拟值与实测值的相关程度越好。相关系数 R 的计算式为

$$R = \frac{E\{[x - E(x)][Y - E(y)]\}}{\sqrt{E[E - E(x)]^2}\sqrt{E[E - E(y)]^2}}$$

式中，x 为观测值；y 为模型模拟值；E 为期望值。

3）均方差 σ。均方差主要表征数据序列的离散程度，可反映模拟值与实测值之间的偏离程度，即衡量模拟值波动大小的量，均方差 σ 的计算式为

$$\sigma = \sqrt{\frac{\sum_{i-1}^{m} (y - \bar{x})^2}{m}}$$

式中，x 为观测值；$\bar{x}$ 为观测值的均值；y 为模型模拟值；m 为时段总数。

以 2009 年 4 月 ~2012 年 4 月实测地下水位变化和排水沟排水过程对模型进行验证（图 4-29）。

模型模拟效果见表 4-30，模拟值的变化趋势与实测值具有较高的一致性，纳西效率系数 E 为 0.74 ~ 0.95。地下水位模拟值在 2 月、4 月、9 月普遍与实际测定值相差不大，而在 10 月、6 月等则相差较大；第一排水沟排水过程模拟值在 9 月至次年 5 月与实际测定值相差很小，第五排水沟排水过程模拟值在 4 ~ 6 月与实际测定值相差很小。分析认为，由于模型中实际计算的仅为主要的排水干沟，其余较小排水沟的排水过程会根据地理特征等自动分配到模型计算的大排水沟中，这在一定程度上影响了拟合效果。

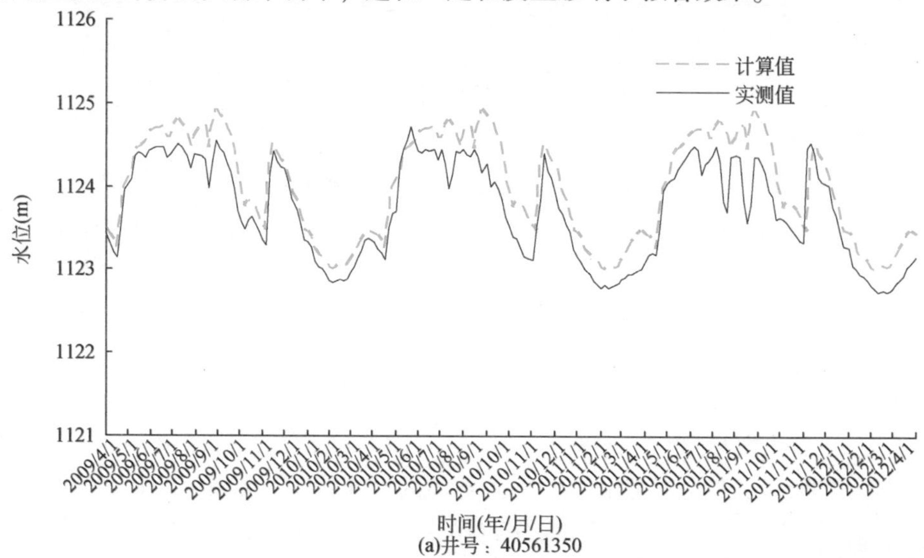

(a)井号：40561350

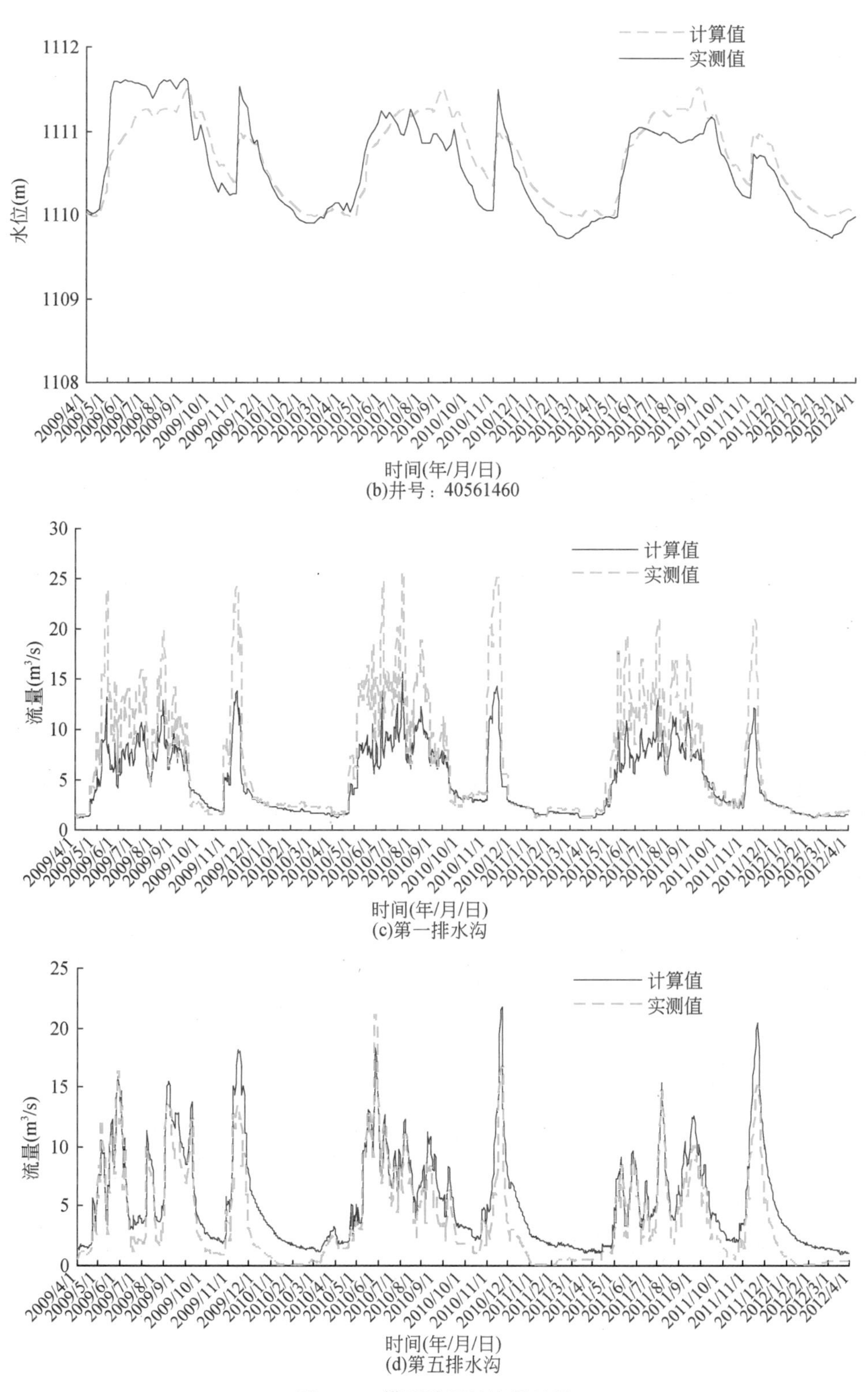

图 4-29　模型验证的流量过程

表 4-30　模型模拟验证指标结果

验证项目	平均误差	平均绝对误差	纳西效率系数 E
井号：40561350	0.22	0.22	0.79
井号：40561460	-0.04	0.04	0.95
第一排水沟	-0.88	0.88	0.94
第五排水沟	2.10	2.10	0.74

综上分析可以认为，模型构建和参数设置基本合理，取得的模拟效果能够较好地反映灌区水循环过程实际情况，可用于模拟分析灌区引水引沙对河道水沙输移的影响，为灌区管理提供技术手段。

4.4.3　河套灌区水循环模型

4.4.3.1　灌区边界模拟概化

根据内蒙古河套灌区引水循环特点，构建的模型框架如图 4-30 所示。

模型模拟范围以黄河以北的河套灌区为主，此外还包括与河套灌区南邻的黄河干流以及灌区东部的乌梁素海，涵盖了河套灌区所有的灌溉引水和退水范围。模型模拟水平方向上的外部边界均定义为定流量边界（依据已有研究成果确定）。按照灌区大引大排的引退水特点，考虑到灌区模拟范围大，沟渠纵横交错，为适当减少模型计算的任务量，提高计算速度，在不影响模型模拟精度的条件下，将灌区沟渠进行概化，引水渠概化到干渠、分干渠或支渠，按重要性共模拟 41 条引水渠，模拟渠道总长度约为 1773.8km；灌溉面积按照各个渠道控制的灌溉面积进行划分，根据渠道引水量进行灌溉；排水沟模拟到干沟或分干沟，共概化为 58 条排水沟（含黄河与乌梁素海），基于相同的水流运动机理，黄河以及乌梁素海的模拟模块与排水沟的模拟相同，模拟总长度约为 1766.5km。采用 4.1 节中确定的模型加载的方法和方程（模块）进行模拟。

计算时间步长与青铜峡灌区水循环模型相同。对于地表水、地下水的模拟采用变时间步长的方式，即计算过程中模型兼顾计算精度和模型稳定的基础上，根据设定的迭代次数以及最大误差设定计算步长。计算步长按照地表径流<非饱和带<饱和带的递次关系确定，具体还要由掌握的监测数据时间步长而定。

研究期为 1987～2012 年，模拟时段按照步骤分为模型校准（参数率定）、模型验证和模型应用 3 部分。收集的相关数据中 2006～2012 年的地下水数据比较完整，因此采用 2006 年 4 月 1 日～2009 年 4 月 1 日的序列数据进行参数率定，确定合适的模型参数；用 2009 年 4 月 1 日～2012 年 4 月 1 日的序列数据进行模型验证。模型的应用是指在参数率定和模型验证的基础上，使用已定的参数和确定性数据（降水、蒸发、植被分布等）对不同年份和设定引水条件进行水循环模拟，以此模拟计算得出各个年份以及不同引水条件下地下水与黄河水的交换量。

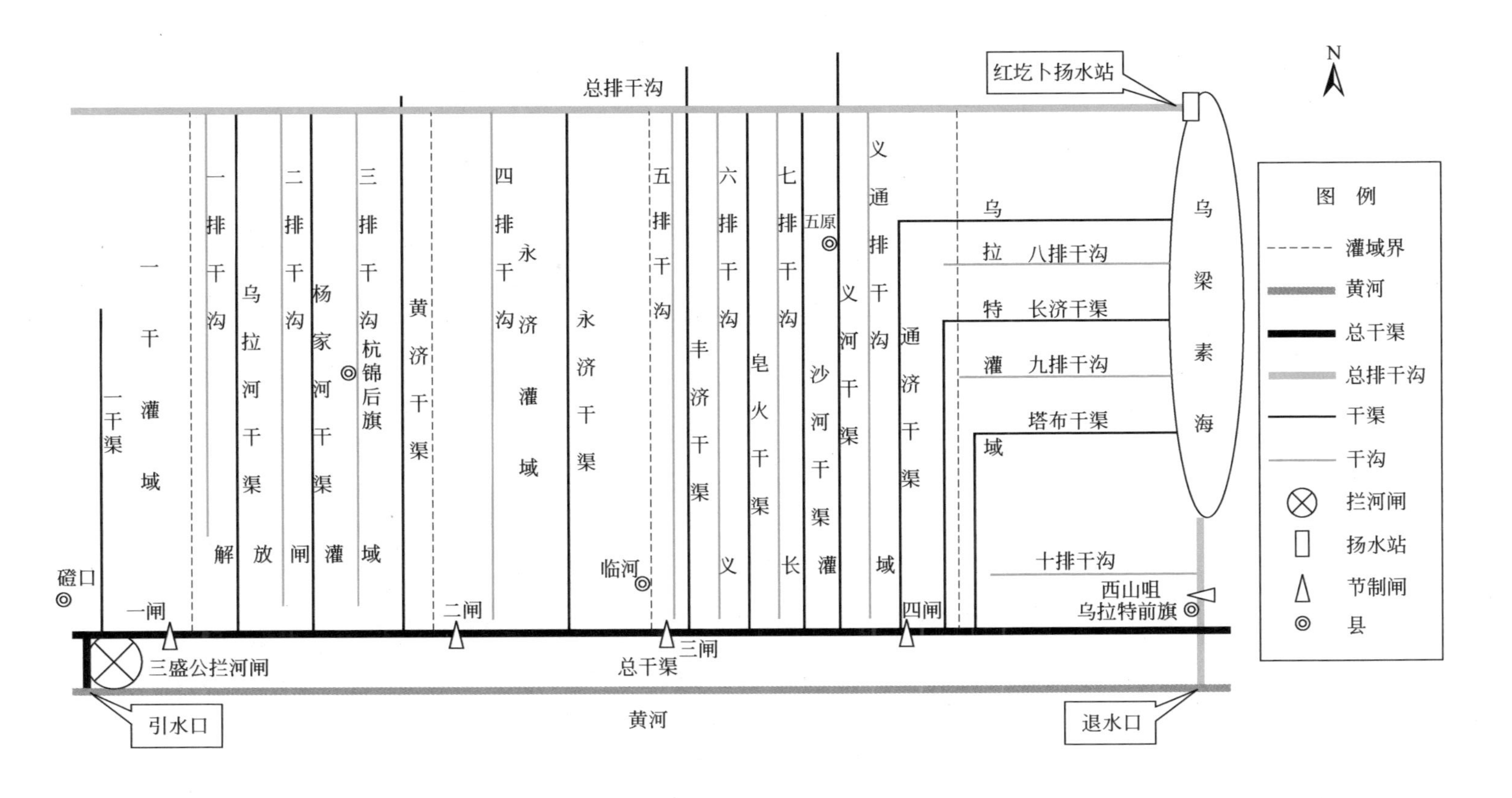

图 4-30 基于GIS的内蒙古河套灌区地表地下水循环模型框架

注：一干灌域又名为乌兰布和灌域，一干渠即为沈乌干渠。

研究区水平方向上南北宽为135km，东西长为242km，总面积约为15 121.19km^2。根据模拟范围的大小，结合模型结构及网格设置要求，将模拟区划分为1km×1km的正方形网格单元，共划分15 189个网格。

4.4.3.2 模型中主要参数和输入项处理

(1) 地表高程

将90m×90m的数字高程地形数据直接导入河套灌区水循环模型，反映流域下垫面的空间差异。

(2) 降水及蒸发

采用河套灌区9个雨量站的降水资料（表4-31）、3个气象站点的逐日数据计算E_{t0}（表4-32），采用泰森多边形法计算模型范围内的面雨量以及面参考蒸散发量。

表4-31 模型输入的雨量站基本情况

序号	站名	东经	北纬
1	巴彦高勒	107°02′	40°19′
2	解放闸	107°06′	40°31′
3	四闸	108°09′	40°55′
4	东升庙	107°04′	41°06′
5	乌盖	107°13′	41°12′
6	白齐沟	108°01′	41°20′
7	西沙梁	108°43′	41°08′
8	模斯图	108°48′	40°46′
9	沙盖补隆	108°48′	41°00′

表4-32 河套灌区主要气象站点基本情况

编号	站点	北纬	东经	海拔（m）
53336	乌拉特中旗	41°34′	108°31′	12 880
53420	杭锦后旗	40°54′	107°08′	10 567
53513	临河	40°45′	107°25′	10 393

气象站观测资料包括逐日的降水量、风速、最高气温、最低气温、地表温度、净放射量、相对湿度等，利用1992年FAO推荐的Penman-Montieth公式计算参考作物需水量，得到各站点附近的逐日E_{t0}。采用与降水量资料相同的处理方式，做出ET_0分布多边形，导入模型中，并将每个站的逐日E_{t0}结果输入。

(3) 土地利用数据

根据河套灌区土地利用资料分析，灌区内土地利用类型可概括为村庄、农田、草地、林地、水域、盐荒地、渠沟路等7种类型（表4-33）。河套灌区引黄控制面积为1679.31

万亩，耕地面积为 1395.3 万亩。

表 4-33 河套灌区土地利用现状面积 单位：万亩

旗（县）	灌溉面积				非灌溉面积				水域面积	合计
	农田	林草	牧草	小计	村庄	盐荒地	渠沟路	小计		
磴口	36.74	2.24	8.30	47.28	14.58	84.28	20.54	119.40	3.60	170.28
杭后	144.39	8.79	0.79	153.97	17.05	71.11	21.52	109.68	1.39	265.04
临河	207.04	6.55	7.59	221.18	20.17	76.05	26.39	122.61	9.77	353.56
五原	194.15	5.46	6.75	206.36	16.46	113.71	24.51	154.68	12.90	373.94
前旗	138.54	4.47	9.24	152.25	12.26	155.15	19.43	186.84	27.14	366.23
中旗	61.37	2.14	8.02	71.53	6.46	30.16	12.83	49.45	8.28	129.26
后旗	4.77	0.44	3.61	8.82	2.82	3.30	5.22	11.34	0.69	20.95
合计	787.00	30.09	44.30	861.39	89.80	533.76	130.44	754.00	63.77	1679.31

根据不同土地利用类型，确定叶面指数 L_{ai} 和根深 RD 等参数。

(4) 作物种植结构和灌溉制度

作物种植结构包括粮食作物、经济作物、瓜菜、园林地作物、饲草地作物和设施农业等，按照引水干渠的灌溉制度进行灌溉区域、灌溉水量的分配。

据 2007 年统计，灌区总灌溉面积为 861.39 万亩，农田面积为 787.00 万亩，占灌溉总面积的 91.36%。其中粮食作物种植面积为 561.21 万亩，占农田面积的 71.3%，经济作物种植面积为 225.9 万亩，占农田面积的 28.7%，粮经比为 71.3∶28.7。粮食作物主要种植小麦、玉米以及夏杂、秋杂；小麦面积为 389.62 万亩，占农田面积的 49.5%；玉米面积为 73.99 万亩，占农田面积的 9.4%；夏杂主要种植豆类，面积为 34.63 万亩，占农田面积的 4.4%；秋杂主要种糜黍为 62.97 万亩，占农田面积的 8.0%；套种面积占小麦面积的 70.0%，为 272.73 万亩，主要为小麦套玉米，小麦套葵花。

经济作物主要种植油料（胡麻、油葵）、葵花、番茄；油料面积为 62.18 万亩，占农田面积的 7.9%；葵花面积为 109.41 万亩，占农田面积的 13.9%；番茄面积为 54.31 万亩，占农田面积的 6.9%。

现状牧草地主要以苜蓿草为主，其次为少量的饲草（青贮玉米）。牧草面积为 44.35 万亩，占灌溉总面积的 5.15%。

现状灌区经济林地面积为 30.08 万亩，占灌溉总面积的 3.49%。

河套灌区各灌域农、牧、林种植结构见表 4-34。

表 4-34 河套灌区 2007 年各灌域作物种植比例

作物类型	乌兰布和		解放闸		永济		义长		乌拉特		全灌区	
	面积（万亩）	占比（%）	面积（万亩）	占比（%）	面积（万亩）	占比（%）	面积（万亩）	占比（%）	面积（万亩）	占比（%）	面积（万亩）	占比（%）
一、粮食	51.54	58.71	150.09	70.10	129.36	72.83	145.37	55.93	78.55	64.32	554.91	64.41

续表

作物类型	乌兰布和		解放闸		永济		义长		乌拉特		全灌区	
	面积（万亩）	占比（%）	面积（万亩）	占比（%）	面积（万亩）	占比（%）	面积（万亩）	占比（%）	面积（万亩）	占比（%）	面积（万亩）	占比（%）
小麦	29.90	34.06	128.65	60.09	78.60	44.25	90.77	34.92	51.44	42.12	379.36	44.03
玉米	4.86	5.54	13.92	6.50	21.53	12.12	23.78	9.15	10.47	8.57	74.56	8.65
夏杂	9.21	10.49	1.96	0.91	13.06	7.35	7.69	2.96	3.37	2.76	35.29	4.10
秋杂	7.57	8.62	5.56	2.60	16.17	9.19	23.13	8.90	13.27	10.87	65.70	7.63
（套种）	5.13	5.40	103.41	49.3	71.99	42.00	52.88	21.60	20.52	22.4	263.93	30.80
二、经济作物	12.18	13.88	33.86	15.81	39.93	22.48	106.78	41.08	39.45	32.31	232.20	26.95
葵花	5.54	6.31	15.24	7.12	19.78	11.14	50.43	19.40	15.78	12.92	106.77	12.39
油料	3.42	3.90	9.45	4.41	6.84	3.85	37.41	14.39	13.39	10.97	70.51	8.19
番茄	3.22	3.67	9.17	4.28	13.31	7.49	18.94	7.29	10.28	8.42	54.92	6.37
三、林牧	24.06	27.41	30.16	14.09	8.33	4.69	7.76	2.99	4.12	3.37	74.43	8.64
林果	15.76	17.95	8.26	3.86	3.34	1.93	2.08	0.80	0.55	0.45	30.08	3.49
牧草	8.30	9.46	21.90	10.23	4.90	2.76	5.68	2.19	3.57	2.92	44.35	5.15
合计	87.78	100	214.11	100	177.62	100	259.91	100	122.12	100	861.54	100

根据《黄河内蒙古河套灌区续建配套与节水改造规划报告》《黄河内蒙古河套灌区续建配套与节水改造一期工程可行性研究报告》和《黄河内蒙古河套灌区续建配套与节水改造工程可行性研究报告》等，确定 MIKE SHE 模型中农业灌溉方式。灌区引黄灌溉全年有3个阶段，即夏灌（5月中旬~7月中旬）、秋灌（7月中旬~9月中旬）、秋浇（储水灌溉9月中旬~11月中旬）。作物生育期一般灌水2~4次，灌水期为20~30d，灌水定额为70~90m^3/亩，灌溉定额为270~530 m^3/亩；全灌区全年灌水定额为250~290 m^3/亩，灌溉定额为520~580m^3/亩。灌水方式为传统的畦灌。河套灌区各灌域灌溉水利用系数及灌溉定额见表4-35和表4-36。

表4-35　河套灌区各灌域灌溉水利用系数

项目	全灌区	乌兰布和灌域	解放闸灌域	永济灌域	义长灌域	乌拉特灌域
利用系数	0.49	0.44	0.50	0.49	0.56	0.47

表4-36　不同灌域灌溉定额　　单位：m^3/亩

定额类别	全灌区	乌兰布和灌域	解放闸灌域	永济灌域	义长灌域	乌拉特灌域
净灌溉定额	281.44	254.52	281.00	264.66	278.73	248.82
毛灌溉定额	574.37	578.35	562.18	536.11	528.7	535.85

(5) 坡面汇流

需设置地表曼宁糙率系数、蓄滞水深以及地表初始水深。曼宁系数是根据不同土地利用类型，参照相关文献资料而确定的。

蓄滞水深是控制地表径流的重要因素，当降水扣除损失之后到达地表的水量超过蓄滞水深时才会出现径流，相反则会蓄积在地表低洼处不发生流动。蓄滞水深主要通过相关文献以及灌区耕地范围内田埂的高度确定，根据实地调查以及运行调整，河套灌区的空间蓄滞水深如图 4-31 所示。

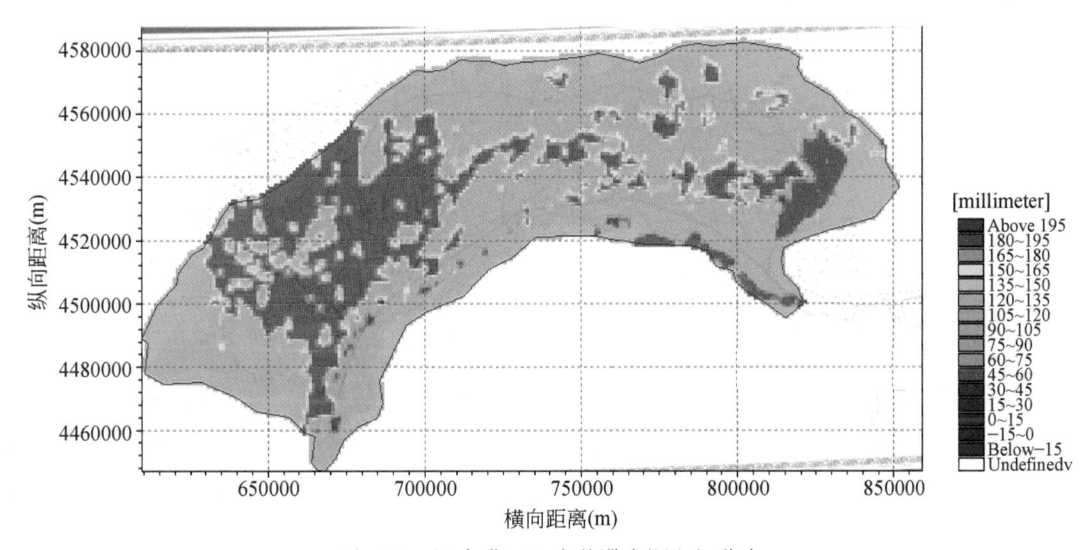

图 4-31　河套灌区地表蓄滞水深空间分布

初始水深根据前述方法确定。通过引排水渠以及天然河流的分布划分地表径流的流场范围。河套灌区主要考虑乌梁素海的水位，按照全年的平均枯水期水位作为模型起算的初始水位，其他地区取值为零。

（6）河道、沟渠水流运动

MIKE SHE 模型中设定了一个专门用于模拟河流、湖泊、湿地等点、线、面状水体的模块。灌区中的引水渠、排水沟和湖泊需要利用内镶的一维河流湖泊模块 MIKE 11 进行模拟。

将河套灌区范围内主要排水沟、乌梁素海以及黄河数字化后输入模型中，每条排水沟由水位流量节点交叉构成，节点数量根据模拟长度、断面之间的间距以及设定的最大间距值等进行判断（河流湖泊模块 MIKE 11 中限定 250 个节点，而灌区排水系统发达，纵横交错，模拟长度达 1766. 5km，因此在设置最大间距 dx 的时候，尽量增大 dx 的值，以满足 250 个节点的要求）。采用一维明渠非恒定流的圣维南方程组进行六点隐式离散求解。该模块中对于水流运动的模拟，需要输入河网文件、河网断面文件、边界条件和水力参数文件等。

河渠断面文件主要是录入一维水体的断面信息，包括断面形状、糙率，每条模拟河流至少需要 3 个断面，断面越多模型越稳定，时间步长就可以适当增加以减短模拟时间。边界条件中需要定义每条排水沟上游第一个断面的入流流量，以及总出水口处的水位流量关系曲线。灌区排水沟道在灌溉期水量大，而在非灌溉期较浅的排水沟多数干涸或者存有少量积水，不过干沟和总排干沟底比较深，因此会有一定的基流。一般来说，基流的水量属于沿途汇入的地下水。由上述排水特点分析可知，初始断面的流量是无法确定的，加之模拟初期是在灌区第一次灌水之前，因此认为此时第一个断面的流量为零。

水动力参数文件主要用于定义沿程沟道的水位、水深、糙率，以及模型计算中误差、稳定性、迭代等系统设置。其默认的参数主要是根据天然河流的特点设定，不适用于灌区坡降比较小的排水沟及平原河流湖泊。因此需要在模型稳定、初始条件上进行一定的设置，以达到在满足精度的前提下模型稳定快速计算。

(7) 非饱和带

非饱和带模块需要输入 5 个参数，包括饱和含水量、田间持水量、凋萎含水量、饱和导水率和蒸散发量。

河套灌区上部地层为第四系全新统，可分为上下两组，上部以砂壤土、壤土和黏土为主，下部为粉砂、细砂，局部为中砂，具典型的上细下粗二元结构。根据遥感图像分析，并结合相关文献资料确定灌区内的土壤类型及其空间分布。按相关文献和经验值确定不同土壤类型的下渗率、饱和含水量、田间持水量和凋萎含水量，各土壤不同状态下的含水率以及根系蒸发表面深的值为 1 ~ 3m。

(8) 饱和带

饱和带模块需要输入的空间数据主要包括地下水分层数目、含水层底面高程、含水层初始水位、饱和带中的透镜体空间位置、含水层及透镜体的渗透系数、给水度、各个含水层间的越流系数、开采井参数、空间排水水位及排水系数等。参考《内蒙古巴盟河套平原土壤盐渍化水文地质条件及其改良途径的研究》(1982 年) 和《黄河内蒙古河套灌区续建配套与节水改造工程规划水文地质与工程地质评价报告》(2000 年) 等，确定不同地质分区各项参数合理取值范围，之后对重要参数进行率定。

4.4.3.3 输出结果设置

模型提供不同水循环过程水量或水位的图表输出结果，为不同角度的研究分析提供更直观的资料。输出结果包括河套灌区各个水平衡项（水量输入、输出）以及地下水位、排水水位等。根据需要选择日过程或月过程进行输出，设置灵活方便，为模型参数率定和验证提供了有利条件。

4.4.3.4 模型的参数率定和验证

(1) 参数率定

参数率定方法同前述。由于分布式物理模型参数众多，对于整个水循环模拟而言，每个模块都存在不确定或者经验性参数，为了避免“过参数化”问题的出现，Refsgaard 提出了分布式模型参数化的大体过程，被认为是模型率定和验证的前期原则。一是将参数分为与模拟区域物理特征相关联的几类；二是确定哪些能够单独从野外观测和需要率定的参数；三是率定参数的数量尽可能少。因此，模型参数可分为两类：一类是由实测数据或遥感数据推算得到，这类数据也存在一定的不确定性，但基于对现实情况的真实描述，在目前数据可获取程度无法提高的前提下，不需要进行率定，如降水、蒸散发、温度、土地利用、植被参数（叶面指数 L_{ai}、根系分布参数）等；另一类是模型中非测量和计算得到的参数，通常需要根据理论参考范围和经验对其进行率定，河套灌区年降水量小，灌溉过程中一般不会产生地表径流，灌溉水以一定的水深停蓄在田块中，水量的消耗主要途径为蒸散发和补给地下水。灌区地下水位的影响参数主要有非饱和带的土壤饱和含水量、田间持水量、饱和水力传导系数以及饱和带中的渗透系数、给水度等。影响灌区排水沟排水过程的主要参数有排水水位、排水系数，以及 MIKE 11 模块中河道沿程糙率、Delta 和 Delts 参数。

排水沟主要用于排放灌溉期间产生的多余水量，在秋浇期，具有洗盐压碱的作用，当排水过程相差很大时，可以通过调节排水水位和排水系数实现，结合对灌区地下水位的影响同步调节。

利用河套灌区 2006 年 4 月 ~2009 年 4 月实测地下水位变化和排水沟排水过程对模型参数进行率定。率定准则为：模拟期地下水位误差尽可能小；模拟排水量与观测排水量的拟和程度尽可能大。模型模拟效率的高低反映模型在研究区的适应性，利用纳西效率系数、相关系数进行评价。通过对模型主要参数进行调整的结果表明，各个模块都有一些参数对模拟结果有较大影响，不过模型响应的表现则各有不同。

模型率定的方法同前所述，即以初定值为中心，固定模型其他参数不变，改变需要进行观察的参数，参数调整范围在初定值的正负 50% 内取值，每次调整步长为 10%，同时以纳西效率系数 E 为 0.7 进行控制。通过对模型参数的调整、率定，河套灌区两口观测井 2006 年 4 月 ~2009 年 4 月地下水位变化过程和典型排水沟排水过程的模拟结果如图 4-32。

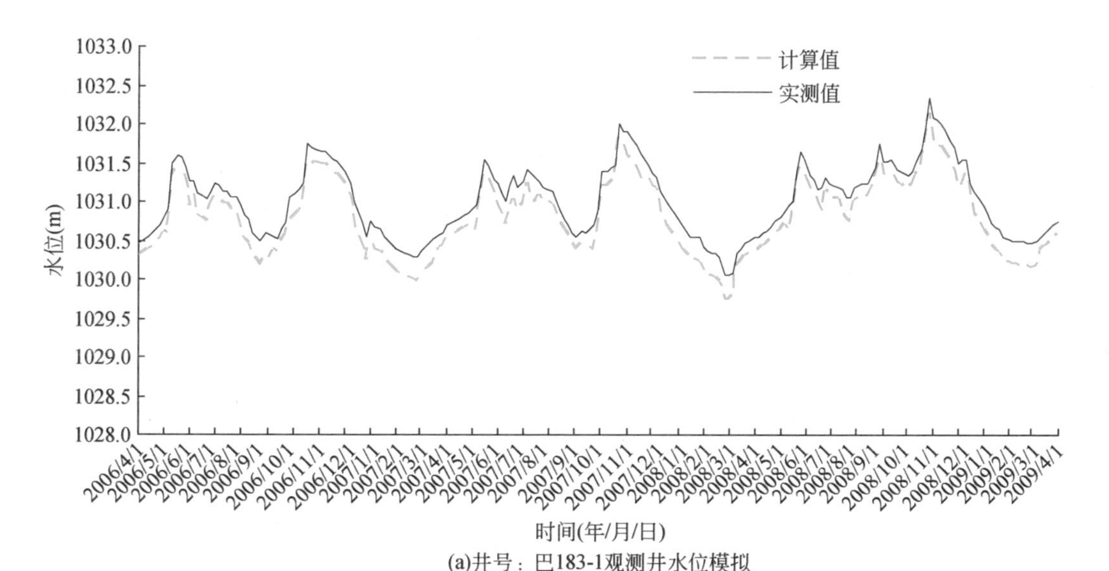

(a)井号：巴183-1观测井水位模拟

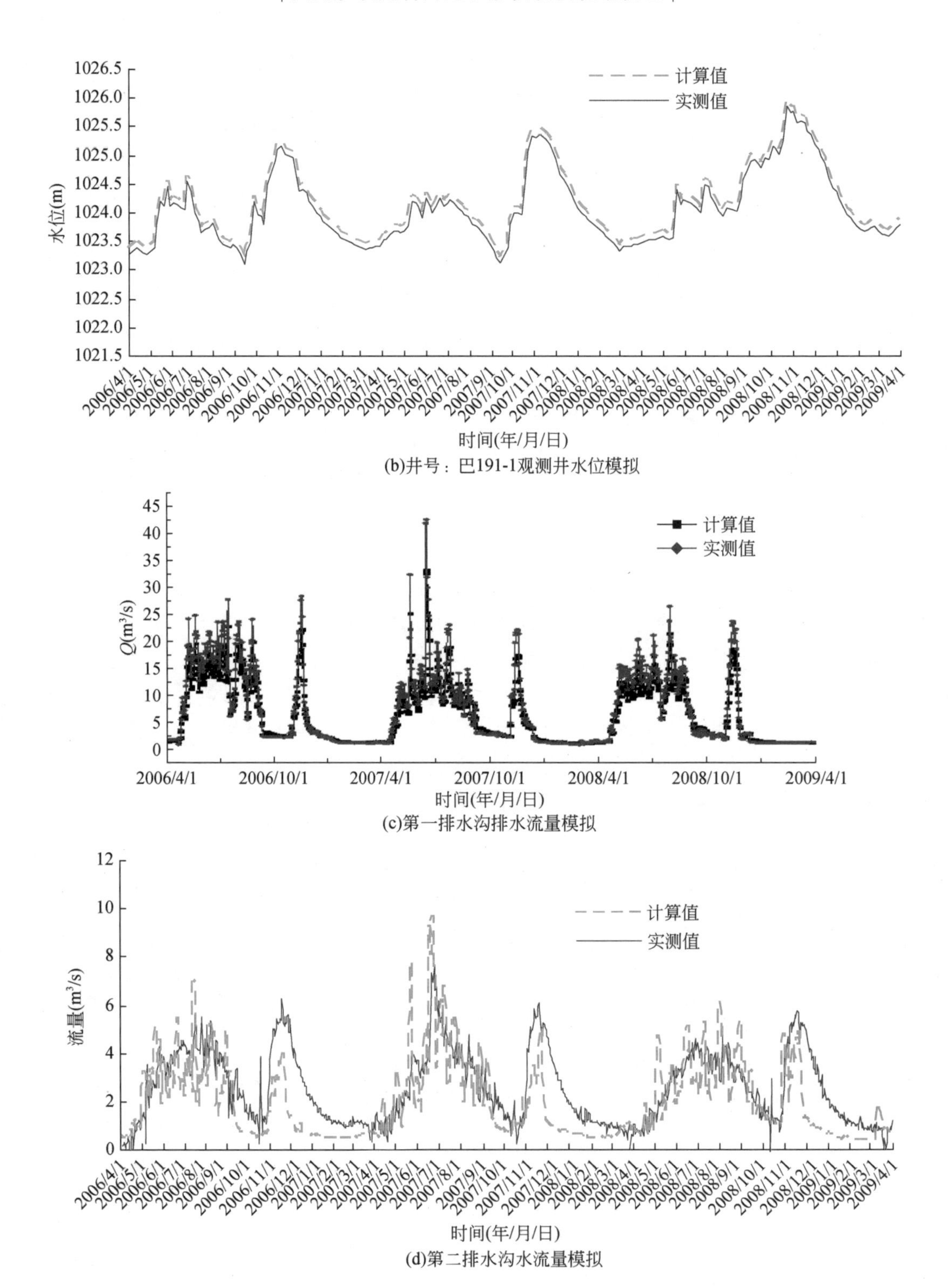

(b)井号：巴191-1观测井水位模拟

(c)第一排水沟排水流量模拟

(d)第二排水沟水流量模拟

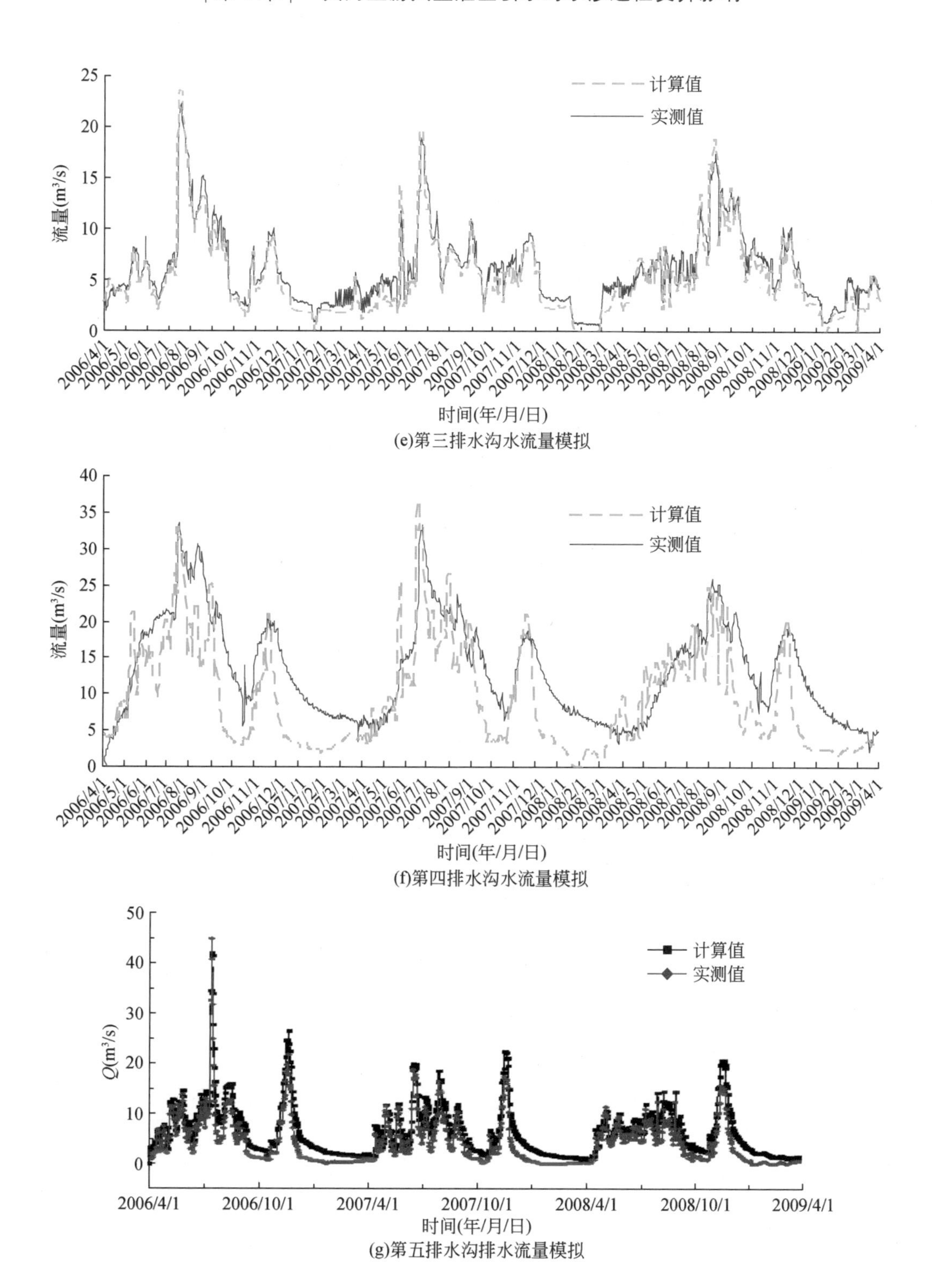

(e)第三排水沟水流量模拟

(f)第四排水沟水流量模拟

(g)第五排水沟排水流量模拟

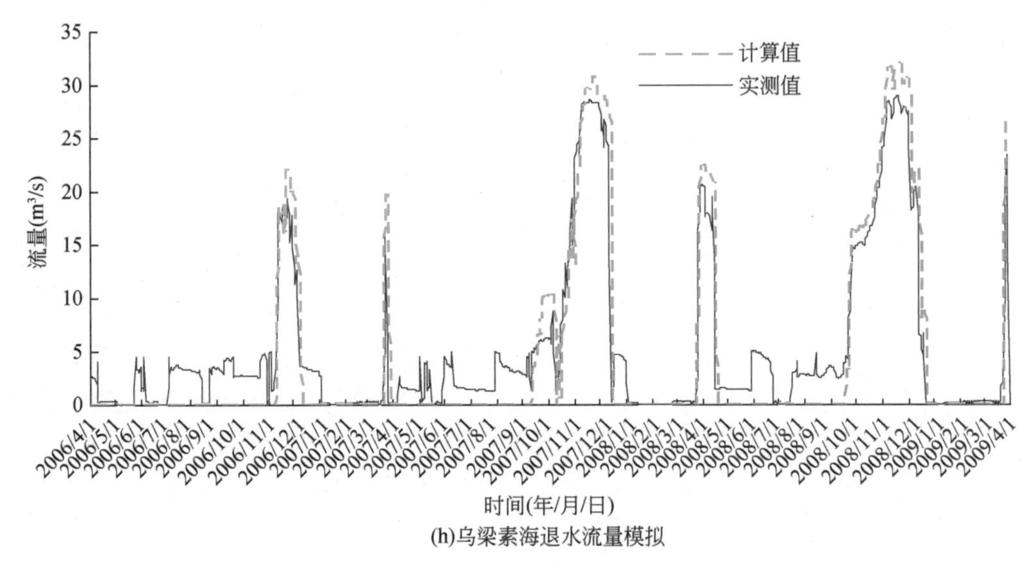

(h)乌梁素海退水流量模拟

图 4-32　调参后模型模拟值与实测值对比结果

(2) 参数率定结果

通过率定，各个参数的取值范围见表 4-37。饱和水力传导系数和给水度空间水平分布如图 4-33、图 4-34 所示。

表 4-37　模型重要参数率定结果

模块	参数	参数值
非饱和带（UZ）	土壤饱和含水量	0.445 ~ 0.548
	田间持水量	0.425 ~ 0.478
饱和带（SZ）	饱和水力传导系数	1.50 ~ 4.40
	给水度	0.0006 ~ 0.1923
	排水水位	年内最低水位
	排水系数	e^{-7} ~ e^{-6}
河流湖泊模块 MIKE 11	排水沟糙率	0.01 ~ 0.1
	Delta	0.75
	Delts	0.01

(3) 参数验证

以河套灌区 2009 年 4 月 ~2012 年 4 月间实测地下水位过程和排水沟排水量监测过程对模型参数进行验证（图 4-35）。模型验证结果见表 4-38。

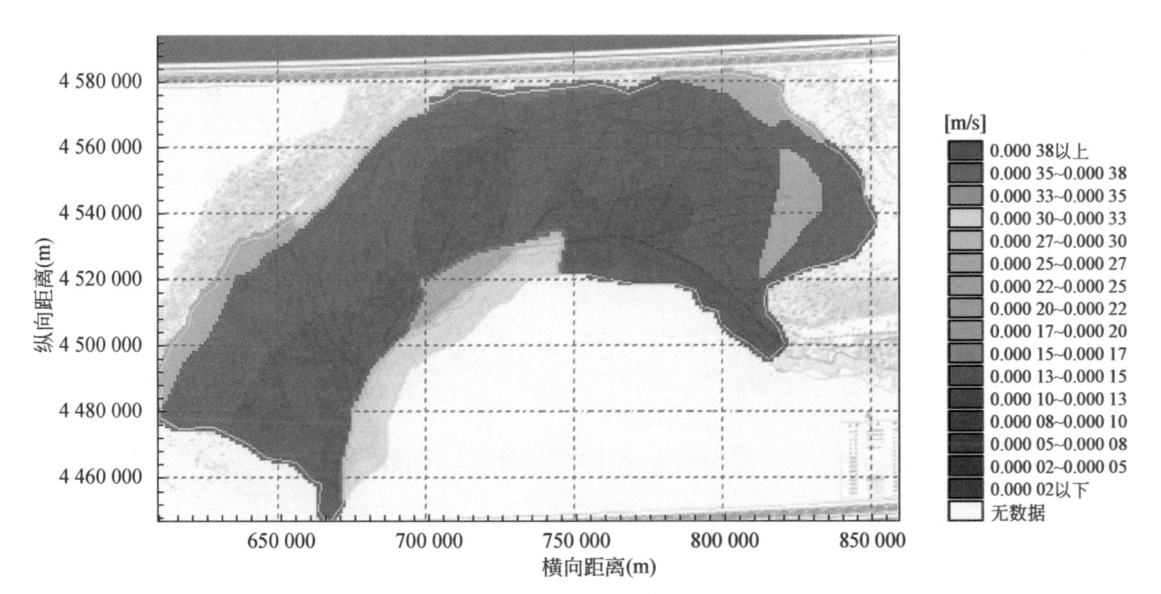

图 4-33　饱和水力传导系数空间水平分布

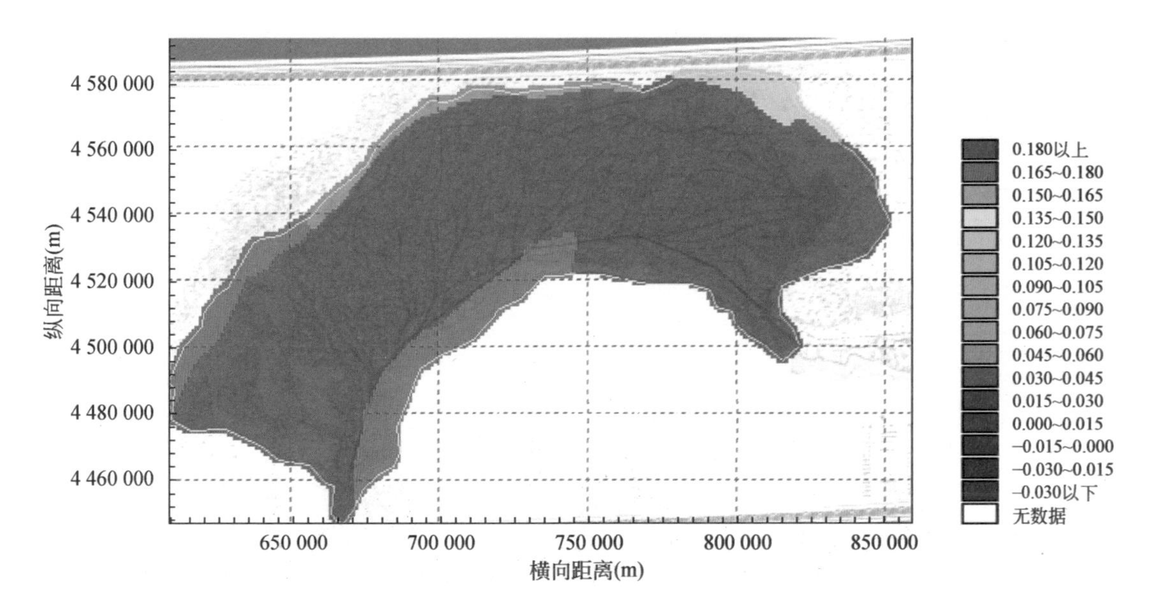

图 4-34　给水度空间水平分布

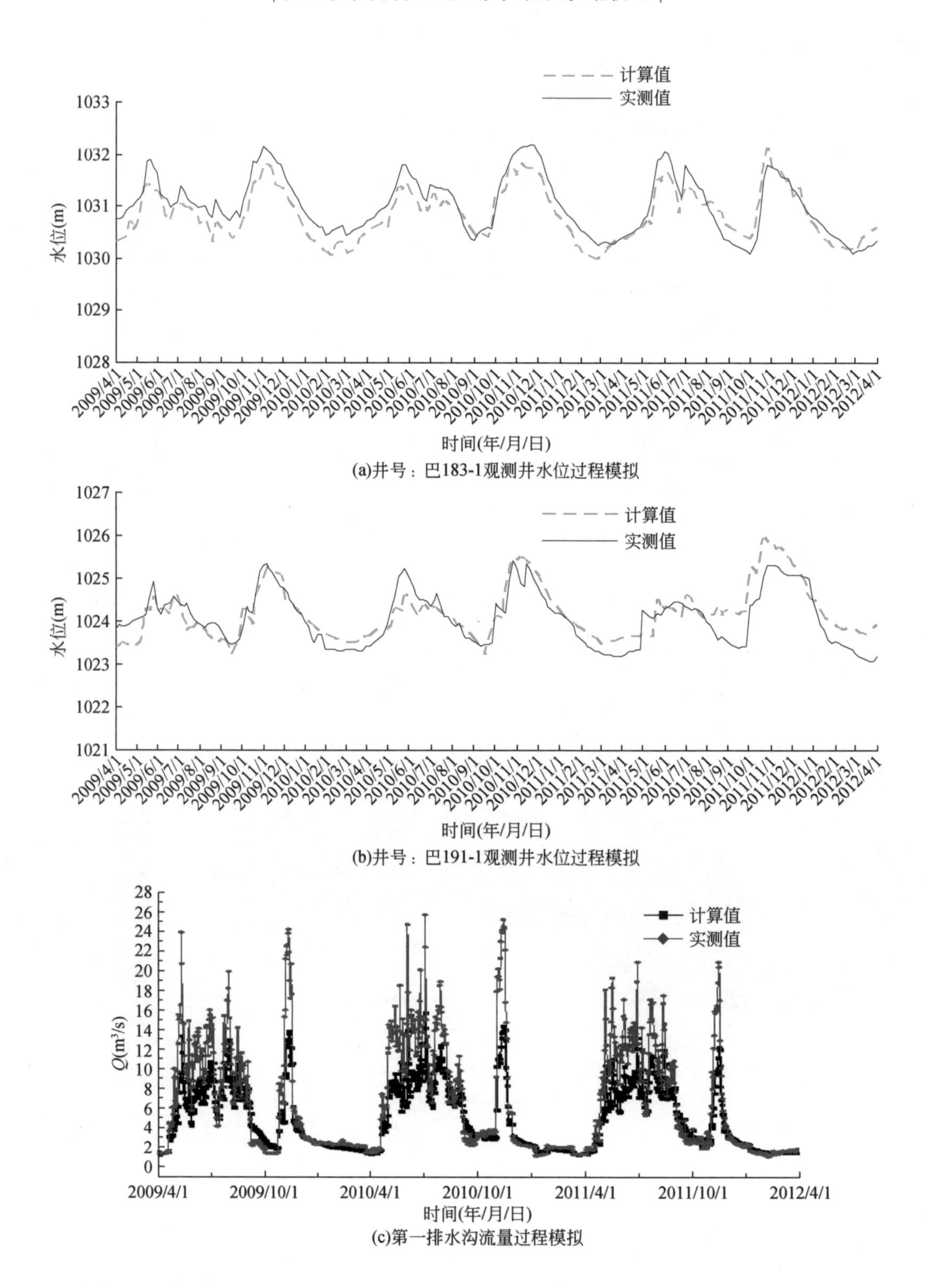

(a)井号：巴183-1观测井水位过程模拟

(b)井号：巴191-1观测井水位过程模拟

(c)第一排水沟流量过程模拟

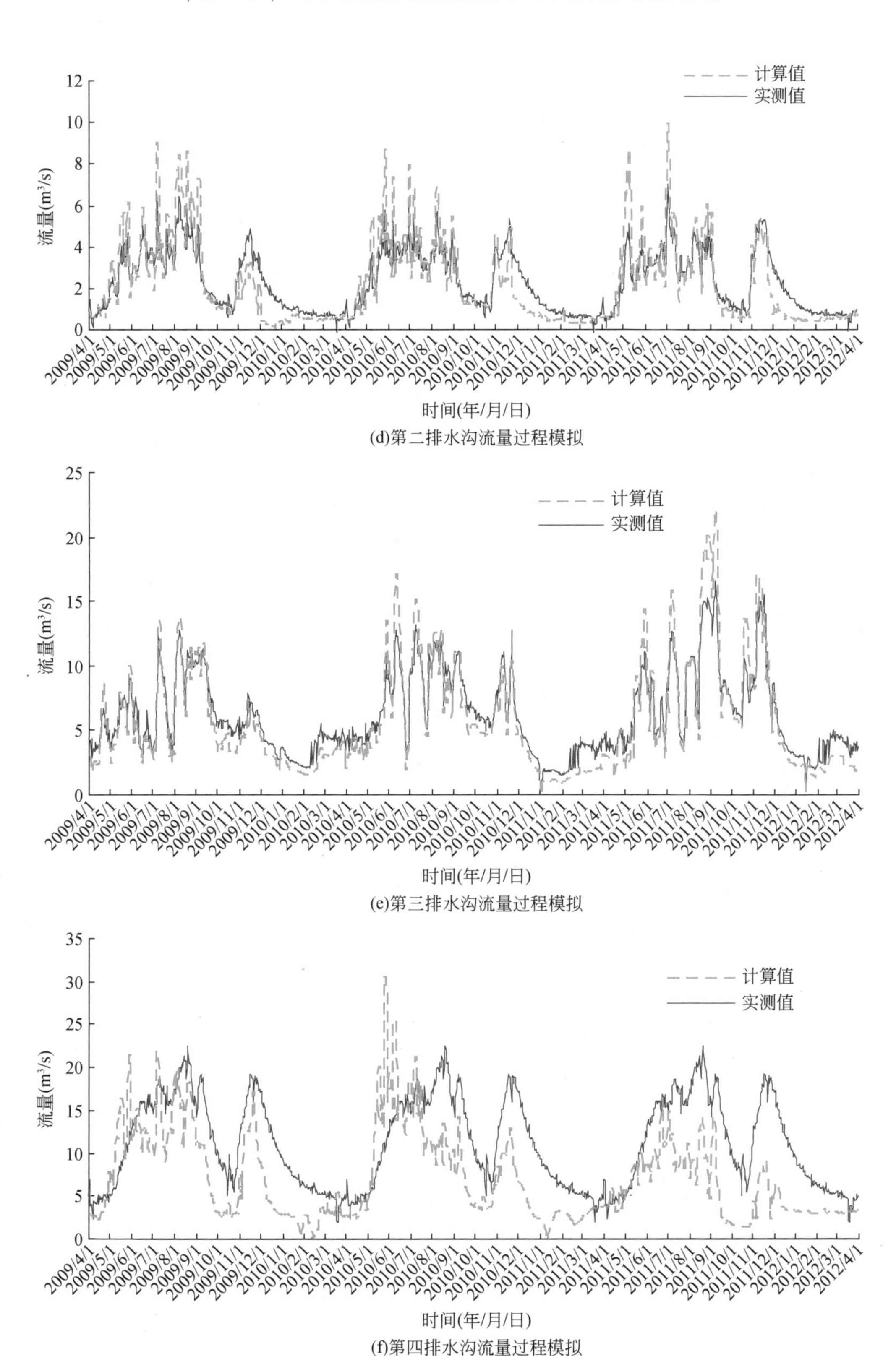

(d)第二排水沟流量过程模拟

(e)第三排水沟流量过程模拟

(f)第四排水沟流量过程模拟

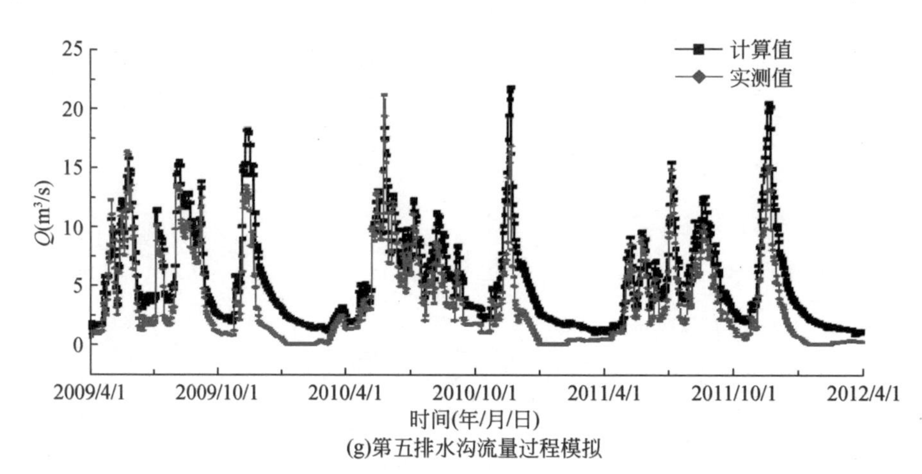

(g)第五排水沟流量过程模拟

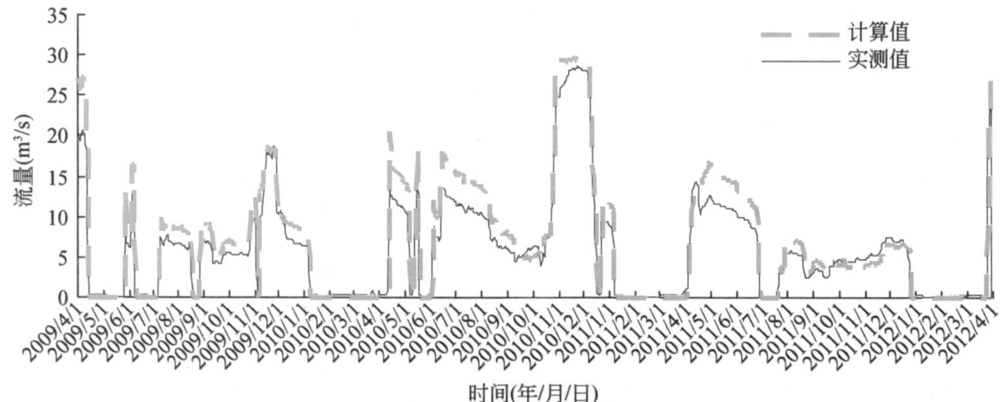

(h)乌梁素海退水流量过程模拟

图 4-35 模型验证河套灌区地下水位、排水流量过程模拟

表 4-38 模型参数验证精度模拟评价

验证项目	均方差 σ	相关系数 R	纳西效率系数 E
巴 183-1 井	0.20	0.92	0.71
巴 191-1 井	0.09	0.91	0.65
第一排水沟	1.61	0.92	0.72
第二排水沟	0.21	0.96	0.79
第三排水沟	0.68	0.98	0.88
第四排水沟	4.48	0.91	0.61
第五排水沟	1.89	0.92	0.66
乌梁素海退水	1.06	0.98	0.88

根据模拟效果分析，模拟值与实测值具有较好的统计相关关系，均方差 σ 为 0.09 ~ 4.48，相关系数 R 为 0.91 ~0.98，纳西效率系数 E 为 0.61 ~0.88，总体上模拟误差尚在能够接受的范围之内，除 2 月、3 月的模拟结果相差较大外，其他月份模拟结果均与实测值相差较小。此外，第四排水沟的排水量模拟过程与实测值相差较大。另外，由于模型中

实际计算的仅为主要的排水干沟，其余较小排水沟的排水过程会根据地理特征自动分配到大排水沟的计算中，这也在一定程度上影响了拟合效果。

通过对模型及其参数的检验，检验期的模拟效果较好，说明模型构建和参数设置基本合理，能够用于灌区引退水量及其与黄河水量交换过程的模拟分析。

4.5 黄河干流水沙输移与灌区引水循环双过程耦合模型

河道水沙输移与灌区引水退水是一个复杂的水循环耦合过程。灌区引水对河道水沙输移及其水沙关系的影响属于双次干扰，引水首先减少河道径流，改变水沙关系；引入农田的径流与降水产流共同通过地表运动、下渗、地下循环等形成灌区水循环过程后，部分径流又会通过地表地下进入河道，对河道水沙过程产生二次调控，形成了河道、灌区双边界、多过程密切耦合的水循环整体系统。研究河道水沙输移与灌区引水退水耦合过程模拟可以为科学预测评价大型灌区引水对河道水沙变化及河床演变的影响作用提供技术支持。

根据野外实测水文测验数据，在分析宁蒙河段河道内水沙变化、水沙输移影响因子及输移特征基础上，构建了河道一维水沙输移模型，进一步耦合宁夏青铜峡灌区、内蒙古河套引黄灌区引水循环模型，建立灌区河段干流水沙输移与灌区引水循环的双过程耦合数学模型。

4.5.1 河道水沙输移模型

随着黄河水资源开发利用活动的日益增多，引黄灌溉对黄河河道水沙变化的影响不断加大，引起了多方关注。20世纪70年代以来，许多学者采用冲淤平衡法、挟沙力法及一维数学模型等，就黄河下游灌区引水对黄河河道的淤积问题开展了研究，得出了许多重要认识和结论。宁蒙河段是黄河干流水资源开发利用最早、耗水量最多的区域，随着全球气候变化和人类活动的加剧，宁蒙河段水沙过程发生了显著变化。赵文林等（1999）利用断面水沙关系分析了1990～1996年龙羊峡水库、刘家峡水库调节和灌溉引水对头道拐水沙变化的影响。“十一五”国家科技支撑计划课题“黄河流域水沙变化情势评价研究”构建了宁蒙河道一维非恒定输沙模型，分析了1997～2006年灌区引水对宁蒙河道水沙变化的影响，为揭示宁蒙灌区引水对本河段水沙变化机制提供了基本方法和基础数，同时也为研发干流水沙输移与灌区引水循环双过程耦合模型奠定了基础。

基于GIS的干流水沙输移与灌区引水循环双过程耦合模型框架如图4-36。

使用圣维南方程组描述河道水流运动过程，通过泥沙连续方程和河床变形方程联解河床冲淤变形。

水流连续方程：

$$B\frac{\partial Z}{\partial t}+\frac{\partial Q}{\partial x}=q \tag{4-20}$$

水流运动方程：

$$\frac{\partial Q}{\partial t}+\frac{\partial}{\partial x}\left(\frac{\alpha Q^2}{A}\right)+gA\left(\frac{\partial Z}{\partial x}+\frac{Q|Q|}{K^2}\right)=0 \tag{4-21}$$

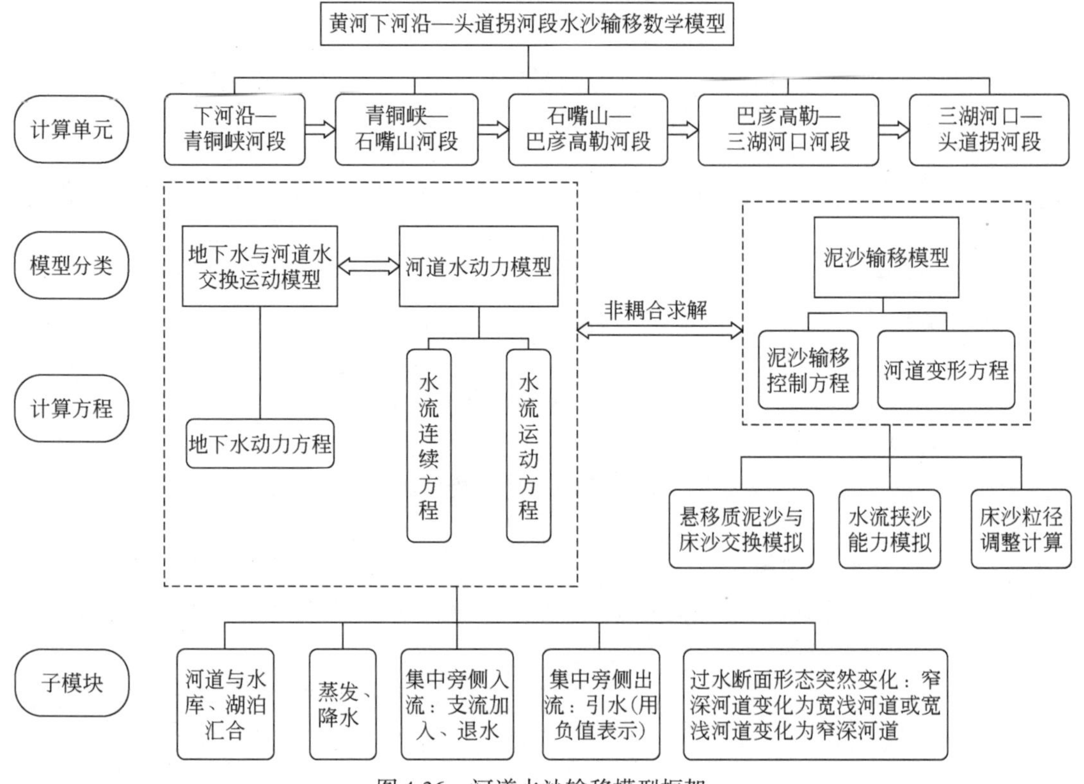

图 4-36 河道水沙输移模型框架

泥沙输移控制方程：

$$\frac{\partial(QS_k)}{\partial x}+\frac{\partial(AS_k)}{\partial t}+K_s\alpha_*\omega_kB(f_sS_k-S_k^*)=S_lq_l \tag{4-22}$$

河床变形方程：

$$\frac{\partial Z_{bij}}{\partial t}-\frac{K_{sij}\alpha_{*ij}\omega_{sij}}{\gamma_0}(f_{sij}S_{ij}-S_{ij}^*)=0 \tag{4-23}$$

模型的初始条件主要包括初始时刻（0），计算河段所有断面的水位、流量、糙率及含沙量等初始值，记为 Z_i^0 、Q_i^0 、n_i^0 及 S_i^0 等，这些参数可根据实测资料或一维恒定流模型计算求得。

模型的边界条件是，对于有支流入汇的河段，计算中不对每一条单一河段单独提出外边界条件。对于整个河段而言，其外边界条件为上游进口（包括干流和支流）输入的流量、含沙量过程，下游出口断面输出的水位过程或水位流量关系。

描述河道一维非恒定水流运动的基本方程为圣维南方程组，模型采用非耦合求解，即先单独求解水流连续方程和水流运动方程，求出有关水力要素后，再求解泥沙连续方程和河床变形方程，推求河床冲淤变形结果，如此交替进行。水流方程采用四点隐式差分格式离散，泥沙输移和河床变形采用显式差分格式。

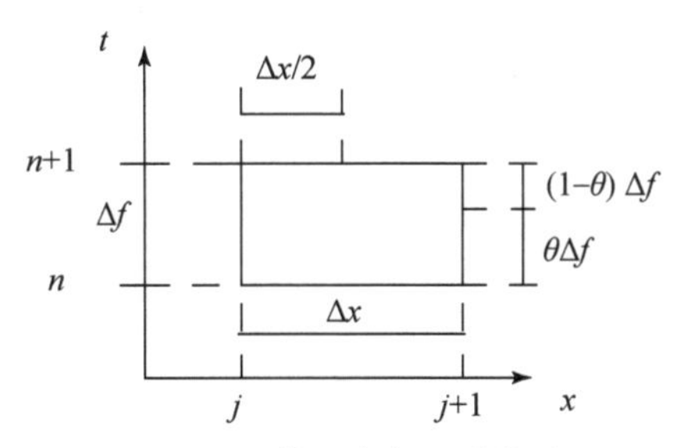

图 4-37 模型求解差分格式

4.5.1.1 水流方程求解

采用四点隐式差分方法对水流连续及圣维南运动方程进行求解（图 4-37）：

$$f(x,\ t)=\frac{1}{2}(f_{j+1}^{n}+f_{j}^{n}) \tag{4-24}$$

$$\frac{\partial f}{\partial x}\approx\theta\frac{f_{j+1}^{n+1}-f_{j}^{n+1}}{\Delta x}+(1-\theta)\frac{f_{j+1}^{n}-f_{j}^{n}}{\Delta x} \tag{4-25}$$

$$\frac{\partial f}{\partial t}\approx\frac{f_{j+1}^{n+1}-f_{j+1}^{n}+f_{j}^{n+1}-f_{j}^{n}}{2\Delta t} \tag{4-26}$$

（1）连续方程

$$B\frac{\partial Z}{\partial t}+\frac{\partial Q}{\partial x}=q \tag{4-27}$$

$$\frac{\partial Z}{\partial t}=\frac{Z_{j+1}^{n+1}-Z_{j+1}^{n}+Z_{j}^{n+1}-Z_{j}^{n}}{2\Delta t} \tag{4-28}$$

$$\frac{\partial Q}{\partial x}=\theta\frac{Q_{j+1}^{n+1}-Q_{j}^{n+1}}{\Delta x_{j}}+(1-\theta)\frac{Q_{j+1}^{n}-Q_{j}^{n}}{\Delta x_{j}} \tag{4-29}$$

将以上关系代入连续方程得

$$B_{j+0.5}^{n}\frac{Z_{j+1}^{n+1}-Z_{j+1}^{n}+Z_{j}^{n+1}-Z_{j}^{n}}{2\Delta t}+\theta\frac{Q_{j+1}^{n+1}-Q_{j}^{n+1}}{\Delta x_{j}}+(1-\theta)\frac{Q_{j+1}^{n}-Q_{j}^{n}}{\Delta x_{j}}=q_{j+0.5}$$

$$Q_{j+1}^{n+1}-Q_{j}^{n+1}+C_{j}Z_{j+1}^{n+1}+C_{j}Z_{j}^{n+1}=D_{j}$$

式中，$C_{j}=\frac{B_{j+0.5}^{n}\Delta x_{j}}{2\Delta t\theta}$；$D_{j}=\frac{q_{j+0.5}\Delta x_{j}}{\theta}-\frac{1-\theta}{\theta}(Q_{j+1}^{n}-Q_{j}^{n})+C_{j}(Z_{j+1}^{n}+Z_{j}^{n})$。

（2）动量方程

$$\frac{\partial Q}{\partial t}+\frac{\partial}{\partial x}\left(\frac{\alpha Q^{2}}{A}\right)+gA\left(\frac{\partial Z}{\partial x}+\frac{Q\mid Q\mid}{K^{2}}\right))=0 \tag{4-30}$$

$$\frac{\partial Q}{\partial t}=\frac{Q_{j+1}^{n+1}-Q_{j+1}^{n}+Q_{j}^{n+1}-Q_{j}^{n}}{2\Delta t} \tag{4-31}$$

$$\frac{\partial Z}{\partial x}=\theta\frac{Z_{j+1}^{n+1}-Z_{j}^{n+1}}{\Delta x_{j}}+(1-\theta)\frac{Z_{j+1}^{n}-Z_{j}^{n}}{\Delta x_{j}} \tag{4-32}$$

$$\frac{\partial}{\partial x}\left(\frac{\alpha Q^2}{A}\right)=\frac{\partial}{\partial x}(\alpha uQ)=\frac{\theta[(\alpha u)_{j+1}^{n}Q_{j+1}^{n+1}-(\alpha u)_{j}^{n}Q_{j}^{n+1}]+(1-\theta)[(\alpha u)_{j+1}^{n}Q_{j+1}^{n}-(\alpha u)_{j}^{n}Q_{j}^{n}]}{\Delta x_j} \tag{4-33}$$

$$gA\frac{Q\mid Q\mid}{K^2}=g\frac{Q\mid Q\mid}{c^2AR}=\left(g\frac{|u|}{2c^2R}\right)_j^n Q_j^{n+1}+\left(g\frac{|u|}{2c^2R}\right)_{j+1}^n Q_{j+1}^{n+1} \tag{4-34}$$

将以上关系式代入动量方程得

$$E_jQ_j^{n+1}+G_jQ_{j+1}^{n+1}+F_jZ_{j+1}^{n+1}-F_jZ_j^{n+1}=\phi_j \tag{4-35}$$

式中，$E_j=\frac{\Delta x_j}{2\Delta t\theta}-(\alpha u)_j^n+\left(\frac{g\mid u\mid}{2\theta c^2R}\right)_j^n\Delta x_j$；$G_j=\frac{\Delta x_j}{2\theta\Delta t}+(\alpha u)_{j+1}^n+\left(\frac{g\mid u\mid}{2\theta c^2R}\right)_{j+1}^n\Delta x_j$；$F_j=(gA)_{j+0.5}^n$；$\phi_j=\frac{\Delta x_j}{2\theta\Delta t}(Q_{j+1}^n+Q_j^n)-\frac{1-\theta}{\theta}[(\alpha uQ)_{j+1}^n-(\alpha uQ)_j^n]-\frac{1-\theta}{\theta}(gA)_{j+0.5}^n(Z_{j+1}^n-Z_j^n)$。

为方便起见，忽略上标（$n+1$），把连续方程与动量方程的任一河段差分方程写成：

$$Q_{j+1}-Q_j+C_jZ_{j+1}+C_jZ_j=D_j$$
$$E_jQ_j+G_jQ_{j+1}+F_jZ_{j+1}-F_jZ_j=\phi_j$$

式中，C_j、D_j、E_j、F_j、G_j和ϕ_j均由初值计算，所以方程组为常系数线性方程组。对一条具有L_2-L_1个河段的河道，有$2(L_2-L_1+1)$个未知变量，可以列出$2(L_2-L_1)$个方程，加上河道两端的边界条件，形成封闭的代数方程组。

上边界条件：

$$\begin{aligned}
&Q_{L_1}=f_1(Z_{L_1})\\
&-Q_{L_1}+Q_{L_1+1}+C_{L_1}Z_{L_1}+C_{L_1}Z_{L_1+1}=D_{L_1}\\
&E_{L_1}Q_{L_1}+G_{L_1}Q_{L_1+1}-F_{L_1}Z_{L_1}+F_{L_1}Z_{L_1+1}=\phi_{L_1}\\
&-Q_{L_1+1}+Q_{L_1+2}+C_{L_1+1}Z_{L_1+1}+C_{L_1+1}Z_{L_1+2}=D_{L_1+1}\\
&E_{L_1+1}Q_{L_1+1}+G_{L_1+1}Q_{L_1+2}-F_{L_1+1}Z_{L_1+1}+F_{L_1+1}Z_{L_1+2}=\phi_{L_1+1}\\
&\cdots\\
&-Q_{L_2-1}+Q_{L_2}+C_{L_2-1}Z_{L_2-1}+C_{L_2-1}Z_{L_2}=D_{L_2-1}\\
&E_{L_2-1}Q_{L_2-1}+G_{L_2-1}Q_{L_2}-F_{L_2-1}Z_{L_2-1}+F_{L_2-1}Z_{L_2}=\phi_{L_2-1}
\end{aligned}$$

下边界条件：

$$Q_{L_2}=f_2(Z_{L_2})$$

由此可唯一求解未知量Q_j、Z_j（$j=L_1$，L_1+1，…，L_2）。

（3）河道边界条件

对于河道的边界条件，一般有如下3种情况。

水位已知：

$$Z_{L_1}=Z_{L_1}(t)$$

流量已知：

$$Q_{L_1}=Q_{L_1}(t)$$

水位流量关系：

$$Q_{L_1}=f(Z_{L_1})$$

1）水位边界条件的计算。对于水位已知的边界条件，可假设如下追赶关系：

$$\begin{aligned}Q_j&=S_{j+1}-T_{j+1}Q_{j+1}\\Z_{j+1}&=P_{j+1}-V_{j+1}Q_{j+1}\end{aligned}\quad(j=L_1,\ L_1+1,\ \cdots,\ L_2-1)$$

由于 $Z_{L_1}=Z_{L_1}(t)=P_{L_1}-V_{L_1}Q_{L_1}$，$P_{L_1}=Z_{L_1}(t)$，$V_{L_1}=0$。

把上式中 Z_j 表达式代入动量方程有

$$-Q_j+C_j(P_j-V_jQ_j)+Q_{j+1}+C_jZ_{j+1}=D_j \tag{4-36}$$

$$E_jQ_j-F_j(P_j-V_jQ_j)+G_jQ_{j+1}+F_jZ_{j+1}=\phi_j \tag{4-37}$$

以 Q_j 为自由变量可解得

$$Q_j=S_{j+1}-T_{j+1}Q_{j+1} \tag{4-38}$$

$$Z_{j+1}=P_{j+1}-V_{j+1}Q_{j+1} \tag{4-39}$$

式中，$S_{j+1}=\dfrac{C_jY_2-F_jY_1}{F_jY_3+C_jY_4}$；$T_{j+1}=\dfrac{C_jG_j-F_j}{F_jY_3+C_jY_4}$；$P_{j+1}=\dfrac{Y_1+Y_3S_{j+1}}{C_j}$；$V_{j+1}=\dfrac{1+Y_3T_{j+1}}{C_j}$；$Y_1=D_j-C_jP_j$；$Y_2=\phi_j+F_jP_j$；$Y_3=1+C_jV_j$；$Y_4=E_j+F_jV_j$

由此递推关系可得

$$Z_{L_2}=P_{L_2}-V_{L_2}Q_{L_2} \tag{4-40}$$

与下边界 $Q=f_2(Z_{L_2})$ 联立可求得 Q_{L_2}，回代可求出 Q_j、Z_j，$j=L_2$，L_{2-1}，…，L_1。

2）流量边界条件的计算。对于流量已知的边界条件，可假设如下追赶关系：

$$\begin{aligned}Z_j&=S_{j+1}-T_{j+1}Z_{j+1}\\Q_{j+1}&=P_{j+1}-V_{j+1}Z_{j+1}\end{aligned}\quad(j=L_1,\ L_1+1,\ \cdots,\ L_2-1)$$

由于 $Q_{L_1}=Q_{L_1}(t)$，$P_{L_1}=Q_{L_1}(t)$，$V_{L_1}=0$

将上式中的 Q_j 表达式代入动量方程得

$$C_jZ_j-(P_j-V_jZ_j)+Q_{j+1}+C_jZ_{j+1}=D_j \tag{4-41}$$

$$E_j(P_j-V_jZ_j)-F_jZ_j+G_jQ_{j+1}+F_jZ_{j+1}=\phi_j \tag{4-42}$$

解追赶方程中的追赶系数为，$S_{j+1}=\dfrac{G_jY_3-Y_4}{Y_1G_j+Y_2}$；$T_{j+1}=\dfrac{C_jG_j-F_j}{Y_1G_j+Y_2}$；$P_{j+1}=Y_3-Y_1S_{j+1}$；$V_{j+1}=C_j-Y_1T_{j+1}$；$Y_1=V_j+C_j$；$Y_2=F_j+E_jV_j$；$Y_3=D_j+P_j$；$Y_4=\phi_j-E_jP_j$。

可见，由上述递推关系，可依次求得 S_{j+1}，T_{j+1}，P_{j+1}，V_{j+1}，最后得到：

$$Q_{L_2}=P_{L_2}-V_{L_2}Z_{L_2} \tag{4-43}$$

与模型下边界条件 $Q_{L_2}=f_2(Z_{L2})$ 联立，可求得 Q_{L2}，再进行回代可以可求出 Q_j、Z_j，其中 $j=L_2$，L_2-1，…，L_1。

3）水位、流量关系边界的计算。对于水位流量关系 $Q_{L_1}=f(Z_{L_1})$，可线性化处理为

$$Q_{L_1}=P_{L_1}-V_{L_1}Z_{L_1} \tag{4-44}$$

即可同流量边界条件一样进行如下处理：

由于 $dQ_{L_1}=f'(Z_{L_1})dZ_{L_1}$，$Q_{L_1}-f(Z_{L_1}^0)=f'(Z_{L_1}^0)(Z_{L_1}-Z_{L_1}^0)$，$Q_{L_1}=f(Z_{L_1}^0)+f'(Z_{L_1}^0)(Z_{L_1}-Z_{L_1}^0)=f(Z_{L_1}^0)-f'(Z_{L_1}^0)Z_{L_1}^0+f'(Z_{L_1}^0)Z_{L_1}$，$P_{L_1}=f(Z_{L_1}^0)-f'(Z_{L_1}^0)Z_{L_1}^0$，$Z_{L_1}=f'(Z_{L_1}^0)$

(4) 河道内部边界处理

在河道水流计算中，除了外部边界条件，还可能遇到内部边界条件。所谓内部边界条件是指河道的几何形状的不连续或水力特性的不连续点。例如，河流的交汇点、过水断面的突然改变之处、堰闸过流处、集中水头损失处等。在这些内部边界处，圣维南方程组不再适用，必须根据其水力特性做特殊处理。内部边界条件通常包含两个相容性，即流量连续性条件和能量守恒条件（或动量守恒条件）。下面以四点隐式差分为例，讨论常见的内边界条件的处理和计算方法。

1）集中旁侧入流。对于集中旁侧入流，可以设一虚拟河段 $\Delta x_j = 0$，这时基本的连续方程为

$$Z_i = Z_{i+1}$$

$$Q_i + Q_f = Q_{i+1}$$

由式上式替代动量方程可同样得出递推关系式。

当上边界为水位边界条件时：

$$Z_i = P_i - V_i Q_i$$

故

$$Z_{i+1} = P_i + V_i Q_f - V_i Q_{i+1}$$

$$Q_i = Q_{i+1} - Q_f$$

所以，$S_{i+1} =- Q_f$；$T_{i+1} =- 1$；$P_{i+1} = P_i + V_i Q_f$；$V_{i+1} = V_i$。

当上边界为流量条件时：

$$Q_i = P_i - V_i Z_i$$

$$Q_{i+1} = Q_i + Q_f = P_i - V_i Z_i + Q_f = P_i - V_i Z_{i+1} + Q_f$$

所以，$S_{i+1} = 0$；$T_{i+1} =- 1$；$P_{i+1} = P_i + Q_f$；$V_{i+1} = V_i$。

2）河道与储水池汇合。对于储水池河段，假设河道水位与储水池水位相等，可列出如下方程：

$$Z_i = Z_{i+1} = Z_s$$

由连续方程：

$$Q_{i+1} = Q_i - Q_s$$

式中，Q_s 为河道向储水池的流量。

由储水池的连续方程：

$$A_s \frac{\mathrm{d}Z_s}{\mathrm{d}t} = Q_s;\ A_s \frac{Z_s - Z_s^0}{\mathrm{d}t} = Q_s$$

故

$$Z_i = Z_{i+1}$$

$$Q_{i+1} = Q_i - A_s \frac{Z_{i+1} - Z_{i+1}^0}{\mathrm{d}t}$$

当上边界是水位边界条件时：

$$Z_i = P_i - V_i Q_i$$

由上式可求得

$$Q_i = \frac{\frac{A_s}{\Delta t}(P_i - Z_i^0) + Q_{i+1}}{1 + \frac{A_s}{\Delta t}V_i} \tag{4-45}$$

$$Z_{i+1} = \frac{P_i + \frac{V_i A_s}{\Delta t}Z_i^0 - V_i Q_{i+1}}{1 + \frac{A_s}{\Delta t}V_i}$$

所以，$S_{i+1} = \frac{\frac{A_s}{\Delta t}(P_i - Z_i^0)}{1 + \frac{A_s}{\Delta t}V_i}$；$T_{i+1} = -\frac{1}{1 + \frac{A_s}{\Delta t}V_i}$；$P_{i+1} = \frac{P_i + \frac{V_i A_s}{\Delta t}Z_i^0}{1 + \frac{A_s}{\Delta t}V_i}$；$V_{i+1} = \frac{V_i}{1 + \frac{A_s}{\Delta t}V_i}$。

当上边界为流量边界条件时：

$$Q_i = P_i - V_i Z_i$$

由

$$Q_{i+1} = Q_i - A_s \frac{Z_{i+1} - Z_{i+1}^0}{\mathrm{d}t}$$

可求得

$$Z_i = Z_{i+1}$$

$$Q_{i+1} = P_i + \frac{A_s}{\Delta t}Z_{i+1}^0 - \left(V_i + \frac{A_s}{\Delta t}\right)Z_{i+1}$$

所以，$S_{i+1} = 0$；$T_{i+1} = -1$；$P_{i+1} = P_i + \frac{A_s}{\Delta t}Z_{i+1}^0$；$V_{i+1} = V_i + \frac{A_s}{\Delta t}$。

3）过水断面突然放大的情况。其相容条件是

$$Q_i = Q_{i+1}$$

$$Z_i + \frac{u_i^2}{2g} = Z_{i+1} + \frac{u_{i+1}^2}{2g} + \xi\frac{(u_i - u_{i+1})^2}{2g}$$

式中，ξ 为局部阻力系数。

令

$$\Delta h = \frac{u_{i+1}^2}{2g} - \frac{u_i^2}{2g} + \xi\frac{(u_i - u_{i+1})^2}{2g}$$

于是

$$Q_i = Q_{i+1},\ Z_{i+1} = Z_i - \Delta h$$

当上边界为水位边界条件时：

$$Z_i = P_i - V_i Q_i$$

$$Z_{i+1} = P_i - V_i Q_{i+1} - \Delta h$$

所以 $S_{i+1} = 0$；$T_{i+1} = -1$；$V_{i+1} = V_i$。

当上边界为流量边界条件时：

$$Q_i = P_i - V_i Z_i$$

$$Q_{i+1}=P_i-V_iZ_i=P_i-V_i(Z_{i+1}+\Delta h)=P_i-V_i\Delta h-V_iZ_{i+1}$$

$$Z_i=Z_{i+1}+\Delta h$$

所以 $S_{i+1}=\Delta h$；$T_{i+1}=-1$；$P_{i+1}=P_i-V_i\Delta h$；$V_{i+1}=V_i$。

4.5.1.2 泥沙输移控制方程的求解

一维悬移质泥沙运动可表示为

$$\frac{\partial(QS_k)}{\partial x}+\frac{\partial(AS_k)}{\partial t}+K_s\alpha_*\omega_kB(f_sS_k-S_k^*)=S_lq_l \tag{4-46}$$

$$\frac{\partial(A_iV_iS_i)}{\partial x}+\frac{\partial(A_iS_i)}{\partial t}+\sum_{j=1}^{m}(K_{sij}\alpha_{*ij}\omega_{sij}b_{ij}f_{sij}S_{ij})-\sum_{j=1}^{m}(K_{sij}\alpha_{*ij}\omega_{sij}b_{ij}S_{ij}^*)=S_{l\ i}q_{li} \tag{4-47}$$

式中，i 为断面号；j 为子断面号；河床高程最低的子断面取 j 为 1，最高的取 j 为 m；m 为子断面数；S_k、S_k^* 和 ω_k 分别为第 k 组悬移质泥沙的断面平均含沙量、水流挟沙力和有效沉降速度；S_l 为侧向入流的含沙量；K_s、α_* 和 f_s 分别为第 k 粒径组泥沙的附加系数、平衡含沙量分布系数以及泥沙非饱和系数。

α_* 理论上为平衡情况下河底含沙量与垂线平均含沙量的比值：

$$\alpha_*=\frac{s_{*b}}{s_*}=\frac{1}{N_0}\exp\left(8.21\frac{\omega_s}{ku_*}\right)$$

$$a_1=s_b/S$$

$$f_s=a_1/a_*$$

式中，$\eta=z/h$ 为相对水深；c_n 为涡团参数，$c_n=0.375k$；k 为卡门常数，对于含沙水流，$k=0.4-1.68\sqrt{S_v}(0.365-S_v)$。

K_s、f_s 均为经验系数，计算式分别为

$$K_s=\frac{1}{2.65}k^{4.65}\left(\frac{u_*^{1.5}}{V^{0.5}\omega_s}\right)^{1.14}$$

$$f_s=\left(\frac{S}{S^*}\right)^{[0.1/\mathrm{arctg}(s/s_*)]}$$

另外，

$$N_0=\int_0^1 f\left(\frac{\sqrt{g}}{c_nC},\ \eta\right)\exp\left(5.333\frac{\omega}{ku_*}\mathrm{actg}\sqrt{\frac{1}{\eta}-1}\right)\mathrm{d}\eta \tag{4-48}$$

$$f\left(\frac{\sqrt{g}}{c_nC},\ \eta\right)=1-\frac{3\pi}{8c_n}\frac{\sqrt{g}}{C}+\frac{\sqrt{g}}{c_nC}(\sqrt{\eta-\eta^2}+\arcsin\sqrt{\eta}) \tag{4-49}$$

式中，u_* 为摩阻流速，$u_*=\sqrt{\tau_0/\rho}=V_{cp}\sqrt{\lambda/8}$；$V_{cp}$ 为垂线平均流速；C 为谢才系数，$\lambda=8g/C^2$；V 为流速。

以往大量研究和模拟计算表明，在悬移质泥沙运动方程中，引入这 3 个参数后，不仅保证了理论上的完善性，而且通过几个参数的相互制约与调整，克服了以往泥沙数学模型中恢复饱和系数为经验常数且经常调整的缺点，使所建立的数学模型能够适应不同的水沙条件。

采用迎风格式对泥沙连续方程进行离散，当 $Q\geqslant 0$ 时，其离散格式可表示为

$$S_i^{n+1} = \left(K_s \Delta t \alpha_* B_i^{n+1} \omega_{si}^{n+1} S_i^{*n+1} + A_i^n S_i^n + \frac{\Delta t Q_{i-1}^{n+1} S_{i-1}^{n+1}}{\Delta x_{i-1}} + S_l q_l\right) \Big/ \left(K_s \Delta t \alpha_* B_i^{n+1} \omega_{si}^{n+1} f_s + A_i^{n+1} + \frac{\Delta t Q_i^{n+1}}{\Delta x_{i-1}}\right)$$

当上游干、支流进口断面含沙量已知时，根据上式可自上而下依次推求其所在计算河段中所有计算断面的含沙量。

4.5.1.3 河床变形方程求解

河床变形方程为

$$\rho' \frac{\partial Z_d}{\partial t} = \sum_{k=1}^{N_s} K_{sk} \alpha_{*k} \omega_k (f_{1k} S_k - S_k^*) \tag{4-50}$$

$$\frac{\partial Z_{bij}}{\partial t} - \frac{K_{sij} \alpha_{*ij} \omega_{sij}}{\gamma_0} (f_{sij} S_{ij} - S_{ij}^*) = 0 \tag{4-51}$$

式中，Z_{bij} 为河床冲淤厚度；γ_0 为淤积物干容重；N_s 为悬移质泥沙的最大粒径组数。

差分格式为

$$Z_{bij}^{n+1} = Z_{bij}^n + \Delta t \frac{K_{sij} \alpha_{*ij} \omega_{sij}^{n+1}}{\gamma_0} (f_{sij} S_{ij}^{n+1} - S_{ij}^{*n+1}) \tag{4-52}$$

4.5.2 灌区模型

灌区模型由数个相互联系的基于过程的模块构成，每个子模块描述一个主要水文过程，根据不同的模拟要求，这些模块可以互相分离也可以整合起来应用，分离开来可以分别描述水文循环的各个过程，整合起来，就可以描述整个流域的水文循环过程。建立的灌区模型考虑了灌区“取水（包括河道、灌井引水）—输水—排水—回归（包括灌区地表、地下水回归)”的各个子过程，以及其自然条件下的降水、蒸散发、产流、入渗和径流等水循环过程。灌区模型利用质量、能量和动量守恒的偏微分方程的差分形式描述水文过程，同时也采用一些独立经验关系，综合考虑降水、蒸发、地表径流、土壤等对地下水的补给以及地下水的流动等水文过程。灌区模型构建采用面向对象的思想，依据宁蒙河段引黄灌区内部的水沙特性分别建立青铜峡灌区水循环模型和河套灌区水循环模型。

4.5.3 河道水沙输移与灌区引水循环双过程耦合原理和方法

设 $Q(x, t)$ 为 t 时刻通过黄河河道断面 $A(x, t)$ 的流量；q 为侧向流量（支流加入、集中引水、集中退水）；q_b 为河道底部渗出流量；p 为大气降水强度；E_s 为蒸发强度；b 为河道的水面宽度；A 为河道过水断面面积；Z 为河道平均水位。任意 x 处 t 时刻过水断面 $A(x, t)$ 与通过该断面流量 $Q(x, t)$ 之间的关系式分述如下。

河道上游来水引起的水量增量：

$$Q(x, t)\mathrm{d}t - Q(x + \Delta x, t)\mathrm{d}t = -\frac{\partial Q}{\partial x}\Big|_{(x, t)} \Delta x \mathrm{d}x \tag{4-53}$$

侧向入流强度 q 引起的水量增量：

$$q|_{(x,\ t)}\Delta x\mathrm{d}t \tag{4-54}$$

河道底部渗出流量强度 q_{b} 引起的水量增量：

$$-q_{\mathrm{b}}|_{(x,\ t)}\Delta x\mathrm{d}t \tag{4-55}$$

大气降水强度 p 引起的水量增量：

$$p|_{(x,\ t)}b\Delta x\mathrm{d}t \tag{4-56}$$

蒸发强度 E_s 引起的水量增量：

$$-E_s|_{(x,\ t)}b\Delta x\mathrm{d}t \tag{4-57}$$

在 dt 时段内，水体总增量为

$$\left(-\frac{\partial Q}{\partial x}+q-q_b+ib-E_sb\right)|_{(x,\ t)}\Delta x\mathrm{d}t \tag{4-58}$$

由于水量增量引起过水断面面积改变 ΔA 所需要的流量为

$$[A(x,\ t+\mathrm{d}t)-A(x,\ t)]\Delta x=-\frac{\partial A}{\partial t}|_{(x,\ t)}\Delta x\mathrm{d}t \tag{4-59}$$

根据质量守恒定律，得到水流连续方程：

$$\frac{\partial A}{\partial t}+\frac{\partial Q}{\partial x}=(q-q_{\mathrm{b}})+(i-E_s)b \tag{4-60}$$

一般情况下，由河道底部渗出流量 q_{b} 引起的水量增量；由大气降水强度 i 引起的水量增量和由蒸发强度 E_s 引起的水量增量都可以忽略。若由侧向流量 q 引起的水量增量 $q|_{(x,\ t)}\Delta x\mathrm{d}t\neq 0$，则水流连续方程可简化为

$$\frac{\partial A}{\partial t}+\frac{\partial Q}{\partial x}=q \tag{4-61}$$

黄河河道、沿程支流、引水渠和退水沟的水流运动模拟均采用一维圣维南方程描述：

$$\frac{\partial Q}{\partial t}+\frac{\partial}{\partial x}\left(\frac{Q^2}{A}\right)+gA\frac{\partial h}{\partial x}+g\frac{Q|Q|}{C^2AR}=0 \tag{4-62}$$

式中，x 为距离坐标；t 为时间坐标；A 为过水断面面积；Q 为流量；h 为水位；q 为旁测入流量；C 为 Chèzy 系数；R 为水力半径；g 为重力加速度。使用隐式的有限差分法对该方程组计算求解。

饱和带含水层与河道的水量在河流经过的两个相邻单元格之间交换，通过式（4-63）进行计算：

$$Q_i=\Delta h_f C_i \tag{4-63}$$

式中，C 为水力传导率；Δh_i 为河流和单元格的水头差；i 为河流两岸的任意一个单元格的表示符号。

含水层与河道的水头差通过式（4-64）计算，即

$$\Delta h_i=h_i-h_{\mathrm{riv}} \tag{4-64}$$

式中，h_i为网格单元的水头；h_{riv}为河道的水头；h_{riv}为从河道模型 H 点中插值生成。

河道水流与地表径流、非饱和带和饱和带地下水的耦合通过位于栅格单元之间的水网链接实现，在河道模拟中定义用于与灌区水循环过程相耦合的水网，灌区水循环过程只与这些耦合的水网发生水分交换。饱和带含水层与水网水量交换在水流经过的两个相邻单元

格之间进行。河道水沙输移是以线性通道为主的过程，在水沙输移过程中存在着内部垂向水沙交换子过程，而大型灌区引水与地表水、地下水之间的转换，是面网为主的运移过程，存在着点-面-点-线的多尺度水沙交换子过程，就是说在其内部垂向上存在着灌溉引水—地表水—地下水—地表水的复杂转化过程。

因此，要实现两模块的耦合，必须解决空间异构异性问题。一是，以灌区与河道之间的水量交换关系或水循环控制方程作为耦合条件，在干流水沙输移方程体系与灌区水循环方程体系之间建立具有结构关系的共同体，将灌区面尺度水量转换与河道线尺度水沙输移作为一个整体纳入统一的数学模型框架中；二是实现河道水沙输移模块与灌区水循环模块的运行共分享共交换公用数据库和参数，没有直接的数据传递；三是通过对河道-灌区灰色过渡带信息元提取解决计算边界封闭问题，从而达到水循环双过程耦合模拟（图 4-38）。

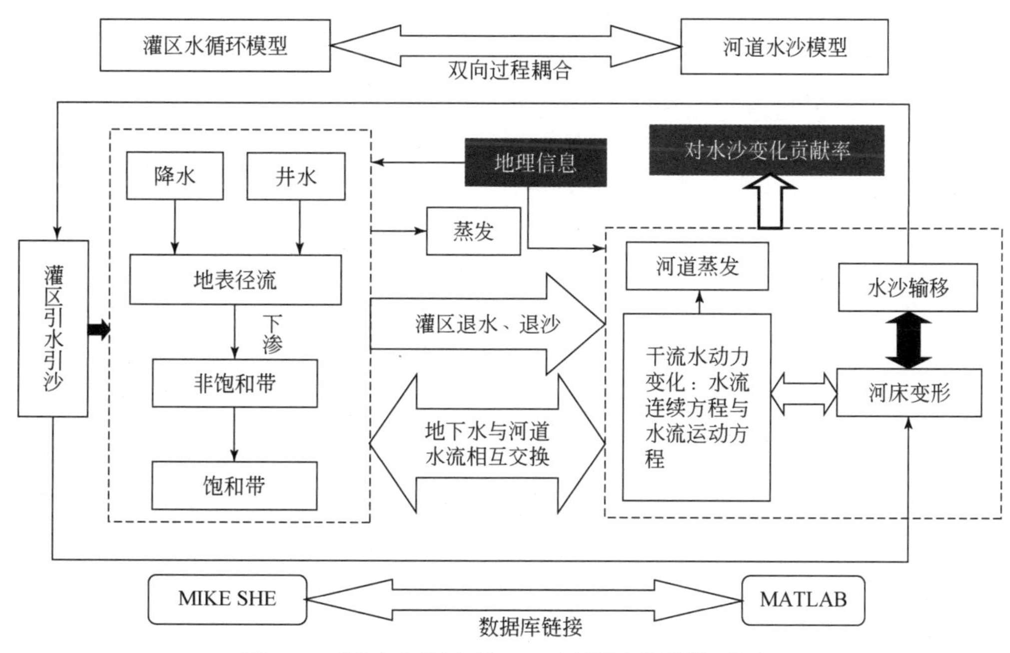

图 4-38 灌区-河道水循环双过程耦合数学模型框架

4.5.4 河道水沙输移与灌区水循环双过程耦合模型

4.5.4.1 模型计算任务

1）耦合灌区水循环模型的输出过程和河道模型的输入过程。通过灌区模型计算不同条件下沿岸引黄灌区向黄河干流河道退水、退沙的时空特性，以及引黄灌区与黄河干流之间的地下水交换过程。

2）宁夏引黄灌区引水对石嘴山水文站断面水沙变化的影响分析。分析卫宁灌区、青铜峡灌区引水引沙过程、退水退沙过程对石嘴山水文站断面水沙过程的影响，分析卫宁灌区、青铜峡灌区引退水与石嘴山水文站断面水沙变化之间的相互关系。

3）宁蒙灌区对三湖河口断面水沙条件的影响分析。三湖河口断面以下河段水沙变化主要受宁蒙灌区引水影响。分析宁蒙灌区引退水过程对三湖河口断面水沙过程影响，以及宁蒙灌区引退水与三湖河口水文站水沙变化之间的相互关系。

4）三湖河口—头道拐河段水沙输移。河段主要有十大孔兑的来水来沙入流，昆都仑河和武当沟的来流，出流主要包括磴口扬水水文站的水量。

4.5.4.2 计算区域和时段

计算区域为黄河干流上游下河沿—头道拐河段，该河段沿岸有宁蒙灌区的引水退水以及若干支流汇入，形成了河道、灌区双边界、多过程密切耦合的水循环系统。

在模拟灌区引水对黄河干流的水沙演进过程的影响时，各汇入点、引水口作为内边界处理。上边界条件为下河沿水文站进口控制水量，下边界条件为头道拐水文站出口控制水位。

对于灌区地表水和地下水过程的模拟，采用变时间步长，将其作为以设定的时间为变量的因变量，并结合单位步长内变化阈值确定变步长，当单位时间内的因变量变化量大于设定的阈值则减少步长，反之则增大步长。在模型计算中，对水量采用第一类边界条件，对含沙量采用第二类边界条件，模型中各汇入点作为内边界处理。模型求解水流方程采用四点隐式差分格式离散，泥沙输移和河床变形采用显式差分格式。模型每次计算时段为一年，空间步长小于计算排水沟相邻两源汇入点间距，时间步长小于排水水流在相邻两源汇入点间的最小传播时间。

空间步长为5km，时间步长为10min。原始大断面资料采用1997～2012年汛前实测大断面资料。

4.5.4.3 耦合模型关键参数处理

（1）影响灌区地下水位的参数处理

大型引黄灌区地下水位的影响参数主要有非饱和带的土壤饱和含水量、田间持水量、饱和水力传导系数以及饱和带中的渗透系数、给水度、排水水位以及排水系数，这些参数的处理方法可见4.4.2节。

（2）影响排水沟排水过程的参数处理

影响灌区排水沟排水过程的主要参数同4.4.2节所述，有排水水位、排水系数，即Delta和Delts参数。

排水沟主要用于排除灌溉期间土壤中的多余水量，水量多来源于地下水。当排水过程相差很大时可通过调节排水水位和排水系数实现，可结合对灌区地下水位的影响同步调节。

由于模拟期内非灌溉期流量往往很小甚至为零，这样灌区模型的排水输出模块就会报出错误，为了能够阻止排水沟干涸所导致的错误，需要调整Delta和Delts参数。Delta决定了模拟的精度和模型的稳定度，Delta越大精度越高，但是模型稳定度就会下降，默认为0.5~0.9，根据模型需要适度调节。Delts参数主要是用于避免排水沟干涸导致的错误。

（3）水流挟沙力

河道水沙输移模型中水流挟沙力公式及其参数的合理选取，直接影响到河床冲淤变形计算的可靠性和精度以及对水流条件的反馈，是泥沙冲淤变形计算中的关键。选用的挟沙力公式为（张红武等，1994）

$$S^* = 2.5\left[\frac{(0.0022 + S_v)V^3}{k\frac{\gamma_s - \gamma_m}{\gamma_m}gh\omega_s}\ln\left(\frac{H}{6D_{50}}\right)\right]^{0.62} \tag{4-65}$$

该公式考虑了含沙量对挟沙能力的影响，计算得到的挟沙力包括全部悬移质泥沙在内，不需人为对床沙质及冲泻质进行划分。式中，S_v为以体积计的含沙量；V为断面垂线流速；k、ω_s、γ_m和γ_s分别浑水卡门常数、泥沙在浑水中的群体沉速、浑水容重和泥沙容重，D_{50}为床沙中值粒径。其中：

$$\omega_s = \omega_0\left[\left(1 - \frac{S_v}{2.25\sqrt{D_{50}}}\right)^{3.5}(1 - 1.25S_v)\right] \tag{4-66}$$

ω_0为非均匀沙在清水中的沉速：

$$\omega_0 = 2.6\,(d_{cp}/D_{50})^{0.3}\omega_{cp}\exp(-635d_{cp}^{0.7}) \tag{4-67}$$

ω_{cp}为粒径为d_{cp}的均匀沙在清水中的沉速，其中：

$$D_{50}/d_{cp} = (D_{50}^{1.5}\sqrt{g}/\nu_m)/\exp(5S_v^{1.5}) \tag{4-68}$$

式中，ν_m为浑水运动黏滞系数，采用如下公式计算：

$$\nu/\nu_m = (1 - S_V/(2.25\sqrt{D_{50}}))^{1.1} \tag{4-69}$$

式中，ν为清水运动黏滞系数。

当沙粒雷诺数$Re = \omega D/\nu$小于0.4时，球体的沉速公式：

$$\omega_0 = \frac{1}{18}\frac{\gamma_s - \gamma}{\gamma}\frac{gD^2}{\nu} \tag{4-70}$$

在常温下，相应的球体直径为0.076mm，亦即通过200号筛孔的圆球，其沉速都可以按斯托克斯定律估算。

鉴于$Re > 1000$以后阻力系数的变化很小，所以一般多取$Re = 1000$为临界值。在$Re = 0.4\times10^3$范围内，惯性力与黏滞力均有一定作用，采用如下公式（张瑞瑾，1981）：

$$\omega_0 = -4\frac{k_2}{k_1}\frac{\nu}{D} + \sqrt{\left(4\frac{k_2}{k_1}\frac{\nu}{D}\right)^2 + \frac{4}{3k_1}\frac{\gamma_s - \gamma}{\gamma}gD} \tag{4-71}$$

对于天然泥沙来说，k_1和k_2分别为1.22和4.27。一般取$\gamma_s = 2.65\mathrm{t/m^3}$，$\nu = 0.011\mathrm{cm^2/s}$。

而当$Re > 1000$以后，黏滞力可以不计。此时：

$$\omega_0 = 1.72\sqrt{\frac{\gamma_s - \gamma}{\gamma}gD} \tag{4-72}$$

(4) 糙率模拟

河道沿程糙率主要反映的是河道的粗糙程度，糙率越大，水流阻力越大，水位就会越高，反之糙率越小，流量过程就会越平滑，水位就会偏低。根据已有文献研究，黄河的糙率在0.01左右，排水沟的糙率定为0.1。采用下式计算河道糙率（赵连军等，2005）：

$$n = \frac{h^{1/6}}{\sqrt{g}}\left\{\frac{c_n \frac{\delta_*}{h}}{0.49\left(\frac{\delta_*}{h}\right)^{0.77} + \frac{3\pi}{8}\left(1 - \frac{\delta_*}{h}\right)\left[\sin\left(\frac{\delta_*}{h}\right)^{0.2}\right]^5}\right\} \tag{4-73}$$

式中，δ_* 为摩阻坡度，河滩上 δ_* 即为当量粗糙度，可根据滩地植被等情况，由水力学计算手册查得。而在主槽内，黄河沙波尺度及沙波波速对摩阻特性有较大的影响。借用赵连军（1997）等根据动床模型试验资料建立的黄河下游河道摩阻厚度 δ_* 与佛汝德数 F_r（$=V/\sqrt{gh}$）等因子之间的经验关系：

$$\delta_* = D_{50}\{1 + 10^{[8.1-13Fr^{0.5}(1-Fr^3)]}\} \tag{4-74}$$

(5) 悬移质泥沙与床沙交换模拟方法

赵连军等（1998）从泥沙颗粒在紊动水流条件下的受力分析入手，建立了由泥沙特征粒径描述的悬移质泥沙或细颗粒床沙的级配计算公式：

$$P(d_i) = 2\Phi[0.675\,(D_i/D_{50})^n] - 1 \tag{4-75}$$

$$n = 0.42\,[\tan(1.49D_{50}/D_{cp})]^{0.61} + 0.143 \tag{4-76}$$

$$\xi_d = 0.92\exp(0.54/n^{1.1})D_{cp}^2 \tag{4-77}$$

式中，$P(d_i)$ 为粒径小于 d_i 的泥沙所占的质量比；D_{50} 为泥沙中值粒径；D_{cp} 为泥沙平均粒径；ξ_d 为泥沙粒径分布的二阶圆心距，表征泥沙组成的非均匀度；n 为指数；Φ 为正态分布函数。由式（4-75）~式（4-77）可知，对于变量 D_{50}、D_{cp} 和 ξ_d，如果已知任意两个，泥沙级配曲线就可以确定下来。该泥沙级配计算公式通过大量天然实测资料验证，计算值与实测值基本吻合。

于是设想可以首先计算出河床冲淤变形引起的泥沙 D_{50}、D_{cp} 或 ξ_d 的变化，然后再根据式（4-75）~式（4-77）计算泥沙级配的变化。冲积河流一维非恒定流悬沙与床沙交换计算的基本方程为

$$\frac{\partial(QSD_{cp})}{\partial x} + \frac{\partial(ASD_{cp})}{\partial t} + \gamma_0\frac{\partial(A_0D_c)}{\partial t} - d_lS_lq_l = 0 \tag{4-78}$$

$$\frac{\partial(QS\xi_d)}{\partial x} + \frac{\partial(AS\xi_d)}{\partial t} + \gamma_0\frac{\partial(A_0\xi_c)}{\partial t} - \xi_lS_lq_l = 0 \tag{4-79}$$

$$\frac{\partial(D_{cp})}{\partial t} = \frac{D_c - D_{cp}}{H_c}\frac{\partial z_b}{\partial t} \tag{4-80}$$

$$\frac{\partial(\xi_D)}{\partial t} = \frac{\xi_c - \xi_D}{H_c}\frac{\partial z_b}{\partial t} \tag{4-81}$$

式中，A_0 为横断面冲淤面积；D_{cp} 为床沙平均粒径；ξ_D 为床沙粒径分布的二阶圆心距；D_l、ξ_l

分别为侧向入流泥沙平均粒径，泥沙粒径的二阶圆心距；H_c 为床沙混合厚度。

冲淤物平均粒径 D_c 根据河床冲淤情况采用如下公式计算。

淤积时：

$$D_c = \left(\frac{\Delta Z_b \gamma_0}{Sh}\right)^{D_{cp}/(D_{ph}-D_{cp})} D_{cp} + \left[\left(1 - \frac{\Delta Z_b \gamma_0}{Sh}\right)^{D_{cp}/(D_{ph}-D_{cp})}\right] D_{ph} \tag{4-82}$$

冲刷时：

若 $D_f \leqslant D_{ph}$

$$D_c = D_f \tag{4-83}$$

若 $D_f > D_{ph}$

$$D_c = \left(\frac{|\Delta Z_b|}{H_c}\right)^{(D''-D_f)/(D_f-D_{ph})} D_f + \left[\left(1 - \frac{|\Delta Z_b|}{H_c}\right)^{(D''-D_f)/(D_f-D_{ph})}\right] D_{ph} \tag{4-84}$$

$$\frac{|\Delta Z_b|}{H_c} = \frac{\omega_{cp}}{\omega_{fp}} \exp[635(D_f^{0.7} - D_c^{0.7})]\left(1 - f_1 \frac{S}{S_*}\right) \tag{4-85}$$

式中，ΔZ_b 为河床冲淤厚度（正为淤，负为冲）；H_c 为床沙与水流直接接触分选层，即最大可能冲刷层，定义为直接交换层；D_f 为受此刻水流作用能够扬起变为悬沙的那部分混合沙平均粒径，ω_{cp} 、ω_{fp} 分别为粒径等于 D_c 、D_f 的均匀沙的清水沉速，D'' 为河床遭受强烈冲刷后剩余部分床沙的平均粒径，对于黄河下游可取 $D'' = (2 \sim 2.5)D_{cp}$ ；D_{ph}为河床冲淤平衡时冲淤物平均粒径。D_{ph}、D_f的具体计算方法，可参见文献（赵连军，1991）。

对于冲淤物粒径二阶圆心距 ξ_d 的变化规律，在理论上分析比较困难。因 D_c 、D_{50c}（冲淤物中值粒径）与 ξ_d 之间仍符合函数关系式（4-75）~式（4-77），故可先求出 D_{50c} 的变化，而后确定 ξ_c 的值。悬沙在随着河床冲刷和淤积而发生粗化和细化的过程中，D_{50} 的变化规律在定性上与 D_{cp} 是一致的，为此可采用 D_{ep} 的公式形式近似作为 D_{50} 变化规律的计算公式。

（6）床沙粒径调整计算

河道水沙输移模型在床沙粒径调整计算方面，仿照韦直林（1997）的处理方法，将河床物概化为表层、中层、底层，混合层即为所概化的表层。在具体计算时，规定在每一时段内，各层间的界面都固定不变，泥沙交换限制在表层内进行，中层及底层暂时不受影响。在时段末，根据床面的冲刷或淤积，往下或往上移动表层和中层，保持这两层的厚度不变，而令底层厚度随冲淤厚度的大小而变化。

4.5.4.4 边界条件处理技术

干流水沙输移与灌区引水循环双过程耦合模型边界包括水平、垂直两个方向。在水平方向上分为地表边界和饱和带边界。对于地表而言，地表边界定义主要有两种，一种是流量边界，另一种是水深边界；饱和带边界主要是流量边界、水位边界以及水力坡度边界3种。

垂向边界同样分为地表边界与地下饱和带边界两个边界，地下饱和带边界一般以隔水层为下边界，认为在该边界上没有水量交换。上边界为地表边界，涉及气象以及下垫面特性。下垫面特性为基础，确定到达地表的净雨量以及不同下垫面特性下的实际蒸散发量。

地表植被覆盖信息是开展以上各项计算的基础，需要对 RS 影像数据进行处理，从而可以更精确地获取研究区域的地表植被覆盖信息。现有的植被覆盖信息获取途径主要是通过监测仪器定点测量。由于研究范围大、涉及植被种类繁多，RS 提取方法更能胜任本研究。

为此，采用高光谱影像混合像元分解法进行数据的提取。端元光谱提取是高光谱影像混合像元分解的关键。现有的端元提取方法多是仅利用了影像的光谱信息，忽略了像元间的空间相关性。在现有研究基础上，在模型边界处理中提出了一种结合影像空间和光谱信息的高光谱影像端元光谱自动提取方法（integration of spatial-spectral information based endmember extraction，ISEE）。该方法首先进行影像子空间划分以增强影像局部的光谱信息特征，然后通过特征空间投影分析获得影像候选端元，最后依次在影像空间信息约束下和端元光谱信息约束下进行优化，得到最终的影像端元光谱集。通过基于仿真高光谱影像和真实高光谱影像的实验结果表明，结合影像空间和光谱信息的 ISEE 方法是有效的，且比一些常用方法提取的端元光谱更为准确。

对于灌区沟渠的沿程空间信息精准识别，限于目前便于获得的 DEM 分辨率较低，而人类活动剧烈的引黄灌区沟渠纵横交错，现有的 DEM 分辨率一般都不足于提取到沟渠的空间信息。在现有 30m×30m 分辨率 DEM 的基础上，借助高分辨率 RS 影像识别出沟渠，在计算中对地下水位插值结果实时修正。由于数学模型计算范围比较大，观测井的分布在灌区分布比较集中，在灌区边缘观测井数量稀少，甚至没有观测井，同时这些地区地形变化较为剧烈，地下水位受地表高程剧烈变化的影响很大，加之现有的插值方法在插值过程中无法兼顾由于剧烈的地形变幅而导致的地下水水位变化，最终导致插值结果在边缘地区的地下水水位偏低。

鉴于以上问题和实际情况，提出运用现有插值方法，附加地形变化因子对插值结果进行修正，使最终结果能够更加符合实际情况。该方法是在现有的插值结果基础上，选取距所有监测点位距离最近的整值等值线作为修正的边界线；在边界线以内的区域认为已有的插值结果是符合实际情况的，插值结果是可信的，不需要进行修正；而边界线以外的区域以内没有实测观测井位，而且地下水水位受地形起伏变化影响很大，需要附加考虑单位地表高程变化程度进行人工修正。差值设置的主要依据是，定义一个与边界线垂直的方向，把在该方向上 DEM 高程数据每千米高程变化量作为变量，通过该变量与设置的变量阈值相比较判断是否进行修正。当变量大于阈值时修正系数大于 1，反之则小于 1，具体的数值需要根据实际情况进行调整。由此获得的插值结果就兼顾了地形变幅导致的地下水位变化影响，使最终结果更加符合实际状况。

4.5.4.5 研究区域概化

模型概化范围为下河沿—头道拐河段水文站断面。根据宁蒙灌区引水、宁蒙河段支流汇入与河道间的相互关系，将宁蒙河段概化为 4 个相对独立的部分，分别为卫宁灌区片、青铜峡灌区片、河套灌区片和十大孔兑片（图 4-39）。共概化引水渠 24 条、退水渠 27 条、支流 13 条，概化节点 38 个。

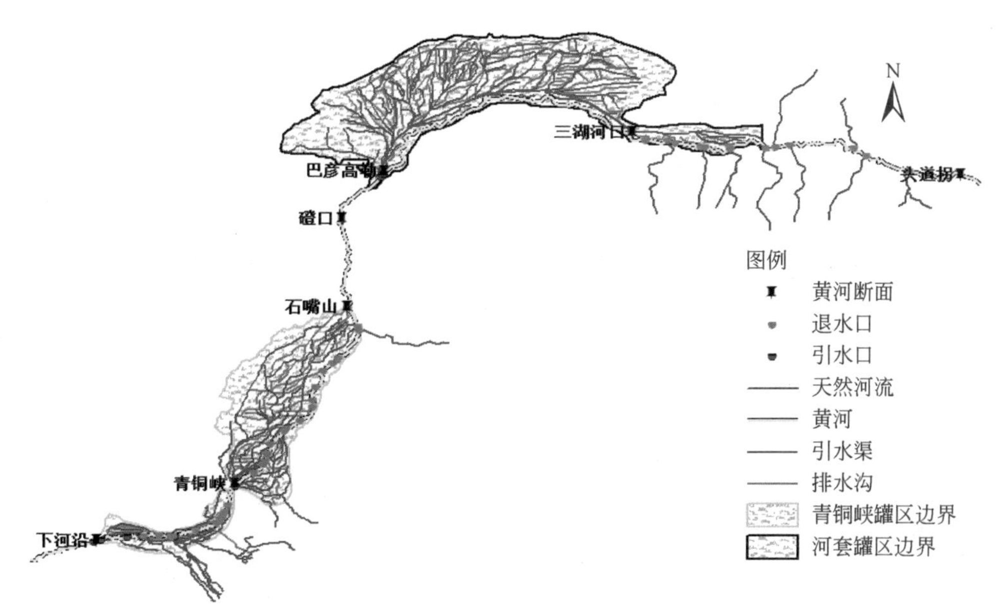

图 4-39　干流水沙输移与灌区引水循环双过程耦合数学模型模拟区域概化

4.5.5　模型的率定和验证

4.5.5.1　模型率定

对于灌区引水循环计算的部分参数，如果缺乏用于率定的实测资料，处理方法可以参见 4.4.2 节。

利用 1997 ~ 2012 年实测资料对模型参数的敏感程度进行分析，选出对输出结果有明显影响的参数进行率定，输出结果以特定区域地下水位作为响应，以地下水观测井实测值为基准，观察参数变化后模拟值与观测值间的差异程度。对模型参数调整的结果表明，各模块中都有一些参数对模拟结果有较大影响，但模型响应程度则各有不同。

适合研究区域的参数设定见表 4-29。模型率定的方法和前述相同，即以初定值为中心，固定模型其他参数不变，改变需要进行观察的参数，参数调整范围在初定值的正负 50% 内取值，每次调整步长为 10%，同时以纳西效率系数 E 为 0.7 进行控制。

4.5.5.2　模型验证

利用使用比较普遍的模型评价指标纳西效率系数 E、相关系数 R 及均方差 σ 对模型校正结果进行评价。

以 2006 年黄河石嘴山水文站断面流量过程对模型进行验证，结果显示（图 4-40），模拟值在全年的变化趋势与实测值具有较高的一致性，模拟效果的统计分析显示，$\sigma=81.83$，$R=0.93$，$E=0.78$，模型所模拟的某些时段，如 5 月、9 月和 11 月的值与实际测定值相差较小，而 7 月、12 月的结果相差较大。如 4.4.2 节所述，由于模型实际计算中会把较小排水沟自动分配到大排水沟计算中，在一定程度上影响了拟合效果。

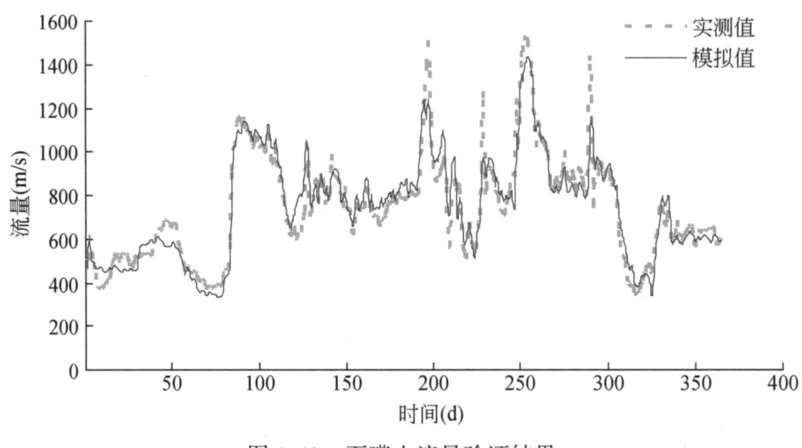

图 4-40　石嘴山流量验证结果

根据上述模型参数与初值设置对模型结果的影响程度，对模型有比较显著影响的参数进行适当重新调整后，各河段的模拟计算误差和最低精度见表 4-39。

表 4-39　1997 ~ 2012 年模拟误差范围与最低精度

河段	流量误差（m^3s）	最低精度（%）	沙量误差（kg/km^3）	最低精度（%）
下河沿—青铜峡	0.01 ~ 0.04	96	0.11 ~ 0.22	78
青铜峡—石嘴山	0.01 ~ 0.04	96	0.11 ~ 0.22	78
石嘴山—巴彦高勒	0.03 ~ 0.09	91	0.18 ~ 0.28	72
巴彦高勒—三湖河口	0.05 ~ 0.16	84	0.19 ~ 0.34	66
三湖河口—头道拐	0.04 ~ 0.08	92	0.16 ~ 0.22	78

4.5.6　河道水沙输移与灌区引水循环双过程耦合模拟系统

4.5.6.1　系统设计任务

结合数据库技术和 ArcGIS 系统组件技术，在 NetBeans 研发系统上研发出界面友好、可视化功能突出、便于使用和管理的黄河宁蒙河段河道水沙输移与灌区引水循环双过程模拟系统。系统设计思想以图（图形、图像）为基础，在宁蒙河段 DEM 数字高程图基础上将空间数据、属性数据管理相结合，增强管理能力，简化操作。

设计的系统应既能够进行河道水沙输移过程演算，又具备灌区引水循环模拟的功能，在此基础上管理时间与空间数据，进行查询和分析。

4.5.6.2　系统设计要求

黄河宁蒙河段河道水沙输移与灌区引水循环双过程模拟系统旨在建立一个以空间信息

和属性信息关联显示为基础，以信息的存储、处理、查询、计算与分析为基本功能的模拟系统，直观综合、动态连续的显示河道水沙输移与灌区引水循环过程中的自然属性，为预测评价灌区引水对河道水沙变化及河床演变的影响作用提供技术支持，具体要求如下：

1）建立的基础数据库（数学模型的数据集）应满足双过程耦合需求；

2）依据空间数据集录入与之相对应的属性数据、建立完整的空间数据库，实现灌区、河道基本信息的科学存储，适时更新数据，图件和文档，且数据标准化；

3）实现空间属性信息双向查询、地图基本操作、专题图制作及统计分析结果以报表形式输出等功能；

4）采用 Java 开发语言完成数学模型算法的程序代码的编译；

5）使用 NetBeans 研发系统可视化界面；

6）系统实现灌区引水循环模拟功能，并依据模拟结果进行黄河宁蒙河段河道水沙输移过程演算；

7）系统可自行完成相关计算结果的对比展示。

4.5.6.3 系统设计原则

黄河宁蒙河段干流水沙输移与灌区引水循环耦合模拟系统的建立本身是一个系统工程，因此对系统组织非常重要。GIS 是一种对空间数据以数字形式进行采集、编辑、处理、存储、组织和分析的系统，由数据、硬件、软件、应用 4 个部分组成，必须对 4 个部分进行科学合理的组织。

系统本身是综合系统工程、制图学、信息学等多学科理论，应用现代计算机技术和 GIS 技术而建成的高技术软件产品，开发者可以将系统开发得高效、实用和方便维护，让不具备专业知识的普通使用者也可以进行系统的操作与维护。

因此，提出系统设计的原则如下：

1）共享性原则。将涉及的灌区、河道水资源信息标准化，规范化，方便资源共享。

2）稳定性原则。系统开发遵循实际管理需要，力求系统稳定可靠的运行，且可视化强，人机交互界面友好，易于操作和维护。

3）安全性原则。在保证数据的共享性、独立性和完整性的基础上，对不同的用户实行不同的管理权限，以保证数据的安全性。

4）可扩展性原则。软件平台统一采用 Windows 操作系统，以增强系统的可移植性，且在系统设计过程中留有进一步开发的接口，当数据量增加或者功能增强时，以便扩展系统。

4.5.6.4 系统流程

根据功能分析需求，制作系统流程图，自上而向下对整个系统进行功能分解，以便分层确定应用程序结构。系统流程用层次图表示，层次图顶层为总控模块，次层为功能模块，再往下为操作模块层，用以完成各种具体操作。

在划分模块时，遵循“模块独立性”原则，尽可能使每个模块完成一项“独立”的功能，减少“块间联系”，增强“块间凝聚”（图 4-41）。

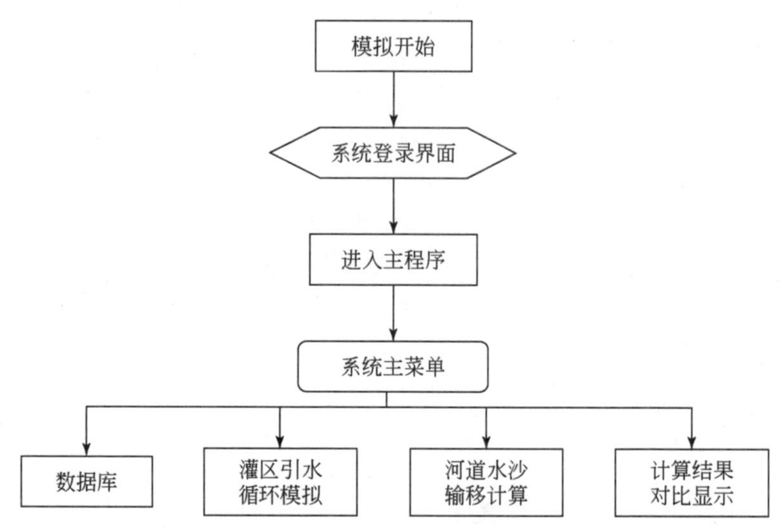

图 4-41　黄河宁蒙河段干流水沙输移与灌区引水循环模拟系统流程

4.5.6.5　系统功能

1）信息录入功能。统一收集、汇总、整理、分析、录入、存储与编辑灌区用水计算的资料。在基础软件、硬件及特定功能模块的支持下，通过人机对话方式把指令传递给用户，并可对其进行修改，为预测评价灌区引水对河道水沙变化及河床演变的影响提供支持。

2）查询功能。用户点击工具条上查询按钮，然后在系统数据库中选定目标单击，可在查询结果中显示目标的相关信息，并在数据库列表以高亮的形式表现。

4.5.6.6　系统开发方式

模型模拟系统分为两大基本类型：一是应用型模型模拟系统，以某一专业、领域或工作为主要内容，其中包括专题模型模拟系统和区域综合模型模拟系统；二是工具型模型模拟系统，它是一组具有图形、图像数字化、存储管理、查询检索、分析运行和多种输出等模型模拟系统基本功能的软件包。应用型模型模拟系统是一个实施和受益面广、应用性强的时间与空间特征集成系统。随着模型模拟系统应用的扩展，应用型模型模拟系统的开发工作日显重要。该系统即是实现以黄河干流水沙输移与灌区引水循环耦合模拟计算为主题的应用型模型模拟系统。因此，如何针对应用目标，高效地开发出既满足需要，又具有方便丰富界面形式的黄河宁蒙河段河道水沙输移与灌区引水循环双过程模拟系统是整个研发过程中的关键。应用型 GIS 开发有很多种方式可供选择，在应用上开发方式相对而言各有特点（表 4-40）。

表4-40 常见GIS开发方式比较

开发方式	优缺点
独立开发	优点：不依赖任何商业GIS工具软件
	缺点：对开发者要求高，且精力、财力消耗巨大
单纯二次开发	优点：以现成的GIS工具软件为开发平台，省时省力
	缺点：无法脱离原GIS软件环境，开发能力较弱
集成二次开发	优点：对开发者要求不高，开发周期短
	缺点：对高级功能的实现偏弱

考虑到完全的GIS独立开发难度较大，而单纯二次开发受现有GIS工具软件限制较多。因而利用符合当前软件发展潮流的组件式GIS工具软件与可视化语言的集成二次开发方式，既可以充分利用GIS软件对空间数据库的管理、分析功能，又可以利用可视化语言高效便利的编程优点，集两者之所长，可以达到提高运用系统开发效率，使运用系统具有更好的外观效果、更强大的数据库功能，且可靠性好、易于移植、便于维护的目的。故本系统选择基于组件式的集成二次开发。

4.5.6.7 开发平台与工具

NetBeans是一个开源性质的软件开发集成环境，是一个开放框架，可扩展的开发平台，可用于Java、C/C++，PHP等语言的开发及通过扩展插件来扩展功能。NetBeans可以方便地在Windows中运行，软件包括开源的开发环境和应用平台，可使开发人员利用Java平台能够快速创建移动的应用程序。

在NetBeans平台中，应用软件是由一系列的软件模组（modular software components）建构的。而这些模组是一个jar档（java archive file），包含了一组Java程式的类别；而其实际运行依据依NetBeans定义了的公开界面，以及一系列用来区分不同模组的定义描述档（manifest file）。有赖于模组化的好处是，在利用模组建构的应用程式中，只要加上新的模组就能进一步扩充。由于模组可以独立地进行开发，由NetBeans平台开发出来的应用程式就能利用第三方软体，非常容易及有效率地进行扩充。

该系统核心算法采用Java语言，以Microsoft .NET Framework为开发环境，利用Access建立数据库。.NET Framework数据提供程序包含一些类，这些类用于连接到数据源，在数据源处执行命令，返回数据源的查询结果，该提供程序还能执行事务内部的命令。

1）GIS开发平台。ArcGIS Engine是美国环境系统研究所（Environmental Systens Research Institure，ESRI）计划推出可独立使用的一组完备的并且打包的嵌入式GIS组件库和工具库，开发人员可用来创建新的或扩展已有的桌面应用程序。ArcGIS Engine由两个产品组成，一是构建软件所用的开发工具包（developerkit），二是使完成的应用程序能够运行的可再发布的运行环境（runtime）。ArcGIS Engine支持4种开发环境，包括C++，COM，.NET以及Java，能够实现跨平台部署（Windows，UNIX和Linux）。ArcEngine是独立的嵌入式组件，不依赖ArcGIS Desktop桌面平台，直接安装开发工具包和运行环境后，即可利用其在不同开发语言环境下开发。

2）系统开发语言。Java 编程语言是个简单、面向对象、分布式、解释性、可移植、高性能、多线程和动态的语言。同时 Java 是功能完善的通用程序设计语言，可以用来开发可靠的、要求严格的应用程序。

3）数据库。数据库是组织、存储和管理数据的仓库，在系统中扮演着非常重要的角色，常用的数据库系统有 Oracle、Microsoft SQL Server 和 Access 等。在本次系统开发中考虑到兼容性和处理数据的能力等方面综合考虑选择 Access。

4）硬件环境。该系统所需的计算机硬件取决于其所要运行的软件和要求的数据处理能力，在平时使用中，对计算机的基本要求是速度快、稳定性好、容量大和操作方便，但计算机的配置越高，费用越高。根据系统所运行的软件的要求，确定最低配置如下：

英特尔奔腾 M 处理器，1.6 GHz 及以上；PC 2100 DDR 内存，不小于 256M；硬盘不小于 40G。

4.5.6.8 数据库设计

1）空间数据设计。空间数据库由 ArcGIS 自带的空间数据库（personal geodatabase）统一管理。空间数据分为矢量数据和栅格数据两种存储格式，本系统所用到的空间数据设计见表 4-41，栅格数据为地下水埋深数据。

表 4-41　空间数据中的矢量数据

要素名称	要素类别	属性关联字段
单元图	面图层	FID
灌区图	面图层	FID
河道图	面图层	无外部数据
引水口位置	点图层	无外部数据
退水口位置	面图层	无外部数据
支流入河口位置	面图层	无外部数据

2）属性数据设计。属性数据库使用 Office 提供的 Access 数据库。Access 数据库属于桌面型数据库，适用于小型数据的管理，具有操作简单、速度快的特点。数据库所含数据见表 4-42。

表 4-42　属性数据库的数据内容

数据类型	所含字段
单元图属性表	FID、12 个月井深预测值、作物、土壤类型
灌区图属性表	FID、灌区名称、水稻面积、小麦面积、玉米面积、十二个月份井深预测值、渠系长度
降水量	ID、月份、降水量
灌溉水利用系数	ID、编号、渠系名称、计算单元名称、灌溉水利用系数、田间水利用系数、渠系水利用系数
灌区信息	ID、编号、渠系名称、计算单元名称、实际灌溉面积、渠系长度

续表

数据类型	所含字段
土壤容重	ID、土壤类型、土壤容重
种植结构	ID、编号、渠系名称、计算单元名称、小麦面积、玉米面积、水稻面积
作物系数	ID、月份、作物、作物系数
非饱和层含水量	ID、饱和含水量、田间持水量、凋萎含水量、饱和导水率、蒸散发深度
饱和带含水量	ID、地下水分层数目、含水层底板高程、含水层初始水位、饱和带中的透镜体空间位置、含水层及透镜体的渗透系数、给水度、各个含水层间的越流系数、开采井参数、空间排水水位及排水系数等
河道属性	ID、河底高程，河道比降，河床宽度，糙率，上断面流量、含沙量，下断面水位、含沙量等
引水系统属性	ID、河段各灌区符合时间序列排序的引水引沙量
退水系统属性	ID、河段各灌区符合时间序列排序的退水退沙量
支流加入系统属性	ID、河段沿程支流依次入黄流量、沙量

4.5.6.9 系统实现与应用

黄河宁蒙河段河道水沙输移与灌区引水循环双过程模拟系统主要用于帮助分析灌区引水引沙对河道水沙输移及其水沙关系的影响，结合数据库技术，使用 NetBeans 研发系统可视化界面；系统设计思想以图（图形、图像）为基础，在宁蒙河段 DEM 数字高程图基础上将空间数据、属性数据管理相结合，增强管理能力，简化操作（图 4-42）。

依据空间数据集录入与之相对应的属性数据，建立完整的空间数据库，实现灌区、流域基本信息的科学存储，适时更新，且实现数据标准化（图 4-43、图 4-44）。

黄河宁蒙河段河道水沙输移与灌区引水循环双过程模拟系统可实现灌区引水循环模拟功能，并依据模拟结果进行黄河宁蒙河段河道水沙输移过程演算。

黄河宁蒙河段河道水沙输移与灌区引水循环双过程模拟系统可自行完成相关计算结果的对比展示（图 4-45）。

4.5.7 模型应用

4.5.7.1 流量计算结果与实测值比较

依据下河沿—头道拐河段 1997 ~ 2012 年的实测资料，分河段率定模型参数。沿程自上而下分 3 个河段，依次为下河沿—石嘴山河段（简称下—石河段）、下河沿—三湖河口河段（简称下—三河段）、下河沿—头道拐河段（简称下—头河段）。将 1997 ~ 2012 年下河沿水文站逐日流量资料、石嘴山断面、三湖河口断面、头道拐断面逐日水位资料和各河段逐日引退水资料输入模型，并同时考虑青铜峡水库水位—库容关系，分别模拟得到 1997 ~ 2012 年石嘴山断面、三湖河口断面、头道拐断面逐日流量过程，以 2006 年模拟结果为例，如图 4-46 ~ 图 4-48 所示。

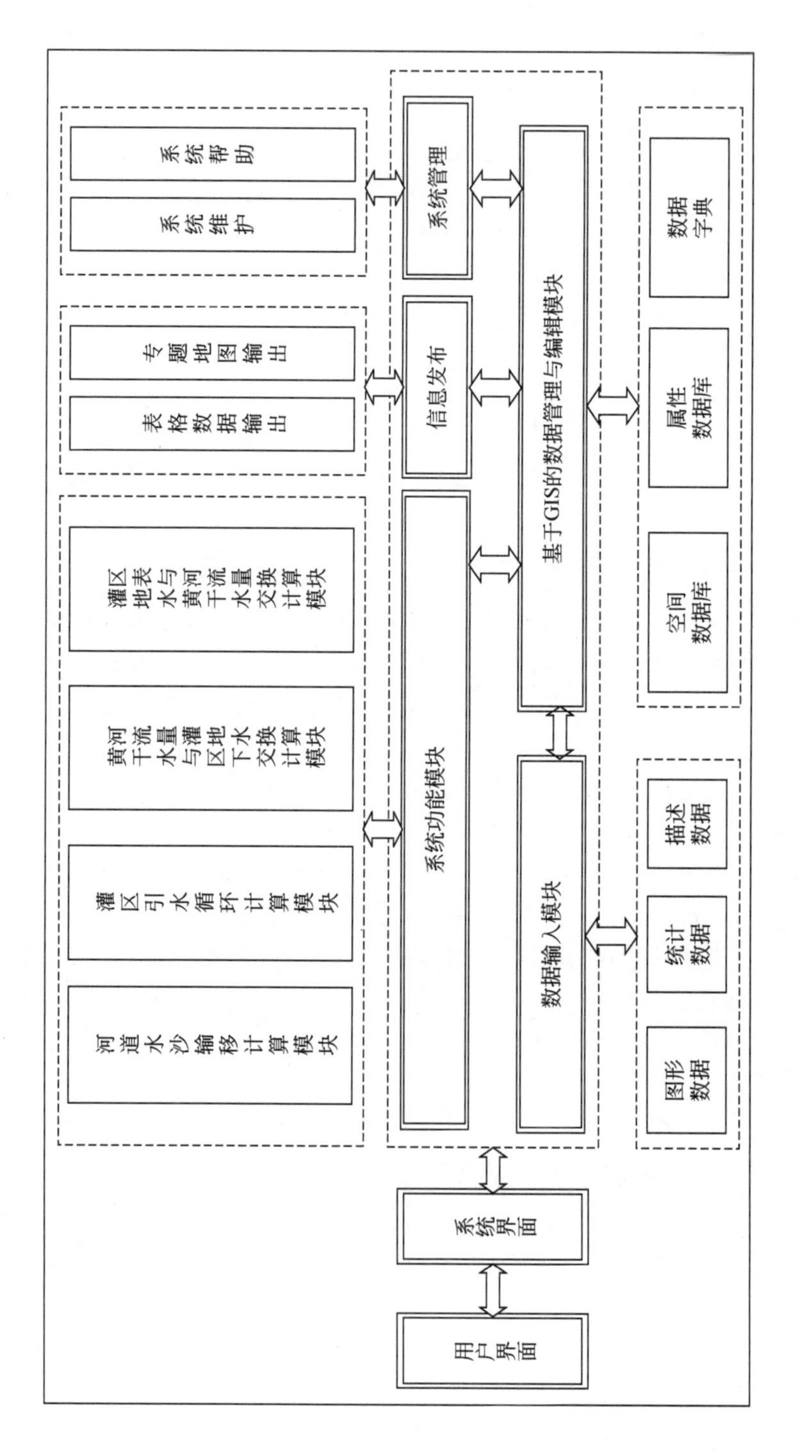

图 4-42 黄河宁蒙河段河道水沙输移与灌区引水循环双过程模拟系统运行结构图

黄河宁蒙河段干流水沙输移与灌区引水循环模拟系统

文件 配置 帮助

导入流量数据
导入水位数据
导入计算参数
导入引水数据
导入退水数据(MikeShe)
导入入流数据
导入含沙量数据
导入引沙数据
导入退沙数据
导入入沙数据
导入地下水交换量
导入实测流量(对比用)

…次显示图表 保存到数据库 从数据库加载 实测数据库管理 整体图 青铜峡灌区图 河套灌区图

…引水数据 退水数据 入流数据 含沙数据 引沙数据 退沙数据 入沙数据 地下水交换量数据 实测流量(对比用) 含引水流量计算结果 无引水流量计算结果 含沙计算结果

序号	中卫一排	南河子…	金南干沟	清水沟	苦水河+…	一排	中干沟	东西排水沟	永清沟	永二干沟	银东干沟	二排	银新干沟	四排	河西未…	三排+五排	二闸
			0.55	0.86	3.64	1.78	0.47	0.39	0.63	0.57	0	0.43	1.47	1.95	0.55	2.13	0
			0.55	0.86	3.64	1.78	0.47	0.39	0.63	0.57	0	0.43	1.47	1.95	0.55	2.13	0
			0.55	0.86	3.64	1.78	0.47	0.39	0.63	0.57	0	0.43	1.47	1.95	0.55	2.13	0
			0.55	0.86	3.64	1.78	0.47	0.39	0.63	0.57	0	0.43	1.47	1.95	0.55	2.13	0
			0.55	0.86	3.64	1.78	0.47	0.39	0.63	0.57	0	0.43	1.47	1.95	0.55	2.13	0
			0.55	0.86	3.64	1.78	0.47	0.39	0.63	0.57	0	0.43	1.47	1.95	0.55	2.13	0
			0.55	0.86	3.64	1.78	0.47	0.39	0.63	0.57	0	0.43	1.47	1.95	0.55	2.13	0
			0.55	0.86	3.64	1.78	0.47	0.39	0.63	0.57	0	0.43	1.47	1.95	0.55	2.13	0
			0.55	0.86	3.64	1.78	0.47	0.39	0.63	0.57	0	0.43	1.47	1.95	0.55	2.13	0
			0.55	0.86	3.64	1.78	0.47	0.39	0.63	0.57	0	0.43	1.47	1.95	0.55	2.13	0
11	0.89	1.43	0.55	0.86	3.64	1.78	0.47	0.39	0.63	0.57	0	0.43	1.47	1.95	0.55	2.13	0
12	0.89	1.43	0.55	0.86	3.64	1.78	0.47	0.39	0.63	0.57	0	0.43	1.47	1.95	0.55	2.13	0
13	0.89	1.43	0.55	0.86	3.64	1.78	0.47	0.39	0.63	0.57	0	0.43	1.47	1.95	0.55	2.13	0
14	0.89	1.43	0.55	0.86	3.64	1.78	0.47	0.39	0.63	0.57	0	0.43	1.47	1.95	0.55	2.13	0
15	0.89	1.43	0.55	0.86	3.64	1.78	0.47	0.39	0.63	0.57	0	0.43	1.47	1.95	0.55	2.13	0
16	0.89	1.43	0.55	0.86	3.64	1.78	0.47	0.39	0.63	0.57	0	0.43	1.47	1.95	0.55	2.13	0
17	0.89	1.43	0.55	0.86	3.64	1.78	0.47	0.39	0.63	0.57	0	0.43	1.47	1.95	0.55	2.13	0
18	0.89	1.43	0.55	0.86	3.64	1.78	0.47	0.39	0.63	0.57	0	0.43	1.47	1.95	0.55	2.13	0
19	0.89	1.43	0.55	0.86	3.64	1.78	0.47	0.39	0.63	0.57	0	0.43	1.47	1.95	0.55	2.13	0
20	0.89	1.43	0.55	0.86	3.64	1.78	0.47	0.39	0.63	0.57	0	0.43	1.47	1.95	0.55	2.13	0
21	0.89	1.43	0.55	0.86	3.64	1.78	0.47	0.39	0.63	0.57	0	0.43	1.47	1.95	0.55	2.13	0
22	0.89	1.43	0.55	0.86	3.64	1.78	0.47	0.39	0.63	0.57	0	0.43	1.47	1.95	0.55	2.13	0
23	0.89	1.43	0.55	0.86	3.64	1.78	0.47	0.39	0.63	0.57	0	0.43	1.47	1.95	0.55	2.13	0
24	0.89	1.43	0.55	0.86	3.64	1.78	0.47	0.39	0.63	0.57	0	0.43	1.47	1.95	0.55	2.13	0
25	0.89	1.43	0.55	0.86	3.64	1.78	0.47	0.39	0.63	0.57	0	0.43	1.47	1.95	0.55	2.13	0
26	0.89	1.43	0.55	0.86	3.64	1.78	0.47	0.39	0.63	0.57	0	0.43	1.47	1.95	0.55	2.13	0
27	0.89	1.43	0.55	0.86	3.64	1.78	0.47	0.39	0.63	0.57	0	0.43	1.47	1.95	0.55	2.13	0
28	0.89	1.43	0.55	0.86	3.64	1.78	0.47	0.39	0.63	0.57	0	0.43	1.47	1.95	0.55	2.13	0
29	0.89	1.43	0.55	0.86	3.64	1.78	0.47	0.39	0.63	0.57	0	0.43	1.47	1.95	0.55	2.13	0
30	0.89	1.43	0.55	0.86	3.64	1.78	0.47	0.39	0.63	0.57	0	0.43	1.47	1.95	0.55	2.13	0
31	0.89	1.43	0.55	0.86	3.64	1.78	0.47	0.39	0.63	0.57	0	0.43	1.47	1.95	0.55	2.13	0
32	0.78	1.57	0.49	1.32	3.86	1.6	0.48	0.43	0.46	0.62	0	0.42	1.09	1.75	0.84	1.99	0
33	0.78	1.57	0.49	1.32	3.86	1.6	0.48	0.43	0.46	0.62	0	0.42	1.09	1.75	0.84	1.99	0
34	0.78	1.57	0.49	1.32	3.86	1.6	0.48	0.43	0.46	0.62	0	0.42	1.09	1.75	0.84	1.99	0
35	0.78	1.57	0.49	1.32	3.86	1.6	0.48	0.43	0.46	0.62	0	0.42	1.09	1.75	0.84	1.99	0
36	0.78	1.57	0.49	1.32	3.86	1.6	0.48	0.43	0.46	0.62	0	0.42	1.09	1.75	0.84	1.99	0
37	0.78	1.57	0.49	1.32	3.86	1.6	0.48	0.43	0.46	0.62	0	0.42	1.09	1.75	0.84	1.99	0

图 4-43　系统基础数据库

黄河宁蒙河段干流水沙输移与灌区引水循环模拟系统

文件 配置 帮助

MikeShe 执行计算 保存 导出 再次显示图表 保存到数据库 从数据库加载 实测数据库管理 整体图 青铜峡灌区图 河套灌区图

流量数据 水位数据 计算参数 引水数据 退水数据 入流数据 含沙数据 引沙数据 退沙数据 入沙数据 地下水交换量数据 实测流量(对比用) 含引水流量计算结果 无引水流量计算结果 含沙计算结果

序号	中卫一排	南河子…	金南干沟	清水沟	苦水河+…	一排	中干沟	东西排水沟	永清沟	永二干沟	银东干沟	二排	银新干沟	四排	河西未…	三排+五排	二闸
1	0.89	1.43	0.55	0.86	3.64	1.78						0.43	1.47	1.95	0.55	2.13	0
2	0.89	1.43	0.55	0.86	3.64	1.78						0.43	1.47	1.95	0.55	2.13	0
3	0.89	1.43	0.55	0.86	3.64	1.78						0.43	1.47	1.95	0.55	2.13	0
4	0.89	1.43	0.55	0.86	3.64	1.78						0.43	1.47	1.95	0.55	2.13	0
5	0.89	1.43	0.55	0.86	3.64	1.78						0.43	1.47	1.95	0.55	2.13	0
6	0.89	1.43	0.55	0.86	3.64	1.78						0.43	1.47	1.95	0.55	2.13	0
7	0.89	1.43	0.55	0.86	3.64	1.78						0.43	1.47	1.95	0.55	2.13	0
8	0.89	1.43	0.55	0.86	3.64	1.78						0.43	1.47	1.95	0.55	2.13	0
9	0.89	1.43	0.55	0.86	3.64	1.78						0.43	1.47	1.95	0.55	2.13	0
10	0.89	1.43	0.55	0.86	3.64	1.78						0.43	1.47	1.95	0.55	2.13	0
11	0.89	1.43	0.55	0.86	3.64	1.78						0.43	1.47	1.95	0.55	2.13	0
12	0.89	1.43	0.55	0.86	3.64	1.78						0.43	1.47	1.95	0.55	2.13	0
13	0.89	1.43	0.55	0.86	3.64	1.78						0.43	1.47	1.95	0.55	2.13	0
14	0.89	1.43	0.55	0.86	3.64	1.78						0.43	1.47	1.95	0.55	2.13	0
15	0.89	1.43	0.55	0.86	3.64	1.78						0.43	1.47	1.95	0.55	2.13	0
16	0.89	1.43	0.55	0.86	3.64	1.78						0.43	1.47	1.95	0.55	2.13	0
17	0.89	1.43	0.55	0.86	3.64	1.78						0.43	1.47	1.95	0.55	2.13	0
18	0.89	1.43	0.55	0.86	3.64	1.78						0.43	1.47	1.95	0.55	2.13	0
19	0.89	1.43	0.55	0.86	3.64	1.78						0.43	1.47	1.95	0.55	2.13	0
20	0.89	1.43	0.55	0.86	3.64	1.78						0.43	1.47	1.95	0.55	2.13	0
21	0.89	1.43	0.55	0.86	3.64	1.78						0.43	1.47	1.95	0.55	2.13	0
22	0.89	1.43	0.55	0.86	3.64	1.78						0.43	1.47	1.95	0.55	2.13	0
23	0.89	1.43	0.55	0.86	3.64	1.78						0.43	1.47	1.95	0.55	2.13	0
24	0.89	1.43	0.55	0.86	3.64	1.78						0.43	1.47	1.95	0.55	2.13	0
25	0.89	1.43	0.55	0.86	3.64	1.78						0.43	1.47	1.95	0.55	2.13	0
26	0.89	1.43	0.55	0.86	3.64	1.78						0.43	1.47	1.95	0.55	2.13	0
27	0.89	1.43	0.55	0.86	3.64	1.78						0.43	1.47	1.95	0.55	2.13	0
28	0.89	1.43	0.55	0.86	3.64	1.78						0.43	1.47	1.95	0.55	2.13	0
29	0.89	1.43	0.55	0.86	3.64	1.78						0.43	1.47	1.95	0.55	2.13	0
30	0.89	1.43	0.55	0.86	3.64	1.78						0.43	1.47	1.95	0.55	2.13	0
31	0.89	1.43	0.55	0.86	3.64	1.78						0.43	1.47	1.95	0.55	2.13	0
32	0.78	1.57	0.49	1.32	3.86	1.6	0.48	0.43	0.46	0.62	0	0.42	1.09	1.75	0.84	1.99	0
33	0.78	1.57	0.49	1.32	3.86	1.6	0.48	0.43	0.46	0.62	0	0.42	1.09	1.75	0.84	1.99	0
34	0.78	1.57	0.49	1.32	3.86	1.6	0.48	0.43	0.46	0.62	0	0.42	1.09	1.75	0.84	1.99	0
35	0.78	1.57	0.49	1.32	3.86	1.6	0.48	0.43	0.46	0.62	0	0.42	1.09	1.75	0.84	1.99	0
36	0.78	1.57	0.49	1.32	3.86	1.6	0.48	0.43	0.46	0.62	0	0.42	1.09	1.75	0.84	1.99	0
37	0.78	1.57	0.49	1.32	3.86	1.6	0.48	0.43	0.46	0.62	0	0.42	1.09	1.75	0.84	1.99	0

运行参数设置

计算断面数N：236
计算天数DD：365
计算条件号IC：2
河段长DX(KM)：5
时间步长DT(MIN)：10
权重系数CT：0.75
计算开始断面：1
计算结束断面：236
断面河底高程
断面比降
断面底宽
断面边坡
断面糙率
输出断面：91.168.236
输出断面名称：石嘴山，三湖河口，头道拐

确认　取消

图 4-44　系统参数调整模块

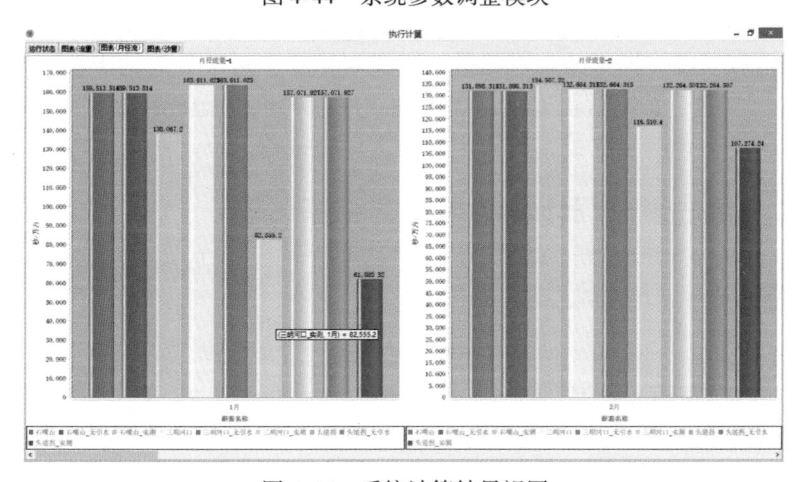

图 4-45　系统计算结果视图

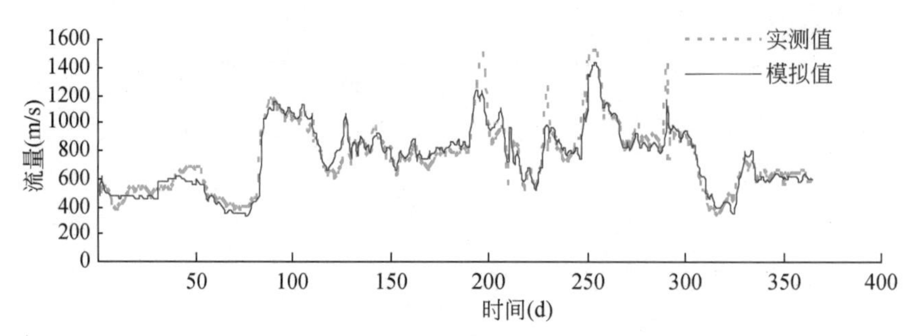

图 4-46　2006 年石嘴山断面流量模拟值与实测流量比较

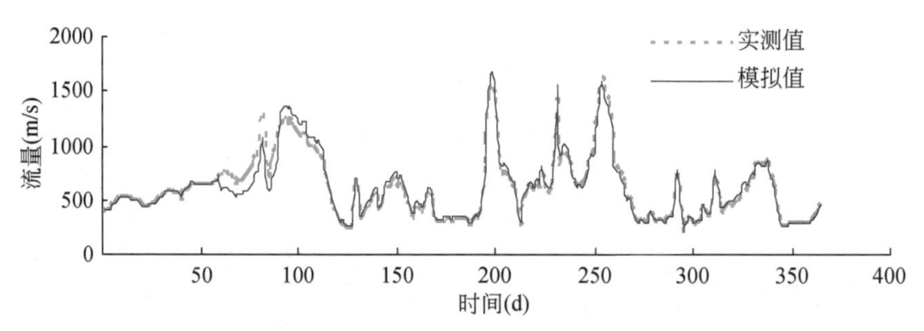

图 4-47　2006 年三湖河口断面流量模拟值与实测流量比较

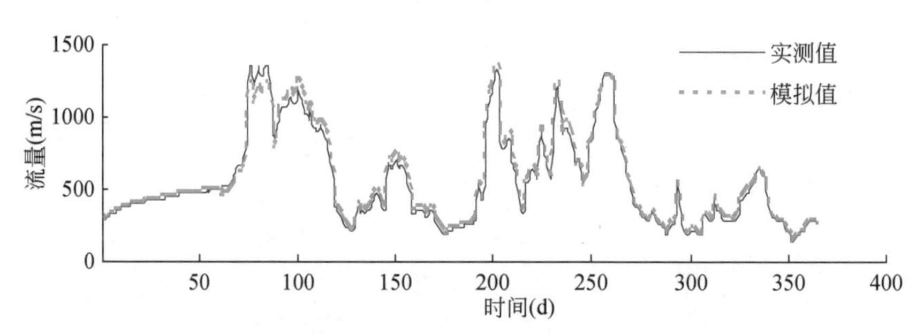

图 4-48　2006 年头道拐断面流量模拟值与实测流量比较

通过比较可以看出，模拟的出口流量过程线与相应实测过程线是比较符合的，最大误差不超过 10%。宁夏引黄灌区引退水、支流加入断面的水位及流量计算是通过内边界条件处理得到的，因此，说明了本模型所采用的内边界处理技术也是比较合理的。

4.5.7.2　含沙量过程计算结果与实测值比较

（1）石嘴山水文站断面

将 1997 ~ 2012 年下河沿水文站逐日流量、含沙量，石嘴山水文站逐日水位和区间内逐日引退水、引退沙等数据输入模型，同时考虑青铜峡水库的水位-库容曲线，得到 1997 ~ 2012 年石嘴山水文站输沙量模拟过程，以 2008 年模拟结果为例，如图 4-49 所示。

石嘴山断面出口含沙量过程模拟结果与实测的比较符合，各月最大相对误差小于

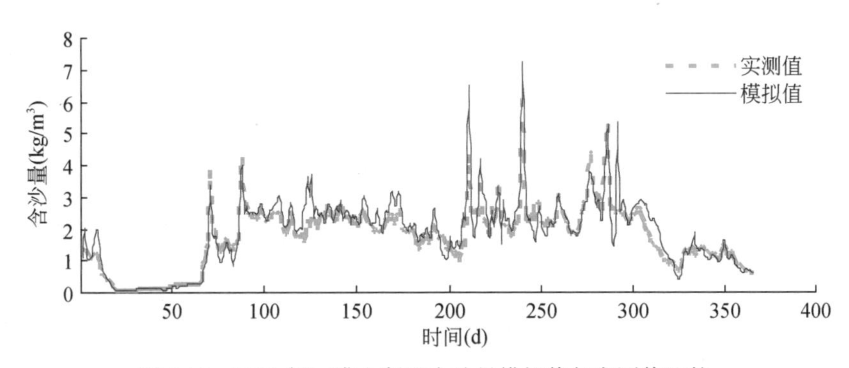

图 4-49 2008 年石嘴山断面含沙量模拟值与实测值比较

20%。由此说明本模型能够比较好地模拟该河段输沙过程。石嘴山断面实测月输沙量、模拟月输沙量、模拟无引水输沙量、无引水输沙增量及增量占下河沿断面来沙量的比例见表 4-43。

表 4-43 石嘴山水文站 1997 ~ 2012 年实测与模拟月输沙过程

月份	实测月输沙量（万 m^3）	模拟月输沙量（万 m^3）	模拟无引水输沙量（万 m^3）	无引水输沙增量（万 m^3）	增量占下河沿来沙量比例（%）
1	152	154	158	6	0.49
2	152	152	148	-4	-0.38
3	292	280	264	-28	-1.92
4	335	349	392	57	0.90
5	501	581	702	201	0.43
6	482	415	790	309	0.45
7	991	1084	1983	991	0.54
8	1231	1196	2024	793	0.42
9	1099	1168	1092	-7	-0.01
10	995	1038	1053	59	0.18
11	388	389	427	40	0.58
12	316	313	306	-10	-0.46

(2) 三湖河口水文站断面

将 1997 ~ 2012 年下河沿水文站逐日流量、含沙量，三湖河口断面逐日水位和河段内逐日引退水、引退沙量等数据输入模型，模拟 1997 ~ 2012 年三湖河口水文站输沙量过程。以 2008 年模拟结果为例，如图 4-50 所示。

三湖河口断面出口含沙量过程模拟结果与实测的也是比较符合的，各月最大相对误差小于 20%。三湖河口断面实测月输沙量、模拟月输沙量、模拟无引水输沙量、无引水输沙增量及增量占下河沿断面来沙量的比例如表 4-44。

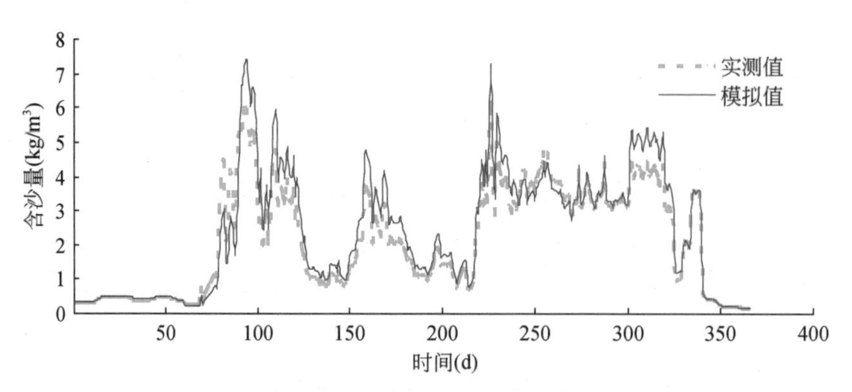

图 4-50　2008 年三湖河口断面含沙量模拟值与实测值比较

表 4-44　三湖河口断面实测与模拟月输沙过程

月份	实测月输沙量（万 m^3）	模拟月输沙量（万 m^3）	模拟无引水输沙量（万 m^3）	无引水输沙增量（万 m^3）	增量占下河沿水文站来沙量比例（%）
1	34	34	37	3	0.26
2	33	33	28	-4	-0.37
3	399	378	328	-71	-4.84
4	436	456	544	108	1.71
5	186	221	442	256	0.55
6	171	142	383	212	0.31
7	420	468	831	411	0.22
8	835	806	1161	326	0.17
9	803	863	1144	341	0.69
10	395	416	1051	655	2.01
11	536	537	622	86	1.26
12	169	167	166	-3	-0.13

(3) 头道拐断面

将 1997～2012 年下河沿断面逐日流量、含沙量，头道拐断面逐日水位及区间逐日引退水、引退沙等数据输入模型，模拟 1997～2012 年头道拐水文站输沙量模拟过程，以 2008 年模拟结果为例，如图 4-51 所示。

头道拐断面出口含沙量过程模拟结果与实测含沙量的拟合程度较高，其中除 3 月的相对误差为 29.44% 外，其他各月的最大相对误差均小于 4%。头道拐断面实测月输沙量、模拟月输沙量、模拟无引水输沙量、无引水输沙增量及其增量占下河沿断面来沙量的比例见表 4-45。增量最大时可以达到 29% 以上，最小时为减少，不过减幅很小。

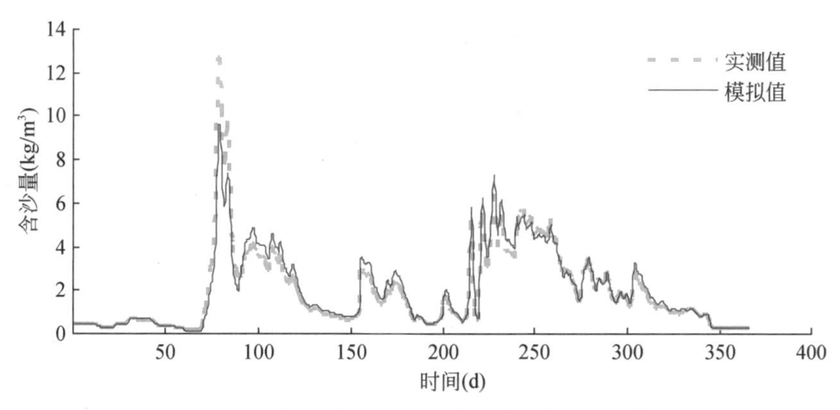

图 4-51 2008 年头道拐断面输沙量模拟值与实测值比较

表 4-45 头道拐断面实测与模拟月输沙过程

月份	实测月输沙量（万 m^3）	模拟月输沙量（万 m^3）	模拟无引水输沙量（万 m^3）	无引水输沙增量（万 m^3）	增量占下河沿断面来沙量比例（%）
1	30	31	38	8	0. 64
2	37	37	35	-2	-0. 15
3	680	604	1113	433	29. 44
4	338	373	472	134	2. 12
5	95	134	528	433	0. 93
6	117	75	626	509	0. 75
7	288	357	1791	1503	0. 82
8	574	531	1798	1224	0. 65
9	604	701	1075	471	0. 95
10	197	219	919	722	2. 21
11	197	198	441	244	3. 57
12	49	47	63	15	0. 69

4.6 大型灌区引水对干流水沙关系变化的影响及其贡献率

根据宁蒙河段各河段下断面径流量，上断面来水量、区间引水量、支流来水量等因素影响的物理机制，采用多种方法分析灌区引水引沙对河道径流的影响。

4.6.1 分析方法

(1) 上下断面关系法

该方法分为月径流量关系法、引水分级径流量关系法、区间引水关系法、断面水量差法（简称“区间水量差法”）。鉴于青铜峡水利枢纽1972年以后采用“蓄清排浑”运用，对黄河水沙的调节作用大幅度减小，因此采用1972年以后的资料进行分析。宁蒙灌区引水主要在每年的4～11月，12月～次年3月引水很少甚至不引水，因而以4～11月作为分析时段。

对于人类活动的影响，通常采用受人类活动影响和不受人类活动影响条件下的资料，分别建立受认为干扰前后的关系曲线，通过对比受影响前后的关系变化，定量分析人类活动的影响程度。

对于宁蒙河段来说，在不引水的自然状态下，河道下断面径流量的变化主要受上断面来水量、区间支流加入量、槽蓄变化量和河道蒸发渗漏量等因素的影响，而在引水条件下，河道下断面径流输沙量不仅受到上述因素影响，还受到区间灌区引水、退水等因素的影响。宁蒙河段不受引水影响和受引水影响的河道下断面径流量与影响因素的关系式如下所示。

不受引水影响：

$$W_{d0}=f(W_{u0},\ W_{b0},\ W_{l0},\ W_{v0}) \tag{4-86}$$

受引水影响：

$$W_{d}=f(W_{u},\ W_{b},\ W_{l},\ W_{dv},\ W_{dr},\ W_{v}) \tag{4-87}$$

式中，W_{d0}、W_d分别为不受引水影响和受引水影响情况下的下断面径流量；W_{u0}、W_u分别为不受引水影响和受引水影响情况下的上断面来水量；W_{b0}、W_b分别为不受引水影响和受引水影响情况下的区间支流加入量；W_{l0}、W_l分别为不受引水影响和受引水影响情况下河道蒸发渗漏量；W_{v0}、W_v分别为不受引水影响和受引水影响情况下的槽蓄变化量；W_{dv}为区间灌区引水量；W_{dr}为退水量。

根据宁蒙河段1972～2012年实测水沙资料分析，宁蒙河段上下断面的径流量存在很好的相关关系，为此采用上下断面法分别建立了宁蒙河段不受引水影响和受引水影响的河道上下断面各月径流量关系曲线、引水分级径流量关系曲线、下断面径流量与上断面径流量和区间引水量关系曲线，以及上下断面径流量差与区间引水量关系曲线等，得到不同河段的引水前后上下断面关系式，分别见表4-46～表4-49。

表4-46　上下断面不同引水级别径流量的关系（引水分级法）

河段	引水量（亿 m^3）	关系式	相关系数	引水量（亿 m^3）	关系式	相关系数
下—石	基线	$W_{石}=1.0047W_{下}-0.6301$	0.9955	10～15	$W_{石}=1.0160W_{下}-6.8527$	0.9709
	<5	$W_{石}=1.0046W_{下}-0.2587$	0.9917	≥15	$W_{石}=0.9484W_{下}-7.3198$	0.9457
	5～10	$W_{石}=1.0501W_{下}-4.8065$	0.9916			
下—三	基线	$W_{三}=1.2029W_{下}-4.7482$	0.9849	15～20	$W_{三}=1.0572W_{下}-12.4860$	0.9708
	<10	$W_{三}=0.9553W_{下}-2.8637$	0.9804	20～25	$W_{三}=1.0607W_{下}-18.1370$	0.9212
	10～15	$W_{三}=0.9589W_{下}-5.6328$	0.9644	≥25	$W_{三}=0.9023W_{下}-16.4750$	0.9646
下—头	基线	$W_{头}=1.3991W_{下}-9.8166$	0.9968	15～20	$W_{头}=1.0764W_{下}-13.5030$	0.9584
	<10	$W_{头}=0.8603W_{下}-0.0842$	0.9503	20～25	$W_{头}=1.0199W_{下}-17.5760$	0.8892
	10～15	$W_{头}=1.0355W_{下}-8.4844$	0.9517	≥25	$W_{头}=0.8787W_{下}-16.6900$	0.9522

表 4-47　上下断面各月径流量的关系（月关系法）

河段	月份	关系式	相关系数	月份	关系式	相关系数
下—石	4	$W_{石}=0.9432W_{下}-1.3983$	0.9095	8	$W_{石}=1.0208W_{下}-3.8801$	0.9886
	5	$W_{石}=0.9218W_{下}-7.4095$	0.9316	9	$W_{石}=0.9596W_{下}-1.4635$	0.9967
	6	$W_{石}=0.9714W_{下}-7.1296$	0.9490	10	$W_{石}=1.0644W_{下}-1.1690$	0.9917
	7	$W_{石}=0.9549W_{下}-5.1630$	0.9894	11	$W_{石}=1.0761W_{下}-5.5683$	0.9638
下—三	4	$W_{三}=0.8917W_{下}-2.0515$	0.8737	8	$W_{三}=0.9821W_{下}-7.4925$	0.9723
	5	$W_{三}=0.5155W_{下}-6.6087$	0.6081	9	$W_{三}=0.9502W_{下}-4.6718$	0.9791
	6	$W_{三}=0.8430W_{下}-12.4000$	0.8957	10	$W_{三}=1.1248W_{下}-15.1100$	0.9585
	7	$W_{三}=0.8759W_{下}-11.8550$	0.9665	11	$W_{三}=1.0169W_{下}-5.9353$	0.8395
下—头	4	$W_{头}=0.8480W_{下}-0.1527$	0.8550	8	$W_{头}=1.0003W_{下}-8.5391$	0.9525
	5	$W_{头}=0.4227W_{下}-4.5606$	0.5264	9	$W_{头}=0.8974W_{下}-2.5649$	0.9541
	6	$W_{头}=0.8024W_{下}-12.1200$	0.8750	10	$W_{头}=1.1815W_{下}-17.5010$	0.9451
	7	$W_{头}=0.8495W_{下}-12.1160$	0.9499	11	$W_{头}=1.0848W_{下}-9.6159$	0.8162

表 4-48　下断面径流量与上断面径流量和区间引水量关系（区间引水关系法）

河段	关系式	相关系数
下—石	$W_{石}=1.0240W_{下}-0.6248W_{引}+0.8762$	0.9859
下—三	$W_{三}=1.0061W_{下}-0.8134W_{引}+2.6761$	0.9709
下—头	$W_{头}=0.9932W_{下}-0.8498W_{引}+3.1337$	0.9541

表 4-49　上下断面径流量差与区间引水量关系（区间水量差关系法）

河段	关系式	相关系数
下—石	$\Delta W=0.6160W_{引}-1.4826$	0.6507
下—三	$\Delta W=0.8128W_{引}-2.7121$	0.8570
下—头	$\Delta W=0.8521W_{引}-2.9742$	0.8133

（2）数学模型分析法

利用宁蒙河段灌区水循环与河道水沙输移双过程耦合数学模型推算，根据2000～2012年宁蒙河段水文资料和灌区引退水资料等，模拟分析下—石河段、石嘴山—三湖河口河段（简称石—三河段）、石—头水文站、下—三水文站和下—头水文站区间引水对石嘴山水文站、三湖河口水文站和头道拐水文站断面径流的影响。

4.6.2　灌区引水对干流径流变化的影响

4.6.2.1　宁夏引黄灌区引水对石嘴山断面径流变化的影响

宁夏引黄灌区位于下—石河段，因此，通过对比下河沿断面、石嘴山断面的径流变化，可以了解宁夏引黄灌区引水对干流径流变化的作用。表 4-50 是运用不同方法分析得出 2000 ~ 2012 年下—石河段引水对石嘴山水文站径流变化的影响作用。不同方法的分析结果有一定差异。例如，2000 ~ 2012 年下—石河段引水量为 68. 60 亿 m^3，净引水量为 40. 27 亿 m^3，不同方法的石嘴山断面径流减少量为 34. 27 亿 ~ 38. 09 亿 m^3，区间引水引起石嘴山水文站断面的径流减少量与引水量的比值（简称减引比）为 0. 45 ~ 0. 56，石嘴山水文站断面的径流减少量与区间净引水的比值（简称净减引比）为 0. 85 ~ 0. 96。

表 4-50　下—石河段引水对石嘴山断面径流的影响

分析方法		指标	不同时段减引水									
			4 月	5 月	6 月	7 月	8 月	9 月	10 月	11 月	引水期	汛期
		引水量（亿 m^3）	5. 73	13. 59	13. 16	13. 22	9. 93	1. 91	1. 66	9. 40	68. 60	26. 72
		引水量（亿 m^3）	4. 38	8. 89	8. 25	8. 23	5. 09	-0. 50	0. 43	5. 51	40. 28	13. 25
径流量关系法	月关系法	减水量（亿 m^3）	3. 36	10. 35	8. 66	7. 14	4. 05	0. 41	0. 05	4. 66	38. 68	11. 65
		减引比	0. 59	0. 76	0. 66	0. 54	0. 41	0. 21	0. 03	0. 50	0. 56	0. 44
		净减引比	0. 77	1. 16	1. 05	0. 87	0. 80	-0. 81	0. 13	0. 85	0. 96	0. 88
	引水分级法	减水量（亿 m^3）	3. 61	7. 30	6. 97	7. 43	5. 69	0. 89	0. 89	5. 30	38. 08	14. 90
		减引比	0. 63	0. 54	0. 53	0. 56	0. 57	0. 47	0. 54	0. 56	0. 56	0. 56
		净减引比	0. 82	0. 82	0. 85	0. 90	1. 12	-1. 77	2. 08	0. 96	0. 95	1. 13
数学模型		减水量（亿 m^3）	3. 33	8. 48	7. 66	5. 06	4. 27	-0. 38	0. 94	4. 71	34. 07	9. 89
		减引比	0. 57	0. 54	0. 53	0. 36	0. 39	-0. 1	0. 43	0. 49	0. 45	0. 32
		净减引比	0. 8	0. 91	0. 96	0. 7	0. 86	5. 35	1. 07	0. 96	0. 85	0. 76
区间引水关系法		减水量（亿 m^3）	2. 92	7. 71	7. 45	7. 49	5. 40	0. 41	0. 23	5. 21	36. 82	13. 53
		减引比	0. 51	0. 57	0. 57	0. 57	0. 54	0. 22	0. 14	0. 55	0. 54	0. 51
		净减引比	0. 67	0. 87	0. 90	0. 91	1. 06	-0. 82	0. 53	0. 95	0. 91	1. 02
区间水量差关系法		减水量（亿 m^3）	2. 78	7. 65	7. 38	7. 42	5. 40	0. 45	0. 31	5. 04	36. 43	13. 57
		减引比	0. 49	0. 56	0. 56	0. 56	0. 54	0. 24	0. 18	0. 54	0. 53	0. 51
		净减引比	0. 64	0. 86	0. 89	0. 90	1. 06	-0. 90	0. 71	0. 91	0. 90	1. 03

汛期区间引水量为 26. 71 亿 m^3，净引水量为 13. 24 亿 m^3，石嘴山断面同期径流减少量为 10. 70 亿 ~ 14. 90 亿 m^3，汛期减引比为 0. 32 ~ 0. 56，净减引比为 0. 76 ~ 1. 13。

根据几种方法计算结果平均可知，2000 ~ 2012 年引水期下—石河段引水量为 68. 60 亿 m^3，净引水量为 40. 28 亿 m^3，受引水影响，石嘴山断面径流量相应减少 36. 86 亿 m^3，减引比为 0. 53，净减引比为 0. 91。相当于下—石河段每引水 1 亿 m^3，石嘴山水文站断面径流量将相应减少 0. 53 亿 m^3；每净引水 1 亿 m^3，石嘴山水文站断面径流量则相应减少 0. 91 亿 m^3。

4. 6. 2. 2　宁蒙河套灌区引水对三湖河口断面径流变化的影响

宁蒙河套灌区的进出口断面分别为下河沿断面和三湖河口断面，因此，通过分析下—

三河段径流变化可了解宁蒙河套灌区引水的影响。

2000～2012 年下—三河段平均引水量为 129.90 亿 m^3，净引水量为 88.60 亿 m^3，不同方法得出的三湖河口断面径流减少量为 76.70 亿～92.21 亿 m^3，减引比为 0.57～0.71，净减引比为 0.86～1.04（表 4-51）。

表 4-51 下—三河段引水对三湖河口断面径流的影响

分析方法		引水指标	不同时段减引水量									
			4 月	5 月	6 月	7 月	8 月	9 月	10 月	11 月	引水期	汛期
		引水量（亿 m^3）	9.59	24.20	21.45	22.14	14.15	10.25	16.89	11.22	129.90	63.43
		净引水量（亿 m^3）	7.02	17.94	14.25	15.26	7.86	5.01	15.19	6.07	88.60	43.31
上下径流量关系法	月关系法	减水量（亿 m^3）	4.06	21.04	17.38	15.93	9.09	6.87	12.64	5.19	92.21	44.54
		减引比	0.42	0.87	0.81	0.72	0.64	0.67	0.75	0.46	0.71	0.70
		净减引比	0.58	1.17	1.22	1.04	1.16	1.37	0.83	0.85	1.04	1.03
	分级法	减水量（亿 m^3）	4.31	17.74	15.79	15.85	8.85	6.37	12.00	5.93	86.84	43.06
		减引比	0.45	0.73	0.74	0.72	0.63	0.62	0.71	0.53	0.67	0.68
		净减引比	0.61	0.99	1.11	1.04	1.13	1.27	0.79	0.98	0.98	0.99
数学模型		减水量（亿 m^3）	7.95	11.2	10.79	10.67	12.38	6.99	5.79	10.26	76.7	35.21
		减引比	0.88	0.43	0.47	0.46	0.82	0.53	0.32	1.00	0.57	0.53
		净减引比	1.18	0.61	0.72	0.71	1.64	0.95	0.36	1.89	0.86	0.78
区间引水关系法		减水量（亿 m^3）	4.75	17.88	15.46	16.02	9.87	6.45	12.20	6.04	88.66	44.54
		减引比	0.49	0.74	0.72	0.72	0.70	0.63	0.72	0.54	0.68	0.70
		净减引比	0.68	1.00	1.09	1.05	1.26	1.29	0.80	0.99	1.00	1.03
区间水量差关系法		减水量（亿 m^3）	4.74	17.87	15.46	16.01	9.87	6.45	12.20	6.03	88.63	44.53
		减引比	0.49	0.74	0.72	0.72	0.70	0.63	0.72	0.54	0.68	0.70
		净减引比	0.68	1.00	1.08	1.05	1.26	1.29	0.80	0.99	1.00	1.03

汛期区间引水量为 63.43 亿 m^3，净引水量为 43.31 亿 m^3，三湖河口断面同期径流减少量为 35.21 亿～44.54 亿 m^3，相应减引比为 0.53～0.70，净减引比为 0.78～1.03。

对以上几种方法的计算结果进行平均统计，2000～2012 年引水期下—三河段平均引水量为 129.90 亿 m^3，净引水量为 88.60 亿 m^3，三湖河口断面径流量相应减少 86.61 亿 m^3，减引比为 0.66，净减引比为 0.98。也就是说，下—三河段每引水 1 亿 m^3，三湖河口断面径流量将相应减少 0.66 亿 m^3；每净引水 1 亿 m^3，三湖河口断面径流量将相应减少 0.98 亿 m^3。

4.6.2.3 宁蒙灌区引水对头道拐断面径流变化的影响

宁蒙灌区的进出口断面分别为下河沿断面和头道拐断面，因此，通过分析下—头河段径流变化，可以了解宁蒙灌区引水的影响。由表 4-52 分析可知，2000～2012 年下—头河段引水期平均引水量为 132.67 亿 m^3，净引水量为 91.37 亿 m^3，不同方法的头道拐断面径流减少量为91.74亿~97.19亿m^3，减引比为0.67~0.73，净减引比为1.00~1.06。

表4-52　下—头河段引水对头道拐断面径流的影响

分析方法		引水指标	不同时段减引水量									
			4月	5月	6月	7月	8月	9月	10月	11月	引水期	汛期
		引水量（亿m^3）	9.86	24.60	21.89	22.40	14.20	10.29	17.79	11.66	132.67	64.67
		净引水量（亿m^3）	7.29	18.34	14.69	15.52	7.90	5.05	16.08	6.50	91.37	44.55
上下径流量关系法	月关系法	减水量（亿m^3）	2.30	21.98	18.43	17.14	10.18	6.55	14.04	6.57	97.19	47.91
		减引比	0.23	0.89	0.84	0.77	0.72	0.64	0.79	0.56	0.73	0.74
		净减引比	0.32	1.20	1.26	1.10	1.29	1.30	0.87	1.01	1.06	1.08
	分级法	减水量（亿m^3）	3.64	19.00	17.29	16.73	10.01	7.15	13.62	6.09	93.52	47.51
		减引比	0.37	0.77	0.79	0.75	0.71	0.69	0.77	0.52	0.70	0.73
		净减引比	0.50	1.04	1.18	1.08	1.27	1.41	0.85	0.94	1.02	1.07
数学模型		减水量（亿m^3）	0.8	11.35	15.86	19.45	12.66	6.05	8.24	18.95	91.74	46.03
		减引比	0.09	0.44	0.67	0.84	0.84	0.49	0.46	1.77	0.67	0.68
		净减引比	0.11	0.59	1.02	1.36	1.68	0.86	0.48	3.19	1.00	1.02
区间引水关系法		减水量（亿m^3）	4.24	19.28	16.62	17.04	10.77	6.96	14.03	5.70	94.63	48.80
		减引比	0.43	0.78	0.76	0.76	0.76	0.68	0.79	0.49	0.71	0.75
		净减引比	0.58	1.05	1.13	1.10	1.36	1.38	0.87	0.88	1.04	1.10
区间水量差关系法		减水量（亿m^3）	4.27	19.30	16.65	17.07	10.77	6.95	14.03	5.74	94.78	48.82
		减引比	0.43	0.78	0.76	0.76	0.76	0.68	0.79	0.49	0.71	0.75
		净减引比	0.59	1.05	1.13	1.10	1.36	1.38	0.87	0.88	1.04	1.10

汛期区间引水量为64.67亿m^3，净引水量为44.55亿m^3，头道拐断面同期径流减少量为46.03亿~48.82亿m^3，汛期减引比为0.68~0.75，净减引比为1.02~1.10。

综上几种方法计算结果的平均来说，2000~2012年引水期下—头河段平均引水量为132.67亿m^3，净引水量为91.37亿m^3，区间引水使头道拐断面径流量相应减少94.37亿m^3，减引比为0.70，净减引比为1.03。即下—头河段每引水1亿m^3，头道拐断面径流量将相应减少约0.70亿m^3；每净引水1亿m^3，头道拐断面径流量将相应减少约1.03亿m^3。

4.6.3　灌区引水对干流输沙的影响

4.6.3.1　分析方法

主要包括两种分析方法，分别是水沙关系法和数学模型评估法，其中数学模型指4.5节所建立的宁蒙河段灌区水循环与河道水沙输移双过程耦合数学模型。

考虑到受引水影响断面的水沙关系可能会与不受引水影响的水沙关系有一定的差异，因此，可以通过对引水前后断面的水沙关系变化对比，分析引水对断面输沙的影响，断面水沙关系可表示如下。

受引水影响：

$$W_s = k_1 W^{\alpha_1} \tag{4-88}$$

不受引水影响：

$$W_{s0} = k_2 W_0^{\alpha_2} \tag{4-89}$$

式中，W_s、W_{s0} 分别为引水、无引水时下游水文断面输沙量（万 t）；W、W_0 分别为引水、无引水时下游水文断面的径流量（亿 m^3）；k、α 分别为系数和指数，与来水来沙条件、河道形态、引水引沙条件等有关。

宁蒙灌区不受引水影响的资料相对较少，近似认为引水量较少时不足以对河道水沙关系产生影响，此时的水沙关系即为不受引水影响下的水沙关系。根据 1972 ~ 2012 年宁蒙河段实测水沙资料，利用 4.6.2 节所建立的不引水序列样本，分别建立石嘴山水文站、三湖河口水文站和头道拐水文站断面引水与不引水条件下的水沙关系（表 4-53、表 4-54）。

表 4-53　不受引水影响月径流–月输沙量相关关系

断面	河段	关系式	相关系数
石嘴山	下—石	$W_s = 8.5427W^{1.4096}$	0.870
三湖河口	下—三	$W_s = 7.7316W^{1.5103}$	0.990
头道拐	下—头	$W_s = 7.0175\ W^{1.5445}$	0.968

表 4-54　不同断面受引水影响月径流量–月输沙量相关关系

月份	石嘴山断面		三湖河口断面		头道拐断面	
	关系式	相关系数	关系式	相关系数	关系式	相关系数
4	$W_s = 8.7125W^{1.3314}$	0.882	$W_s = 3.9676W^{1.7654}$	0.924	$W_s = 1.6371W^{1.9796}$	0.950
5	$W_s = 8.9315W^{1.3059}$	0.818	$W_s = 2.308W^{2.0238}$	0.961	$W_s = 1.5781W^{2.1244}$	0.979
6	$W_s = 10.451W^{1.2724}$	0.825	$W_s = 2.951W^{1.8692}$	0.962	$W_s = 1.0196W^{2.3429}$	0.976
7	$W_s = 30.777W^{1.0408}$	0.775	$W_s = 7.7806W^{1.533}$	0.944	$W_s = 4.1598W^{1.806}$	0.948
8	$W_s = 25.81\ W^{1.1383}$	0.663	$W_s = 16.27W^{1.3433}$	0.908	$W_s = 12.292W^{1.4341}$	0.948
9	$W_s = 28.142W^{1.0801}$	0.765	$W_s = 6.2491W^{1.6096}$	0.946	$W_s = 4.0073W^{1.7311}$	0.950
10	$W_s = 0.7512W^{2.1735}$	0.803	$W_s = 4.0033W^{1.7202}$	0.976	$W_s = 1.9081W^{1.9455}$	0.975
11	$W_s = 3.2012W^{1.6903}$	0.850	$W_s = 2.0492W^{1.9679}$	0.936	$W_s = 1.2671W^{2.0354}$	0.943

注：式中 W 为月径流量，W_s 为月输沙量。

4.6.3.2　宁夏引黄灌区引水对石嘴山断面输沙量的影响

表 4-55 是 2000 ~ 2012 年下—石河段引水对石嘴山断面输沙量影响的分析结果。2000 ~ 2012 年引水期平均引水量为 68.60 亿 m^3，石嘴山断面输沙量年均减少 1991 万 ~ 2412 万 t，引水减沙比为 2.90 ~ 3.52kg/m^3。下—石河段汛期平均引水量为 26.71 亿 m^3，造成石嘴山断面汛期平均输沙量减少 303 万 ~ 368 万 t，引水减沙比为 1.14 ~ 1.38kg/m^3。

表 4-55　2000～2012 年下—石河段引水对石嘴山断面输沙变化的影响

分析方法	引水指标	4 月	5 月	6 月	7 月	8 月	9 月	10 月	11 月	引水期	汛期
实测	引水量（亿 m^3）	5.73	13.59	13.16	13.22	9.93	1.91	1.66	9.40	68.60	26.71
	引沙量（万 t）	17	138	238	534	465	55	20	47	1515	1074
	退沙量（万 t）	7	54	45	44	48	13	1	14	225	106
水沙关系法	减沙量（万 t）	301	560	525	288	95	-100	20	302	1991	303
	引水减沙比（kg/m^3）	5.26	4.12	3.99	2.18	0.96	-5.23	1.23	3.21	2.90	1.14
数学模型	减沙量（万 t）	364	681	636	348	114	-119	24	363	2412	368
	引水减沙比（kg/m^3）	6.36	5.01	4.83	2.63	1.15	-6.22	1.45	3.86	3.52	1.38

4.6.3.3　宁蒙灌区引水对三湖河口水文站断面输沙量的影响

表 4-56 是 2000～2012 年下—三河段引水对三湖河口断面输沙量影响的计算结果。2000～2012 年引水期平均引水量为 129.90 亿 m^3，三湖河口断面输沙量年均减少 4357 万～4633 万 t，引水减沙比为 3.35～3.57kg/m^3。下—三河段汛期平均引水量 63.43 亿 m^3，造成三湖河口断面汛期平均输沙量减少 2104 万～2519 万 t，引水减沙比为 3.32～3.97kg/m^3。

表 4-56　2000～2012 年下—三河段引水对三湖河口断面输沙变化的影响

分析方法	引水指标	4 月	5 月	6 月	7 月	8 月	9 月	10 月	11 月	引水期	汛期
实测	引水量（亿 m^3）	9.59	24.20	21.45	22.14	14.15	10.25	16.89	11.22	129.90	63.43
	引沙量（万 t）	57	280	386	720	633	336	487	76	2975	2176
	退沙量（万 t）	7	66	74	109	126	83	16	17	497	334
水沙关系法	减沙量（万 t）	285	897	782	744	303	181	876	289	4357	2104
	引水减沙比（kg/m^3）	2.97	3.71	3.65	3.36	2.14	1.76	5.18	2.58	3.35	3.32
数学模型	减沙量（万 t）	288	868	685	1045	592	216	665	274	4633	2519
	引水减沙比（kg/m^3）	3.00	3.59	3.19	4.72	4.18	2.11	3.94	2.44	3.57	3.97

4.6.3.4　下—头河段引水对头道拐断面输沙量影响

根据 2000～2012 年下—头河段引水对头道拐断面输沙量影响的计算结果分析（表 4-57），2000～2012 年引水期平均引水量为 132.67 亿 m^3，头道拐断面输沙量年均 4696 万～5270 万 t，引水减沙比为 3.54～3.97kg/m^3。下—头河段汛期平均引水量为 64.67 亿 m^3，造成头道拐断面汛期平均输沙量减少 2195 万～3112 万 t，引水减沙比为 3.39～4.81kg/m^3。

表 4-57 2000~2012 年下—头河段引水对头道拐断面输沙变化的影响

分析方法	引水指标	4月	5月	6月	7月	8月	9月	10月	11月	引水期	汛期
实测	引水量（亿 m^3）	9.86	24.60	21.89	22.40	14.20	10.29	17.79	11.66	132.67	64.67
	引沙量（万 t）	65	290	400	726	635	338	519	90	3062	2218
	退沙量（万 t）	7	66	74	109	126	83	16	17	497	334
水沙关系法	减沙量（万 t）	337	937	724	718	323	183	970	503	4696	2195
	引水减沙比（kg/m^3）	3.42	3.81	3.31	3.21	2.28	1.78	5.46	4.32	3.54	3.39
数学模型	减沙量（万 t）	267	796	664	1374	910	180	649	431	5270	3112
	引水减沙比（kg/m^3）	2.71	3.24	3.03	6.13	6.41	1.75	3.65	3.70	3.97	4.81

4.7 小　结

1）宁夏引黄灌区年退水量与年降水量、年引水量具有较高的相关性，引水越多、降水量越大，退水量也相对越多，尤其是引水量的影响最为显著。内蒙古引黄灌区年退水量主要与年引水量有关，且与宁夏引黄灌区相比，单位引水量的退水量较小，大约少50%左右。

2）基于分布式水文模型 MIKE SHE 构建了青铜峡灌区、河套灌区引水循环模型，并采用2009年4月~2012年4月实测地下水位变化、排水沟排水过程对模型进行了验证。模拟效果的统计分析表明，模拟值与实测值吻合较好，青铜峡灌区和河套灌区验证的纳西效率系数 E 分别为0.74~0.95和0.61~0.88，可认为模型构建和参数选择基本合理，取得的模拟效果能够较好地反映灌区水循环过程实际情况。

3）以往分别对一定区域地表水循环、河道洪水泥沙输移建立了很多类型的数学模型，但还缺乏将大型灌区引水引沙—地表地下水循环—河道河床演变—河道水沙运移—河道水沙变化作为一个水文循环整体系统研究，把其各自作为一个独立的单元过程，割裂了两者之间的联系。本章从水循环整体系统的观点出发，把灌区水循环和河道水沙循环交换作为一个完整的水循环系统，对其复杂的水沙运动过程开展模拟研究，并基于 GIS 技术，开发了高光谱影像端云光谱自动提取技术，创建了大型灌区水循环—河床演变过程耦合模型，突破了对灌区地表水循环、地下水循环、河道水沙运移、引水引沙多元水沙运行过程进行耦合描述的关键点。验证表明，构建的模型可以精细模拟多过程耦合的水循环过程，模拟精度满足分析评价的要求。

同时，构建了基于 GIS 的黄河宁蒙河段河道水沙输移与灌区引水循环双过程模拟系统。以 Netbeans 为开发环境，利用微软 Office 组件之一的 Access 建立数据库，采用 Java 语言开发构建了系统。系统将 RS 和 GIS 联合运用，以信息的存储、处理、查询、计算与分析为基本功能的计算机系统，直观综合、动态连续的显示河道水沙输移与灌区引水循环过程中的自然属性，为科学预测评价大型灌区引水对河道水沙变化及河床演变的影响作用提供技术支持。

4）采用上下断面法、水沙关系法和干流水沙输移与灌区引水循环的双过程耦合模型对灌区引水对干流径流、输沙的影响进行分析。宁蒙灌区引水对河道径流影响作用明显，各河段影响程度存在差异。宁夏引黄灌区（下—石河段）每引水 1 亿 m^3，石嘴山水文站断面径流量将相应减少 0.45 亿～0.56 亿 m^3；河套灌区（下—三河段）每引水 1 亿 m^3，三湖河口水文站断面径流量将相应减少 0.57 亿～0.71 亿 m^3；宁蒙灌区（下—头河段）每引水 1 亿 m^3，头道拐水文站断面径流量将相应减少 0.67 亿～0.73 亿 m^3。

宁蒙灌区引水对河道泥沙变化也有较大的影响作用。宁夏引黄灌区（下—石河段）每引水 1 亿 m^3，石嘴山断面输沙量将相应减少 29.0 万～35.2 万 t；河套灌区（下—三河段）每引水 1 亿 m^3，三湖河口断面输沙量将相应减少 33.5 万～35.7 万 t；宁蒙灌区（下—头河段）每引水 1 亿 m^3，头道拐断面输沙量将相应减少 35.4 万～39.7 万 t。

参考文献

胡和平，田富强．2007．物理性流域水文模型研究新进展［J］．水利学报，38（5）：511～517.

刘晨峰，张志强，孙阁等．2008．应用分布式水文模型 MIKE SHE 模拟杨树人工林生态系统水文过程［J］．中国科技论文在线精品论文，1（8）：887～896.

万增友．2011．MIKE SHE 模型国内应用现状及其关键问题研究［J］．科协论坛，（5）：99～101.

韦直林，赵良奎，付小平．黄河泥沙数学模型研究［J］．武汉水利电力大学学报，1997，30（5）：21～25.

夏军，左其亭．2006．国际水文科学研究的新进展［J］．地理科学进展，21（3）：256～261.

肖金强．2006．应用分布式流域水文模型 MIKE SHE 研究华北土石山区小流域水文响应［D］．北京林业大学硕士学位论文．

姚文艺，徐建华，冉大川，等．2011．黄河流域水沙变化情势分析与评价［M］．郑州：黄河水利出版社．

张红武，江恩惠，白咏梅，等．1994．黄河高含沙洪水模型的相似率［M］．郑州：河南科学技术出版社．

张瑞瑾．1981．河流泥沙工程学［M］．北京：水利出版社．

赵连军，魏直林，谈广鸣，等．2005．黄河下游河床边界条件变化对河道冲淤影响计算研究［J］．泥沙研究，（3）：17～23.

赵连军，吴秀菊，王原．悬移质泥沙级配的计算方法［A］．第十二届全国水动力学研讨会论文集［C］．北京：海洋出版社，1998，455～460.

赵连军，张红武．黄河下游河道水流摩阻特性的研究［J］．人民黄河，1997，19（9）：17～21.

赵连军．冲积河流悬移质泥沙和床沙级配及其交换规律研究［D］．武汉：武汉大学，1991.

赵文林，程秀文，侯素珍，等．黄河上游宁蒙河道冲淤变化分析［J］．人民黄河，1999，21（6）：11～15.

DHI. 2011. MIKE SHE An Integrated Hydrological Modeling System：User Guide［M］. DHI Software.

第 5 章　沙漠宽谷河道水沙关系对河床演变的响应机制

利用河道动床模型试验的方法，基于河床演变动力学原理和波系理论，研究宁蒙河段河道演变与水沙变化之间的响应特征，从理论上揭示河床演变对水沙关系的影响机理，同时开展元胞自动机模型模拟河床演变对水沙变化影响的可行性，为分析沙漠宽谷段河流水沙变化成因提供基础支撑。

5.1　沙漠宽谷段河床演变基本特征

在河床形态的塑造过程中，水流是直接动力，其径流量变幅及大小、各流量级的持续历时等要素是衡量水沙两相流造床能力大小的指标；泥沙则是河床形态变化的物质基础，泥沙颗粒的粗细、含沙量高低均对河床演变方向有着重大的影响，因此河床的平面形态、断面特征由不同的水沙组合特征所决定。反过来说，河床演变同样会对河道水沙关系有反作用，其冲淤演变会引起水沙关系的相应调整。

近几十年来，黄河上游水沙搭配关系发生了很大改变，势必会影响宁蒙河段的河床断面形态的变化，而河流的输水输沙能力又会随着断面形态的改变而做出相应的调整，河床断面也会逐渐形成一种适应水沙搭配关系改变的形态，从而建立一种新的河相关系。

5.1.1　河床演变一般特征

5.1.1.1　造床流量变化

造床流量是反映河床演变的一个重要动力指标，其对河流的造床作用与多年流量过程的综合造床作用相当，水沙条件的变化或河床调整均会引起造床流量的变化。目前确定造床流量的方法很多，对于黄河而言，以采用平滩流量作为造床流量的做法较多。

分析表明（表 5-1），在 1968 年刘家峡水库修建前，安宁渡水文站和昭君坟水文站的平滩流量分别为 3040m^3/s 和 3300m^3/s；1961 ~ 1968 年盐锅峡、三盛公和青铜峡三座水利枢纽先后投入运用，安宁渡水文站的平滩流量变化还不是十分明显，而昭君坟水文站的平滩流量约增加 10%。随着刘家峡水库和龙羊峡水库的陆续运用，使大流量减少，河床发生淤积，平滩流量也相应减少，至 1989 年分别减少到 2290 m^3/s 和 2500m^3/s，与干流未修建水利枢纽时相比，分别减少 24.67% 和 24.24%。

表 5-1　宁蒙河段平滩流量的变化

水文站	时段（年）	平滩流量（m^3/s）	相应最大输沙量的流量（m^3/s）	备注
安宁渡	1952～1960	3040	2250	干流未修水库
	1961～1968	2960	2750	刘家峡水库运用前
	1969～1985	2530	1250	刘家峡水库运用后
	1986～1989	2290	1250	龙羊峡水库运用后
昭君坟	1951～1960	3300	2000	干流未修水库
	1961～1968	3590	2250	刘家峡水库运用前
	1969～1985	2730	1950	刘家峡水库运用后
	1986～1989	2500	750	龙羊峡水库运用后

冲积河流随着来水来沙条件的变化，断面形态和河床物质组成等进行自动调整，从而引起河道输沙能力的变化。冲积河流输沙能力最简单的表达式可以用输沙率与流量的关系表示，即

$$Q_s = kQ^m$$

式中，Q_s为输沙率；Q 为流量；k 为系数，表示单位流量的输沙量；m 为指数，表示悬移质输沙量随流量 Q 变化的调整幅度。实际上，上式一般符合于少沙河流，而对多泥沙河流来说，输沙率还与上一水文站的来流含沙量有关（赵业安等，1989），即

$$Q_s = kQ^{\alpha} S_i^{\beta}$$

式中，S_i 为上一水文站来流含沙量；α、、β 均为指数。

图 5-1 是巴彦高勒水文站和三湖河口水文站不同年份实测日均输沙率与日均流量的关系，各年的点据基本上落在一个范围内，1992 年、2000 年与 2008 年 3 个年份的点群偏低，与 1962 年和 1982 年的点群相比，河道输沙能力明显降低。

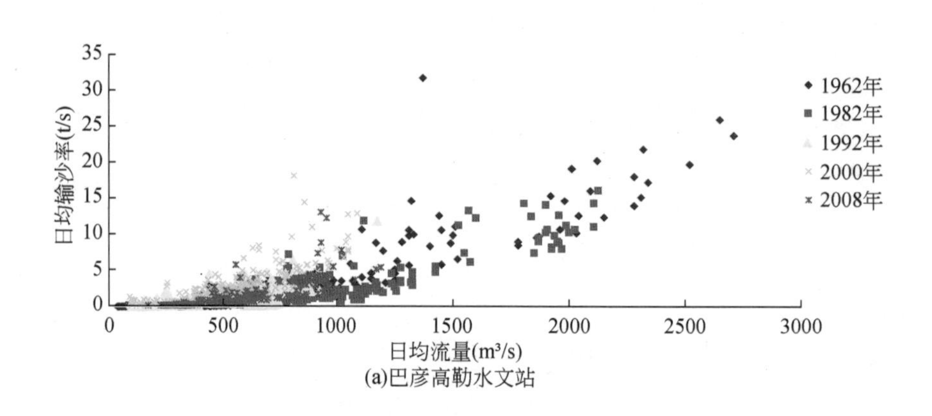

(a)巴彦高勒水文站

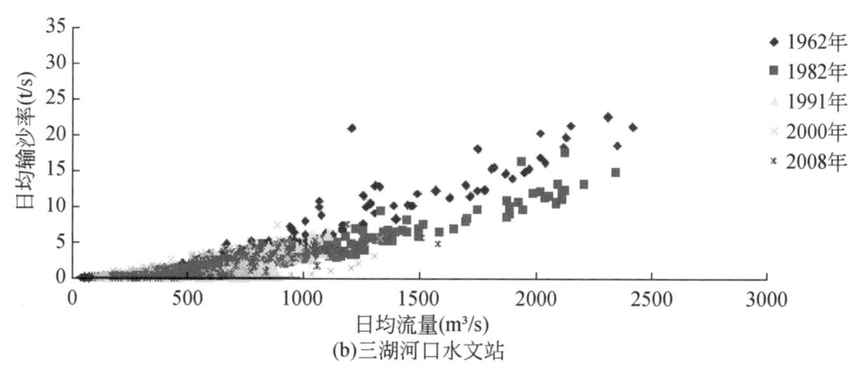

(b)三湖河口水文站

图5-1 实测日均输沙率与日均流量关系

5.1.1.2 河道冲淤特征

(1) 纵向演变

由于降水等自然因素及人类活动的影响，黄河上游来水来沙条件发生改变，其河道演变出现新的演变趋势。根据分析，宁蒙河段的冲淤状况主要分为3个时期：1960年之前为微淤状态；1961～1986年为冲刷状态；1986年之后为淤积状态。

根据秦毅（2009）的分析（表5-2），1952以来，宁蒙河段总体是淤积的，总淤积量为17.9133亿t，下河沿—青铜峡河段和巴彦高勒—头道拐河段是发生淤积的主要河段，其中巴彦高勒—头道拐河段淤积量为13.53亿t，占宁蒙河段总淤积量的75.54%，下河沿—青铜峡河段淤积量为3.7943亿t，占总淤积量的21.16%；其他河段占3.30%，说明上游河段河道的淤积量小于下游河段的淤积量。青铜峡—巴彦高勒河段冲淤相间，总体上变化不大。

表5-2 宁蒙河段冲淤积量变化 单位：亿t

时段	统计量	不同河段冲淤量					
		下—青	青—石	石—巴	巴—三	三—头	宁蒙河段
1952～1959年	合计	-0.1669	3.8851	-0.5275	2.1408	2.3392	7.6707
	平均	-0.0209	0.4856	-0.0659	0.2676	0.2924	0.9588
1960～1968年	合计	-0.4849	-3.5938	0.1112	-1.5973	0.0503	-5.5145
	平均	-0.0539	-0.3993	0.0124	-0.1775	0.0056	-0.6127
1969～1985年	合计	2.7860	-1.6197	0.4189	-0.3189	-0.9922	0.2742
	平均	0.1639	-0.0953	0.0246	-0.0188	-0.0584	0.0161
1986～1993年	合计	1.1161	-0.7170	0.5296	2.2945	2.7565	5.9797
	平均	0.1395	-0.0896	0.0662	0.2868	0.3446	0.7475
1994～2003年	合计	0.5440	2.1980	-0.0933	3.3632	3.4914	9.5032
	平均	0.0544	0.2198	-0.0093	0.3363	0.3491	0.9503
1952～2003年	合计	3.7943	0.1527	0.4390	5.8822	7.6451	17.9133
	平均	0.0730	0.0029	0.0084	0.1131	0.1470	0.3445

注：①“下—青”指下河沿—青铜峡河段；“青—石”指青铜峡—石嘴山河段；“石—巴”指石嘴山—巴彦高勒河段；“巴—三”指巴彦高勒—三湖河口河段；“三—头”指三湖河口—头道拐河段。②“-”为冲刷

从时间分布看，1952～1959 年宁蒙河段处于微淤状态，该时期淤积量占 1952～2003 年淤积量的 42.82%；1960～1985 年宁蒙河段主要处于冲刷状态，其冲刷量为 8.12 亿 t，其间的 1960～1968 年冲刷主要发生在青铜峡—石嘴山河段和巴彦高勒—三湖河口河段，两段的冲刷量为 5.1911 亿 t，占 1960～1968 年宁蒙河段冲刷量 5.5145 亿 t 的 94.14%；1969～1985 年发生冲刷，主要发生在青铜峡—石嘴山河段，冲刷量为 1.6197 亿 t。淤积主要发生在 1986 年之后，如 1986～2003 年宁蒙河段淤积量增加，总淤积量达到 15.48 亿 t，其中青铜峡—石嘴山河段由以冲刷为主逐渐转变为淤积增加。

总体来说，从 20 世纪 70～80 年代，内蒙古河段河床冲刷，主槽面积增加，过流能力增大；自 90 年代以后河槽转为淤积萎缩，主槽宽度缩窄，主槽面积又呈减小趋势。

(2) 横向变化

水沙条件的变化不仅影响冲积河流的河道纵向冲淤调整，对横向形态的变化也有重要的作用。河床的横向演变主要表现于河道的横向摆动。

1986 年以来，径流过程因受龙羊峡水库、刘家峡水库的联合调节而改变，使洪水及较大流量相对减弱，从而加长了中水时间，水流漫滩的机会减少，消减了洪水淤滩作用，增强了水流淘刷河岸及坐弯顶冲能力，使大量滩地坍塌，河槽过流面积减小。根据统计，1986～1990 年滩地坍塌面积为 139.8km^2，相对 1973～1986 年增加 1.5 倍。

水沙条件变化加快了河道的横向摆动速度，其中三盛公—三湖河口河段摆动最明显。根据该河段的 10 个典型河段的实测资料分析，1973～1986 年河道摆动距离为 200～1600m，摆动幅度为 15～123m/a，而 1986～1990 年河道摆动距离和摆动幅度分别增加到 1200～2500m 和 300～625m/a，较 1973～1986 年增加数倍。

水量减少，水沙搭配关系不利，汛期洪峰被水库拦蓄，降低了水流挟沙能力，河道必然发生淤积。据研究统计，黄河宁蒙河段石嘴山—巴彦高勒河段比降减小，三湖河口—头道拐河段比降加大，说明伴随着水沙条件的变化，河道纵、横向形态产生相应的调整变化。

5.1.2 典型长历时大洪水条件下河床演变特征

2012 年黄河上游发生了多年未出现的长历时、大流量洪水，对河床演变带来较大影响。为认识在较大流量洪水下的河床演变特征，以此次洪水作为典型，分析宁蒙河段的河床演变响应特征。

5.1.2.1 来水来沙情况

2012 年 7～8 月，黄河上游降水偏多，干流河道兰州水文站出现 1989 年以来洪峰流量达到 3860m^3/s 的最大洪水过程。宁蒙河段连续 48d 流量在 2000m^3/s 以上。图 5-2 是黄河上游 1981 年至今经历的一次少见的洪水过程。

自从龙羊峡水库和刘家峡水库 1986 年联合运用以来，由于多年调节水库具有较大库容，调节径流量的能力较强，年际对径流量进行丰蓄枯补的多年调节，拦减了进入宁蒙河

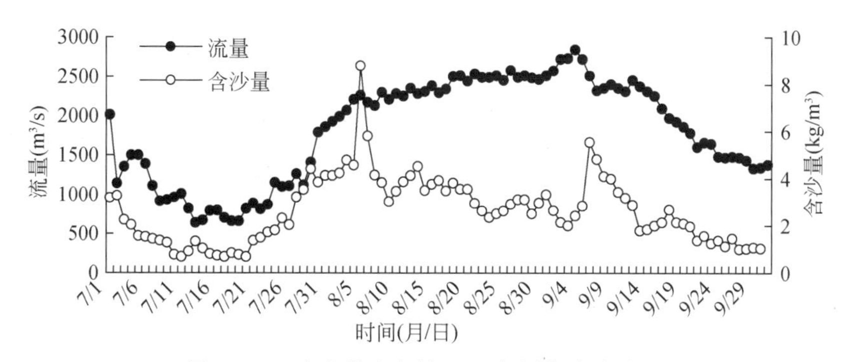

图 5-2 巴彦高勒水文站 2012 年汛期水沙过程

段的洪水过程。两者的共同作用形成了黄河上游 30 多年汛期未出现较大流量的洪水过程，流量基本上在 1500m³/s 以下。因此，1986 年龙刘水库的联合运用，再加上天然来水偏少，是宁蒙河段发生严重淤积的主要原因。根据实测淤积断面成果计算，1991～2004 年内蒙河道淤积 8.4 亿 t，年均淤积 0.65 亿 t，远远超出以往对宁蒙河段长时期微量淤积的认识，而且由于流量较小，87% 的淤积集中在主槽内，河道排洪排凌能力降低，平滩流量由 1985 年的 4500m³/s 左右降低到 2005 年的 1500m³/s 左右。

2012 年汛期由于上游降水丰沛且历时较长，龙羊峡水库蓄水较多，且本次洪水过程中未大量拦蓄，加之刘家峡水库高水位运用泄放大流量过程，宁蒙河段出现了本次 30 多年未见的洪水过程。

自 2012 年 7 月 1 日至 9 月 30 日，巴彦高勒水文站日均含沙量仅为 2.6kg/m³，最大未超过 9 kg/m³，三湖河口水文站日均含沙量为 5 kg/m³，头道拐水文站日均含沙量为 3.45 kg/m³，因此，2012 年洪水期基本为大水带小沙的过程。

5.1.2.2 内蒙古河段河势演变特点

(1) 游荡型河段的游荡性未变

巴彦高勒—三湖河口河段为游荡型河段，经过 2012 年大水作用，其游荡特性未改变。

巴彦高勒—三湖河口—昭君坟—头道拐共设有 108 个黄淤断面。其中巴彦高勒—三湖河口河段为黄断 1～黄断 38；三湖河口—昭君坟河段为黄断 38～黄断 69；昭君坟—头道拐河段为黄断 69～黄断 108。

根据 2012 年 5 月（洪水前）、8 月（洪水期）和 10 月（洪水后）河势图看出，其游荡特性未变，河势大多相对顺直、主流有一定摆动、心滩多（图 5-3），洪水期有一定程度的漫滩（图 5-4）；黄断 20～黄断 24 河段在洪水过后呈规则的微弯形河势（图 5-5）。

根据各河段 2012 年洪水前后主流摆幅和弯曲系数的统计（表 5-3），游荡型河段平均主流摆幅为 200m，与 2007～2010 年平均主流摆幅 330m 相比，有明显减小。过渡型河段扣除裁弯平均主流摆幅为 130m，弯曲型河段扣除裁弯平均主流摆幅仅为 55m。

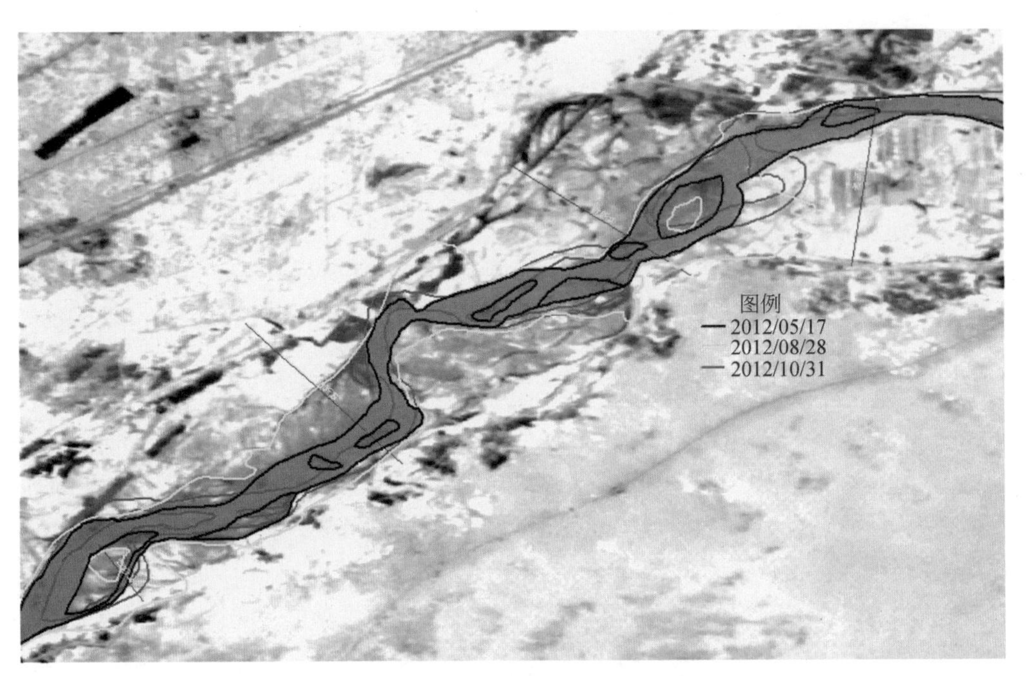

图 5-3　黄断 14 ~ 黄断 17 河段河势套绘

图 5-4　巴彦高勒—三湖河口河段洪水前及洪水期河势套绘

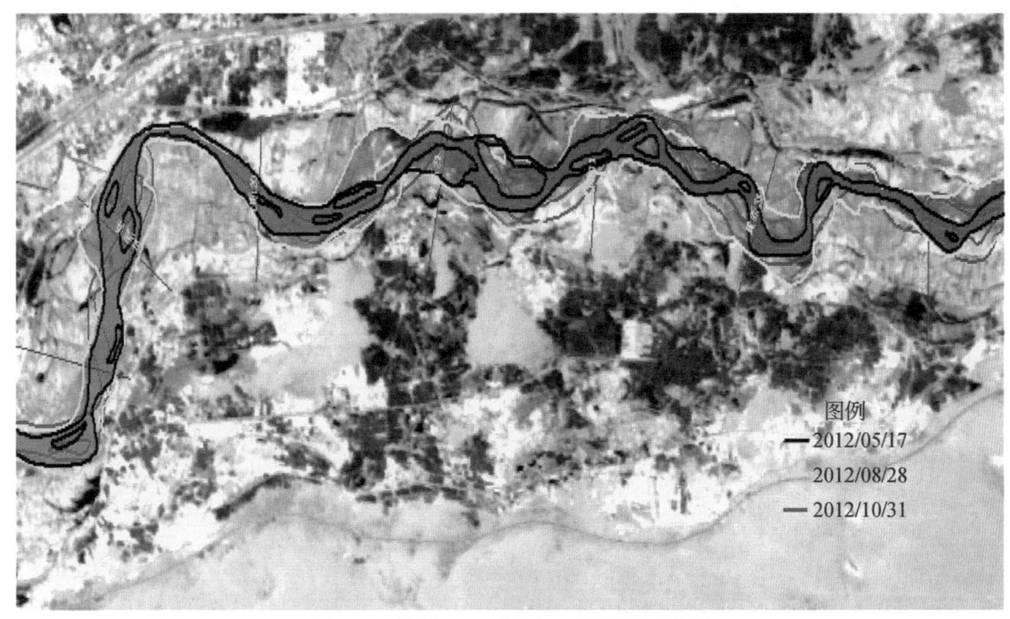

图5-5 黄断20～黄断24河段河势套绘

表5-3 各河段2012年洪水前后平均主流摆幅

河段	河道长度（km）	河型	平均主流摆幅（m）	最大主流摆幅（m）
巴彦高勒—三湖河口	220.3	游荡	200	1380
三湖河口—昭君坟	126.4	过渡	240（扣除裁弯为130）	880
昭君坟—头道拐	174.1	弯曲	150（扣除裁弯为55）	770

(2) 过渡型河段漫滩、裁弯明显

三湖河口-昭君坟河段为过渡型河段，出现了大漫滩和两处裁弯。

根据洪水前后（2012年10月31日相对于2012年5月17日）两次河势的主流摆幅变化过程（图5-6），统计了三湖河口—头道拐两个河段的平均主流摆幅（表5-4），从总体

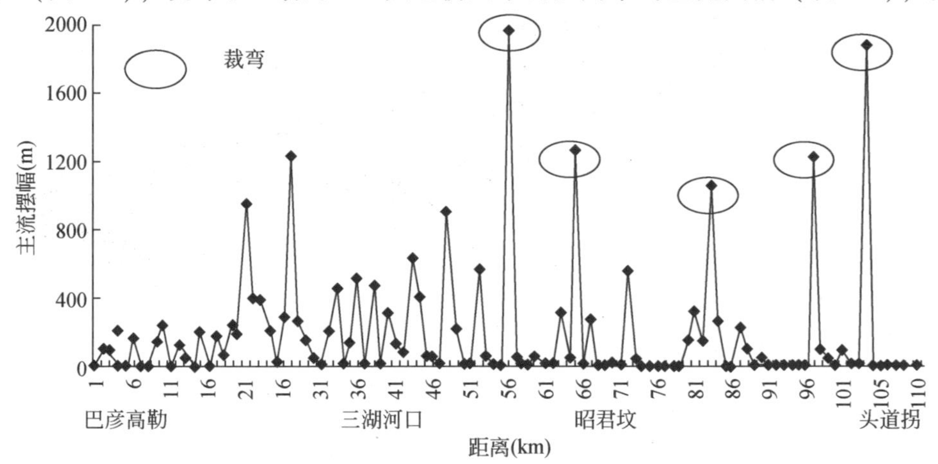

图5-6 2012年10月相对于2012年5月主流摆动变化过程

看，游荡型河段主流摆幅较大，过渡型河段次之，弯曲型河段最小，在过渡型河段出现两个裁弯、弯曲型河段出现3处裁弯，游荡型河段没有裁弯。表5-4表明，裁弯后裁弯比为51%～54%，因此弯曲系数也均有减小。

表5-4　2012年洪水期裁弯及弯曲系数情况

河段	河段（黄断面号）	裁弯前河长（km）	裁弯后河长（km）	裁弯比（%）	时间	主流线长度（km）	弯曲系数
三湖河口—昭君坟	57～59	8.36	4.13	51	洪水前	231	1.05
	64～66	6.28	2.89	54	洪水后	234	1.06
昭君坟—头道拐	82～83	2.01	0.84	58	洪水前	140	1.06
	96～97	5.37	4.14	23	洪水后	133	1.05
	103～104	7.994	2.94	63	洪水前	221	1.27
合计		30.0	14.94	50	洪水后	211	1.21

从2012年洪水漫滩发生情况看，三湖河口水文站以上仅有轻微漫滩，三湖河口水文站以下自黄断47以后出现大漫滩，漫滩范围大都达到堤根。洪水期出现漫滩，漫滩严重（图5-7），平均漫滩宽度达1470m，游荡型河段没有出现裁弯。过渡型河段出现两处自然裁弯（图5-8、图5-9），发生在黄断55～黄断57和黄断64～黄断66。

图5-7　黄断46～黄断51河段河势套绘

图 5-8　黄断 55 ~ 黄断 57 河段河势套绘

图 5-9　黄断 64 ~ 黄断 66 河段河势套绘

(3) 弯曲型河段漫滩严重、裁弯多

昭君坟—头道拐河段主要呈单一河槽，河道弯曲。河势变化较大的是洪水过后出现 3 处裁弯，裁弯后裁弯比为 23% ~63%；主流局部摆幅大，总体主流摆幅不大。弯曲型河段裁弯河段有：黄断 103 ~ 黄断 104；黄断 96 ~ 黄断 97；黄断 82 ~ 黄断 83（图 5-10）。该河段漫滩严重，漫滩大都达到堤根，平均漫滩宽度达 1800m（据现场查勘，二滩落淤较少）；主流摆幅较小，扣除裁弯平均主流摆幅仅 55m。

图 5-10　弯曲型河段洪水漫滩及裁弯河势套绘

(4) 平滩流量变化

根据内蒙古河段 3 个水文站 1980 ~ 2012 年平滩流量变化过程看（图 5-11），2012 年汛前巴彦高勒水文站、三湖河口水文站和头道拐水文站平滩流量分别为 2460m^3/s、2000m^3/s 和 3900m^3/s。根据分析，2012 年巴彦高勒水文站、三湖河口水文站和头道拐水文站洪水期平均流速分别约为 1.72m/s、1.82m/s 和 1.53m/s，利用断面冲淤面积和平均流速估算，洪水从 7 月 26 日起涨（流量约 1000 m^3/s）至 9 月 27 日落水（流量 1330 m^3/s）巴彦高勒水文站平滩流量增加了 588m^3/s；三湖河口水文站从起涨至落水期 9 月 28 日（流量 1450 m^3/s）平滩流量增加了 200 m^3/s；头道拐水文站从起涨至落水期 9 月 29 日（流量

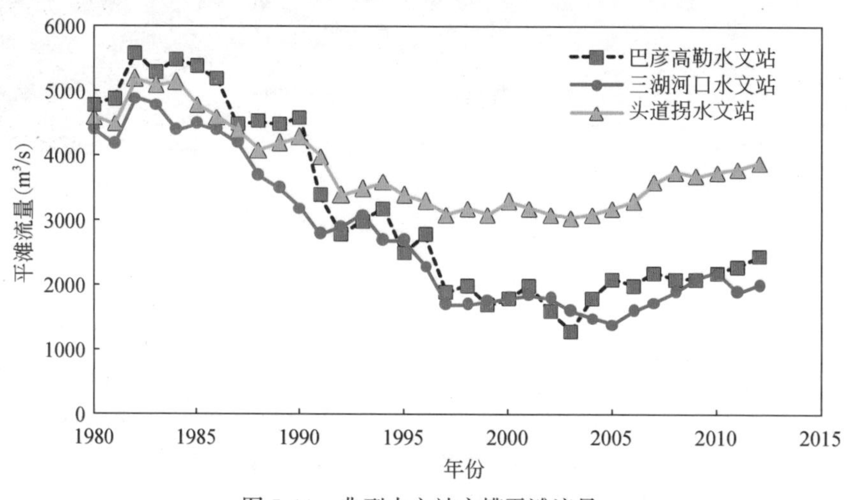

图 5-11　典型水文站主槽平滩流量

1450 m^3/s）平滩流量增加了252m^3/s。最终得到洪水后（2012年9月28日）各站平滩流量分别约为2540 m^3/s、2200 m^3/s和4152 m^3/s。

上述分析表明，洪水过后总体河势向好的方向转化，其中游荡型河段的中下段洪水过后已成为相对单一、归顺、微弯型河道，且河槽宽度缩窄明显、平均缩窄了约280m；洪水期仅嫩滩有少量漫滩；过渡型河段及弯曲型河段河势变化的最大特点是出现了5处裁弯，河势相对归顺；过渡型河段的河槽宽度在洪水前后变化不大，弯曲型河段槽宽平均增加了95m；洪水期过渡型河段和弯曲型河段漫滩严重。

5.2 水沙关系对河床演变响应试验研究

利用实体动床模型模拟技术，开展了水沙关系对河床演变影响的试验研究，旨在为揭示沙漠宽谷段河流水沙运动过程对崩塌、坐弯、淤床、横向调整等不同河床形态的响应机理提供基础数据支撑。

5.2.1 试验方案设计及模型设计

黄河上游巴彦高勒—三湖河口河段河道断面宽浅，水流散乱，河道内沙洲众多，且处于黄河的“几”字形拐弯处，其水沙关系及河床演变特性更加复杂，因此本试验选取巴彦高勒—三湖河口河段作为研究对象。

5.2.1.1 试验方案

为了尽可能考虑该河段的水沙运动特性及河床演变特点，根据黄河上游宁蒙河段水沙关系及河道特点，设定弯道概化水槽试验和原型河道（巴彦高勒段）概化试验两类工况，分别进行清水冲刷试验与悬移质输沙过程试验。考虑到巴彦高勒—三湖河口河段存在较大曲率，且边界组成物颗粒较细、河势变化剧烈，弯道概化试验的目的是为了模拟在河道坐弯条件下水流顶冲河岸及边滩猝发的河床纵向及横向调整变化规律，探讨边界条件变化后水流运动特性的变化。以弯道概化试验为基础，进一步根据原型河道断面特征及水沙过程设计模型。

试验供回水系统见概化图（图5-12）。试验水流条件为恒定流。在河槽中部铺设18cm厚度的模型沙，并根据设计比尺布置顺直河道和弯曲河道。为了了解河床沿程冲淤及水沙关系变化，在河道中选取多个特征断面进行观察和测量。断面上每个测点的横坐标可由卷尺测量，纵坐标用带刻度的测桥测量，误差均为1mm。在试验过程中用光电式旋桨流速仪及浮标测速法测量流速，停水后测量河道地形以及弯道形态特征，高程则由地形仪校正的测针测得，误差限为0.1mm，利用三角堰控制流量，流量计算公式为

$$Q=1.4H^{2.5} \tag{5-1}$$

式中，Q为流量（m/s）；H为水深（m）。式（5-1）的应用条件为$0.05m<H<0.25m$。

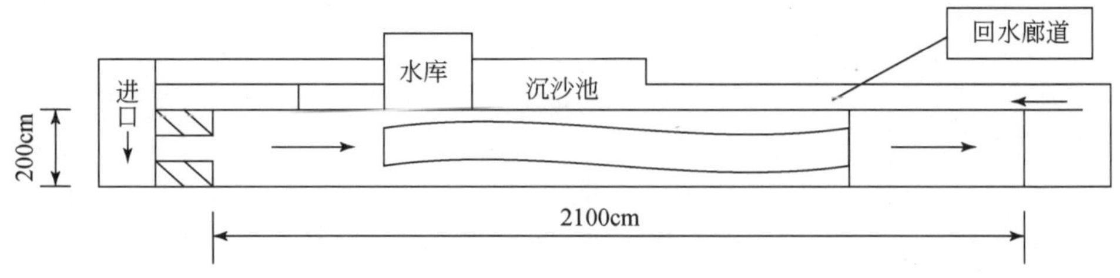

图 5-12　河道试验平面布置图

5.2.1.2　比尺设计

1）水流重力相似条件：　$\lambda_V = \lambda_H^{1/2}$　(5-2)

2）水流阻力相似条件：

$$\lambda_n = \frac{1}{\lambda_V}\lambda_H^{2/3}\lambda_J^{\frac{1}{2}} = \lambda_H^{2/3}\lambda_L^{\frac{-1}{2}} \tag{5-3}$$

3）水流挟沙相似条件：

$$\lambda_{s_*} = \lambda_s \tag{5-4}$$

4）泥沙悬移相似条件：

$$\lambda_\omega = \lambda_V\left(\frac{\lambda_H}{\lambda_L}\right)^m \tag{5-5}$$

5）泥沙起动相似条件：

$$\lambda_V = \lambda_{V_c} \tag{5-6}$$

6）悬移质引起河床冲淤变形相似条件：

$$\lambda_{t_2} = \frac{\lambda_{\gamma_0}\lambda_L}{\lambda_s\lambda_V} \tag{5-7}$$

式中，λ_V 为流速比尺；λ_H、、λ_L 分别为垂直及水平比尺；λ_J 为比降比尺；λ_n 是糙率比尺；λ_{s_*}、λ_s 分别为水流挟沙力比尺和含沙量比尺；λ_{V_c} 为泥沙起动流速比尺；λ_ω 为泥沙沉速比尺；λ_{γ_0} 为悬移质淤积物干容重比尺、λ_{t_2} 河床变形时间比尺。

此外，为保证模型与原型水流流态相似，还需满足如下两个限制条件。

1）模型水流必须是紊流，故要求模型水流雷诺数 Re_m：

$$Re_m = 1000 \sim 2000 \tag{5-8}$$

2）水流不受表面张力的干扰，故要求模型水深 h_m：

$$h_m > 1.5\text{cm} \tag{5-9}$$

黄河上游宁蒙河段泥沙运动同时存在推移质运动和悬移质泥沙运动，因此，综合考虑泥沙的实际运动状况，其单宽输沙率可统一采用式（5-10）计算，即

$$g_b = 2.3\gamma_s\left(\frac{\gamma}{\gamma_s - \gamma}\right)^2\frac{V(V^3 - V_c^3)}{A^2 g^{1.5} R^{\frac{1}{2}}}\left(\frac{D_{65}}{R}\right)^{\frac{1}{3}}\text{ctg}\varphi \tag{5-10}$$

式中，φ 为泥沙水下休止角；A 为计算谢才系数引入的参数，$A = C\,(D_{65}/R)^{\frac{1}{6}}$。该公式曾经应用于黄河、长江、滹沱河、南盘江等河流的数学模型计算和河工模型比尺计算。

由式（5-10）可得出推移质单宽输沙率比尺关系为

$$\lambda_{g_b}=\lambda_{k_1}\frac{1}{\lambda_A^2}\frac{\lambda_{\gamma_s}}{(\lambda_{\frac{\gamma_s-\gamma}{\gamma}})^2}\lambda_H^{\frac{7}{6}}\lambda_D^{\frac{1}{3}}\lambda_{\mathrm{ctg}\varphi} \tag{5-11}$$

由推移质运动引起的河床冲淤变形方程为

$$\frac{\partial g_b}{\partial x}+\gamma'_b\frac{\partial Z}{\partial t}=0 \tag{5-12}$$

可得相应的时间比尺为

$$\lambda_{t3}=\frac{\lambda_L\lambda_H\lambda_{\gamma'_b}}{\lambda_{g_b}} \tag{5-13}$$

式中，$\lambda_{\gamma'_b}$ 为推移质淤积物的干容重比尺，不同的泥沙取不同的值；λ_D 为推移质粒径比尺；$\lambda_{\gamma_s-\gamma}$ 为泥沙水下容重比尺；λ_k 为起动流速系数比尺；λ_{g_b} 为单宽输沙率系数比尺；λ_{γ_s} 为泥沙的重率比尺；λ_{k_1} 为单宽输沙率系数比尺；λ_{t_3} 为推移质泥沙引起的河床冲淤时间比尺；γ'_b 为推移质淤积泥沙的干容重比尺。

5.2.1.3　模型沙选择

根据资料分析，宁蒙河段头道拐水文站汛期平均含沙量为 4.45 ~ 8.76kg/m³，石嘴山水文站悬移质泥沙中值粒径为 0.023mm，平均粒径为 0.038mm，粒径大于 0.1mm 粗泥沙占年输沙量的 7%；头道拐水文站悬移质泥沙中值粒径为 0.022mm，平均粒径为 0.034mm，粒径大于 0.1mm 粗泥沙占年输沙量的 4.8%。三盛公—三湖河口河段河床悬移质泥沙平均粒径为 0.076 ~ 0.1mm，巴彦高勒水文站的悬移质泥沙平均粒径为 0.0286mm。

根据以往经验，如张红武等（1994）在宁夏模型试验中采用的悬移质泥沙粒径为 0.02 ~ 0.03mm，再综合考虑原型河道水流、泥沙运动特征，本试验选取容重 γ_s = 21.07kN/m³ 的镇江谏壁电厂粉煤灰作为模型沙。利用 MS2000 激光粒度分析仪（图 5-13）分析两种粉煤灰及河东沙地风沙粒径级配，由图 5-14 可以看出，所选两种粉煤灰与河东沙地沙子的粒径级配基本相似，符合试验要求。

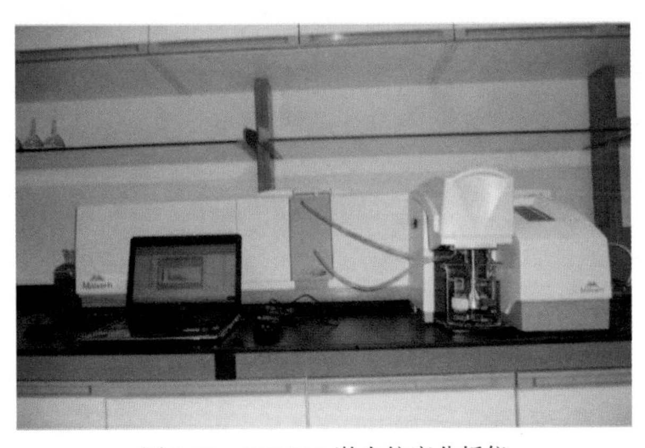

图 5-13　MS2000 激光粒度分析仪

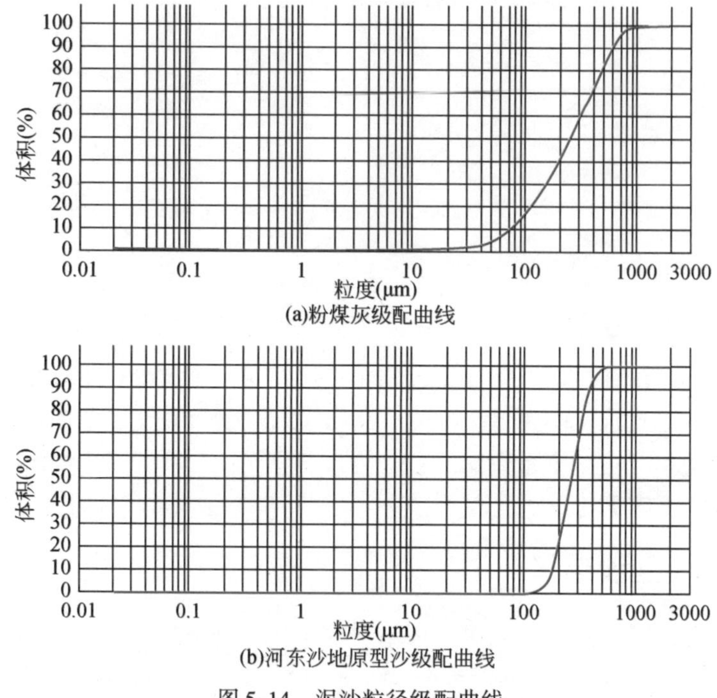

(a)粉煤灰级配曲线

(b)河东沙地原型沙级配曲线

图 5-14　泥沙粒径级配曲线

5.2.1.4　模型比尺计算

根据场地、模拟河段水深、河宽等变化范围及限制条件式（5-8）、式（5-9）的比选，选定水深比尺 γ_H为 100、水平比尺 γ_L为 1000，变率 γ_e为 10。

（1）流速及糙率比尺

由水流重力相似条件式（5-2）可以求得流速比尺 $\lambda_V=\sqrt{100}=10$，由此求得流量比尺 $\lambda_Q=\lambda_V\lambda_H\lambda_L=1\,000\,000$；由水流阻力相似条件式（5-3）求得糙率比尺 $\lambda_n\approx 0.68$，即要求模型糙率小于原型糙率。糙率公式计算及预备试验表明，当采用粉煤灰粉作为模型沙时，模拟河床糙率可达到上述要求。

（2）模型床沙粒径

为满足泥沙运动相似，常由起动相似条件确定泥沙粒径比尺 λ_D。若采用如下起动流速公式：

$$V_c=k\left(\frac{\gamma_s-\gamma}{\gamma}gD\right)^{\frac{1}{2}}\left(\frac{h}{D}\right)^{\frac{1}{5}} \tag{5-14}$$

由式（5-6）及式（5-14）可得

$$\lambda_D=\lambda_H\lambda_{\gamma_s-\gamma}^{-\frac{5}{3}}\lambda_K^{-\frac{10}{3}} \tag{5-15}$$

经计算，选择床沙粒径比尺为 51.6。

(3) 泥沙运动及河床变形时间比尺

研究表明，对于悬移质泥沙，其沉速比尺为

$$\lambda_{\omega} = \lambda_{V}(\lambda_{H}/\lambda_{L})^{m} \tag{5-16}$$

式中，m 为指数，为 0.5～1，由此计算可得 $\lambda_{\omega} \approx 1$。由于原型及模型的悬移质泥沙都很细，可采用滞流公式计算沉速，得到悬沙粒径比尺关系式为

$$\lambda_{D} = (\lambda_{\omega}\lambda_{V}/\lambda_{\gamma_s-\gamma})^{1/2} \tag{5-17}$$

从式（5-4）知，含沙量比尺可通过计算水流挟沙力比尺来确定。

选取水流挟沙力公式为（张红武等，1994）

$$S_{*} = 2.5\left[\frac{\xi(0.0022 + S_{V})V^{3}}{\kappa\left(\frac{\gamma_{s}-\gamma_{m}}{\gamma_{m}}\right)gh\omega}\ln\left(\frac{h}{6D_{50}}\right)\right]^{0.62} \tag{5-18}$$

式中，κ 为卡门常数；γ_m 为浑水容重；ω_s 为泥沙在浑水中的沉速；V 为流速；h 为水深；D_{50}为床沙中径；S_V为以体积比例表示的含沙量；ξ 为容重影响系数，可表示为

$$\xi = [1.65/(\gamma_{s} - \gamma)]^{2.25} \tag{5-19}$$

对于本次选用的模型沙，其 γ_s 约为 2.15t/m^3，则 ξ =2.25。对原型沙，γ_s =2.71t/m^3，则 $\xi \approx 1$。将有关原型水深、流速、泥沙沉速等水力泥沙因子观测数据代入式（5-18），可得到原型水流挟沙力 S_{*p}。同时采用原型有关物理量及相应的比尺值（即换算成模型值）代入上述计算式，可得到模型水流挟沙力 S_{*m}，进而求出两者的比值 S_{*p}/S_{*m} 为 1.5～2.5，本模型设计时暂取其平均值 $\lambda_s = \lambda_{s*} = 2$。相似比尺条件见表 5-5。

表 5-5 原型河道模型相似比尺

相似要求	相似比尺	比尺
几何相似	水平比尺	1000
	垂向比尺	100
水流运动相似	流速比尺	10
	流量比尺	1 000 000
	水流运动比尺	100
	糙率比尺	0.681
泥沙运动相似	泥沙比重比尺	1.49
	泥沙沉速比尺	1
	悬沙粒径比尺	2.36
	床沙粒径比尺	51.6
	推移质单宽输沙率比尺	455
	含沙量比尺	2
	悬移质河床变形时间比尺	100

5.2.1.5 模型布置

连续弯曲河道模型设计如图 5-15（a）所示。试验用的连续弯道为不规则的圆弧反向连接的水槽。底部及侧壁为粉煤灰抹面。为了保证水流的平顺，两反向圆弧间设约 1m 长的近似直线连接段，即过渡段。弯道凹凸岸顶端内半径为 0.60m，外半径为 0.71m，弯道河道横断面为梯形断面，下底宽为 0.09m，上底宽为 0.11m，模型比降为 0.0012，模型试验放水时间为 2d。

根据 2000 年黄河宁蒙河段巴彦高勒—三湖河口河段淤积大断面及流量资料，利用模型相似准则，求得该河段概化模型（简称原河道模型）设计参数见表 5-5、表 5-6，放水时间为 2d。模型断面布设如图 5-15（b）所示。图 5-16 为两类模型实物照片。

表 5-6 原型河道断面设计参数

断面参数	断面 1		断面 2		断面 3				断面 4
	1-0	1-1	2-0	2-1	3-0	3-1	3-2	3-3	
断面间距（cm）	0.0	118.0	118.0	84.5	84.4	97.1	112.9	100.3	100.4
比降	0.006 36		0.000 00		0.011 16		0.012 57		
断面宽（cm）	190	158.6	190	162.52	184.1	149.11	160.56	151.49	156.5
距左岸起点（cm）	10.0	10.0	10.0	12.9	16.0	29.2	47.8	62.1	84.8
倾斜角（°）							59	59	59

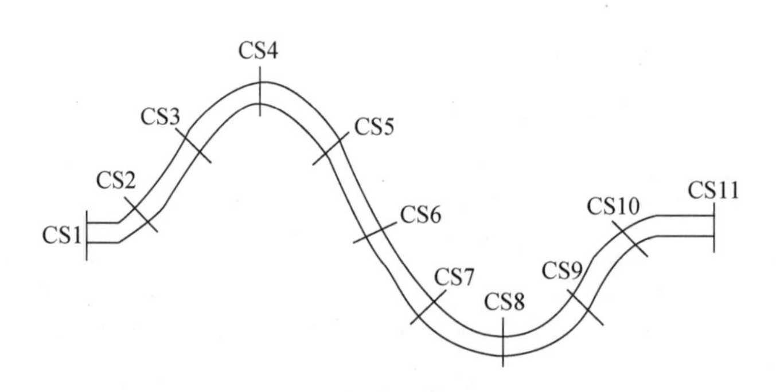

(a)水槽连续弯曲河道模型平面布置图

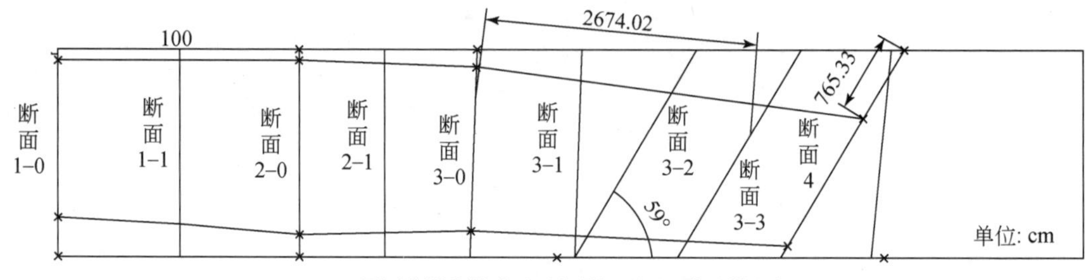

(b)原河道概化模型平面布置图（近巴彦高勒段）
单位：cm

图 5-15 河道概化模型布置图

(a)水槽连续弯曲河道模型

(b)原河道模型(巴彦高勒段)

图 5-16 河道模型实物平面图

根据实测资料分析，巴彦高勒水文站2008年实测悬移质输沙率最大为13.2 t/s，经比尺计算，$\lambda_{qs}=\lambda_q\lambda_s=2\ 000\ 000$。

因此，原河道模型输沙率为0.0066 kg/s，进口施放流量为$7.29\times10^{-4}m^3$，进口含沙量为9.05 kg/ m^3。在设计中，力求使悬移质引起河床变形时间比尺与水流运动时间比尺一致，因而不存在时间变态问题。

断面测量设施布置如图5-17。连续弯曲河道试验中堰上水深为5.98cm，流量为$7.29\times10^{-4}m^3$，顺直河道试验中堰上水深为6.32cm，流量为$1.41\times10^{-3}m^3$。

图 5-17 模型断面测量设施布置

5.2.2 试验结果

5.2.2.1 连续弯曲河道概化模型试验

(1) 河段平面形态变化

河道冲刷后的断面形态如图 5-18。可以看出，河道有冲有淤，其纵向冲淤发生的部位符。

合河床演变的一般规律，如前弯顶（断面 4）处发生明显的淤积，出弯道后在断面 5 右岸因水流顶冲而发生坍塌［图 5-19（a）］，坍塌的泥沙进入水流，与水流形成新的水沙关系，改变了下游段的水沙搭配。在过渡型河段断面 6 产生淤积，断面 7 凹岸发生淘刷［图 5-19（b）］，后弯顶淤积不明显，河道的下游主要产生冲刷。

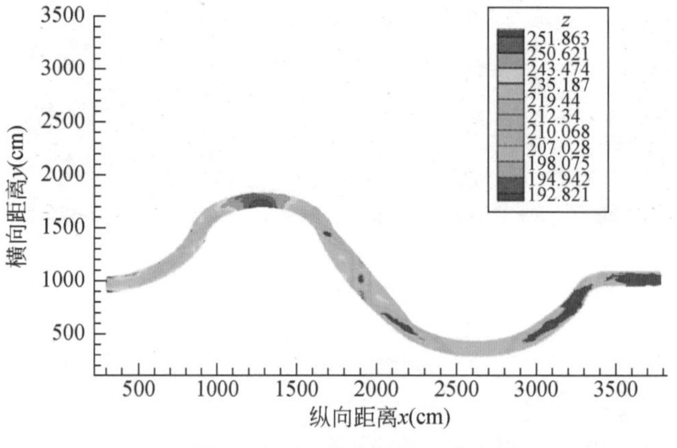

图 5-18 河道冲淤平面分布图

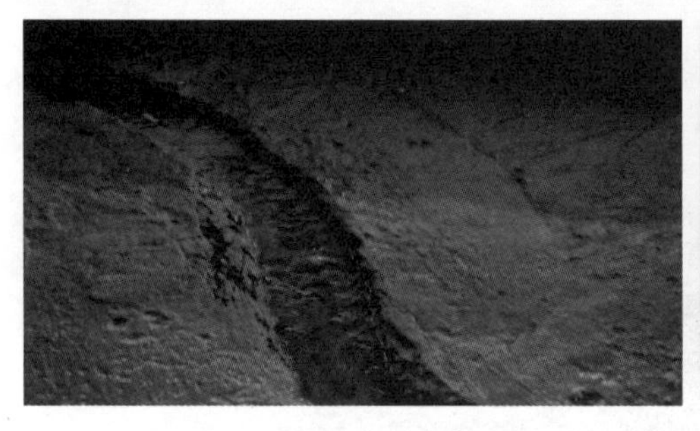

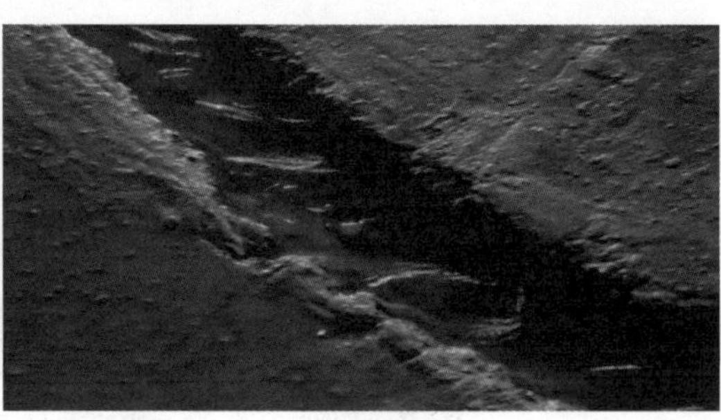

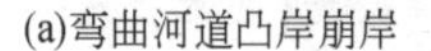

(a)弯曲河道凸岸崩岸

(b)河道淘刷

图 5-19 连续弯曲河道断面平面变化

(2) 河道断面横向形态变化

根据试验表明(图 5-20),尽管弯曲河道断面有冲有淤,但总体上河道发生冲刷,且断面形态呈宽浅型。弯道断面 CS3 ~ CS6 冲淤后的断面宽较初始断面分别增加了 2cm、3cm、2.5cm、8.5cm,后段的弯道断面 CS7 ~ CS10 宽度相对初始断面分别增加了 1cm、3cm、3cm、2cm,且弯道凸岸上游淤积量和凹岸上游冲刷量相对下游的为少。河道发生横向摆动,其中前段弯道 CS3 ~ CS6 河道断面深泓点分别在距右岸的 7cm、6cm、7cm、10cm 处,与初始断面深泓点 5cm 相比往左岸分别移动了 1.5cm、0.5cm、1.5cm、4.5cm,后段弯道断面 CS7 ~ CS10 的河道断面深泓点相对初始断面的深泓点往右岸移动了 -0.5cm、0.5cm、4.5cm、3cm。

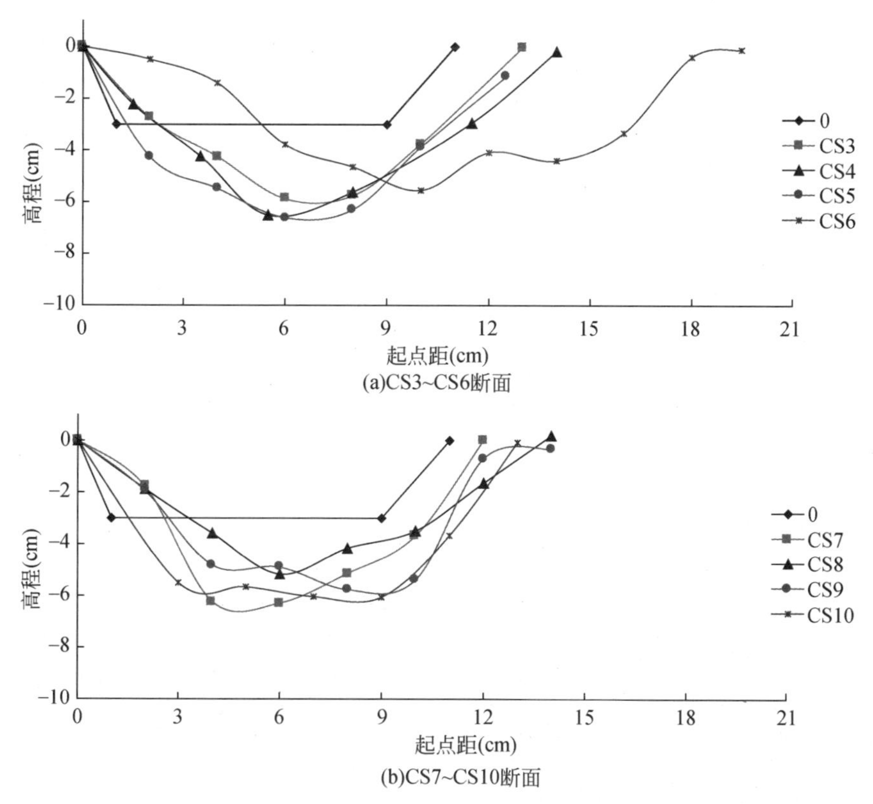

图 5-20 连续弯曲河道断面冲淤前后变化

(3) 流速变化

河流冲淤造成的边界变化也会对水流过程产生明显影响(表 5-7)。泥沙冲淤具有累积性,即使缓慢的累积过程也能产生较显著的影响,变化后的河道形态必然对水流速度产生影响。在模型试验中,试验河段河道初始流速平均为 0.486m/s,河道形态改变后,由于断面变得宽浅,各断面的流速均是减小的,其中最小值为断面 4 处的 0.19m/s,比初始速度减小了60.9%，最大流速为断面9处的0.36m/s，比初始速度减小25.9%。由河道冲淤分布知，断面4处主要发生淤积，断面宽浅，且处于弯道顶端处，水流在顶端处方向发生转变，由凹岸向凸岸运动，水流方向在改变的过程中损失了部分动能，流速减小；断面9处发生冲刷，河道窄深，相对来说，较其他断面的流速增大。

表5-7　连续弯曲河道不同断面流速　　单位：m/s

断面	横向不同位置流速			断面平均流速
	中线	右岸	左岸	
CS3	0.3	0.32	0.25	0.29
CS4	0.19	0.18	0.21	0.19
CS5	0.32	0.24	0.33	0.30
CS6	0.26	0.2	0.33	0.26
CS7	0.37	0.29	0.32	0.33
CS8	0.33	0.35	0.23	0.30
CS9	0.41	0.38	0.30	0.36
CS10	0.38	0.4	0.27	0.35

取断面CS3～CS6，分析其断面左右岸流速变化发现，在弯道入口处，断面最大流速偏向于弯道的凸岸（图5-21和图5-22），入弯道后主流逐渐向凹岸转移。在弯道顶端附近，流速最大值开始出现在凹岸，但此时凹岸和凸岸流速差别不大（图5-23、图5-24）。

当水流通过弯道顶端（断面CS4）后，两岸沿程的流速差逐渐增大，如CS4、CS5、CS6断面左右岸流速差分别为0.03m/s、0.09m/s、0.13m/s，后两个断面左右岸的流速差较CS4的分别增大3倍、4.3倍。在断面CS5处出现流速最大值为0.33m/s。水流进入过渡型河段过程中，因为河道边界条件的改变，流速明显减小，断面CS6的平均流速比断面CS5的减小11%。

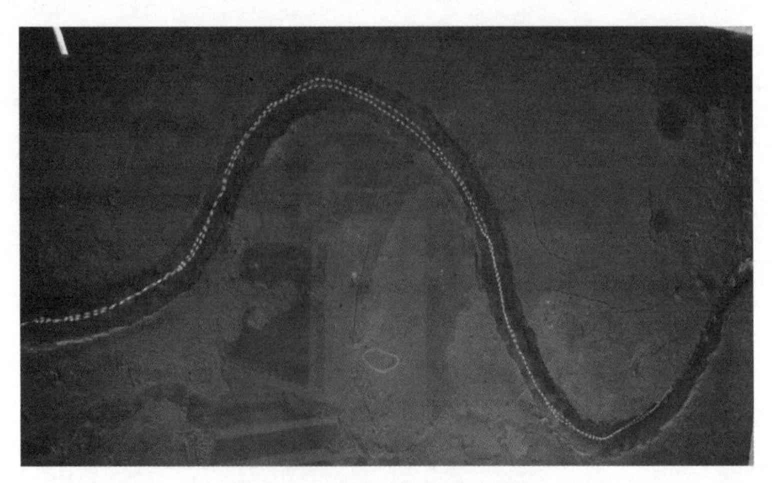

图5-21　连续弯曲河道流线图

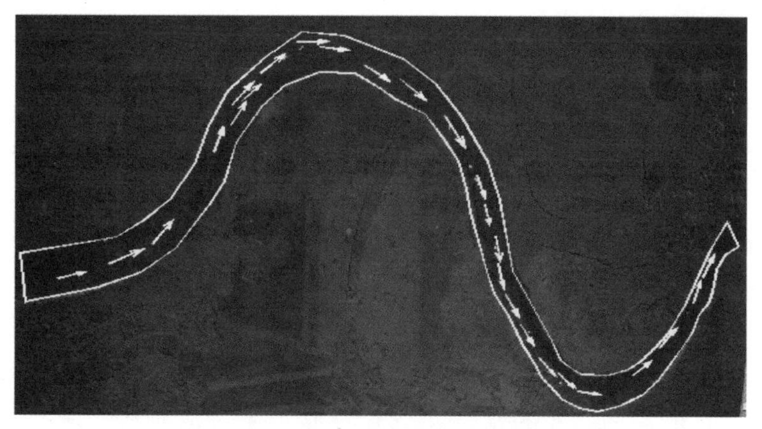

图 5-22　弯曲河道河流流场图

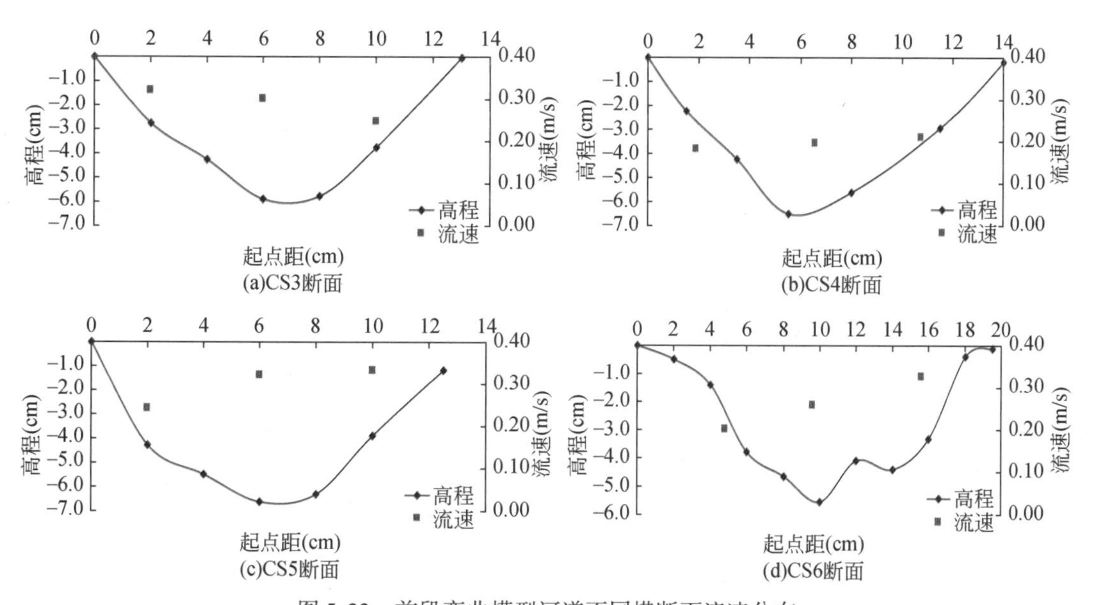

图 5-23　前段弯曲模型河道不同横断面流速分布

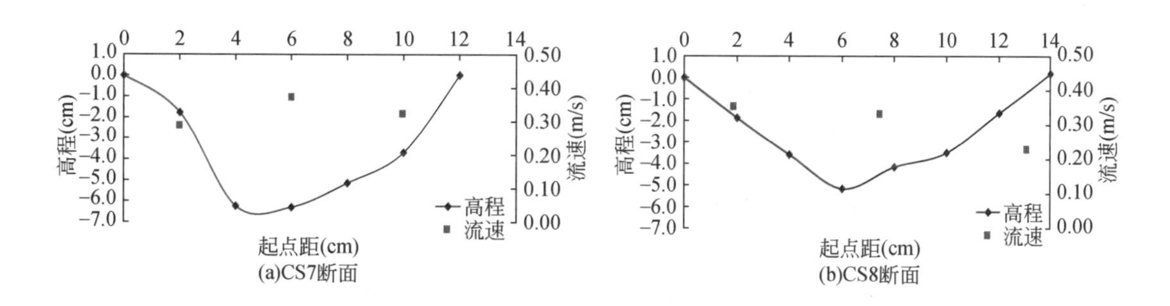

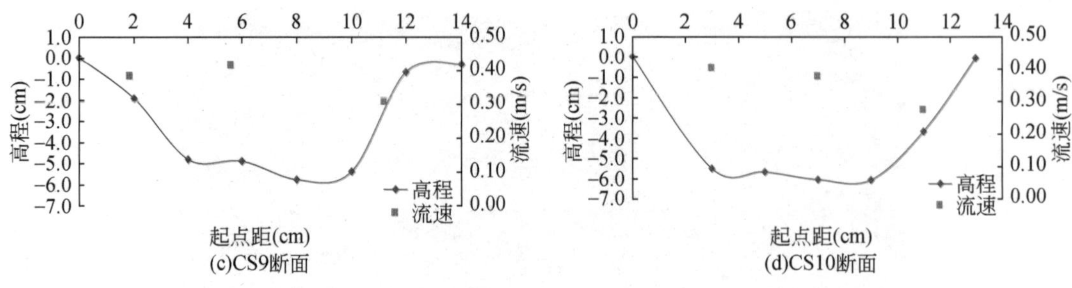

图 5-24　后段弯曲模型河道不同横断面流速分布

水流进入后弯道后，由于水流的惯性作用以及河道在弯道过渡型河段淤积等原因，主流靠近凹岸，并且沿程向凸岸过渡，在弯顶（断面 CS8）处凸岸流速是凹岸流速的 65.7%，水流经过弯顶后，凹岸和凸岸流速减小，说明流速分布在弯顶发生了调整，且流速在 CS9 断面附近出现最大值为 0.41m/s。不论是前弯曲河道还是后弯曲河道，其流速变化特点是基本相同的。

5.2.2.2　原河道模型试验

原河道模型断面划分见图 5-15（b）。

（1）冲淤变化

在试验初期，模型断面 1-0 处下游 30cm 处地形较陡，形成猝发点，导致溯源冲刷，断面 2-1 处与断面 1-0 处现象相似，断面 6 处地形变化不明显，水流含沙量较高，与上游冲刷有关，河道漫滩。模型放水 20min 后，断面 1-0 处溯源冲刷严重，已发展到断面 1-0 上游 10cm 处，河道发生冲刷。在放水 2d 后，河道逐渐由宽浅向窄深演变（图 5-25），河道的入口处发生分叉，在断面 1-0 下游 20cm 处汇流，河道有冲有淤，沙纹明显，河道下游出现游荡型河段。

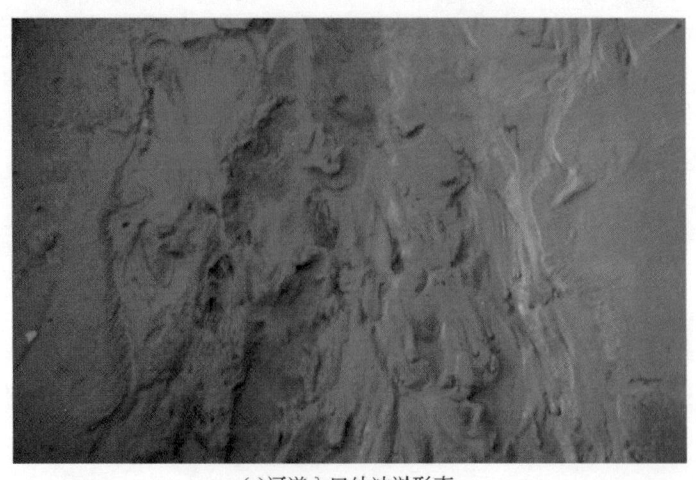

(a)河道入口处冲淤形态

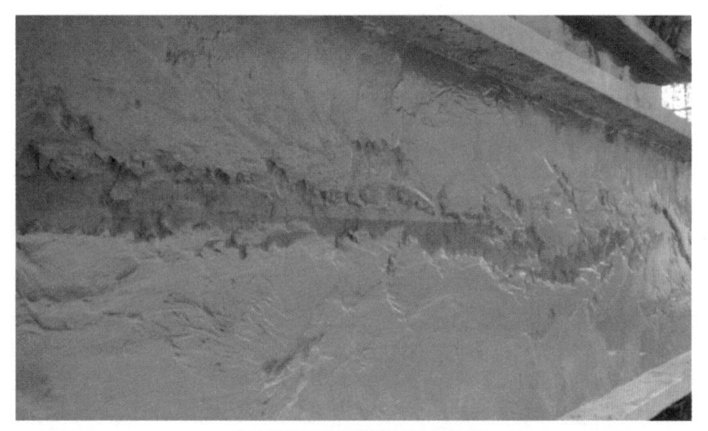

(b)河道顺直型河段冲淤形态

(c)河道游荡型河段冲淤形态

图 5-25 原河道模型试验效果

根据河道模型 9 个断面地形测量（图 5-26），河道整体上是冲刷的，其中断面 1-0 两岸发生淤积，中间河槽断面由宽浅变得窄深，断面冲刷过程中发生分叉；断面 1-1、断面 2-0、断面 2-1 由于水流的冲刷形成窄深河槽；断面 3-0、断面 3-1、断面 3-2 河槽断面变化复杂，水流分叉，过流面积增大，冲刷能力降低；断面 3-2 至断面 4，河道在下游发生摆动（图 5-27），其中断面 3-2、断面 3-3、断面 4 河道的深泓点距右岸分别为 120cm、90cm、80cm，与初始相比往右岸多移动了 40cm，80cm、60cm 左右。冲刷的泥沙改变了原河道的水沙搭配，河床形态为了适应新的水沙关系调整断面特征，直到河床形态与水沙关系达到动态平衡。

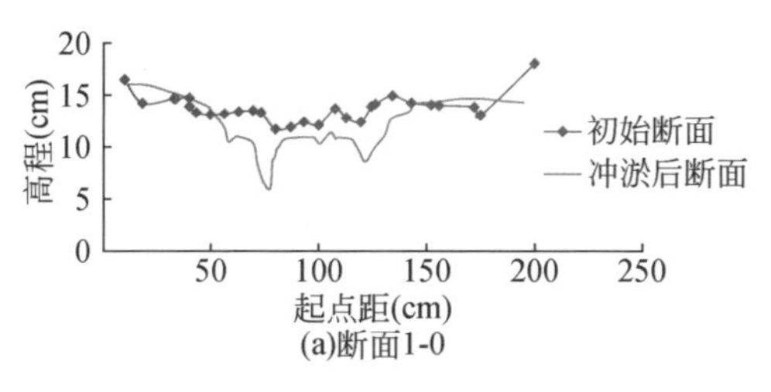

(a)断面1-0

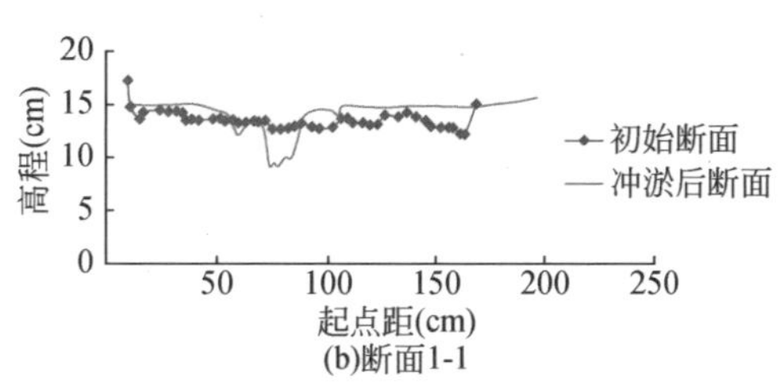

(b)断面1-1

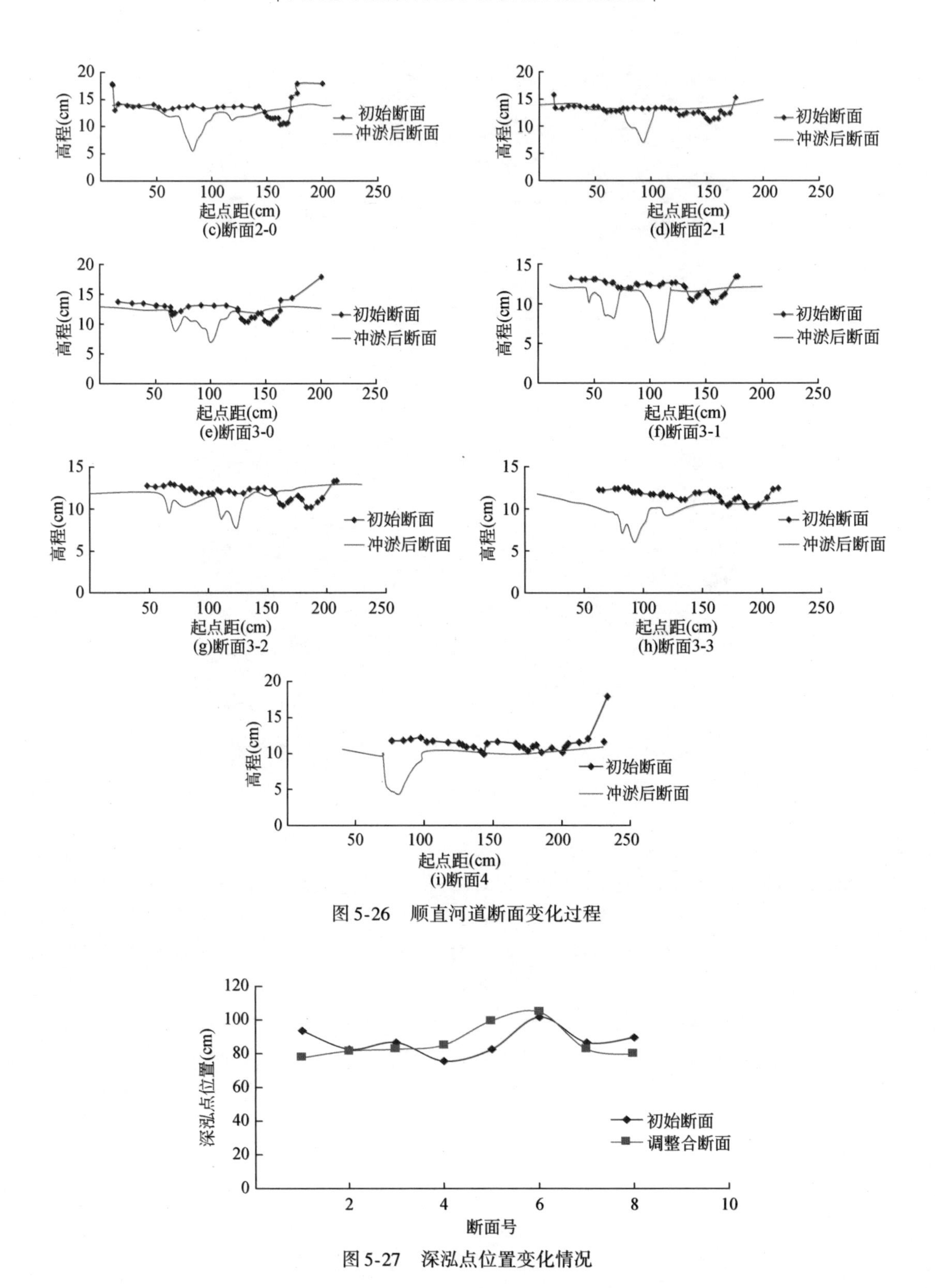

图 5-26　顺直河道断面变化过程

图 5-27　深泓点位置变化情况

(2) 流速变化

通过对不同断面深泓点流速测量分析发现(表 5-8),不同断面在不同时间内,流速变化很大,这是由于随河床形态的调整而水流流速会随之发生改变。由于河道整体上是冲刷的,且河槽由宽浅向窄深演变,流速增大,其中增大比例最大的是断面 4,增幅达到 153.8%;断面 1-1 的左右岸产生淤积,水流流速减小。

表 5-8 不同断面平均流速

模型试验时间	不同断面平均流速(m/s)							
	断面 1-0	断面 1-1	断面 2-0	断面 2-1	断面 3-0	断面 3-1(断面 3-2)	断面 3-3	断面 4
第一天下午 15:50	11.02	23.12	14.41	17.13	19.88	11.43	15.15	9.61
第二天 15:50	16.48	19.95	21.7	18.54	21.51	11.98	17.26	24.39
流速增减(%)	49.5	-13.7	50.6	8.2	8.2	4.8	13.9	153.8

(3) 含沙量变化

河床纵向和横向调整,引起流速分布变化,进而必然改变水沙关系。河床冲淤平衡状态下断面 1-0 至断面 3-4 平均含沙量如图 5-28,随着水沙运动过程中河床冲淤调整,断面含沙量呈交替变化。如前所述,断面 1-0 两岸发生淤积,因此断面 1-1 含沙量较进口含沙量小。随着水沙运动过程中河床由宽浅向窄深发展,沿程含沙量呈增大趋势。在尾门段河床摆动剧烈,河槽逐渐由窄深向宽浅过渡,因此含沙量呈下降趋势。含沙量变化反映了河床形态变化对水流挟沙过程的影响。

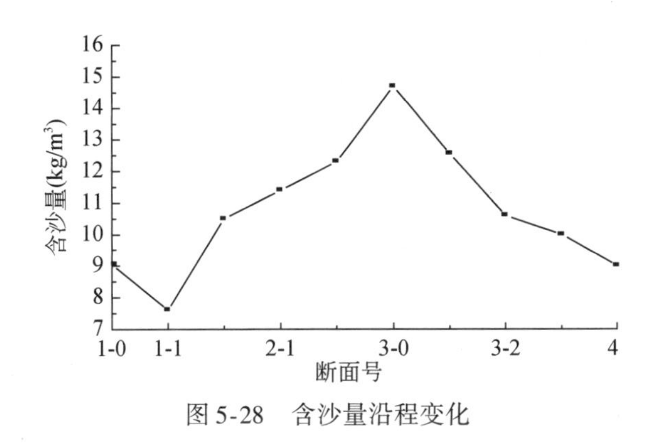

图 5-28 含沙量沿程变化

5.2.3 小结

通过连续弯曲河道模型和原河道模型试验,对黄河宁蒙河段河床形态与水沙关系的响应进行了研究,得到如下初步认识:

1）在河床淤积和冲刷过程中，凹岸冲刷的泥沙量和凸岸淤积的泥沙量基本上是一致的，且坍塌的泥沙淤积在下游河道中，使河床形态变得复杂；顺直河道主要发生冲刷，冲刷的泥沙进入水流，迫使河床产生新的适应关系，水沙搭配与河床形态形成互馈调整关系，说明河床冲淤变化的确可以诱使水沙关系发生变化。

2）河道发生变形后，流速发生了很大的变化，且在弯道中不同断面的流速变化幅度也是不相同的，即使同一断面，其左右岸的流速变化也不相同。另外，经对比发现，在弯道前段的入口处断面，其最大流速偏向于弯道的凸岸，进入弯道，主流逐渐向凹岸转移。在弯道顶端附近，流速最大值开始出现在凹岸，但此时凹岸和凸岸流速差别不大。由于水流的惯性作用以及河道在弯道过渡型河段淤积等原因，主流靠近凹岸，并且沿程向凸岸过渡，水流经过弯顶后，凹岸和凸岸流速减小，说明流速分布在弯顶发生了调整，且流速在弯顶附近出现最大值。

在原河道模型试验中，水流流速主要表现为增大，这是由于顺直河道的水流方向比较平稳，河槽呈窄深状态，流速增大，挟沙力增大，水沙关系与河床形态之间的作用更明显。

5.3 水沙关系对河床演变响应的动力模型

黄河宁蒙河段洪水演进、泥沙输运过程的边界条件伴随着河型、河势的变化不断改变。本节首先建立能够反映多泥沙河流河床冲淤变化物理机制的动力学方程，其次构建水沙关系对河床演变响应的动力学模型，揭示水沙关系对河床演变的响应机理。

5.3.1 河床冲淤动力学方程及其特征关系

结合黄河上游巴彦高勒—三湖河口河段实测水沙资料，基于连续介质假设，可以得到描述多沙河流河床冲淤层动力学方程：

$$\frac{\partial \rho_b \Delta z u_b}{\partial t} + \frac{\partial}{\partial x}(\rho_b \Delta z u_b^2 + \rho_m g h \Delta z + \frac{1}{2}\rho_b g \Delta z^2) = \rho_b g \Delta z i_0 + \rho_m g h i'_f - (\rho_m g h + \rho_b g \Delta z) i_s \tag{5-20}$$

式中，u_b 为河床冲淤物质纵向运动速度；Δz 为河床冲淤厚度；h 为水深；u 为流速；z_b 为河床高程；i_0 为床面坡降；i'_f 为摩阻能坡；g 为重力加速度；ρ_m 为浑水密度，ρ_b 为床沙密度。

该动力学方程较常见的河床变形方程在左端多出了反映河床冲淤物质纵向运动的对流项，综合反映河床运动纵向变化的影响以及河床床沙与挟沙水流垂向的交换关系，为研究洪水传播与河床变形之间的相互作用机理提供了工具。在此基础上，建立了能够描述水沙关系和河床演变相互作用机制的水沙数学模型。根据特征理论，推导数学模型的特征关系，并根据基于奇异摄动理论，通过渐进展开方法求得模型所构成的双曲系统的特征值。所获得的4个特征值耦合了水流运动、泥沙输运及河床变形的相互作用。

结合完整的水流连续方程式（5-21）及河床变形方程式（5-22）：

泥沙连续方程

$$\frac{\partial hs}{\partial t} + \frac{\partial hus}{\partial x} + \rho'_b \frac{\partial \Delta z}{\partial t} = 0 \tag{5-21}$$

河床变形方程

$$\frac{\partial \Delta z}{\partial t} + \frac{\partial u_b \Delta z}{\partial x} = \frac{D - E}{\rho'_b} \tag{5-22}$$

和本研究建立的河床冲淤层方程式（5-23）：

$$\frac{\partial h}{\partial t} + \frac{\partial (hu)}{\partial x} + \frac{\partial \Delta z}{\partial t} = 0 \tag{5-23}$$

建立一维耦合数学模型为

$$\frac{\partial (hu)}{\partial t} + \frac{\partial}{\partial x}(hu^2 + \frac{1}{2}gh^2) + gh\frac{\partial \Delta z}{\partial x} + \frac{(\rho_s - \rho_w)}{\rho_m \rho_s}\frac{gh^2}{2}\frac{\partial s}{\partial x} - \frac{\rho_b - \rho_m}{\rho_m}u\frac{\partial \Delta z}{\partial t} = gh(i_0 - i'_f) \tag{5-24}$$

式（5-20）~式（5-24）的特征关系可以通过摄动方法求出，但其形式非常复杂，为揭示问题的实质并便于分析，对式（5-20）和式（5-24）作适当简化。从式（5-20）可看出，Δzu_b 是关于 h 、u 、g 、d（泥沙粒径）、Θ（Sheilds 数）及 Re_*（沙粒雷诺数）函数，可写成 $\Delta zu_b = f(u^2/gh,\ h/d,\ \Theta,\ Re_*)$。根据量纲分析原理，将其表示为

$$\Delta zu_b = \xi(u^2/gh)^{k_1}(h/d)^{k_2}(\Theta)^{k_3}(Re_*)^{k_4} \tag{5-25}$$

式中，k_1，k_2，k_3 和 k_4 为使式（5-25）满足量纲和谐的常数。事实上，对于多泥沙河流来说，其水流流动往往处于过渡态，河床表面存在沙波的运动，因此 Δzu_b 所表示的通量在物理本质上是由沙波运动所推动的。而大量研究表明，沙波运动与水流的弗劳德数密切相关，因此通量 Δzu_b 可以写为

$$\Delta zu_b \sim (u^2/gh)^{k_1} = ku^m h^n \tag{5-26}$$

式中，k，m，n 是与水流流态、含沙量等有关的量。

将式（5-26）代入式（5-24），式（5-21）~式（5-24）可简化为

$$\frac{\partial h}{\partial t} + \frac{\partial (hu)}{\partial x} + \frac{\partial \Delta z}{\partial t} = 0 \tag{5-27}$$

$$\frac{\partial u}{\partial t} + u\frac{\partial u}{\partial x} + g\frac{\partial h}{\partial x} + g\frac{\partial \Delta z}{\partial x} + \frac{(\rho_s - \rho_w)}{\rho_w}\frac{gh}{2}\frac{\partial s}{\partial x} - \frac{\rho_b}{\rho_m}\frac{u}{h}\frac{\partial \Delta z}{\partial t} = g(i_0 - i'_f) \tag{5-28}$$

$$\frac{\partial hs}{\partial t} + \frac{\partial hus}{\partial x} + (1 - p)\frac{\partial \Delta z}{\partial t} = 0 \tag{5-29}$$

$$\frac{\partial \Delta z}{\partial t} + \frac{\partial ku^m h^n}{\partial x} = \frac{\alpha\omega(s - s_*)}{1 - p} \tag{5-30}$$

式（5-27）~式（5-30）中含沙量及挟沙力单位均以体积计。

需要指出的是，式（5-30）中左边第二项在形式上与推移质输沙造成的河床变形是相似的，但这里 $ku^m h^n$ 中所含的 Δzu_b 项，其表示的是河床冲淤层内泥沙纵向输运的通量，与推移质输沙是完全不同的概念。

为了便于分析，将式（5-27）~式（5-30）进行无量纲化，有

$$h = Hh',\ u = Uu',\ x = Lx',\ t = \frac{L}{U}t',\ \Delta z = H\xi' \tag{5-31}$$

式中，H、U 为恒定流水深及流速；L 为特征长度。

将式（5-31）代入式（5-27）~式（5-30），并省略“′”号，得

$$\frac{\partial h}{\partial t}+\frac{\partial(hu)}{\partial x}+\frac{\partial \xi}{\partial t}=0 \tag{5-32}$$

$$\frac{\partial u}{\partial t}+u\frac{\partial u}{\partial x}+\frac{1}{F^2}\frac{\partial h}{\partial x}+\frac{1}{F^2}\frac{\partial \xi}{\partial x}+\frac{(\rho_s-\rho_w)}{\rho_m}\frac{h}{2F^2}\frac{\partial s}{\partial x}-\frac{\rho_b}{\rho_m}\frac{u}{h}\frac{\partial \xi}{\partial t}=\frac{g(i_0-i_f)L}{F^2H} \tag{5-33}$$

$$\frac{\partial hs}{\partial t}+\frac{\partial hus}{\partial x}+(1-p)\frac{\partial \xi}{\partial t}=0 \tag{5-34}$$

$$\frac{\partial \xi}{\partial t}+\varepsilon\frac{\partial u^m h^n}{\partial x}=\frac{\alpha\omega(s-s_*)L}{(1-p)UH} \tag{5-35}$$

式中，$F^2=U^2/(gH)$；$\varepsilon=kU^mH^n/(UH)$，为河床变形对水流运动的扰动量，由于河床冲淤层厚度及其中的床沙的运动速度与水流相比都是小量，$\varepsilon\ll 1$。此外，当河床淤积时，$\varepsilon>0$；当河床冲刷时，$\varepsilon<0$。考虑到这两种情况，现将式（5-35）改写成

$$\frac{\partial \xi}{\partial t}+\sigma|\varepsilon|\frac{\partial u^m h^n}{\partial x}=\frac{\alpha\omega(s-s_*)L}{(1-p)UH} \tag{5-36}$$

式中，$\sigma=\begin{cases}1 & \Delta z>0\\ -1 & \Delta z<0\end{cases}$。

式（5-32）~式（5-34）和式（5-36）可写为更为紧凑的形式，即

$$A\frac{\partial Y}{\partial t}+B\frac{\partial Y}{\partial x}=W \tag{5-37}$$

式中，$Y=[h,\ u,\ s,\ \xi]^T$；

$W=[0,\ g(i_0-i_f)L/(F^2H),\ 0,\ \alpha\omega(s-s_*)L/((1-p)UH)]^T$；$A=\begin{bmatrix}1&0&0&1\\0&1&0&\beta_1\\s&0&h&1-p\\0&0&0&1\end{bmatrix}$；

$B=\begin{bmatrix}u&h&0&0\\1/F^2&u&\beta_2&1/F^2\\us&hs&hu&0\\\sigma|\varepsilon|nh^{n-1}u^m&\sigma|\varepsilon|mu^{m-1}h^n&0&0\end{bmatrix}$；$\beta_1=-\frac{\rho_b u}{\rho_m h}$；$\beta_2=\frac{(\rho_s-\rho_w)h}{2F^2\rho_m}$。

双曲系统式（5-37）的特征值 λ 可由式 $|A^{-1}B-\lambda I|=0$ 求得（I 为四阶单位矩阵）。其满足的特征多项式为四次多项式且形式非常复杂，直接求根存在一定的困难，因此，根据奇异摄动理论，通过渐进展开方法求得水流特征值为

$$\lambda_1=\begin{cases}(u-\sqrt{h}/F)\left[1+\frac{\sigma|\varepsilon|h^{n-2}u^{m-1}F^2}{2(u-\sqrt{h}/F)^2}\eta_1+O(\varepsilon^2)\right] & 0<u<\frac{\sqrt{h}}{F}-O(|\varepsilon|^{1/2})\\ 0.5|\varepsilon|^{1/2}\left(\bar{u}-\sqrt{\bar{u}^2+\frac{2\sigma(m-n)h^{n+0.5m-0.5}}{F^{m+1}}}\right)+O(|\varepsilon|) & u=\frac{\sqrt{h}}{F}\pm O(|\varepsilon|^{1/2})\\ -\sigma|\varepsilon|(m-n)h^nu^mF^{-2}(u^2-h/F^2)^{-1}+O(\varepsilon^2) & u>\frac{\sqrt{h}}{F}+O(|\varepsilon|^{1/2})\end{cases} \tag{5-38}$$

$$\lambda_2=\begin{cases}-\sigma|\varepsilon|(m-n)h^n u^m F_r^{-2}\ (u^2-h/F_r^2)^{-1}+O(\varepsilon^2) & 0<u<\dfrac{\sqrt{h}}{F_r}-O(|\varepsilon|^{1/2})\\ 0.5\ |\varepsilon|^{1/2}\left(\bar{u}+\sqrt{\bar{u}^2+\dfrac{2\sigma(m-n)h^{n+0.5m-0.5}}{F^{m+1}}}\right)+O(|\varepsilon|) & u=\dfrac{\sqrt{h}}{F_r}\pm O(|\varepsilon|^{1/2})\\ (u-\sqrt{h}/F_r)\left[1+\dfrac{\sigma|\varepsilon|h^{n-2}u^{m-1}F^2}{2(u-\sqrt{h}/F)^2}\eta_1+O(\varepsilon^2)\right] & u>\dfrac{\sqrt{h}}{F_r}+O(|\varepsilon|^{\frac{1}{2}})\end{cases}$$

(5-39)

式中，F_r 为佛汝德数，$F_r=U/\sqrt{gH}$；$\varepsilon=kU^mH^n/(UH)$；k、m、n 为与水流流态、含沙量及河床冲淤等有关的量；H、U 为恒定流水深及流速；$\bar{u}=(u-\sqrt{h}/F_r)\varepsilon^{-\frac{1}{2}}$；$\beta_1=-\dfrac{\rho_b u}{\rho_m h}$；$\beta_2=\dfrac{(\rho_s-\rho_w)h}{2F_r^2\rho_m}$；$\eta_1=\left(nu^2+m\dfrac{h}{F_r^2}-(m+n)u\dfrac{\sqrt{h}}{F_r}\right)\left((s+p-1)\beta_2+\dfrac{h^{3/2}}{F_r}\beta_1\right)+mu\dfrac{h^{3/2}}{F_r^3}-nu^2\dfrac{h}{F_r^2}$；$\eta_2=\left(nu^2+m\dfrac{h}{F_r^2}+(m+n)u\dfrac{\sqrt{h}}{F_r}\right)\left((s+p-1)\beta_2-\dfrac{h^{3/2}}{F_r}\beta_1\right)-mu\dfrac{h^{3/2}}{F_r^3}-nu^2\dfrac{h}{F_r^2}$。

在不同水流含沙量和河床冲淤强度下，水流运动所受影响如图5-29所示。研究表明，当河床淤积强度增大时，水流负向、河床变形正向的特征值在数值上显著增大，不平衡输沙特征值变小，水流正向特征值略微变大。而当冲刷强度增大时，水流负向、河床变形正向的特征值在数值上有所减小，不平衡输沙特征值变大，水流正向特征值略微变小。

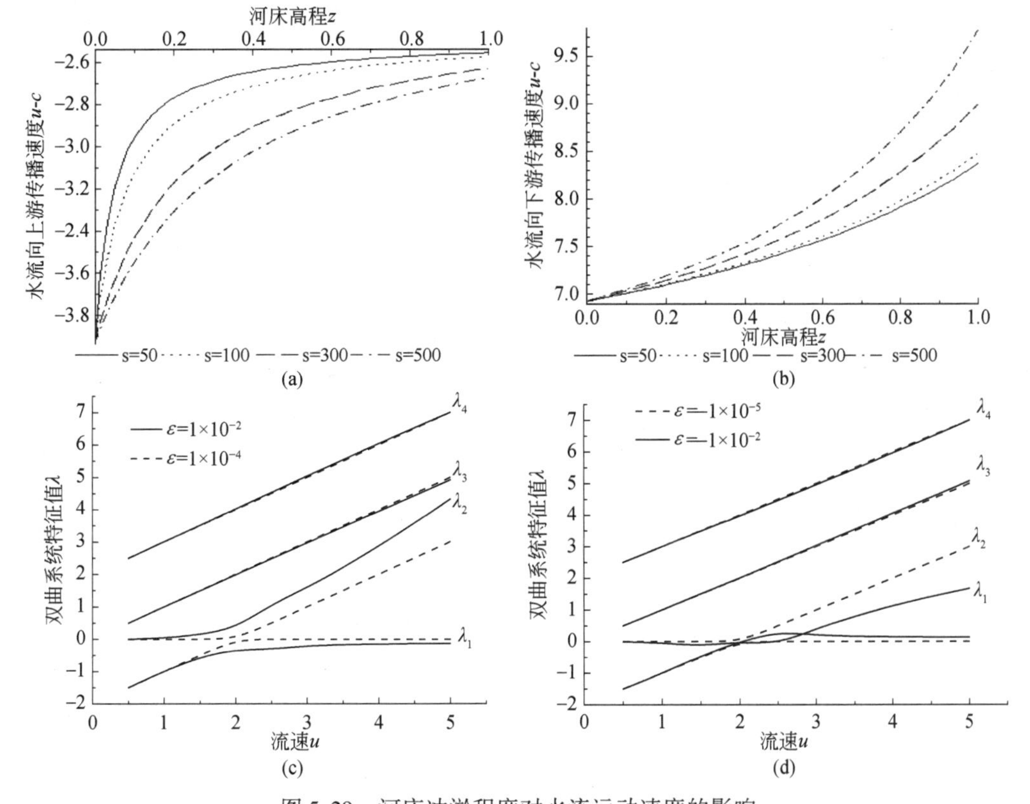

图5-29　河床冲淤程度对水流运动速度的影响

5.3.2 水沙关系对河床演变响应的动力模型及解析解

为剖析沙漠宽谷河段水流运动、泥沙输运及河床冲淤变形的相互作用关系，基于非线性简单波理论，建立描述沙漠宽谷河段不平衡输沙模型的波系结构（wave hierarchies），并采用积分变换的方法求得模型的解析解。

多泥沙河流线性扰动分析后的基本方程为

$$\frac{\partial h}{\partial t} + \frac{\partial u}{\partial x} + \frac{\partial h}{\partial x} + \frac{\partial \xi}{\partial t} = 0 \tag{5-40}$$

$$\frac{\partial u}{\partial t} + \frac{\partial u}{\partial x} + \frac{1}{F_r^2}\frac{\partial h}{\partial x} + \frac{1}{F_r^2}\frac{\partial \xi}{x} + \frac{\alpha}{F_r^2}\frac{\partial s_v}{\partial x} - \beta\frac{\partial \xi}{\partial t} = \sigma\left(\frac{4}{3}h - 2u\right) \tag{5-41}$$

$$\frac{\partial s_v}{\partial t} + \frac{\partial s_v}{\partial x} + \delta\frac{\partial \xi}{\partial t} = 0 \tag{5-42}$$

$$\frac{\partial \xi}{\partial t} = \mu(s_v - mu) \tag{5-43}$$

对式（5-43）交叉求导及推导，分为5个步骤。

第1步，对式（5-42）求导 x：

$$\frac{\partial^2 s_v}{\partial x\partial t} + \frac{\partial^2 s_v}{\partial x^2} = -\delta\frac{\partial^{2\xi}}{\partial x\partial t} \tag{5-44}$$

第2步，对式（5-41）分别求导 x、t：

$$\frac{\partial^2 u}{\partial t\partial x} + \frac{\partial^2 u}{\partial x^2} + F_r^{-2}\left(\frac{\partial^2 h}{\partial x^2} + \frac{\partial^2 \xi}{\partial x^2}\right) + F_r^{-2}\alpha\frac{\partial^2 s}{\partial x^2} - \beta\frac{\partial^2 \xi}{\partial x\partial t} = \sigma\left(\frac{4}{3}\frac{\partial h}{\partial x} - 2\frac{\partial u}{\partial x}\right) \tag{5-45}$$

$$\frac{\partial^2 u}{\partial t^2} + \frac{\partial^2 u}{\partial x\partial t} + F_r^{-2}\left(\frac{\partial^2 h}{\partial x\partial t} + \frac{\partial^2 \xi}{\partial x\partial t}\right) + F_r^{-2}\alpha\frac{\partial^2 s}{\partial x\partial t} - \beta\frac{\partial^2 \xi}{\partial t^2} = \sigma\left(\frac{4}{3}\frac{\partial h}{\partial t} - 2\frac{\partial u}{\partial t}\right) \tag{5-46}$$

将式（5-45）与式（5-46）相加，并将式（5-44）代入可得

$$\begin{aligned}&2\frac{\partial^2 u}{\partial t\partial x} + \frac{\partial^2 u}{\partial t^2} + \frac{\partial^2}{\partial x^2} + F_r^{-2}\frac{\partial}{\partial x}\left(\frac{\partial h}{\partial x} + \frac{\partial h}{\partial t}\right) + (F_r^{-2} - F_r^{-2}\alpha\delta - \beta)\frac{\partial^2 \xi}{\partial x\partial t}\\&+ F_r^{-2}\frac{\partial^2 \xi}{\partial x^2} - \beta\frac{\partial^2 \xi}{\partial t^2} = \frac{4}{3}\sigma\left(\frac{\partial h}{\partial x} + \frac{\partial h}{\partial t}\right) - 2\sigma\left(\frac{\partial u}{\partial x} + \frac{\partial u}{\partial t}\right)\end{aligned} \tag{5-47}$$

由式（5-40）可知：

$$\frac{\partial h}{\partial t} + \frac{\partial h}{\partial x} = -\frac{\partial u}{\partial x} - \frac{\partial \xi}{\partial t} \tag{5-48}$$

将式（5-48）代入式（5-47）：

$$\begin{aligned}&2\frac{\partial^2 u}{\partial t\partial x} + \frac{\partial^2 u}{\partial t^2} + \frac{\partial^2 u}{\partial x^2} - F_r^{-2}\frac{\partial^2 u}{\partial x^2} - (F_r^{-2}\alpha\delta + \beta)\frac{\partial^2 \xi}{\partial x\partial t} + F_r^{-2}\frac{\partial^2 \xi}{\partial x^2} - \beta\frac{\partial^2 \xi}{\partial t^2}\\&= -\frac{4}{3}\sigma\left(\frac{\partial u}{\partial x} + \frac{\partial \xi}{\partial t}\right) - 2\sigma\left(\frac{\partial u}{\partial x} + \frac{\partial u}{\partial t}\right)\end{aligned} \tag{5-49}$$

第3步，对式（5-49）求导 x、t：

$$2\frac{\partial^3 u}{\partial t\partial x^2}+\frac{\partial^3 u}{\partial t^2\partial x}+\frac{\partial^3 u}{\partial x^3}-F_r^{-2}\frac{\partial^3 u}{\partial x^3}-(F_r^{-2}\alpha\delta+\beta)\frac{\partial^3\xi}{\partial x^2\partial t}+F_r^{-2}\frac{\partial^3\xi}{\partial x^3}-\beta\frac{\partial^3\xi}{\partial t^2\partial x}$$
$$=-\frac{4}{3}\sigma\left(\frac{\partial^2 u}{\partial x^2}+\frac{\partial^2\xi}{\partial t\partial x}\right)-2\sigma\left(\frac{\partial^2 u}{\partial x^2}+\frac{\partial^2 u}{\partial t\partial x}\right) \tag{5-50}$$

$$2\frac{\partial^3 u}{\partial t\partial x^2}+\frac{\partial^3 u}{\partial t^3}+\frac{\partial^3 u}{\partial t\partial x^2}-F_r^{-2}\frac{\partial^3 u}{\partial x^2\partial t}-(F_r^{-2}\alpha\delta+\beta)\frac{\partial^3\xi}{\partial x\partial t^2}+F_r^{-2}\frac{\partial^3\xi}{\partial x^2\partial t}-\beta\frac{\partial^3\xi}{\partial t^3}$$
$$=-\frac{4}{3}\sigma\left(\frac{\partial^2 u}{\partial x\partial t}+\frac{\partial^2\xi}{\partial t^2}\right)-2\sigma\left(\frac{\partial^2 u}{\partial x\partial t}+\frac{\partial^2 u}{\partial t^2}\right) \tag{5-51}$$

将式（5-50）与式（5-51）相加并化简可得

$$(1-F_r^{-2})\frac{\partial}{\partial x^2}\left(\frac{\partial u}{\partial t}+\frac{\partial u}{\partial x}\right)+2\frac{\partial}{\partial t\partial x}\left(\frac{\partial u}{\partial t}+\frac{\partial u}{\partial x}\right)+\frac{\partial}{\partial t^2}\left(\frac{\partial u}{\partial t}+\frac{\partial u}{\partial x}\right)$$
$$+(F_r^{-2}-F_r^{-2}\alpha\delta-\beta)\frac{\partial^3\xi}{\partial x^2\partial t}+F_r^{-2}\frac{\partial^3\xi}{\partial x^3}-(F_r^{-2}\alpha\delta+2\beta)\frac{\partial^3\xi}{\partial t^2\partial x}-\beta\frac{\partial^3\xi}{\partial t^3}$$
$$=-\frac{10}{3}\sigma\frac{\partial}{\partial x}\left(\frac{\partial u}{\partial x}+\frac{\partial u}{\partial t}\right)-2\sigma\frac{\partial}{\partial t}\left(\frac{\partial u}{\partial x}+\frac{\partial u}{\partial t}\right)-\frac{4}{3}\sigma\left(\frac{\partial^2\xi}{\partial t\partial x}+\frac{\partial^{2\xi}}{\partial t^2}\right) \tag{5-52}$$

第4步，由式（5-43）可知：

$$\frac{1}{m\mu}\frac{\partial\xi}{\partial t}-\frac{s_v}{m}+\mu=0 \tag{5-53}$$

对式（5-53）分别求导 t 、x ，即

$$\frac{1}{m\mu}\frac{\partial^2\xi}{\partial t^2}-\frac{1}{m}\frac{\partial s_v}{\partial t}+\frac{\partial u}{\partial t}=0 \tag{5-54}$$

$$\frac{1}{m\mu}\frac{\partial^2\xi}{\partial t\partial x}-\frac{1}{m}\frac{\partial s_v}{\partial x}+\frac{\partial u}{\partial x}=0 \tag{5-55}$$

将式（5-54）与式（5-55）相加

$$\frac{1}{m\mu}\left(\frac{\partial\xi^2}{\partial t^2}+\frac{\partial^2\xi}{\partial t\partial x}\right)-\frac{1}{m}\left(\frac{\partial s_v}{\partial t}+\frac{\partial s_v}{\partial x}\right)+\left(\frac{\partial u}{\partial t}+\frac{\partial u}{\partial x}\right)=0 \tag{5-56}$$

将式（5-42）

$$\frac{\partial s_v}{\partial t}+\frac{\partial s_v}{\partial x}=-\delta\frac{\partial\xi}{\partial t} \tag{5-42}$$

代入式（5-56）可得

$$\frac{\partial u}{\partial t}+\frac{\partial u}{\partial x}=-\frac{1}{m\mu}\left(\frac{\partial^2\xi}{\partial t^2}+\frac{\partial^2\xi}{\partial x\partial t}\right)-\frac{\delta}{m}\frac{\partial\xi}{\partial t} \tag{5-57}$$

第5步，将式（5-57）代入式（5-52）可得

$$-\frac{1-F_r^{-2}}{m\mu}\frac{\partial^4\xi}{\partial t^2\partial x^2}-\frac{1-F_r^{-2}}{m\mu}\frac{\partial^4\xi}{\partial t\partial x^3}-\frac{(1-F_r^{-2})\delta}{m}\frac{\partial^3\xi}{\partial t\partial x^2}$$
$$-\frac{2}{m\mu}\frac{\partial^4\xi}{\partial t^3\partial x}-\frac{2}{m\mu}\frac{\partial^4\xi}{\partial t^2\partial x^2}-\frac{2\delta}{m}\frac{\partial^3\xi}{\partial t^2\partial x}-\frac{1}{m\mu}\frac{\partial^4\xi}{\partial t^4}-\frac{1}{m\mu}\frac{\partial^4\xi}{\partial t^3\partial x}-\frac{\delta}{m}\frac{\partial^3\xi}{\partial t^3}$$
$$+(F_r^{-2}-F_r^{-2}\alpha\delta-\beta)\frac{\partial^3\xi}{\partial x^2\partial t}+F_r^{-2}\frac{\partial^3\xi}{\partial x^3}-(F_r^{-2}\alpha\delta+2\beta)\frac{\partial^3\xi}{\partial t^2\partial x}-\beta\frac{\partial^3\xi}{\partial t^3}$$

$$+\frac{10}{3}\left(-\frac{\sigma}{m\mu}\frac{\partial^3\xi}{\partial t^2\partial x}-\frac{\sigma}{m\mu}\frac{\partial^3\xi}{\partial t\partial x^2}-\frac{\sigma\delta}{m}\frac{\partial^{2\xi}}{\partial t\partial x}\right)$$

$$+\left(-\frac{2\sigma}{m\mu}\frac{\partial^3\xi}{\partial t^3}-\frac{2\sigma}{m\mu}\frac{\partial^3\xi}{\partial t^2\partial x}-\frac{2\delta\sigma}{m}\frac{\partial^2\xi}{\partial t\partial x}\right)+\frac{4}{3}\sigma\left(\frac{\partial^2\xi}{\partial t\partial x}+\frac{\partial^{2\xi}}{\partial t^2}\right)=0 \tag{5-58}$$

对式（5-58）进行整理，可得到多泥沙河流的波系结构模型：

$$-\frac{1}{m\mu}\left[\frac{\partial^4\xi}{\partial t^4}+3\frac{\partial^4\xi}{\partial t^3\partial x}+(3-F_r^{-2})\frac{\partial^4\xi}{\partial t^2\partial x^2}+(1-F_r^{-2})\frac{\partial^4\xi}{\partial t\partial x^3}\right]$$

$$-\left(\beta+\frac{\delta}{m}+\frac{2\sigma}{m\mu}\right)\frac{\partial^3\xi}{\partial t^3}-\left(\frac{2\delta}{m}+F_r^{-2}\alpha\delta+2\beta+\frac{16\sigma}{3m\mu}\right)\frac{\partial^3\xi}{\partial t^2\partial x}$$

$$+\left[F_r^{-2}-F_r^{-2}\alpha\delta-\beta-\frac{10\sigma}{3m\mu}-\frac{(1-F_r^{-2})\delta}{m}\right]\frac{\partial^3\xi}{\partial t\partial x^2}+F_r^{-2}\frac{\partial^3\xi}{\partial x^3}$$

$$\left[\left(\frac{4}{3}\sigma-\frac{2\delta\sigma}{m}\right)\frac{\partial^2\xi}{\partial t^2}+\left(\frac{4}{3}\sigma-\frac{10\sigma\delta}{3m}\right)\frac{\partial^2\xi}{\partial t\partial x}\right]=0 \tag{5-59}$$

表示成紧凑的算子形式，有

$$-\frac{1}{m\mu}\prod_{i=1}^{4}\left(\frac{\partial}{\partial t}+\lambda_i\frac{\partial}{\partial x}\right)\xi-\left(\beta+\frac{\delta}{ms_{*0}}+\frac{2\sigma}{m\mu}\right)\prod_{i=1}^{3}\left(\frac{\partial}{\partial t}+C_i\frac{\partial}{\partial x}\right)\xi$$

$$+\left(\frac{4}{3}\sigma-\frac{2\sigma\delta}{ms_{*0}}\right)\prod_{i=1}^{2}\left(\frac{\partial}{\partial t}+\alpha_i\frac{\partial}{\partial x}\right)\xi=0 \tag{5-60}$$

式中，

$$\sigma=\frac{gn^2l_0}{h_0^{4/3}};\ \delta=\frac{1-p}{S_{*vo}}-1;\ \mu=\frac{l_0\alpha\omega S_{*v0}}{h_0(1-p)};\ \alpha=\frac{S_{*v0}(\rho_s-\rho_w)}{2[S_{*v0}(\rho_s-\rho_w)+\rho_w]};$$

$$\beta=\frac{\rho_b}{[S_{*v0}(\rho_s-\rho_w)+\rho_w]};\ S_{*v0}=k\left(\frac{u_0J_0}{u_0\omega'}\right)^m。$$

国内外提出的水沙运动波系理论往往只针对定床或者推移质运动。式（5-59）的显著意义在于考虑了天然河流中更为常见的悬移质不平衡输沙情形，直观地将沙漠宽谷河段中洪水演进、泥沙输运及河床演变的多尺度、强耦合作用通过不同波型、不同动因、不同传播特性的波相结合的形式定量表现出来。

对波系结构特点研究表明，水流含沙量变化幅度及河床变形尺度对波运动产生不同程度影响，其中运动波受水流含沙量变化非常显著（图 5-30）。与定床情形时保持波速为常数所不同，洪水波传播速度随水体中含沙量增大而变快（丁赟等，2012）。

对波系结构的尺度进一步研究表明，当长度变化时，波系结构中 3 种不同波形的波所起的主导作用将发生变化，长度越大时阶数较低的波形的主导地位越显著。因此对天然长河段洪水演进而言，一般可认为二阶波和三阶波对洪水运动过程起主导作用。

此外，通过积分变换方法，建立了沙漠宽谷河段波系结构方程的解析解，其清晰地将洪水运动、水流含沙量变化及河床冲淤过程中各变量的变化过程及相互作用关系通过数学方式加以定量表达，即

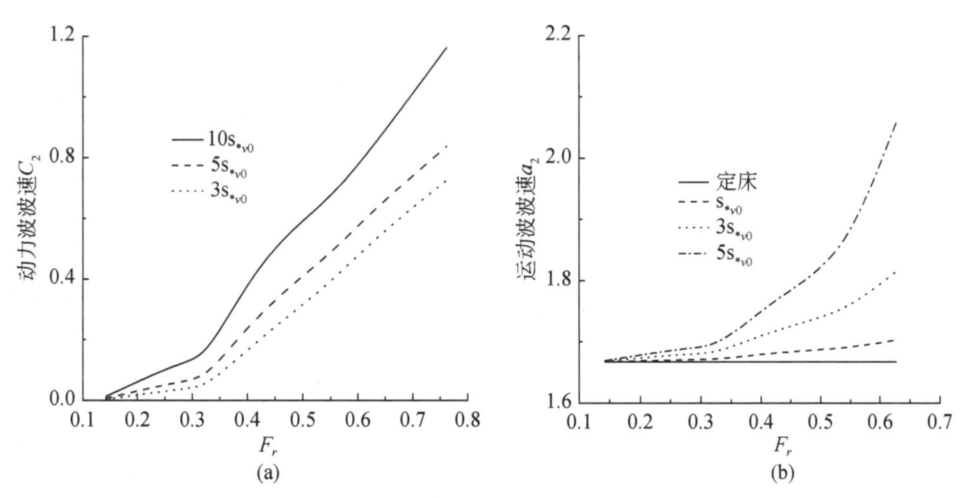

图 5-30 不同水流流态下含沙量变化对洪水波的影响

$$
\begin{cases}
h(x,\ t) = \dfrac{a_2}{1-a_2}\left[1-\dfrac{\delta}{(1-a_2)}\right]\xi_{a_2}(x,\ t) - \dfrac{a_2}{(1-a_2)m\mu}\dfrac{\partial \xi_{a_2}(x,\ t)}{\partial x} \\
\quad + \dfrac{C_3}{1-C_3}\left[1-\dfrac{\delta}{(1-C_3)m}\right]\exp(k_3 t)G(x-C_3 t) \\
\quad - \dfrac{C_3}{(1-C_3)m\mu}\exp(k_3 t)\dfrac{\partial G(x-C_3 t)}{\partial x} \\
u(x,\ t) = \dfrac{a_2\delta}{(1-a_2)m}\xi_{a_2} + \dfrac{a_2}{m\mu}\dfrac{\partial \xi_{a_2}(x,\ t)}{\partial x} \\
\quad + \dfrac{C_3\delta}{(1-C_3)m}\exp(k_3 t)G(x-C_3 t) + \dfrac{C_3}{m\mu}\exp(k_3 t)\dfrac{\partial G(x-C_3 t)}{\partial x} \\
q(x,\ t) = u(x,\ t)h(x,\ t)
\end{cases}
\tag{5-61}
$$

结合黄河典型高含沙洪水实测资料，利用波系结构解析解对高含沙洪水异常运动现象进行了成功模拟（图 5-31）。进一步分析表明，含沙量变化对低阶波传播特性影响较大，水体中含沙量越高，波传播速度越快。因此一场洪水过程中后期高含沙洪水传播速度较快，逐步赶上前期低含沙洪水，会产生流量叠加形成洪峰沿程增值。

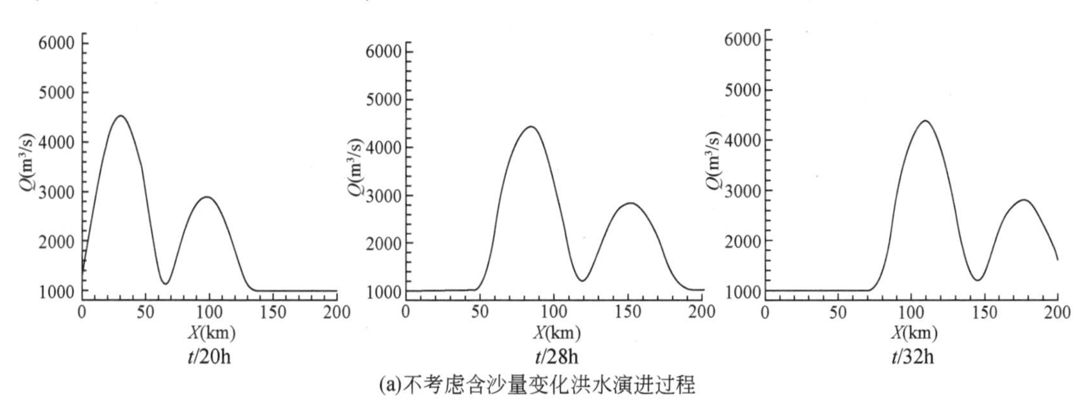

(a)不考虑含沙量变化洪水演进过程

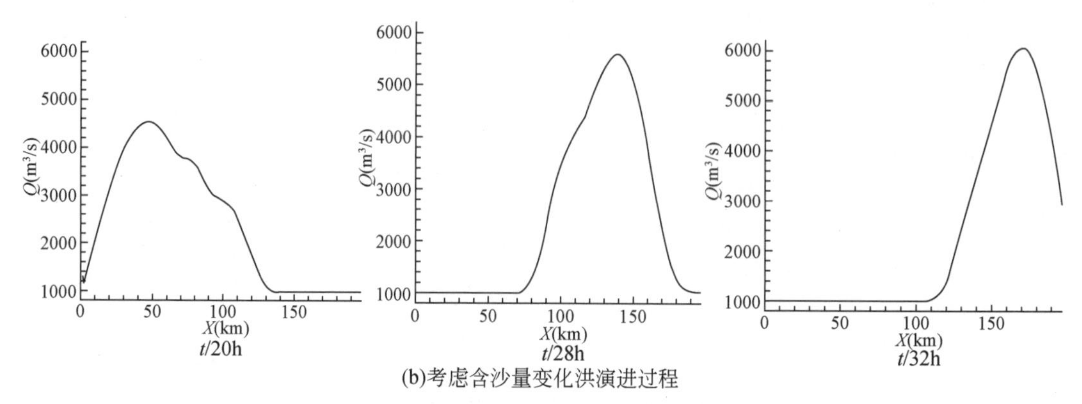

(b)考虑含沙量变化洪演进过程

图 5-31　黄河高含沙洪水异常运动模拟

进一步对黄河上游巴彦高勒—三湖河口河段 2012 年洪水过程中含沙量变化进行了模拟，从图 5-32 中可看出，模拟结果较好地反映了天然河道中水沙输移规律。

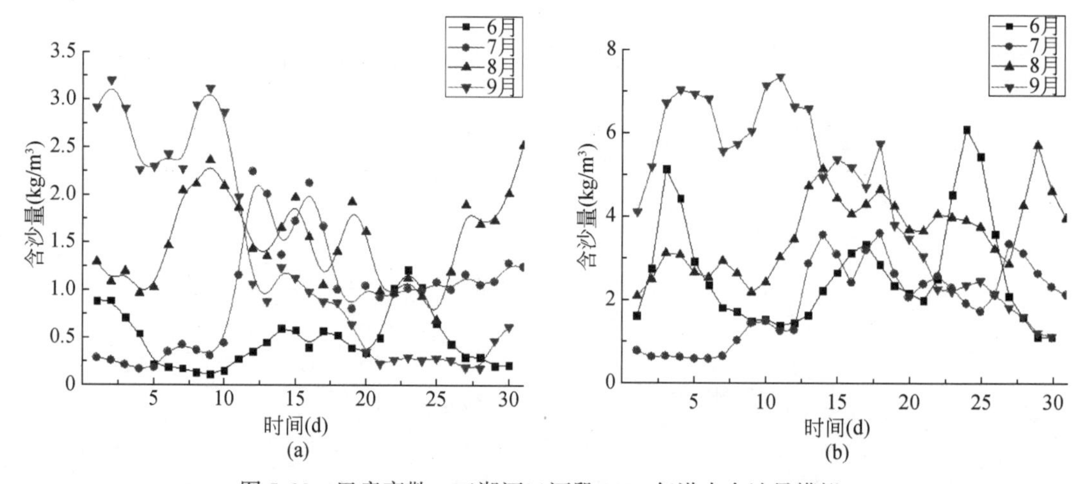

图 5-32　巴彦高勒—三湖河口河段 2012 年洪水含沙量模拟

5.4　河床演变元胞自动机模型及对水沙变化影响的模拟研究

由于黄河水流含沙量高，河道本身就是一个复杂的动力学系统。元胞自动机模型作为一种时空离散的局部动力学模型，是研究复杂动力系统随机性和自组织性的主要方法之一，近些年已逐渐成为地貌演化模拟的有力工具。

Murray 和 Paola（1994）首先将元胞自动机模型应用于辫状河流模拟，Doeschl-Wilson 和 Ashmore（2005）通过物理模型试验对该模型进行了分析验证。Coulthard 等（2002）采用了一种新的扫描算法元胞模型模拟了较大时空尺度上的山区河流冲积扇的演变过程，并得到较好验证。然而，利用元胞模型对弯曲河道的元胞模型模拟的研究成果较少，较多学者试图通过物理模型试验揭示弯曲河道河床演变规律。J. F. Friedkin（1945）曾通过室内模型小河对弯曲型河流的形成和演变获得真正的弯曲河型。da Silva 和 Yalin 通过实验对不同初始偏转角的正弦派生曲线弯曲河道水流特性及河床冲淤分布规律进行了分析。洪笑天等（1987）分析了河谷几何形态、流量变幅、泥沙运动特性及侵蚀基准面变化对弯曲河流形成的影响。

针对前人已有的相关试验结论，将元胞模型应用到对正弦派生曲线弯曲河道河床演变的模拟中，为揭示黄河上游宁蒙河段冲淤演化的一般特征以及和水沙输移的相互关系作进一步研究。

5.4.1 模型建立

将弯曲河道概化为图5-33所示的等宽河道，河道中心线根据 Leopold 推出的正弦派生曲线公式确定：

$$\theta = \theta_0 \cos(2\pi l_c/L) \tag{5-62}$$

式中，l_c 为河道中心线长度（O_1处 $l_c=0$）；θ 为 l_c 取任意值时的偏转角；θ_0 为 $l_c=0$ 时的初始偏转角；L 为河长。

图5-33　$\theta_0 = 110^{\circ}$ 弯曲河道元胞初始地形

初始偏转角 $\theta_0=110^{\circ}$的弯曲河道如图5-34所示，河道被划分为纵向600个元胞、横向为19个元胞，共11 400个元胞构成。

图5-34　$\theta_0 = 110^{\circ}$ 弯曲河道元胞空间

采用摩尔（Moore）型邻域类型，建立中心元胞与下游3个方向邻近元胞的水沙输移规则（图5-35）。若中心元胞高程较下游元胞高则规定坡度为正坡，反之为负坡。图5-35（a）中0代表中心元胞（颜色深浅表示地形高低），1、2、3分别为下游3个方向上的邻近元胞。

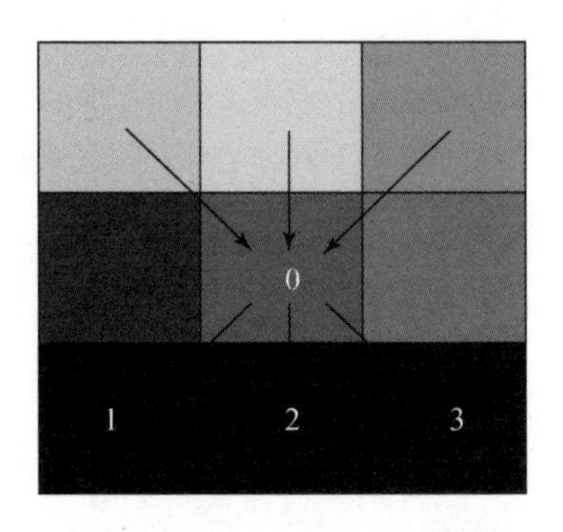

(a)水流输移(灰度表示地形高低)

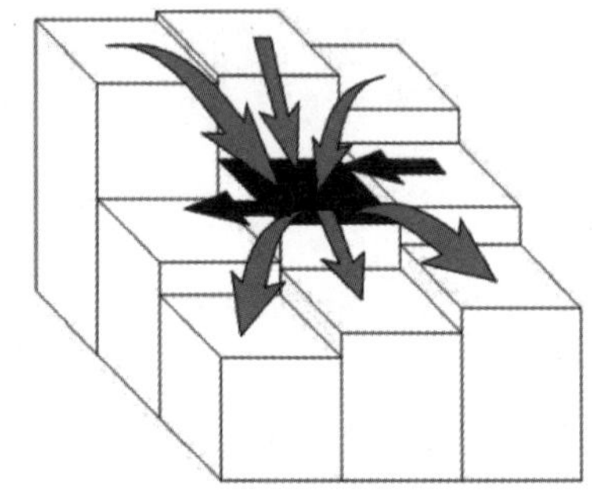
(b)泥沙输移

图5-35　水沙输移示意图

采用Murray提出的一套元胞自动机模型水沙输移规则：

1）流量输移规则，即

$$Q_i = \frac{S_i^n}{\sum_j S_j^n} Q_0 \tag{5-63}$$

2）泥沙输移规则，即

$$Q_{si} = K\left(Q_i S_i\right)^m \tag{5-64}$$

根据Parker提出的横向输沙率表达式简化后得到横向泥沙输移法则：

$$Q_{Sl} = K_l S_l Q_S \tag{5-65}$$

式中，K_l、S_l、Q_{S_0}分别为横向输移系数、元胞横向坡度和中心元胞泥沙输出量。

河道形态主要由河床高程来描述，每一时步迭代从第一行开始，逐行计算至最后一行结束。

若将元胞面积单位化，则每次计算后元胞高程变化值ΔZ采用式（5-66）计算：

$$\Delta Z = \Delta Q_s = Q_s^{\text{in}} - Q_s^{\text{out}} \tag{5-66}$$

5.4.2　模拟过程及结果分析

Da Silva和Yalin通过物理模型试验分析认为，大角度和小角度弯曲河道河床冲刷淤积区域分布特征完全不同（图5-36、图5-37）。

从模拟结果可知，小角度（$\theta_0=15°$）弯曲河道河床演变元胞自动机模型模拟结果与物理模型试验结果吻合较好，$\theta_0=110°$弯曲河道河床冲淤分布结果与试验结果不符。分析其主要原因是元胞自动机模型在进行流量分配时，没有考虑床面阻力对水流输移的影响。

依据曼宁公式可知，流量与糙率呈反比关系。因此，对原模型进一步改进，引入弯道糙率来体现河床在水流输移过程中的作用。本书采用Silva（1995）和Zhang（2007）提出

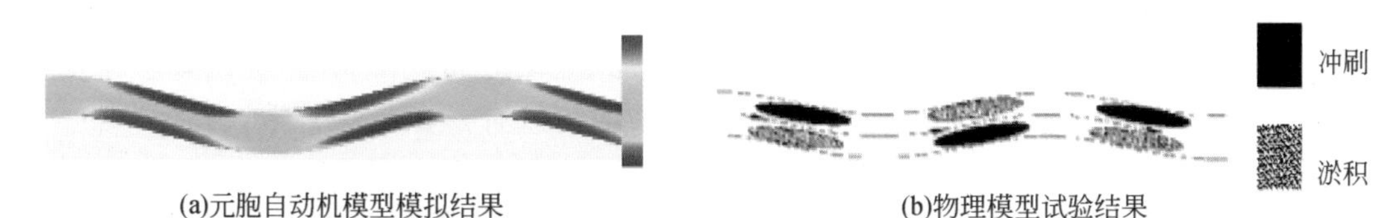

(a)元胞自动机模型模拟结果　　(b)物理模型试验结果

图 5-36　小角度初始偏转角弯曲河道冲淤分布对比（$\theta_0 = 15°$）

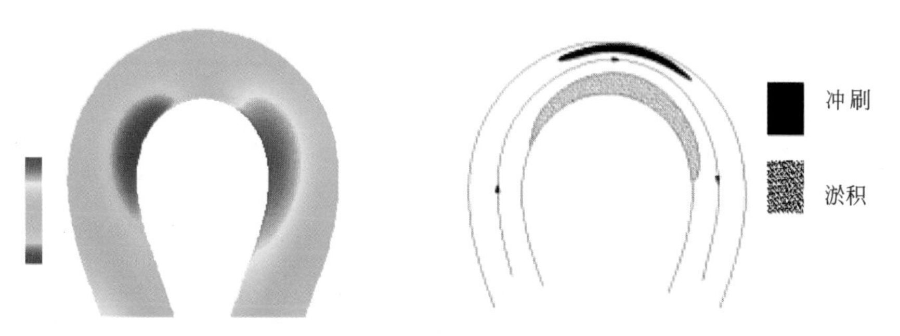

(a)元胞自动机模型模拟结果　　(b)物理模型试验结果

图 5-37　大角度初始偏转角弯曲河道冲淤分布对比（$\theta_0 = 110°$）

的弯道糙率 n_M 计算公式。

$$\frac{1}{n_M^2} = \frac{1}{n_S^2} + \frac{1}{n_q^2} + \frac{1}{n_\Delta^2} \tag{5-67}$$

式中，n_S、n_q 和 n_Δ 分别受泥沙颗粒粗糙度、河道弯曲程度及床面形态影响。各参数计算公式如下：

$$n_S = \frac{1}{\kappa}\ln\left(0.368\frac{h}{k_s}\right) + B_s \tag{5-68}$$

$$\frac{1}{n_q^2} = \alpha_q \frac{1}{n_s^2}\left\{\left[(R/r)^2 - 1\right] - \left[4(R/B)^2 - 1\right]^{-1}\right\} \tag{5-69}$$

$$\frac{1}{n_\Delta^2} = \frac{A}{\left(1 + n\dfrac{B}{R}\right)^{n+1}}\frac{\partial \Delta z_b}{L\partial \xi_c} \tag{5-70}$$

式中，h 为水深；κ 为卡门常数；k_s 为河床表面颗粒粗糙度；n 为糙率系数；α_q 和 A 为系数，仅与 θ_0 相关。

由于该元胞自动机模型中未引入水深，故此处仅结合式（5-69）与 da Silva 试验所得结果给每个元胞赋初始弯道糙率值。

将弯道糙率引入元胞自动机模型后，流量输移规则采用式（5-71）计算：

$$Q_i = \frac{S_i^{-n}}{\sum_j S_j^{-n} n_{Mj}} Q_0 \tag{5-71}$$

式中，n_{Mj}为下游第 i 个元胞的弯道糙率。

采用改进后的水沙输移法则分别对 $\theta_0 = 15°$ 和 $\theta_0 = 110°$ 的弯曲河道演变进行模拟。结果如图 5-38 所示。小角度时，河床冲刷和淤积区域位于过渡型河段，长度约为 L/2；大角度时，河床冲淤区域位于弯道顶点处。河床冲刷淤积区域分布规律与 da Silva 所得结论相同，表明改进后的元胞自动机模型可以运用于对弯曲河道河床演变的模拟。

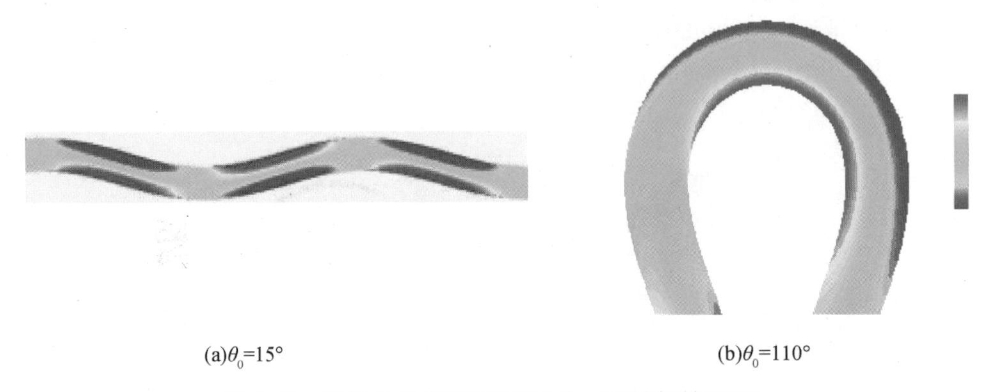

图 5-38　改进后弯曲河道冲淤分布（忽略初始地形）

模型改进前后的模拟结果变化较大，弯道糙率 n_M 的引入对较大初始偏转角的弯曲河道模拟具有重要意义。

5.4.3　模型参数敏感性分析

弯道元胞自动机模型主要由输水和输沙法则构成，其中输沙法则中的纵向泥沙输移系数 K、横向泥沙输移系数 K_l 及水流功率指数 m 的取值针对不同初始形态的弯曲河道取值不同，因此主要针对这 3 个参数的敏感性进行分析。

5.4.3.1　参数 *K* 对模拟结果影响分析

K 为泥沙纵向输移参数。图 5-39 给出了 K 取不同值时经过相同时间后河床变化情况。由图 5-39 可知，K 值增大则纵向输沙率增加，河床演变速率增加，K 值减小则纵向输沙率减小，河床演变速率降低，其取值决定了河床纵向演变速率的快慢。另外，当 K 取值过大会导致数值计算的发散。因此常数 K 的选取要基于实际情况适当选取，使其既能保证数值计算的稳定性又能保证冲淤过程的演变速率。

5.4.3.2　参数 K_l 对模拟结果影响分析

K_l 为泥沙横向输移系数。图 5-40 给出了 K_l 取不同值时河床弯道顶点断面河床高程变化。由图 5-40 可知，当 K_l 较大时，泥沙横向输移强度增加，纵向泥沙输移作用相对减弱，达到稳定状态时河床横向坡度较小，当 K_l 较小时，泥沙横向输移强度减弱，纵向泥沙输移强度相对增加，达到稳定状态时河床横向坡度较大。因此，其取值通过影响泥沙横向输移强度，进而间接影响了稳定或近似稳定状态下河床的横向坡度。模拟中发现，当 K_l 过大会造成数值计算的发散，因而对 K_l 值的选取也需要基于实际情况适当选取。

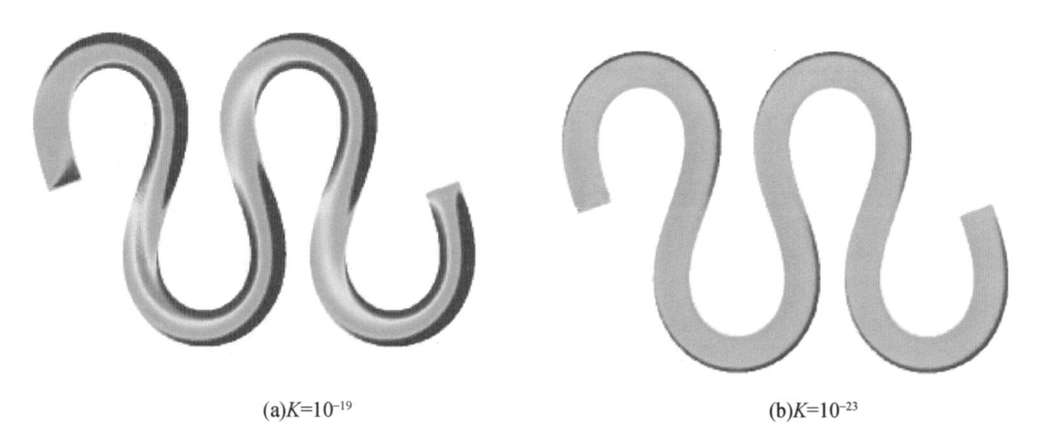

(a)$K=10^{-19}$　　(b)$K=10^{-23}$

图 5-39　不同 K 值条件下河床冲淤分布

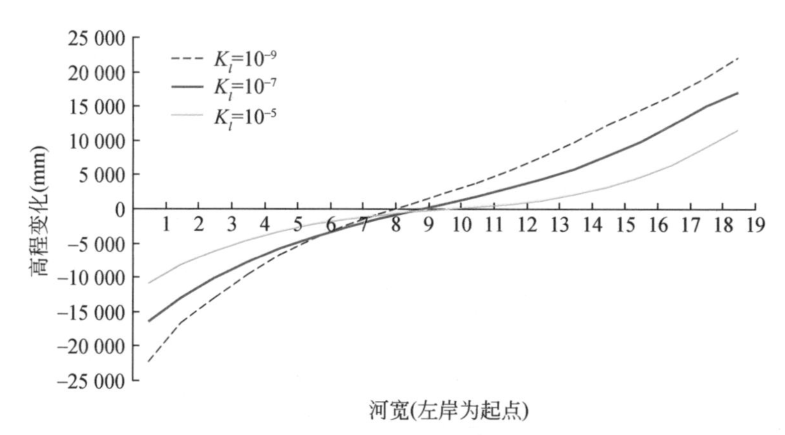

图 5-40　不同 K_l 值弯道顶点处断面河床高程变化

5.4.3.3　参数 *m* 对模拟结果影响分析

m 为纵向泥沙输移公式中水流功率指数。m 值的选取依据 Ashmore（1985）物理模型实测值，通过输沙量与水流功率系数图得出斜率 m 为 2.5。另外，根据 Duboys 提出的均匀推移质输沙率公式：

$$g_b = K_2\tau_0(\tau_0 - \tau_c) \tag{5-72}$$

由明渠均匀流床面切应力公式：

$$\tau = \rho ghJ$$

两边同乘 V 得

$$\tau^{3/2} = K_1 QS \tag{5-73}$$

式中，$K_l = \lambda^{1/2}\rho^{3/2}g/8$；$Q_S = K_3\ (QS)^{4/3}$，即 m=1.33。分别对 m 取不同值时 110°的弯道河床冲淤进行模拟。通过模拟发现，m 取值越小，水沙输移达到平衡状态时所需时间越长（图 5-41），m 取不同值对河床冲淤分布没有影响。

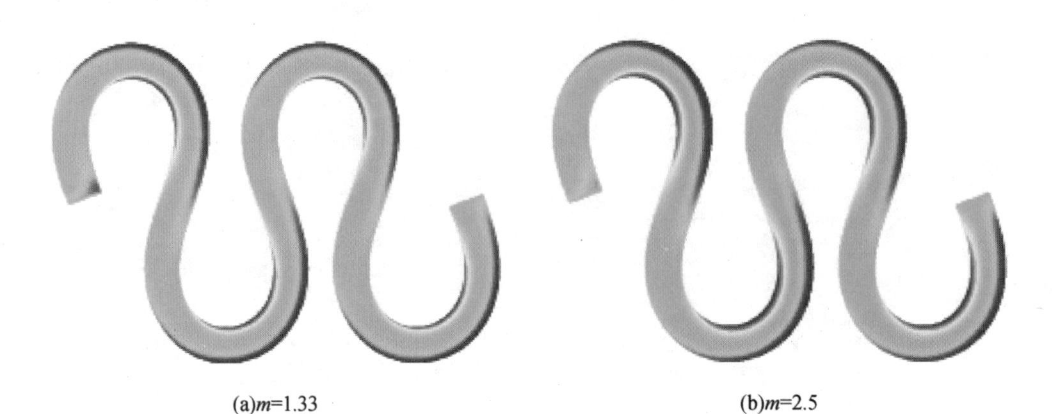

图 5-41　不同 m 值条件下 110°弯道河床冲淤分布

5.4.4　小结

通过建立正弦派生曲线弯曲河道元胞自动机模型对不同初始偏转角的正弦派生曲线弯曲河道演变进行模拟，分析了引入弯道糙率 n_m 对弯曲河道河床演变模拟具有重要意义，将河床冲淤分布的模拟结果和 da Silva 物理模型试验结果进行对比并得到了很好的验证，证明了该元胞自动机模型用于模拟弯曲河道演变的可行性。输沙法则中对元胞自动机模型参数敏感性分析发现，水流功率指数 m 的取值对正弦派生曲线弯曲河道河床演变没有影响，纵向泥沙输移系数 K 对河床纵向演变速率有较大影响，横向泥沙输移系数 K_l 的取值对河道横向泥沙输移强度有较大影响。因此，K 和 K_l 的取值需依据实测数据确定。

上述研究表明，采用元胞自动机模型对河流演变过程进行分析是可行的。以上主要对特定形态河流河床演变过程进行定性分析，要实现对天然河流河床演变的精确模拟仍需进一步研究。

5.5　多过程河床演变对水沙关系的调控机制

通过揭示多过程河床演变对水沙关系的调控机制，进而建立黄河上游洪水传播波系结构。在构建波系结构时，考虑横向、纵向大尺度河床调整对挟沙水流运动的影响，同时考虑挟沙水流与可动河床的物质能量交换。根据建立的牛顿-宾汉体双层模型，考虑近底动床切应力模式，深入研究黄河上游沙漠宽谷段的水沙演变机理。

5.5.1　基于非线性理论的黄河上游洪水传播波系结构

为了进一步研究塌岸、横向冲淤等多过程因素导致的河槽横断面形态的变化调整对水流运动影响，基于完整形式的圣维南方程，通过非线性理论构建洪水传播公式。

黄河上游宁蒙河段水流运动可用圣维南方程描述，基本控制方程为

$$\begin{cases}\dfrac{\partial A}{\partial t}+\dfrac{\partial Q}{\partial x}+\dfrac{\partial A_0}{\partial t}=0\\ \dfrac{\partial Q}{\partial t}+\dfrac{\partial}{\partial x}(uQ)+gA\dfrac{\partial h}{\partial x}=gAS_0-gA\dfrac{Q^2}{K^2}\end{cases} \tag{5-74}$$

式中，A 为断面面积；Q 为断面流量；A_0 为断面冲淤面积；u 为断面 x 方向流速；h 为断面水深；B 为水面宽度；g 为重力加速度；S_0 为实际底坡；x 为流向坐标；t 为时间坐标；$K=AC\sqrt{R}$ 为流量模数，C 为谢才系数，R 为水力半径。

方程组（5-74）是典型的非线性双曲线方程，直接获得其解析解难度较大，且通过数值模拟方法无法将影响水流运动的物理机制进行定量表达。为了避免线性化处理带来的高阶项忽略的误差，本研究采用不经任何线性简化的直接推导方法，通过对方程组（5-74）的两个控制方程分别对时间和空间求导，并辅助泥沙运动方程和河床变形方程，最后建立刻画洪水运动规律的非线性波动结构式。由于推导过程涉及的变量较多，采用 Maple 数学软件进行辅助分析。

推导过程中运用到的条件主要包括 4 项。

条件 1：

$$\rho'_b\frac{\partial A_0}{\partial t}+\frac{\partial Q}{\partial x}S+\frac{\partial S}{\partial x}Q=0 \tag{5-75}$$

式中，S 为单位水体中泥沙质量。

对式（5-75）进行空间求导可得

$$\rho'_b\frac{\partial^2 A_0}{\partial x\partial t}+\frac{\partial^2 Q}{\partial x^2}S+2\frac{\partial S}{\partial x}\frac{\partial Q}{\partial x}+\frac{\partial^2 S}{\partial x^2}Q=0 \tag{5-76}$$

条件 2：

$$\rho'_b\frac{\partial^2 A_0}{\partial x\partial t}+\frac{\partial^2 Q}{\partial x^2}S+2\frac{\partial S}{\partial x}\frac{\partial Q}{\partial x}+\frac{\partial^2 S}{\partial x^2}Q=0 \tag{5-77}$$

且

$$\frac{\partial S_0}{\partial t}=\frac{\partial}{\partial t}\left(i-\frac{\partial \Delta Z_0}{\partial x}\right)=\frac{\partial}{\partial t}\left(-\frac{\partial \Delta Z_0}{\partial A_0}\frac{\partial A_0}{\partial x}\right)=-\frac{1}{B}\frac{\partial^2 A_0}{\partial x\partial t} \tag{5-78}$$

式中，i 为冲淤平衡时的河道底坡，$\dfrac{\partial i}{\partial t}=0$；$S_0$ 为实际底坡。

条件 3：

$$\frac{\partial A}{\partial t}=B\frac{\partial h}{\partial t}=-\frac{\partial Q}{\partial x}-\frac{\partial A_0}{\partial t}=-\frac{\partial Q}{\partial x}+\frac{S}{\rho'_b}\frac{\partial Q}{\partial x}+\frac{Q}{\rho'_b}\frac{\partial S}{\partial x} \tag{5-79}$$

条件 4：

$$\frac{\partial^2}{\partial t\partial x}(uQ)=2\frac{\partial u}{\partial t}\frac{\partial Q}{\partial x}+2u\frac{\partial^2 Q}{\partial x\partial t}-\frac{BQ^2}{A^2}\frac{\partial^2 h}{\partial x\partial t}-\frac{2BQ}{A^2}\frac{\partial h}{\partial x}\frac{\partial Q}{\partial t}+\frac{2BQ^2}{A^3}\frac{\partial h}{\partial x}\frac{\partial A}{\partial t} \tag{5-80}$$

对式（5-74）中的水流质量守恒方程及动量方程分别对空间 x 及时间 t 求偏导，可得

$$\frac{\partial^2 A}{\partial t\partial x}+\frac{\partial^2 Q}{\partial x^2}+\frac{\partial^2 A_0}{\partial t\partial x}=0 \tag{5-81}$$

$$\frac{\partial^2 Q}{\partial t^2}+\frac{\partial^2}{\partial x \partial t}(uQ)+\frac{\partial\left(gA\frac{\partial h}{\partial x}\right)}{\partial t}=\frac{\partial(gAS_0)}{\partial t}-\frac{\partial\left(gA\frac{Q^2}{K^2}\right)}{\partial t} \tag{5-82}$$

消去式（5-81）和式（5-82）的公共项 $\frac{\partial^2 h}{\partial x \partial t}$，并代入条件1～条件4的关系式可得

$$\left[\frac{\partial}{\partial t}+(u+c)\frac{\partial}{\partial x}\right]\left[\frac{\partial}{\partial t}+(u-c)\frac{\partial}{\partial x}\right]Q-u^2\frac{S}{\rho'_b}\frac{\partial^2 Q}{\partial x^2}+\frac{2g}{u}\left(S_f-F_r{}^2\frac{\partial h}{\partial x}\right)\frac{\partial Q}{\partial t}+2g\left(1-\frac{S}{\rho'_b}\right)$$
$$\left[S_f\frac{A}{K}\frac{\partial K}{\partial R}\frac{\partial R}{\partial A}-F_r{}^2\frac{\partial h}{\partial x}+\frac{H(1-F_r{}^2)}{2B}\frac{\partial B}{\partial x}+\frac{S_z-S_f}{2}+\frac{\rho'_b}{(\rho'_b-S)g}\frac{\partial u}{\partial t}-\frac{2u^2}{(\rho'_b-S)g}\frac{\partial S}{\partial x}\right]\frac{\partial Q}{\partial x}$$
$$+2g\frac{Q}{\rho'_b}\left(S_f\frac{A}{K}\frac{\partial K}{\partial R}\frac{\partial R}{\partial A}-F_r{}^2\frac{\partial h}{\partial x}+\frac{H(1-F_r{}^2)}{2B}\frac{\partial B}{\partial x}+\frac{S_z-S_f}{2}\right)\frac{\partial S}{\partial x}-u^2\frac{Q}{\rho'_b}\frac{\partial^2 S}{\partial x^2}=0 \tag{5-83}$$

式（5-83）可进一步简化为

$$\left[\frac{\partial}{\partial t}+\left(u+\sqrt{1+F_r{}^2\frac{S}{\rho'_b}}c\right)\frac{\partial}{\partial x}\right]\left[\frac{\partial}{\partial t}+\left(u-\sqrt{1+F_r{}^2\frac{S}{\rho'_b}}c\right)\frac{\partial}{\partial x}\right]Q$$
$$+\frac{2g}{u}\left(S_f-F_r{}^2\frac{\partial h}{\partial x}\right)\left[\frac{\partial Q}{\partial t}+k_c u\frac{\partial Q}{\partial x}\right]$$
$$+2g\frac{Q}{\rho'_b}\left(S_f\frac{A}{K}\frac{\partial K}{\partial R}\frac{\partial R}{\partial A}-F_r{}^2\frac{\partial h}{\partial x}+\frac{H(1-F_r{}^2)}{2B}\frac{\partial B}{\partial x}+\frac{S_z-S_f}{2}\right)\frac{\partial S}{\partial x}-u^2\frac{Q}{\rho'_b}\frac{\partial^2 S}{\partial x^2}=0 \tag{5-84}$$

式中，k_c 为影响洪水传播关键的无量纲参数，按下式计算：

$$k_c=\left(1-\frac{S}{\rho'_b}\right)\left(S_f\frac{A}{K}\frac{\partial K}{\partial R}\frac{\partial R}{\partial A}-F_r{}^2\frac{\partial h}{\partial x}+\frac{H(1-F_r{}^2)}{2B}\frac{\partial B}{\partial x}+\frac{S_z-S_f}{2}+\frac{\rho'_b}{(\rho'_b-S)g}\frac{\partial u}{\partial t}-\frac{2u^2}{(\rho'_b-S)g}\frac{\partial S}{\partial x}\right)\Bigg/\left(S_f-F_r{}^2\frac{\partial h}{\partial x}\right)$$

式（5-84）中考虑了河床冲淤变化引起的断面形态的变化、含沙量变化及糙率变化等关键因素。挟沙水流与动床的物质能量交换可按式（5-85）计算：

$$S=\frac{S_1V_s+\int_{A_b}\theta S_t(x_1,\ x_2,\ T)\,dA-B\int_{A_b}\theta(x_1,\ x_2,\ T)\,dA}{V_s} \tag{5-85}$$

式中，S 为水流含沙量；S_1 为参考水流含沙量；H 为参考水深；V_s 为床沙运动速度；S_t 为河床运动层中水流含沙量；A 为过水断面面积；S_f 为水流摩阻坡降；A_b 为河床冲淤层断面面积；x_1、x_2 为流向坐标点之间距离；B 为湿周。

（1）断面宽深比 B/h 及水流含沙量 S 的影响

不同含沙量条件下 k_c 随河道宽深比的变化规律如图5-42所示。当 S 为初始含沙量时，

B/h 由47.72 增大到160.38，k_c 由3.62 减小到1.43，说明在河道处于平衡输沙状态（含沙量保持某一常数）时，k_c 随河道断面宽深比的增大而减小。k_c 曲线斜率是减小的，说明随断面宽深比 B/h 值的增大 k_c 的减小幅度降低。河道处于输沙平衡时，洪水在断面宽深比不断增大时其传播速度则不断减小。

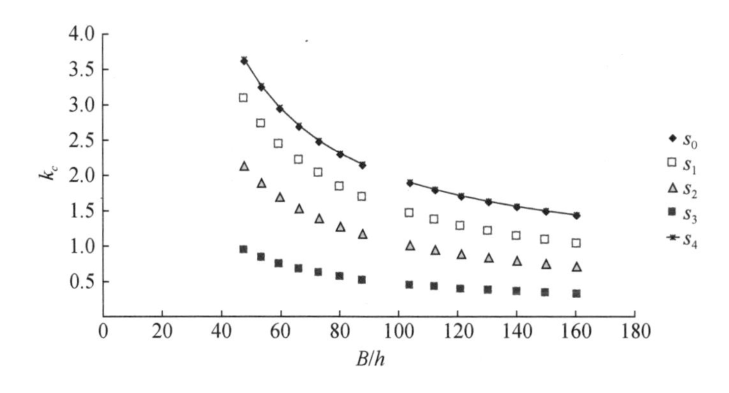

图5-42 不同含沙量条件下 k_c 随 B/h 的变化关系

不同断面宽深比条件下 k_c 随河道含沙量的变化规律如图5-43所示。当 B/h 为初始宽深比时，S 由0增大到70，k_c 由1.49 减小到1.01，说明在河道处于断面形状不变（宽深比保持某一常数）时，k_c 随河道含沙量的增大而减小。k_c 曲线斜率是增大的，说明随水流含沙量 S 的增大，k_c 的减小幅度随之增大。河道处于边界条件不变时，洪水在河道中行进时不断冲刷河道，其水流含沙量不断增大，传播速度减小。

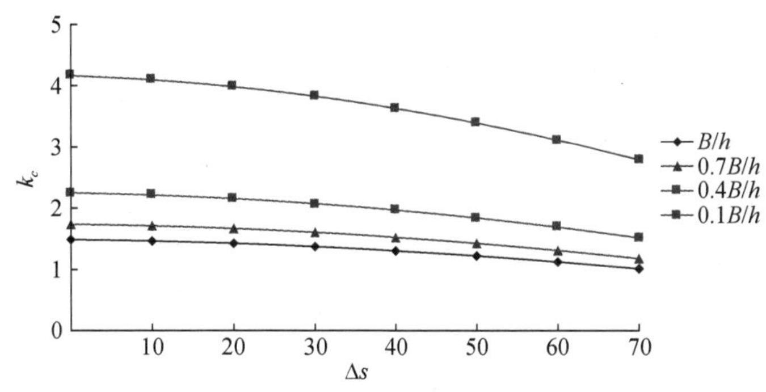

图5-43 不同宽深比条件下 k_c 随水流含沙量 S 的变化关系

(2) 糙率 n 的影响

糙率是表征洪水演进特征的关键参数之一。表5-9为在含沙量变化条件下洪水传播速度随糙率的变化规律。

表 5-9　k_c 与 η 的变化关系计算条件

ρ'_b (kg/m³)	n	Q (m³/s)	B (m)	H (m)	A (m²)	V (m/s)	S (kg/m³)	J/ (‱)	k_c
1000	0.0495	2010	476	3.97	1889.72	1.06	7.16	1.9	0.71
1000	0.0396	2010	476	3.97	1889.72	1.06	7.16	1.9	0.82
1000	0.0330	2010	476	3.97	1889.72	1.06	7.16	1.9	0.97
1000	0.0198	2010	476	3.97	1889.72	1.06	7.16	1.9	1.80
1000	0.0066	2010	476	3.97	1889.72	1.06	7.16	1.9	12.27

根据表 5-9 分析，k_c随糙率的增大呈减小趋势，当 $n<0.02$ 时，k_c与 n 呈负相关关系，随 n 增大，k_c逐渐减小；当 $n>0.02$ 时，k_c变化不大且趋向于 1。可知洪水传播受到河床边坡糙率的影响，在传播的过程中，随着河道边坡糙率的增大，洪水传播速度不断减小，当 n 增大到一定值，洪水的传播速度基本不变（图 5-44）。

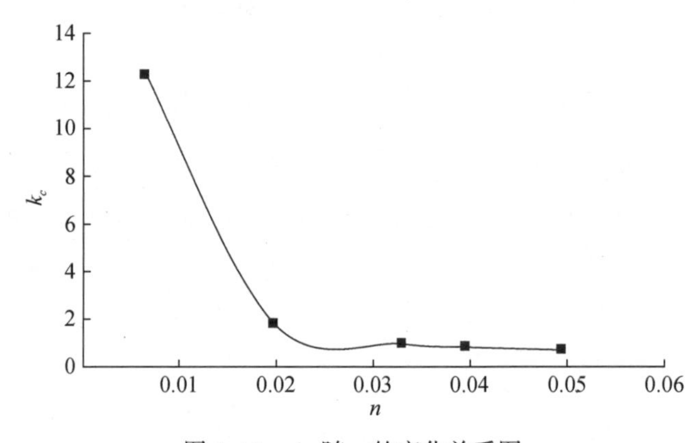

图 5-44　k_c 随 n 的变化关系图

5.5.2　“牛顿–宾汉体”双层模型

结合第 3 章研究成果，根据一维浅水流动方程和宾汉体的本构关系，深入研究了沙漠宽谷河段的水沙演变机理，提出了大尺度河床调整导致水沙演变过程变异的临界弗劳德数：

$$F_{r_c} = \left(\frac{2}{3} + \frac{1}{2}\frac{Y}{Re}\right)^{-1} \tag{5-86}$$

同时建立的与临界弗劳德数相关的近底动床切应力模式为

$$\tau_{DC} = 0.068\rho u_c^2 \frac{\left(\sqrt{r_v D}/d\right)^{2.6}}{F_{r_c}\sqrt{\dfrac{\pi/4 - \lambda}{\lambda}}} \tag{5-87}$$

不同粒径条件下，近底动床切应力随临界弗劳德数 F_{r_c} 和起动流速 u_c 的变化规律如图 5-45、图 5-46 所示。近底动床切应力随着临界弗劳德数的增加而减小，不过存在着临界效应，当弗劳德数约为 0.2 时，其切应力基本上稳定在 5 左右。而且这种变化规律与床沙粒径、水深的关系似乎不大。

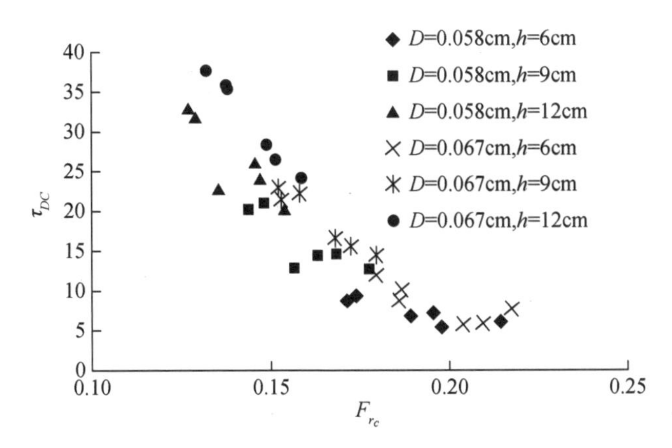

图 5-45　近底动床切应力随临界弗劳德数变化

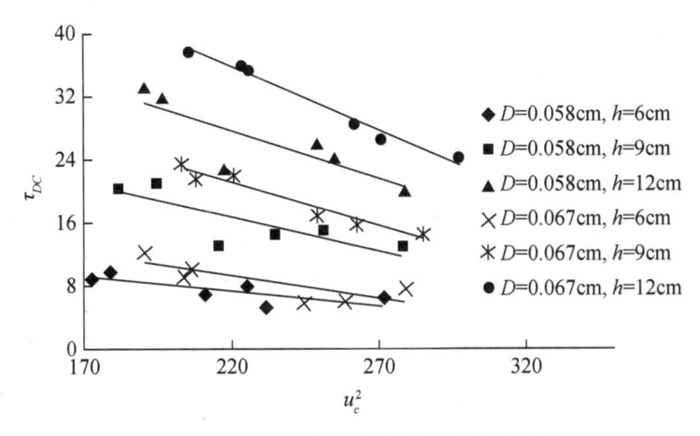

图 5-46　近底动床切应力随起动流速变化

随着起动流速的增加，床面切应力也随之减小，且与床沙粒径、水深关系较大，水深越大、粒径越粗，床面切应力越大，水沙关系变化越明显。

5.6　小　　结

1）开展了巴彦高勒—三湖河口河段动床实体模型试验，初步探讨了塌岸、坐弯等河床形态对水沙关系变化的影响。根据巴彦高勒—三湖河口河段的水沙、河床断面资料及试验观测，在清水冲刷条件下，河床形态发生改变，研究河道形态变化及水沙特性之间具有一定的响应关系。河道经过水流冲刷后，其形态变化主要体现在冲刷、展宽和坍塌等演变过程，凹凸岸的冲刷量与淤积量基本上是保持一致的，坍塌的泥沙在下游淤积，使下游河道水沙关系变得复杂；河道冲淤后，不同的断面流速是不同的，且弯道中的凹凸岸附近的流速也不相同，坍塌的泥沙进入水流，改变了水沙搭配，减小了水流挟沙力，在下游产生淤积。顺直河道河床形态变化主要体现在冲刷方面，冲刷的泥沙与水流一起作用于河槽，使河槽形态发生相应的调整，两者达到动态平衡，冲刷的泥沙一部分在河道的出口处淤积，形成冲积扇。

2）构建了沙漠宽谷河段水沙运动耦合波动模型，成功模拟了黄河水沙运动与河床演变的响应规律。分析表明，多尺度河床演变导致的挟沙水流含沙量变化对洪水波传播特性影响较大，水体中含沙量越高，波传播速度越快。因此一场洪水过程中后期高含沙洪水传播速度较快，逐步赶上前期低含沙洪水，产生流量叠加形成洪峰峰形变异。而变化后的水流条件将进一步对河床演变产生影响。

3）建立了沙漠宽谷河段洪水传播波系结构，从机理上揭示了多尺度河床调整及含沙量变化等关键要素对洪水运动的影响，构建了基于近底动床切应力模式的“牛顿-宾汉体”双层模型，探讨了复杂河床条件下洪水传播特征。通过浅水动力学方程和泥沙运动方程所构成的非线性双曲模型，推导得到黄河上游洪水传播速度计算式，发现影响洪水传播特性的关键系数 k_c，该系数定量反映了河床横向、纵向冲淤变形和不平衡输沙对水沙关系的影响。进一步研究了 k_c 随河道宽深比、含沙量及糙率的变化，探究河床演变对水沙关系的响应机理。k_c 随河道宽深比（B/h）的增大而减小，表明洪水演变过程中河道由窄深向宽浅变化时，洪水传播速度将变慢。相反，河道由宽浅向窄深变化时，洪水传播速度将加快。k_c 随水流含沙量纵向梯度增加而减小，表明在长距离不平衡输沙过程中，当河床处于沿程冲刷状态时，洪水演进速度将逐渐变慢。k_c 随糙率的增大而减小，表明阻力越大，洪水传播越慢。这些规律的发现与黄河水沙运动传统理论及实践经验较为一致。

综上所述，黄河上游沙漠宽谷河段由于其多过程、多尺度的河床演变，导致水沙关系的动力学边界十分复杂，从机理上深入揭示坐弯、塌岸、淤床等大尺度河床演变对水沙运动的影响，可为黄河上游水沙调控提供参考。

鉴于黄河上游沙漠宽谷河段水沙关系与河床演变作用规律的复杂性，建议今后的研究中，运用能够描述大尺度变化的严格意义的非线性理论，对洪水演进、泥沙输运及河床演变的动力学耦合机制展开进一步研究。同时应进一步加强原河道的水文、泥沙及河床演变的资料观测。

参考文献

丁赟，刘磊，钟德钰. 2012. 多沙河流的波系结构Ⅰ：波系方程与特点［J］. 水力发电学报，31（6）：120～125.

洪笑天，马绍嘉，郭庆伍. 1987. 弯曲河流形成条件的实验研究［J］. 地理科学，7（1）：35～43.

秦毅. 2009. 黄河上游河流环境变化与河道响应机理及其调控策略-宁蒙河段为对象［D］. 西安理工大学博士学位论文.

张红武，将恩惠，白咏梅，等. 1994. 黄河高含沙洪水模型的相似率［M］. 郑州：河南科学技术出版社.

赵业安，潘贤娣，樊左英，等. 1989. 黄河下游河道冲淤情况及基本规律//李保如. 黄河水利委员会水利科学研究所论文集［M］. 郑州：河南科学技术出版社：12～26.

Ashmore P E. 1985. Process and form in gravel braided streams：laboratory modelling and field observations［D］. Alberta：University of Alberta.

Coulthard T J，Macklin M G，Kirkby M J. 2002. A cellular model of Holocene upland river basin and alluvial fan evolution［J］. Earth Surface Processes and Landforms，27：269～288.

Doeschl-Wilson A B, Ashmore P E. 2005. Assessing a numerical cellular braided-stream model with a physical model [J] . Earth Surface Processes and Landforms, 30: 519 ~ 540.

Friedkin J F. 1945. A laboratory study of meandering alluvial rivers. Rep. Missippi River Comm. U. S. Waterway Exp.

Murray A B, Paola C. 1994. A Cellular model of braided rivers [J] . Nature, 371: 54 ~ 57.

Silva A M A F. 1995. Turbulent flow in sine-generated meandering channels [D] . Ph. D. Thesis, Department of Civil Engineering, Queen's University, Kingston, Canada.

Zhang, Y. 2007. On the computation of flow and bed deformation in alluvial meandering streams [D]. Ph. D. Thesis, Department of Civil Engineering, Queen' s University, Kingston, Canada.

第 6 章　植被对产流机制的胁迫作用

研究植被对产流机制的影响是认识水沙变化的基础性课题。本章以黄河沙漠宽谷段河道典型支流西柳沟流域为研究对象，结合人工降水模拟试验的方法，研究西柳沟流域的水沙变化特点，分析植被对产流过程及产流机制的影响作用，为分析水沙变化成因提供支撑。

6.1　研究方法与典型流域选择

6.1.1　研究方法

利用小波分析法、累积距平法、最大熵谱分析法，统计分析典型流域水沙变化特点；利用斑块稳定性分析等方法分析流域植被变化；人工模拟降水试验的方法，研究植被对产流机制的影响。

（1）小波分析法

小波分析（wavelet analysis）亦称多分辨率分析法（multi-resolution analysis），最早是由法国地质学家 J. Morlet 在 1984 年分析地震波局部特性时提出的。由于小波分析对信号处理的特殊优势，其本身具有多分辨率分析的特点，在时频域具有表征信号局部特征的能力，可以对信号进行多尺度细化分析，得到各个频率随时间变化及不同频率之间的关系，在很多领域得到广泛应用（刘俊萍，2003；许月卿等，2004；王金花等，2006）。

若函数 $\varphi(t)$ 是满足下列条件的任意函数：

$$\int_R \varphi(t)\,\mathrm{d}t = 0 \tag{6-1}$$

$$\int_R \frac{|\hat{\varphi}(\omega)|^2}{|\omega|}\mathrm{d}\omega < \infty \tag{6-2}$$

式中，$\hat{\varphi}(\omega)$ 是 $\varphi(t)$ 的频谱。令

$$\varphi_{a,b}(t) = |a|^{-1/2}\varphi\left(\frac{t-b}{a}\right) \tag{6-3}$$

则令式（6-3）为由小波母函数 $\varphi\left(\frac{t-b}{a}\right)$ 依赖于参数（a，b）的连续小波函数，简称小波。式中，a 为伸缩因子，属于频率参数；b 为平移因子，属于时间参数，表示波动在时间上的平移。式（6-3）表明，$\varphi_{a,b}(t)$ 的震荡随 $\frac{1}{|a|}$ 增大而增大。

对于信号 $f(t)$ 的连续小波变换则定义为

$$\omega_f(a, b) = |a|^{-1/2}\int_R f(t)\varphi\left(\frac{t-b}{a}\right)\mathrm{d}t \tag{6-4}$$

式中，φ 是小波母函数，小波母函数有多种，如 morlet 小波、Harr 小波、墨西哥帽状小波等。本研究采用 morlet 小波。morlet 的母函数为

$$\varphi(t) = \mathrm{e}^{-\frac{t^2}{2}}\mathrm{e}^{\mathrm{j}\omega_0 t} \tag{6-5}$$

（2）最大熵谱分析方法

最大熵谱分析方法是以傅里叶变换为基础的频域分析方法，即将时间序列的总能量分解到不同频域上的分能量，根据不同频率的波方差贡献诊断序列的主要周期。最大熵谱分析同普通功率谱分析相比具有分辨率高的特点，主要在于最大熵谱分析法是建立了自回归模型，确定熵密度最大时的自回归阶数（魏凤英，1999）。

（3）累积距平法

累积距平法可以直观判断时间序列的变化趋势。设有一序列 x_1，x_2，x_3，…，x_n，其计算公式为

$$\tilde{x} = \sum_{i=1}^{t}\frac{(x_i - \bar{x})}{\bar{x}} \qquad (t = 1, 2, 3, \cdots, n) \tag{6-6}$$

式中，$\tilde{x}$ 为累积距平；$\bar{x}$ 为序列均值，由下式计算：

$$\bar{x} = \frac{1}{n}\sum_{i=1}^{n}x_i$$

如果累积距平百分率曲线上升，表明统计变量较多年平均值增多；反之，若曲线下降，表明统计量较多年平均值减少。

（4）斑块稳定性分析

斑块稳定性分析能够反映斑块稳定性特征，包括的变量主要为斑块数量、斑块面积和斑块形状等。因反映斑块形状的指数较多且大多数可以反映斑块形状的相似性和复杂程度，本研究仅以斑块的数量和面积的变化率反映其稳定性。基本公式如下：

$$\mathrm{SP} = 1 - \frac{|\Delta n_i| - |\Delta a_i|}{2} \tag{6-7}$$

$$\Delta n_i = \frac{n_{i2} - n_{i1}}{n_{i1}}$$

$$\Delta a_i = \frac{a_{i2} - a_{i1}}{a_{i1}}$$

式中，SP 为斑块的稳定性指数；Δn_i 为第 i 类斑块的数量变化率；Δa_i 为第 i 类斑块的面积变化率；n_{i1}、n_{i2}分别表示第 i 类初期和末期的斑块数量；a_{i1}、a_{i2}分别表示第 i 类初期和末期的斑块的面积，SP 越接近 1，斑块稳定性越高。

（5）斑块密度稳定性

斑块密度指单位面积上的斑块数量。对于植被覆盖来说，无论是绝对密度还是相对密

度，斑块密度变化率越小，说明景观格局越稳定。斑块密度稳定性可以用式（6-8）表示：

$$SD=1-|\Delta D| \tag{6-8}$$

$$\Delta D=\frac{D_2-D_1}{D_1}$$

式中，SD 为景观稳定指数；ΔD 为景观密度；D_1、D_2 分别为研究初期和末期的景观密度。

（6）斑块结构稳定性

斑块结构是指群落中不同类型形成的镶嵌，斑块结构稳定性表现了斑块镶嵌结构的复杂性。斑块结构稳定性用式（6-9）表达：

$$SI=|1.5-FD| \tag{6-9}$$

式中，SI 为斑块结构稳定性指数；FD 为分形维数。

（7）人工模拟降雨试验及土壤水分测定方法

人工模拟降雨试验小区位于东经 110°02′12″，北纬 40°03′06″，在行政区划上属于内蒙古鄂尔多斯市达拉特旗树林召镇。试验小区为西北黄土高原丘陵沟壑区。试验小区内设置 5°径流标准小区 6 个，10°径流标准小区 6 个，15°标准小区 6 个，气象园 1 个。

在 15°自然坡面的 6 个小区开展试验，其面积均为 100m^2（5m×20m）。植被为人工草被。首先对小区进行人工翻土，深翻 30cm，除去杂草和碎石，进行平整并润灌，待 24h 后，再次翻土去杂草根系。利用坡度仪平整小区坡度，以达到试验要求的坡度为止（图 6-1）。

图 6-1　试验小区平整

试验植被为紫花苜蓿（*Medicago sativa* L.）。撒播紫花苜蓿草籽前先进行发芽率试验。经测试，试验所用种子发芽率为 96%。按照试验所设定的 4 种不同覆盖度进行撒播草籽。如果试验区水分条件不是很好，需要在撒播后两周内，进行洒水养护。

采用西安理工大学研发的下喷式人工降雨模拟装置（图 6-2）。试验装置分 3 部分，即供水系统、稳压器和喷头。试验用水由小区所在流域内的水塘经水泵供给到小区上部的蓄水池中，将模拟降雨试验装置的水泵置于蓄水池中为降水试验供水；降雨稳压器主要用于控制稳定用电电压，预防因电压波动而造成降雨喷头出水不均匀的现象；降雨部分为两联单喷头对喷式降水器，降雨雨滴组成与天然降雨接近，喷头孔径有 1～8mm 不同规格，最大雨滴直径可达 5mm，每个喷头降雨覆盖面积为 3～4m²，生成的雨滴有效降落高度为 6m。雨强率定结果表明，该降水器的降雨均匀系数达到 85% 以上，降水稳定性良好。根据降雨器的孔口直径大小以及压力表调节水压来调节降雨强度，降雨强度变化为0.5～3.5mm/min。

图 6-2 野外人工模拟降雨装置

在对不同孔口直径和输水压力组合下，测定降雨强度。在一定水压条件下，调整喷头内不同孔径从而形成各种降水强度，再将各个喷头组合排布即可形成设定区域内不同雨强的降雨。在实际操作中以降水历时 5min 为控制，用塑料布将径流小区遮盖好，用直径相同的水杯按一定的密度布设在覆盖的塑料布上。每小区布置 28 只水杯，自小区上部至下部按照每行 3、4 只的格局交叉摆放，3 只杯子摆放格局的杯间距为 1.25m，4 只杯子摆放格局的杯间距为 1 m，行间距约为 2.2m。用量筒测量每只杯子的降水量，然后即可推算出降雨强度和降雨均匀系数。如果测定的平均降雨强度与设计雨强相差较大，则调整供水管网内的供水压力或喷头直径，亦或同时调整，可重复上述雨强率定工作，直至测定雨强与设计雨强之间的差值满足要求为止。率定后，撤去试验小区坡面上的塑料布后，开始正式模拟降雨试验（图 6-3）。

图 6-3 野外人工模拟降雨雨强率定

采用 TRIME 土壤水分测定仪和双环入渗仪测定土壤水分。利用 TRIME 属于 TDR (time domain reflectometry with intelligent microelements) 时域反射技术，可测量土壤的介电常数，通过介电常数与土壤的水分含量的关系，读出土壤含水量。

双环入渗仪由直径为 6in[①] 和 12in 的双环筒组成，在双环的中心用两根相互垂直的焊接钢棒用于稳固，使用时配合容积为 3000mL 和 1000mL 的马里奥特管。

野外试验开始前，先在径流小区坡面上、中、下部等距离各选择两个点取样，并用烘干法和环刀法测定其 0 ~ 10 cm 深度的土壤前期含水量和土壤容重。同时利用 TRIME 土壤水分测定仪测量降水前不同深度土壤体积含水量（图 6-4）。

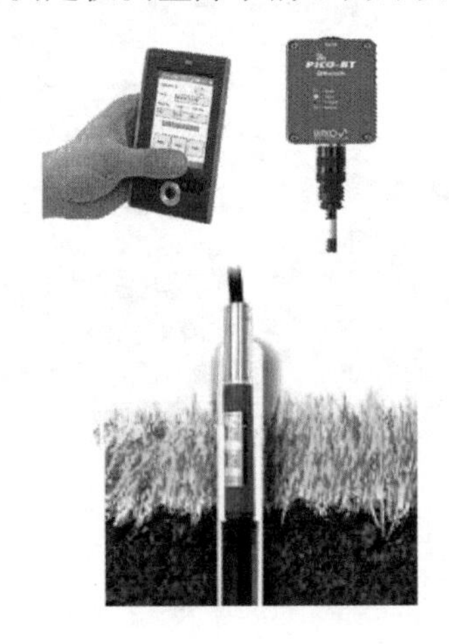

图 6-4　土壤水分测定仪

试验时，每个小区均采用 0. 5mm/min、1. 0mm/min 和 1. 5 mm/min 3 种雨强开展试验。在降雨过程中观测的主要指标有：土壤初始含水量、产流时土壤含水量、降水过程中土壤表层至 50cm 深土壤含水量、产流开始后每 1 min 取一次水沙样。

采用环刀法测取土壤初始含水量、产流时的土壤含水量（图 6-4），即在降雨开始前及自降雨开始至降水结束，每隔 5min 测量一次土壤含水量。

采用小区出口接样法测量产流量及侵蚀量。产流开始后每隔 1min 用水桶接一次水沙样，期间配合 100mL 比重瓶取样，采用比重瓶法计算小区每分钟产流量及产沙量。

按照 0. 5mm/min、1. 0mm/min、1. 5 mm/min 雨强顺序分别在 6 个小区进行 18 场试验，试验均在无风条件下进行。

6. 1. 2　典型流域选择

选择水蚀风蚀交错区典型流域——西柳沟流域作为研究区域（图 6-5）。西柳沟流域为十大孔兑之一。十大孔兑位于黄河河套平原南侧，发源于内蒙古鄂尔多斯台地，流经库布齐沙漠，横穿下游冲积平原后直接汇入黄河。

西柳沟流域发源于内蒙古鄂尔多斯市东胜区漫赖乡张家山，由昭君坟乡河畔村直接流

---

① 1in≈2. 54cm

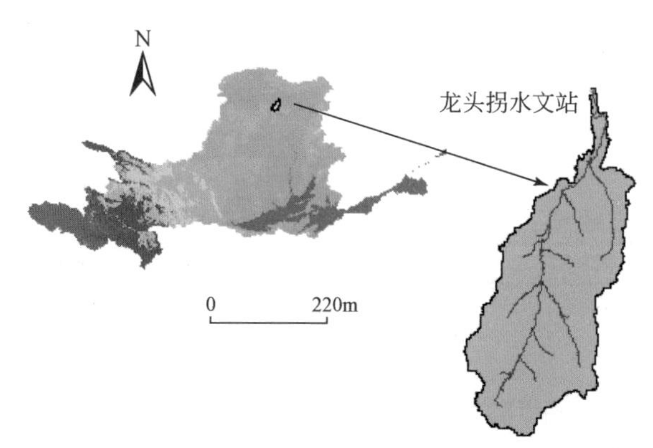

图6-5　西柳沟流域相对黄河流域地理位置

入黄河。包括平原冲积扇河段在内的西柳沟全长为106.5km，流域面积为1356.3km²。西柳沟流域上游为黄土丘陵沟壑区，面积为876.3km²，占流域总面积的64.6%；中游为库布齐沙漠，主要为低矮垄状的固定和半固定沙丘，占流域总面积的20.7%；下游为冲积扇，占流域总面积的14.7%。

6.2　西柳沟流域暴雨洪水泥沙变化特点

6.2.1　西柳沟流域降水变化特点

西柳沟流域共设有4个水文气象站，其中龙头拐为流域出口的水文站。龙头拐水文站设于1960年4月，1961年9月停测，1962年7月20日恢复观测；1965年6月1日向下游搬迁70km，为龙头拐（二）站；1969年7月1日向上游迁1.5km，为龙头拐（三）站；1991年11月11日向下游5km处搬迁至龙头拐（四），其位置为东径109°46′，北纬40°21′，距入黄口24km。本研究采用气象站的降水资料、龙头拐水文站的径流资料，资料时段长度为自建站以来至2010年，数据来源于《中华人民共和国水文年鉴》。流域气象站点分布情况如图6-6所示，流域内4个气象站分别为高头窑、柴登壕、龙头拐及韩家塔。气象站点详细情况见表6-1。

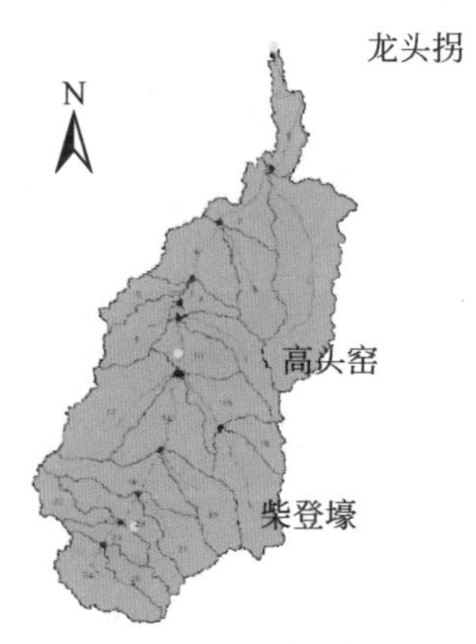

图6-6　西柳沟流域气象站点分布

表 6-1　西柳沟流域气象站点详情表

站号	站点	数据资料统计时间（年/月/日）
40546150	龙头拐	1960/4/1～2010/12/31
40546050	高头窑	1964/1/1～2010/12/31
40546000	柴登壕	1965/1/1～1989/12/31
40546034	韩家塔	1963/1/1～1979/12/31

降水资料为流域内各气象站实测的逐日降水量。

6.2.1.1　西柳沟流域降水量时段变化特点

根据西柳沟流域龙头拐、高头窑、柴登壕及韩家塔 4 个气象站的逐日降水量资料，按照算数平均方法，分析流域降水量的变化特点（表 6-2）。

表 6-2　西柳沟流域不同时段降水量特征值

时段	平均降水量（mm）	距平百分比（%）
1960～1969 年	279	4.7
1970～1979 年	260	-2.5
1980～1989 年	236	-11.6
1990～1999 年	283	6.0
2000～2009 年	276	3.4
1960～2010 年	267	—

从表 6-2 中可以看出，西柳沟流域多年（1960～2010 年）平均年降水量为 267mm。20 世纪 90 年代以前，各年代年平均降水量较多年平均降水量相比偏小，其中 80 年代偏少最多，达 11.6%。90 年代以来，降水量呈现增多的趋势，分别较常年偏多 6.0%、3.4%。累积距平值可以反映统计量的增减变化特点，根据统计分析（图 6-7），60～70 年代，降水呈现增加的趋势，70～80 年代末，降水呈现减少的趋势，自 90 年代以来，降水呈现增加的变化特点。

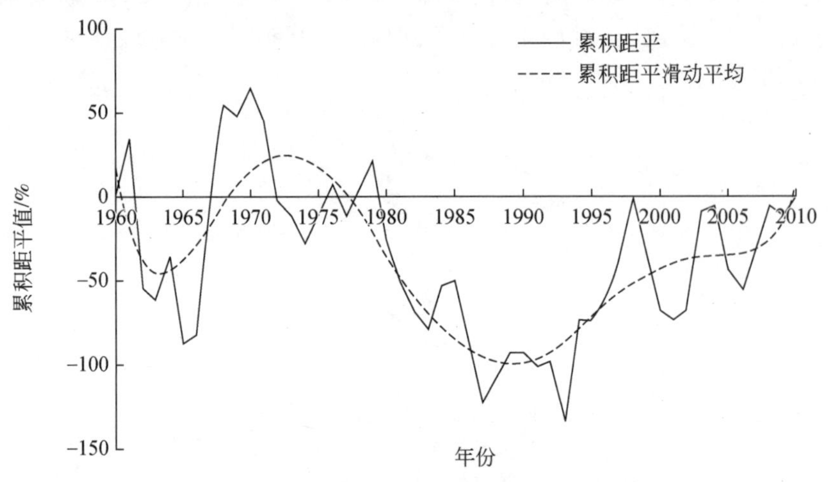

图 6-7　西柳沟流域历年降水累积距平值变化过程

6.2.1.2 西柳沟流域降水量年际变化特点

根据西柳沟流域历年降水量变化过程分析（图 6-8），20 世纪 60 年代降水量的年际变化差异较大，其中 1962 年降水量最小，为 26.1mm，而 1967 年降水量最大，为 490.3mm。70～80 年代降水量年际变化相对较小，90 年代以来降水量的年际变化波动较大，其中最大年份降水量达 427.6mm，为最小年份（2005 年，降水量为 168.2mm）的 2.5 倍。

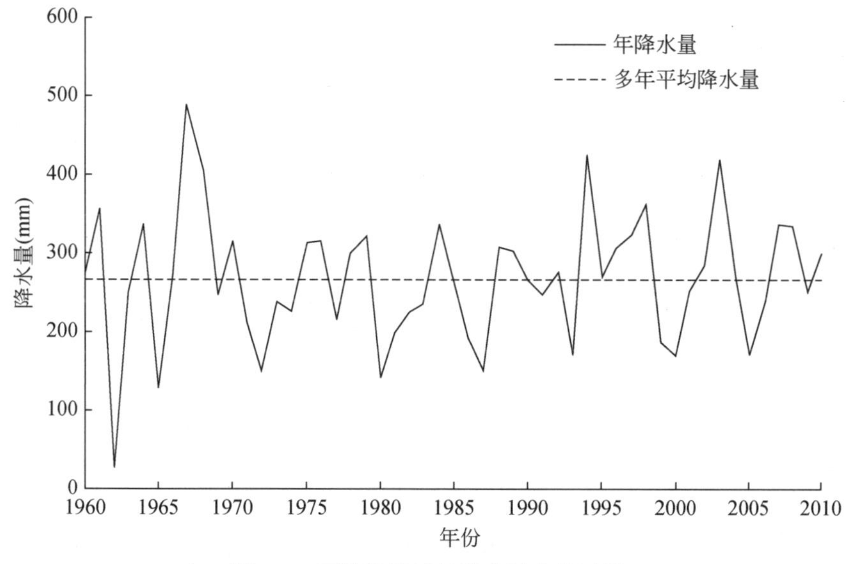

图 6-8 西柳沟流域年降水量变化过程

西柳沟为季节型河流，水量主要来自于流域的降水。降水多的年份相应的产流量也多，往往会造成十大孔兑发生洪水。

对照图 6-8，结合流域年降水量较多年份的统计分析发现（表 6-3），降水量大的年份，不仅降水天数多，而且暴雨次数高。例如，1967 年流域内高头窑水文站降水天数达到 92d，最少的韩家塔水文站降水天数也达到 59d，其中暴雨天数达 4d。而 1964 年龙头拐水文站降水天数虽然多达 108d，但没有一次暴雨事件发生，主要是无暴雨发生，且其降水量相比也不大。因此，是否形成洪水，不仅取决于降水量，更主要地取决于是否有暴雨发生。

表 6-3 西柳沟流域降水量大的年份降水等级特征值

降雨量排序	降水量（mm）	年份	站点	降水天数（d）			
				总天数	大雨	暴雨	大暴雨
1	490.3	1967	龙头拐	92	4		
			韩家塔	59	9		
			高头窑	94	4	1	
			柴登壕	71	3	3	

续表

降雨量排序	降水量（mm）	年份	站点	降水天数（d）			
				总天数	大雨	暴雨	大暴雨
2	427.6	1994	柴登壕	30	1		
			高头窑	48	6	2	
			龙头拐	61	4	2	
3	421.4	2003	龙头拐	58	3	1	
			高头窑	62	4	1	
			柴登壕	58	4		
4	361.4	1998	龙头拐	44	1	1	
			高头窑	55	1	2	
			柴登壕	28	2	1	
5	336.8	1964	龙头拐	108	1		
			韩家塔	71	2		
			高头窑	44	1		
6	336.5	1984	龙头拐	59	4		
			高头窑	40	3		
			柴登壕	61	0	1	
			高头窑	43	2		
7	336.5	2007	柴登壕	46	2	1	
8	333.3	2008	龙头拐	53	1	1	
			高头窑	37	1	0	1
9	324.6	1997	龙头拐	39	3	1	
			高头窑	35	6		
			柴登壕	21	3		

有观测记录以来，西柳沟流域先后发生过9次泥沙堵塞黄河干流事件，给当地群众生产生活和西柳沟入黄口对岸的包钢造成重大损失（武盛和于玲红，2001；赵昕等，2001；刘韬等，2007；李璇，2013；张建等，2013）。王金花等（2014）在综合分析历次暴雨洪水灾害事件的基础上，深入分析流域致洪暴雨特征，指出西柳沟流域引发堵塞黄河干流重大灾害的致洪暴雨主要有以下3个特点：一是全流域上、中、下游同时发生高强度、短历时大暴雨及特大暴雨；二是连续性大雨及暴雨；三是以高头窑水文站为暴雨中心的空间分布型。

6.2.1.3 西柳沟流域降水年内变化特点

根据西柳沟流域4个气象站逐日平均降水量资料统计，流域降水量年内主要集中在6~9月（图6-9），降水量约占年降水量的80.4%（表6-4）。7月、8月降水最集中，分别占年降水量的28.4%和27.8%。

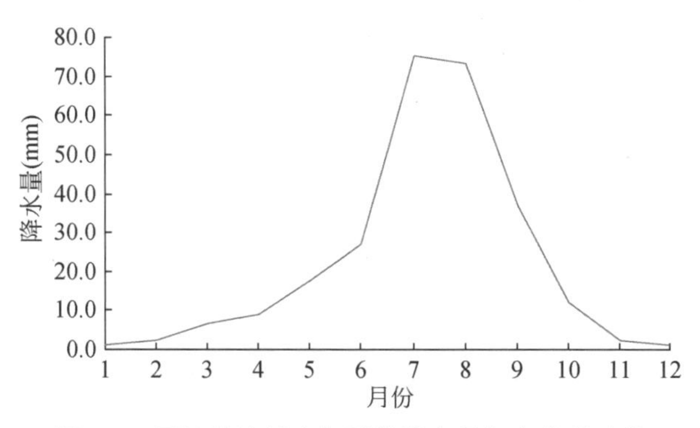

图 6-9　西柳沟流域多年平均降水量年内分配过程

表 6-4　西柳沟流域月降水量特征值

特征	1 月	2 月	3 月	4 月	5 月	6 月	7 月	8 月	9 月	10 月	11 月	12 月
降水量（mm）	1. 2	2. 4	6. 7	8. 8	17. 5	27. 1	75. 1	73. 6	37. 1	12. 2	2. 2	1. 1
占年降水量的比例（%）	0. 4	0. 9	2. 5	3. 3	6. 6	10. 2	28. 4	27. 8	14. 0	4. 6	0. 8	0. 4

6. 2. 1. 4　西柳沟流域降水量周期变化特点

采用小波分析法分析西柳沟流域年降水量变化周期。分析表明（图 6-10），在不同时段，西柳沟流域有不同尺度的变化周期，1960～1980 年，3a 短周期变化比较明显；1980 年以后则以 5a 的变化周期为主。9a 变化周期贯穿整个时段，周期强度呈减弱的变化趋势。

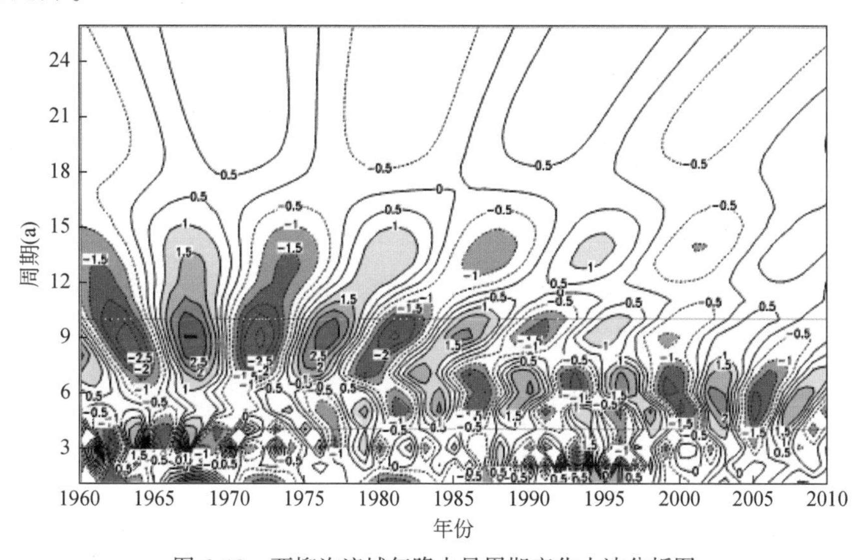

图 6-10　西柳沟流域年降水量周期变化小波分析图

6.2.2 西柳沟流域径流变化特点

6.2.2.1 径流年内变化特点

统计西柳沟流域龙头拐水文站 1960 ~ 2010 年的年来水量（图 6-11）以及汛期、非汛期来水量的比例发现（表 6-5），1960 ~ 2010 年，西柳沟流域年均来水量为 2956 万 m^3，其中汛期来水量与非汛期来水量之比约为 6∶4。径流量的年代之间变化明显，不同年代年来水量存在明显的波动。整体上存在“低—高—低—高—低”的趋势，其中 20 世纪 70 年代年来水量最多，进入 21 世纪以来，年水量仅为 2083 万 m^3。汛期来水量占年来水量的比例越来越低。由 20 世纪 60 年代的 72.9% 降低到 21 世纪初的 46.9%。

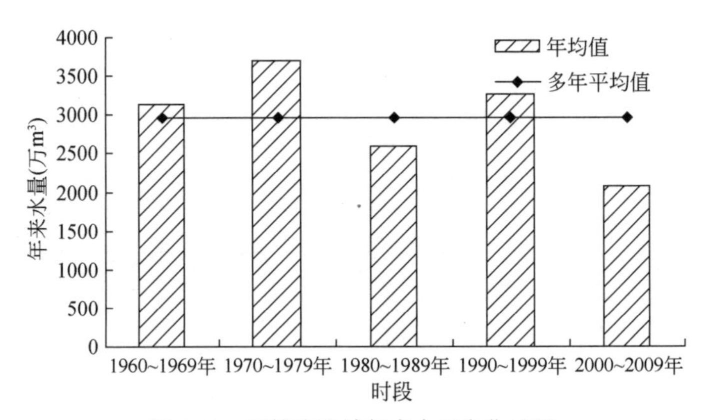

图 6-11 西柳沟流域年来水量变化过程

表 6-5 西柳沟流域龙头拐水文站来水量

时段	年来水量（万 m^3）	汛期		非汛期	
		来水量（万 m^3）	占年比例（%）	来水量（万 m^3）	占年比例（%）
1960 ~ 1969 年	3139	2288	72.9	851	27.1
1970 ~ 1979 年	3703	2572	69.5	1131	30.5
1980 ~ 1989 年	2597	1655	63.7	942	36.3
1990 ~ 1999 年	3260	1957	60.0	1303	40.0
2000 ~ 2009 年	2083	977	46.9	1106	53.1
1960 ~ 2009 年	2956	1889	63.9	1067	36.1

6.2.2.2 径流时段变化特点

图 6-12 给出了西柳沟流域自建站以来年径流量的变化过程。径流量的年际差异大，最大年径流量为 9299 万 m^3（1961 年）（表 6-6），最小年径流量为 900 万 m^3（2010 年），最大与最小值相差 10 倍。

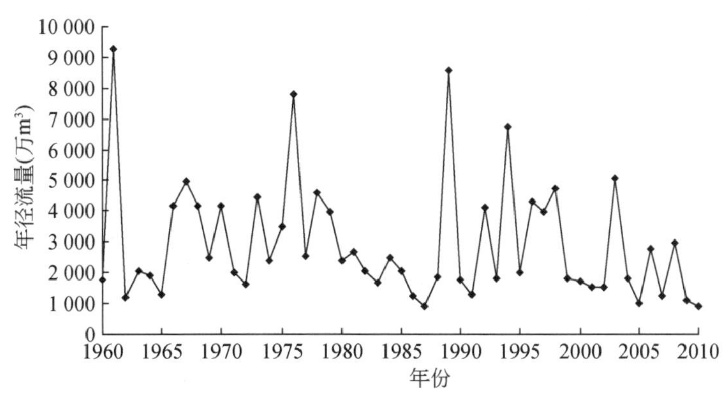

图6-12 西柳沟流域年径流量变化过程

表6-6 西柳沟流域年径流量特征值 单位：万 m^3

最大年径流量			最小年径流量		
排序	年份	径流量	排序	年份	径流量
1	1961	9299	1	2010	900
2	1989	8562	2	1987	906
3	1966	8511	3	2005	999
4	1976	7821	4	2009	1105
5	1994	6729	5	1962	1198

6.2.2.3 西柳沟流域径流量年内变化特点

从西柳沟流域1960～2010年多年各月平均径流量柱状图看（图6-13），径流量的年内分配呈现明显的“双峰”形。一个高峰是每年的7～8月，另一个高峰出现在3月。经统计，1960～2010年西柳沟流域多年平均径流量为2916万 m^3，8月径流量约占年径流量的27.8%，7月约占年径流量的25.2%，3月占年径流量的10.4%（表6-7）。这就说明西柳沟流域年内有两次产流高峰，一是主汛期暴雨产流，另一个是春季融雪产流。

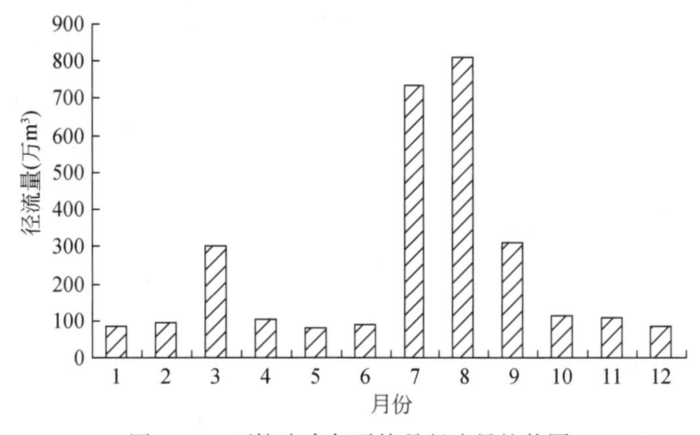

图6-13 西柳沟多年平均月径流量柱状图

表 6-7　西柳沟流域多年平均径流量年内分布特征值

特征	1 月	2 月	3 月	4 月	5 月	6 月	7 月	8 月	9 月	10 月	11 月	12 月
径流量（万 m^3）	83	95	303	104	82	89	735	811	310	112	109	83
占年比例（%）	2.8	3.2	10.4	3.6	2.8	3.0	25.2	27.8	10.6	3.8	3.7	2.8

注：表中数据统计时段为 1960 ~ 2010 年。

西柳沟流域年径流量和主汛期（7 ~ 9 月）径流量变化趋势基本一致，且主汛期径流量占年径流量的比例高达 64%（图 6-14）。

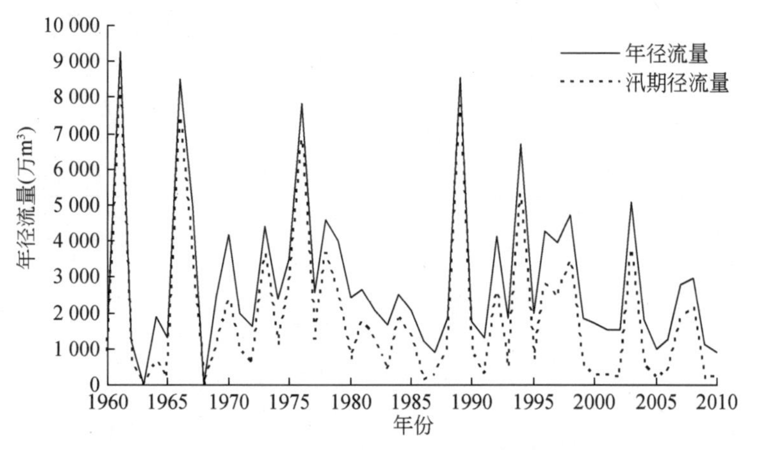

图 6-14　西柳沟流域年径流量及主汛期径流量变化过程

另外，根据西柳沟流域每年主汛期洪水径流量与全年总径流量的比例统计（表 6-8）（孙爱文等，2002；冯国华和张庆穷，2008；张建等，2013），发生洪水年份的径流量为多年平均径流量 2916 万 m^3的 1.5 ~ 3.2 倍，其主汛期径流量占年总径流量的 70% 以上，最高可占 91%，且往往集中于一两次降水过程，远高于多年平均水平。由此说明，西柳沟流域的径流量主要是由每年汛期洪水所形成的，其径流量年内分配集中程度比较高，或者说年内分配不均匀。

表 6-8　西柳沟流域洪水年主汛期径流量与全年总径流量

发生洪水年份	主汛期径流量（万 m^3）	全年总径流量（万 m^3）	主汛期径流量占全年总径流量比例（%）
1961	8309	9299	89
1966	7492	8511	88
1976	3640	4431	82
1984	1864	2504	74
1989	7799	8562	91
1994	5295	6729	79
1998	3475	4742	73
2003	3791	5084	75

6.2.2.4 西柳沟流域径流周期性变化特点

在时间序列研究中，时域分析具有时间定位能力，但无法得到关于时间序列变化的更多信息，而频域分析虽具有准确的频率定位功能，但仅适合平稳时间序列分析。径流量随时间的变化往往受到多种因素的综合影响，属于非平稳序列，不仅具有趋势性、周期性等特点，还存在随机性、突发性以及“多时间尺度”结构，具有多层次演变规律。具有时-频多分辨功能的小波分析法可以清晰地揭示出隐藏在时间序列中的多种变化周期，充分反映系统在不同时间尺度中的变化周期，能对系统未来发展趋势进行定性估计。

图6-15为西柳沟流域1960～2010年年径流量小波变换图，图中横坐标为时间参数，纵坐标为频率参数，图中数值为小波系数。西柳沟流域径流量变化存在不同尺度的周期，9a变化周期和21a左右的变化周期较为显著，而且贯穿于整个时段，而短周期变化的年代差异明显，1960～1980年，3a变化周期明显，20世纪80年代径流量变化相对稳定，而20世纪90年代以来径流量变化周期以5a为主。这就是说，对于西柳沟流域，径流的短周期波动在不同时段是不一样的，具有时段的波动性。实际上这也表明，短周期的影响因素可能更多更复杂，受外界影响更大。

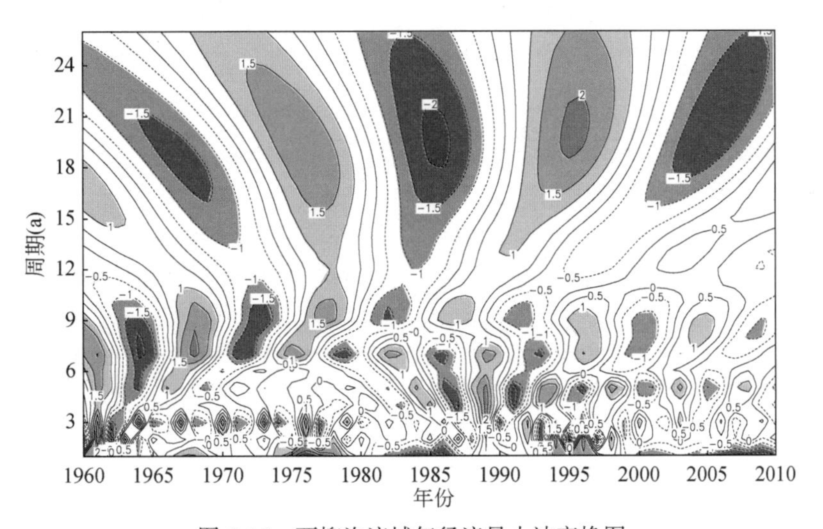

图6-15　西柳沟流域年径流量小波变换图

为进一步分析径流量变化主周期，采用基于傅里叶变换的频域分析方法最大熵谱分析法，该种方法在计算分析时建立了自回归模型，确定熵密度最大时的自回归阶数，同普通功率谱分析相比具有分辨率高的特点。

图6-16给出了年径流量最大熵谱图，图中纵坐标为谱密度，横坐标 k 为波数，t 为周期。谱密度最高峰值对应在2.6a周期上，次高峰对应在4.7a周期上，这说明西柳沟流域径流量变化第一主周期为2.6a，第二主周期为4.7a。

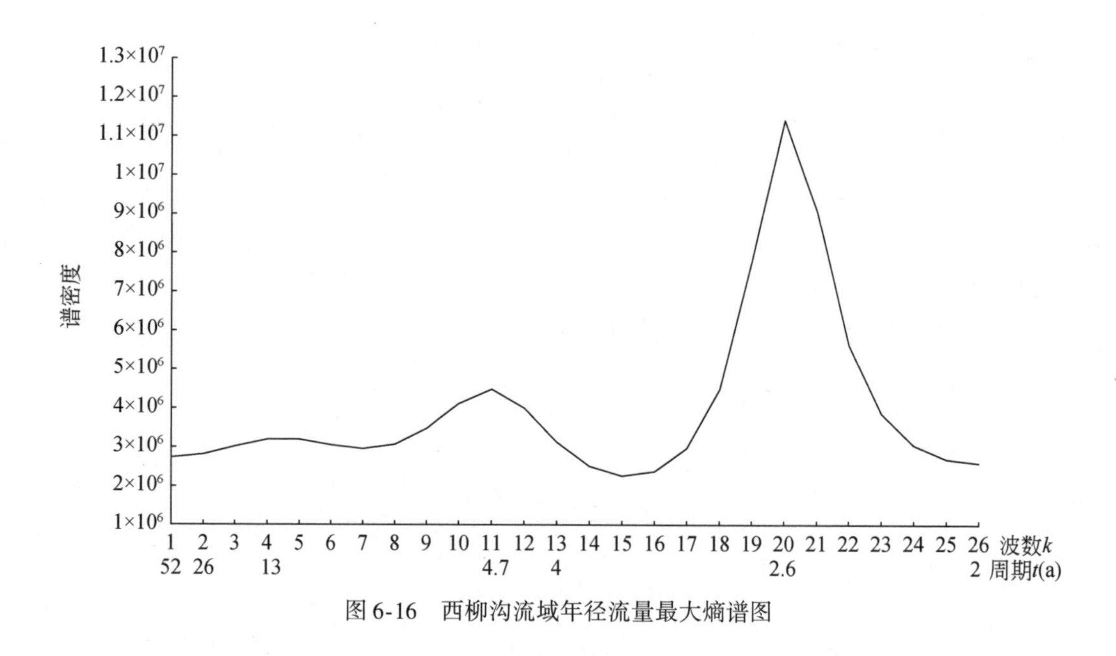

图 6-16　西柳沟流域年径流量最大熵谱图

6.2.3　西柳沟流域泥沙变化特征分析

6.2.3.1　输沙量年际变化特点

西柳沟流域输沙量的变化在一定程度上反映了该流域土壤侵蚀状况以及径流输送泥沙的能力。根据西柳沟流域有实测资料以来年输沙量变化分析（图 6-17），输沙量的年际变化大，在分析时段内输沙量最高年份发生在 1989 年，最大输沙量为 4751 万 t，而输沙量最小的年份为 2002 年，仅有 0.1 万 t。

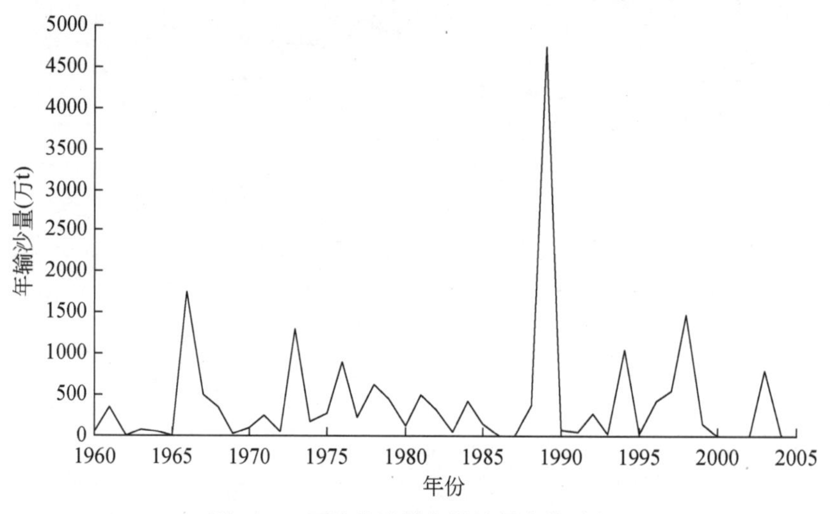

图 6-17　西柳沟流域年输沙量变化过程

6.2.3.2 输沙量年内变化特点

西柳沟流域为季节性河流，仅在汛期才会产生明显的降水冲刷，因此西柳沟流域输沙量主要集中在每年的6~9月（图6-18）。

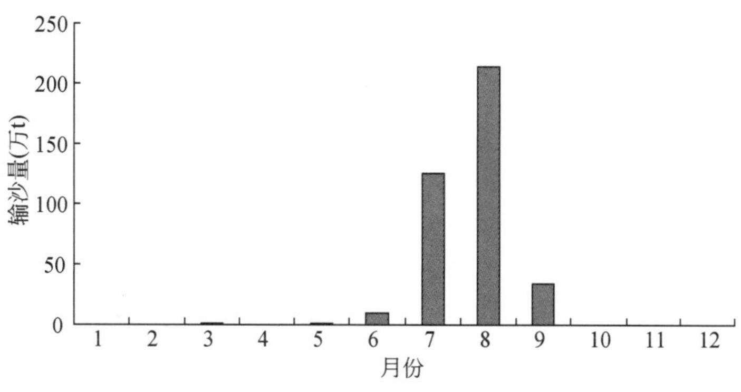

图6-18 西柳沟流域输沙量年内分配柱状图

6.3 水沙变化对被覆的响应机理

6.3.1 降水径流关系分析

降水径流关系在一定程度上反映了流域下垫面的产流机制。根据西柳沟流域不同年代降水及径流量资料，点绘各时段的降水径流关系（图6-19~图6-22）。

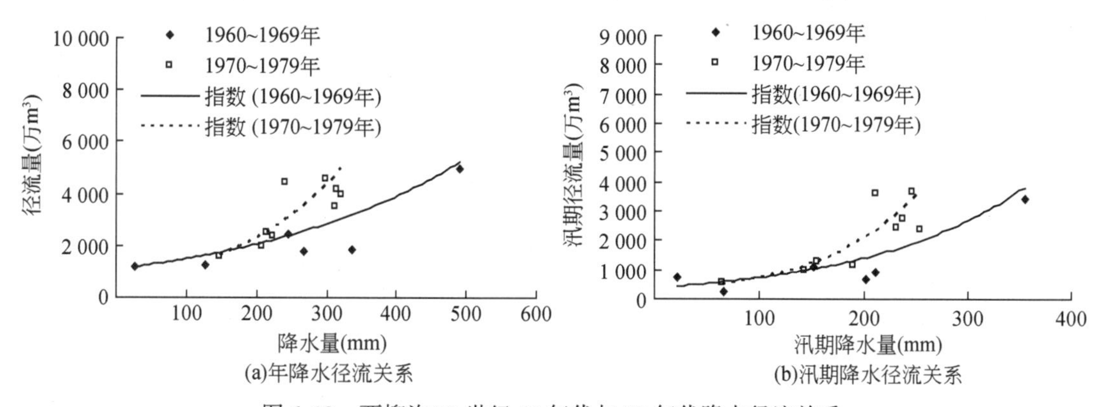

图6-19 西柳沟20世纪60年代与70年代降水径流关系

根据分析，20世纪70年代年降水径流关系同60年代相比，当年降水量小于200mm时，产流量相差不大，当降水量大于200mm时，随降水增加，70年代径流量增量远大于60年代，以年降水量322mm为例，70年代径流量较60年代相比增加了64.1%。

图6-20为西柳沟流域20世纪60年代和80年代年降水径流关系以及汛期降水径流关系。

20世纪80年代年降水径流变化关系、汛期降水径流变化关系同60年代基本一致，没有太大变化。

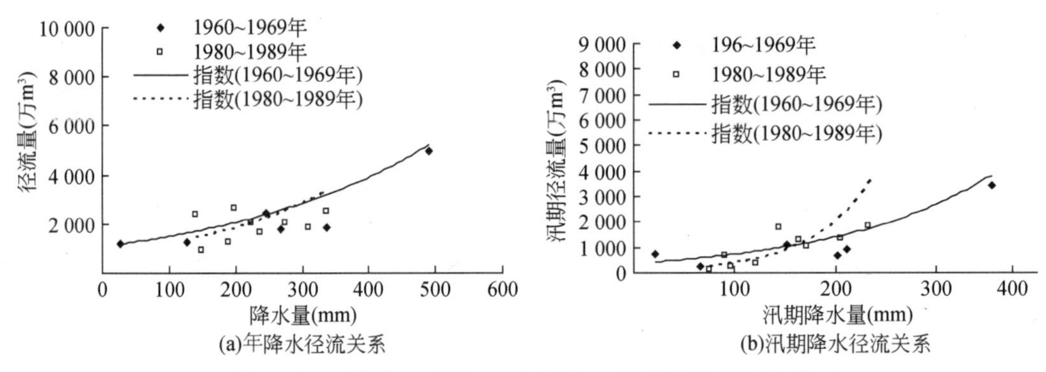

图 6-20　西柳沟 20 世纪 60 年代与 80 年代降水径流关系

将 20 世纪 90 年代年降水径流变化关系与 60 年代相比（图 6-21），当降雨量超过 300mm 时，90 年代径流量增加幅度远大于 60 年代。汛期降水径流的关系同年降水径流的关系变化较为一致，都是当降水量比较大时，同等降水量条件下 90 年代径流量要明显大于 60 年代的径流量。

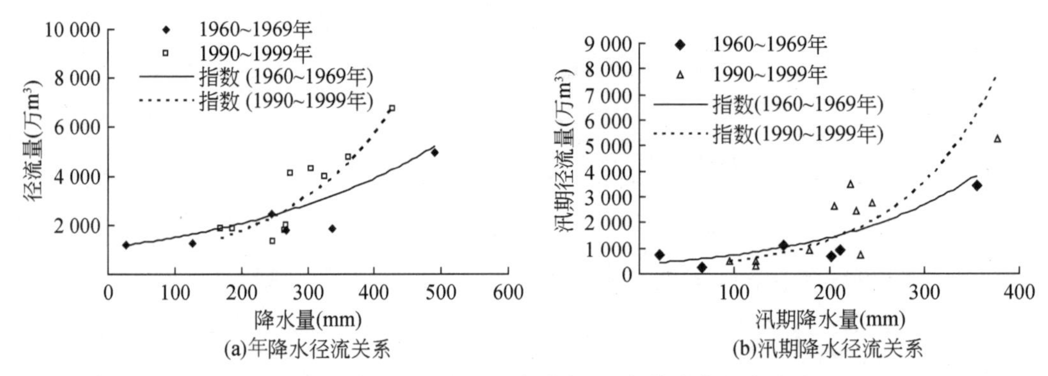

图 6-21　西柳沟 20 世纪 60 年代与 90 年代降水径流关系

在不同年代，全年及汛期降水径流关系均有所不同（图 6-22），但是各年代点据基本沿平行带分布，经对降水径流关系进行拟合统计分析，建立各年代降水径流关系式（表 6-9），从降水径流函数关系类型上来看，各年代的降水径流函数关系类型没有发生变化，说明产流机制没有发生明显的变化。

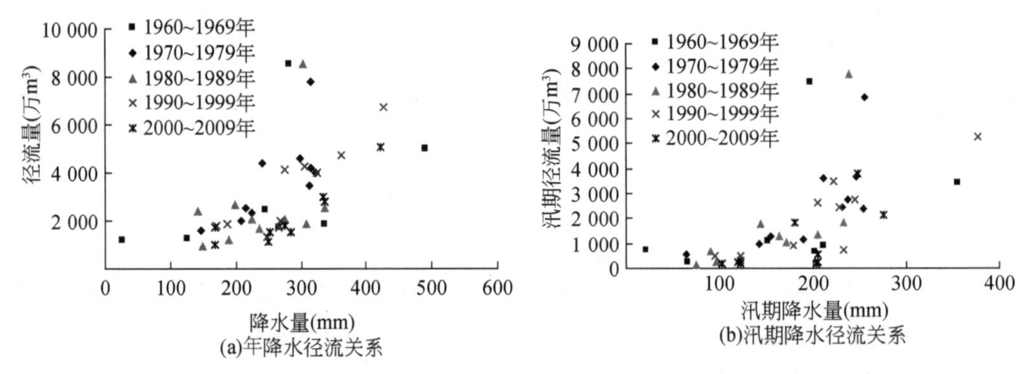

图 6-22　西柳沟流域不同年代年降水径流、汛期降水径流关系

表 6-9 不同年代降水径流关系

时段/a	全年		汛期	
	降水径流关系	相关系数 R	降水径流关系	相关系数 R
1960～1969 年	$W=1094.1e^{0.0032P_{汛}}$	0.6515	$W_{汛}=384.7e^{0.0065P_{汛}}$	0.6220
1970～1979 年	$W=640.6e^{0.0064P_{汛}}$	0.8308	$W_{汛}=245.01e^{0.0106P_{汛}}$	0.8858
1980～1989 年	$W=774.51e^{0.0043P_{汛}}$	0.4982	$W_{汛}=71.293e^{0.0167P_{汛}}$	0.8655
1990～1999 年	$W=523.82e^{0.006P_{汛}}$	0.8290	$W_{汛}=169.15e^{0.0101P_{汛}}$	0.8328
2000～2009 年	$W=419.81e^{0.0052P_{汛}}$	0.7333	$W_{汛}=36.039e^{0.0146P_{汛}}$	0.7194

6.3.2 流域植被变化

6.3.2.1 土地利用类型及景观格局变化

基于中国资源与环境数据库相关资料，采用1985年、1996年、2000年和2010年4个时期的Landsat TM数据，在土地利用变化信息提取过程中参考地形图、区域专题研究资料与图件等其他资料。对上述4个时期TM遥感影像数据进行地理坐标配准，然后在经过几何精校正后的遥感影像上进行计算机屏幕人机交互判读。景观类型划分采用中国科学院资源环境科学数据中心的1∶10万土地利用分类系统，共划分出农耕地景观、林地景观、草地景观、水域景观、城乡及工矿居民用地景观和未利用土地景观6个Ⅰ级类型（图6-23）。

(a)西柳沟流域1985年土地利用分布

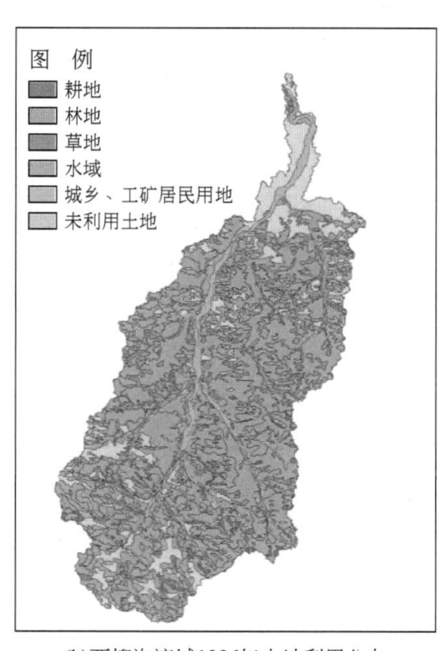

(b)西柳沟流域1996年土地利用分布

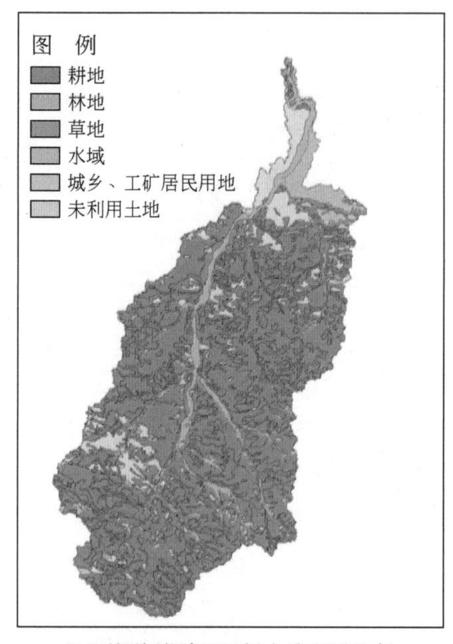

(c)西柳沟流域2000年土地利用分布

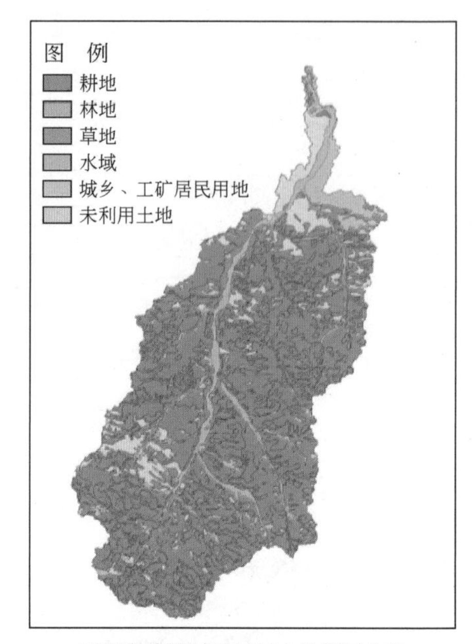

(d)西柳沟流域2010年土地利用分布

图 6-23 1985～2010 年土地利用分布图

从表 6-10 可以看出，与 1985 年相比，2010 年斑块个数减少到 553 块，减少了 20 块，减少率为 3.5%。其中，林地和水域的斑块数量增加，农耕地、草地和未利用土地的斑块数量都在减少，村庄的斑块数量基本上没有变化。斑块数量的变化可以表征景观的破碎程度，斑块越多景观的破碎程度就越高。因此，1985～2010 年总体景观破碎度在减小，林地和水域的破碎程度变大，耕地、草地和未利用土地破碎程度相对减小，村庄基本没有变化。

表 6-10 西柳沟流域景观结构组分类型

类型	年份	斑块数量（个）	数量占比（%）	斑块面积（km^2）	面积占比（%）
农耕地	1985	173	30.19	119.19	10.73
	1996	173	30.73	119.29	10.74
	2000	171	30.81	125.23	11.28
	2010	169	30.56	125.53	11.30
林地	1985	58	10.12	43.90	3.95
	1996	53	9.41	16.50	1.49
	2000	60	10.81	42.32	3.81
	2010	61	11.03	42.41	3.82

续表

类型	年份	斑块数量（个）	数量占比（%）	斑块面积（km^2）	面积占比（%）
草地	1985	70	12.22	733.61	66.07
	1996	69	12.26	726.88	65.46
	2000	58	10.45	748.60	67.42
	2010	55	9.95	749.08	67.46
水域	1985	15	2.62	59.49	5.36
	1996	14	2.49	58.31	5.25
	2000	15	2.70	58.44	5.26
	2010	17	3.07	59.81	5.39
村庄	1985	143	24.96	22.73	2.05
	1996	143	25.40	22.88	2.06
	2000	143	25.77	22.73	2.05
	2010	144	26.04	22.17	2.00
未利用土地	1985	114	19.90	131.49	11.84
	1996	111	19.72	166.55	15.00
	2000	108	19.46	112.09	10.09
	2010	107	19.35	111.47	10.04
总计	1985	573		1110.41	
	1996	563		1110.41	
	2000	555		1110.41	
	2010	553		1110.47	

从斑块面积可以看出，1985～2010年耕地、草地和水域的斑块面积都在增大，增长率分别为5.3%、2.1%和0.5%；林地和未利用土地的斑块面积都在减小，减小率分别为3.4%和15.2%。林地、草地和水域的斑块面积在4个时期内表现出先增加后减少的趋势，在1996年出现拐点，在一定程度上是1996年以前大量的开垦农地、伐木和放牧造成的。1999年国家实行退耕还林还草工程，加大对伐木和放牧的限制力度，故2000年以后林地和草地有所增加。

从相对面积来说，如果某种景观要素占景观面积的50%以上，就很有可能是基质，控制着景观中主要的生态流。从表6-10可以看出，农耕地、林地、草地、水域、村庄和未利用土地六大类景观组分的面积分布不均衡，4个时期草地的面积最大，为研究区域半自然景观的基质，且面积比例均超过60%，所以研究区半自然景观的稳定性较高，说明近年来流域的生态恢复工程措施取得了一定的成效。结合实地调查，部分水域中的水系为研究区景观的廊道，农耕地、林地、村庄和未利用土地为研究区景观斑块。

利用 Arctoolbox 的 Overlay 命令，对 1985 ~ 2010 年景观类型矢量文件进行空间叠加，应用 Statisti 命令提取各种土地利用类型之间转化的面积，从而建立景观类型空间转移矩阵（表 6-11）。

表 6-11　西柳沟流域 1985 ~ 2010 年土地利用变化转移矩阵　　单位：km^2

类型	各类型面积						合计	面积变化
	草地	建设用地	农耕地	林地	水域	未利用土地		
草地		1.18	9.70	0.95	1.54	14.31	27.69	-15.64
村庄	1.16		0.53	0.05	0.11	0.08	1.93	0.20
耕地	5.70	0.36		0.07	1.01	0.35	7.48	-6.06
林地	1.54	0.01	1.29		0.09	0.08	3.01	1.4570
水域	1.89	0.12	0.48	0.37		0.82	3.68	0.85
未利用土地	33.03	0.05	1.55	0.12	0.08		34.83	19.19
合计	43.31	1.72	13.55	1.56	2.83	15.64		

在流域宏观景观格局维持相对稳定下，景观类型之间发生着一定规模的相互转换，在局部地方甚至会引起景观格局的结构性调整。景观格局的转移矩阵可详细地说明景观类型之间相互转变的过程和流向。

1）农耕地 1985 ~ 2010 年由其他类型转化为农耕地的面积为 7.48km^2，主要来源于草地的转化。农耕地转化为其他类型的面积约为 13.548km^2，由此可以看出转出量远大于转入量，差值为 6.06km^2，总面积呈减小趋势。

2）林地 1985 ~ 2010 年由其他类型转化为林地的面积为 3.01km^2，主要来源于草地和耕地的转化。林地转化为其他类型的面积约为 1.56km^2，主要转化为草地和水域，且转入量大于转出量，差值为 1.45km^2，总面积呈增加趋势。

3）草地 1985 ~ 2010 年其他类型转化为草地的面积为 27.69km^2，主要来源于未利用土地的转化。草地转化为其他类型的面积约为 43.32km^2，主要转化为未利用土地，且转出量大于转入量，差值为 15.64km^2，总面积呈减小趋势。

4）水域 1985 ~ 2010 年其他类型转化为水域的面积为 3.687km^2，主要来源于草地的转化。水域转化为其他类型的面积约为 2.83km^2，主要转化为农耕地和草地，且转入量大于转出量，差值为 0.85km^2，总面积呈增加趋势。

5）村庄 1985 ~ 2010 年其他类型转化为村庄的面积为 1.93km^2，主要来源于草地的转化。村庄转化为其他类型的面积约为 1.739km^2，主要转化为农耕地和草地，且转入量大于转出量，差值为 0.21km^2，总面积微增，变化相对不大。

6）未利用土地 1985 ~ 2010 年其他类型转化为未利用土地的面积为 34.83km^2，主要来源于草地的转化。未利用土地转化为其他类型的面积约为 15.64km^2，主要转化为耕地和草地，且转入量大于转出量，差值为 9.19km^2，总面积呈增加趋势。

总体上看，西柳沟流域的景观类型的转移规律反映了该区景观格局的变化趋势。耕地和草地的面积呈减小态势。

6.3.2.2　植被覆盖度时空变化

利用 1998 ~ 2010 年夏季 TM、ETM 遥感数据和 http：//glovis. usgs. gov 影像数据，采用多光谱遥感解译方法，分析西柳沟流域植被覆盖度。根据流域植被生长发育状况，解译不同时期植被覆盖度时，按照样区统计特征值将全区的植被盖度分级，植被覆盖度分级采用基于阈值的密度分割法，共分为 5 个植被覆盖类型区（表 6-12）。

表 6-12　水蚀风蚀交错区典型流域植被覆盖度划分标准及类型

序号	植被覆盖度指标	植被类型区
L1	植被覆盖度<25%	低覆盖度类型
L2	25% ≤植被覆盖度<45%	中低覆盖度类型
L3	45% ≤植被覆盖度<60%	中覆盖度类型
L4	60% ≤植被覆盖度<75	中高覆盖度类型
L5	植被覆盖度≥75%	高覆盖度类型区

根据西柳沟流域遥感影像资料，解译并绘制 2000 ~ 2010 年流域下垫面植被覆盖度分布图及植被覆盖度变化（图 6-24、图 6-25）。根据西柳沟流域不同地貌类型区，统计分析上游黄土丘陵沟壑区、中游沙漠区和下游冲积平原区植被盖度空间分布差异。

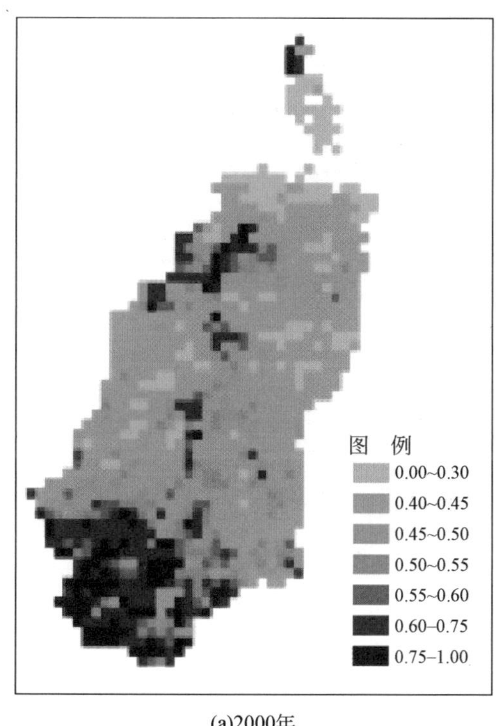

(a)2000年

(b)2001年

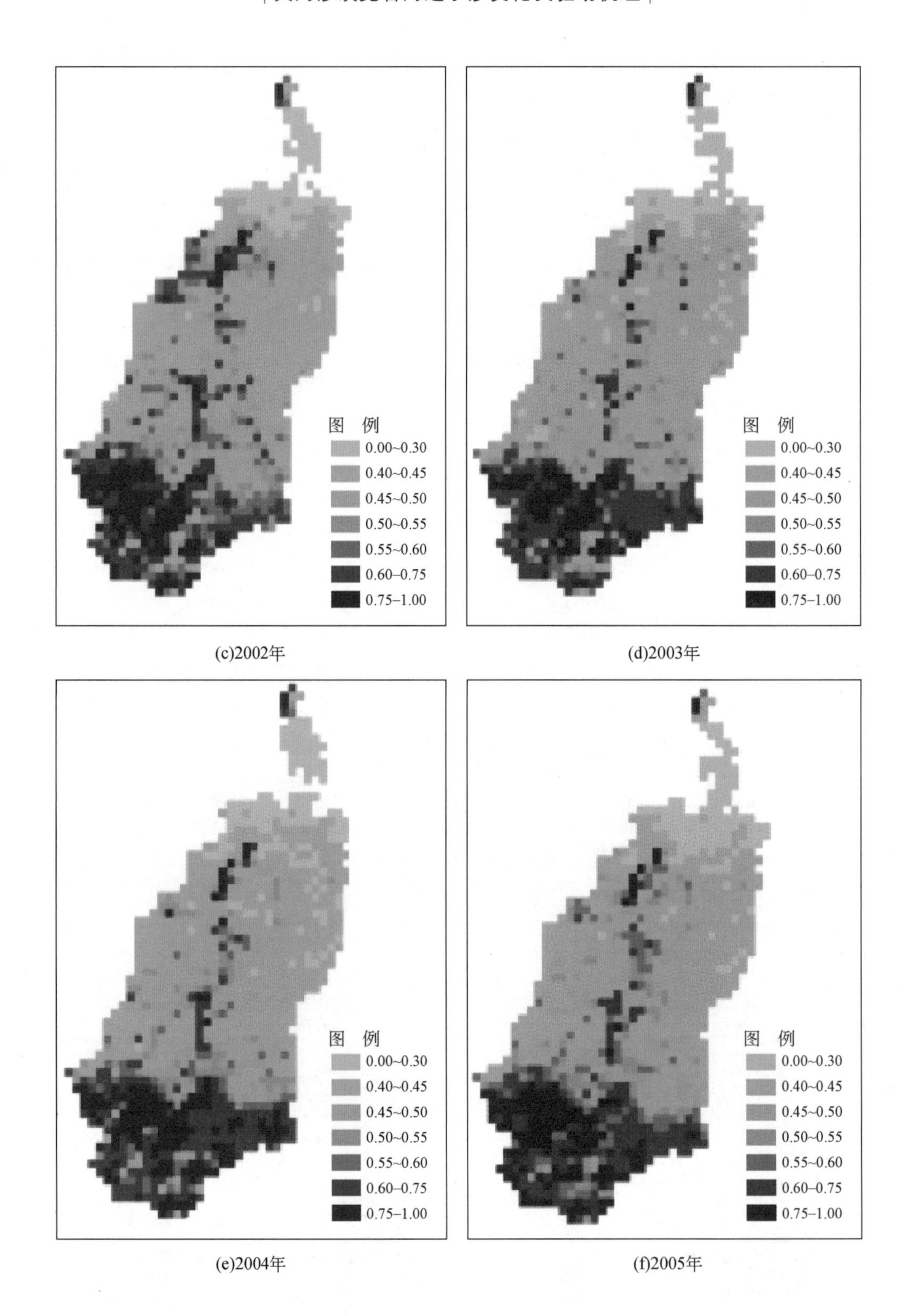

(c)2002年

(d)2003年

(e)2004年

(f)2005年

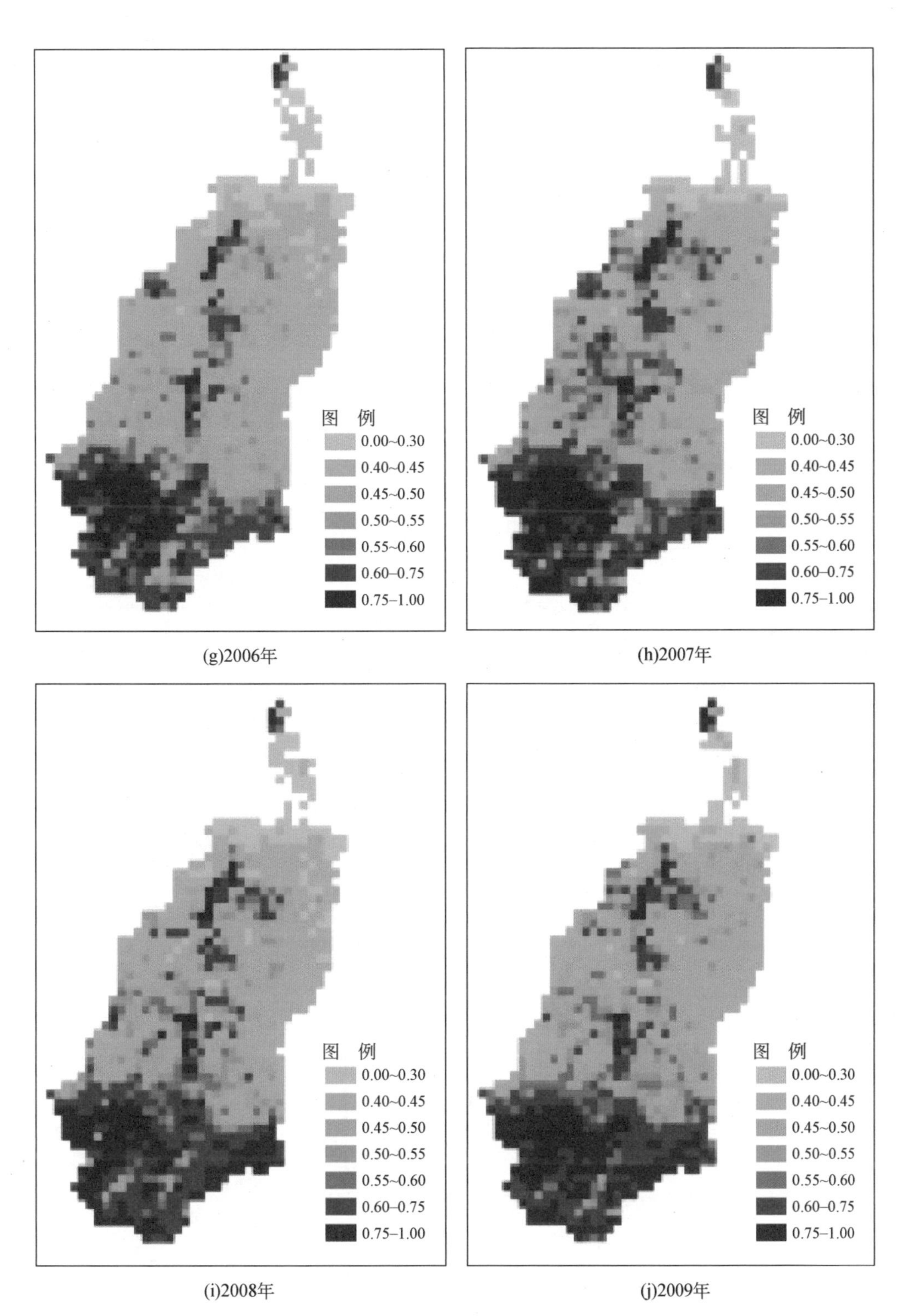

(g)2006年　(h)2007年

(i)2008年　(j)2009年

图 6-24　西柳沟流域历年植被覆盖度遥感解译图

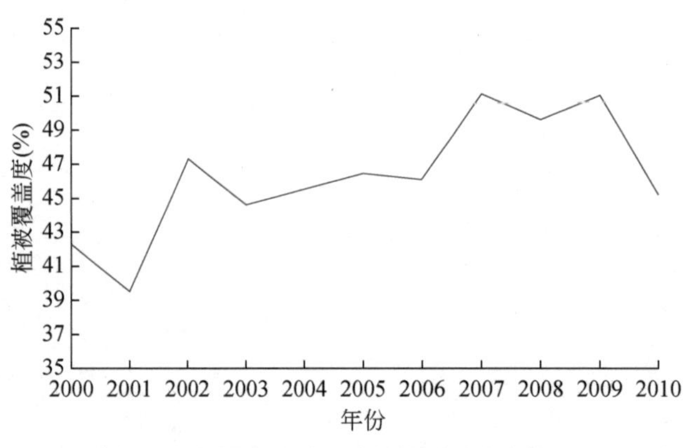

图 6-25 西柳沟流域平均植被覆盖度变化过程

从空间分布上看，植被盖度上、中、下游差异较大，上游区域植被盖度总体较高，中下游植被盖度较低，尤其是流域中游地区，因处于沙漠区，植被盖度多为低覆盖（图 6-26）。河道两岸因水分充足，植被盖度明显高于远离河道区域。

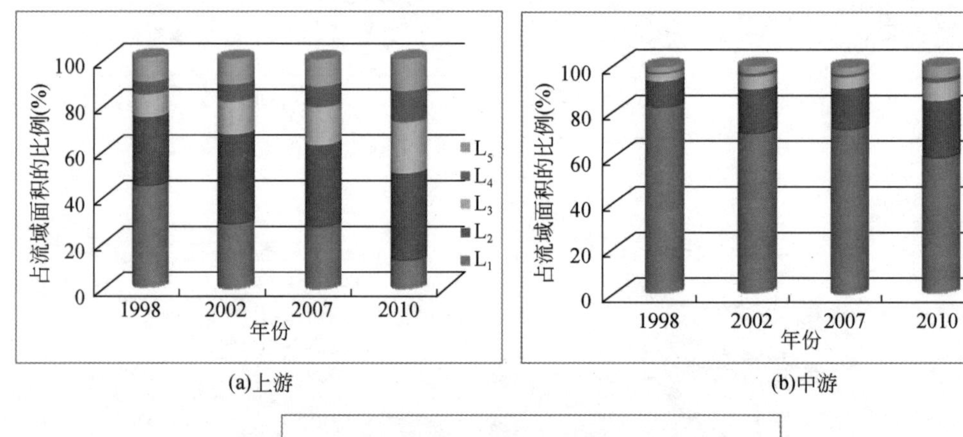

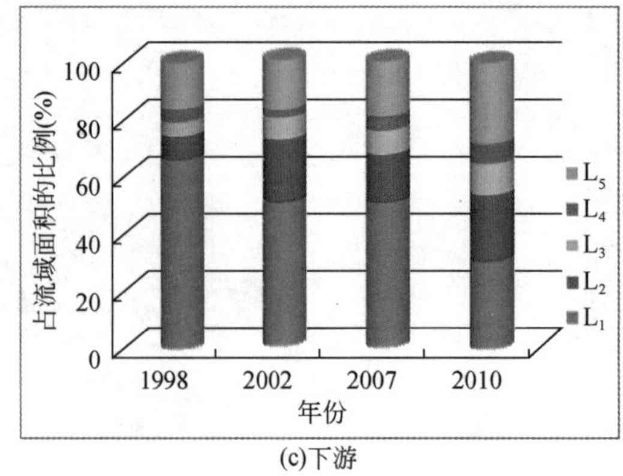

图 6-26 西柳沟流域上、中、下游历年植被盖度

注：$L_1 \sim L_5$ 代表含义见表 6-12。

流域上游地区1998年的主要植被盖度为低覆盖度，中低覆盖度其次，中高覆盖度所占比例最小；2002年低覆盖度类型面积明显降低，中低覆盖度面积增加最多，为该时期内最主要的植被盖度类型；2007年中覆盖度面积增加较多，中低覆盖度面积有所降低；2010年低覆盖度面积降低显著，中、中高和高覆盖度类型面积均有所增加，三者所占总面积的比例接近50%。总的来看，随着流域退耕还林、退牧还草等水土保持治理工程的实施，上游低覆盖度植被类型区面积减少，中低及以上的覆盖度植被类型区面积增加。

在中游地区，各时期均以低覆盖度类型为主，所占比例均超过50%，其中1998年低覆盖度以下植被类型区面积达到82%。各时期中高、高覆盖度类型面积比例均不超过7%。中游总体处于低覆盖区域。

在下游地区，1998年低、中低覆盖度为主要类型，所占比例为66%，中高、高覆盖度所占比例超过20%；2002年和2007年低及中低覆盖度仍然为主要类型，所占比例超过50%；2010年低覆盖类型降低明显，所占比例降至31%，中高、高覆盖度类型比例上升至35%。

6.3.3 产流对流域植被变化的响应关系

西柳沟流域水土保持工作始于20世纪60年代，治理措施以植物措施为主，主要分布在上游，但由于受气候条件等自然因素的限制，治理成效并不明显。2000年水土保持综合治理面积为134.7km²，治理度为10.6%。频繁的洪涝灾害对黄河干流造成了相当大的灾害并形成很大的潜在危害，中华人民共和国水利部、内蒙古自治区及地方政府给予了高度重视，自2000年，先后实施了水土保持世行贷款项目、水土保持国债项目和水土保持淤地坝系建设项目等综合治理工程。2007年底，已治理水土流失面积达306.9km²，治理程度提高到37.8%（陈怀伟等，2008）（表6-13）。

表6-13 不同时段西柳沟流域水土保持综合治理措施量

年份	治理面积（km²）	基本农田(hm²)	造林（hm²）	人工种草（hm²）	封禁治理(hm²)	淤地坝（座）
2000	134.7	2 786	8 938	1 234	500	15*
2007	306.9	1 591	26 020	976	2 100	47

注：* 为涝池塘坝。

为了分析流域下垫面植被变化对产流输沙的影响，结合流域水土保持综合治理情况，将时间序列划分为两个时段，即2000年以前时期和2000年以后的时期。

根据2000年综合治理前后降雨、径流及输沙变化分析，2000年以来，流域降水量较前期增加了3.7%，而径流量和输沙量却呈现明显减少趋势，径流量同前期相比减少37.5%，输沙量减少73.9%（表6-14）。

在流域降水量基本不变甚至增多的情况下，径流量和输沙量同前期相比明显减少，说明综合治理效益是比较明显的。当然，径流量及输沙量的减少受多种因素的影响，如淤地坝的拦蓄作用，农业牧业引水、植被保水固土。

表 6-14　西柳沟流域不同时期水沙变化

时段	降水量（mm）	径流量（万 m^3）	输沙量（万 t）
1960～1999 年	265	3 166	460
2000～2010 年	275	1 980	120
1960～2010 年	267	2 910	387

6.4　被覆变化对产流机制的胁迫作用及其临界

6.4.1　被覆对降雨产流过程中土壤水分的影响

图 6-27 给出了植被覆盖度为 33% 的试验小区在降雨强度不同条件下，降水前后土壤含水量的变化。在小区初始含水量基本一致的情况下，降雨强度越大，降雨后土壤含水量的增加幅度越小，主要是由于在高雨强降雨条件下，小区表面的草被极易被雨水击伏于地表，形成了一个相对光滑的“下垫面”条件，阻碍了降雨入渗过程的发展，使在同样降雨历时后，表层土壤含水量增加幅度减小。

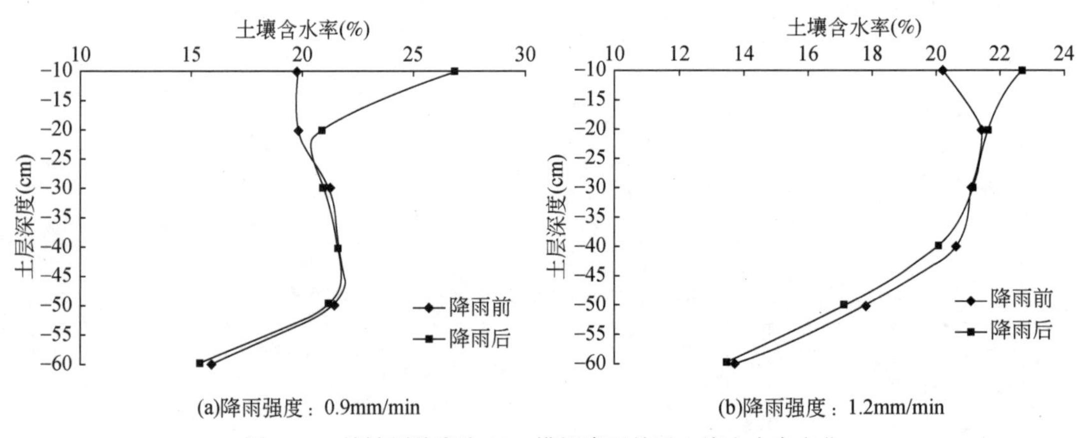

图 6-27　植被覆盖度为 33% 模拟降雨前后土壤含水率变化

另外，同天然降雨条件下的观测结果相似，次降雨过程仅对表层土壤含水量变化产生明显的影响，对 20cm 以下的土壤含水量变化基本没有影响。

6.4.2　被覆对降雨入渗的影响

植被覆盖度高的小区，单位体积内的根系数量多，空隙率大，因而应该说植被覆盖度的提高有利于降雨入渗（图 6-28）。

根据测定，不同地表覆盖度条件下土壤稳定入渗率为 0. 47～1. 05mm/min。

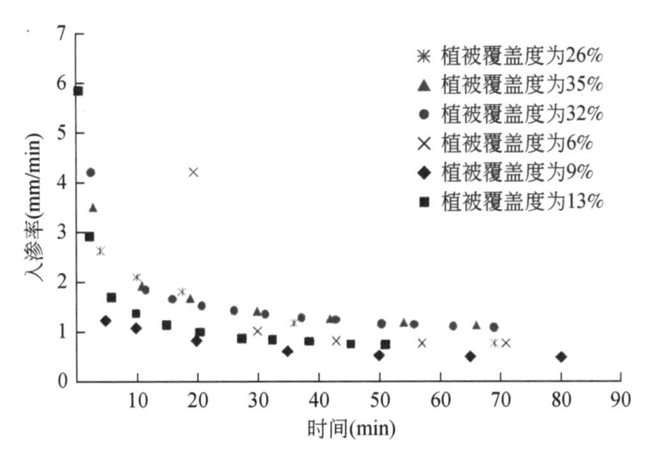

图6-28 不同覆盖度条件下入渗率随时间变化过程

6.4.3 被覆对降水产流过程影响

图6-29、图6-30分别给出了相同雨强条件下不同试验小区累积降水量与累积产流量的关系。植被覆盖度越高，在相同的降水量条件下，产流量相对要小，说明在其他边界条件基本一致的情况下，提高植被覆盖度，可以有效提高降水产流过程中的降水入渗量。

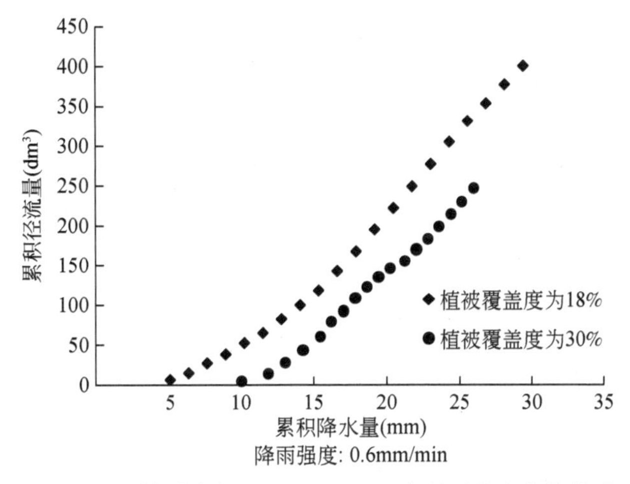

图6-29 植被覆盖度（18%、30%）条件下降水产量关系

另外，无论植被覆盖度高低，雨强越大，相同降水量下的累积产流量越大，说明高雨强下的入渗率并不一定高。

在降水强度为0.5mm/min、初始含水量基本相同条件下，随着降水历时的增长土壤含水量增加（图6-31）。从5#小区和6#小区土壤水分变化过程曲线中可以看出，植被覆盖度越高，降水过程中土壤含水量增加也越多，说明在0.5mm/min雨强条件下，植被具有增加土壤下渗能力的作用。2#小区为去除表层结皮层的裸坡，从其土壤含水量变化曲线上来看，结皮层在一定程度上会抑制水分的下渗。

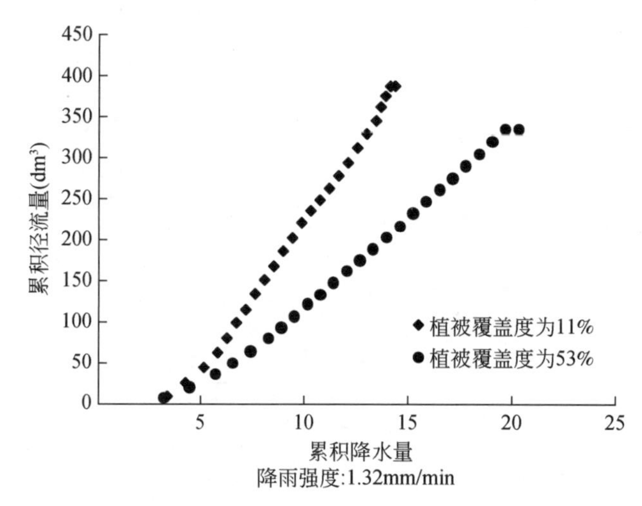

图 6-30　植被覆盖度（11%、53%）条件下降雨产量关系

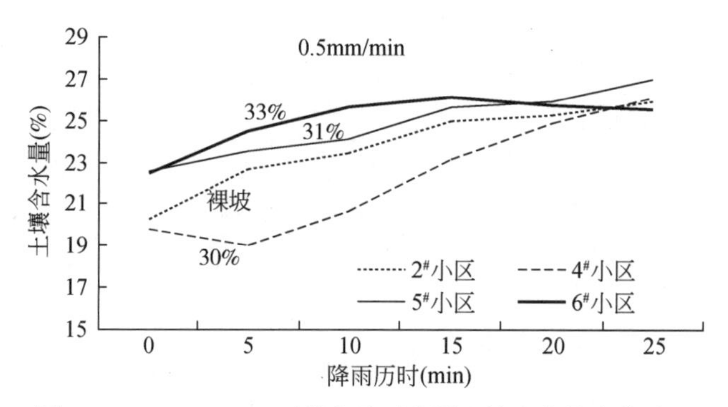

图 6-31　0.5mm/min 雨强条件下表层土壤含水量变化过程

图 6-32 为试验小区表层土壤水分变化过程线，其中 2#小区（裸坡）降雨强度为 1.02mm/min，6#小区（覆盖度 33%）降雨强度为 0.91mm/min，虽然两者雨强基本接近，但从表层土壤含水量变化过程看，整个降水过程土壤含水量变化不大，说明在此雨强条件下，降水绝大部分转化为地表径流，而且裸坡的土壤入渗率大于有植被覆盖小区的土壤入渗率。

对比 2#小区及 6#小区的土壤含水量不难发现，裸坡条件下土壤含水量高于有植被覆盖的土壤含水量。一种可能是由于裸坡试验前进行平整，去除了表面结皮层，土质疏松，较有植被盖度情况下土壤孔隙度大、密实度小，使裸坡降雨过程中雨水下渗量相对较大；另一种可能是由于试验时紫花苜蓿的长势较柔弱，在该雨强条件下，受雨滴的击打作用，紫花苜蓿直接覆盖在坡面，起到了一层防护作用，一定程度上阻延了雨水的下渗。

进一步分析同一植被覆盖度条件下，被覆对小区不同部位土壤入渗性能的影响表明（图 6-33），根据降雨量为 24mm、降雨强度为 6.27mm/h、最大降雨强度为 66.0mm/h 的天然降水观测，在植被覆盖度 30% 条件下，表现出小区下坡位的被覆对土壤入渗率的影响作用明显大于上坡位，在小区上坡位，对土壤入渗率的影响深度为 30cm，而在下坡位可以达到 70cm 深。

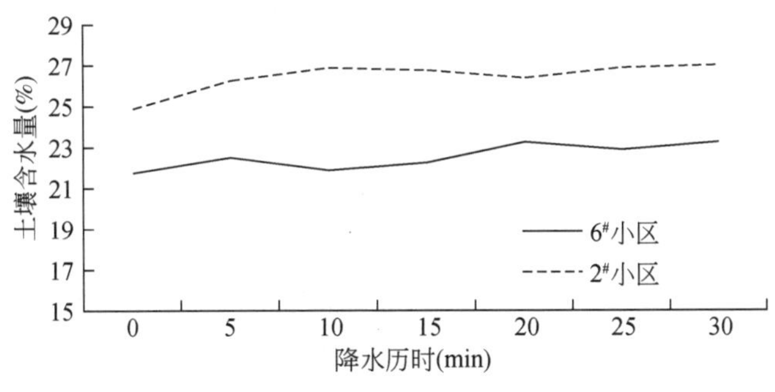

图 6-32 表层土壤含水量变化过程

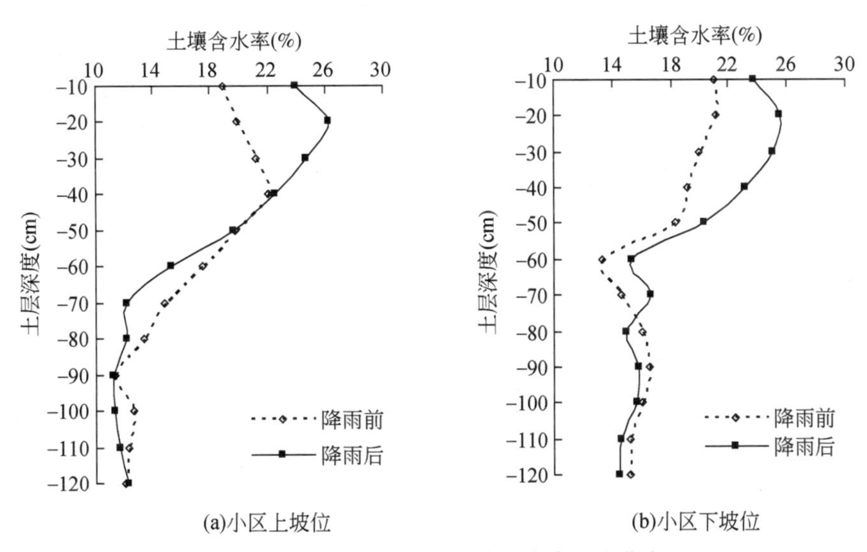

图 6-33 小区不同部位土壤含水率垂向分布

为进一步分析被覆对土壤入渗率变化过程的影响，通过人工降雨试验，分析不同植被覆盖度下，两场强度分别为 1.0mm/h、0.5mm/h 的人工降雨条件下平均土壤入渗率变化过程（图 6-34）。

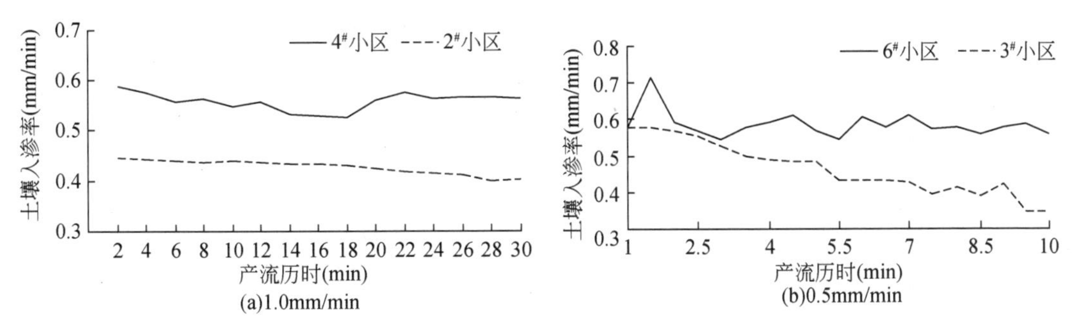

图 6-34 不同植被覆盖度下降水入渗过程

注：6#、4#小区的植被覆盖度均为 33%，3#、2#的分别为 18%、0

无论在哪种雨强条件下，植被覆盖度越高，其土壤下渗率也越高，如在 1.0mm/min 雨强条件下，植被覆盖度 33% 的稳定土壤入渗率为植被覆盖度 18% 的 1.6 倍。在 0.5mm/min 雨强条件下,植被覆盖度对土壤入渗率的影响也很明显，植被覆盖度为 33% 的稳定土壤入渗率为裸坡 2# 小区的 1.5 倍。另外，在试验的降雨强度范围内，相同植被覆盖度条件下，降雨强度越高，初始土壤入渗率也相对越大，但稳定下渗率基本相同。

另外，进一步观测表明（图 6-35、图 6-36），在同一流量下，自然修复坡面比人工草被坡面具有更明显的减蚀作用和拦减径流作用。与裸坡相比，自然修复坡面减沙 89.76% ~ 98.00%，减流 46.97% ~ 53.30%，增加入渗 114.00% ~ 126.54%；人工草被坡面减沙约 95%，减流不足 20%，增加入渗约 50%。

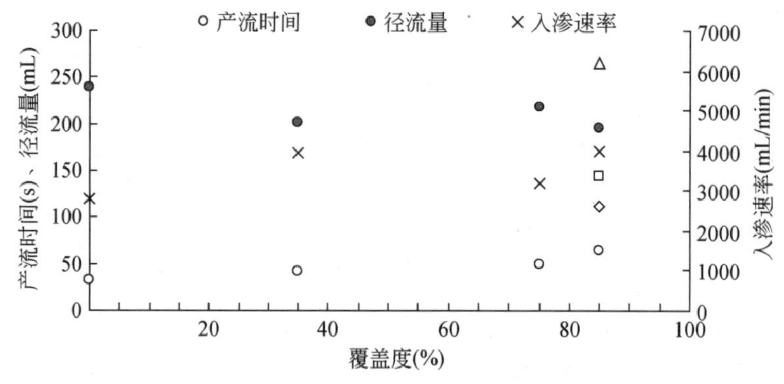

图 6-35　不同立地条件下坡面产流及入渗特征

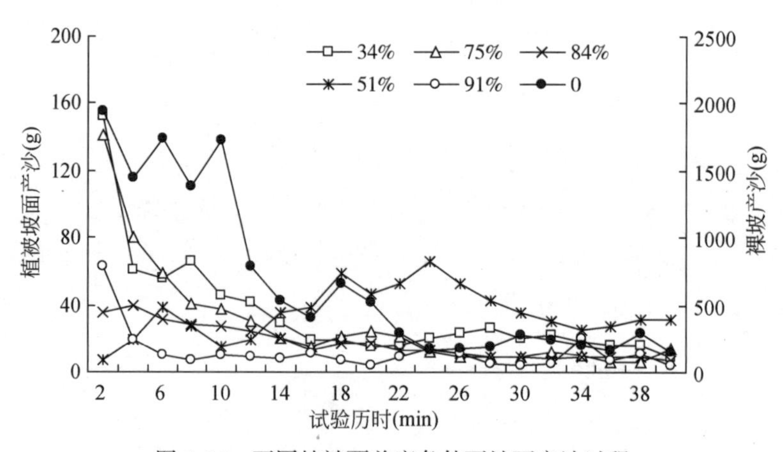

图 6-36　不同植被覆盖度条件下坡面产沙过程

裸坡、人工草被和自然修复坡面 3 种立地类型下，自然修复坡面出现产流的时间最长、入渗率最高、径流量最少；裸坡坡面出现产流的时间最短、入渗率最低，径流量最多；人工草被坡面，入渗率和出现产流的时间均高于裸坡坡面而低于自然修复坡面。

同时，在相同流量和坡度条件下，自然修复坡面的产沙量和径流量最低，裸坡坡面的产沙量和径流量最高，人工草被坡面的数据点位于两者之间，说明 3 种立地类型下具有不同的水沙关系（图 6-37）。

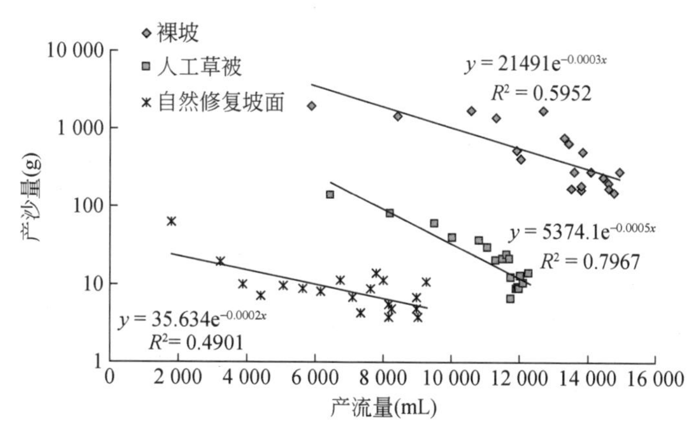

图 6-37 不同立地条件下径流泥沙关系

上述分析说明，自然修复植被对产流过程的影响较人工植被的作用大。

根据前期的试验研究，被覆还具有对地表径流过程调节的作用。在降水强度相对较小时，裸坡地的径流过程具有明显的起涨过程，而草地和灌木地的起涨阶段不明显。不过，在高强度降雨条件下，无论对植被覆盖度达到60%的草地、灌木，还是对裸坡地，径流过程均有明显的涨水阶段。由此表明，在一定的雨强范围内，被覆对洪水过程具有消波调控作用。但是，即使在被覆度达到60%以上时，对于陡坡黄土而言，在强降雨条件下，草灌等水土保持生物措施对产沙的作用仍是有限的。

上述分析表明，植被具有增加土壤入渗、调节地表径流过程的作用，进而可以减少地表径流量，改变地表产流过程。显然，植被重建尤其是植被自然修复必然对水沙变化起到驱动作用。

6.4.4 被覆对降雨产流机制影响

6.4.4.1 产流机制类型

产流机制是指在一定的供水与下渗条件下，水分沿土层的垂向运行中，各种径流成分的产生原理和过程。根据产流机制的不同，产流类型主要分为超渗产流、蓄满产流及混合型产流三大类型（表 6-15）。

表 6-15 产流类型及其发生条件

序号	产流类型	发生的基本条件
1	超渗地面径流型	包气带很厚，土湿小，透水性差。雨强相对较大；包气带虽不很厚，但久旱后遇到大强度暴雨
2	超渗地面径流和壤中水径流组合型	相对不透水层很浅，但下层很厚，上层透水性差，下层更差，雨强相对较大；久旱以后遇到大强度暴雨
3	饱和地面径流和壤中水径流组合型	相对不透水层很浅，但下层很厚，上层透水性极好，下层透水性很差，雨强几乎不能超过地面下渗容量，久雨之后

续表

序号	产流类型	发生的基本条件
4	超渗地面径流和地下水径流组合型	包气带不厚，均质土壤，地面透水性一般，降雨历时较长
5	壤中水径流和地下水径流组合型	包气带不厚，但相对不同水层较深，上层极易透水，下层略次。雨强相对不大，几乎不超过地面下渗容量
6	壤中水径流型	包气带厚，相对不透水层浅，上层极易透水，下层透水性很差，雨强几乎不能超过地面下渗容量
7	超渗地面径流、壤中水径流和地下水径流组合型	包气带不厚，存在相对不透水层，地面透水性差，下层更差，雨强大，降雨历时长
8	饱和地面径流、壤中水径流和地下水径流组合型	包气带不厚，存在相对不透水层，地面极易透水，下层次之，雨强小，降雨历时长
9	地下水经流型	包气带不厚，均质土壤，极易透水，雨强几乎不能超过地面下渗容量，降雨历时长

超渗产流是指发生在包气带上界面（地面）的产流机制，或者说超渗产流指地面径流产生的原因是同期的降水量大于同期植物截留量、填洼量、雨期蒸发量及下渗量等的总和，多余出来的水量而产生了地面径流。超渗产流发生的前提条件是产流界面是地面(包气带的上界面)，必要条件是要有供水源（降水），充分条件是降水强度大于下渗强度。

蓄满产流是因降水使土壤包气带和饱水带基本饱和而产生的径流方式，是降水满足植被截留、入渗、填洼损失后，损失不再随降水历时增加而显著增加，土壤基本饱和时产生的地表径流。蓄满产流产生的物理条件有两个，一是存在相对不透水层，且上层土壤的透水性很强，而下层土壤的透水性却弱得多；二是上层土壤含水量达到饱和含水量。

由于包气带结构的复杂性和降水特征的多变性，有些地区的产流特点介于上述两种类型之间，即所谓混合型产流。常见的混合型产流有超渗地面径流和壤中水径流组合型；饱和地面径流和壤中水径流组合型；超渗地面径流和地下水径流组合型；壤中水径流和地下水径流组合型；超渗地面径流、壤中水径流和地下水径流组合型；饱和地面径流、壤中水径流和地下水径流组合型。

对于超渗产流地区，地面径流的产生取决于降水与植物截留、雨间蒸发、填洼及下渗等的对比关系。雨间蒸发、截留和填洼在地面径流的产生过程中不起支配作用①（地表水4种径流产流机制）。下渗量可占到一次降水量的百分之几到百分之百，下渗在地面产流过程中具有决定性的意义。

影响下渗的因素有很多，其中植被作用也较为明显。不少人开展了有关油松林（钱金平等，2011）、生物结皮（李莉等，2010；熊好琴等，2011；张侃侃，2011）等对土壤下渗能力影响的研究。对于超渗产流地区来说，在植被作用下，土壤下渗能力增加，若包气

① http://www.docin.com/p-133963248.html&dpage=1&key=%E6%B5%81%E4%BA%A7%E6%80%8E%E4%B9%88%E6%B2%BB。

带中存在相对不透水层，且上层土壤的质地比下层粗、上层土壤中的含水量达到田间持水量，产流机制可能会发生变化，成为壤中水径流或者转化为其他产流类型，即受植被的胁迫性作用，产流机制可能会发生变化。

对于在干旱且以中低覆盖度为主的地区，植被类型以草本为主的流域，土壤的质地等物理性质不变，对产流机制产生影响的是植被覆盖度，植被使土壤下渗能力增大，在产流时，表层土壤能不能达到饱和是判断产流机制有没有发生的一个重要指标。

6.4.4.2　植被对产流机制影响分析

在试验过程中除了采用 TRIME 土壤水分测定仪测定降雨过程中不同深度土壤水分变化外，还采取环刀法测定表层土壤水分变化。在降雨开始前用环刀在小区上、中、下 3 个不同部位采样、称重，在开始产流时，采用同样的方法对小区采样、称重，之后利用烘箱将土样烘至恒重，计算土壤含水量（表 6-16）。

表 6-16　各小区降雨产流时土壤含水量

小区编号	植被覆盖度（%）	降水强度（mm/min）	初始含水量（%）	产流初含水量（%）
2	裸坡	0.5	11.6	22.9
2	裸坡	0.48	13.1	29.7
4	30	0.64	12.3	22.2
5	31	0.60	16.7	24.1
2	裸坡	1.02	15.1	24.7
3	18	0.98	14.5	21.8
6	33	1.0	13.9	24.0
3	18	1.3	—	16.9
6	33	1.2	17.0	21.6

注：“—”代表无数据。

由于试验过程中去除了裸坡结皮层，其表层土壤密实度较有植被覆盖小区的小，在同一雨强条件下，下渗到土壤中的水分较多，其含水量相对较高。

对比 0.5mm/min 雨强条件下坡面产流时土壤含水量不难发现，5#小区植被覆盖度略高于 4#小区，其产流时土壤含水量也略大于 4#小区的土壤含水量，说明植被覆盖度越高，其产流时土壤含水量也越大，即植被作用下土壤下渗能力增强，具有较好的蓄水作用。这种规律在 1.0mm/min、1.2mm/min 雨强条件下也是存在的。

土壤饱和度可以反映土壤含水量的高低，其计算公式为

$$饱和度 = 土壤水分体积/土壤孔隙体积 \times 100\%$$

如果饱和度基本达到 100%，说明产流时土壤已经达到饱和状态，为饱和地面径流，属蓄满产流模式；若<100%，则说明产流时土壤未达到饱和状态，可认为属于超渗产流模式。

从表 6-17 可以看出，无论裸坡还是植被覆盖度 30% 以上，其产流时土壤饱和度最高达到 64.9%，说明均未达到饱和状态，不满足蓄满产流发生的条件。因此，在试验条件下，研究区域的产流模式仍为超渗产流模式。

表 6-17　不同覆盖度条件下产流时土壤含水率及饱和度特征统计值

覆盖度（%）	降雨强度（mm/min）	产流时土壤含水率（%）	产流时土壤饱和度（%）
33	1.0	24.0	37.9
	1.2	21.6	44.6
31	0.6	24.1	48.1
30	0.64	22.2	28.0
18	0.98	21.8	40.1
	1.3	16.9	39.3
0	0.48	29.7	29.6
	1.0	24.7	64.9

当然了，本研究的植被覆盖度较低，对于高植被覆盖度条件下土壤下渗能力会有怎样变化，是否会由超渗产流转变为蓄满产流，有待于进一步开展试验研究。

另外，从产流开始时间与入渗基本达到稳定时间的关系上，也可以分析是否达到蓄满产流的条件。蓄满产流时，土壤已经达到饱和，即产流时土壤入渗率达到稳定值。根据图 6-38 给出的不同降水强度条件下产流过程与入渗过程变化曲线分析，在植被覆盖度为 61% 的试验小区内，降雨强度为 1.12mm/min 时，降雨 1.5min 左右就开始产流，而从入渗变化曲线上来看，入渗并没有达到稳定状态，土壤入渗达到稳定状态是在降雨 11min 之后。当降雨强度为 1.42mm/min 时，降雨 1.7min 后开始产流，降雨 6.7min 后土壤入渗率开始达到基本稳定状态。但是随着降雨强度的增大，土壤入渗达到稳定时间与产流开始时间的间隔缩短。降雨产流时间与入渗稳定时间没有同步性，说明降雨产流机制未发生明显变化。

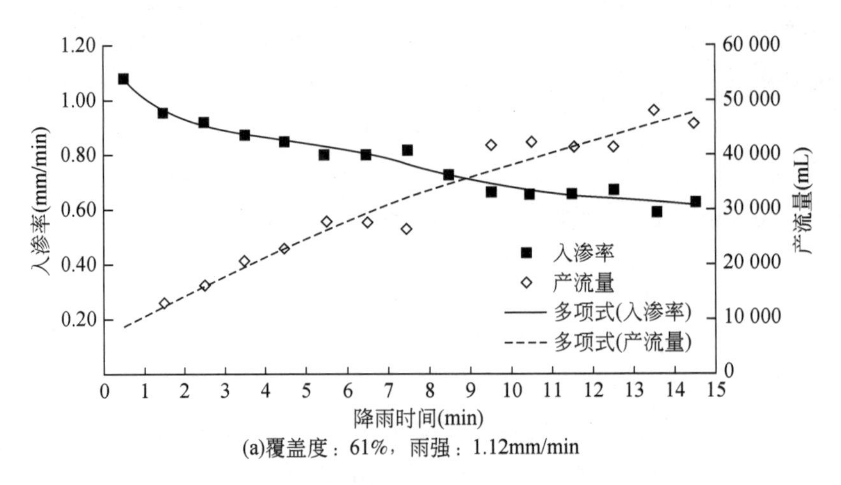

(a)覆盖度：61%，雨强：1.12mm/min

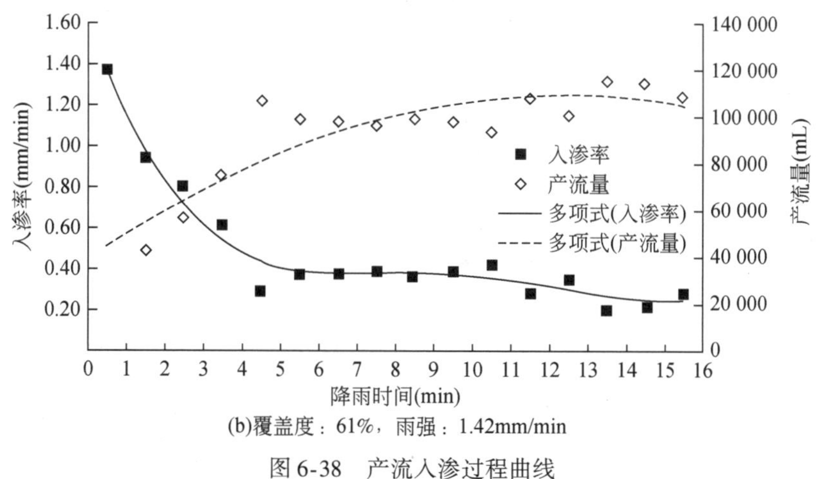

(b)覆盖度：61%，雨强：1.42mm/min

图 6-38 产流入渗过程曲线

6.4.4.3 不同被覆条件下产流模型

根据人工模拟降水试验观测数据，利用 Horton 模型、Philip 模型进行拟合（图 6-39、图 6-40，表 6-18），辨识在具有不同植被覆盖度条件下的产流模型是否符合 Horton 模型或 Philip 模型。

Horton 模型为

$$f=f_c+（f_0-f_c）e^{-kt}$$

式中，f 为入渗率；f_c为稳定入渗率；f_0为初始入渗率；t 为时间；k 为与土壤特性有关的经验常数。在试验区内，k 的取值为 0.02 ~0.17。

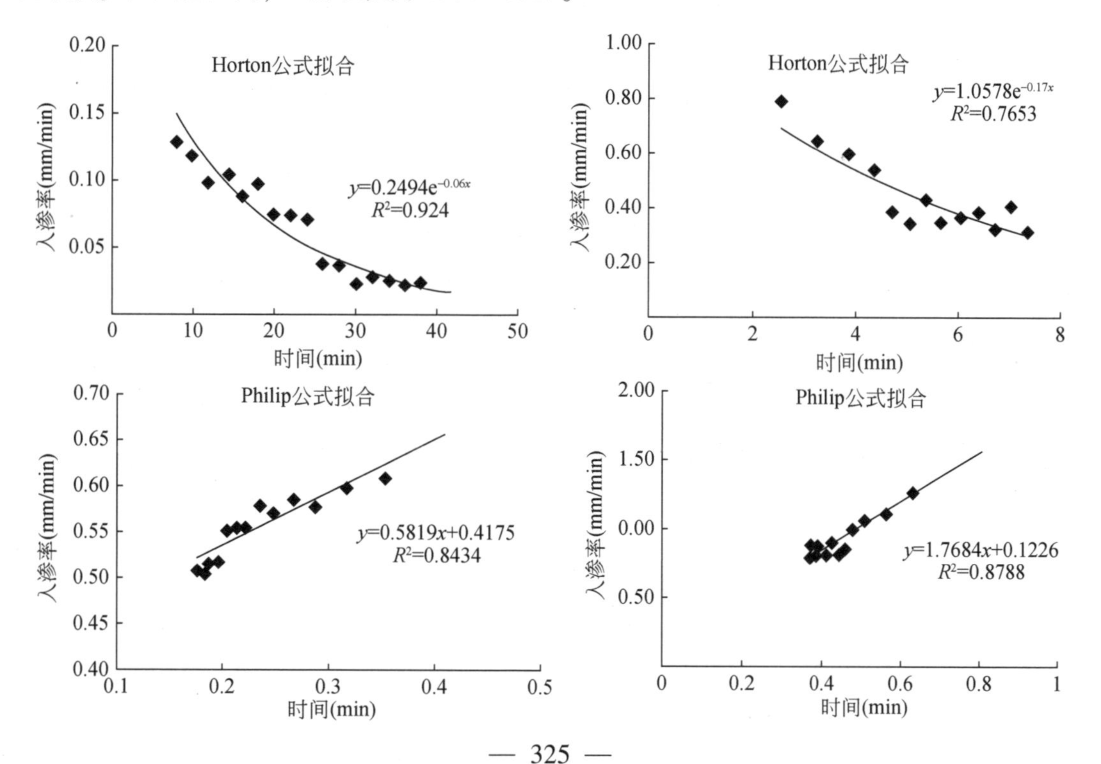

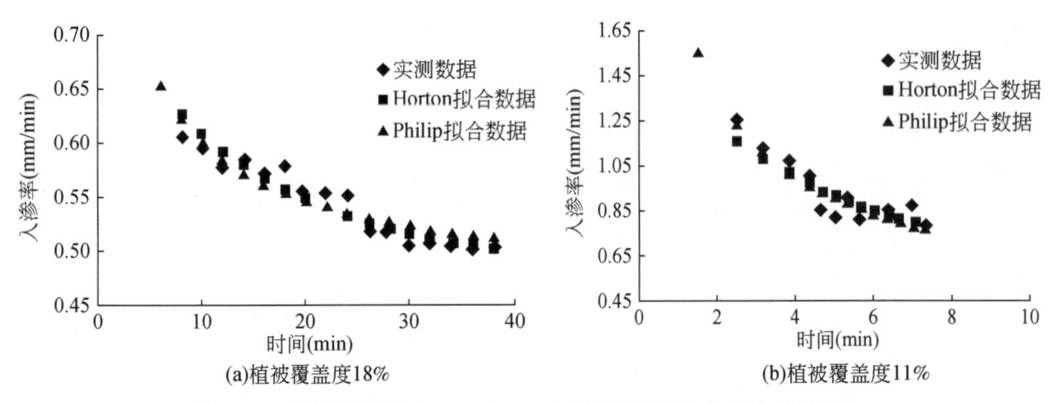

图 6-39 植被覆盖度为 18% 和 11% 的试验小区降水入渗过程拟合

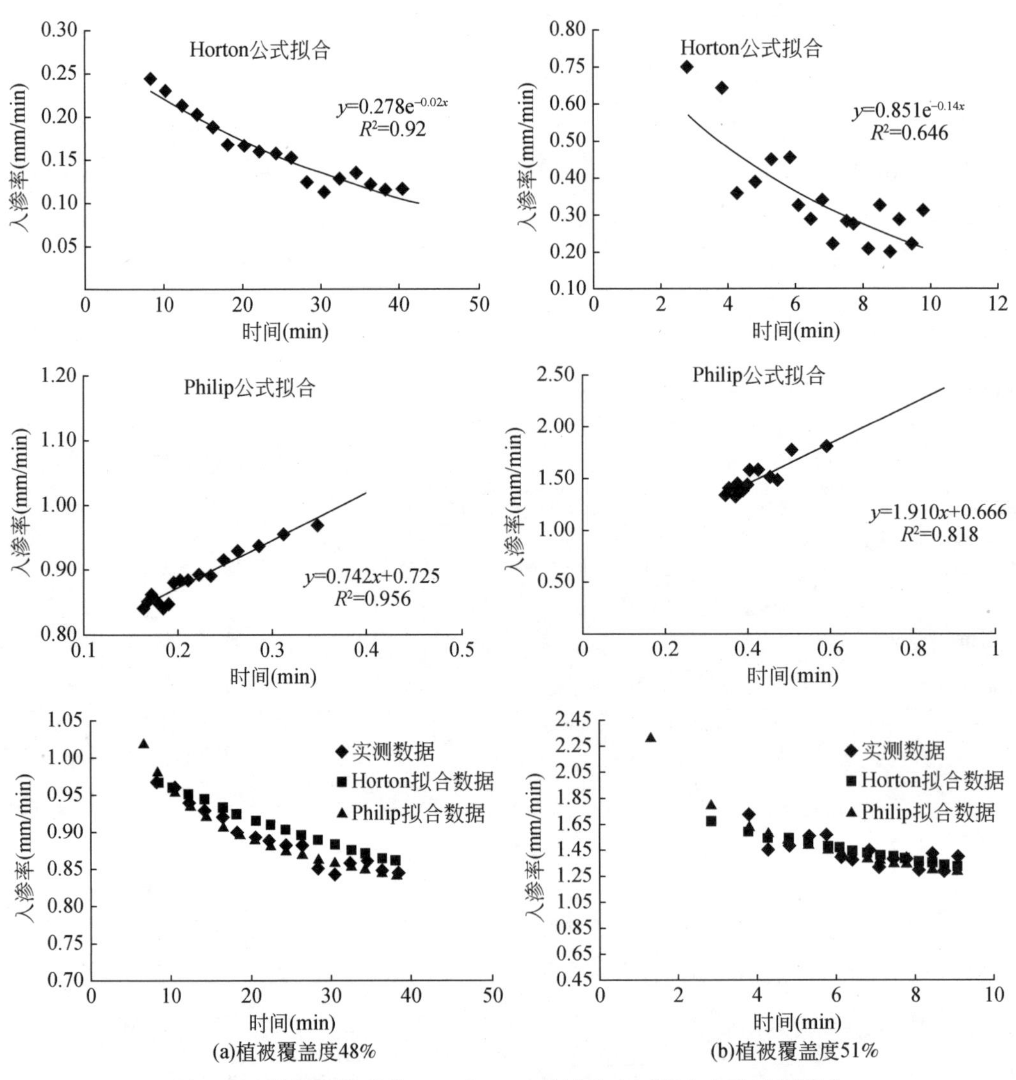

图 6-40 植被覆盖度为 48% 和 51% 的试验小区降水入渗过程拟合

表 6-18 不同盖度条件下入渗过程拟合公式

覆盖度（%）	Horton 模型拟合	相关系数 R	Philip 模型拟合	相关系数 R
18	$f=0.48+0.2494e^{-0.07t}$	0.96	$f=0.5819t^{-1/2}+0.4175$	0.91
11	$f=0.47+1.0578e^{-0.17t}$	0.87	$f=1.7684t^{-1/2}+0.1226$	0.94
48	$f=0.73+0.2784e^{-0.02t}$	0.96	$f=0.7420t^{-1/2}+0.7250$	0.98
51	$f=1.10+0.8500e^{-0.14t}$	0.80	$f=1.9100t^{-1/2}+0.6660$	0.90

Philip 模型为

$$f=at^{-1/2}+b$$

式中，a 为土壤吸着力，根据试验观测数据的拟合，试验区条件下其变化范围一般在 0.5～2.0。

从上述的拟合关系图表可以看出，无论是 Horton 模型还是 Philip 模型，其拟合的相关系数均比较高，都在 0.80 以上，说明在试验条件下，植被覆盖度即使达到了 50% 以上，或者说即使达到中覆盖度，产流机制仍然没有明显变化，仍然符合超渗产流模式。

当然，还必须强调的是，本研究的试验组次相对较少，植被覆盖度最大为 61%，缺乏更高的覆盖度试验组次，同时降水强度组次也相对较少，因此，在更高植被覆盖度及更大雨强条件下，产流模式是否会有所变化，或者说是否会有蓄满产流模式或混合模式出现，都有待进一步研究，而本研究属于初步探索。

6.5 小 结

1）西柳沟流域多年（1960～2010 年）平均降水量为 261.8mm，20 世纪 90 年代以来，降水量呈现增多趋势，较多年平均偏多 5% 以上，但流域径流量自 2000 年以来明显减少，且汛期径流量占年总径流量的比例越来越低。

2）西柳沟流域植被以中覆盖度（植被覆盖度 45%～60%）、中低覆盖度（植被覆盖度 25%～45%）为主，约占流域总面积的 93%。从变化趋势看，中低覆盖度水平植被面积呈现增加趋势，而低覆盖度水平植被面积呈明显减少趋势，流域整体植被盖度呈良好发生状况。

3）虽然不同年代降水径流关系有所不同，但其函数关系类型没有发生变化，说明产流机制未发生明显变化。

4）植被具有增加土壤下渗能力的作用，植被覆盖度越高，产流时土壤含水量越大。

低雨强条件下（0.5mm/min），无论裸坡还是有植被覆盖小区，降雨仅对表层 0～10cm 的土壤含水量产生影响；雨强在 1.0mm/min 左右时，降雨可以影响到裸坡 20cm 以上的土层含水量，有植被覆盖的小区可以影响到 50cm 以上的土壤含水量。

试验条件下，无论裸坡还是植被覆盖度达到 50% 以上，其产流时土壤饱和度最高只达到 64.9%，均未达到饱和状态。从产流机制的发生条件来看，仍为超渗产流，未发生变化。

中高植被覆盖度条件下，若初期含水量不高，土壤最大下渗能力可以达到 1.5mm/

min，超过当地的平均降水强度，这就表明，在土壤条件适宜的地区，流域产流有转化为混合型产流模式的可能性。

由于降水—入渗—产流是一个非常复杂的过程，本研究仅分析了中低覆盖度条件下植被对土壤入渗的影响，在该水平条件下，产流机制没有发生明显变化，仍以超渗产流为主，而对于高植被覆盖度条件下土壤下渗能力会发生怎样的变化，有待进一步开展试验研究。

参考文献

陈怀伟，任青山，曹颖梅. 2008. 内蒙古西柳沟流域黄土丘陵沟壑区坝系工程规划及减沙效益分析［J］. 内蒙古水利，(4)：69～70.

冯国华，张庆穷. 2008. 十大孔兑综合治理与黄河内蒙古段度汛安全［J］. 中国水土保持，(4)：8～10.

李莉，孟杰，杨建振，等. 2010. 不同植被下生物结皮的水分入渗与水土保持效应［J］. 水土保持学报，(5)：105～109.

李璇. 2013. 西柳沟流域水沙流失特点及治理措施探讨［J］. 内蒙古水利，(1)：89～90.

刘俊萍，田峰巍，黄强，等. 2003. 基于小波分析的黄河河川径流变化规律研究［J］. 自然科学进展，13（4）：383～387.

刘韬，张士锋，刘苏峡. 2007. 十大孔兑暴雨洪水产输沙关系初探—以西柳沟为例［J］. 水资源与水工报，18（3）：18～21.

钱金平，王仁德，张广英. 2011. 太行山区人工油松林对坡面入渗产流的影响［J］. 水土保持学报，(6)：40～43.

孙爱文，张荣旺，马广铭，等. 2002. 鄂尔多斯高原十大孔兑洪水泥沙分析［J］. 内蒙古科技与经济，(1)：69～70.

王金花，刘红梅，康玲玲，等. 2006. 黄河中游干旱的变化及区间遭遇分析［J］. 干旱区资源与环境，20（6）：109～113.

王金花，张荣刚，李占斌，等. 2014. 内蒙古西柳沟流域致洪暴雨特征分析［J］. 中国水土保持，(8)：39～41.

魏凤英. 1999. 现代气候统计诊断与预测技术［M］. 北京：气象出版社.

武盛，于玲红. 2001. 西柳沟泄洪对包钢造成的危害及其对策［J］. 宝钢科技，(8)：159～161+147.

熊好琴，段金跃，王妍，等. 2011. 毛乌素沙地生物结皮对水分入渗和再分配的影响［J］. 水土保持研究，(4)：82～86.

许月卿，李双成，蔡运龙. 2004. 基于小波分析的河北平原降水变化规律研究［J］. 中国科学（D）辑地球科学，34（12）：1176～1183.

张建，马翠丽，雷鸣，等. 2013. 内蒙古十大孔兑水沙特性及治理措施研究［J］. 人民黄河，5（10）：72～74.

张侃侃，卜崇峰，高国雄. 2011. 黄土高原生物结皮对土壤水分入渗的影响［J］. 干旱区研究，(5)：808～812.

赵昕，汪岗，韩学士. 2001. 内蒙古十大孔兑水土流失危害及治理对策［J］. 中国水土保持，1（3）：4～6.

中华人民共和国水文年鉴，黄河流域水文资料（黄河上游区（河口镇以上部分）)，水利电力部黄河水利委员会刊印.

第7章　沙漠宽谷河段流域下垫面对产沙的影响

认识流域下垫面对产流产沙的影响作用，是揭示水沙变化机制的重要研究内容。本章通过室内外模拟试验和核示踪等方法，定量辨识黄河沙漠宽谷河段典型流域泥沙来源，分析不同下垫面条件下坡面水动力学特征及其与产流产沙的关系，研究流域水沙变化对下垫面的响应机理，对于评价多因素对水沙变化的贡献率提供了重要的基础数据。

7.1　研究方法

7.1.1　模拟试验方法

7.1.1.1　室内试验

（1）试验装置

室内试验地点在黄河水利科学研究院“模型黄河”试验基地。试验土槽长为5m、宽为3m、深为0.6m，用PVC（聚氯乙烯）板将土槽隔成3个长5m、宽1m的单元（图7-1）。土槽底部钻有直径5mm左右的透水孔并黏有大小不等的沙粒，以降低填土和钢板之间的边界影响。降雨设备为侧喷式人工降雨机，其喷头距地面6m，上喷高度为1.5 m，降雨均匀系数为86%～92%。

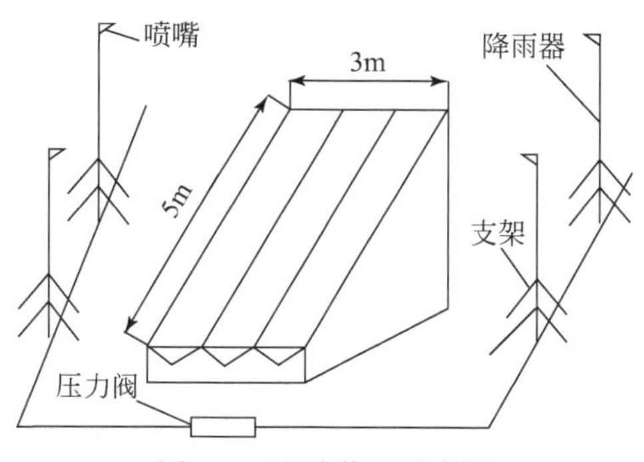

图7-1　试验装置示意图

（2）试验下垫面条件

试验用土选用位于黄土丘陵沟壑区第三副区的邙山坡面表层黄土。根据土样团粒大小，填土时过10mm筛，供试土样级配见表7-1。为保证试验土层密度上下均匀，按10cm

分层填充、压实的方法填土，土壤水分含量控制在15%左右，压实后填土深度超过50cm，土壤密度在1.05g/cm^{3}左右，与原状土接近。

表7-1 供试土样级配

粒径（mm）	>1.0	1～0.25	0.25～0.05	0.05～0.01	0.01～0.005	0.005～0.001	<0.001
小于某粒径组沙重比例（%）	0	1.05	35.45	43.40	3.20	6.40	10.50

下垫面条件包括裸地、草地和灌木地3种。草被措施选用黄土高原常见的紫花苜蓿，草被盖度为60%～65%；灌木措施选用紫穗槐（*Amorpha fruticosa* L.），按“品”字形排列种植，覆盖度平均为70%，与草被的覆盖度接近。草被平均高度为40cm左右，灌木平均高度为110cm左右。考虑到土样所处的黄土丘陵沟壑区第三副区坡面平均坡度多在20°左右，故选择试验坡度为20°。

（3）试验方法

根据黄土高原典型暴雨频率特征和人工降雨装置性能，设计3个降雨强度，分别为45mm/h、90mm/h和130mm/h。在正式试验前，对降水强度进行验证。试验前一天，用不会引起坡面发生明显侵蚀的小于30mm/h的降雨强度进行大约10min的前期降雨，以保证每次试验前期的土壤含水量基本一致和消除地表处理的差异性。试验过程中每隔2 min接取一个径流泥沙样。用测尺和数字照相机相结合测定侵蚀地貌形态及流深。产流后的场次降水历时均控制为60min，每场试验至少重复1次。

7.1.1.2 野外试验

（1）试验条件

为了研究下垫面对产流产沙的影响，根据流域草被覆盖现状，设计自然修复草被、人工草被和裸坡3种下垫面情况，分别在陕西省神木县六道沟小流域、内蒙古鄂尔多斯市罕台川合同沟小流域开展坡面草被覆盖对水沙关系影响的试验。其中神木县的试验依托神木侵蚀与环境试验站（简称神木试验站）进行，坡面小区尺寸为4m×1m，小区四周用隔板围挡；鄂尔多斯的试验依托达拉特旗水土保持监督检查站进行，试验小区为20m×5m的标准径流小区，小区四周用高约30cm的隔板围挡（图7-2）。

图 7-2　布设野外试验小区

试验模拟 3 种下垫面条件，其中自然草被为坡面上的自然修复草被，坡面以禾本科草为主，地表有块状生物结皮、枯茎叶梗近地表交错分布，无人为干扰；人工草被采取种植紫花苜蓿模拟，播种前翻耕 30cm 深，剔除杂草和根系，拍碎土块，平整压实，使其土壤密实度接近自然状态，然后条播紫花苜蓿，至试验时，紫花苜蓿已生长 2 个月，草均高 18. 5cm；裸坡的处理方式同人工草被坡面，进行翻耕、平整处理后撂荒，试验时地表杂草覆盖小于 5%。

(2) 试验方法

试验采取定水头模拟径流侵蚀过程，试验径流量按不同强度的降雨在试验小区汇流范围（承雨面积）内的产流量确定，在 4m×1m 小区上模拟的流量为 4L/min、6L/min 和 9L/min，共 3 级，对应的降雨强度分别为 60mm/h、90mm/h 和 130mm/h；在 20m×5m 径流小区上，模拟流量为 100 L/min，对应的降雨强度约为 60mm/h。径流试验历时为坡面产流后持续 40min。

试验前，通过典型样方调查和多光谱相机拍照，分别测算坡面草被的覆盖度，多光谱相机拍照可以获取草坡的 NDVI（植被覆盖指数），以综合评判试验时坡面草被的生长情况。为不扰动坡面土壤，土壤容重在试验后用环刀取样，结合取样时的自然容重、土壤含水量和试验前的土壤含水量以推算试验前的干容重。试验过程中，每 2min 接取径流泥沙样，同时分断面观测坡面流速和径流宽、深，并记录坡面跌坎或细沟发生的部位、时间及坡面形态演变过程。

在神木试验站和达拉特旗水土保持监督检查站共分别进行 53 场次和 18 场次试验，同时，还测取了个别场次的天然降水观测数据。通过试验获取的基础数据包括径流、泥沙、地表覆盖、土壤水分等。

7.1.2　核素示踪方法

(1) 核素示踪方法

本书采用^{137}Cs 核示踪方法定量确定流域泥沙来源。^{137}Cs 源于 20 世纪 50 ~ 70 年代的大气核爆试验产生的放射性尘埃，其半衰期30.17a，主要以降水方式降落到地表，极少部分是以干沉降方式降落。降到地表的^{137}Cs同土壤颗粒中的黏粒及有机质颗粒紧密结合，并在土壤表层聚集，难以被水淋溶，植物和动物摄取的量也微少，只随土壤颗粒的移动而发生再分布，是研究土壤侵蚀和泥沙沉积的一种良好示踪剂。由于黄土高原土壤颗粒较细且质地均一，与其他地区相比更适宜于^{137}Cs示踪法的应用与研究。

(2) 样品采集与测量

西柳沟流域土地利用类型可以划分为农耕地、林地、草地、荒地和沙地。荒地主要分布在上游，沙地分布在中游，其他用地分布在下游。

根据研究目的，在农耕地、林地和草地用地类型中各选择1个代表性地块，按照网络法选择9个采样点取样，取样深度分别为40cm、30cm和40cm，分层取剖面样；沙地随机取4个点，取样深度15cm；荒地处于黄土丘陵区，沿沟谷从坡顶向下等距离选定取样点，样点间距为10m，深度25cm。除农耕地、林地和草地均分别选9个样点、沙地4个样点、荒坡地23个样点外，还根据典型性选取了9个参照点。

所有土样经风干、研磨、过筛（孔径1mm），剔除草根、石块等，称400g左右待测。^{137}Cs测量使用美国阿美克特集团生产的ORTEC GMX-50220型高纯锗γ能谱仪和8192道多道分析仪，其探测效率为50%，在1.33MeV对^{60}Co的分辨率为1.95keV；^{137}Cs含量根据661.6 keV测定的γ射线的全峰面积求得。所有样品测量时间为28 800s。

7.2 典型流域下垫面侵蚀产沙基本特征

7.2.1 坡面植被减水减沙作用

在沙漠宽谷河段，流域面上植被措施主要以草本植被为主，草被措施对产流产沙的作用是影响流域侵蚀产沙和水沙搭配关系的主要因素。

试验坡面分别为退耕3a和8a的自然恢复形成的草被坡面、新种植的紫花苜蓿人工草被坡面和翻耕平整后撂荒的裸坡坡面。

通过模拟试验观测发现，与无草被覆盖的裸坡相比，两种草被条件下的坡面均有较大的减水减沙效果，在同等径流试验条件下，两种草被的减沙率均在95%以上，而草被措施的减水作用不及其减沙作用明显，同时两种草被措施的减水率大小差别较大，减水率为10.3%～89.23%（表7-2）。

表7-2　草被坡面产流产沙特征统计

冲刷强度(L/min)	被覆类型	覆盖度(%)	产沙量			产流量		
			重量(g)	减沙率1(%)	减沙率2(%)	体积(mL)	减水率1(%)	减水率2(%)
4	裸坡	0	2 436	—		33 419	—	
	人工草被	88	16	-99.3	—	26 418	-20.9	—
	自然草被	76	18	-99.3	12.5	25 832	-22.7	-2.2

续表

冲刷强度（L/min）	被覆类型	覆盖度（%）	产沙量			产流量		
			重量（g）	减沙率1(%)	减沙率2(%)	体积(mL)	减水率1(%)	减水率2(%)
6	裸坡	0	9 979	—		117 857	—	
	人工草被	71	65	-99.3	—	105 768	-10.3	—
	自然草被	71	11	-99.9	-83.1	35 265	-70.1	-66.7
9	裸坡	0	13 312	—		239 692	—	
	人工草被	84	578	-95.7	—	207 530	-13.4	—
	自然草被	91	224	-98.3	-61.2	127 111	-47.0	-38.8
95	裸坡	5	336 898	—		3 817 308	—	
	人工草被	40	10 316	96.94	—	2 512 031	34.19	—
	自然草被	82	255	99.92	-97.53	411 290	89.23	-83.63

注：减沙率1，以裸坡坡面作参照，草被坡面（人工草被、自然草被）的产沙量与裸坡坡面的产沙量之差与裸坡坡面产沙量之比；减沙率2，以人工草被坡面作参照，自然草被坡面的产沙量与人工草被坡面的产沙量之差与人工草被坡面的产沙量之比。减水率1和减水率2的计算同减沙率类似。

与人工草被坡面相比，多年恢复形成的自然草被所具有的减水减沙作用更明显，其减沙率均达98%以上，这与第6章的分析结论是一致的。在4L/min试验条件下，两种人工草被的减水减沙优势较自然修复坡面的差异并不太明显，但在其他试验组次下，自然草被坡面的减水率和减沙率均明显高于人工草被坡面（表7-2）。除4m×1m坡面小区的4L/min试验结果外，其他流量组次下，4m×1m坡面小区和20m×5m标准小区自然草被的减沙率均在60%以上，减水率均在30%以上。

草被措施的减水减沙作用存在局限性，在中等流量下，草被措施的减水减沙作用最明显，减水减沙率最高，但随着流量进一步增加，草被措施的减水减沙率变小。由于冲刷条件下径流能量会沿程减小，大范围草被覆盖的减水减沙率比小范围草被覆盖的更高一些。例如，4m×1m小区的4L/min径流量与20m×5m小区的100L/min径流量均相当于1.0mm/min的降水产流量，但草被措施的减沙率和减水率在标准小区尺度上更高一些（表7-2）。

有关研究表明，植被遭破坏后或者耕地弃耕撂荒后，人为恢复植被可以加速植被的正向演替进程。2000年后实施的一系列人工种草及封禁治理措施等，正是起到了加速植被正向演替的作用。在草被覆盖面积类似的情况下，自然草被坡面往往有地表生物结皮层及枯茎叶层，使草被拦减径流、固持表土的作用更加显著。通过这种现象也可以说，随着农村劳动力的进城务工和农村土地的退耕还林及生态修复措施的实施，流域植被覆盖条件的改善对产流产沙及径流泥沙关系产生的影响是不可忽视的。

7.2.2 草被措施对坡面水沙过程及水沙关系的影响

(1) 草被措施对坡面径流过程的影响

同样试验条件下，草被坡面的产流时间滞后于裸坡坡面，尤其是自然草被坡面的产流时间明显滞后于裸坡坡面。在低雨强条件下，自然修复坡面的产流时间约为裸坡坡面产流时间的10倍、约为人工草被坡面产流时间的6倍。随着流量增加，自然草被坡面的产流时间缩短，这也说明了自然修复植被对径流的调控作用较人工的更强，这与第6章的结论是一致的。不过试验结束后，不同下垫面小区的径流停止时间的差异却并不明显（表7-3）。

表7-3 不同被覆类型坡面产流特征

流量（L/min）	被覆类型	覆盖度（%）	含水量（g/cm³）	产流时间（s）	径流停止时间（s）
4	裸坡	0	13.45	33	29
	人工草被	84	13.16	53	63
	自然草被	91	18.8	274	79
6	裸坡	0	17.44	33	70
	人工草被	71	8.3	65	58
	自然草被	71	22.17	160	137
9	裸坡	0	15.71	36	42
	人工草被	88	19.04	67	79
	自然草被	76	6.83	89	78
95	裸坡	5	6.43	95	203
	人工草被	40	6.47	144	265
	自然草被	82	6.85	965	294

（2）草被措施对坡面水沙过程的影响

在同样试验条件下，草被措施坡面的产沙量明显低于裸坡坡面（图7-3、图7-4）。在4m×1m的坡面小区上，人工草被和自然草被坡面产流及产沙过程的差异不显著（图7-3），但在20m×5m的标准小区上，自然草被和人工草被的产沙过程差别比较明显（图7-4）。这种现象说明，在草被阻滞作用下，径流动能被削弱，且草被措施尤其是自然草被措施的拦沙和增加入渗的作用更明显。

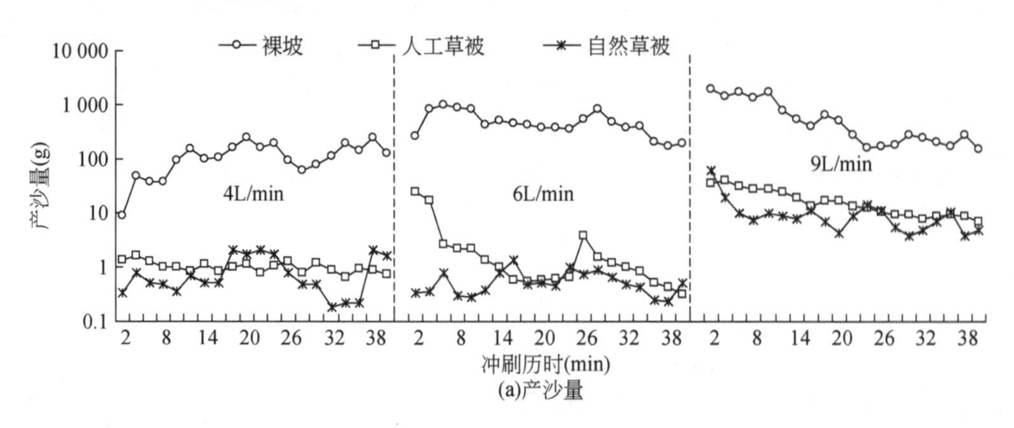

(a)产沙量

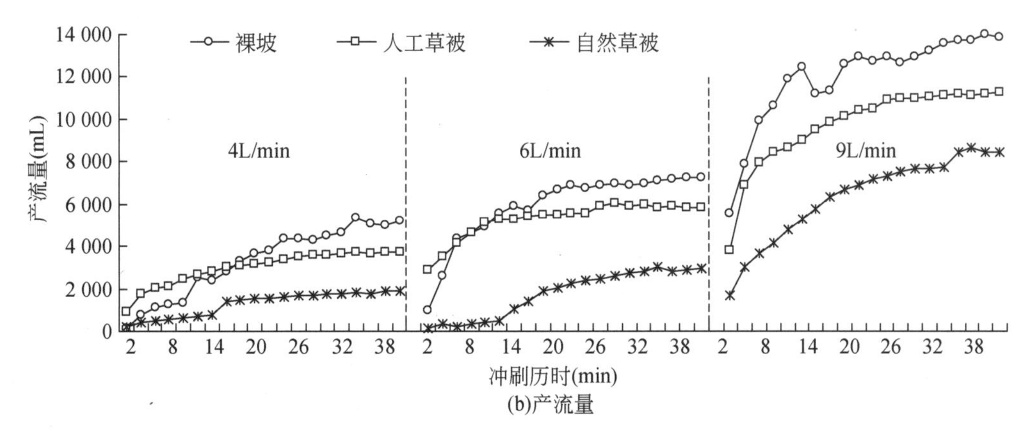

图 7-3　4m×1m 坡面小区不同流量级条件下产流产沙过程

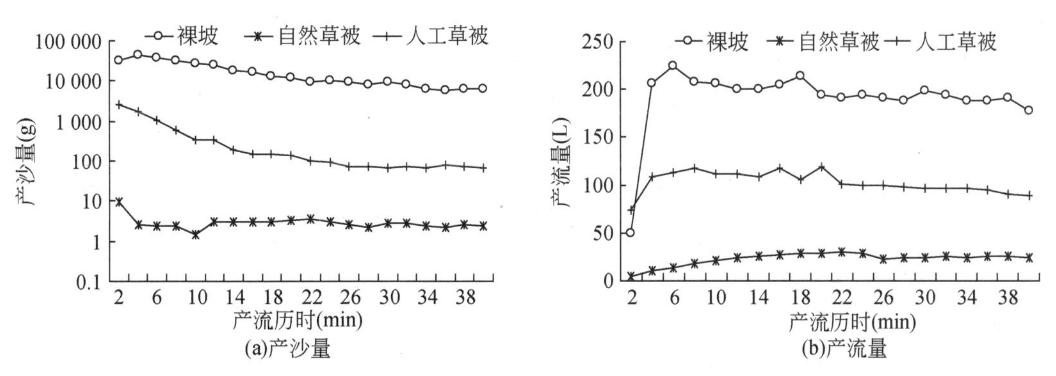

图 7-4　20m×5m 标准小区在 95L/min 流量条件下坡面产流产沙过程

(3) 草被措施对坡面水沙搭配关系的影响

拟合坡面产沙与产流的相关关系发现，裸坡小区、人工草被小区的产沙量与产流量呈指数函数关系，产沙量随产流量的增加而增加。在相同的径流条件下，人工草被小区产沙量随产流量增大而增大的趋势不及裸坡小区的明显。自然草被坡面上产沙量与产流量的关系不明显，且在整个试验历时中变化不大。裸坡和人工草被坡面均为翻整过的，其差异主要是有无紫花苜蓿生长，而自然草被坡面的覆盖结构和地表状况则不同，由于自然修复多年，地表呈结皮层、枯茎叶层及草株层等立体多元覆盖特点，同时地表生物活动的存在，自然草被对水沙关系的调控作用更大，不仅降低了坡面产水产沙过程，也对坡面水沙搭配关系有明显影响，因此，3 种边界条件下的产沙量与产流量的关系是有差别的。

7.3　典型流域泥沙来源

以十大孔兑的西柳沟流域为研究对象。十大孔兑是黄河中游的多沙粗沙区，也是黄河粗颗粒泥沙的主要来源区之一和生态环境最为脆弱的地区之一。

不同土地利用类型有不同的下垫面特征，从而对土壤侵蚀过程产生不同的影响。国外 Kosmas 等在地中海地区的研究表明，最大土壤侵蚀和径流发生在种植蔓生植物的山区。

Rai 等对锡金一个农区小流域研究发现，裸露农地的径流量、侵蚀量及养分流失量都远远大于林地和乔灌混交林。Ritchie 等在美国密西西比河北部地区的研究表明，不同用地类型的侵蚀强度依次是：沟谷地>农耕地>牧草地>空闲地>林地。Sadiki 等在摩洛哥 Eastern Rif 的研究表明，常绿灌丛地和休闲地的侵蚀强度最小，而草地和农耕地侵蚀强度最大。美国从 1985 年启动保护保存工程以来，约 8% 农地退耕还林还草，土壤侵蚀每年减少约 22%。印度北部 PaliGad 山地流域过去几十年里土地利用土地覆盖变化及其造成的土壤侵蚀程度表明，土地利用变化对土壤侵蚀进程有着直接的影响。

根据相关研究，我国华南地区不同植被类型的侵蚀量大小排序为裸地>坡耕地>灌草地>乔木经济林地>林地。黄土高原不同土地利用下的侵蚀强度从高到低的排序是坡耕地>草地>乔木林地>灌木地；其他小区试验也表明，不同土地利用类型之间土壤冲刷量也有显著差异，裸地>农地>荒草地>沙打旺地或沙棘地；小流域的模拟结果也发现，土壤侵蚀强度排序是荒草地>农地>林地。

7.3.1 西柳沟流域不同下垫面土壤剖面中^{137}Cs 的分布特征与差异

^{137}Cs 示踪法的特点就是通过研究不同下垫面土壤剖面^{137}Cs 的分布特征，可以获得不同土地利用的产沙特征，结合相应土地类型的面积，得出其相对泥沙来源。

国内外众多学者的研究表明，^{137}Cs 浓度的分布一般随着土壤剖面深度的增加而急剧减少，通常集中于土壤表层 0～30cm 深度内或犁耕层以上。^{137}Cs 沉降到地表后，其在土壤中的垂直分布通常有 4 种形式：正常剖面、沉积剖面、侵蚀剖面和人为扰动剖面。土壤垂直剖面中^{137}Cs浓度的分布可以综合反映土体垂直空间的交换强度或人类活动（如犁耕）对土地的利用强度。了解^{137}Cs 在土壤中的分布特征是利用^{137}Cs 示踪法开展土壤侵蚀研究的前提。

7.3.1.1 ^{137}Cs 在土壤剖面中的分布特征

西柳沟流域土地利用类型主要有农耕地、林地、草地、荒坡地和沙地。

（1）农耕地

在西柳沟流域耕地土壤剖面中，耕作等物理性的翻耕作用，使耕作层中土壤混合比较均匀，因而^{137}Cs 在耕地土壤剖面中的表层和次表层的分布基本无差别，且相对均一，具有典型的人为扰动剖面特征（图 7-5）。

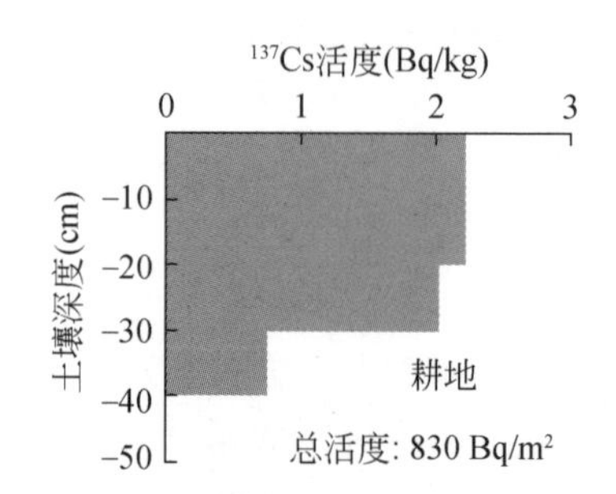

图 7-5 ^{137}Cs 在扰动土壤剖面中的分布特征

以往大多数研究表明，农耕地^{137}Cs的分布主要集中于 0～20cm 的耕作层内。但是，在西柳沟流域，农耕地中^{137}Cs在 0～30cm 采样深度内分布都比较均匀，并且^{137}Cs活度普遍在 2.0 Bq/kg 左右，30cm 以下^{137}Cs活度急剧下降，40cm 深度内仍有少量分布。分析认为，这可能与耕作深度和强度有关。李勇等开展的强度耕作试验研究表明，强度耕作方式会造成^{137}Cs在土壤 0～30cm 剖面层中均匀分布。同时，^{137}Cs在土壤中的分布也与该地区土壤的质地有关。由于土壤疏松、砂性较大，耕层中富含^{137}Cs的黏粒在犁耕过程中迁移到下层的比例高，耕层以下土层中^{137}Cs的含量也很高。濮励杰等在新疆库尔勒地区的研究表明，^{137}Cs在土壤剖面深度 60cm 以内都有检出，部分剖面甚至到 110cm 深度，这与该地区^{137}Cs背景输入值很高（1995 年高达 10 292 Bq/m^2）、土壤剖面疏松、砂性较大有重要关系。因此，在这类土壤区取样，其剖面采样深度应该大于其他黄土区。

虽然坡耕地的坡度<3°，但是犁耕层^{137}Cs流失量仍然很大，这说明可能是该地区的严重风力侵蚀所造成的。

（2）草地

在草地剖面中，表层土壤中^{137}Cs活度最高，富积层明显。^{137}Cs主要分布在 0～10cm 的土壤表层中，其含量约占^{137}Cs总量的 80% 以上，10～20cm 土层含量很少，不过 20cm 以下仍可检出，但含量甚微，30cm 以下已无^{137}Cs。从垂直分布情况看，10cm 以下随着土壤深度的增加迅速呈指数减少趋势（图 7-6）。这一分布特征与国内外众多学者的研究相一致，说明草地基本没有受到人为扰动的影响。此外，从表层土壤（0～10cm）中^{137}Cs的活度来看，其土壤流失也相对较轻。因而，在一定程度上该地区草被的存在减轻了水土流失的强度。

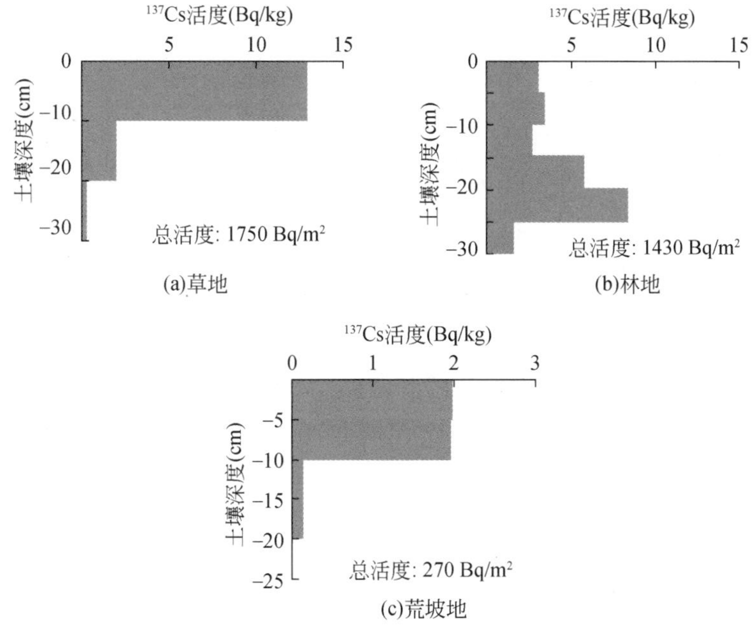

图 7-6　^{137}Cs在未扰动土壤剖面中的分布特征

(3) 林地

林地剖面中^{137}Cs的分布表明，其含量最大值（富积层）没有出现在土壤表层或者次表层，而是出现在20～30cm的土层中。分析认为，该富积层是由最初的表层土壤经过后来的侵蚀或沉积后埋藏下来的（图7-6）。从各采样点剖面中^{137}Cs富积层的活度及分布深度，以及^{137}Cs的总活度来看，个别采样点土壤剖面中^{137}Cs富积层的活度显著低于附近剖面中^{137}Cs富积层的活度，说明在^{137}Cs沉降初期（20世纪60年代）发生了明显的侵蚀。所有采样点剖面中^{137}Cs富积层上部的各分层中都含有一定量的^{137}Cs，而且其活度都接近附近农耕地耕作层中^{137}Cs的水平。分析认为，其可能是因为风蚀发生后，因无力输移而沉积。上述剖面中^{137}Cs的垂直分布特征表明，稀疏林地内既有侵蚀又有沉积，两种现象共存。

(4) 荒坡地

荒坡地处于黄土丘陵沟壑区峁坡，坡度5°～25°，地表无任何覆盖，因而^{137}Cs流失非常严重。图7-7是坡顶部、坡上部、坡中部和坡下部剖面中^{137}Cs活度的垂直分布状况。从图7-7可以看出，由于各个采样点地貌部位的不同，^{137}Cs活度在剖面中的垂直分布差异也非常显著。总的看来，除坡顶部外，荒坡地表层土壤中的^{137}Cs活度略低于农耕地耕作层中的活度，大多数都小于2.0Bq/kg，但其垂直分布深度却仅有农耕地的1/3，仅10cm左右，10cm以下土层中含量急剧减少，含量甚微，而且最大分布深度也仅有20cm。由此说明，荒坡地^{137}Cs流失强度远大于农耕地，尤其是坡顶部几乎流失殆尽。这一分布特征与邻近类似地区的非常相似，说明该地区梁峁顶的水土流失也是非常严重的。

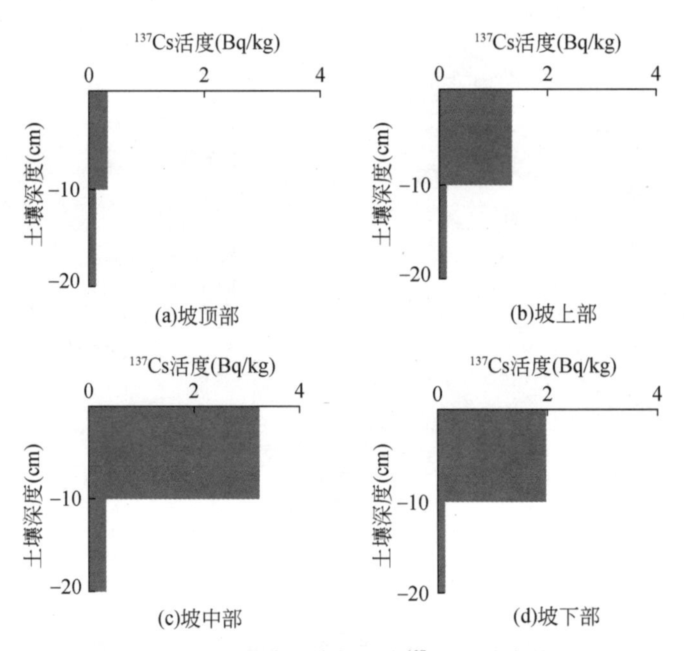

图7-7　不同坡位土壤剖面中^{137}Cs的分布特征

(5) 沙地

4 个沙地采样点土样中没有检测到^{137}Cs。

根据以上关于土壤中^{137}Cs 分布深度的分析，最深的是农耕地和林地，都超过 30cm，其次是草地，不超过 30cm，荒坡地在 20cm 左右，而沙地仅仅在表层 5cm。

7.3.1.2 西柳沟流域^{137}Cs 空间分布特征

表 7-4 是西柳沟流域不同用地类型土壤中^{137}Cs 含量的统计结果。

表 7-4 西柳沟流域不同用地类型土壤中^{137}Cs 含量

用地类型	农耕地	林地	草地	荒坡地	沙地	全流域
采样点数	9	9	9	23	4	54
^{137}Cs 含量最大值（Bq/m^2）	1016	2281	2296	1395	0	2296
^{137}Cs 含量最小值（Bq/m^2）	751	755	721	0	0	0
^{137}Cs 含量平均值（Bq/m^2）	888	1489	1650	270	0	789
标准差（Bq/m^2）	78.8	577	464	342	0	455
变异系数（%）	8.9	38.8	28.1	127	—	57.7

全流域观测表明，^{137}Cs 浓度为 0 ~ 2296Bq/m^2。5 类不同用地类型中，^{137}Cs 含量平均最高的是草地，最低的是沙地，^{137}Cs 平均含量大小依次为：草地>林地>农耕地>荒坡地>沙地；^{137}Cs 平均含量的变异系数大小依次为：沙地>荒坡地>林地>草地>农耕地。

农耕地^{137}Cs 浓度为 740 ~ 1034Bq/m^2，平均为 888 Bq/m^2。由于人为活动的影响，耕作层^{137}Cs 活度均匀性好，各采样点之间^{137}Cs 活度差异最小，变异系数仅为 8.9%。但农耕地采样点的平均活度却显著低于林地和草地，这是由于该区域风蚀强度大，草原开垦使表层土壤颗粒平均粒径增加 2.5 倍，造成了更加严重的风蚀。因而，与草地和林地相比，农耕地^{137}Cs 流失非常严重，^{137}Cs 平均活度不到草地的 60%，说明林地、草地一旦开垦为农耕地后，人类对土地的翻耕活动会加速土壤风蚀强度，导致土壤流失程度大大加强。

林地^{137}Cs 浓度为 755 ~ 2281Bq/m^2，平均为 1489 Bq/m^2。由于树木比较稀疏，覆盖度约 40%，加之地表缺乏覆盖物保护，表层土壤受到侵蚀或沉积扰动，不同取样点之间^{137}Cs 活度差异较大，变异系数为 38.8%。而且，林地采样点^{137}Cs 的平均活度明显低于草地，说明稀疏林地在保护土壤方面的作用要小于草地。同时，林地^{137}Cs 活度较高的变异性也说明，当林地覆盖度较低时，应尽可能地增加采样点数量以减少取样误差。

草地^{137}Cs 浓度为 721 ~ 2296Bq/m^2，平均为 1650 Bq/m^2。不同取样点之间^{137}Cs 活度的变异系数为 28.1%，高于农耕地，但却显著低于林地和荒坡地。由于草地地势低平，坡度小于 3°，覆盖度达 30% ~ 40%，植被高度达 0.5 ~ 1m。加上是近地面覆盖，对地表土壤的保护作用比较好，^{137}Cs 流失较轻，因而，采样点的^{137}Cs 平均活度最高，说明草被在减轻水蚀风蚀方面的作用显著。

荒坡地^{137}Cs 浓度为 0 ~ 1395 Bq/m^2。由于地处黄土丘陵区，地形复杂，坡度大，又缺乏植被覆盖，加之各个采样点地处不同地貌部位。各采样点之间^{137}Cs 活度差异巨大，变异系数超过 100%，具有强变异性。采样点的^{137}Cs 含量平均值仅为 270 Bq/m^2，与草地相比，流失程度高达 85%，说明荒坡地的土壤流失非常严重。

整个西柳沟流域的^{137}Cs 变异系数为 57.7%，显著高于农耕地、林地、草地的单一被覆单元。与内蒙古其他地区相比，西柳沟流域草地和农耕地的^{137}Cs 变异系数远远小于内蒙古太仆寺旗的变异系数，后者草地和农耕地的变异系数分别为 74.67% 和 55.61%。

通过对比发现，该流域 5 类不同用地类型中，^{137}Cs 含量最高的是草地，其次为林地、农耕地和荒坡地，沙地最少。按照变异系数的等级划分，弱变异性的 $C_V<10\%$，中等变异性的 C_V 为 10% ~100%，强变异性的 $C_V>100\%$，据此分析，除农耕地外，西柳沟流域 5 种土地利用类型土壤剖面中^{137}Cs 含量的变异系数均大于 10%，在中等变异性等级以上。总体来说，西柳沟流域内，草地和林地的^{137}Cs 含量存在中等变异性，而荒坡地和沙地的^{137}Cs 含量存在强变异性。

7.3.2 西柳沟流域不同用地侵蚀强度及流域泥沙来源分析

7.3.2.1 土壤侵蚀强度计算公式

采用张信宝提出的农耕地和未扰动土地简化理论模型计算土壤侵蚀量。

农耕地模型：

$$X=A_0\ (1-\Delta H/H)^{N-1963} \tag{7-1}$$

式中，X 为土壤剖面中^{137}Cs 浓度（Bq/m^2）；A_0 为^{137}Cs 背景值（Bq/m^2）；H 为犁耕层深度（cm），由于采用机械化耕作，犁耕层深度为 25cm；ΔH 为年均土壤流失厚度（cm/a）；N 为采样年份。

未扰动土地模型：

$$X=A_0e^{-\lambda h} \tag{7-2}$$

式中，X、A_0 定义同式（7-1）；h 为 1963 年以来侵蚀总厚度（cm）；λ 为^{137}Cs 衰减系数。

此处用壤侵蚀模数表征土壤侵蚀强度，则在求得年均侵蚀厚度后，可以根据下式计算土壤侵蚀模数：

$$E=10000Bh \tag{7-3}$$

式中，E 为土壤侵蚀模数，[t/（km^2·a）]；B 为土壤容重（g/cm^3）。

7.3.2.2 不同用地类型的侵蚀强度及分析

如前述西柳沟流域土地利用类型可以大致划分为 5 类：农耕地、林地、草地、荒坡地和沙地。沙地集中分布在流域中部的风沙区，荒坡地主要位于流域上游的黄土丘陵沟壑区，而林地、草地和农耕地主要分布于下游的平原区。表 7-5 是各类用地的^{137}Cs 含量的平均值及据此计算的侵蚀模数。

表7-5 西柳沟流域不同土地利用类型土壤^{137}Cs含量

用地类型	农耕地	林地	沙地	草地	荒坡地
采样点数	9	9	4	9	23
^{137}Cs 含量平均值（Bq/m^2）	888	1489	0	1650	270
年均侵蚀模数［t/（km^2·a）］	5900	620	4010	320	6500
侵蚀强度等级	中度	轻度	中度	轻度	强度

西柳沟流域5类土地利用类型中，侵蚀强度最大的是荒坡地，侵蚀模数为6500 t/（km^2·a），其次为农耕地，侵蚀模数为5900 t/（km^2·a）；沙地侵蚀强度略低于农地，侵蚀模数为4010 t/（km^2·a）；林地侵蚀强度较弱，侵蚀模数为620 t/（km^2·a）；草地侵蚀强度最弱，侵蚀模数仅为320 t/（km^2·a）。西柳沟流域的沙地由于基本不含^{137}Cs，而其他人的研究成果认为（包小庆和陈渠昌，1988；王德甫等，1989；杨根生等，2003；杨根生和拓万全，2004；唐政洪等，2011；李秋艳等，2011），来自于沙漠的流沙约占西柳沟流域多年平均来沙量的1/4。因此，其侵蚀强度的估算参考了其他研究者的结论。

西柳沟流域不同用地类型侵蚀强度的排序与其他研究者在不同地区的结论基本一致，都表明裸坡地侵蚀最为严重，林地、草地土壤流失强度最弱。

（1）农耕地

西柳沟流域农耕地绝大多数是沟川旱地，尽管地表坡度大多小于3°，但^{137}Cs流失仍非常严重，其平均活度仅有当地草地和林地的一半左右，侵蚀强度分别是草地和林地的16.9倍和7.9倍。分析认为，这是由于该区域地处水蚀风蚀交错带，除夏季易遭受水蚀外，冬春季节的风蚀强度很大，加上人类对土地的翻耕活动，以及每年3～5月裸露的农耕地地表更易遭受和加速土壤风蚀强度，土壤流失程度大大加强。该区域农耕地的侵蚀强度远大于草地和林地，说明风蚀在水土流失总量中占有较大比例。

根据黄土高原地区侵蚀强度的研究表明，坡度小于5°的缓坡农耕地，多年平均土壤流失量大多数都小于3260 t/（km^2·a），流失量最小的是梯田，仅为7 t/（km^2·a）。西柳沟流域农耕地的侵蚀强度远远大于黄土高原其他地区的农地侵蚀强度，也说明了该地区风蚀的严重性。

（2）草地

在西柳沟流域，由于草地地势低平，坡度小于3°，植被高0.3～1m，覆盖度在40%左右，^{137}Cs流失轻微，水土流失强度相对较弱，为320 t/（km^2·a），仅为农耕地的6%。

以往研究表明，伴随着草地覆盖度的增加，侵蚀速率不断降低，即使在陡坡条件下这种措施也起到了有效的作用。在黄土高原的黄土区植被保持水土的临界盖度为40%～60%，风蚀区植物固沙的临界盖度为20%～50%。西柳沟流域草地覆盖度在40%左右，已处于临界盖度范围，从而，也在一定程度上起到了控制侵蚀的作用。与坡耕地相比，黄土高原地区的草地可以减少土壤侵蚀量的70%～90%。在西柳沟流域，草地较农耕地可以减少土壤侵蚀量的94%。分析认为，这主要是在风蚀最严重的冬春季节，农耕地地表裸露而草地仍有一定的枯草覆盖所致。因而，较黄土高原水蚀为主的地区，两者侵蚀程度的差异会加大，也说明在水蚀风蚀交错区，草地的减蚀作用更为突出。

西柳沟流域草地多年平均侵蚀模数大于黄土高原其他以水蚀为主地区的草地侵蚀模数，后者大多数都不超过250 t/（km^2·a)，该值也大于北部以风蚀为主的内蒙古巴彦淖尔典型草原的土壤风蚀速率。鄂尔多斯地区野外草地试验小区3a（1996～1998年）的观测结果表明，平均水蚀模数为207～300 t/（km^2·a)。因而，地处水蚀风蚀交错带的西柳沟流域，水蚀风蚀的叠加作用造成了草地侵蚀强度略高于南北同类型用地的侵蚀强度。同时说明，在该地区进行农业开垦对风蚀的加速作用是十分显著的，极易发生风蚀沙化和水土流失，而传统牧业生产方式对土地扰动较少，不会导致破坏性的土壤风蚀发生，对维持生态系统稳定性有重要作用。

(3) 林地

西柳沟流域林地面积较少，树木又比较稀疏，覆盖度在20%左右，加上林下地表裸露，缺乏覆盖物保护，表层土壤易受侵蚀，^{137}Cs平均活度明显低于草地，多年平均流失强度为620 t/（km^2·a)，为草地的2倍多，说明西柳沟流域现有的稀疏林地在保护土壤方面的作用小于草地。

一般而言，黄土高原地区林地减少土壤侵蚀的作用要大于草地。在坡度为27°及土壤、降水条件相同条件下，主要用地类型的平均侵蚀模数大小顺序为：农耕地>草地>林地。如果林下缺少枯枝落叶层，防蚀效果大小顺序为：灌木林>草地>乔木林。灌木（沙棘）覆盖的土地，可减少表土水蚀的75%、风蚀的85%。林地减少土壤侵蚀的作用强度主要与其盖度、枯枝落叶层状况有密切关系。当植被覆盖度达到40%以上时就有明显的减沙效益，减沙幅度在50%以上；当植被覆盖度达到80%以上时就能基本控制一般降水条件下的水土流失。由于西柳沟流域林地覆盖度小于30%，减蚀作用强度相对较弱。

除覆盖度外，枯枝落叶层对减少林地土壤侵蚀量的作用更为显著。即使没有根系的固持，仅仅在枯枝落叶层保护下，也能抵御30min暴雨的冲刷，比裸地减少土壤冲刷量的92.7%～98.7%。对于油松林和山杨林而言，当地表存在大于1 cm的枯落物时，就可以减少土壤冲失量的90%和83%。林地被砍伐后地面尚保留枯落物且根系—土层未遭到干扰破坏情况下，其减水减沙效益几乎与林地相同；一旦去掉枯落物后，泥沙量可以增加13～28倍。黄土高原野外观测和人工模拟降水试验结果表明，为了有效保持水土，植被盖度应保持在50%～60%，而流域坡面上枯落物层厚度通常应有0.8～1.2 cm，才能防止水土流失。

西柳沟流域林地稀疏，且地表缺乏枯落物，加上土壤抗蚀性差，风蚀又比较严重，更易造成严重的水土流失。因而，其侵蚀程度远大于草地。与黄土高原其他地区相比，该流域林地的侵蚀强度也较高。

(4) 荒坡地

一般而言，由于荒坡地植被覆盖和杂草根系的作用，其地表抗蚀性较翻耕的农耕地大得多，水土流失强度要小于农耕地。

在西柳沟流域，荒坡地主要分布于盖土础砂岩区，坡度一般在10°~40°，最大坡度可达到70°以上。础砂岩成岩程度低、沙粒间胶结程度差、结构强度低，遇水如泥、遇风成沙，地表仅覆盖有极薄的风沙残积土，地下无植物根系，因而^{137}Cs流失非常严重，多年平均侵蚀模数高达6500t/（km^2·a），分别为农地、林地和草地的1.4倍、10.8倍和23.1倍。这与其易遭受侵蚀的土壤类型、风蚀严重环境和地表缺乏覆盖状况等都有关系。

十大孔兑南部的黄土丘陵沟壑区，属于以水蚀为主的风水复合侵蚀区，1955~2007年年均土壤侵蚀模数为5160~7774 t/（km^2·a）。黄土丘陵沟壑区础砂岩径流小区（6°~17°）年均水蚀模数为3160 ~6481t/（km^2·a）。西柳沟流域1995~1997年的实地观测结果表明，大于15°的荒坡地的侵蚀模数平均为4136 t/（km^2·a）。考虑到这3a西柳沟流域输沙量低于其多年平均值，尤其是1995年，西柳沟流域输沙量不到多年平均的5%。因此，这一结果要比^{137}Cs核示踪方法估算的近50a的平均侵蚀强度偏小。

由于础砂岩区试验小区的地表坡度、观测年限的不同，其侵蚀强度有较大差异，而坡度的影响尤为重要。唐政洪等的研究指出，由于础砂岩的渗透力弱、径流冲刷力强、可蚀性大，使础砂岩的侵蚀模数随坡度变化的敏感度要高于黄土高原地区。因此，考虑到风蚀的贡献和西柳沟流域荒坡地平均坡度在20°左右，而且多为础砂岩覆盖的事实，则其多年平均侵蚀强度6500t/（km^2·a）应该与实际比较接近。

（5）沙地

西柳沟流域中部为库布齐沙漠，面积广大，地貌单一，选择了4个采样点，其中仅有1个采样点在表层0~5cm土样中检测到^{137}Cs，而且含量甚微，只有农地耕作层活度的1/10，其他均无^{137}Cs检出，说明沙地基本不含^{137}Cs，沉降在该地块的^{137}Cs已流失殆尽。如前所述，已有研究表明，西柳沟流域来自于沙漠的流沙占该流域多年平均来沙量的1/4左右。

7.3.2.3 流域泥沙来源

在西柳沟流域，不同土地利用方式的侵蚀产沙强度相差显著。利用^{137}Cs估算模型可以分别计算出各类用地单元的平均侵蚀模数，再分别乘上其面积，就可得到整个小流域的多年平均侵蚀量，获得流域侵蚀泥沙的主要来源（图7-8）。

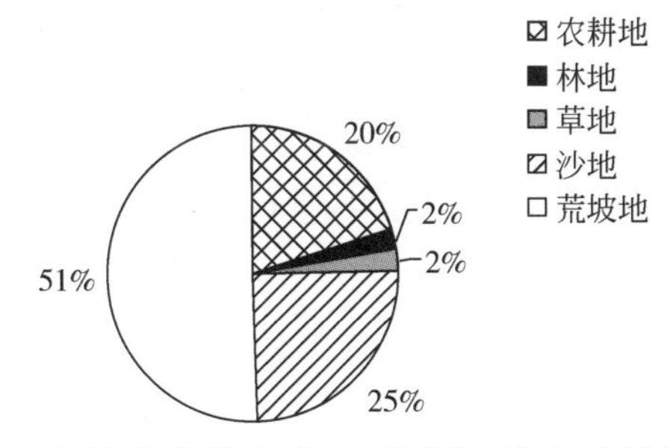

图7-8 西柳沟流域不同用地类型侵蚀泥沙来源的比例

从图 7-8 中可以看出，对流域产沙量贡献最大的是荒坡地和沙地，两者合计占到全部产沙量的 76%。仅荒坡地就占到了全流域产沙量的 51%，沙地占到全部产沙量的 25%，农耕地次之，而草地和林地最少，两者之和不到 5%。

利用^{137}Cs 方法计算，1963 ~ 2010 年流域年均侵蚀量为 443 万 t，大于西柳沟流域龙头拐水文站同期测得的年均输沙量 402 万 t。分析认为，造成这种差异的主要原因有以下几点：

1）有部分泥沙沉积在河道内，这一部分已经侵蚀但没有进入黄河，因而，会造成计算的侵蚀量大于输沙量。河道钻孔资料也证实了这一点，西柳沟流域河道泥沙淤积是比较严重的。近年来的研究表明，包括西柳沟流域在内的十大孔兑目前的河床比 1986 年前抬高了 1.7 ~ 2m。2012 年的野外河床取样也表明，上中游泥沙沉积厚度都大于 1m。

2）河道沉积泥沙中，^{137}Cs 含量从上游向下游呈递增趋势，根据上游的探坑观测（深度 80cm，为粗沙），几乎无^{137}Cs 检出，仅表层为 10Bq/m^2；中游两个探坑（深度 80cm，为沙泥混合物）的平均值为 80Bq/m^2；下游距离入河口（深度 75cm，为淤泥）2km 处为 190Bq/m^2，距离入河口（深度 45cm，为淤泥）0.5km 处为 700Bq/m^2。说明上游丘陵区表土层^{137}Cs 含量很少，加上多年强烈侵蚀，沉积在河道中的泥沙，尤其是细颗粒几乎都流失殆尽，仅有几乎不含^{137}Cs 的粗沙尚存。

3）上、中、下游沉积泥沙的粒径组成也呈逐步粗化趋势，由上游泥沙粒径>0.05mm 的 35.4% 增加到下游的 62.1%。中游库布齐沙漠泥沙粒径>0.05mm 的有 99.5%。入河口平均粒径 0.11mm，泥沙粒径>0.05mm 的有 95.0%。尤其是沟口淤沙与库布齐沙漠淤沙及丘陵区砒砂岩的粒度组成非常一致，说明主要来自于上中游。

4）近年来，随着当地经济建设的快速发展，上游地区河道挖沙严重，也在一定程度上减少了流域的输沙量。

5）西柳沟流域的龙头拐水文站距入河口 31km，由于没有考虑下游面积的侵蚀量，其实测输沙量可能会较实际的入黄泥沙量偏小。

7.4 流域水沙变化对下垫面的响应机理

7.4.1 不同下垫面坡面产流产沙过程

通过室内模拟试验，开展了裸地、草地和灌木地在不同雨强条件下的产流产沙过程研究（图 7-9 ~ 图 7-14）。

图 7-9 为 45mm/h 降雨强度时不同下垫面条件下坡面产流量随时间变化过程。裸地产流量远远大于草地和灌木地的产流量，且草地和灌木地的产流产沙量相差不是太大，变化规律也比较接近，坡面产流量呈相对稳定的变化趋势，裸地产流量呈明显增加的趋势，产流量在 36min 时达到最大值，之后产流速率呈波动的变化趋势。同样雨强下，裸地平均产流速率为 5102 mL/min，草地的为 354mL/min，灌木地的为 772 mL/min，裸地产流速率约为草地产流速率的 14.4 倍，约为灌木地产流速率的 6.6 倍。

图 7-10 为 45mm/h 降雨强度时的坡面侵蚀产沙量变化过程。不同立地条件坡面的侵蚀

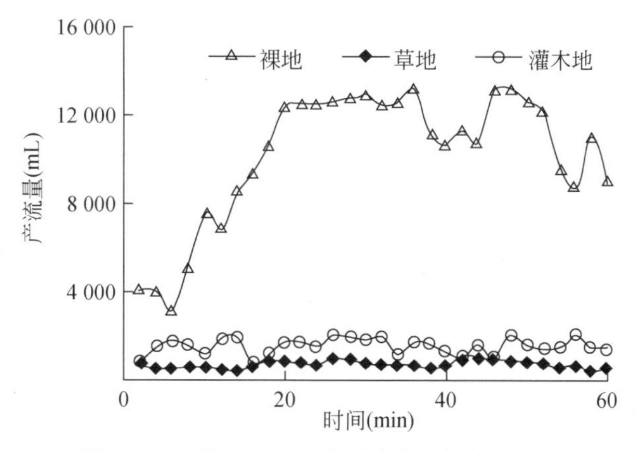

图 7-9　雨强 45mm/h 时不同坡面产流量过程

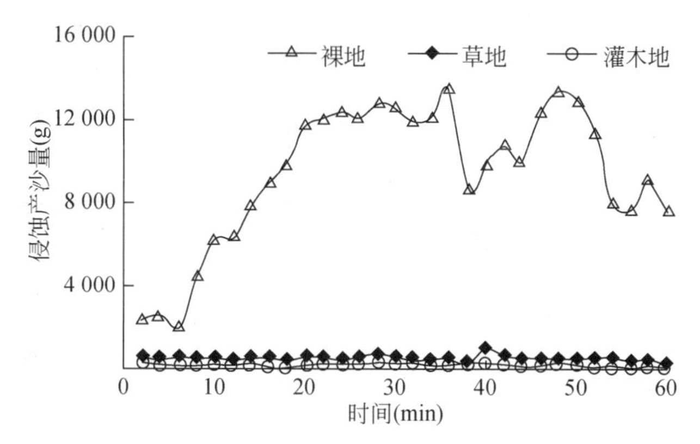

图 7-10　雨强 45mm/h 时不同坡面产沙量过程

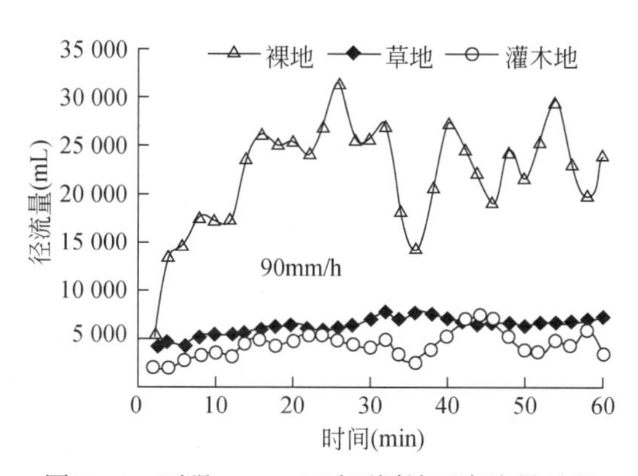

图 7-11　雨强 90mm/h 时不同坡面产流量过程

产沙量变化与产流量变化基本一致，具有较好的相关性。裸地侵蚀产沙量远远大于草地和灌木地的侵蚀产沙量，裸地的产沙量在 38min 达到了产沙量峰值，比产流时间滞后 2min，最大产沙速率为 6500g/min。裸地的平均产沙速率为 4935g/min，草地和灌木地的产沙量相差不大，草地的平均产沙速率为 27g/min，灌木地的平均产沙速率为 22 g/min。裸地平

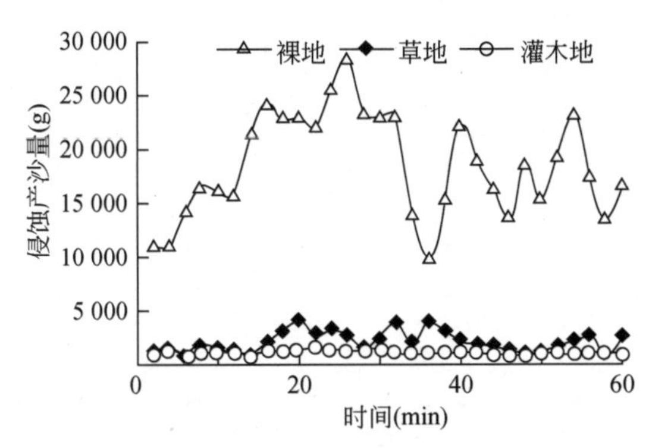

图 7-12　雨强 90mm/h 时不同坡面产沙量过程

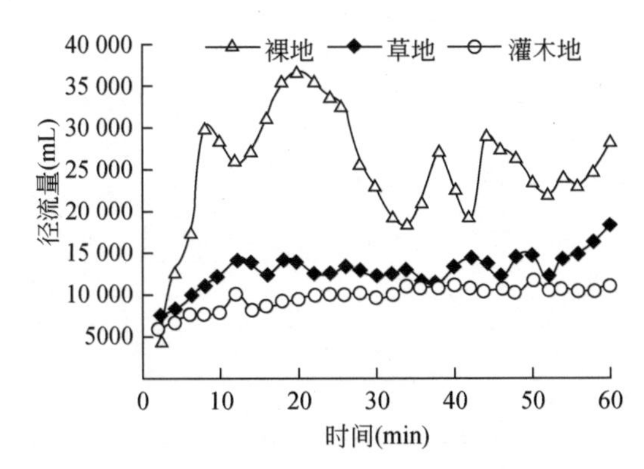

图 7-13　雨强 130mm/h 时不同坡面产流过程

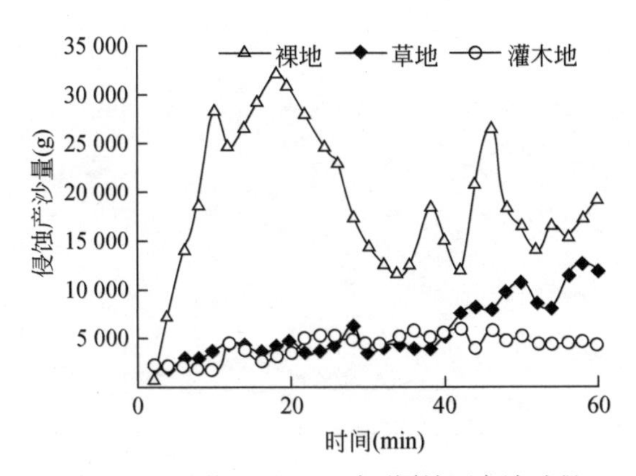

图 7-14　雨强 130mm/h 时不同坡面产沙过程

均产沙速率约为草地产沙速率的 183 倍，约为灌木地产沙速率的 224 倍。

图 7-11 是不同下垫面条件下降雨强度为 90mm/h 的坡面产流量随时间变化过程。从图 7-9 可以看出，在雨强为 45mm/h 时，草地的产流速率小于灌木地的产流速率，而雨强为 90mm/h 时，裸地的平均产流速率为 11 026mL/min，草地的平均产流速率为 3133mL/min，灌木地的平均产流速率为 2158mL/min，可以看出，随着雨强的增大，灌木地比草地的减

流作用明显。裸地平均产流速率约为草地产流速率的 3.5 倍，约为灌木地产流速率的 5.1 倍。

图 7-12 为 90mm/h 降雨强度时坡面侵蚀产沙量变化过程。裸地的产沙量在 26min 达到了产沙量峰值，比 45mm/h 雨强时的坡面产沙量峰值时间提前了 12min，最大产沙速率为 14 237g/min。裸地的平均产沙速率为 9264 g/min，草地的平均产沙速率为 105g/min，灌木地的平均产沙速率为 60g/min，裸地平均产沙速率约为草地产沙速率的 88 倍，约为灌木地产沙速率的 154 倍。

在试验条件下，草地的产流量大于灌木地的产流量，而草地的产沙量小于灌木地的产沙量，这也支持了灌木地的减沙作用大于其减流作用的结论。

图 7-13 是不同下垫面条件下降雨强度为 130mm/h 的坡面产流量随时间变化过程。可以看出，在雨强为 130mm/h 和 90mm/h 时，灌木地的减流作用比 45mm/h 降雨强度下明显。裸地平均产流速率约为草地产流速率的 3.5 倍，约为灌木地产流速率的 5.1 倍。

图 7-14 不同被覆坡面在 130mm/h 降雨强度下的侵蚀产沙量随时间变化过程。裸地的产沙量在 18min 达到了产沙量峰值，最大产沙速率为 16 132 g/min。裸地的平均产沙速率为 9463g/min，草地的平均产沙速率为 580g/min，灌木地的平均产沙速率为 421g/min，比降雨强度为 45mm/h 和 90mm/h 的产沙速率明显增大。裸地平均产沙速率约为草地产沙速率的 16 倍，约为灌木地产沙速率的 22 倍。

不同被覆的产流过程也有一定差异。根据试验分析，这主要是地表侵蚀形态差异所造成的。图 7-15 是裸地、草地和灌木地在 130mm/h 降雨强度条件下的地表侵蚀形态。相同坡度和降雨条件下，裸地侵蚀严重，细沟发育多且发育速率快，达到 100cm/min；草被坡面侵蚀比较轻，仅在坡底部和中部有细沟产生，且发育速度缓慢，其中坡底部发育速度为 2.62cm/min，坡中部细沟试验过程中几乎没有发育；灌木地无明显的细沟发育。因而，在一定覆盖条件下，地表形态的干扰作用小，产流过程相对平稳。由此表明，被覆不仅能具有明显的减洪作用，而且对洪水过程具有消波的调控作用。

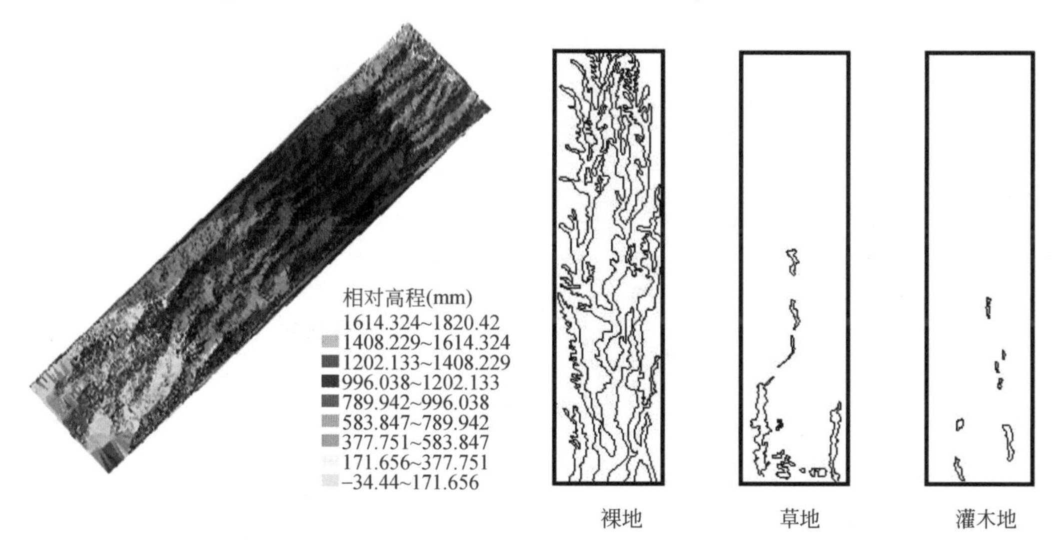

图 7-15 不同被覆坡面地表侵蚀形态

7.4.2 不同被覆坡面侵蚀产沙的水动力学机理

7.4.2.1 坡面临界单位水流功率

单位水流功率定义为流速与坡降的乘积，即在长度为 x、总落差为 Y 的明渠上，单位重量的水体具有的用于输水输沙的能量为

$$P=\frac{\mathrm{d}Y}{\mathrm{d}t}=\frac{\mathrm{d}x\mathrm{d}Y}{\mathrm{d}t\,\mathrm{d}x}=VJ \tag{7-4}$$

式中，P 为单位水流功率（m/s）；Y 为落差（m）；t 为时间（s）；x 为水平距离（m）；V 为水流流速（m/s）；

坡面径流对土壤的侵蚀过程是一个做功耗能的过程，具有一定的功率。Moore 和 Burch（1986）直接尝试用式（7-4）计算坡面和细沟侵蚀率，试验结果表明，当土壤颗粒为分散状态和临界单位水流功率取 0.002 m/s 时，式（7-4）能够较准确预测坡面和细沟输沙率。

利用试验数据，分析了不同降雨强度条件下裸地、草地和灌木地坡面输沙率和单位水流功率之间的关系（图 7-16），输沙率随单位水流功率的增大而增大，即在给定的试验条件下，当降雨强度增大时流量增大，单位水流功率将增大，由此必然引起径流输沙率增大。

不同植被条件下坡面输沙率与径流单位水流功率的拟合方程和临界径流单位水流功率见表 7-6。草地和灌木地的临界单位水流功率大于裸地坡面的临界单位水流功率 0.0036m/s。由表 7-6 可知，草地和灌木地发生侵蚀时，其对应的水流功率分别是裸地的 3.5 倍和 4.7 倍，可见在具有植被条件下，只有当水流具有更大的能量时，才会引起坡面土壤侵蚀。

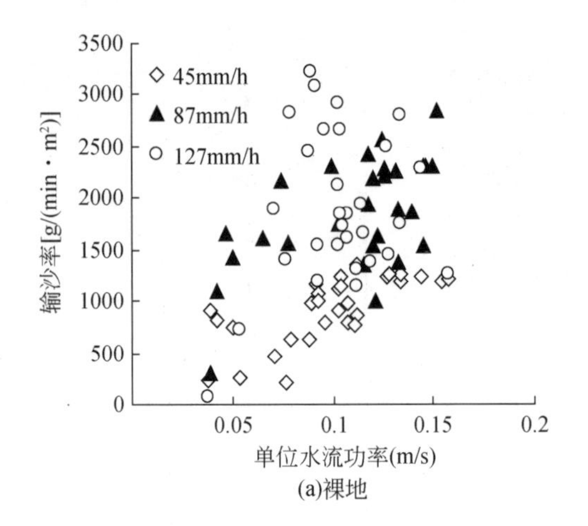

(a)裸地

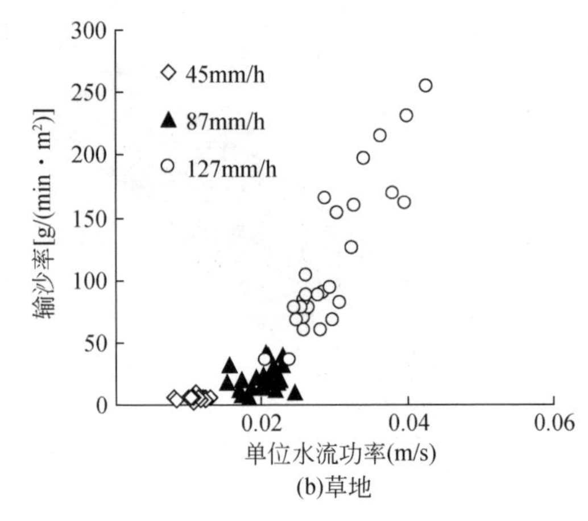

(b)草地

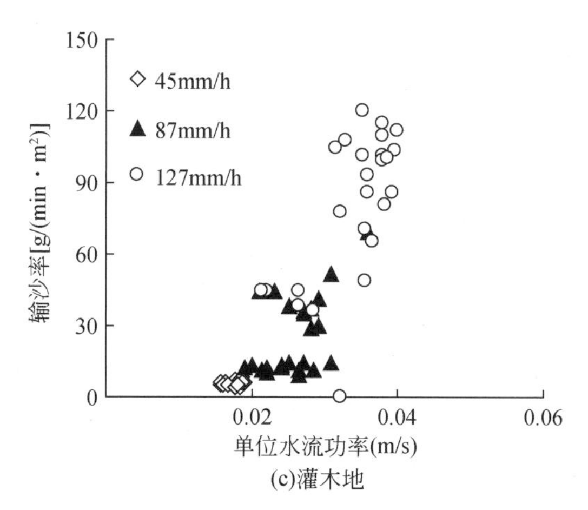

图 7-16 不同植被条件下坡面输沙率与单位水流功率关系

表 7-6 不同植被条件下坡面水流输沙率与径流水流功率的拟合方程

试验区	拟合方程	相关系数 R^2	样本数	临界单位水流功率(m/s)	备注
裸地	$g_s=98270P-358.2$	0.87	55	0.0036	g_s 表示水流输沙率，P 表示单位水流功率
草地	$g_s=6182.9P-78.89$	0.88	42	0.0127	
灌木地	$g_s=4134.9P-70.818$	0.85	53	0.0169	

另外，根据图 7-16（a）裸地点据分布趋势分析，相对来说，其他两种植被坡面的数据就比较分散了，由此表明，对于裸地侵蚀而言，侵蚀对降雨强度因子的变化是较为敏感的。可以看出，裸地条件下不同雨强的点据分布带并非完全一致，而对草地和灌木地而言，各种雨强下的点据基本上沿同一分布带。由此说明，一是不同下垫面的降雨产沙规律是不同的，二是由于被覆对降雨动能的调控，对被覆坡面而言，侵蚀产沙过程将可能更主要取决于水流能量的变化。

7.4.2.2 不同植被条件下坡面临界断面比能

断面比能是指以过水断面最低点作基准面的单位水体的动能及势能之和，其表达式为

$$E=\frac{av^2}{2g}+h \tag{7-5}$$

式中，E 为断面比能（cm）；h 为水深（cm）；a 为动能校正系数，近似取为 1；v 为流速（cm/s）；g 为重力加速度（cm/s^2）。

在以往研究中，未见有利用断面比能建立侵蚀产沙关系的研究。根据试验数据主导因子分析，影响侵蚀产沙的主导因子包括流速、流深等。因而，从理论上讲，断面比能可以较好地反映坡面侵蚀过程中径流动能与势能的内在调整关系，是流速和水深的变量函数，因此，利用试验所得数据，分析了不同降水强度和不同植被条件下坡面输沙率和断面比能的关系，由图 7-17 和表 7-7 可以看出，坡面输沙率和断面比能也呈很好的线性相关关系。

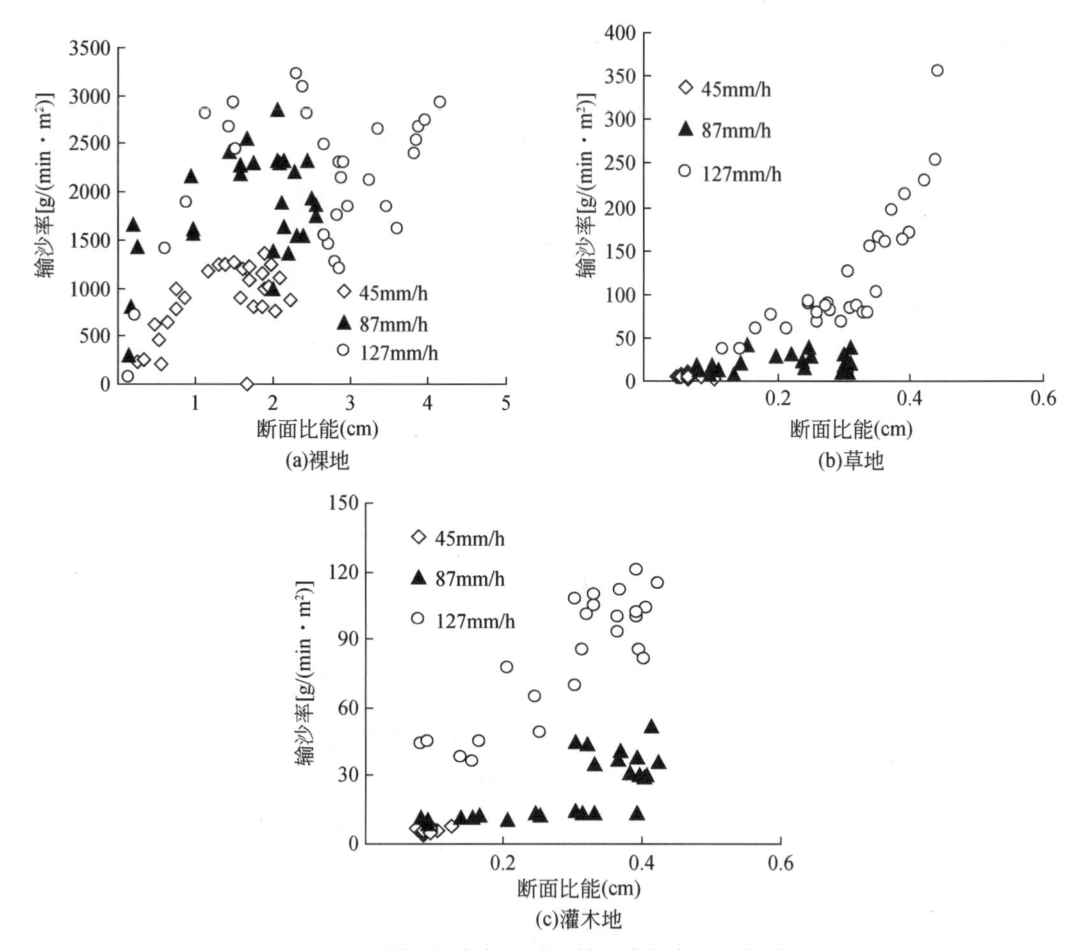

图 7-17　不同植被条件下坡面输沙率与断面比能关系

根据表 7-7 分析，裸地、草地和灌木地的临界断面比能分别为 0.074cm、0.11cm、0.13cm，表明裸地坡面土壤侵蚀发生时需要的能量最小，抗蚀性最弱，而灌木地的抗蚀性最强，草地次之。

另外，通过以上试验结果分析，可以看出草地和灌木地的试验数据分布与降水强度有很大关系。草地和灌木地在 45mm/h、87mm/h 降雨强度下，其坡面形态平整，侵蚀输沙率相对稳定，而在 127mm/h 的大雨强条件下，草地坡面出现了细沟，灌木坡面出现了跌坎，坡面输沙率呈现波动性变化并有明显增大趋势。这也表明，即使在被覆度达到 60% 以上时，对于陡坡而言，在强降雨条件下，草灌等水土保持生物措施对产沙的作用却是有限的。

表 7-7　不同植被条件下坡面输沙率和断面比能拟合方程

试验区	拟合方程	相关系数 R^2	样本数	临界断面比能（cm）	备注
裸地	$g_s=1045E-78.5$	0.76	65	0.074	g_s 为输沙率，E 为断面比能
草地	$g_s=439.1E-48.6$	0.78	62	0.11	
灌木地	$g_s=189.9E-25.1$	0.72	73	0.13	

7.4.2.3 草被措施对坡面流阻力的影响

草被的存在能阻延径流增加入渗，降低径流剥蚀能力，从而起到减水减沙作用。从坡面流阻力系数、径流剪切力和径流剥蚀率等参数的对比可以看出，自然草被坡面显著增加了径流阻力系数，降低了径流剪切力和径流剥蚀率（图 7-18 ~ 图 7-20）。

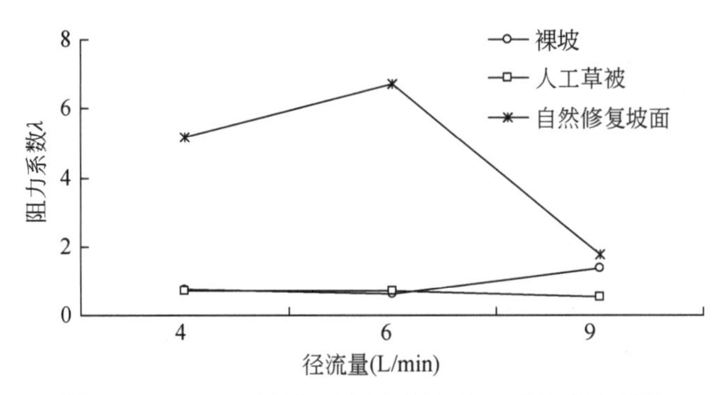

图 7-18　4m×1m 坡面小区不同流量级下径流阻力系数

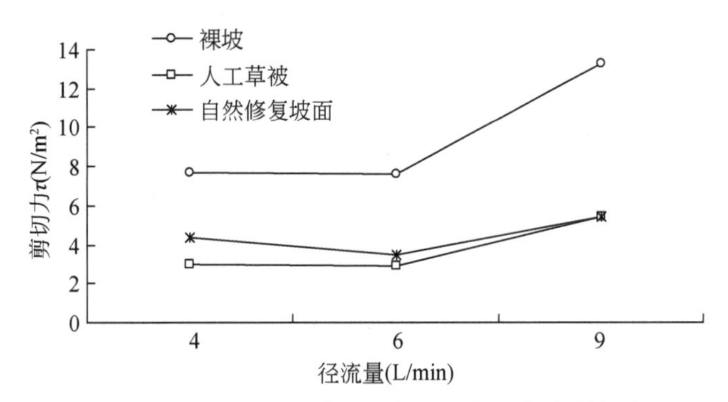

图 7-19　4m×1m 坡面小区不同流量级下径流剪切力

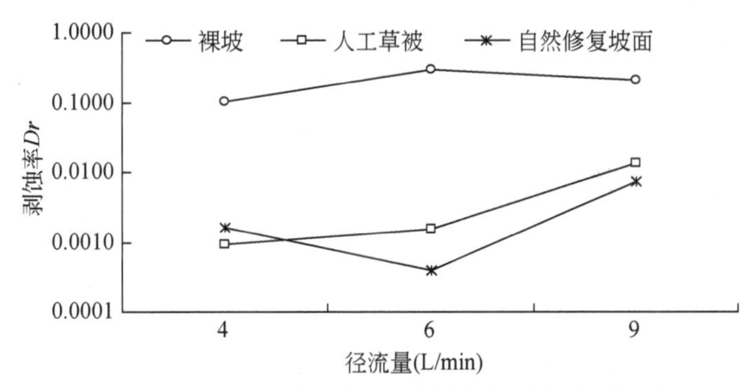

图 7-20　4m×1m 坡面小区不同流量级下径流剥蚀率

统计 4m×1m 坡面小区不同流量级条件下的坡面径流阻力系数发现，在 4L/min 和 6L/min 流量级时，自然草被坡面的径流阻力系数为裸坡坡面径流阻力系数的 6.9 ~ 10.7

倍，人工草被坡面和裸坡相当，随着径流量的进一步增加，草被对坡面径流的阻滞作用明显减弱，径流阻力系数略高于裸坡坡面；在20m×5m的标准小区100L/min流量下，自然草被坡面的径流阻力系数约为裸坡坡面径流阻力系数的3.5倍（图7-21）。另外，草被覆盖明显降低了径流剪切力和径流剥蚀率。相同流量下，草被坡面的径流剪切力约为裸坡坡面径流剪切力的40%～70%，裸坡坡面的径流剥蚀率远远大于草被坡面的径流剥蚀率。说明无论是坡面小区尺度还是标准小区尺度，良好的草被覆盖的存在均明显增加了径流阻力，显著降低了径流剥蚀率和径流剪切力，从而发挥了减水和减蚀的作用。

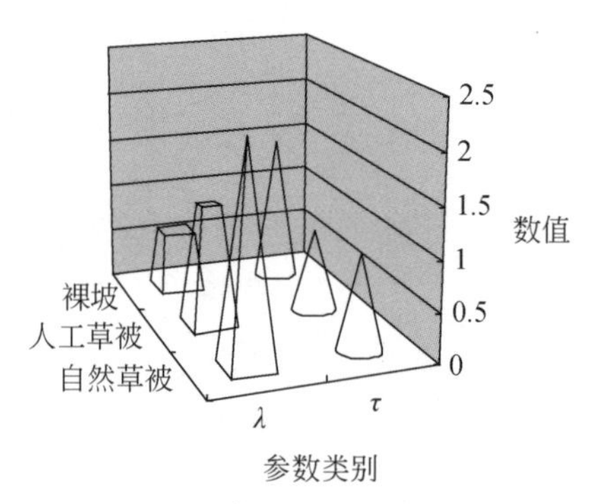

图7-21　100L/min流量条件下径流阻力系数和剪切力比较

7.4.3　草被措施对土壤理化性质的影响

为探求草被措施对坡面水沙关系的作用机制，在裸坡坡面、人工草被坡面和自然草被坡面分别取样并进行土壤物理指标分析。根据对影响土壤入渗的孔隙率和影响土壤抗剪强度的凝聚力、内摩擦角的分析发现，在神木六道沟流域坡面小区上，以裸坡作参照，种植两个多月的紫花苜蓿草被和自然修复3a的自然草被对土壤的孔隙率有明显改善，同时提高了土壤的凝聚力和内摩擦角。在达拉特旗合同沟流域标准小区上，当年种植并生长两个多月的紫花苜蓿和自然修复8a的自然草被也明显提高了土壤凝聚力，而土壤内摩擦角小于裸坡的现象可能与当地土质及风蚀作用有关（表7-8）。

表7-8　野外坡面小区土力学参数比较

取样地点	覆盖类型	裸坡	人工草被	自然草被
神木六道沟	孔隙率（%）	50.74	53.70	54.07
	凝聚力（kPa）	10.3	11.8	12.6
	内摩擦角（°）	24.4	25.9	27.7
达拉特旗合同沟	凝聚力（kPa）	2	3.1	8.4
	内摩擦角（°）	35.7	29.8	23.75

7.4.4 流域水沙变化与下垫面的关系

图 7-22 和图 7-23 分别为西柳沟流域 1960～2010 年年输沙量、年径流量变化过程。西柳沟流域在 1960～1990 年和 1991～2010 年的年输沙量分别为 557.12 万 t 和 292.48 万 t，同期的天然径流量分别为 0.31 万 m^3 和 0.27 m^3。可以看出，尽管年径流量仅减少了 10%，但是年输沙量却减少了 30%。年输沙量减少幅度显著大于年径流量的减少幅度。

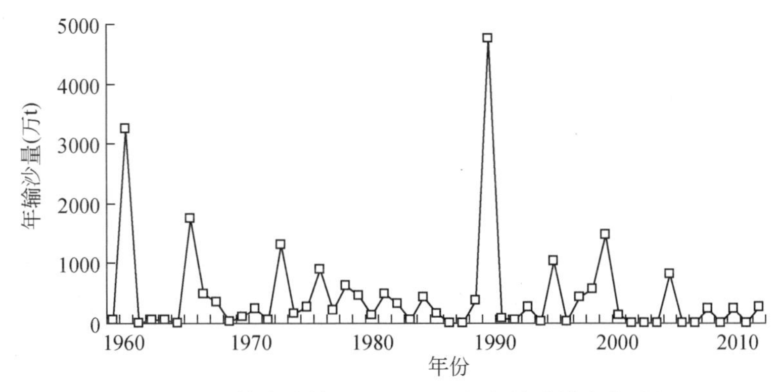

图 7-22　西柳沟流域 1960～2010 年年输沙量变化过程

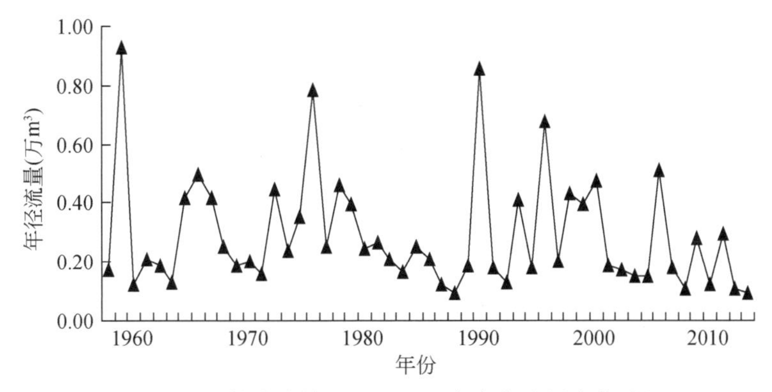

图 7-23　西柳沟流域 1960～2010 年年径流量变化过程

通过对降水、蒸发和人类活动因素的分析，认为气候因素在 1990 年前后没有发生显著变化，而人类活动是造成这种差异的主要因素。人类活动主要是退耕还林还草和淤地坝建设。西柳沟流域内 2010 年的林地和草地面积分别比 1990 年增加了 87.56% 和 77.05%，同期，荒坡地、沙地和农耕地面积大幅减少（图 7-24）。以往研究表明，当林地和草地面积达到土地总面积的 20% 时，其对河流年径流量和产沙量的影响会产生一定效果。西柳沟流域，林地和草地在 1990 年分别占流域总面积的 13.71% 和 21.09%，到 2010 年这一比例已经分别增加到了 25.72% 和 37.34%。因而，结合利用 ^{137}Cs 核示踪技术的分析结论，流域内荒坡地和农耕地的土壤侵蚀强度等级分别为强度和中度，林地和草地都为轻度侵蚀强度。随着荒坡地和农耕地大面积的减少及退耕措施的实施，林地和草地的面积大量增加，势必会明显减少侵蚀产沙强度。

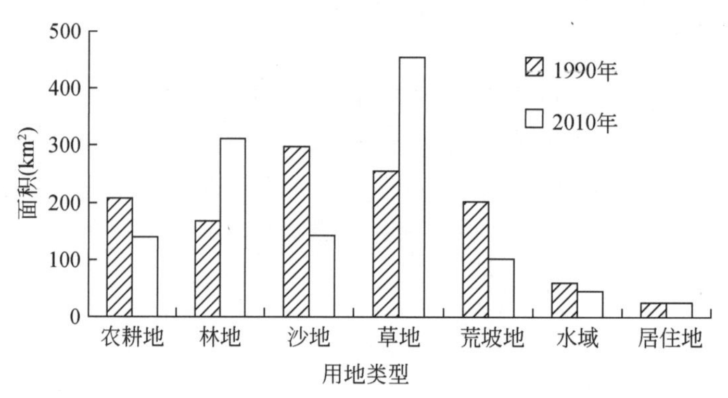

图 7-24 西柳沟流域 1990 ~ 2010 年土地利用类型的变化

此外，1997 年以前，流域仅建有两座中型淤地坝，1997 ~ 2011 年淤地坝的数量增加到了 55 座，其中大型的 17 座，中型的 29 座，小型的 9 座。这些淤地坝对控制和减轻沟道侵蚀，减少上游泥沙进入下游河道起到了重要作用。这些措施也是造成 1990 年以后天然径流量和输沙量显著下降，水沙关系变化的主要原因之一。

7.5 小 结

1）人工模拟降雨试验表明，裸地、草地和灌木地坡面输沙率均随径流剪切力、单位水流功率和断面比能的增大而增大，具有较好的正相关关系；草地和灌木地发生侵蚀时，临界水流功率分别是裸地的 3.5 倍和 4.7 倍，临界断面比能分别是裸地的 1.4 倍和 1.7 倍，表明草地和灌木地大于裸地坡面抵抗径流侵蚀的能力，具有较好的保持水土作用。

2）通过退耕 3a 和 8a 自然恢复草被坡面、当年新种植的紫花苜蓿草被坡面和翻耕平整后的裸坡坡面的模拟试验发现，人工草被和自然草被坡面均有明显的减水减沙作用，在同等试验条件下，两种草被的减沙率均在 95% 以上，草被措施的减水作用不及其减沙作用明显。草被措施的减水减沙作用存在局限性，在中等流量的雨强下，草被措施的减水减沙作用最明显，减水减沙率最高，随着雨强的进一步增加，草被措施的减水减沙率变小。

自然草被对水沙关系的调控作用更大，不仅降低了坡面产水产沙过程，也对坡面水沙搭配关系有明显影响。另外，在相同降雨、被覆度条件下自然修复草被对水沙的调控作用大于人工草被的作用。

3）西柳沟流域天然径流量和输沙量在 1990 年以后呈显著下降趋势，通过对降雨、蒸发和人类活动因素的分析，认为气候因素在 1990 年前后没有发生显著变化，而人类活动因素，主要是退耕还林还草措施和淤地坝建设，西柳沟流域内 2010 年的林地和草地面积分别比 1990 年增加了 87.56% 和 77.05%，同期，荒坡地、沙地和农耕地面积大幅减少，使天然径流量和输沙量显著下降，说明流域治理对改变水沙关系起到了较大的驱动作用。

4）西柳沟流域荒坡地、农耕地、沙地、林地和草地的多年平均侵蚀模数分别为 6500t/（km^2 · a）、5900t/（km^2 · a）、4010t/（km^2 · a）、620 t/（km^2 · a）和 320t/

$(km^2 \cdot a)$。对流域产沙量贡献最大的是荒坡地，其次是沙地，两者合计占到全部输沙量的75%，农地次之，而草地和林地最少，两者之和不到5%。荒坡地和沙地是该流域主要的产沙来源，是该流域今后治理的关键和重点。

农耕地、草地和林地的侵蚀强度大于黄土高原其他地区同类型的侵蚀强度，表明风蚀在该区域的影响很大。稀疏林地的水土保持作用低于草地，农业开垦对土壤风蚀的加速作用十分显著，而传统牧业生产方式更适应当地生态系统特点，对土地扰动较少，不会显著导致破坏性的土壤风蚀发生，对维持生态系统稳定性有重要作用。进一步做好退耕还草及农耕地的防护，尤其是减少其冬春季节的裸露、增加地表覆盖（保留残茬)，对保护土地资源至关重要。

参考文献

包小庆，陈渠昌. 1988. 库布齐沙漠侵蚀状况及治理构想［J］. 水土保持研究，(3)：26～29.

李秋艳，蔡强国，方海燕. 2011. 风蚀对窟野河流域产沙贡献的时间尺度特征. 自然资源学报，27（4)：674-682.

甘枝茂. 1988. 陕晋蒙三角地区的土壤侵蚀. 水土保持学报，2（3)：48～57.

唐政洪，蔡强国，李忠武，等. 2001. 内蒙古砒砂岩地区风蚀、水蚀及重力侵蚀交互作用研究［J］. 水土保持学报，15（2)：25-29.

王德甫，赵学英，马浩录. 1989. 黄河流域的土壤风力侵蚀［J］. 中国水土保持，4：2～6.

杨根生，拓万全，戴丰年，等. 2003. 风沙对黄河内蒙古河段河道淤积泥沙的影响［J］. 中国沙漠，23（2)：152～159.

杨根生，拓万全. 2004. 风沙对黄河内蒙古河段河道淤积泥沙的影响［J］. 西北水电，(3)：44～49.

Moore I D，Burch G J. 1986. Sediment transport capacity of sheet and rill flow：application of unit stream power theory. Water Resources Research，22（8)：1350～1360.

第 8 章　河道水沙变化对多因子驱动的响应机理

河道水沙变化是对流域自然因素、人为因素及河床演变共同作用的复杂响应，分析水沙变化影响因素，判识主导驱动因子，评价多因素对水沙变化的贡献率，对于认识水沙变化成因，预测水沙变化趋势是非常必要的。本章针对沙漠宽谷段产汇流产输沙环境特点，分析水沙变化的主要影响因素；揭示主导因子对水沙变化的调控机制；以典型流域为对象，分析水沙变化成因，模拟分析典型流域不同治理方案下的水沙变化情景，并对影响因子的作用进行了评价；综合评估沙漠宽谷段主导驱动因子对水沙变化的贡献率。

8.1　沙漠宽谷段水沙变化驱动因子分析

与 20 世纪 70 年代以前的基准期相比，2000 年以来沙漠宽谷段水沙发生明显变化，河道径流量、输沙量同步减少，与此同时水沙关系亦发生变化，年内径流分配与基准期的发生倒置，单位径流量的输沙量明显减少，输沙能力降低；沙漠宽谷段径流泥沙减幅沿程分异性明显，径流量减幅沿程不断增加，而输沙量减幅沿程变化不大，来沙系数不断减小，对黄河上游河道河床演变及黄河治理开发带来重大影响。分析沙漠宽谷河段水沙变化的影响因素，判识主导驱动因子，对于了解沙漠宽谷段水沙变化机理及其成因、评估多因素对水沙变化的作用及其贡献率是十分必要的。

8.1.1　水沙变化主要影响因素

河流水沙变化主要是气候、下垫面及河道边界耦合作用的一种水文响应过程，其中降水、林草植被、流域治理工程等是流域产流产沙的主要影响因子，决定着流域产流产沙状况，直接影响进入河流的水沙量及其过程。河道边界包括河床冲淤演变、大型水利工程运行、河道整治等，是影响河道输水输沙过程的主要因子，对河道水流强度有很大影响，直接影响水沙输移状态。实际上，气候、下垫面及河道边界 3 类变量反映了影响水沙变化的自然因素和人类活动因素，与水沙变量的关系可表达为

$$W=f(P, C, R) \tag{8-1}$$

式中，W 为河道水沙变量；P、C、R 分别为气候、下垫面和河道边界变量。

根据黄河上游产流产沙环境及水沙输移边界条件，影响水沙变化的因素应当主要包括气候变化、下垫面治理、大型水库运用、大型引水工程运行和河床调整等（图 8-1）。实际上水沙变化也是产流产沙及输沙过程对气候、下垫面人类活动干预等多种因素综合作用的非线性高阶响应。根据分析，影响头道拐水文站水沙变化的主要因素除下河沿水文站断面下泄的径流泥沙因素外，还有气候（主要是降水和气温）、主要支流来水来沙、水土保

持综合治理、工农业用水（包括大型灌区引水引沙）等，其中受龙羊峡、刘家峡等水库联合运用的影响，极大地改变了下河沿水文站断面的天然径流泥沙过程，造成洪峰流量削减、年内径流泥沙量重新分配；受区间大型灌区的引水引沙的影响，该河段耗水量沿程增加，水沙量沿程减少；头道拐水文站以上主要支流湟水、洮河、庄浪河、祖厉河、清水河和十大孔兑水土保持综合治理，对支流来水来沙也有重要影响。

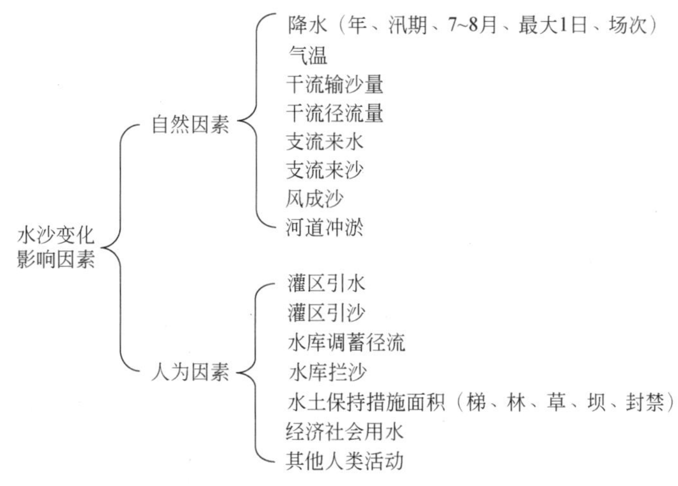

图8-1 沙漠宽谷段水沙变化主要影响因素

（1）降水

根据实测资料统计，黄河干流兰州水文站以上区域1955~1968年、1969~1986年和1987~2010年平均降水量分别为498.0mm、484.6mm和472.3mm，后两个时段降水量比1955~1968年分别减少了2.7%和5.2%，1987~2010年减幅增大近1倍；兰州—头道拐河段1955~1968年、1969~1986年和1987~2010年多年平均降水量分别为283.0mm、254.0mm和249.1mm，后两个时段降水量分别减少了10.2%和12.0%，虽然减幅较小，但相比兰州水文站以上区域减少幅度更为明显。总体来看，头道拐水文站以上区域3个时段多年平均降水量分别为413.1mm、393.6mm和384.1mm，降水量依时序呈减少趋势。降水量减少，必然会使流域产流产沙量减少，进而直接影响水沙关系变化。

（2）支流来沙

根据实测资料统计，1955~1968年、1969~1986年和1987~2010年头道拐水文站以上主要支流多年平均输沙量分别为1.800亿t、1.268亿t和1.158亿t，后两个时段比1955~1968年分别减少了29.6%和35.7%。由于主要支流多年平均输沙量是头道拐水文站同期输沙量的1.34倍，其来沙减少是头道拐水文站来沙减少的影响因素之一。

（3）支流水土保持措施

根据头道拐水文站以上主要支流水土保持措施保存面积年报资料统计核实，1955年、1968年、1986年和2010年底水土保持措施累积保存面积分别为10 740hm^2、57 430hm^2、

720 370hm^2 和2 575 320hm^2。2010年底累积保存面积分别是1955年、1968年和1986年的240倍、44.8倍和3.6倍。支流水土保持措施累积保存面积呈稳定增长趋势，改变了产流产沙下垫面条件，为支流减水减沙提供了治理措施保障。

(4) 大型水库运用

如前述第2章、第3章的介绍，龙刘水库联合运用后对头道拐水文站来水来沙产生了影响。头道拐水文站以上尤其是宁蒙河段径流量和输沙量的年内分配发生明显改变，汛期径流量、年输沙量占年径流量、年输沙量的比例明显下降。下河沿水文站、石嘴山水文站、头道拐水文站天然情况下（1968年以前）汛期径流量占年径流量的比例分别为62%、63%和63%，刘家峡单库运用期间分别下降到53%、55%和54%，龙刘水库联合运用后进一步下降到42%、44%和38%（尚红霞等，2008）。根据统计，刘家峡水库1969～1986年多年平均蓄泄量为2.1亿m^3（蓄水），龙羊峡水库和刘家峡水库1987～2010年多年平均蓄泄量为7.6亿m^3（蓄水），分别占同期头道拐水文站来水量的0.9%和4.8%。两库联合运用后对头道拐水文站来水量的影响明显增大。

龙羊峡、刘家峡等水库的运用不仅调节了径流，而且拦截了大部分入库泥沙，使进入下游的来沙量减少。刘家峡水库运用后库区泥沙逐年淤积，至1986年库区累积淤积泥沙14.15亿t，1986年以后继续淤积；龙刘水库联合运用后的1987～2012年库区共淤积泥沙27.5亿t。从1960年第一座水库投入运用至2012年，黄河上游龙羊峡、刘家峡、青铜峡、盐锅峡、八盘峡和三盛公等水利枢纽累积淤积泥沙约29亿t，其中1986年以来淤积量约7.4亿t。水库拦沙相应减少了进入河道的泥沙，导致头道拐水文站来沙量减少（侯素珍等，2012）。

(5) 宁蒙灌区引水引沙

根据有关资料统计，宁蒙灌区1950～1968年年均引水量为89.4亿m^3，年均引沙量为0.194亿t；1969～1986年年均引水量增加到123.8亿m^3，年均引沙量为0.324亿t；1987～2010年年均引水量达142.5亿m^3，年均引沙量为0.443亿t。其中1997～2006年年均引水量为140.0亿m^3，年均引沙量为0.475亿t，头道拐水文站断面径流量平均减少93.8亿m^3，输沙量平均减少0.613亿t，同期引水减沙比为4.38kg/m^3（姚文艺等，2011）。1950～2010年宁蒙灌区年均引水量为120.4亿m^3，年均引沙量为0.330亿t，分别占头道拐水文站同期还原径流量335.4亿m^3（实测+引水）的35.9%和还原输沙量1.371亿t（实测+引沙）的24.1%。进入21世纪后，引水量有所降低，如2000～2012年宁蒙灌区平均引水量为88.02亿m^3，引沙量也相应有所减少，约为0.3亿t。

(6) 河道冲淤

下河沿—头道拐河段1955～2010年总体呈淤积状态，年均淤积量为0.19亿t。其中1955～1968年淤积量为0.09亿t，1969～1986年年均冲刷量为0.134亿t，1987～2010年年均淤积量为0.491亿t。同期下河沿—石嘴山河段宁夏河段年均冲淤量分别为-0.222亿t（冲刷）、-0.067亿t（冲刷）和0.037亿t（淤积）。石嘴山—头道拐河段内蒙古河段同期冲淤变化更为剧烈，对应以上3个时段的年均冲淤量分别为0.312亿t（淤积）、-0.067

亿 t（冲刷）和 0. 454 亿 t（淤积）。因此，内蒙古河段 1987 年以后一直呈淤积状态且年均淤积量超过 0. 4 亿 t（周丽艳等，2012）。同时，若下河沿—头道拐河段河道淤积量越大，则头道拐水文站来沙量越小，年输沙模数也越小。侯素珍等（2010）研究认为，1987 年以后内蒙古巴彦高勒—头道拐河段各年均表现为淤积，年均淤积 0. 6 亿 t。2000 ~ 2012 年期间遇到部分年份来水量较多，河道淤积量有所减少，但平均淤积量仍有 0. 25 亿 t。因此，内蒙古河段冲淤变化对头道拐水文站年输沙量的影响较大。

（7）风沙影响

宁蒙河段风沙入黄对头道拐水文站年输沙模数有一定的影响，尤其是石嘴山—巴彦高勒河段，乌兰布和沙漠刘拐沙头有流沙群进入黄河。杨根生等（2003）根据输沙量平衡法计算了内蒙古河段 1954 ~ 2000 年河道淤积量，其中乌兰布和沙漠和库布齐沙漠风成沙入黄淤积量分别为 6. 055 亿 t 和 5. 85 亿 t，两者风成沙年均入黄量分别为 0. 129 亿 t 和 0. 125 亿 t，且两者约占该河段大于 0. 1mm 粗泥沙淤积总量的 76. 5%。由此可以推算出内蒙古河段 1954 ~ 2000 年风成沙多年平均入黄量为 0. 253 亿 t，根据中国科学院寒区旱区环境与工程研究所拓万全等的最新计算结果，乌兰布和沙漠近期每年输入黄河的风沙量为 0. 2 亿 ~ 0. 4 亿 t，说明宁蒙河段风沙入黄量也是水沙变化的影响因素之一。

根据黄河沙漠宽谷段产流产沙、河床演变、河道边界等特性综合分析，构建水沙变化影响因子体系见表 8-1。

表 8-1　黄河上游水沙关系变化影响因素指标体系

目标层	准则层	因素层	指标名称	符号	矩阵分析指标变量及符号
水沙变化评价指标体系	自然因子指标	降水	年降水量	P	头道拐水文站以上年降水量 x_1
			汛期降水量	P_f	
			主汛期降水量	P_{mf}	
			降水强度	i	
		温度	气温	T	
		支流产水产沙	径流量	W	支流来水量 x_{3-1}
			输沙量	W_s	支流来沙量 x_{3-2}
		河床演变	河道冲淤量	ΔW_s	河段冲淤量 x_2
		干流径流量	径流量	W	头道拐水文站年径流模数 M
		干流输沙量	径流量	W_s	头道拐水文站输沙模数 M_s
		风成沙	入黄风沙量	W_{ws}	
	人类活动因子指标	水土保持	梯田面积	F_t	x_{6-1}
			林地面积	F_w	x_{6-2}
			草地面积	Fg	x_{6-3}
			封禁治理面积	F_{se}	x_{6-4}
			淤地坝淤地面积	F_s	x_{6-5}
		灌溉	引水量	W_d	宁蒙灌区引水量 x_4
			引沙量	W_{ds}	宁蒙灌区引沙量 x_5
		水库运用	水库调蓄量	W_r	龙刘水库调蓄量 x_7
			水库拦沙量	W_{bs}	龙刘水库等拦沙量 x_8
			水面蒸发量	W_e	
		河道采砂	河道挖沙量	W_{es}	

指标体系包括一个目标层，两个准则层，11 个因素层，共有 23 个影响指标，基本上反映了影响该河段水沙变化的主要因素。当然，由于水沙变化是产流产沙、输水输沙环境条件综合影响的结果，影响因素众多，可能还有其他一些因素未能全面反映。

8.1.2 水沙变化主导驱动因子分析

8.1.2.1 分析方法

黄河上游河段水沙变化是受气候和下垫面等多要素综合影响的复杂过程，由于影响因子众多，需要确定主导驱动因子，进而认识水沙变化机制，科学评估多因子的贡献率。本研究以头道拐水文站断面为对象，采用主成分分析法辨识水沙变化主导驱动因子。

主成分分析法（principal component analysis，PCA）是把原来多个变量简化为少数几个综合指标的一种统计分析方法，在流域地理系统影响要素研究中得到广泛应用。从数学角度看，主成分分析法是一种降维处理技术，即用较少的几个综合指标代替原来较多的变量指标，并且要求较少的综合指标既能尽量多地反映原来较多的变量指标所反映的信息，同时它们之间又是彼此独立的。

根据 PCA 基本原理，其计算步骤归纳如下（徐建华，2006）：

1）计算相关系数矩阵 $R=[r_{ij}]$。$r_{ij}(i, j=1, 2, \cdots, p)$ 为原来变量 x_i 与 x_j 的相关系数，R 为实对称矩阵（即 $r_{ij}=r_{ji}$），所以只需计算其上三角元素或其下三角元素即可。

2）计算特征值与特征向量。首先解特征方程 $|\lambda_i I-R|=0$，通常用雅可比法（Jacobi）求出特征值 $\lambda_i(i=1, 2, \cdots, p)$，并使其按大小顺序排列，即 $\lambda_1 \geqslant \lambda_2 \geqslant \cdots \geqslant \lambda_p \geqslant 0$；然后分别求出对应特征值 λ_i 的特征向量 $e_i(i=1, 2, \cdots, p)$。

3）计算主成分贡献率及累积贡献率。主成分 $z_i(i=1, 2, \cdots, p)$ 的贡献率 r_i 为

$$r_i = \lambda_i / \sum_{k=1}^{p} \lambda_k \tag{8-2}$$

累积贡献率 β 为

$$\beta = \sum_{k=1}^{i} \lambda_k / \sum_{k=1}^{p} \lambda_k \tag{8-3}$$

一般取累积贡献率达 85% ~95% 的特征值 λ_1，λ_2，…，λ_m 所对应的第一，第二，…，第 $m(m \leqslant p)$ 个主成分。

4）计算主成分载荷

$$l_{ij}=p(z_i, x_j)=\sqrt{\lambda_i}\, e_{ij} \tag{8-4}$$

8.1.2.2 主导因子分析

鉴于刘家峡水库 1969 年开始运用，龙羊峡水库 1987 年开始运用，因此，选取头道拐水文站水沙变化影响因子主成分分析的原始数据序列为 1969 ~ 2010 年。在分析中，以各项措施累积面积作为水土保持变量，分析表明，水沙变化同各单项水土保持措施的关联度均比较高；支流来水来沙量与水沙变化的关联度也处于同一个水平，但两者为非相互独立

变量，因此取其一个变量因子进行矩阵分析。

将1969～2010年原始数据进行标准化处理，通过计算求出其相关系数矩阵（表8-2）。

表8-2 头道拐水文站水沙变化影响因子相关系数矩阵

	M	M_S	x_1	x_2	x_3	x_4	x_5	x_6	x_7	x_8
x_1	0.437	0.484	1.000							
x_2	-0.293	-0.380	0.146	1.000						
x_3	0.244	0.255	0.472	0.572	1.000					
x_4	-0.300	-0.430	-0.256	0.369	-0.085	1.000				
x_5	-0.171	-0.173	0.189	0.516	0.475	0.536	1.000			
x_6	-0.397	-0.445	-0.102	0.247	-0.266	0.356	0.123	1.000		
x_7	-0.064	-0.066	0.237	0.308	0.105	-0.017	0.075	0.013	1.000	
x_8	-0.448	-0.512	-0.074	0.371	-0.188	0.569	0.339	0.940	0.001	1.000

定义M为头道拐水文站年径流模数；M_S为头道拐水文站年输沙模数；x_1为头道拐水文站以上年降水量（mm）；x_2为石嘴山—头道拐河段冲淤量（亿t）；x_3为头道拐水文站以上主要支流来沙量（亿t）；x_4为宁蒙灌区引水量（亿m^3）；x_5为宁蒙灌区引沙量（亿t）；x_6为头道拐水文站以上主要支流水土保持措施累积面积（hm^2）；x_7为龙羊峡水库、刘家峡水库蓄泄量（亿m^3）；x_8为龙羊峡水库、刘家峡等水库累积拦沙量（亿t）。

根据统计分析，虽然x_7与M和M_S的相关系数低，但其对M和M_S的影响是必然的，故仍予以保留；x_6与x_8均为累积值，尽管其间相关系数较高，说明两者可能是非独立性因子，但其对M和M_S的影响作用并不能互相代替，故也予以保留。

由相关系数矩阵计算其特征值，以及各项主成分的贡献率与累积贡献率（表8-3）。由表8-3可知，第一～第五主成分的累积贡献率已达94.38%，故只需求出第一～第五主成分z_1～z_5即可。最后得到的主成分载荷见表8-4。

表8-3 特征值及主成分贡献率

主成分	特征值	贡献率（%）	累积贡献率（%）
z_1	2.810	35.129	35.129
z_2	2.190	27.381	62.510
z_3	1.102	13.772	76.282
z_4	0.862	10.773	87.055
z_5	0.586	7.329	94.384
z_6	0.287	3.589	97.973
z_7	0.143	1.784	99.756
z_8	0.020	0.244	100.000

表 8-4 各项主成分载荷

原变量	z_1	z_2	z_3	z_4	z_5
x_1	0.021	0.658	0.416	0.467	0.363
x_2	0.708	0.475	0.007	-0.165	-0.421
x_3	0.192	0.877	-0.179	0.173	-0.255
x_4	0.741	-0.219	-0.381	-0.270	0.285
x_5	0.688	0.416	-0.371	0.009	0.310
x_6	0.704	-0.497	0.381	0.266	-0.135
x_7	0.162	0.355	0.649	-0.361	0.130
x_8	0.852	-0.410	0.218	0.214	-0.013

根据表 8-4 分析可知，第一主成分 z_1 与 x_8 有最大的正相关，与 x_4、x_2、x_6、x_5 依次有较大的正相关，而这 5 个因子与人类活动对头道拐水文站来沙量影响的大小密切相关，因此第一主成分可以看作是反映了人类活动对头道拐水文站来沙量的影响；第二主成分 z_2 与 x_3 有较大的正相关，与 x_6 有较大的负相关，而这两个因子与下垫面治理对头道拐水文站来沙量影响的大小密切相关，因此第二主成分可以看作是反映了下垫面治理对头道拐水文站来沙量的影响；第三主成分 z_3 与 x_7 有较大的正相关，与 x_4 有较大的负相关，而这两个因子与人类活动对头道拐来水文站水量影响的大小密切相关，因此第三主成分可以看作是反映了人类活动对头道拐水文站来水量的影响；第四主成分 z_4 与 x_1 有较大的正相关，与 x_7 有较大的负相关，而这两个因子与气候因素对头道拐水文站来水量影响的大小密切相关，因此第四主成分可以看作是反映了气候因素对头道拐水文站来水量的影响；第五主成分 z_5 与 x_2 有较大的负相关，因此第五主成分是石嘴山—头道拐河段冲淤量。如果选取其中相关系数绝对值最大者作为代表，则龙羊峡、刘家峡等水库累积拦沙量、主要支流来沙量、龙刘水库蓄泄量、头道拐水文站以上年降水量、石嘴山—头道拐河段冲淤量可作为第一～第五主成分的代表影响因子。宁蒙灌区引水量、主要支流水土保持措施面积、宁蒙灌区引沙量可作为重要影响因子考虑。

选取其中相关系数绝对值最大者作为代表，则灌区引水引沙、水土保持措施、水库拦沙量、支流来水来沙量、龙刘水库蓄泄量、头道拐水文站以上年降水量、河道冲淤量为主要影响因子。另外，根据河段水沙来源，入黄风沙量变化也是应当考虑的因子之一。

8.2 多因子对水沙关系变化的调控机制

由 8.1 节分析可知，影响头道拐水文站水沙变化的主导因子有灌区引水引沙、水土保持措施、水库拦沙量、支流来水来沙量、龙刘水库蓄泄量、头道拐水文站以上年降水量、河道冲淤量等，既有自然因素也有人为因素，两大因素中各个影响因子既相对独立又相互耦合，有的是正向作用，有的是反向作用，影响关系复杂。其中，降水是产流产沙最直接的动力因子，在下垫面条件一定的情况下，降水增大或减少必然引起产流产沙量的增大或减少；流域水利水土保持综合治理与支流来水来沙关系密切，流域治理效果越好，支流水沙变化越明显，产水产沙相对越少；大型灌区引水对径流影响最大，而引水引沙势必减水减沙；大型水库拦沙对来沙影响最为突出，拦沙即减沙；河道冲淤对来沙具有调节和补偿作用，淤积减沙，冲刷增沙。

因此，产流量 M 和产沙量 M_S 均可以表示为气候因子 P、下垫面因子 C 的函数，即

$$M=f(P,\ C) \tag{8-5}$$

$$M_S=f(P,\ C) \tag{8-6}$$

式中，M、M_S、P、C 均为时间 t 的函数。对 t 求导有

$$\frac{\mathrm{d}M}{\mathrm{d}t}=\frac{\partial M}{\partial P}\frac{\mathrm{d}P}{\mathrm{d}t}+\frac{\partial M}{\partial C}\frac{\mathrm{d}C}{\mathrm{d}t} \tag{8-7}$$

$$\frac{\mathrm{d}M_S}{\mathrm{d}t}=\frac{\partial M_S}{\partial P}\frac{\mathrm{d}P}{\mathrm{d}t}+\frac{\partial M_S}{\partial C}\frac{\mathrm{d}C}{\mathrm{d}t} \tag{8-8}$$

将式（8-7）两边同乘以 $1/M$、式（8-8）两边同乘以 $1/M_S$，有

$$\frac{\mathrm{d}M}{\mathrm{d}t}\frac{1}{M}=\frac{\partial M}{\partial P}\frac{\mathrm{d}P}{\mathrm{d}t}\frac{1}{M}+\frac{\partial M}{\partial C}\frac{\mathrm{d}C}{\mathrm{d}t}\frac{1}{M} \tag{8-9}$$

$$\frac{\mathrm{d}M_S}{\mathrm{d}t}\frac{1}{M_S}=\frac{\partial M_S}{\partial P}\frac{\mathrm{d}P}{\mathrm{d}t}\frac{1}{M_S}+\frac{\partial M_S}{\partial C}\frac{\mathrm{d}C}{\mathrm{d}t}\frac{1}{M_S} \tag{8-10}$$

令 $\alpha=\frac{\partial M}{\partial P}\frac{P}{M}$，$\beta=\frac{\partial M}{\partial C}\frac{C}{M}$，$m=\frac{\partial M_S}{\partial P}\frac{P}{M_S}$，$n=\frac{\partial M_S}{\partial C}\frac{C}{M_S}$，有

$$\frac{\mathrm{d}M}{\mathrm{d}t}\frac{1}{M}=\alpha\frac{\mathrm{d}P}{\mathrm{d}t}\frac{1}{P}+\beta\frac{\mathrm{d}C}{\mathrm{d}t}\frac{1}{C} \tag{8-11}$$

$$\frac{\mathrm{d}M_S}{\mathrm{d}t}\frac{1}{M_S}=m\frac{\mathrm{d}P}{\mathrm{d}t}\frac{1}{P}+n\frac{\mathrm{d}C}{\mathrm{d}t}\frac{1}{C} \tag{8-12}$$

式中，α、β 分别称为 P 和 C 对 M 的影响弹性系数；m、n 分别称为 P 和 C 对 M_S 的影响弹性系数。

当 $\mathrm{d}t\to 0$ 时，可将式（8-11）、式（8-12）改成差分形式，即

$$\frac{\Delta M}{\Delta t}\frac{1}{M}=\alpha\frac{\Delta P}{\Delta t}\frac{1}{P}+\beta\frac{\Delta C}{\Delta t}\frac{1}{C} \tag{8-13}$$

$$\frac{\Delta M_S}{\Delta t}\frac{1}{M_S}=m\frac{\Delta P}{\Delta t}\frac{1}{P}+n\frac{\Delta C}{\Delta t}\frac{1}{C} \tag{8-14}$$

简化写为

$$\frac{\Delta M}{M}=\alpha\frac{\Delta P}{P}+\beta\frac{\Delta C}{C} \tag{8-15}$$

$$\frac{\Delta M_S}{M_S}=m\frac{\Delta P}{P}+n\frac{\Delta C}{C} \tag{8-16}$$

若定义 P、C 分别为流域降水量和水利水土保持综合治理等人类活动的影响量，则 $\Delta P/P$ 和 $\Delta C/C$ 分别为流域降水量变化系数和人类活动影响量变化系数的差分函数。分别令 $\Delta P/P=\eta_p$、$\Delta C/C=\eta_c$，有

$$\frac{\Delta M}{M}=\alpha\eta_P+\beta\eta_c \tag{8-17}$$

$$\frac{\Delta M_{\mathrm{S}}}{M_{\mathrm{S}}}=m\eta_{P}+n\eta_{c} \tag{8-18}$$

因此，产流产沙变化均是降水因子和流域治理的响应函数，与降水量变化系数和人类活动影响量变化系数具有直接关系。对于黄河上游沙漠宽谷河段而言，产流产沙变化还受兰州水文站以上来水和湟水、洮河等支流来沙以及龙羊峡、刘家峡水库调蓄的影响。

由式（8-15）可知，$\eta_{\mathrm{w1}}=\alpha\frac{\Delta P}{P}/\frac{\Delta M}{M}$表示气候因子（主要是降水）对产流变化的贡献率；$\eta_{\mathrm{w2}}=\beta\frac{\Delta C}{C}/\frac{\Delta M}{M}$表示下垫面因子（主要是综合治理）对产流变化的贡献率。η_{w1}、η_{w2}满足以下关系：

$$\eta_{\mathrm{w1}}+\eta_{\mathrm{w2}}=100\% \tag{8-19}$$

由式（8-16）可知，$\eta_{\mathrm{S1}}=m\frac{\Delta P}{P}\Big/\frac{\Delta M_{\mathrm{S}}}{M_{\mathrm{S}}}$表示气候因子（主要是降水）对产沙变化的贡献率；$\eta_{\mathrm{S2}}=n\frac{\Delta C}{C}\Big/\frac{\Delta M_{\mathrm{S}}}{M_{\mathrm{S}}}$表示下垫面因子（主要是综合治理）对产沙变化的贡献率。同样，η_{S1}、η_{S2}也满足以下关系：

$$\eta_{\mathrm{S1}}+\eta_{\mathrm{S2}}=100\% \tag{8-20}$$

以上推论揭示了自然因素、人为活动因素综合因子对水沙变化的作用关系，给出了综合因子贡献率的理论表达。

以头道拐水文站年径流模数 M 为因变量，以兰州—头道拐河段年降水量 P_n、兰州—头道拐河段支流水土保持措施保存面积 F_{sb}、宁蒙灌区年引水量 W_{y} 和龙刘水库蓄泄量 W_{sx} 作为主要驱动影响因子，经成因回归分析、归一化处理并再做多元回归，可以进一步得到多因子对头道拐径流变化的驱动关系：

$$M=W_{\mathrm{y}}^{-0.6723}P_{\mathrm{n}}^{0.3207}W_{\mathrm{sx}}^{-0.3154}F_{\mathrm{sb}}^{-0.2908} \tag{8-21}$$

同样，设头道拐水文站年输沙模数 M_{s} 为因变量，以兰州—头道拐河段支流年来沙量 W_{zs}、兰州—头道拐河段支流水土保持措施保存面积 F_{sb}、石嘴山—头道拐河段年冲淤量 W_{cs}、兰州—头道拐河段年降水量 P_{n}、龙刘水库拦沙量 W_{ls} 和宁蒙灌区年引沙量 W_{ys} 作为主要驱动影响因子，可以得到多因子对头道拐水文站输沙变化的驱动关系：

$$M_{\mathrm{s}}=W_{\mathrm{ls}}^{-0.8221}W_{\mathrm{zs}}^{06161}P_{\mathrm{n}}^{0.3975}W_{\mathrm{cs}}^{-0.2611}F_{\mathrm{sb}}^{-0.1917}W_{\mathrm{ys}}^{-0.1354} \tag{8-22}$$

比较式（8-21）各变量的指数绝对值可知，W_{y} 对 M 的影响最大，P_{n} 次之，W_{sx} 为第三，F_{sb} 相对最小，按由大到小排序为：$W_{\mathrm{y}}>P_{\mathrm{n}}>W_{\mathrm{sx}}>F_{\mathrm{sb}}$。

根据式（8-22）分析，水库拦沙量 W_{ls}、上游来沙量 W_{zs} 对 M_{s} 的影响作用较大，P_{n} 的影响次之，F_{sb}、W_{ys} 对 M 的影响相对较小，按影响作用从大到小排序为：$W_{\mathrm{ls}}>W_{\mathrm{zs}}>P_{\mathrm{n}}>W_{\mathrm{cs}}>F_{\mathrm{sb}}>W_{\mathrm{ys}}$。

8.3 典型流域水沙变化归因分析

以十大孔兑之一的西柳沟流域为典型，重点分析暴雨洪水泥沙特征，以及水沙变化成因。

8.3.1 研究现状

西柳沟是十大孔兑中流域面积第二大（仅次于毛不拉孔兑）的代表支流。

以往有关内蒙古河段和西柳沟流域水沙问题研究得相对较多，如刘晓燕（2009）、侯素珍（2015）、师长兴（2013）、Ran 等（2010）、Qin 等（2011），分别对内蒙古河段主槽萎缩原因、冲淤演变影响因素、河床冲淤演变特征及原因、头道拐水文站断面形态变化及其对水沙的响应等进行过研究；许炯心（2013）、王平等（2013）分别对十大孔兑侵蚀产沙与风水两相作用及高含沙水流的关系、高含沙洪水特点与冲淤特性进行了研究。还有一些学者主要从黄河上游沙漠宽谷河段近期水沙变化特点及趋势、孔兑典型高含沙洪水淤堵黄河干流过程和危害及淤堵条件、西柳沟流域暴雨产流产沙关系等方面开展一些研究工作（支俊峰等，2002；刘韬等，2007；张晓华等，2013）。李璇（2013）、张建等（2013）分别对西柳沟流域水沙流失特点及治理措施、十大孔兑水沙特性及治理措施进行了探讨；刘通等（2015）分析了气候变化与人类活动对西柳沟流域入黄水沙过程的影响，并根据西柳沟流域土地利用变化数据直接给出了水土保持生态工程建设的蓄水减沙量。

20 世纪 90 年代后期以来，十大孔兑特别是西柳沟流域水土保持生态工程建设进度加快，淤地坝建设和退耕还林（草）取得了明显成效，进一步开展西柳沟流域近期水沙变化对下垫面治理响应的归因分析，定量评价气候（主要是降水）和下垫面等驱动因子对流域水沙变化的贡献率，对于揭示多因子耦合作用下内蒙古河段水沙关系变异的响应机理，评价流域水土流失治理效果，优化流域治理方案，为水资源有效利用以及水环境治理等重大水问题决策提供科学依据，均具有重要的意义。

8.3.2 流域基本概况

西柳沟发源于内蒙古鄂尔多斯市东胜区漫赖乡张家山，位于黄河上游宁蒙河段（图 8-2），流域总面积为 1356.3km^2，其中水土流失面积为 1273km^2，占流域总面积的 93.9%；河道总长为 106.5km，平均比降 3.6‰。流域地貌分为丘陵区、风沙区和平原区三大类型。1960～2012 年流域平均降水量为 271.2mm，最大 24h 降水量为 44.7mm，多年平均侵蚀模数为 5000t/(km^2·a)。

西柳沟地处风蚀沙化及水蚀重叠交错区，水土流失非常严重。其中丘陵沟壑区植被稀疏，地面支离破碎，沟谷地貌发育，大部分切割至基岩，沟道为“U”字形，沟壑密度为 3～4km/km^2，土壤侵蚀剧烈，以水力侵蚀和重力侵蚀为主，多年平均侵蚀模数为 8500t/(km^2·a)，是西柳沟流域的主要产沙区。风沙区主要为链式格状沙丘和新月形沙丘链，风力侵蚀极为严重，侵蚀强度高，多年平均侵蚀模数约为 10 000t/(km^2·a)。黄河冲积平原区地面坡度较小，土壤侵蚀轻微，但受沟道比降较缓的条件影响，河道摆动性大，洪水漫滩危害严重，导致河床淤积抬高。

同时，西柳沟流域又地处内蒙古中西部地区暴雨中心，暴雨洪水多发。洪水中的泥沙主要来自降水径流对丘陵沟壑区地表物质的侵蚀以及部分堆积于流域内的风成沙，呈现出

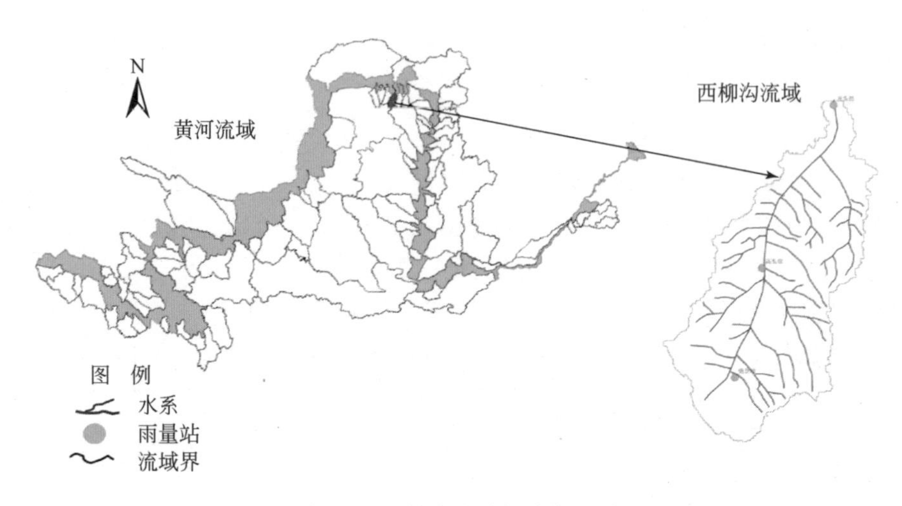

图 8-2　西柳沟流域相对位置图

水风复合侵蚀的特点。由于西柳沟流域河道短，比降大，产汇流快，在上游产沙、中游风沙的特殊地貌条件下，暴雨洪水峰量高含沙量大，突发性强。频繁发生的暴雨洪水及其携带的大量泥沙对黄河造成的危害非常大。根据调查，1958～2012 年，西柳沟流域先后发生过 16 次较大山洪灾害和 7 次洪水泥沙堵塞黄河的重大事件。

西柳沟流域水土保持综合治理始于 20 世纪 60 年代。1986 年以来，西柳沟流域水土流失治理工作加快，先后在黄土高原水土保持世界银行贷款项目、黄河中游水土保持治沟骨干工程等多个项目中被列为重点项目。根据调查统计，截至 2012 年底，西柳沟流域已治理水土流失面积 416.4km^2，治理度为 32.7%。但由于治理难度大，治理规模仍相对较小，且沟道中布设的拦洪拦沙控制性坝系工程少，洪水泥沙还未得到有效控制，山洪灾害时有发生。

8.3.3　数据来源与处理

采用的西柳沟流域水文资料序列为 1960～2010 年。其中 1960～1990 年和 2006～2010 年水文资料来自黄河水利委员会刊印的《黄河流域水文资料》；1991～2005 年的水文资料通过其他途径收集。西柳沟流域雨量站布设稀少，1980 年以前曾设有柴登壕、高头窑、韩家塔和龙头拐 4 个雨量站。西柳沟流域只有柴登壕、高头窑和龙头拐 3 个雨量站。部分缺测资料采用回归分析方法插补。流域降水特征值计算采用算术平均法。流域水土保持综合治理资料来自内蒙古鄂尔多斯市水土保持局和第一次全国水利普查公报。

8.3.4　洪水泥沙关系

前述 6.2 节对西柳沟流域降水、径流、泥沙过程特征及变化情况已做介绍，本章重点分析西柳沟流域降水径流泥沙关系及其变化。

8.3.4.1 径流、产沙系数变化

径流系数综合反映了流域内自然地理要素对径流的影响；产沙系数则表示单位毫米降水的产沙能力。从西柳沟流域不同时段径流系数和产沙系数的变化看，1960～1989年呈波动变化，1990～2010年明显减小，尤其是2000～2010年减小突出，平均径流系数仅为0.06，说明只有6%的降水成为地表径流，94%的降水为下垫面入渗和蒸发等损耗。1990～2010年与1960～1989年相比，龙头拐水文站径流系数减小24.8%，产沙系数减小58.8%。径流系数减小，表明流域下渗和蒸发能力增大；产沙系数锐减，表明流域单位毫米降水条件下可供侵蚀的产沙量明显减少。由此说明，1990年以来西柳沟流域产流产沙能力明显减小，这显然与流域水土保持综合治理所引起的下垫面变化有关。根据调查，2000年来西柳沟流域中高覆盖度植被面积增加了10%左右。

8.3.4.2 来沙系数变化

来沙系数是表征水沙关系的主要参数之一。

从龙头拐水文站年均来沙系数（年平均含沙量/年平均流量）变化过程看（图8-3），1990年以后来沙系数呈不断减小的趋势。与1960～1989年相比，1990～2010年龙头拐水文站年均来沙系数约减小51.3%。

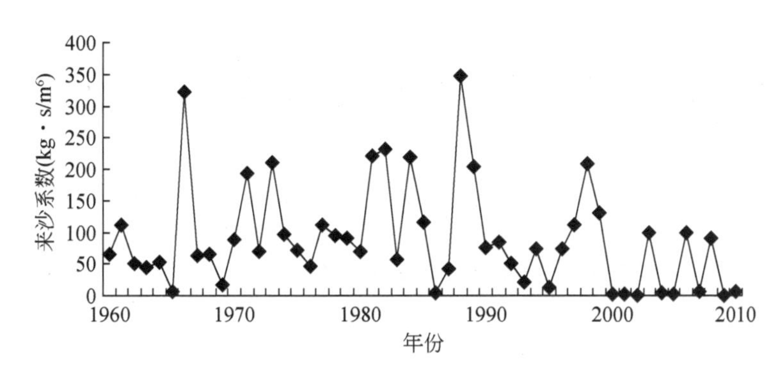

图8-3 龙头拐水文站来沙系数变化过程

来沙系数表示单位流量含沙量的大小，亦即相同流量条件下含沙量的大小，因此，对于一条特定的河流来说，流量大小既代表水流运动强度和动能的大小，也代表河流输沙能力的大小。如果来沙系数大，就意味着单位流量的含沙量大，河道输沙就可能处于超饱和状态而发生淤积，反之则可能处于次饱和状态而发生冲刷（吴保生和申冠卿，2008）。西柳沟流域1990年以后来沙系数锐减，说明流域单位流量的含沙量与1990年以前相比明显减小，这与实地调查的情况相符。

8.3.4.3 降水产洪产沙关系

西柳沟流域上游丘陵沟壑区风沙残积土和风化砂、砾岩以及中部河段河道内堆积的泥沙，为暴雨产沙提供了充足的沙源，加之河道比降大，输沙能力强，产汇流均很快，极易

形成洪峰尖瘦、暴涨暴落的高含沙洪水。在含沙量水流条件下，西柳沟流域常有泥流发生（Ran et al.，2010）。流域洪水具有陡涨陡落、持续时间短、水沙基本同步、洪峰流量大、含沙量高和洪水径流泥沙量占全年比例高等特点。根据龙头拐水文站1960～2010年31场洪水的统计资料分析，洪水量占年径流量的54.8%，洪水输沙量占年输沙量的95.8%。最为典型的是1989年7月21日洪水，实测最大洪峰流量为6940m³/s，最大含沙量为1240kg/m³，洪量为7350万m³，占全年径流量的85.8%，洪水输沙量为4740万t，占全年输沙量的99.8%；场次洪水输沙模数高达41 400t/km²，均为历次洪水之最。

通过回归分析，龙头拐水文站1960～2010年洪水期降水产洪产沙关系见表8-5。

表8-5　龙头拐水文站1960～2010年洪水期降水产洪产沙关系

降水产洪关系	降水产洪变化率	降水产沙关系	降水产沙变化率
$W_H=2.9029P_1^{1.5257}$	$dW_H/dP_1=4.43P_1^{0.5257}$	$W_{HS}=0.6444P_1^{1.6136}$	$dW_{HS}/dP_1=1.04P_1^{0.6136}$
$W_H=0.0005P_Z^{2.8788}$	$dW_H/dP_Z=0.00144P_Z^{1.8788}$	$W_{HS}=0.0056P_Z^{2.195}$	$dW_{HS}/dP_Z=0.0123P_Z^{1.195}$
$W_H=0.000002P_X^{3.6838}$	$dW_H/dP_X=0.0000074P_X^{2.6838}$	$W_{HS}=0.00001P_X^{3.1363}$	$dW_{HS}/dP_X=0.00003P_X^{2.1363}$

注：W_H为龙头拐水文站年洪水量（万m³）；W_{HS}为龙头拐水文站年洪水输沙量（万t）；P_1、P_Z和P_X分别为西柳沟流域最大1日、7～8月和汛期（5～9月）平均降水量（mm）。降水产洪关系相关系数依次为0.649、0.668和0.700；降水产沙关系相关系数依次为0.579、0.429和0.502。

由表8-5可见，随着降水统计时间尺度的增大，幂指数呈明显增大趋势，系数呈减小趋势。由此反映出西柳沟流域汛期各时段降水量越大、产洪产沙量越多这一客观事实。龙头拐水文站洪水期各降水产洪关系式的指数取值为1.5257～3.6838，各降水产沙关系式的指数取值为1.6136～3.1363，且系数随降水时间尺度的增大呈几何级数减小，与黄土丘陵沟壑区明显不同。降水产洪产沙关系式的指数可以反映流域产洪产沙量随降水量的变化率，而且当该指数大于1.0时，指数越大，单位降水产洪产沙量随降水量的增大而增大的速率越大，因此，该指数可以表示流域地表产洪能力和地表物质的可蚀性。对表8-5中各式分别求一阶导数，即可得到西柳沟流域洪水期降水产洪变化率和降水产沙变化率，其中降水产洪变化率指数取值为0.5257～2.6838，降水产沙变化率指数取值为0.6136～2.1363。随着时间尺度的增大，降水产洪产沙变化率迅速增大。由此可见，基于下垫面特定的风水两相复合侵蚀作用，西柳沟流域地表产洪能力和地表物质的可蚀性都很强（许炯心，2013）。

8.3.4.4　基于含沙量的流域洪水泥沙关系

龙头拐水文站1960～2010年洪水泥沙关系为

$$W_{HS}=0.2586W_H^{1.0285} \tag{8-23}$$

$$W_{CHS}=0.277W_{CH}^{1.01} \tag{8-24}$$

式中，W_{HS}、W_{CHS}分别为龙头拐水文站年洪水输沙量年内场次洪水径流量（万m³）、输沙量（万t）；W_H、W_{CH}分别为年洪水量、年内场次洪水量（万m³）。式（8-23）、式（8-24）的相关系数分别为0.867、0.828。

以含沙量为参数对龙头拐水文站场次洪水泥沙关系进行划分，则高含沙洪水和一般洪水其洪水泥沙关系明显不同，高含沙洪水的场次洪水量和场次洪水输沙量都很大，峰高量大，含沙量最大可达 910kg/m³，场次洪水平均含沙量大于 600kg/m³；一般洪水的场次洪水量和场次洪水输沙量则较小，峰低量小，含沙量最小只有 101kg/m³，场次洪水平均含沙量小于 200kg/m³；一般洪水场次洪水量和场次洪水输沙量平均值仅为高含沙洪水对应值的 65% 和 22% 。

龙头拐水文站高含沙洪水和一般洪水的关系如图 8-4 所示。

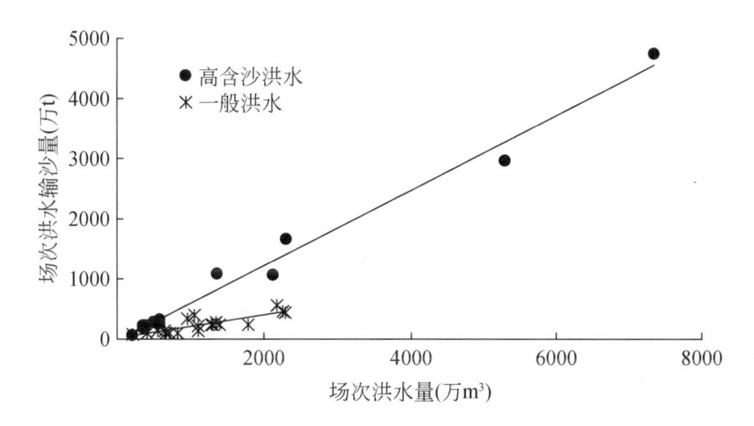

图 8-4 龙头拐水文站不同含沙量洪水泥沙关系

高含沙洪水（含沙量>600 kg/m³）：

$$W_{\mathrm{CHS}}=0.6251W_{\mathrm{CH}}-33.417 \tag{8-25}$$

一般洪水（含沙量<200 kg/m³）：

$$W_{\mathrm{CHS}}=0.1948W_{\mathrm{CH}}+13.993 \tag{8-26}$$

式（8-25）、式（8-26）相关系数分别为 0.993、0.837。

8.3.5 西柳沟流域近期水沙变化归因分析

8.3.5.1 降水产流产沙力经验模型

根据龙头拐水文站 1960～2010 年降水径流泥沙双累积曲线判断（图 8-5），其转折点为 1989 年。通过对西柳沟流域调查了解，1990 年后水土保持综合治理的效应已明显呈现，故经综合分析，确定 1989 年为西柳沟流域水沙序列突变点。因此，以 1960～1989 年作为基准期，以 1990～2010 年作为治理期，分析西柳沟流域水沙变化。

通过对西柳沟流域 1960～2010 年降水观测资料分析，影响流域产流产沙的降水因子主要有年降水量、汛期降水量、主汛期降水量和最大 1 日降水量等，而降水量与降水强度的乘积（组合因子）对流域产流产沙量的影响更为明显。通过多因子回归分析，西柳沟流域产流产沙量与流域年降水量与流域最大 1 日平均降水量的乘积 $P_{\mathrm{N}}I_1$ 关系最为密切。据此，定义该乘积为“降水产流产沙能力”。

$P_{\mathrm{N}}I_1$ 的物理意义是表示因降水引起流域下垫面产流产沙的潜在能力，反映了降水量和降水强度对流域产流产沙的综合作用。根据 $P_{\mathrm{N}}I_1$ 不仅可以计算治理期西柳沟流域水土保持

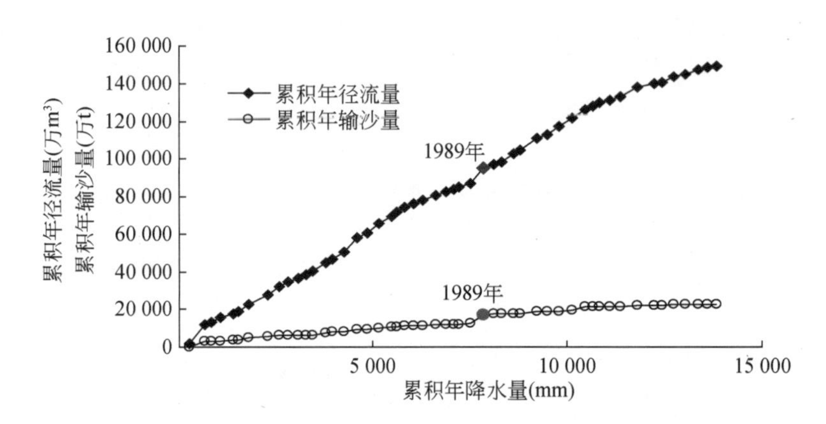

图 8-5　龙头拐水文站年降水径流泥沙双累积曲线

综合治理减水减沙量，也可以分析不同时段降水产流产沙关系的变化。

研究表明，在干旱半干旱地区，产流模式多为超渗产流，降水是流域产流产沙的主要驱动因子，尤其是降水强度在流域产流产沙过程中具有非常重要的作用，如果不考虑降水强度因子，流域平均降水与产流产沙的关系并不密切（姚文艺等，2011）。为此，筛选确定降水量与降水强度的组合因子 P_NI_1 构建流域降水产流产沙经验模型。由于一般情况下，降水量及降水强度资料也易于获得（黄河流域水文年鉴各雨量站逐日降水量表中都有 P_N 和 I_1 观测值），同时以 P_NI_1 作为主导因子建立的模型结构简单，应用方便。

通过回归分析，西柳沟流域基准期产流产沙经验模型为：

$$W=8.2384(P_NI_1)^{0.6248} \tag{8-27}$$

$$W_S=7.0\times10^{-7}(P_NI_1)^{2.083} \tag{8-28}$$

式中，W 为年径流量（万 m³）；W_S 为年输沙量（万 t）；P_N 为流域年降水量（mm）；I_1 为流域最大 1 日面平均降水量（mm/d）；P_NI_1 为降水产流产沙能力（mm²/d）。式（8-27）、式（8-28）相关系数分别为 0.817、0.842。

对比式（8-27）、式（8-28）的指数，$W-P_NI_1$ 幂函数关系为上凸形（指数小于 1.0）曲线，$W_S-P_NI_1$ 幂函数关系曲线为下凹形（指数大于 1.0）。进一步对比分析其变率表明，P_NI_1 对 W_S 的影响更为明显。

由式（8-27）、式（8-28）相比有

$$W_S/W=S=8.497\times10^{-5}(P_NI_1)^{1.4582} \tag{8-29}$$

由于 W_S/W 代表流域基准期平均含沙量 S（kg/m³），故西柳沟流域基准期平均含沙量与 P_NI_1 呈高次方正比关系，表明 P_NI_1 对流域平均含沙量的影响也很大。把 P_NI_1 作为自变量，对式（8-27）、式（8-28）分别求导，有

$$dW/d(P_NI_1)=5.147(P_NI_1)^{-0.3752} \tag{8-30}$$

$$dW_S/d(P_NI_1)=1.458\times10^{-6}(P_NI_1)^{1.083} \tag{8-31}$$

因此，西柳沟流域基准期产流产沙量随 P_NI_1 的变化速率并不相同。产流随 P_NI_1 变化的速率指数为-0.3752，而产沙变化的速率指数为 1.083，说明随 P_NI_1 增大，单位 P_NI_1 的产流量是减少的，而产沙量则继续增大，有关其水文机制有待进一步研究。

8.3.5.2 水沙变化成因分析

根据经验模型的计算水沙量与治理期实测水沙量相比，其差值即为水利水土保持综合治理等人类活动的减水减沙量；基准期实测水沙量与根据经验模型的计算水沙量相比，其差值即为因降水变化影响的减水减沙量（表8-6）。

表8-6 降水产流产沙力经验模型减水减沙量

时段	径流量（万 m^3）		减水量				输沙量(万 t)		减沙量			
			人类活动		降水影响				人类活动		降雨影响	
	实测值	计算值	减少量（万 m^3）	占比（%）	减少量（万 m^3）	占比（%）	实测值	计算值	减少量（万 t）	占比（%）	减少量（万 t）	占比（%）
1960～1989年	3175						576					
1990～2010年	2503	2889	303	45.1	369	54.9	246	378	121	36.7	209	63.3

1990～2010年西柳沟流域因水土保持综合治理等人类活动年均减水量为303万 m^3，占年均总减水量672万 m^3的45.1%；因降水影响流域年均减水量为369万 m^3，占总减水量的54.9%；人类活动与降水影响之比为45%：55%，降水影响比人类活动影响高出10%。

1990～2010年西柳沟流域因水土保持综合治理等人类活动年均减沙量为121万t，占年均总减沙量330万t的36.7%；因降水影响流域年均减沙量为209万t，占总减沙量的63.3%；人类活动与降水影响之比为37%：63%，基本上是人类活动影响占40%，而降水影响占60%。因此，1990～2010年西柳沟流域降水对水沙变化的影响居于主导地位。

8.3.5.3 水土保持措施对水沙变化贡献率分析

采用“水保法”分析多因子对水沙变化的贡献率（姚文艺等，2011）。根据实地调查并结合第一次全国水利普查资料核实，西柳沟流域截至2012年底水土流失治理面积为416.4km^2，其中基本农田为2160hm^2，水保林为35310hm^2，人工种草为1320hm^2，坝地为380hm^2，封禁治理为2850hm^2，治理度为32.7%。同时，修建各类淤地坝339座，小型拦蓄工程4218处，各类水源井2850眼，引洪淤地、引洪治沙工程30多处。修筑下游堤防近190km。

西柳沟流域各单项水土保持措施减水减沙指标根据地区相似性原则，参考水利部第一期黄河水沙变化基金项目甘肃祖厉河、宁夏清水河流域1970～1989年研究成果确定（汪岗和范昭，2002）。封禁治理减水减沙指标参考草地确定。考虑西柳沟流域1990～2010年降水增加、水土保持生态工程建设力度加大、林草植被恢复速度加快等特点，对确定的减水减沙指标进行适当增大的修正。

根据西柳沟流域截至2012年底梯田、林地、草地、坝地和封禁治理等单项措施面积和对应的减水减沙指标，两者相乘即可得到各单项措施减水减沙量（表8-7、图8-6），其中减水减沙贡献率是指各单项措施减水减沙量占总减水减沙量的比例。

表 8-7　西柳沟流域截至 2012 年底多项措施减水减沙量

项目	梯田	林地	草地	坝地	封禁治理	合计
措施面积（hm^2）	1 780	35 310	1320	380	2 850	41 640
配置比例（%）	4.3	84.8	3.2	0.9	6.8	100
减水指标（m^3/hm^2）	200	70	40	1 000	40	—
减沙指标（t/hm^2）	40	20	10	650	10	—
减水量（万 m^3）	35.6	247	5.3	38	11.4	337.3
减沙量（万 t）	7.1	70.6	1.3	24.7	2.9	106.6
减水贡献率（%）	10.5	73.2	1.6	11.3	3.4	100
减沙贡献率（%）	6.7	66.2	1.2	23.2	2.7	100

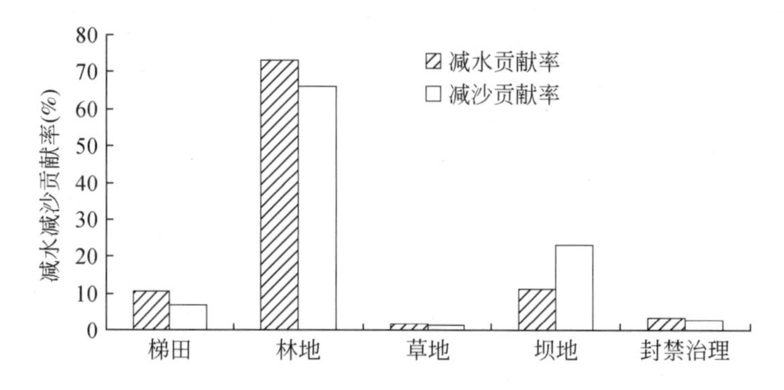

图 8-6　西柳沟流域水保措施减水减沙贡献率柱状图

截至 2012 年西柳沟流域水土保持措施年均减水量为 337.3 万 m^3，年均减水作用为 11.9%；年均减沙量为 106.6 万 t，年均减沙效益为 30.2%。水土保持措施减水作用较小，减沙效益相对比较明显，治理效果开始显现。其中梯田、林地、草地、坝地和封禁治理等单项水土保持措施减水贡献率分别为 10.5%、73.2%、1.6%、11.3%和 3.4%，林地减水贡献率最大，超过 70%，坝地和梯田减水贡献率基本相当，虽然分居第二和第三，但只有林地的 1/7 左右；单项水土保持措施减沙贡献率分别为 6.7%、66.2%、1.2%、23.2%和 2.7%，其中林地减沙贡献率最大，超过 65%，其次为坝地，但仅为林地的 1/3，两者减沙贡献率合计约为 90%。由图 8-6 可看出，西柳沟流域林地的减水减沙贡献率均为最大且远高于其他治理措施，这既反映了流域近期林地面积增长迅速、生态建设成效比较明显的客观实际，也说明其目前的水土保持措施配置比例还需要进一步完善。如果把封禁治理归并到草地中，则截至 2012 年底西柳沟流域水土保持措施配置比例为梯田：林地：草地：坝地=4.3：84.8：10.0：0.9。水土保持措施对流域洪水泥沙拦蓄作用的大小与措施配置密切相关。根据以往研究（冉大川等，2009），黄河中游多沙粗沙区现状治理条件下取得最大减沙效益的水土保持措施配置比例为梯田：林地：草地：坝地=16.7：71.4：9.5：2.4。以此为参考，显然西柳沟流域现状治理条件下坝地和梯田配置比例均明显偏小。

8.4 典型流域不同治理方案下水沙变化情景模拟

仍以十大孔兑之一的西柳沟流域为研究对象，利用研发的分布式流域产流产沙机理模型，模拟流域不同时期、不同措施配置条件下的产流产沙情况，分析评价水土保持措施配置及不同土地利用方式对流域水沙变化的影响。

8.4.1 模型框架与结构

产流产沙数学模型由产流模块、汇流模块、产沙模块 3 部分组成（图 8-7）（姚文艺等，2014）。

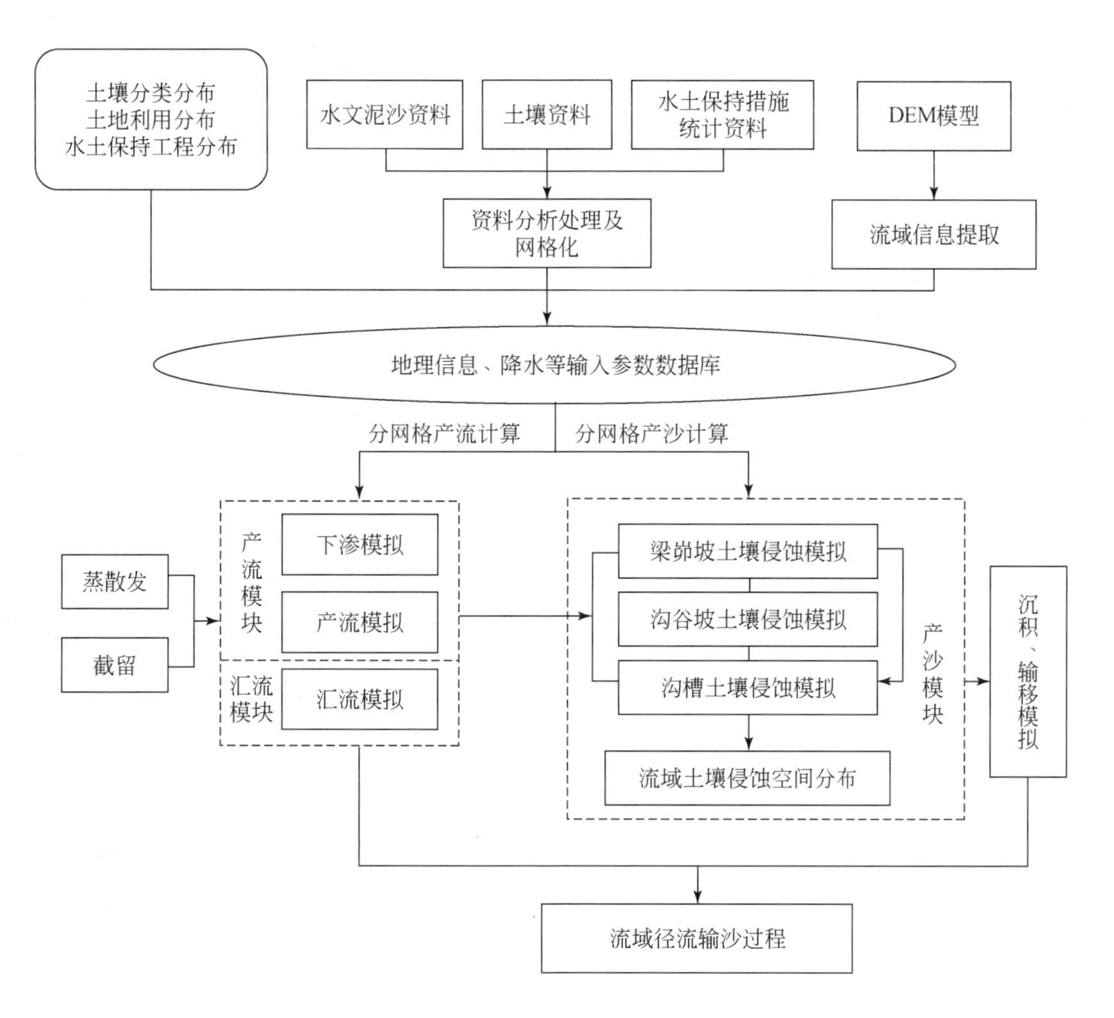

图 8-7 模型结构示意图

8.4.1.1 产汇流模型

(1) 产流模块

西柳沟流域属于干旱少雨的大陆性气候，土壤贫瘠，植被较差，植物根系不发达，下渗能力小，雨强很容易超过下渗能力而形成地表径流，流域产流以超渗产流为主。因此，采用超渗产流模块计算产流量。

超渗雨的产流量取决于降水强度和下渗强度的对比关系，下渗能力可以采用 Horton 下渗方程计算：

$$F=F_c+(F_0-F_c)e^{-kt} \tag{8-32}$$

式中，F 为下渗能力；F_0 为最大下渗能力；F_c 为稳定下渗能力；k 为随土质而变的指数；t 为时间。

式（8-32）代表下渗曲线 F-t 过程，不能直接用来计算 F。如设 W 为降水入渗量，并把式（8-32）对时间积分，则

$$\begin{aligned} W &= \int_0^t F\mathrm{d}t = \int_0^t [F_c + (F_0 - F_c)e^{-kt}]\mathrm{d}t \\ &= F_c t + \frac{1}{k}(1 - e^{-kt})(F_0 - F_c) \end{aligned} \tag{8-33}$$

将 $e^{-kt}=(F-F_c)/(F_0-F_c)$ 代入式（8-33）式得

$$W=F_c t+\frac{1}{k}\left(1-\frac{F-F_c}{F_0-F_c}\right)(F_0-F_c) \tag{8-34}$$

整理后有

$$F=F_0-k(W-F_c t) \tag{8-35}$$

式（8-33）实际上代表 W-t 过程，必须与式（8-35）合解，用迭代方法才能求出 F-W 关系。有了某时刻 t 的 W 值，就可根据 F-W 关系得到 t 时刻的 F 值，进而判别降水强度 I 与下渗强度 F 的大小，由此进一步计算产流量并推求产流过程。

不透水层产流计算直接采用式（8-36）计算，即

$$R(t)=P(t)-E(t) \tag{8-36}$$

(2) 汇流模块

坡面水流运动用圣维南方程组描述。坡面水流连续方程为

$$\frac{\partial q}{\partial x}+\frac{\partial h}{\partial t}=r_e(t) \tag{8-37}$$

式中，q 为单宽流量；h 为坡面流水深；$r_e(t)$ 为净雨过程即产流过程。

在不考虑降水影响下，坡面水流运动方程为

$$S_f=S_0-\frac{\partial h}{\partial x}-\frac{1}{gh}\frac{\partial q}{\partial t}-\frac{1}{gh}\frac{\partial}{\partial x}\left(\frac{q^2}{h}\right) \tag{8-38}$$

式中，S_f 为能坡即摩阻坡度；S_0 为坡面坡度；g 为重力加速度；$\frac{\partial h}{\partial x}$为附加比降；$\frac{1}{gh}\frac{\partial q}{\partial t}$为时

间加速度引起的坡降；$\frac{1}{gh}\frac{\partial}{\partial x}\left(\frac{q^2}{h}\right)$为位移加速度引起的坡降；$\frac{1}{gh}\frac{\partial q}{\partial t}+\frac{1}{gh}\frac{\partial}{\partial x}\left(\frac{q^2}{h}\right)$为惯性项。

黄土地区坡面很陡，洪水波传播速度快，沿程坦化小，具有运动波的传播特征，可以用运动波方程来描述，即

$$\begin{cases}\frac{\partial q}{\partial x}+\frac{\partial h}{\partial t}=r_e(t)\\ S_f=S_0\end{cases} \tag{8-39}$$

用达西定律表示，则有

$$S_f=S_0=f\frac{q^2}{8gh^2R'} \tag{8-40}$$

式中，f 为 Darcy-Weisbach 阻力系数；R'为水力半径，对于坡面流可近似认为 $R'=h$，h 为坡面流水深。

设坡面上水面坡度为 S'，则 $S'=f\frac{q^2}{8gh^2h}$，考虑到 $q=hV$，代入有 $S'=f\frac{V^2}{8gh}$，故有

$$V^2=\frac{1}{f}8ghS' \tag{8-41}$$

因为 $c=\sqrt{\frac{8g}{f}}$，故 $c^2=\frac{8g}{f}$，则 $1/f=c^2/8g$，代入式（8-41）有，$V^2=c^2hS'$，则

$$V=ch^{\frac{1}{2}}S'^{\frac{1}{2}} \tag{8-42}$$

将曼宁公式 $c=\frac{1}{n}h^{\frac{1}{6}}$及水流连续方程 $q=hV$ 代入式（8-42），有

$$q=\frac{1}{n}h^{1+\frac{2}{3}}S'^{\frac{1}{2}} \tag{8-43}$$

式中，n 为曼宁糙率系数；S'为水面坡度，在缓变流动中水面坡度近似等于坡面坡度，即 $S'=S_0$；V 为流速。

若令 $\sigma=\frac{2}{3}$，$\lambda=\frac{1}{2}$，$\alpha=1+\sigma$，$K_s=\frac{1}{n}S_0^{\lambda}$，则有

$$V=K_sh^{\alpha-1} \tag{8-44}$$

$$q=K_sh^{\alpha} \tag{8-45}$$

由式（8-37）的连续方程与式（8-44）或式（8-45）联立均可求出各水力要素。联解式（8-37）、式（8-45），得一阶拟线性坡面流偏微分方程：

$$\frac{\partial q}{\partial x}+K_s^{-\frac{1}{\alpha}}\frac{1}{\alpha}q^{\frac{1-\alpha}{\alpha}}\frac{\partial q}{\partial t}=r_e(t) \tag{8-46}$$

式（8-46）的初始条件和边界条件为

$$\begin{cases}q(0,t)=0 & t>0\\ q(x,0)=0 & 0\leqslant x\leqslant l_1+l_2\\ r_e(t)=0 & t>T\\ r_e(t)=R(t) & 0\leqslant t\leqslant T\end{cases} \tag{8-47}$$

式中，t 是时间；（l_1+l_2）是坡面宽；T 是降水历时；$R(t)$ 是净雨历时。

根据以往的相关研究，对坡面流使用隐式差分的 Preismann 格式效果相对最好。Preismann（SOGREAH）隐式格式如图 8-8 所示。Preissmann 格式的因变量和导函数的差分形式为，

$$f(x,t)=\frac{\theta}{2}(f_{j+1}^{n+1}+f_j^{n+1})+\frac{1-\theta}{2}(f_{j+1}^{n}+f_j^{n}) \tag{8-48}$$

$$\frac{\partial f}{\partial x}=\theta\frac{f_{j+1}^{n+1}-f_j^{n+1}}{\Delta x}+(1-\theta)\frac{f_{j+1}^{n}-f_j^{n}}{\Delta x} \tag{8-49}$$

$$\frac{\partial f}{\partial t}=\frac{f_{j+1}^{n+1}-f_{j+1}^{n}+f_j^{n+1}-f_j^{n}}{2\Delta t} \tag{8-50}$$

式中，θ 为权重系数，$0\leqslant\theta\leqslant1$。从计算格式稳定性需要出发，$\theta$ 宜大于 0.5，取值最好为 $0.6\leqslant\theta\leqslant1$。

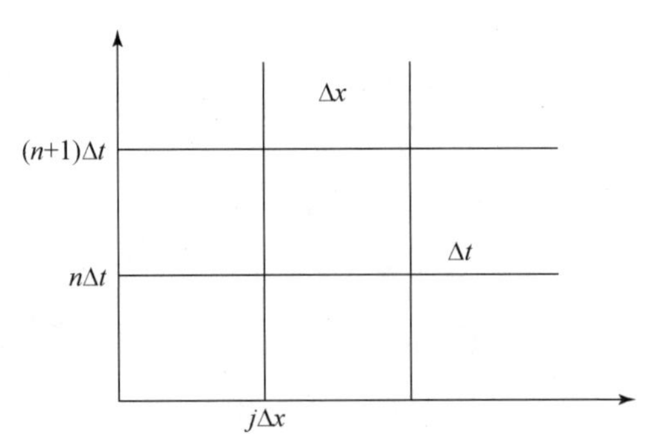

图 8-8　Preismann（SOGREAH）格式

将式（8-48）、式（8-49）的差分形式用单宽流量表示，有

$$q(x,t)=\frac{\theta}{2}(q_{j+1}^{n+1}+q_j^{n+1})+\frac{1-\theta}{2}(q_{j+1}^{n}+q_j^{n}) \tag{8-51}$$

$$\frac{\partial q}{\partial x}=\theta\frac{q_{j+1}^{n+1}-q_j^{n+1}}{\Delta x}+(1-\theta)\frac{q_{j+1}^{n}-q_j^{n}}{\Delta x} \tag{8-52}$$

$$\frac{\partial q}{\partial t}=\frac{q_{j+1}^{n+1}-q_{j+1}^{n}+q_j^{n+1}-q_j^{n}}{2\Delta t} \tag{8-53}$$

将式（8-51）～式（8-53）代入式（8-46），则有

$$\theta\frac{q_{j+1}^{n+1}-q_j^{n+1}}{\Delta x}+(1-\theta)\frac{q_{j+1}^{n}-q_j^{n}}{\Delta x}+K_s^{-\frac{1}{\alpha}}\frac{1}{\alpha}\left\{\frac{\theta}{2}\left[(q_{j+1}^{n+1})^{\frac{1-\alpha}{\alpha}}+(q_j^{n+1})^{\frac{1-\alpha}{\alpha}}\right]+\frac{1-\theta}{2}\left[(q_{j+1}^{n})^{\frac{1-\alpha}{\alpha}}+(q_j^{n})^{\frac{1-\alpha}{\alpha}}\right]\right\}$$

$$\frac{q_{j+1}^{n+1}-q_{j+1}^{n}+q_j^{n+1}-q_j^{n}}{2\Delta t}=r_e(t) \tag{8-54}$$

式（8-54）就是坡面单宽水流差分方程，可以用牛顿迭代法直接解得其中唯一的未知量 q_{j+1}^{i+1}，据此，并能推求出任意时空不均匀降水的坡面单宽流量过程。由式（8-44）、式（8-45）可分别求出坡面水流的流速及水深并推求其过程。

8.4.1.2　产沙模型

根据西柳沟流域水沙变化特征分析，汛期 80% 以上的径流量和 90% 以上的输沙量来

自7～8月，因此，着重分析7～8月场次洪水的水沙关系（表8-8和图8-9）。

表8-8 西柳沟龙头拐水文站汛期洪水特征值

洪水场次	历时（h）	洪水量（万 m^3）	平均流量（m^3/s）	洪水输沙量（万 t）	平均输沙率（kg/s）	平均含沙量（kg/m^3）
19660724	4.8	120	70.2	65.5	38 307	546
19660808	13	23.8	5.1	1.6	336	66.1
19660813	6.2	2322	340	1570	230 102	677
19890715	2.05	6.1	8.3	0.8	1 118	135
19890721	7.0	7934	873	3743	485 880	556
19900712	19	18.3	2.7	0.8	121	45.2
19900722	5.4	21.4	11.1	4.0	2 096	188
19900828	8.0	169	23.5	28.5	3 954	168
20060714	5.7	40.2	19.6	1.1	559	28.5
20070726	7.8	18.0	6.4	0.7	265	41.5
20070807	6.1	24.0	11.0	1.2	532	48.6
20080730	9.5	1372	220	376	28 983	132
20100731	6.4	37.8	16.4	0.9	389	23.7

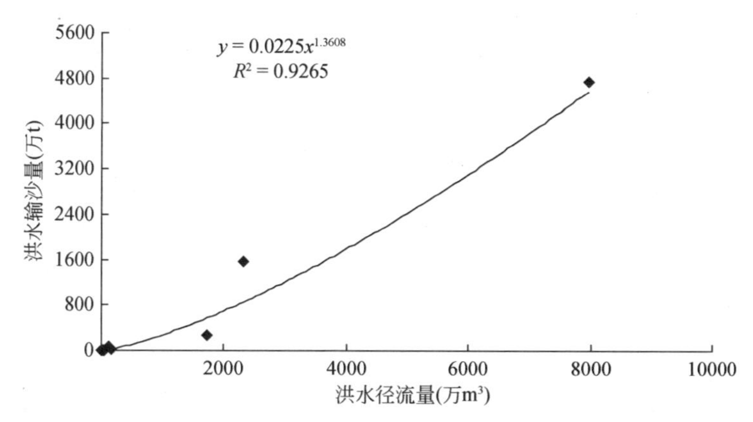

图8-9 西柳沟流域场次洪水产沙关系

从图8-9可以看出，西柳沟流域场次降水洪水输沙量与相应时段的洪水径流量关系是比较密切的。根据黄河上中游大多数支流的统计，流域输沙量与相应时段的径流量一般具有 $W_S=KW^n$ 的幂函数关系，其中指数 n 与流域大小有关，其值一般为1～2（钱宁，1989；姚文艺等，2011）。通过回归分析，西柳沟流域1960～2010年场次洪水产沙关系为

$$W_S=0.0225W^{1.3608} \tag{8-55}$$

式中，W_S为次洪输沙量（万 t）；W 为次洪径流量（万 m^3）。相关系数 R^2=0.9265。

8.4.2 模型率定与计算

用于产汇流和产沙模拟计算的基础资料包括气候（主要是降水）、水文、泥沙、地形、土地利用等（表8-9）。

表 8-9 基础数据一览表

数据项	数据格式	精度	提供的参数
流域 DEM	Raster	200m×200m	提供模型所需要的坡面坡度、沟道比降
雨量站空间位置	Shp		降水空间信息
雨量站逐次降水量数据	xls	30min	降水属性信息
土地利用	Raster	200m×200m	模型所需要的下垫面地表糙率

选择率定模拟的洪水场次为 19660724（表示 1966 年 7 月 24 日发生的洪水，下同）、19660813、19900828 和 20070807 4 场洪水。产汇流模拟计算结果及过程见表 8-10、图 8-10。

表 8-10 西柳沟流域产汇流模拟计算结果

编号	洪水场次	洪峰流量（m^3/s）		洪峰流量计算相对误差（%）	径流量（万 m^3）		径流量计算相对误差（%）
		实测值	计算值		实测值	计算值	
1	19660724	498.0	675.0	35.5	148.4	196.0	32.1
2	19660813	2290.0	2955.0	29.0	2190.1	2917.2	33.2
3	19900828	286.0	320	11.9	211.4	189.2	-10.5
4	20070807	34.5	21.50	-37.7	30.0	17.0	-43.3

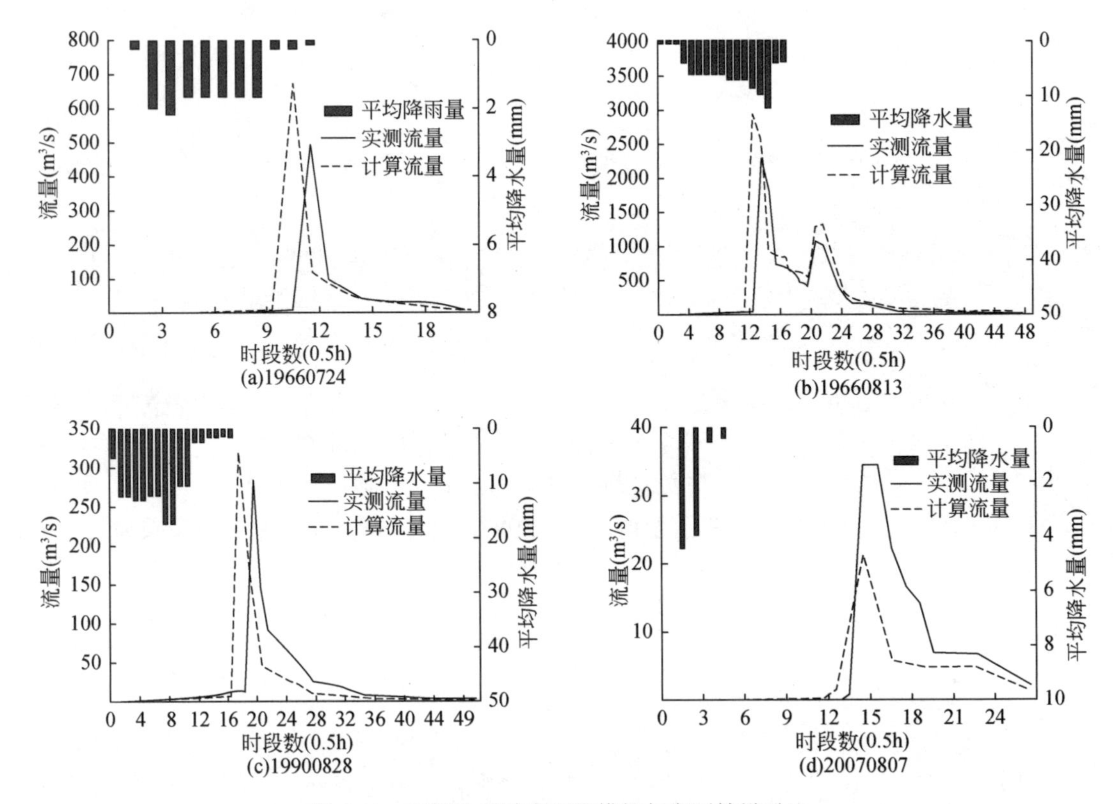

图 8-10 西柳沟流域产汇流模拟与实测结果对比

洪峰流量模拟相对误差为-37.7%～35.5%，平均相对误差为 27.8%；径流量相对误差为-43.3%～33.2%，平均相对误差为 28.7%。

根据模拟的产汇流过程，计算不同时刻的径流量，进而利用式（8-55）计算不同时刻的产沙量。模拟计算的产沙结果见表 8-11。

表 8-11　产沙量模拟计算结果

编号	洪水场次	产沙量（万 t）		产沙量计算相对误差（%）
		实测值	计算值	
1	19660724	126.1	73.0	-42.1
2	19660813	1428.4	1609.1	12.7
3	19900828	33.5	43.3	29.3
4	20070807	1.38	2.34	69.6

产输沙模拟结果显示，输沙量相对误差为-42.1%～69.6%，平均相对误差为 8.7%。

8.4.3　水沙变化情景模拟分析

8.4.3.1　情景设计方案

设置不同的流域治理工况或产流产沙边界，利用产流产沙数学模型评价水沙变化情景是目前常用的方法（祁伟等，2008）。根据西柳沟流域土地利用情况，设置的下垫面条件重点考虑土地利用类型及水土保持措施，水土保持措施主要包括工程措施（梯田或条田）、林草措施等。

选取 19890721 和 20080730 两场洪水对应的降雨分别作为设计方案计算的动力输入条件。19890721 洪水是西柳沟流域有实测资料以来的最大洪水，在 1960～2010 年序列中具有很强的代表性；20080730 洪水发生于 2010 年，可以代表下垫面现状治理情况。

（1）方案一

目的：分析评价西柳沟流域不同水土保持措施的减水减沙作用，计算其对流域水沙关系变化的贡献率。

措施配置 1：保持现状配置不变（作为基准）；

措施配置 2：其他地块不变，将丘陵旱地和平原旱地改造为梯田或条田（主要改造为水土保持工程措施）；

措施配置 3：其他地块不变，将滩地、沙地和盐碱地改造为灌木林地或草地（水土保持林草措施）。

（2）方案二

目的：分析评价西柳沟流域不同土地利用方式的减水减沙作用，对比计算其对流域水沙关系变化的贡献率。

土地利用 1：流域内无水土保持措施，全部为沙地、盐碱地、滩地和沼泽地等（基准）；

土地利用 2：仅恢复林地的地块现状，其余仍为沙地、盐碱地、滩地和沼泽地等；

土地利用 3：仅恢复草地的地块现状，其余仍为沙地、盐碱地、滩地和沼泽地等；

土地利用 4：仅恢复丘陵旱地和平原旱地的地块现状，其余仍为沙地、盐碱地、滩地和沼泽地等。

8.4.3.2 计算方法

以西柳沟流域 19890721 和 20080730 两场洪水作为初始条件，开展不同措施配置和不同土地利用方式下的产水产沙模拟分析。19890721 和 20080730 洪水基本特征分别为：

1）19890721 洪水总降雨量为 134.5mm，降水历时 7h，龙头拐水文站实测洪水量为 7934 万 m^3，洪水输沙量为 3743 万 t，洪峰流量为 6940m^3/s；

2）20080730 洪水总降雨量为 118.4mm，降水历时 9.5h，龙头拐水文站实测洪水量为 1372 万 m^3，洪水输沙量 376 万 t，洪峰流量为 1100m^3/s。

20080730 暴雨量和降水强度分别比 19890721 的小 12% 和 34.9%，但实测洪水量和洪水输沙量却分别减少 82.7% 和 90.0%。究其原因，除了暴雨量和降雨强度减小外，下垫面治理也发挥了重要作用。

从西柳沟流域下垫面治理措施面积变化看，2010 年林地、草地和可改造地面积分别比 1990 年增加了 4374hm^2、1927hm^2 和 477hm^2，沙荒地（沙地+盐碱地+沼泽地）、水域和非生产地面积分别减少了 6397hm^2、281hm^2 和 100hm^2。

土地利用方式的变化（沙荒地等转化为林草地）使流域暴雨产流产沙能力减小，林草等植被措施起到了削减流域洪水作用。2012 年西柳沟流域林草地面积已经占流域总面积的 29.1%。

利用 ArcGIS 中 Spatial Analyst Tools 的分区函数工具（Zonal Statistics as table），分别计算出不同方案下，不同土地类型（林地、灌木林地、疏林地、高覆盖度草地、中覆盖度草地、低覆盖度草地、河渠、湖泊、水库/坑塘、滩地、农村居民点、沙地、盐碱地、沼泽地、丘陵旱地、平原旱地、梯田/条田）的产流产沙量，并提取其产流产沙量分布属性表（图 8-11）。

8.4.3.3 不同情景下产流产沙模拟

（1）方案一

措施配置 1：1990 年和 2010 年的下垫面现状见图 8-12 和表 8-12。

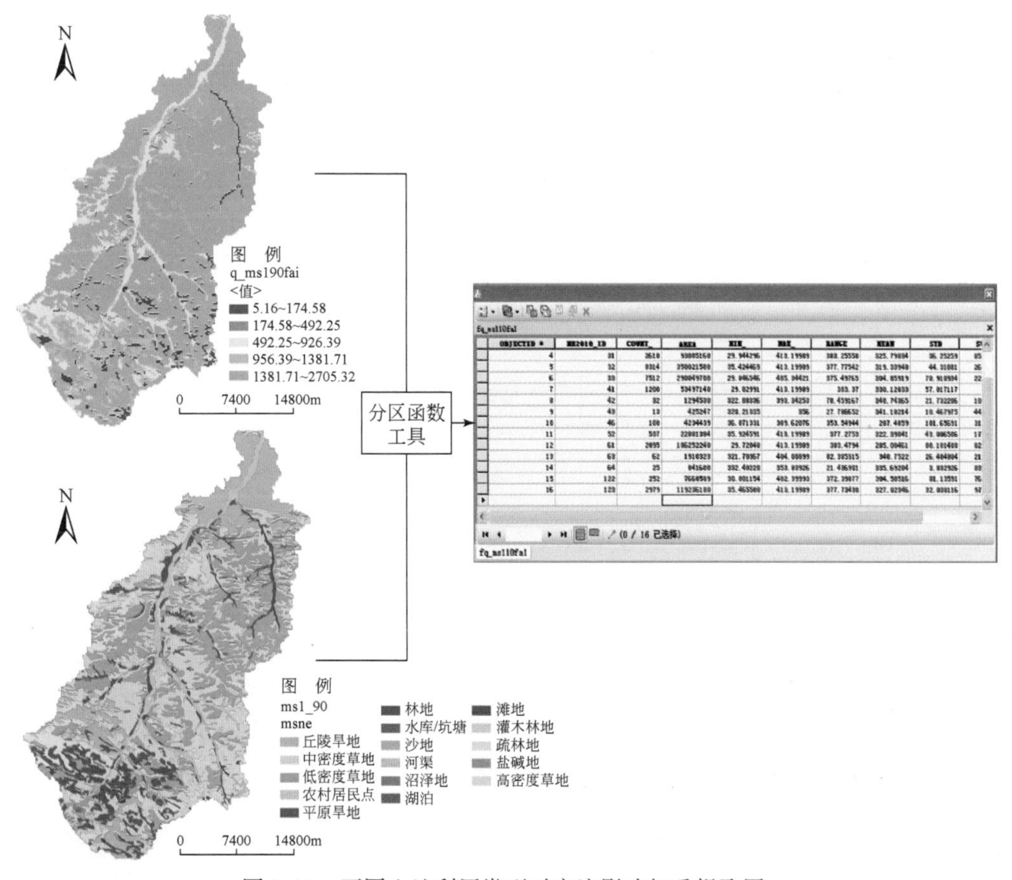

图 8-11　不同土地利用类型对产流影响权重提取图

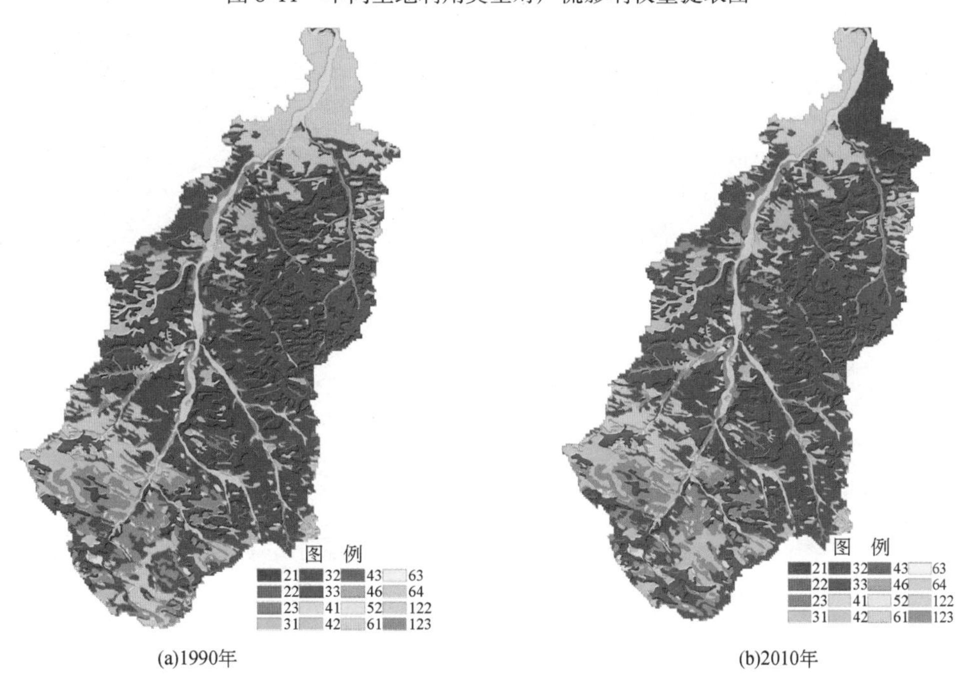

图 8-12　措施配置 1 下垫面情况

表 8-12　措施配置 1 下垫面基本信息　　单位：km^2

序号	代码	地类	1990 年面积	2010 年面积
1	21	林地	3.65	49.69
2	22	灌木林地	7.14	4.84
3	23	疏林地	4.29	4.29
4	31	高覆盖度草地	93.01	108.08
5	32	中覆盖度草地	350.02	340.88
6	33	低覆盖度草地	290.05	303.39
7	41	河渠	53.50	50.69
8	42	湖泊	1.29	1.29
9	43	水库/坑塘	0.43	0.43
10	46	滩地	4.23	4.25
11	52	农村居民点	22.80	21.80
12	61	沙地	186.25	121.71
13	63	盐碱地	1.91	2.48
14	64	沼泽地	0.84	0.84
15	122	丘陵旱地	7.67	10.64
16	123	平原旱地	119.24	121.02
合计			1146.32	1146.32

措施配置 2：1990 年和 2010 年的下垫面情况见图 8-13 和表 8-13。

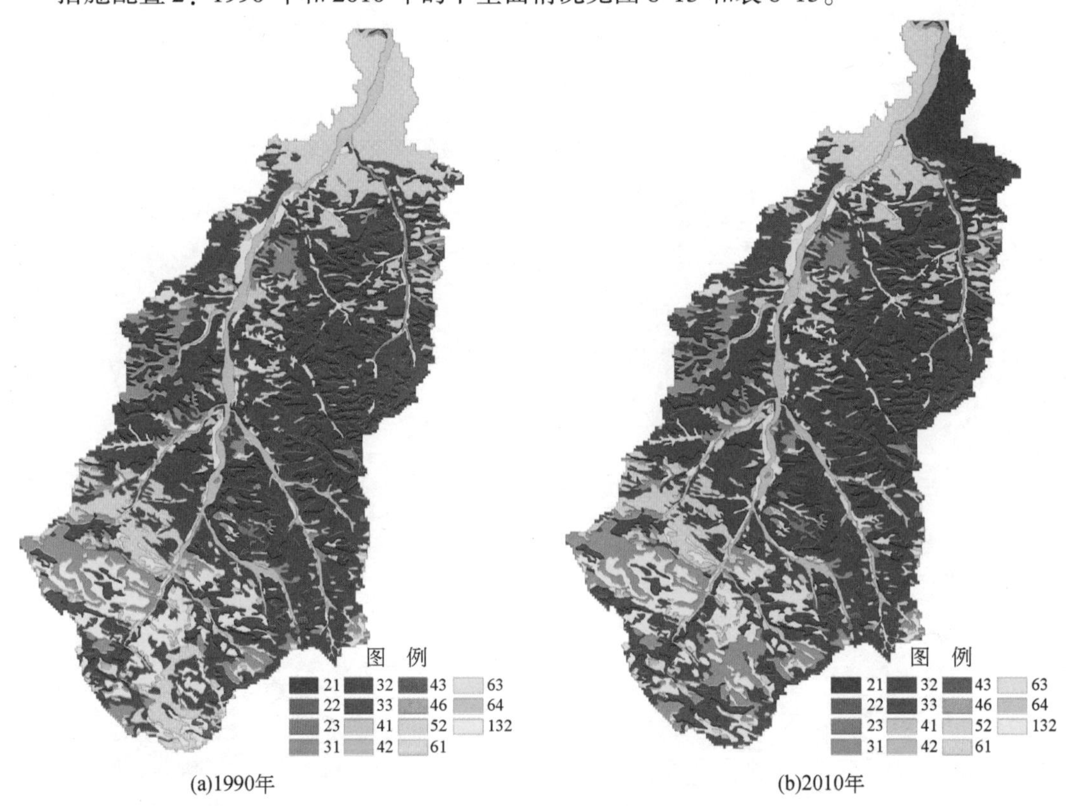

(a)1990年　　(b)2010年

图 8-13　措施配置 2 下垫面情况

表 8-13　措施配置 2 下垫面基本信息　　单位：km^2

序号	代码	地类	1990 年面积	2010 年面积
1	21	林地	3.65	49.69
2	22	灌木林地	7.14	4.84
3	23	疏林地	4.29	4.29
4	31	高覆盖度草地	93.01	108.08
5	32	中覆盖度草地	350.02	340.88
6	33	低覆盖度草地	290.05	303.39
7	41	河渠	53.50	50.69
8	42	湖泊	1.29	1.29
9	43	水库/坑塘	0.43	0.43
10	46	滩地	4.23	4.25
11	52	农村居民点	22.80	21.81
12	61	沙地	186.25	121.71
13	63	盐碱地	1.91	2.48
14	64	沼泽地	0.84	0.84
15	132	梯田/条田	126.90	131.66
合计			1146.32	1146.32

措施配置 3：1990 年和 2010 年的下垫面情况见图 8-14 和表 8-14。

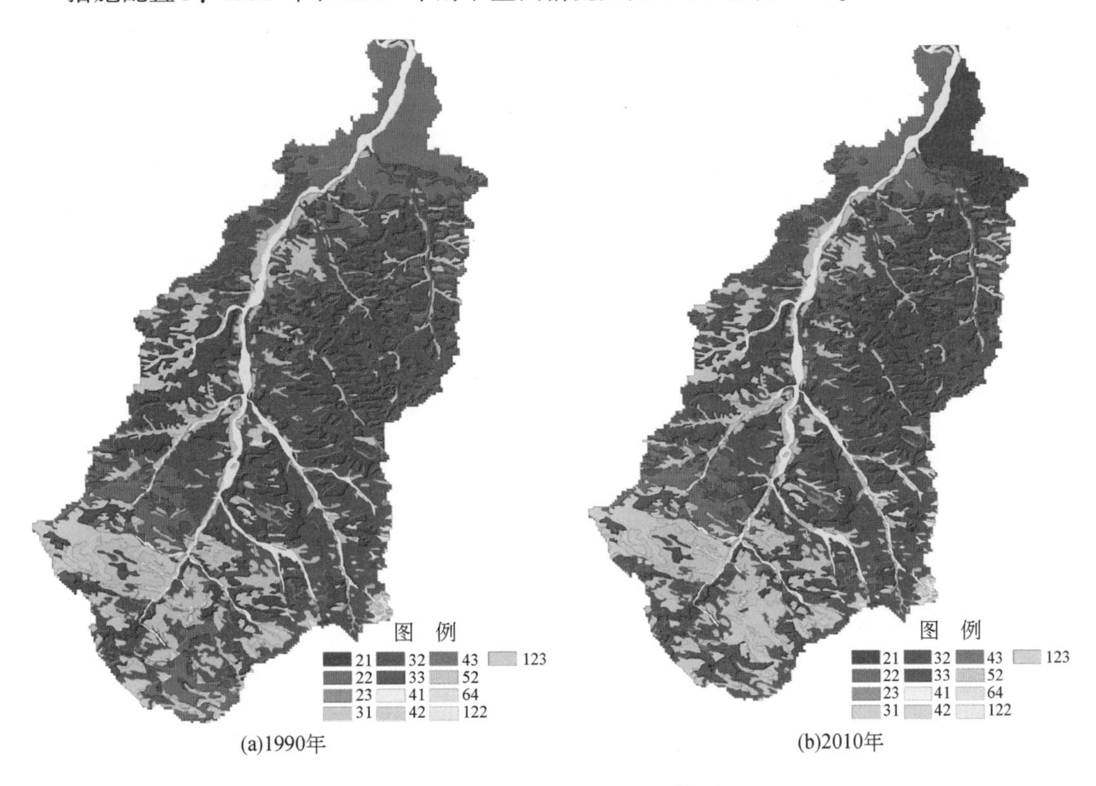

图 8-14　措施配置 3 下垫面情况

表 8-14　措施配置 3 下垫面基本信息　　单位：km^2

序号	代码	地类	1990 年面积	2010 年面积
1	21	林地	3.65	49.69
2	22	灌木林地	197.62	130.79
3	23	疏林地	4.29	4.29
4	31	高覆盖度草地	93.01	108.08
5	32	中覆盖度草地	351.93	343.36
6	33	低覆盖度草地	290.05	303.39
7	41	河渠	53.50	50.69
8	42	湖泊	1.29	1.29
9	43	水库/坑塘	0.43	0.43
10	52	农村居民点	22.80	21.81
11	64	沼泽地	0.84	0.84
12	122	丘陵旱地	7.67	10.64
13	123	平原旱地	119.24	121.02
合计			1146.32	1146.32

措施配置 1 产流产沙计算结果见表 8-15。

表 8-15　措施配置 1 产流产沙计算结果

序号	代码	地类	19890721 降水		20080730 降水	
			产流量（万 m^3）	产沙量（万 t）	产流量（万 m^3）	产沙量（万 t）
1	21	林地	28.20	6.94	49.95	13.78
2	22	灌木林地	55.73	15.72	6.00	1.08
3	23	疏林地	37.92	9.90	4.32	0.73
4	31	高覆盖度草地	721.72	339.68	127.37	42.37
5	32	中覆盖度草地	2754.67	1694.78	442.30	188.75
6	33	低覆盖度草地	2326.20	1383.59	405.65	170.14
7	41	河渠	526.41	232.61	67.84	19.90
8	42	湖泊	9.79	1.95	1.87	0.27
9	43	水库/坑塘	4.23	0.71	0.76	0.09
10	46	滩地	43.32	11.62	5.32	0.94
11	52	农村居民点	178.08	63.35	27.28	6.67
12	61	沙地	1106.34	567.15	141.29	47.99
13	63	盐碱地	16.41	3.62	3.22	0.51
14	64	沼泽地	6.83	1.27	1.31	0.17
15	122	丘陵旱地	59.20	16.90	13.14	2.78
16	123	平原旱地	956.27	476.13	146.57	50.15
合计			8831.32	4825.92	1444.19	546.32

措施配置 2 产流产沙计算结果见表 8-16。

表 8-16 措施配置 2 产流产沙计算结果

序号	代码	地类	19890721 降水		20080730 降水	
			产流量（万 m^3）	产沙量（万 t）	产流量（万 m^3）	产沙量（万 t）
1	21	林地	28. 20	6. 94	54. 15	15. 18
2	22	灌木林地	52. 94	14. 78	5. 69	1. 02
3	23	疏林地	36. 40	9. 43	5. 47	0. 97
4	31	高覆盖度草地	736. 15	347. 85	129. 22	43. 12
5	32	中覆盖度草地	2809. 76	1735. 54	444. 30	189. 78
6	33	低覆盖度草地	2372. 72	1416. 86	401. 38	168. 00
7	41	河渠	500. 09	218. 72	71. 64	21. 24
8	42	湖泊	9. 30	1. 83	1. 89	0. 27
9	43	水库/坑塘	4. 02	0. 67	0. 62	0. 07
10	46	滩地	43. 32	11. 62	4. 70	0. 81
11	52	农村居民点	178. 08	63. 35	24. 92	5. 98
12	61	沙地	1216. 97	635. 87	133. 65	44. 89
13	63	盐碱地	16. 41	3. 62	2. 91	0. 45
14	64	沼泽地	6. 83	1. 27	0. 99	0. 13
15	132	梯田/条田	545. 82	235. 84	78. 18	22. 65
合计			8557. 01	4704. 19	1359. 71	514. 56

措施配置 3 产流产沙计算结果见表 8-17。

表 8-17 措施配置 3 产流产沙计算结果

序号	代码	地类	19890721 降水		20080730 降水	
			产流量（万 m^3）	产沙量（万 t）	产流量（万 m^3）	产沙量（万 t）
1	21	林地	28. 20	6. 94	50. 84	14. 08
2	22	灌木林地	774. 26	344. 99	17. 22	3. 34
3	23	疏林地	37. 92	9. 90	5. 14	0. 90
4	31	高覆盖度草地	721. 72	339. 68	121. 31	39. 97
5	32	中覆盖度草地	2760. 82	1695. 90	418. 22	176. 06
6	33	低覆盖度草地	2326. 20	1383. 59	376. 81	155. 73
7	41	河渠	526. 41	232. 61	71. 64	21. 24
8	42	湖泊	9. 79	1. 95	1. 89	0. 27
9	43	水库/坑塘	4. 23	0. 71	0. 62	0. 07
10	52	农村居民点	178. 08	63. 35	23. 54	5. 59
11	64	沼泽地	6. 83	1. 27	0. 94	0. 12
12	122	丘陵旱地	59. 20	16. 90	4. 82	0. 83
13	123	平原旱地	956. 27	476. 13	69. 01	20. 31
合计			8389. 93	4573. 92	1162. 00	438. 51

(2) 方案二

土地利用1：1990年和2010年的下垫面情况见图8-15和表8-18。

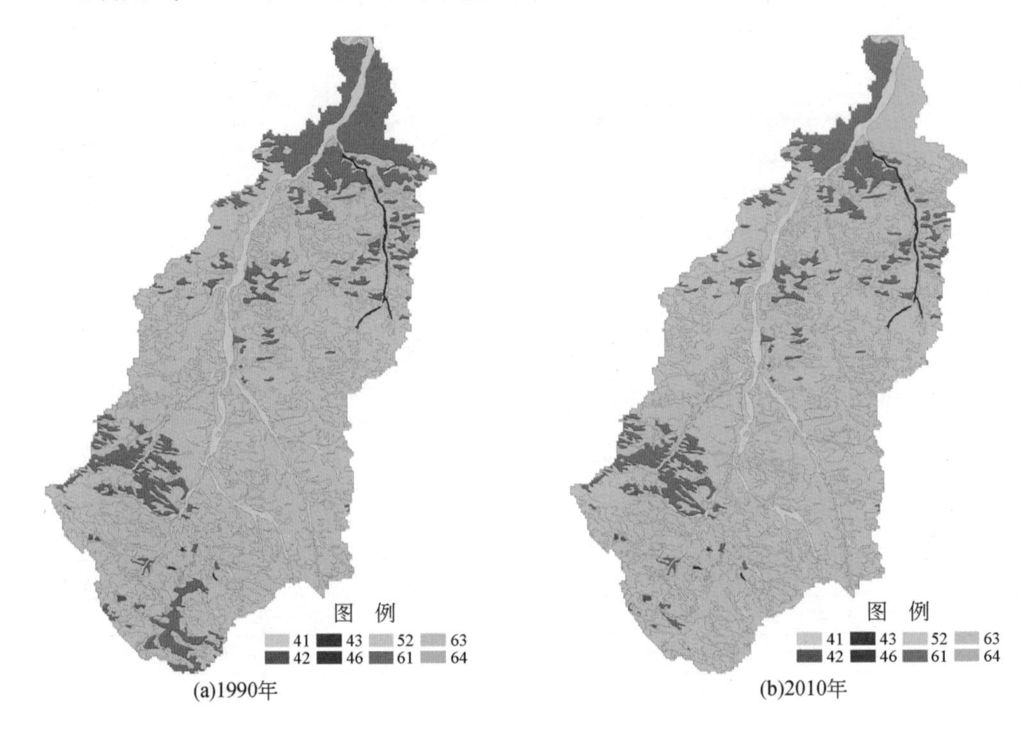

图8-15　土地利用1下垫面情况

表8-18　土地利用1下垫面基本信息　　单位：km^2

序号	代码	地类	1990年面积	2010年面积
1	41	河渠	53.50	50.69
2	42	湖泊	1.29	1.29
3	43	水库/坑塘	0.43	0.43
4	46	滩地	4.23	4.25
5	52	农村居民点	22.80	21.81
6	61	沙地	186.25	121.71
7	63	盐碱地	876.98	945.30
8	64	沼泽地	0.84	0.84
合计			1146.32	1146.32

土地利用2：1990年和2010年的下垫面情况见图8-16和表8-19。

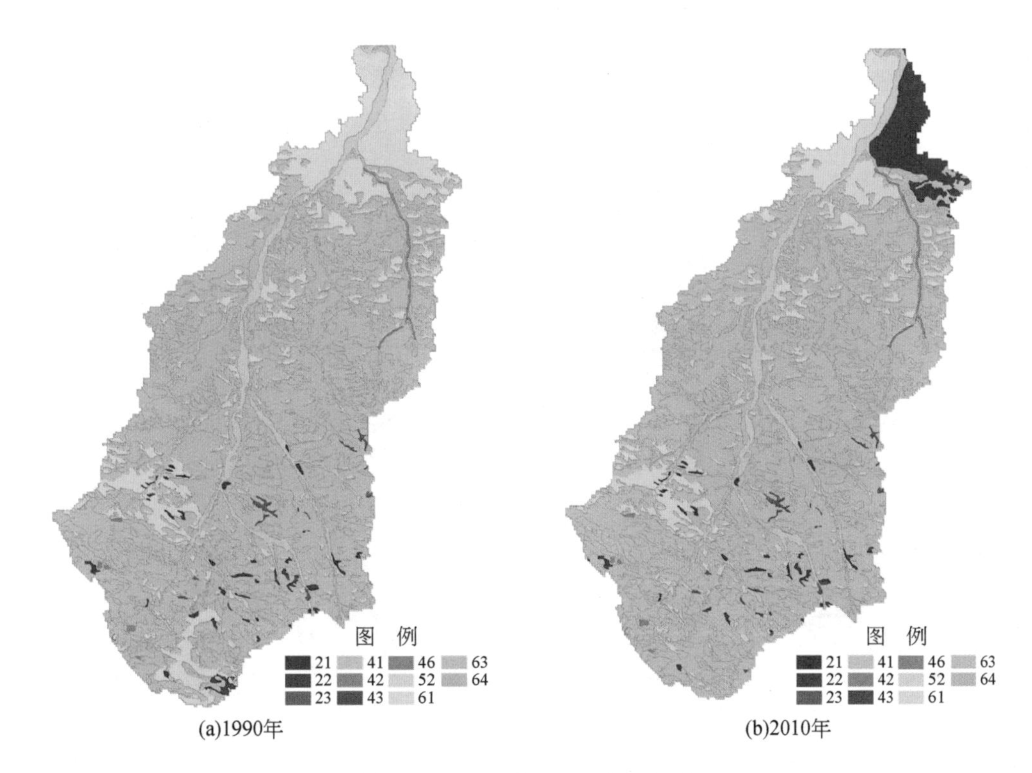

(a)1990年　(b)2010年

图 8-16　土地利用 2 下垫面情况

表 8-19　土地利用 2 下垫面基本信息　单位：km²

序号	代码	地类	1990 年面积	2010 年面积
1	21	林地	3.65	49.69
2	22	灌木林地	7.14	4.84
3	23	疏林地	4.29	4.29
4	41	河渠	53.50	50.69
5	42	湖泊	1.29	1.29
6	43	水库/坑塘	0.43	0.43
7	46	滩地	4.23	4.25
8	52	农村居民点	22.80	21.81
9	61	沙地	186.25	121.71
10	63	盐碱地	861.89	886.48
11	64	沼泽地	0.84	0.84
合计			1146.32	1146.32

土地利用 3：1990 年和 2010 年的下垫面情况见图 8-17 和表 8-20。

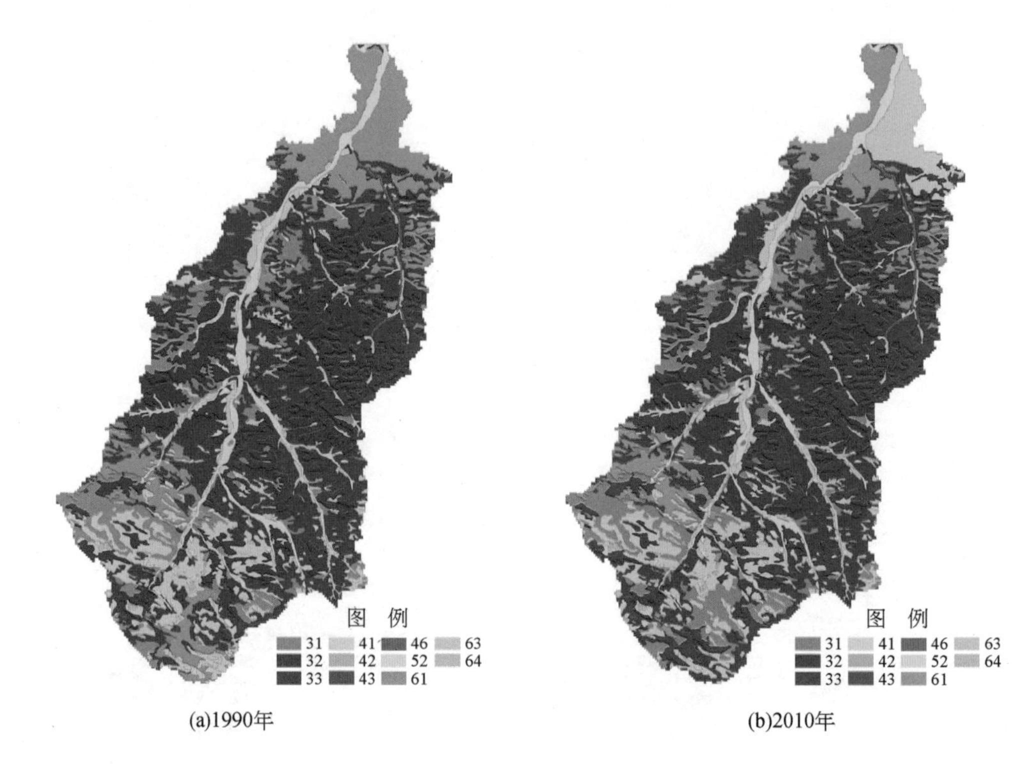

图 8-17 土地利用 3 下垫面情况

表 8-20 土地利用 3 下垫面基本信息 单位：km^2

序号	代码	地类	1990 年面积	2010 年面积
1	31	高覆盖度草地	93.01	108.08
2	32	中覆盖度草地	350.02	340.88
3	33	低覆盖度草地	290.05	303.39
4	41	河渠	53.50	50.69
5	42	湖泊	1.29	1.29
6	43	水库/坑塘	0.43	0.43
7	46	滩地	4.23	4.25
8	52	农村居民点	22.80	21.81
9	61	沙地	186.25	121.71
10	63	盐碱地	143.90	192.96
11	64	沼泽地	0.84	0.84
合计			1146.32	1146.32

土地利用 4：1990 年和 2010 年的下垫面情况见图 8-18 和表 8-21。

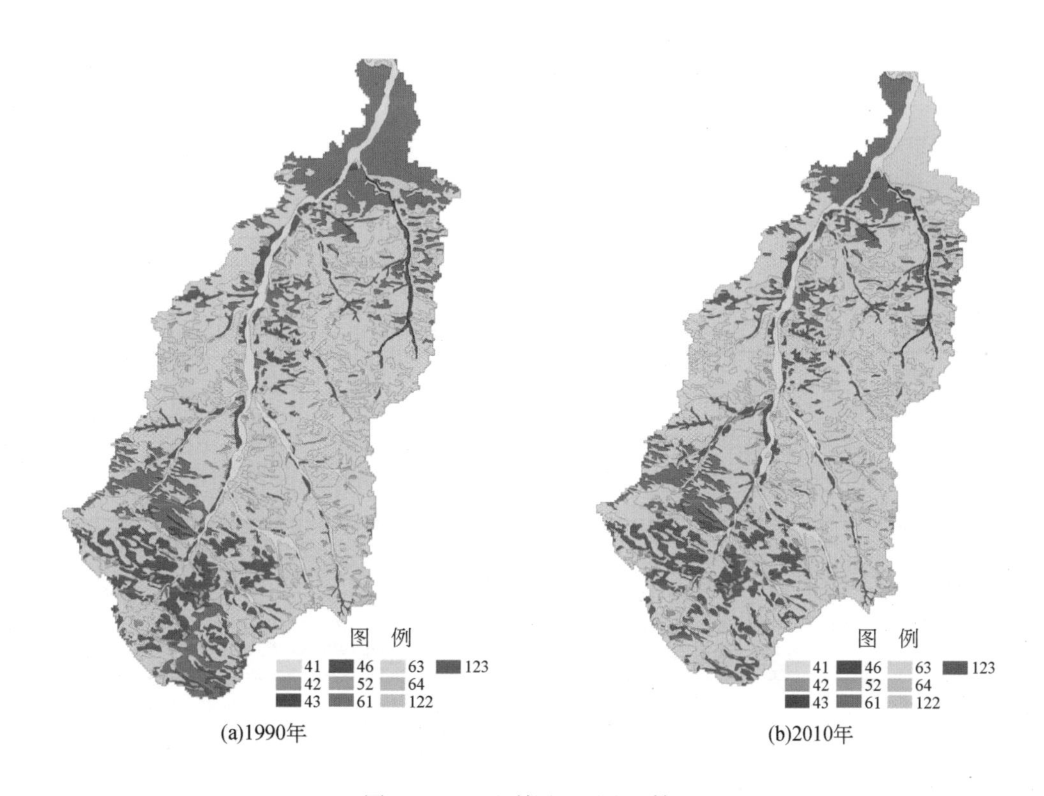

图 8-18 土地利用 4 下垫面情况

表 8-21 土地利用 4 下垫面基本信息

序号	代码	地类	1990 年面积	2010 年面积
1	41	河渠	53.50	50.69
2	42	湖泊	1.29	1.29
3	43	水库/坑塘	0.43	0.43
4	46	滩地	4.23	4.25
5	52	农村居民点	22.80	21.81
6	61	沙地	186.25	121.71
7	63	盐碱地	750.07	813.64
8	64	沼泽地	0.84	0.84
9	122	丘陵旱地	7.67	10.64
10	123	平原旱地	119.24	121.02
合计			1146.32	1146.32

土地利用 1 产流产沙计算结果见表 8-22。

表 8-22　土地利用 1 产流产沙计算结果

序号	代码	地类	19890721 降水		20080730 降水	
			产流量（万 m^3）	产沙量（万 t）	产流量（万 m^3）	产沙量（万 t）
1	41	河渠	526.41	232.61	66.62	19.47
2	42	湖泊	9.79	1.95	1.76	0.25
3	43	水库/坑塘	4.23	0.71	0.58	0.07
4	46	滩地	43.32	11.62	0.44	0.05
5	52	农村居民点	178.08	63.35	25.75	6.22
6	61	沙地	1 106.34	567.15	138.11	46.70
7	63	盐碱地	16 578.68	11 324.14	2 547.40	1 163.64
8	64	沼泽地	7.52	1.42	1.03	0.13
合计			18 454.37	12 202.59	2 781.69	1 236.53

土地利用 2 产流产沙计算结果见表 8-23。

表 8-23　土地利用 2 产流产沙计算结果

序号	代码	地类	19890721 降水		20080730 降水	
			产流量（万 m^3）	产沙量（万 t）	产流量（万 m^3）	产沙量（万 t）
1	21	林地	31.02	7.78	51.39	14.26
2	22	灌木林地	61.30	17.62	5.40	0.95
3	23	疏林地	41.71	11.10	5.19	0.91
4	31	河渠	526.41	232.61	66.62	19.47
5	32	湖泊	9.79	1.95	1.76	0.25
6	33	水库/坑塘	4.23	0.71	0.58	0.07
7	41	滩地	41.15	10.92	4.86	0.84
8	42	农村居民点	178.08	63.35	25.75	6.22
9	43	沙地	1 106.34	567.15	12.56	2.63
10	46	盐碱地	13 928.43	9 365.62	2 313.93	1 083.41
11	52	沼泽地	6.83	1.27	1.03	0.13
合计			15 935	10 280	2 489	1 129

土地利用 3 产流产沙计算结果见表 8-24。

表 8-24　土地利用 3 产流产沙计算结果

序号	代码	地类	19890721 降水		20080730 降水	
			产流量（万 m^3）	产沙量（万 t）	产流量（万 m^3）	产沙量（万 t）
1	31	高覆盖度草地	866.06	422.76	122.63	40.49
2	32	中覆盖度草地	3 305.60	2 109.26	421.63	178.22

续表

序号	代码	地类	19890721 降水		20080730 降水	
			产流量（万 m^3）	产沙量（万 t）	产流量（万 m^3）	产沙量（万 t）
3	33	低覆盖度草地	2 791.44	1 721.96	380.90	157.76
4	41	河渠	526.41	232.61	66.62	19.47
5	42	湖泊	9.79	1.95	1.76	0.25
6	43	水库/坑塘	4.23	0.71	0.58	0.07
7	46	滩地	43.32	11.62	4.86	0.84
8	52	农村居民点	178.08	63.35	25.75	6.22
9	61	沙地	1 106.34	567.15	12.56	2.63
10	63	盐碱地	1 763.78	834.12	433.95	149.56
11	64	沼泽地	6.83	1.27	1.03	0.13
合计			10 601.88	5 966.76	1 472.27	556.64

土地利用 4 产流产沙计算结果见表 8-25。

表 8-25 土地利用 4 产流产沙计算结果

序号	代码	地类	19890721 降水		20080730 降水	
			产流量（万 m^3）	产沙量（万 t）	产流量（万 m^3）	产沙量（万 t）
1	41	河渠	526.41	232.61	66.62	19.47
2	42	湖泊	9.79	1.95	1.76	0.25
3	43	水库/坑塘	4.23	0.71	0.58	0.07
4	46	滩地	43.32	11.62	4.86	0.84
5	52	农村居民点	178.08	63.35	25.75	6.22
6	61	沙地	1 106.34	567.15	12.56	2.63
7	63	盐碱地	13 737.29	9 410.95	2 349.92	1 094.79
8	64	沼泽地	6.83	1.27	1.03	0.13
9	122	丘陵旱地	59.20	16.90	12.90	2.72
10	123	平原旱地	956.27	476.13	138.43	46.83
合计			16 627.76	10 782.64	2 614.41	1 173.95

8.4.3.4 不同情景下减水减沙效益分析

(1) 不同配置措施方案的减水减沙效益

西柳沟流域不同措施配置条件下的减水减沙效益见表 8-26。

表 8-26　方案一配置措施的减水减沙效益

降水场次	配置编号	配置措施面积（hm^2）	产流量（万 m^3）	产沙量（万 t）	减水量（万 m^3）	减沙量（万 t）	减水效益（m^3/hm^2）	减沙效益（t/hm^2）
19890721	配置 1	基准	8 831	4 826				
	配置 2	12 691	8 557	4 704	274	122	216	96
	配置 3	19 239	8 390	4 574	441	252	229	131
20080730	配置 1	基准	1 444	546				
	配置 2	13 166	1 360	514	84	32	64	24
	配置 3	12 844	1 162	438	282	108	220	84

在 19890721 降雨条件下，若以 1990 年的现状措施配置 1 为基准，配置 2 将丘陵旱地和平原旱地改造为梯田或条田（工程措施），其面积合计为 12 691hm^2，其他地块不变，此方案下的减水量为 274 万 m^3，减沙量为 122 万 t，则梯田或条田等工程措施的减水减沙效益指标分别为 216m^3/hm^2 和 96t/hm^2；配置 3 将滩地、沙地和盐碱地改造为灌木林地或草地（林草措施），其面积合计为 19 239hm^2，其他地块不变，其减水量为 441 万 m^3、减沙量为 252 万 t，则林草措施的减水减沙效益指标分别为 229m^3/hm^2 和 131t/hm^2。因此，在 1990 年的现状措施配置基准条件下，西柳沟流域林草措施的减水减沙效益分别比工程措施大 13m^3/hm^2 和 35t/hm^2。

在 20080730 降雨条件下，若以 2010 年的现状措施配置 1 为基准，配置 2 将丘陵旱地和平原旱地改造为梯田或条田（工程措施），其面积合计为 13 166hm^2，其他地块不变，减水量为 84 万 m^3，减沙量为 32 万 t，则梯田或条田等工程措施的减水减沙效益指标分别为 64m^3/hm^2 和 24t/hm^2；配置 3 将滩地、沙地和盐碱地改造为灌木林地或草地（林草措施），其面积合计为 12 844hm^2，其他地块不变，减水量为 282 万 m^3，减沙量为 108 万 t，则林草措施的减水减沙效益指标分别为 220m^3/hm^2 和 84t/hm^2。因此，在 2010 年的现状措施配置基准条件下，西柳沟流域林草措施的减水减沙效益分别比工程措施大 156m^3/hm^2 和 60t/hm^2，林草措施减水减沙效益十分突出。

上述不同治理方案下的情景模拟结果说明，在相同的降水条件下，流域水沙变化不仅与治理规模有关，而且与治理措施配置模式关系也是非常密切的。因此，流域治理不能仅注重治理面积或治理度，还必须优化治理措施配置模式。同时也说明，在评估水沙变化趋势的科学问题时，应当反映治理措施配置的影响关系。

(2) 不同土地利用方式的减水减沙效果

西柳沟流域不同土地利用方式的减水减沙效益见表 8-27。

土地利用 1 为流域内无水土保持措施，全部为沙地、盐碱地、滩地和沼泽地等（基准）。以土地利用 1 作为计算基准，假定流域内无任何水土保持措施，其计算产流量和产沙量分别为 18 454 万 m^3 和 12 203 万 t，流域控制区面积为 1 146. 32km^2，则产流产沙模数分别为 16. 098 万 m^3/km^2 和 10. 645 万 t/km^2；在现状土地利用情况下其实测产流量和产沙量分别为 7 934 万 m^3 和 3 743 万 t，则总减水减沙量分别为 10 520 万 m^3 和 8 460 万 t。

表 8-27 方案二不同土地利用方式的减水减沙效果

降雨场次	配置编号	调整土地利用面积（hm^2）	产流量（万 m^3）	产沙量（万 t）	减水量（万 m^3）	减沙量（万 t）	减水效益（m^3/hm^2）	减沙效益（t/hm^2）
19890721	利用 1	基准	18 454	12 203				
	利用 2	20 747	14 825	9 710	3 629	2 493	1 749	1 202
	利用 3	44 303	13 392	7 689	5 062	4 514	1 143	1 019
	利用 4	12 691	16 628	10 783	1 826	1 420	1 439	1 119
20080730	利用 1	基准	2 782	1 236				
	利用 2	18 726	2 474	1 126	308	110	164	59
	利用 3	46 230	1 853	714	929	522	201	113
	利用 4	13 166	2 614	1 174	168	62	128	47

在 19 890 721 降水条件下，以土地利用 1 为基准，各利用方案的减水减沙效益分别如下。

土地利用 2 仅恢复林地的地块现状，其余仍为沙地、盐碱地、滩地和沼泽地等，恢复的林地面积为 20 747hm^2。土地利用 2 的减水量为 3629 万 m^3，减沙量为 2493 万 t，则林地的减水减沙效益指标分别为 1749m^3/hm^2 和 1202t/hm^2，减水减沙贡献率（即林地减水减沙量占总减水减沙量的百分比）分别为 34. 5% 和 29. 5%；

土地利用 3 仅恢复草地的地块现状，其余仍为沙地、盐碱地、滩地和沼泽地，恢复的草地面积为 44 303hm^2。土地利用 3 的减水量为 5062 万 m^3减沙量为 4514 万 t，则草地的减水减沙效益指标分别为 1143m^3/hm^2 和 1019t/hm^2，减水减沙贡献率（即草地减水减沙量占总减水减沙量的百分比）分别为 48. 1% 和 53. 4%；

土地利用 4 仅恢复丘陵旱地和平原旱地的地块现状，其余仍为沙地、盐碱地、滩地和沼泽地，恢复的丘陵旱地和平原旱地面积为 12 691hm^2。土地利用 4 减水量为 1826 万 m^3，减沙量为 1420 万 t，则丘陵旱地和平原旱地的减水减沙效益指标分别为 1439m^3/hm^2 和 1119t/hm^2，减水减沙贡献率（即丘陵旱地和平原旱地减水减沙量占总减水减沙量的百分比）分别为 17. 4% 和 16. 8%。

根据以上计算结果，在 19890721 降水条件下不同土地利用方式减水减沙效益指标大小排序为，林地>丘陵旱地和平原旱地>草地；不同土地利用方式对 1990 年现状条件下西柳沟流域减水减沙贡献率大小排序为，草地>林地>丘陵旱地和平原旱地。

在 20080730 降水条件下，若以 2010 年的现状土地利用 1 为基准，各利用方案的减水减沙效益分别如下。

土地利用 1 作为计算基准，其计算产流量和产沙量分别为 2782 万 m^3 和 1236 万 t，流域控制区面积为 1146. 32km^2，则产流产沙模数分别为 2. 427 万 m^3/km^2 和 1. 078 万 t/km^2；在现状土地利用情况下其实测产流量和产沙量分别为 1372 万 m^3 和 376 万 t，则总减水减沙量分别为 1410 万 m^3 和 860 万 t。

土地利用 2 仅恢复林地（含沙地）的地块现状，其余仍为盐碱地、滩地和沼泽地等，恢复的林地面积为 18726hm^2。土地利用 2 减水量为 308 万 m^3，减沙量为 110 万 t，则林地的减水减沙效益指标分别为 164$\mathrm{m}^3/\mathrm{hm}^2$ 和 59$\mathrm{t/hm}^2$，减水减沙贡献率分别为 21.8% 和 12.8%。

土地利用 3 仅恢复高覆盖度和中覆盖度草地的地块现状，其余仍为沙地、盐碱地、滩地和沼泽地等，恢复的草地面积为 46230hm^2。土地利用 3 减水量为 929 万 m^3，减沙量为 522 万 t，则草地的减水减沙效益指标分别为 201$\mathrm{m}^3/\mathrm{hm}^2$ 和 113$\mathrm{t/hm}^2$，减水减沙贡献率分别为 65.9% 和 60.7%。

土地利用 4 仅恢复丘陵旱地和平原旱地的地块现状，其余仍为沙地、盐碱地、滩地和沼泽地等，恢复的丘陵旱地和平原旱地面积为 13166hm^2。土地利用 4 减水量为 168 万 m^3，减沙量为 62 万 t，则丘陵旱地和平原旱地的减水减沙效益指标分别为 128$\mathrm{m}^3/\mathrm{hm}^2$ 和 47$\mathrm{t/hm}^2$，减水减沙贡献率分别为 11.9% 和 7.2%。

根据以上计算结果，在 20080730 降水条件下不同土地利用方式减水减沙效益指标大小排序为：草地>林地>丘陵旱地和平原旱地；不同土地利用方式对 2010 年现状条件下西柳沟流域减水减沙贡献率大小排序为：草地>林地>丘陵旱地和平原旱地。

与 1990 年相比，西柳沟流域不同土地利用方式减水减沙效益排序发生变化，草地减水减沙效益指标明显增大并超过了林地、丘陵旱地和平原旱地。虽然不同土地利用方式对减水减沙的贡献率排序没有发生变化，但草地的减水减沙贡献率明显增大，均超过了 60%，而林地减水减沙贡献率排列第二。

以上土地利用情景模拟结果同样说明，在相同的降水条件下，流域水沙变化不仅与治理规模有关，而且与土地利用方式也是非常密切的。因此，流域治理应进一步注重土地利用方式的优化。同时也说明，在评估水沙变化趋势的科学问题时，应当反映土地利用的影响关系。

8.5 驱动因子对水沙变化的贡献率

8.5.1 贡献率评估方法

基于 8.1.2.2 节关于主导因子的分析，利用“水文分析法”“水土保持分析方法”（分别简称“水文法”“水保法”）（张胜利等，1994）、沙量平衡法和数学模型模拟等方法综合评估多元驱动因素对水沙变化的贡献率。

1）水文法。所谓水文法就是利用治理前（基准期）的实测降水、径流和泥沙资料，建立产流产沙数学关系：

$$W=f(\eta_1,\ \eta_2,\ \eta_3,\ \cdots,\ \eta_n) \tag{8-56}$$

式中，η_1，η_1，…，η_n分别为产流产沙影响因子。将治理后（评估期）的降水因子代入式(8-56)，计算相当于治理前的产流产沙量 W'，设基准期的产流产沙量为 W_0，则降水影响的减水减沙量 ΔW 为

$$\Delta W = W_0 - W'$$

设评估期的实测水沙量为 W_p，则包括降水、人类活动等因素综合影响的减水减沙量为

$$\Delta W_0 = W_0 - W_p$$

那么，降水变化作用在总减沙量中的贡献率 η 为

$$\eta = \frac{\Delta W}{\Delta W_0} \times 100\% \tag{8-57}$$

2）水保法。所谓水保法就是依据径流试验标准小区观测资料，确定各项水土保持措施减水减沙指标，再按各类措施分项计算，逐项线性相加，并考虑流域产沙在河道中的冲淤变化以及人类活动新增水土流失等因素，进而分析水土保持措施的减水减沙作用，即

$$\Delta W'_i = \sum \alpha_{ij} f_j \tag{8-58}$$

式中，α_{ij}为第 j 类措施单位面积的减水或减沙系数；f_j为第 j 类治理措施面积；下标 i 代表水沙项，如下标 1 代表减水量，下标 2 代表减沙量。

水文法主要用于评价降水等气候变化的作用，水保法主要用于分析水土保持措施作用。

3）沙量平衡法。首先按下式计算基准期研究河段的来沙量，即

$$W_{下s} + \sum_i^n W_{is} \pm \Delta W_s + W_{ws} - W_{ds} = W_{头s} \tag{8-59}$$

式中：$W_{下s}$、$W_{头s}$分别为下河沿水文站、头道拐水文站输沙量；W_{is}为第 i 条支流产沙量；ΔW_s为河段冲淤量，冲刷取“-”号，淤积为“+”号；W_{ds}为灌溉引沙量；W_{ws}为入黄风沙量。

如果设 $\Delta W_{s下}$、$\Delta W_{s头}$分别为下河沿水文站、头道拐水文站输沙量较基准期的减少量，$\Delta W_{s支}$、ΔW、$\Delta W_{s引}$、$\Delta W_{s河床}$分别为沙漠宽谷段支流产沙量、风沙入黄量、灌溉引沙量、河床冲淤量较基准期的减少量，并考虑到该河段多年来总体处于淤积状态，则根据式（8-59）可推出多因素对水沙变化影响量之间的关系为

$$\Delta W_{s头} = \Delta W_{s下} + \Delta W_{s支} + \Delta W_{s风} - \Delta W_{s引} - \Delta W_{s河床} \tag{8-60}$$

另外，利用基于水动力学理论和水文学原理所建立的河道-灌区水循环双过程耦合模型（简称水循环双过程模型）（姚文艺，2015）评估灌区引水引沙的贡献率。该模型实现了基于 MIKE SHE 的灌区水循环模拟模块和河道水沙输移水动力学模拟模块的耦合计算。利用 Nash-sutcliffe 效率系数评价模拟精度，得到 1997 ~ 2012 年实测流量、含沙量验证，流量模拟的精度在 84% 以上，含沙量的模拟精度在 66% 以上，因而该模型具有较高的模拟精度。

1969 年以前人类活动干扰相对较弱，因此将其以前时段作为分析的基准期。

8.5.2 主导驱动因素对水沙变化的贡献率

8.5.2.1 基准期沙量平衡计算

沙漠宽谷段泥沙来源主要包括下河沿水文站以上来沙，清水河、苦水河和十大孔兑等

支流产沙，以及风沙；输出沙量主要包括宁蒙灌区灌溉引沙量和头道拐水文站输沙量，以及河段冲淤量。

自20世纪50年代至1969年下河沿水文站、十大孔兑、清水河、苦水河、头道拐水文站进出该河段的输沙量可由实测资料统计，灌溉引沙量可由部分引水口含沙量资料并结合水循环双过程耦合模型计算，河道年均冲淤量根据《黄河流域综合规划（2012～2030年）》（水利部黄河水利委员会，2013）统计，下河沿水文站、头道拐水文站引沙量分别为2.030亿t、1.677亿t，区间清水河、苦水河、十大孔兑、灌溉引沙量分别为0.266亿t、0.020亿t、0.177亿t、0.400亿t，河道冲淤量为0.605亿t，进而由式（8-59）可计算基准期入黄风沙量为0.189亿t（表8-28）。

表8-28 研究河段基准期泥沙来源量 单位：亿t

项目	下河沿水文站	头道拐水文站	清水河	苦水河	十大孔兑	河道冲淤量	入黄风沙量	灌溉引沙量
不同来源量	2.030	1.677	0.266	0.020	0.177	0.605	0.189	0.400

关于该河段入黄风沙已有一些研究成果，如杨根生等（1998，2003）分析，1954～2000年乌兰布和沙漠、库布齐沙漠年均入黄风沙约为0.253亿t；方学敏（1993）认为，1952～1989年下河沿—头道拐河段入黄风沙约为0.219亿t。根据陶乐等国家基本气象站的观测（田世民，2015），20世纪90年代的风速较50年代后期至60年代的高10%左右，因此，本研究计算的入黄风沙量0.189亿t较前者结果为低，定性上应该是基本合理的。

8.5.2.2 多元驱动因素对水沙量变化的贡献率

根据水文站实测资料统计，沙漠宽谷段1950～1969年、2000～2012年沿程径流减少量分别为65.8亿m^3和99.5亿m^3，后者较前者多减水33.7亿m^3。

分析表明，对径流减少作用最大的因素是灌溉等经济社会用水。由于宁蒙灌区引水使该河段径流量沿程减少，与基准期相比，2000～2012年多减水33.7亿m^3，其中包括灌区引水、工业及城市生活用水较基准期增加25.5亿m^3。另外，因超采地下水对地表径流的影响约1.8亿m^3。上述两项合计27.3亿m^3，占该区间径流减少量33.7亿m^3的81.00%。

利用水循环双过程耦合模型进一步评估宁蒙灌区引水引沙对黄河干流水沙变化的影响作用（表8-29）。

表8-29 2000～2012年宁蒙灌区引水对头道拐水文站径流量的影响

分析方法	水沙指标	不同时段灌溉对径流的影响量									
		4月	5月	6月	7月	8月	9月	10月	11月	引水期	汛期
实测	减水量（亿m^3）	9.86	24.60	21.89	22.40	14.20	10.29	17.79	11.66	132.69	64.68
双过程模	减水量（亿m^3）	0.8	11.35	15.86	19.45	12.66	6.05	8.24	18.95	93.36	46.4
	减引比	0.09	0.44	0.67	0.84	0.84	0.49	0.46	1.77	5.6	2.63

注：引水期为4～11月；汛期为7-10月。

2000～2012年下河沿—头道拐河段年均引水量为132.67亿m^3，净引水量为91.37亿m^3，通过模型评估，引水期头道拐水文站断面径流减少量为91.74亿m^3，减引比为0.69，即从干流河道引$1m^3$水，可使干流减少径流量$0.69m^3$，回归水只有$0.31m^3$。汛期引水量为64.67亿m^3，净引水量为44.55亿m^3，头道拐水文站断面同期径流减少量为46.03亿m^3，汛期减引比为0.68，与引水期的基本相当。

根据水文法分析，因降水变化减少的区间径流量只有1.30亿m^3，约占3.86%。而水库调蓄、蒸渗及其他因素对径流量减少则有较大作用。根据还原统计分析，龙刘水库调蓄、蒸渗及其他因素年均减少径流量5亿多立方米，占区间径流减少量33.7亿m^3的15%以上。

与20世纪50年代至1969年沙量计算相同，根据水文站实测水沙资料、河道大断面观测资料进行沙量平衡计算，得到2000～2012年沙漠宽谷段沙量（表8-30），下河沿水文站、头道拐水文站引沙量分别为0.423亿t、0.440亿t，区间清水河、苦水河、十大孔兑、灌溉引沙量分别为0.207亿t、0.040亿t、0.058亿t、0.300亿t，河道冲淤量为0.100亿t，风沙入黄量为0.112亿t，与田世民（2015）推算的0.100亿t接近，较薛娴（2015）的0.160亿t稍低，应该是基本合理的。该时期由支流、风沙及下河沿水文站断面进入河段的总沙量为0.840亿t，相对于基准期的2.682亿t减少了68.68%。该河段进口断面下河沿水文站2000～2012年的输沙量较基准期2.030亿t减少了79.16%；出口断面头道拐水文站的输沙量较基准期的1.677亿t减少1.237亿t，占比达到73.36%。

表8-30 研究河段2000～2012年泥沙来源量 单位：亿t

项目	下河沿水文站	头道拐水文站	清水河	苦水河	十大孔兑	河道冲淤量	入黄风沙量	灌溉引沙量
泥沙来源量	0.423	0.440	0.207	0.040	0.058	0.100	0.112	0.300

下河沿水文站断面来沙减少对头道拐水文站输沙量减少的影响最大，下河沿水文站来沙量减少1.607亿t，占头道拐水文站减沙量的129.91%。分析表明，头道拐水文站上游水库拦沙对其输沙量减少起到很大作用。刘家峡水库运用后至1985年，水库淤积达14.15亿t；1968～2012年龙刘水库共淤积27.5亿t；1996年、2004年李家峡、公伯峡两座水库先后投入运用，至2012年累计淤积泥沙约1.5亿t，4座干流水库共淤积29亿t，占相同时期下河沿水文站泥沙减少量1.026亿t的比例达到60%以上。2000～2012年下河沿水文站以上水库拦沙量约为0.657亿t，占下河沿水文站同期减沙量的41.00%，占头道拐水文站同期减沙量的53.11%，其拦沙作用是非常明显的。

水土保持对支流产沙具有明显影响。以西柳沟流域为例，根据1985～2010年总体景观破碎度分析（图8-19），通过水土保持工程实施和1999年实施封禁后，破碎度处于不断减小的趋势，其中林地和水域的破碎程度变大，耕地、草地和未利用地破碎程度相对减小，且草地面积最大，为研究区域半自然景观基质，面积比例均超过50%，其半自然景观的稳定性较高，说明生态恢复取得了一定成效。张亚玲等（2014）通过1998～2012年SPOT-NDVI数据的分析也表明，黄河流域植被覆盖度呈逐年增加趋势。根据调查，至2011年，清水河流域的水土保持治理度（水土保持措施面积占流域水土流失面积的比例）

达到 53.9%，而十大孔兑的治理度相对不高，为 34.9%。计算表明，支流来沙减少 0.146 亿 t，占头道拐水文站减沙量的 12.77%，其中水土保持作用占支流减沙量的 92.40%，降水减少的作用不到 8%。在水土保持措施中的林草作用约占 25%，梯田等工程措施的减沙作用占 75% 以上。因此，支流减沙主要是水土保持工程措施的作用。入黄风沙量减少 0.077 亿 t，对头道拐水文站输沙量减少的贡献率并不大，仅有 6.22%。

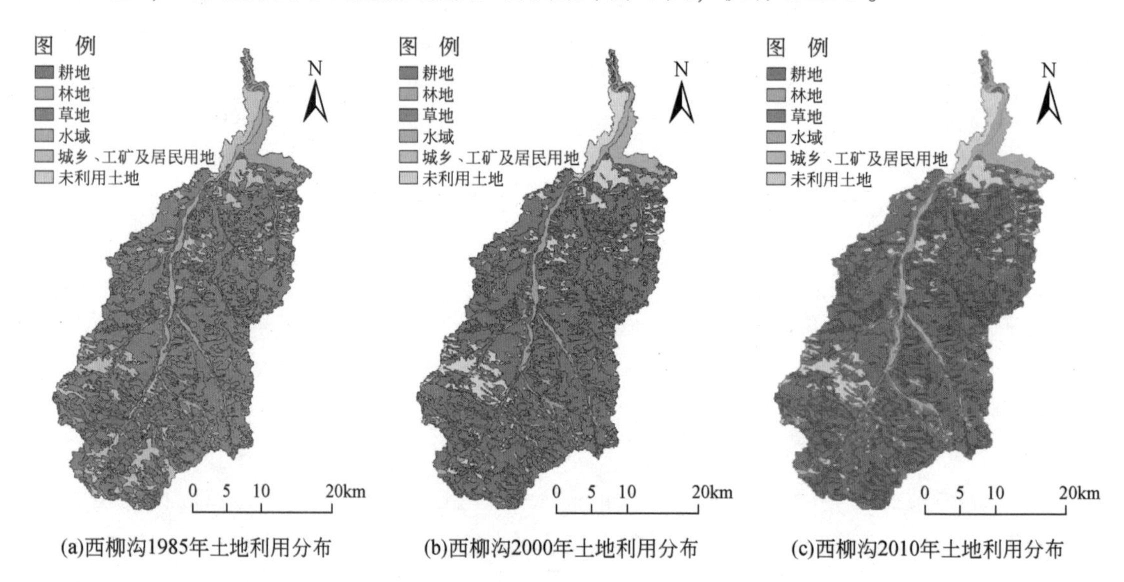

图 8-19 西柳沟流域代表年份景观破碎度变化情况

近年来，河道淤积和灌区引沙较基准期均有所减少，对头道拐水文站的输沙量变化程度起到了一定的减弱作用。在 2000 年以前，由于龙刘水库联合运用使汛期进入沙漠宽谷段的大流量过程明显减少，如刘家峡水库单库运用期平均削减洪峰 20%，龙刘水库联合运用后削峰作用更加明显，基本上达到 60%，使汛期径流量减少，导致 1986 年以来主河槽发生严重淤积，如 1986 ~ 1999 年宁蒙河段河道年平均淤积量达到 0.71 亿 m^3；2000 年以来由于遇到部分年份来水量较多，而来沙量有所降低，年均淤积量减为 0.100 亿 t。因此与基准期相比河道淤积量减少，对头道拐水文站输沙量的贡献率为-40.82%。

灌区引水的同时也会引出一部分泥沙。根据统计，该区间基准期的干流引沙量为 0.4 亿 t 左右。自 20 世纪 60 年代，虽然引水量有所增加，但引沙量却有所减少，2000 年以来宁蒙河段灌区年引沙量约 0.3 亿 t，灌溉引沙量较基准期减少 0.1 亿 t，对头道拐水文站输沙量减少的贡献率为-8.08%。

8.6 小　　结

1）水沙变化是一种具有状态、过程与时间特征的函数，水沙变化的充要条件是水沙量明显增大或减少，同时水沙关系发生变化。因此，判断一条河流的径流泥沙是否发生变化，需要从变化量、水沙输移关系两方面加以分析。

2）水沙变化是对产汇流产输沙环境因素综合作用的响应，影响因素多且作用机制复杂。对于黄河沙漠宽谷段，影响头道拐水文站水沙变化的主要因素包括下河沿水文站断面来水来沙、气候（主要是降水和气温）、主要支流产水产沙、流域综合治理、工农业用水（包括大型灌区引水引沙），以及风沙等。根据主成分分析，宁蒙灌区引水引沙、水土保持措施、水库拦沙量、支流来水来沙量、龙刘水库蓄泄量、头道拐水文站以上年降水量、河道冲淤量为主要影响因子，入黄风沙量变化也是应当考虑的因子之一。

3）十大孔兑产流产沙对沙漠宽谷段的水沙变化有较大影响。西柳沟流域是十大孔兑的主要河流之一，降水是影响其产流产沙的主导因子之一，流域产流产沙量与流域年均降水量与流域最大1日平均降水量的乘积 $P_N I_1$ 关系最为密切，该乘积定义为降水产流产沙能力。

1990～2010年西柳沟流域因水土保持综合治理等人类活动年均减水量为303万 m^3，占年均总减水量672万 m^3 的45.1%；因降水影响流域年均减水年均369万 m^3，占年均总减水量的54.9%；人类活动与降水影响之比为45%∶55%。因水土保持综合治理等人类活动年均减沙量为121万t，占年均总减沙量330万t的36.7%；因降水影响流域年均减沙量为209万t，占年均总减沙量的63.3%；人类活动与降水影响之比为37%∶63%，基本上是人类活动影响占40%，而降水影响占到60%。因此，1990～2010年西柳沟流域降水对水沙变化的影响居于主导地位。

4）利用分布式流域产流产沙机理模型，通过水土保持措施配置、土地利用两种方案7类工况，模拟分析了西柳沟流域在不同治理模式下水沙变化的情景。在相同的降水条件下，流域水沙变化不仅与治理规模有关，而且与治理措施配置及土地利用方式关系也是非常密切的。因此，流域治理不能仅注重治理面积或治理度，还必须优化治理措施配置与土地利用方式。

5）与20世纪70年代以前的基准期相比，2000年以来黄河沙漠宽谷段径流量、输沙量同步减少，与此同时水沙关系亦发生变化，单位径流量的输沙量明显减少；沙漠宽谷段径流量减幅沿程不断增加而输沙量减幅沿程变化不大，水沙年内分配较基准期发生倒置，来沙系数不断减小。经济社会发展用水对沙漠宽谷段径流量减少的作用最大，贡献率为81%，其次是水库蓄泄量，占15%以上；水库拦沙对头道拐水文站输沙量减少的贡献率最大，占41%，其次是支流水土保持措施，贡献率约占13%，入黄风沙减少的贡献率并不大，约为6%，而河道淤积量、灌区引沙量较基准期都是减少的，贡献率分别约为-41%和-8%；近10多年来降水等自然因素对水沙变化的作用相对不大，起主要作用的是水库运用、水土保持、经济社会发展等人类活动因素。

总体来说，黄河沙漠宽谷段已经成为人类活动强烈干扰的地区，进入21世纪以来，降水等自然因素对水沙变化的作用基本处于相对次要的地位，未来水沙变化将更多地受制于人类活动，这是值得引起注意的。

参考文献

方学敏.1993.黄河干流宁蒙河段风沙入黄沙量计算［J］.人民黄河，(4)：1～3.

侯素珍，常温花，王平，等.2010.黄河内蒙古河段河床演变特征分析［J］.泥沙研究，(3)：44～50.

侯素珍，王平，楚卫斌，等.2012.黄河上游水沙变化及成因分析［J］.泥沙研究，(4)：46～52.

侯素珍，王平，郭秀吉，等 . 2015. 黄河内蒙古段河道冲淤对水沙的响应［J］. 泥沙研究，(1)：61 ~ 66.
李璇 . 2013. 西柳沟流域水沙流失特点及治理措施探讨［J］. 内蒙古水利，(1)：89 ~ 90.
刘韬，张士峰，刘苏峡 . 2007. 十大孔兑暴雨洪水产输沙关系初探—以西柳沟为例［J］. 水资源与水工程学报，18（3）：18 ~ 21.
刘通，黄河清，邵明安，等 . 2015. 气候变化与人类活动对鄂尔多斯地区西柳沟流域入黄水沙过程的影响［J］. 水土保持学报，29（2）：17 ~ 22.
刘晓燕，侯素珍，常温花 . 2009. 黄河宁蒙河段主槽萎缩原因和对策［J］. 水利学报，40（9）：1048 ~ 1054.
祁伟，曹文洪，郭庆超 . 2008. 分布式侵蚀产沙模型在流域减水减沙效益评价中的应用［J］. 水利水电技术，39（3）：13 ~ 18.
钱宁 . 1989. 高含沙水流运动［M］. 北京：清华大学出版社 .
冉大川，左仲国，陈江南，等 . 2009. 黄河中游水土保持措施减沙作用分析与相关问题研究［C］//2006 年黄河河情咨询报告 . 郑州：黄河水利出版社 .
尚红霞，郑艳爽，张晓华 . 2008. 水库运用对宁蒙河道水沙条件的影响［J］. 人民黄河，30（12）：28 ~ 30.
师长兴，范小黎，邵文伟，等 . 2013. 黄河内蒙河段河床冲淤演变特征及原因［J］. 地理研究，32（5）：787 ~ 796.
水利部黄河水利委员会 . 2013. 黄河流域综合规划（2012 ~ 2030 年）［M］. 郑州：黄河水利出版社 .
田世民 . 2015. 黄河石嘴山至巴彦高勒段风沙入黄量研究［R］. 黄河水利科学研究院 .
汪岗，范昭 . 2002. 黄河水沙变化研究（第一卷：上册）［M］. 郑州：黄河水利出版社 .
王平，侯素珍，张原锋，等 . 2013. 黄河上游孔兑高含沙洪水特点与冲淤特性［J］. 泥沙研究，（1）：67 ~ 73.
吴保生，申冠卿 . 2008. 来沙系数物理意义的探讨［J］. 人民黄河，30（4）：15 ~ 16.
徐建华 . 2006. 现代地理学中的数学方法（第 2 版）［M］. 北京：高等教育出版社 .
许炯心 . 2013. “十大孔兑”侵蚀产沙与风水两相作用及高含沙水流的关系［J］. 泥沙研究，（6）：28 ~ 37.
薛娴 . 2015. 黄河上游沙漠宽谷段河道冲淤演变趋势预测［R］. 中科院寒区旱区研究所、黄河水利科学研究院、西安理工大学 .
杨根生，拓万全，戴丰年，等 . 2003. 风沙对黄河内蒙古河段河道泥沙淤积的影响［J］. 中国沙漠，23（2）：152 ~ 159.
杨根生，刘阳宣，史培军 . 1988. 黄河沿岸风成沙入黄沙量估算［J］. 科学通报，(13)：1017 ~ 1021.
姚文艺，徐建华，冉大川，等 . 2011. 黄河流域水沙变化情势分析与评价［M］. 郑州：黄河水利出版社 .
姚文艺 . 2015. 沙漠宽谷河道水沙关系变化及驱动机理［R］. 黄河水利科学研究院，河海大学 .
姚文艺等 . 2014. 土壤侵蚀模型及工程应用［M］. 北京：科学出版社 .
张建，马翠丽，雷鸣，等 . 2013. 内蒙古十大孔兑水沙特性及治理措施研究［J］. 人民黄河，35（10）：72 ~ 74.
张胜利，于一鸣，姚文艺 . 1994. 水土保持减水减沙效益计算方法［M］. 北京：中国环境科学出版社 .
张晓华，苏晓慧，郑艳爽，等 . 2013. 黄河上游沙漠宽谷河段近期水沙变化特点及趋势［J］. 泥沙研究，（2）：44 ~ 51.
张亚玲，苏惠敏，张小勇 . 2014. 1998 ~ 2012 年黄河流域植被覆盖变化时空分析［J］. 中国沙漠，34（2）：597 ~ 602.
支俊峰，时明立，汪岗，等 . 2002. “89. 7. 21”十大孔兑区洪水泥沙淤堵黄河分析［C］//黄河水沙变化研究（第一卷：上册）. 郑州：黄河水利出版社.

周丽艳，崔振华，罗秋实. 2012. 黄河宁蒙河道水沙变化及冲淤特性［J］. 人民黄河，34（1）：25～26.

Qin Y，Zhang X F，Wang F L，et al. 2011. Scour and silting evolution and its influencing factors in Inner Mongolian Reach of the Yellow River［J］. Journal of Geographical Sciences，21（6）：1037～1046.

Ran L S，Wang S J，Fan X L. 2010. Channel change at Toudaoguai Station and its responses to the operation of upstream reservoirs in the upper Yellow River［J］. Journal of Geographical Sciences，20（2）：231～247.

第9章　主要认识与需进一步研究的问题

以水沙关系变化为纽带，运用水文学、水土保持学、河床演变学、气候学、工程学、地理信息技术和泥沙运动学等多学科理论与技术，遵循“构建信息平台—探求过程规律—定量评价效应”的研究思路，通过数值模拟反演、实体模型控制试验、现场过程监测、理论推演和统计分析等多种方法，揭示了多因子耦合作用下水沙变化响应机理，集成创新建立了水沙变化趋势综合评估技术，定量评价了气候变化、下垫面变迁、大型水利工程运行和河床调整等多因子对水沙变化的贡献率，在沙漠宽谷段百年尺度水沙变化趋势、水沙变化时序分异性、主导驱动因子识别、水沙变化情景模拟与评价、水沙变化成因分析及多因子对水沙变化贡献率评估等方面取得了系统认识，为满足黄河上游防洪防凌安全、大型工程布局的重大需求，促进区域经济社会发展提供了科技支撑。

9.1　主要成果与认识

9.1.1　沙漠宽谷河流水沙关系变化的时空分异特征

利用MWP非线性统计、双累积曲线和趋势度检验等分析方法，揭示了黄河上游宁蒙河段水沙变化的时空特征及其时空分异性。

（1）百年尺度水沙序列变化趋势分析

1919～2012年黄河上游头道拐水文站断面以上年径流量、年输沙量除在年际有一定的变化外，还具有明显的时段变化特征。依据实测年径流量、年输沙量过程的变化趋势分析，并考虑20世纪60年代以前黄河流域受人类活动影响较弱，以及自1986年黄河上游龙刘水库联合运用等因素，将年径流量、年输沙量过程划分为5个变化明显的时段，即1919～1932年、1933～1959年、1960～1986年、1987～1999年、2000～2012年。

1919～2012年兰州水文站、下河沿水文站、头道拐水文站的年径流量分别为308.2亿m^3、299.6亿m^3、226.5亿m^3，年输沙量分别为0.78亿t、1.40亿t、1.10亿t。在不同时段，兰州水文站、下河沿水文站、头道拐水文站的径流泥沙有着明显的变化，且变化的总体趋势基本一致。1919～1932年是典型的枯水枯沙年，其中3个断面径流量最枯年份的水平基本上与2000年以来的相当，不过2000～2012年兰州水文站、下河沿水文站的年径流量较1919～1932年稍增，分别增加8%、5%，头道拐水文站的则较前一时段约减小22%。总体来说，黄河上游河段1919～1932年与自1987年以来的径流量序列是百年尺度中最枯的时段。在百年尺度内，黄河上游输沙量序列并不是1919～1933年为最枯，而是以2000～

2012 年的最枯，兰州水文站、下河沿水文站、头道拐水文站的年输沙量分别只有前者的 28%、36% 和 40%。另外，从百年尺度看，虽然 1919 ~ 1932 年为显著的枯水枯沙年，不过其水沙关系并未发生突变，与近年来水沙变化有着不同规律。

为定量分析水沙序列变化趋势，根据水沙变化序列的周期规律及其水文变化规律，将百年尺度水沙序列划分为 n 个丰枯变化时段，基于第 i 时段变量的均值 $\overline{x_i}$、百年尺度长序列变量均值 $\overline{X}$ 的统计，定义水沙变化趋势度为

$$\lambda = \sum_{i}^{n}\left(\frac{\overline{x}_i}{\overline{X}} - 1\right)$$

显然，当 $\lambda \to 0$ 时，说明径流泥沙序列在不同时段的增减幅度是基本平衡的，即在分析时间尺度内径流泥沙序列没有明显的趋势性变化；当 $\lambda>0$ 时，说明径流泥沙序列在各时段的正向波动明显，在分析时间尺度内径流泥沙序列处于趋势性增加状态，趋势度越大说明增加的趋势越明显；当 $\lambda<0$，表明在分析时间尺度内，径流泥沙序列处于趋势性减少状态，趋势度越小说明减少趋势越明显。

根据 1919 ~ 2012 年实测径流量、输沙量序列趋势度分析得出 4 点认识，一是沙漠宽谷段分析断面的年径流量、年输沙量序列的趋势度均小于 0，说明在百年尺度内，头道拐水文站以上的年径流量、年输沙量序列均处于减少的态势；二是径流量、输沙量序列变化的趋势度不同，即水沙序列的减少趋势程度不一样，各断面年输沙量的减少程度均大于年径流量的减少程度；三是以黄河上游兰州水文站断面径流量序列的减少趋势度最小，其他断面的基本相同，为兰州水文站的 1.2 ~ 1.7 倍；四是输沙量序列的减少趋势度也是以上游兰州水文站断面的最小，且与径流量序列的相同，其他断面的均处于同一个水平，为兰州水文站的 1.2 倍左右。总体来说，百年尺度内黄河上游输沙量序列的减少趋势度明显大于径流量序列的减少趋势度，但就兰州水文站断面径流量序列变化趋势而言，其径流量减少的趋势度并不是最高。

（2）沙漠宽谷河段水沙关系变化的分异时序

通过 Pettitt 检定、有序聚类分析、M-K 检验、独立同分布检验、小波分析等多种方法综合分析，对黄河上游沙漠宽谷河段出口控制站头道拐水文站 1951 ~ 2012 年实测水沙序列分异时序及其趋势进行了识别。20 世纪沙漠宽谷河段水沙序列有两次明显的突变，分别为 1968 年和 1986 年；进入 21 世纪，自 2000 年又发生第三次变化。

沙漠宽谷段年径流量和年输沙量、汛期径流量和汛期输沙量存在着明显的变化周期，且周期规律并不是完全相同的。年径流量存在 4a、8a、15a 和 25a 尺度的 4 个周期，其中 25a 尺度的周期变化在整个分析时段表现得较为稳定，具有全域性；年输沙量存在 4a、8a 和 24a 尺度的 3 个周期，其中 24a 尺度具有全域性，头道拐水文站 24a 尺度上周期震荡最强。

（3）沙漠宽谷河段悬移质泥沙级配时空变化特征及分异性

根据 20 世纪 50 年代以来悬移质泥沙观测资料分析，沙漠宽谷段悬移质泥沙组成主要为粒径 ≤0.05mm 的泥沙，两者输沙量占全沙的比例达到 80% 左右，其中粒径

d≤0.025mm 细泥沙输沙量占全沙的比例约为 60%，0.025mm<*d*≤0.05mm 中泥沙的比例为 21.5% ~22.2%；0.05mm<*d*≤0.1mm 较粗泥沙占全沙比例进一步减少，不足 15%；*d*>0.1mm 特粗泥沙的输沙量最少，占全沙的比例只有 4.4% ~7.1%。因此，沙漠宽谷河段悬移质输沙以细颗粒泥沙为主。

根据床沙观测资料分析，近年来宁蒙河段河道床沙粗化比较明显。从 20 世纪 80 年代石嘴山水文站、巴彦高勒水文站和头道拐水文站的床沙资料分析，宁蒙河道床沙中值粒径为 0.093 ~0.245mm。位于沙漠宽谷河段上段、中段的石嘴山水文站和巴彦高勒水文站断面的床沙粒径相对更粗，特粗泥沙比例远较其他断面的大。根据 2014 年汛后实测床沙级配统计，其中值粒径为 0.118 ~0.280mm，较以前的床沙粒径显然增粗，说明近年来沙漠宽谷段河床物质组成有所粗化。

沙漠宽谷段粗泥沙的临界粒径为 0.07 ~0.10mm。

进一步分析认识到，石嘴山水文站以上特粗泥沙沿程有所增加，得到一定补充；石嘴山水文站以下有淤积现象，但淤积量小于其上河段的补充量，说明特粗泥沙仍有部分可以被水流输移至下游河段，即只要有合适的水流条件，在黄河上游是可以输移部分粗泥沙的。

（4）水沙变化影响因素分析及驱动因子识别

河流水沙变化主要是对气候、下垫面及河道边界耦合作用的一种水文过程响应，其中气候因素主要包括降水等；下垫面包括林草植被状况、流域治理等；河道边界包括河床冲淤、水利工程调控、河道整治等。据此构建了黄河沙漠宽谷段水沙变化影响因子体系。根据数据序列选为 1969 ~2012 年实测数据，通过主成分分析法筛选出了影响沙漠宽谷河段水沙变化的主导驱动因子，其中灌区引水引沙、水土保持为重要影响因子；龙刘水库拦沙量、龙刘水库蓄泄量、支流产水产沙、头道拐水文站以上年降水量、石嘴山—头道拐河段河道冲淤量为主要驱动因子。

9.1.2 大型水库对水沙关系的调控作用及其动力机制

（1）水库运用对河道水沙过程的调控作用

黄河上游大型水库运用对水沙过程的调控作用之一是改变了水沙量的年际过程、年内分配及流量级序。1952 ~1968 年下河沿—头道拐水文站沿程汛期径流量均占年径流量的 60% 以上，而在 1969 ~1986 年刘家峡单库运用期间，汛期径流量所占年比例降为 50%，到了 1986 年龙羊峡水库和刘家峡水库联合运用后至 2012 年，其比例只有 40% 左右，与 1968 年以前的比例发生倒置。同时汛期泥沙量占全年的比例也发生相应调整，上述 3 个时期的比例分别为 85% 以上、79% 和 67%。汛期径流量减少的幅度远大于汛期径流量的减幅。

黄河上游河道汛期径流量主要减于较大流量的场次洪水。在没有水库调控干扰下，兰州水文站大于 2000m^3/s 的洪水天数占汛期天数的 60% 以上，其径流量占 50% 以上，但龙刘水库运用后，其天数占比降至40%左右，径流量占比不足20%，洪水动能大大减弱，水流输沙能力降低，兰州水文站 2000m^3/s 以上流量级的输沙量相应由63.4%下降到8.9%。

(2) 洪水过程发生变异

1986年以前，龙羊峡水库出入库最大日均流量与入库的具有极好的响应关系，但是其后响应关系遭到破坏，洪水过程发生变异，两者的过程线既不吻合且最大日均流量相差很大，贵德水文站的最大日均流量基本上稳定在1000m^3/s左右。

另外，水库调节具有强烈的削峰作用。通过龙羊峡水库对入库最大日均流量的调整关系分析，无论入库最大日均流量多大，即使达到4000 m^3/s以上，龙羊峡水库出库最大流量也没有超过1000 m^3/s。

(3) 水库运用对水沙关系的调控作用

在龙羊峡水库运用前后入库水沙关系并没有发生明显变化情况下，水库运用后，出库断面贵德水文站的水沙关系却发生极大调整。水库运用前两者呈幂函数关系，径流量越大输沙量越大，而运用后单位径流量的输沙量大大减少，且两者基本上没有关联性，无论贵德水文站径流量多大，输沙量均在0.05亿t左右。

龙羊峡水库、刘家峡水库对径流基本上为线性调节，且龙羊峡水库的调节作用远大于刘家峡水库的作用；龙羊峡水库对泥沙为非线性调节，单位入库沙量越大其库区淤积量越大，同时排沙比也越大；而刘家峡水库对泥沙的作用则基本上为线性调节。水库运用对径流泥沙的调节作用不仅表现于改变了进出库水沙关系，并直接胁迫工程下游河道水沙关系发生变化。根据分析，龙刘水库尤其是龙羊峡水库对宁夏河段、内蒙古河段河道水沙关系的胁迫作用是非常明显的。分析1954年以来唐乃亥水文站、兰州水文站、下河沿水文站、青铜峡水文站、石嘴山水文站、巴彦高勒水文站、三湖河口水文站和头道拐水文站径流水沙关系表明，在不同时段，唐乃亥水文站的径流输沙关系均没有发生明显变化，而兰州水文站、下河沿水文站、青铜峡水文站、石嘴山水文站、巴彦高勒水文站、三湖河口水文站和头道拐水文站径流输沙关系自刘家峡水库运用后也已发生很大变化。1968年以前径流量-输沙量基本上呈正比直线相关，而自刘家峡水库运用后，径流输沙关系发生很大变化：一是相同径流量下的输沙量减少；二是两者的正比线性关系大大减弱，基本上没有明显的相关性，在所测验的径流量变化幅度内，尽管径流量有明显增大，但输沙量与此并没有趋势性的函变关系。因此，水库调控减弱了水流的输沙能力，打破了天然条件下所形成的水沙输移本构关系。

根据分析，水库蓄变量和对洪水的削峰值是反映水库对工程下游河道径流泥沙胁迫作用的关键参数，若以水库蓄变量 V 和削峰值 ΔQ 的乘积作为水库的综合调控参数，并定义其为水库运用胁迫度，设龙刘水库6~10月蓄变量为 V（亿m^3），洪峰流量的削减值为 ΔQ（m^3/s），并定义水库运用胁迫度为 $M=V\Delta Q/1000$，通过回归统计，头道拐水文站年输沙变化量 ΔW_s 为

$$\Delta W_s=-0.0035M$$

显然，水库的蓄水和削峰作用越大，即胁迫度越大，头道拐水文站输沙量减少越多，如果水库蓄变量增加 1 亿 m^3，洪峰流量减少 $1m^3/s$，则头道拐水文站输沙量将减少 350t。

（4）水库运用对水沙关系调控的动力机制

根据水动力学原理，水库运用对洪水过程的重新调整，会改变洪水动能的再分配，从而引起水沙关系发生变化。根据建立的牛顿-宾汉体双层模型，通过对洪水出现异常传播特征及临界条件的分析表明，水库调节使洪水过程发生变异，必然导致水流的动力学特性发生变化。外界干扰导致水沙过程变异的 F_{rc} 为临界弗劳德数与雷诺数 Re 的关系为

$$F_{rc}=\left(\frac{2}{3}+\frac{1}{2}\frac{Y}{Re}\right)$$

式中，Y 为无量纲数；$Y=\tau_b/\tau_h$，τ_b、τ_h 分别为床面切应力和牛顿-宾汉体交界面切应力。当洪水过程一旦遭受外界胁迫发生变异时，其动力平衡条件即会被打破，造床动力条件发生变化。通过水库调控，在洪水失稳期，其传播过程中河床切应力会有所减弱，Y 值减小，在相同雷诺数条件下的临界弗劳德数增大。根据河床演变学原理，为达到新的河床冲淤平衡状态，即水流要恢复到原来的流态，必然通过淤积增大河流比降，提高水流动能，恢复水流挟沙能力，且临界弗劳德数越大，欲恢复到原平衡状态所需要的淤积程度也就越严重。显然，洪水失稳期河床淤积调整的结果必然导致水沙关系发生变化，这也正是龙刘水库运用胁迫水沙关系发生变化的动力机制所在。

9.1.3 水沙变化对河床演变响应的动力机制

黄河上游巴彦高勒—三湖河口河段河床演变剧烈，河床纵向、横向变化尺度较大，目前现有河床变形方程难以揭示这种大尺度演变的动力学特性。为此，基于连续介质假设，通过理论推演，得到描述多沙河流河床运动的河床冲淤层动力学方程为

$$\frac{\partial\rho_b\Delta zu_b}{\partial t}+\frac{\partial}{\partial x}\left(\rho_b\Delta zu_b^2+\rho_m gh\Delta z+\frac{1}{2}\rho_b g\Delta z^2\right)=\rho_b g\Delta zi_0+\rho_m ghi_f'-(\rho_m gh+\rho_b g\Delta z)i_s$$

与常见的河床变形方程相比，该动力学方程左端多出了反映河床冲淤物质纵向运动的对流项，综合反映了河床运动纵向变化的影响，以及河床与挟沙水流垂向交换的关系。根据特征理论和奇异摄动理论，通过渐进展开方法得到该动力模型所构成的双曲系统的 4 个特征值，耦合了水流运动、泥沙输运及河床变形的相互作用关系。4 个特征值关系表明，在水库削峰调控的情形下，水流流态在由急流向缓流变化时，河床变形是通过洪水波的传播特征发生变化而做出响应的，反之，河床变形亦会形成床面波，从而改变挟沙洪水波传播特征，并改变水沙关系，这一响应关系是以往多数模型所没有揭示的。

基于非线性简单波理论，进而揭示了沙漠宽谷段不平衡输沙的波系结构为

$$\left(\frac{4}{3}\sigma-\frac{2\sigma\delta}{ms_{*0}}\right)\prod_{i=1}^{2}\left(\frac{\partial}{\partial t}+a_i\frac{\partial}{\partial x}\right)\tilde{\xi}-\frac{1}{m\mu}\prod_{i=1}^{4}\left(\frac{\partial}{\partial t}+\lambda_i\frac{\partial}{\partial x}\right)\tilde{\xi}-\left(\beta+\frac{\delta}{ms_{*0}}+\frac{2\sigma}{m\mu}\right)\prod_{i=1}^{3}\left(\frac{\partial}{\partial t}+C_i\frac{\partial}{\partial x}\right)\tilde{\xi}=0$$

黄河上游沙漠宽谷段的波系结构由 3 个不同波形的波组成，将其分别定义为四阶波、三阶波和二阶波。其中四阶波是传播的最高阶波；三阶波为传播的中阶波；二阶波则是传播的低阶波。3 种波在传播过程中相互作用，其中四阶波为动力波，二阶波相应于运动

波，而介于中间的三阶波则同时具有动力波和运动波特性。其中某一个或者某几个波的特性变化都将会导致研究区域内水流要素、输沙要素及河床冲淤的变化。例如，当河道边界出现变化时，等价于在边界处给波系结构中波的传播施加了扰动，这种扰动伴随着波的传播及相互作用势必会影响并决定整个河道内的水流要素、输沙要素的变化，进而使水沙关系发生相应调整。波系结构反映了河床变形尺度对波运动产生不同程度影响，进而显著影响水流含沙量变化的波系结构特点。当纵向尺度变化时，波系结构中3种不同波形的波所起的主导作用将发生变化，纵向尺度越大，阶数较低的波形（即运动波）所具有的主导地位越显著。因此对于天然长河段的洪水演进而言，一般可认为动力波将对洪水运动过程起主导作用。在一定流态下，流速越大所对应的水流含沙量也越高，反之则越低。

9.1.4 植被对产流影响的机制

以十大孔兑中具有代表性的西柳沟流域为研究对象，通过野外人工降雨模拟试验，揭示了植被对径流影响的机制。统计分析表明，植被修复对水沙关系有很大影响，2000年以后的单位降雨量较其他时段减少。例如，全年的产流量只有1960~1969年的38.45%，汛期的只有9.4%。不过值得说明的是，各年代的降水径流函数关系类型并没有明显变化。自2000年以来，虽然流域降水量较前期增加3.7%，而径流量和输沙量却同前期相比分别减少37.5%、73.9%。显然，1999年实施的封禁治理起到了一定作用。

另外，对西柳沟流域不同土地利用类型土壤剖面^{137}Cs的取样观测分析也表明，西柳沟流域的泥沙主要来源于农耕地等，林地和草地产沙的占比很低。对西柳沟流域产沙量贡献最大的是荒坡地和沙地，两者合计占到全部产沙量的76%，其中仅荒坡地就占到了全流域产沙量一半多，沙地也占到全部产沙量的1/4，农耕地次之，而草地和林地最少，两者之和不到5%。上述分析说明，林草植被的减水减沙的作用是非常明显的。

根据人工模拟降雨试验观测数据，利用Horton超渗原理，定量分析了植被覆盖度对入渗及产流的影响。分析表明，在植被覆盖度达到60%以上的试验条件下，入渗与产流基本上是同时开始的，入渗规律及产流机制仍符合Horton模式，也就是说，试验条件下产流过程仍具有超渗特性。另外，在相同流量下，自然修复比人工草被具有更明显的减蚀减流作用。

9.1.5 大型灌区水循环双过程耦合数学模型

基于MIKE SHE水循环模拟模块和河道水沙输移动力学模拟模块，建立了灌区—河道系统水循环、水沙输移、河床演变等过程的共构控制方程体系，并通过实现基于同一平台下的数据库共享和河道-灌区灰色过渡边界带信息提取技术创新，构建了大型灌区水循环双过程耦合数学模型。

以往研究大多是对一定区域的地表水循环、河道洪水泥沙输移分别建立相应的数学模型，但缺乏将大型灌区引水引沙—地表地下水循环—河道河床演变—河道水沙运移作为一个水文循环整体系统研究，把它们各自作为一个独立的单元，割裂了它们之间的联系。河道水沙输移主要是以线状输移为主的过程，在水沙输移过程中存在内部的垂向水沙交换子过程，而大型灌区引水与地表水、地下水之间的转换，是面尺度的转化过程，是点-面-点-线的转化过程，在其内部垂向上存在着灌溉引水—地表水—地下水—河川径流的复杂转化过程。本研究从水循环整体系统的观点出发，把灌区水循环和河道水沙循环交换作为一个整体的水循环过程，将灌区与河道之间的水量交换关系作为耦合条件，对其复杂的水沙运动过程开展模拟研究，基于 GIS 技术，创建了大型灌区水循环-河床演变过程耦合模型，解决了水沙线状输移过程与面状输移过程耦合模拟的技术问题。另外，开发了高光谱影像端云光谱自动提取技术，解决了河道-灌区灰色过渡带信息元提取及计算边界封闭等相关技术难题。

9.1.6 多元驱动因子对水沙变化的贡献率

1969 年以前人类活动干扰相对较弱，因此将其以前时段作为分析的基准期。利用创建的“水文—水土保持—数学模拟”集成评估方法分析了多因子对水沙变化的贡献率。

（1）对径流量减少的贡献率

根据水文站实测资料统计，沙漠宽谷段 1950 ~ 1969 年、2000 ~ 2012 年沿程径流减少量分别为65.8 亿 m^3和99.5 亿 m^3，后者较前者多减水 33.7 亿 m^3。分析表明，对径流减少作用最大的因素是灌溉等经济社会用水。由于宁蒙灌溉区引水使该河段径流量沿程减少，与基准期相比，2000 ~ 2012 年多减水 33.7 亿 m^3，其中包括灌区引水、工业及城市生活用水较基准期增加 25.5 亿 m^3。另外，因超采地下水对地表径流的影响约为 1.8 亿 m^3。上述两项合计 27.30 亿 m^3，占该区间径流减少量 33.7 亿 m^3的 81.00%。

2000 ~ 2012 年下河沿—头道拐河段年均引水量为 132.67 亿 m^3，净引水量为 91.37 亿 m^3，其中引水期头道拐水文站断面径流减少 91.74 亿 m^3，减引比为 0.69，即从干流河道引 1m^3水，可使干流减少径流量 0.69m^3，回归水只有 0.31m^3。汛期引水量为 64.67 亿 m^3，净引水量为 44.55 亿 m^3，头道拐水文站断面同期径流减少量为 46.03 亿 m^3，汛期减引比为 0.68，与引水期的基本相当。

因降水变化减少的区间径流量只有 1.30 亿 m^3，约占 3.86%。而水库调蓄、蒸渗及其他因素对径流量减少则有较大作用。根据还原统计分析，龙刘水库调蓄、蒸渗及其他因素年均减少径流量 5 亿多立方米，占区间径流减少量 33.7 亿 m^3的 15% 以上。

（2）对泥沙减少的贡献率

2000 ~ 2012 年沙漠宽谷段年均风沙入黄量为 0.112 亿 t。该时期由支流、风沙及下河沿水文站断面进入沙漠宽谷段的总沙量为 0.840 亿 t，相对于基准期的 2.682 亿 t 减少了 68.68%。该河段进口断面下河沿水文站 2000 ~ 2012 年的输沙量较基准期 2.030 亿 t 减少了 79.16%；出口断面头道拐水文站的输沙量较基准期的 1.677 亿 t 减少了 1.237 亿 t，占比达到 73.36%。

下河沿水文站断面来沙减少对头道拐水文站输沙量减少的影响最大，下河沿水文站来沙量减少1.607亿t，占头道拐水文站减沙量的129.91%。分析表明，头道拐水文站上游水库拦沙对其输沙量减少起到很大作用。刘家峡水库运用后至1985年，水库淤积达14.15亿t；1968～2012年龙刘水库共淤积27.5亿t；期间1996年、2004年李家峡、公伯峡两座水库先后投入运用，至2012年累计淤积泥沙约为1.5亿t，4座干流水库共淤积29亿t，占相同时期下河沿水文站泥沙减少量1.026亿t的比重达到60%以上。2000～2012年下河沿水文站以上水库拦沙量约为0.657亿t，占下河沿水文站同期减沙量的41.00%，占头道拐水文站同期减沙量的53.11%，其拦沙作用是非常明显的。

水土保持对支流产沙具有明显影响。支流来沙减少0.146亿t，占头道拐水文站减沙量的12.77%，其中水土保持作用占支流减沙量的92.40%，降水减少的作用不到8%。在水土保持措施中的林草作用约占25%，梯田等工程措施的减沙作用占75%以上。因此，支流减沙主要是水土保持工程措施的作用。

入黄风沙量减少0.077亿t，对头道拐水文站输沙量减少的贡献率并不大，仅有6.22%。

河道淤积和灌区引沙较基准期均有所减少，对头道拐水文站的输沙量变化程度起到了一定的减弱作用。2000年以来由于遇到部分年份来水量较多，而来沙量有所降低，年均淤积量减为0.100亿t。因此与基准期相比河道淤积量减少，对头道拐水文站输沙量的贡献率为-40.82%。

灌区引水的同时也会引出一部分泥沙。基准期的干流引沙量为0.4亿t左右。自20世纪60年代，虽然引水量有所增加，但引沙量却有所减少，2000年以来宁蒙河段灌区年引沙量约为0.3亿t，灌溉引沙量较基准期减少0.1亿t，对头道拐水文站输沙量减少的贡献率为-8.08%。

9.2 主要进展

通过野外取样和试验观测，获得了揭示水沙变化机制方面的新资料，建立了河道-灌区水循环双过程耦合模型，提出了河道水沙变化对河床演变响应研究的新思路。

(1) 建立了灌区河段干流水沙输移与灌区引水循环双过程耦合数学模型

构建了灌区地表地下水循环、河道水沙输移、引水引沙多元水沙运行过程耦合数学模型，同时解决了结合影像空间和光谱信息的高光谱影像端元光谱自动提取灌区植被覆盖信息、灌区沟渠空间信息精准识别的难题，并应用水循环双过程耦合数学模型定量分析了引水对沙漠宽谷河段干流水沙关系变化的作用。

本研究从水循环整体系统的观点出发，把灌区水循环和河道水沙循环交换作为一个水循环具有紧密耦合关系的系统，对其复杂的水沙运动过程开展模拟研究，并基于GIS技术开发了高光谱影像端云光谱自动提取技术，创建了大型灌区水循环-河床演变过程耦合模型，突破了对灌区地表水循环、地下水循环、河道水沙运移、引水引沙多元水沙运行过程进行耦合描述的关键点，有效提高了灌区与河道之间灰色边界信息提取的精度。

河道的水沙输移主要是以线性输移为主的过程，在水沙输移过程中存在内部的垂向水沙交换子过程。而大型灌区引水与地表水、地下水之间的转换，是面尺度的转化过程，是由点-面-点-线的转化过程，在其内部垂向上存在着灌溉引水-地表水-地下水-河川径流的复杂转化过程。将灌区面尺度水量转换为河道线尺度水沙输移作为一个整体，把灌区与河道之间的水量交换关系作为耦合条件，构建了灌区河段干流水沙输移与灌区引水循环的双过程耦合数学模型。运用灌区河段干流水沙输移与灌区引水循环的双过程耦合数学模型，定量分析灌区引水对沙漠宽谷河段干流水沙关系变化的作用，在研究手段上独具特色。

(2) 对百年尺度水沙序列变化趋势判识的新认识

目前常用的M-K检验法、双累积曲线等方法一般只能定量判识水沙关系突变的时间临界，还难以对长序列多周期水沙量累积变化效应做出总体发展趋势的评估，本研究提出的水沙变化趋势度计算方法弥补了现有方法的不足，该检测方法抗噪性能强，对序列分布无要求，可实现序列趋势显著性判断，提高了检验结果的准确性。

根据1919～2012年头道拐水文站以上黄河有实测资料以来的水文泥沙定位观测数据，通过对水沙序列变化趋势的定量分析，得到了新的认识，在研究序列内，黄河年径流量、年输沙量于20世纪80年代中期以来总体呈不断减少之趋势，而上游水沙关系则早于60年代末与70年代末也已发生突变，1986年属上中游同时发生的第二次突变。在百年尺度上，黄河水沙变化在1960年以前主要制约于气候等自然因素，径流泥沙序列随降水丰歉而相应出现丰枯变化，之后黄河水沙变化受制于气候等自然因素和人类活动因素的双重影响，在双重因子驱动下，尽管不同时段降水有丰歉变化，但年径流量、年输沙量却都是持续减少。以水沙变化趋势度为判别指标，近百年内径流量、输沙量序列处于不断减少的发展趋势，同时年输沙量减少的趋势度明显大于年径流量的趋势度。

(3) 对沙漠宽谷河道泥沙级配特性及其空间分异性

宁蒙河道各站泥沙组成表现河段两端细、中间粗的特点，下河沿水文站和头道拐水文站细泥沙比例在60%以上，中值粒径分别为0.018mm和0.017 mm；中间河段各水文站细泥沙比例小于60%，中值粒径为0.021～0.022mm。沙漠宽谷河道长时期泥沙组成主要为粒径小于0.025mm的细泥沙，占全沙的比例在60%左右；其次为中泥沙，在20%左右；最后为较粗泥沙，比例在15%左右；粒径大于0.1mm的特粗沙最少，占全沙比例仅约5%。另外，发现了在非汛期石嘴山水文站、巴彦高勒水文站泥沙粒径明显较上下游偏粗的特点。

总体来说，沙漠宽谷段悬移质泥沙以细泥沙为主，占比在60%以上；中泥沙、较粗泥沙与床沙交换作用弱，基本上达到输沙平衡；特粗泥沙在石嘴山水文站以上不断得到补充，而自其以下沿程不断落淤，含量减少，但淤积比例低于冲刷比例。

(4) 大型水库对水沙过程调控动力机制

以往关于大型水库对水沙变化影响的成果多是对黄河上游大型水库运用前后水沙过程变化特点及其变化过程的认识，而缺乏对大型水库调控下水沙关系变化动力机制方面的研究。本研究利用水沙输移动力学理论，基于建立的水沙关系对河床演变响应的动力学模型，利用20世纪50年代以来龙刘水库入库、出库水沙定位观测资料，分析了龙刘水库运用对水沙关系的调控作用，首次揭示了龙刘水库调控水沙关系的动力机制。研究成果表明，大型水库运用对进出库径流泥沙的调控作用与水库运用方式有关，多年调节的龙羊峡水库对径流为线性调控，对泥沙为非线性调控，而不完全年调节的刘家峡水库对径流、泥沙均为线性调控；水库运用对进出库径流泥沙的调控对工程下游河道水沙关系具有很强的胁迫作用，主要是打破了天然条件下河道通过长期自动调整所形成的输沙规律，改变了径流泥沙输移关系；大型水库运用对水沙关系调控的动力机制主要在于重新调整了出库挟沙水流的波动特性，使洪水动能减弱，不平衡输沙特性改变，洪水期输沙动力降低，从而胁迫水沙关系发生相应变化。

（5）结合黄河上游巴彦高勒—三湖河口河段实测水沙资料，基于连续介质假设，建立的水沙变化对河床演变响应关系的理论模型，正确地描述了多泥沙河流河床演变与水沙关系变化的动力波关系。目前常见的河床变形方程没有反应河床冲淤物质纵向运动对流作用，本研究对以往成果不能综合反映河床运动纵向变化影响及河床与挟沙水流垂向交换关系等方面的不足做了很大改进，从理论上揭示了河床演变对水沙关系变化的作用机理。建立的能够反演水沙关系变化对河床演变响应过程的数学模型，为研究洪水泥沙运移与河床变形之间的相互作用机理提供了工具。根据特征理论和奇异摄动理论，推导了数学模型的特征关系，得到的构成模型的双曲系统的4个特征值，耦合了水流运动、泥沙输运及河床变形的相互作用关系，从理论上揭示了河床演变对水沙关系调控的动力机制。

9.3　需进一步研究的问题

黄河沙漠宽谷段穿越腾格里、库布齐、乌兰布和、毛乌素四大沙漠，发育有清水河及易发生高含沙水流的十大孔兑，流经干旱半干旱地区，加之上游建有龙羊峡、刘家峡等大型水库，分布有黄河流域规模最大的宁蒙灌区，同时又是煤炭等能源大规模开发基地，具有显著的地域与气候特征，是受人类活动强烈干扰的河段，也是黄河上游河床演变最为剧烈复杂的河段。因而，该河段水沙变化是高强度人类活动、不确定性气候变化、多过程河床演变、风沙迁移等多因素相互耦合作用的结果，其变化机理极为复杂。黄河上游是黄河径流主要来源区，其水沙变化事关黄河全局。为此，面向黄河上游河道治理及重大水利工程布局、当地经济社会发展及黄河治理开发的总体需求，需要对黄河沙漠宽谷段水沙变化问题不断开展研究。建议对以下问题做进一步研究：

1）多源区产沙过程耦合机理及模拟技术。针对黄河沙漠宽谷河段产沙多源的特点，从流域系统整体性出发，研究黄土区—风沙区—冲积区—河道产输沙系统耦合特征，揭示泥沙多源区产输耦合机理，研发多源区耦合产输沙过程模拟与预测技术，识别黄河上游气候变化和人类活动双重影响下产输沙过程演变规律，深化对沙漠宽谷段水沙变化机理的认识。

2）流域综合治理对洪水泥沙调控机理。研究十大孔兑等典型流域治理措施配置模式的系统结构和功能，揭示植被对产流产沙的作用机理及其临界，探究淤地坝等工程措施的减蚀拦沙作用及其临界，分析综合治理措施体系对洪水泥沙调控效应及与沙漠宽谷段水沙变化的响应关系，探讨有效调控洪水泥沙的流域综合治理措施体系空间分布格局、配置模式及调控途径。

3）黄河沙漠宽谷段水沙变化监测体系建设与基于多源数据的评估技术。针对沙漠宽谷段水沙监测网络不健全，监测手段、方法落后，水沙动态变化资料数据匮乏等问题，研究制定水沙变化综合监测方法与多源数据融合等技术体系，探讨黄土区—风沙区—冲积区—河道产输沙系统长期监测网络体系的合理化布局，研发多源数据多尺度水沙观测的数据-模型融合技术，开发具有自主知识产权的遥感参数驱动的水沙变化评估模型，为开展黄河上游河段水沙变化评估提供技术即基础数据支撑。

4）黄河上游水沙变化情势研判。根据新时期国家对黄河上游水资源安全保障及黄河治理开发的战略需求，分析黄河上游地区经济社会发展规律，评估流域下垫面变化及水资源开发利用趋势，研究多源区产输沙机制变化及其沙源的响应，利用水沙变化评估模型等多方法融合，科学研判黄河上游未来水沙变化情势，定量预测提出水沙变化趋势与程度，为黄河上游综合治理与重大水利工程布局及联合调度运用提供技术支撑。